基于BIM的Revit
建筑与结构设计案例实战

卫涛　李容　刘依莲　主编

李清清　夏培　刘帆　汪曙光　姚驰　编著

清华大学出版社

北　京

内 容 简 介

本书以一个已经完工并交付使用的大学学生食堂（一栋地下一层、地上四层的建筑物）的建筑实例为蓝本，介绍了使用 Revit 进行结构设计和建筑设计的相关知识及全过程。本书内容深入浅出，讲解通俗易懂，完全按照工程设计、预算和施工的高要求来介绍设计的整个过程，可以让读者深刻理解所学知识，从而更好地进行绘图操作。另外，作者为本书专门录制了长达 18 小时的高品质教学视频，以帮助读者更加高效地学习。读者可以按照本书前言中的说明下载这些教学视频和其他配套教学资源。

本书共 13 章，分为 2 篇。第 1 篇为结构设计，主要介绍桩基、承台、地下室、地上主体和封顶的结构设计；第 2 篇为建筑设计，主要介绍地面、外墙、内墙、楼面、门窗、檐口和幕墙的建筑设计以及最终的布局出图。本书完全按照建筑物施工的过程，从结构设计到建筑设计的顺序来讲解建模、绘图及出图的全过程。书中重点介绍了"族"的建立、插入、修改和统计的过程以及族与各种类型的建筑构件之间的对应关系。

本书内容丰富，讲解细腻，案例实用，特别适合建筑设计和结构设计的相关工作人员及大中专院校相关专业的学生以及相关社会培训班的学员阅读，另外也可供房地产开发、建筑施工、工程造价和建筑表现等相关从业人员阅读。

本书封面贴有清华大学出版社防伪标签，无标签者不得销售。

版权所有，侵权必究。侵权举报电话：**010-62782989　13701121933**

图书在版编目（CIP）数据

基于 BIM 的 Revit 建筑与结构设计案例实战 / 卫涛，李容，刘依莲主编. —北京：清华大学出版社，2017（2020.1重印）

ISBN 978-7-302-45653-7

Ⅰ.①基…　Ⅱ.①卫…　② 李…　③刘…　Ⅲ.①建筑设计-计算机辅助设计-应用软件　Ⅳ.①TP201.4

中国版本图书馆 CIP 数据核字（2016）第 285143 号

责任编辑：冯志强
封面设计：欧振旭
责任校对：徐俊伟
责任印制：杨　艳

出版发行：清华大学出版社
　　　　　网　　　址：http://www.tup.com.cn, http://www.wqbook.com
　　　　　地　　　址：北京清华大学学研大厦 A 座　　　　邮　　编：100084
　　　　　社 总 机：010-62770175　　　　　　　　　　邮　　购：010-62786544
　　　　　投稿与读者服务：010-62776969，c-service@tup.tsinghua.edu.cn
　　　　　质量反馈：010-62772015，zhiliang@tup.tsinghua.edu.cn
印 刷 者：北京富博印刷有限公司
装 订 者：北京市密云县京文制本装订厂
经　　销：全国新华书店
开　　本：185mm×260mm　　　印　　张：41.75　　　字　　数：1046 千字
版　　次：2017 年 2 月第 1 版　　　　　　　　　　　印　　次：2020 年 1 月第 8 次印刷
定　　价：99.80 元

产品编号：069724-01

前　言

2002 年，美国欧特克公司（Autodesk）从 White Frog 公司收购了一款三维可视化软件——Revit。为了与 Graphisoft 公司的 ArchiCAD 及 Bentley 公司的 Microstation 竞争，Autodesk 公司于 2003 年为 Revit 推出了 BIM（Building Information Modeling，建筑信息化模型）理念，从而奠定了其在三维可视化建筑软件中的地位。从 Revit 2013 开始，该软件将 Architecture（建筑）、Structure（结构）和 MEP（设备）合三为一，集成在一个软件之中；从 Revit 2015 开始，该软件不再支持 32 位的 Windows 平台，只能运行在稳定性更高的 64 位 Windows 操作系统上。

在住建部（中华人民共和国住房和城乡建设部）明确把 BIM 写入十三五规划纲要后，为了利用 BIM 增加自身在建筑行业中的竞争力，全国各大设计研究院和高校纷纷成立了 BIM 研究中心，使得 Revit 的本土化和地域化越来越成熟，而使用 Revit 设计的建筑物也越来越多。

笔者经历过 1998—1999 年中国建筑设计业"甩图板"（由绘图板、丁字尺、针管笔等传统手工绘图方式提升为现代化、高效率、高精度的 CAD 作图）时期，而现在中国建筑设计业的又一次变革时期到了，这就是 BIM 时代。这个时代不仅是设计业而且是全建筑行业的变革，包括设计、施工、算量和运行维护等。目前，市场上关于 Revit 类的图书很少，实用性强的 Revit 类图书更是凤毛麟角。笔者作为该领域中的先行者，有义务将自己的宝贵经验和大家分享，所以花费了很大的精力写作本书，希望能对学习 Revit 的人员有所帮助。

本书采用最新的 Revit 2017 作为讲解软件，详细介绍了如何使用 Revit 进行建筑与结构两个专业的设计。期待读者朋友们通过本书的学习能够掌握 Revit 软件，为处于过渡期、转型期的国内建筑业贡献自己的力量。

本书特色

1．配18小时高品质教学视频，提高学习效率

为了便于读者更加高效地学习本书内容，作者专门为本书的每章内容录制了大量的高清教学视频。这些视频和本书涉及的项目文件、族文件等配套资源一起收录于网盘供读者下载使用。

2．涵盖建筑专业与结构专业分工协作的过程

制作好一栋房屋建筑最关键的两个专业就是建筑专业与结构专业，也就是行业人员常说的"土建"。本书的写作不仅是从建筑、结构两个专业分篇论述，更重要的是介绍了在

用 Revit 进行设计时这两个专业之间的分工协作关系,体现了在 BIM 技术下分工更为明确,从而减少这两个专业的矛盾和冲突,提高设计效率。

3. 以"族"为核心的绘图理念

本书用大量篇幅详细介绍建筑和结构两大专业常见族的建立、编辑和插入,以及使用族后如何统计工程量等内容。而且配合大量示例,对技术要点在实际工作中的应用进行了详解,让读者能快速理解并上手

4. 给出了常见问题及处理方法

本书不仅介绍设计方法,还着重讲解读者在操作过程中经常会遇到的问题,并分析了出现问题的原因及如何处理这些问题。

5. 项目案例典型,实战性强,有很高的应用价值

本书贯穿一个已经完工并交付使用的建筑项目案例来讲解,具有很强的实用性,也有很高的实际应用价值和参考性。该案例用 BIM 技术实现,可以让读者融会贯通地理解书中所讲解的知识。

6. 使用快捷键,提高工作效率

本书的操作完全按照设计制图的要求,不仅追求准确,而且追求快速,因此每一步的操作尽量采用快捷键。本书附录中收录了 Revit 中常见的快捷键用法。

7. 提供完善的技术支持和售后服务

本书提供了专门的技术支持 QQ 群 157244643 和 48469816,读者在阅读本书的过程中有什么疑问可以通过该群获得帮助。读者也可以通过 bookservice2008@163.com 和我们取得联系。

本书内容介绍

第1篇 结构设计(第1~5章)

第 1 章绘图的准备工作,介绍 Revit 的四大文件类型、族的概念、族的分类和族的层级。本章将项目中的建筑专业标高与结构专业标高两大标高系统放到一个项目文件中,以方便随时调用,快速生成轴网并调整轴网系统。

第 2 章地下基础部分的设计,介绍制作桩这种 Revit 的结构基础族,重点介绍了 7 种常见的承台,并介绍了如何把桩嵌入到承台中。

第 3 章地下室部分结构设计,介绍地下室中框架柱、基础梁、底板、挡土墙、一层框架梁和地下室顶板这 6 个结构构件的绘制。

第 4 章地上主体部分的设计,介绍二层的框架柱、框架梁和结构楼板的绘制,并介绍了把二层结构主体向上复制生成三层后如何修改结构构件。

第 5 章屋顶的结构部分的设计,介绍屋顶层与出屋面层的梁、板、柱三大结构构件的设计,并介绍了屋顶部分有梁混凝土雨蓬与无梁混凝土雨蓬的绘制方法。

第2篇　建筑设计（第6～13章）

第6章建立门族，介绍建筑族中的重点内容——门族，分别介绍了常见的门族，如百页门、双开门、单开门、子母门、防火门族和门联窗等。

第7章建立窗、幕墙族，窗族中介绍了外檐窗、高窗和内檐窗3个类别，幕墙族中介绍了如何根据幕墙展开立面图来绘制幕墙的三维模型族。

第8章建立其他构件族，介绍制作轻钢玻璃雨蓬族、厨洁具族（包括双头双尾电磁炉、油烟机和水池）、室内陈设族（四座方形餐桌椅、八座圆形餐桌椅、十座圆形餐桌椅和屏风）及电梯族。

第9章地下室平面，在介绍地下室中建筑柱、挡土墙、地下室内墙、地面、排水井和地沟绘制的同时，介绍了如何插入已经建好的门族及如何调用钢爬梯族。

第10章一层平面，介绍了外墙的设定与绘制，内墙和柱的设置，玻璃幕墙的插入与调整，以及几类门、窗、家具等族的插入和出入口部分的绘制。

第11章二、三层平面，介绍将一层平面向上复制生成二层和三层平面，然后修改、调整和补充的过程；另外，还介绍了两部室内楼梯和一部室外台阶的绘制过程。

第12章屋顶平面，介绍屋顶部位几个建筑构件绘制的全过程，例如，天窗、檐口、出屋面风道、钢爬梯和水簸箕等。其中，在绘制的过程中有的是调用系统族，有的是自己建族。

第13章布局出图，在介绍输出平面图、立面图、剖面图和节点详图方法的同时，还介绍了设置相机和路径的方法及导出漫游动画的过程以及使用明细表统计工程量的一般流程。

本书配套资源获取方式

为了方便读者高效学习，本书特意提供以下配套学习资源：

- ❑ 18小时同步教学视频；
- ❑ 本书教学课件（教学PPT）；
- ❑ 本书案例的图纸文件；
- ❑ 本书案例的Revit项目文件和族文件；
- ❑ 建筑与结构专业的SketchUp模型文件（方便读者以三维角度来了解此栋建筑）。

这些配套资源需要读者自行下载。请登录www.tup.com.cn，搜索到本书页面，然后单击页面上的"资源下载"模块下的"网络资源"按钮和"课件下载"按钮即可下载。

适合阅读本书的读者

- ❑ 从事建筑设计的人员；
- ❑ 从事结构设计的人员；
- ❑ 从事BIM装修设计的人员；
- ❑ Revit二次开发人员；
- ❑ 建筑学、土木工程、工程管理、工程造价和城乡规划等相关专业的学生；
- ❑ 房地产开发人员；
- ❑ 建筑施工人员；

- ❏ 工程造价从业人员；
- ❏ 建筑表现从业人员；
- ❏ 需要一本案头必备查询手册的人员。

阅读本书的建议

- ❏ 没有 Revit 基础的读者，建议从本书第 1 章顺次阅读并演练实例。
- ❏ 有一定 Revit 基础的读者，可以根据实际情况有重点地选择阅读。
- ❏ 需要建族的读者，可以重点阅读第 6、7、8 章中的内容。建议对这些内容先通读一遍，有个大概的印象，然后对照书上的步骤亲自动手操作，从而加深印象。
- ❏ 尽量多用快捷键进行 Revit 的相关操作。笔者有十几年的设计制作工作经验，书中的操作完全从实战角度出发，大部分的操作都用快捷键进行，非常高效。
- ❏ 结合配套资源中提供的同步教学视频进行学习，一定会让读者的学习效果事半功倍。

本书作者

本书由卫涛、李容和刘依莲主编，由李清清、夏培、刘帆、汪曙光和姚驰编著，参加编写的人员还有钱秀、曹浩、黄殷婷、陈星任、赵国彬、陈鑫、李文霞、何爽爽、余烨、刘毅、苏锦、黄雪雯、李青、朱昕羽、殷书婷、许婧钰、李黎明、王惠敏、董鸣、杜承原、谢金凤、朱洁瑜、尹羽琦、张文文、詹雯珊、杜维月、康丽雪、周峰、范奎奎、刘宽、李志勇、曾凡盛、李瑞程、毛志颖。

本书的编写承蒙武汉华夏理工学院领导的支持与关怀！也要感谢学院的各位同仁在编写此书时付出的辛勤劳动！还要感谢出版社的编辑在本书的策划、编写与统稿中所给予的帮助！

虽然我们对本书中所述内容都尽量核实，并多次进行文字校对，但因时间所限，书中可能还存在疏漏和不足之处，恳请读者批评指正。

卫涛

于武汉光谷

目　　录

第 1 篇　结构设计

第 2 篇 建筑设计

第1篇　结构设计

第 1 章 绘图的准备工作

在正式使用 Revit 进行建筑设计、结构设计之前，要先进行一些准备工作，比如绘图单位的设置、模板文件的选择、项目地点的定位、所在地域气象条件录入等。建筑设计并不是简单的砌筑工作，需要综合考虑气候、环境、地理等因素，何况在 BIM 技术的要求下，需要提供建筑全周期的项目文件，不是 AutoCAD 那样简单的操作模式可以比拟的。

Revit 绘图有自身独到之处，其中最重要的一个特点就是"族"。如果不理解族，就无法建族；无法建族，就无法深入使用 Revit。本章介绍 Revit 中以族为核心的绘图概念，帮助读者掌握基本方式方法，快速入门。

1.1 族 的 简 介

"族"是 Revit 中的核心的功能之一，可以帮助设计者更方便地管理和修改搭建的模型。每个族文件内都含有很多参数和信息，如尺寸、形状、类型和其他的参数变量设置，有助于方便地修改项目和进行修改。

拥有大量族文件对设计工作进程和效益有着很大的帮助。设计者不必另外花时间去制作族文件、赋予参数，直接导入相应的族文件，便可直接应用于项目中。族对于设计中的修改也很有帮助，如果修改一个族，与之关联的对象会随之一起进行修改，极大地提高了工作效率。

1.1.1 Revit 的文件类型

Revit 有 4 种基本格式：项目样板文件（后缀名 RTE）、项目文件（后缀名 RVT）、族样板文件（后缀名 RFT）、族文件（后缀名 RFA）。在 Revit 启动后，项目样板文件与项目文件对应的是"项目"区；族样板文件与族文件对应的是"族"区，如图 1.1.1 所示。

1. 项目样板文件（后缀名 RTE）

项目样板文件包含项目单位、标注样式、文字样式、线型、线宽、线样式、导入/导出设置等内容。为规范设计和避免重复设置，对 Revit 自带的项目样板文件根据用户自身的需求、内部标准先行设置，并保存成项目样板文件，便于用户新建项目文件时选用。

2. 项目文件（后缀名 RVT）

项目文件是 Revit 的主文件格式，包含项目所有的建筑模型、注释、视图、图纸等项目内容。通常基于项目样板文件（RTE 文件）创建项目文件，编辑完成后保存为 RVT 文件，作为设计所用的项目文件。

3．族样板文件（后缀名 RFT）

创建不同类别的族要选择不同的族样板文件。比如建一个门的族要使用"公制门"族样板文件，这个"公制门"的族样板文件是基于墙的，因为门构件必须安装在墙中。再比如建承台族要使用"公制结构基础"族样板文件，这个样板文件是基于结构标高的。

4．族文件（后缀名 RFA）

用户可以根据项目需要选择族文件，以便随时在项目中调用，如图 1.1.1 所示。Revit 在默认情况下提供了族库，里面有常用的族文件。当然，用户也可以根据需要自己建族，同样也可以调用网络中共享的各类型族文件。

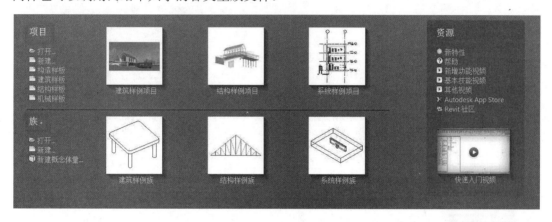

图 1.1.1　项目与族

> 注意：这 4 类文件不能通过更改后缀名来更改文件类型。要在理解文件具体类型的层面上，通过相应操作来得到需要的文件。

1.1.2　族的分类

在 Revit 的操作中，由于族的特殊性、重要性、核心性，要使用分类的方法来理解族的概念。本文将 Revit 的族分为 4 个类别，每个类别为一对相对关系的族。

1．系统族与可载入族

系统族是 Revit 项目样板文件自带的，根据样板文件不一样，带的系统文件也不同，其最大的特点是在使用这个族时不需要载入。在安装 Revit 时，一定要选择共享组件，如图 1.1.2 所示，只有安装了共享组件，才有系统族。可载入族是设计者根据自己的需要，将族载入到项目中，可载入族可以是系统自带的，也可以是用户自建的或是从网上下载的。

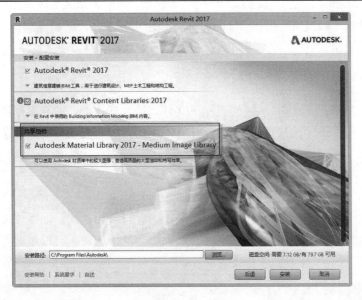

图 1.1.2　共享组件

2．自带族与自建族

自带族是 Revit 软件安装后就带的族。自建族就是用户根据自己的需要建立的族。Revit 需要提供了常用的族，但是建筑业日新月异的发展，传统的族库不能满足生产的需要，本书中介绍了一系列建族的方式方法。

3．可变族与固定族

可以在可变族的类型中设置相应的参数，让类型的尺寸随之变化，如 800 宽的门变为 900 宽；如 1400 高的窗变为 1500 高；400×400 的柱子变为 500×500。固定族就是不需要设置参数，族类型也不会变化。可变族一般称"活族"，固定族一般称"死族"。

4．二维族与三维族

二维族就是尺寸标注，符号标注的二维对象，如箭头、引出线、文字等。三维族就是项目中的建筑、结构构件，如门、窗、阳台、墙、柱、楼板等。

1.1.3　族的层级

在 Revit 中，族的层级为类别>族>类型，具体情况如图 1.1.3 所示。

类别就是建筑、结构构件，如门、窗、阳台、楼梯、坡道、扶手栏杆、散水、屋顶、墙、柱、梁、楼板等。

族就是对象的样式，如门窗的单开双开、门窗的开启方式（推拉、平开）、柱的截面（矩形、圆）、墙的样式（剪力墙、填充墙）等。

类型就是具体的尺寸，如双扇平开门有 1200 宽、1500 宽等。建族时，建一个类型就可以了，出现其他的类型（尺寸），可以调整其尺寸而得到相应类型的构件。

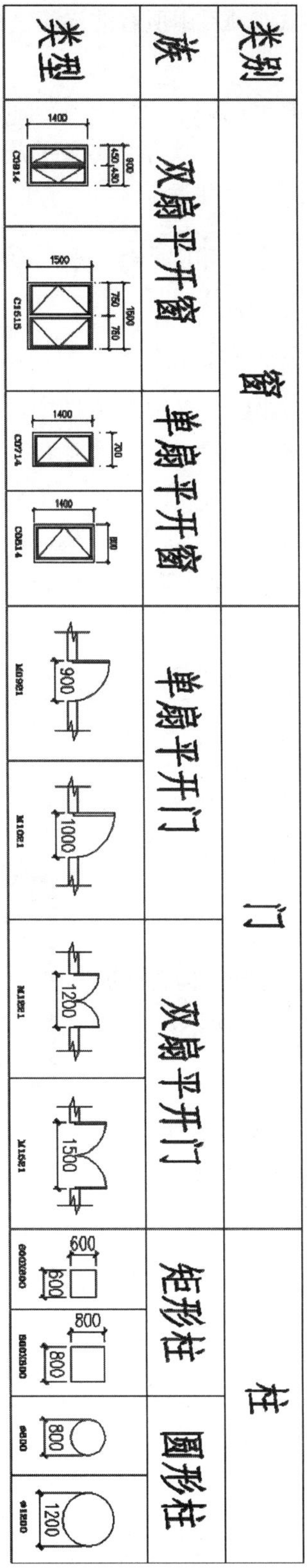

类别	窗				门				柱			
族	双扇平开窗		单扇平开窗		单扇平开门		双扇平开门		矩形柱		圆形柱	
类型	C0916	C1515	C0714	C0814	M0921	M1021	M1221	M1521	600×600	800×800	φ800	φ1200

图 1.1.3　族的层级图

更改族，就是更改对象的样式，项目中所有的族随之变化。更改类型，就是更改尺寸，同一类型的尺寸都随之变化。

一定记住这句关键的话——Revit 就是一个一个族堆起来的！在 Revit 中的核心操作就是建族，本书会介绍如何新建各式各样各类型各专业的族。

1.2　标　高　系　统

在 Revit 绘图中，一般都是先创建标高、再绘制轴网。这样可以保证后画的轴网系统正确出现在每一个标高（建筑和结构二个专业）视图中。在 Revit 中，标高标头上的数字是以"米"为单位的，其余位置都是以"毫米"为单位，在绘制中要注意，避免出现单位上的错误。

在一层楼的标高系统中，建筑标高肯定是高于结构标高。在住宅设计中，建筑标高比结构标高高 30～50mm，而在公共建筑的设计中，建筑标高比结构标高高 100mm 左右，本例中的高差是 140mm。

1.2.1　项目设置

在正式绘图前，要简单地对 Revit 软件、设计内容进行设置。这样的工作往往是由建筑专业完成的，因为建筑专业是龙头，建筑专业的作用就是引导结构、设备专业。

（1）新建项目。选择"新建"→"项目"命令，在弹出的"新建项目"对话框中，选择"构造样板"选项，单击"确定"按钮，如图 1.2.1 所示。

图 1.2.1　新建项目

🔔注意：一般，建筑专业选择"建筑样板"、结构专业选择"结构样板"。如果项目中既有建筑又有结构，或者说不完全为单一专业绘图，就选择"构造样板"。

（2）设置项目信息。选择"管理"→"项目信息"命令，在弹出的"项目属性"对话框中可以进行如图 1.2.2 的设置，主要是作者、名称、地址等内容，这些内容后期可以选择性出现在图框中。在此处设置，可以给其他专业，如结构、设备随时调用。

（3）设置项目单位。选择"管理"→"项目单位"命令，在弹出的"项目单位"对话框中，设置长度单位，设置单位以"毫米"为单位，舍入为"0 个小数位"精度，如图 1.2.3 所示。

（4）设置地点。选择"管理"→"地点"命令，在弹出的"位置、气候和场地"对话框中选择项目的地点。本例是选取"Wuhan, China"，如图 1.2.4 所示。

<table>
<tr><td>图 1.2.2　设置项目信息</td><td>图 1.2.3　设置项目单位</td></tr>
</table>

🔔**注意：** 设置地点的操作容易被忽略，其实此步骤非常重要。建筑日照、建筑气候区划、节能标准、图集的选用都要依靠这一步操作。

（5）调整快捷键。选择"应用程序"→"选项"命令，在弹出的"选项"对话框中单击"自定义"按钮，接着在弹出的"快捷键"对话框中输入"默认三维"字样搜索，将 F4 键指定给"三维 视图：默认三维视图"命令，如图 1.2.5 所示。

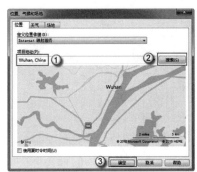

<table>
<tr><td>图 1.2.4　设置位置</td><td>图 1.2.5　调整快捷键</td></tr>
</table>

🔔**注意：** 按 F4 键的时候，Revit 中显示是 Fn4，这是正确的。在本书的操作中，会在二维与三维间频繁切换，用 F4 键可以提高操作效率。

1.2.2　定义标高标头的族

由于 Revit 中的标高标头族是各专业通用的，而本例中建筑与结构专业的标高系统在一个项目文件中，为了方便作图，会把建筑与结构两个专业的标高区分开。本节将介绍如何修改 Revit 的自带族，然后另存为设计中所需要的自建族。

（1）打开标高族。选择"应用程序"→"打开"→"族"命令，在弹出的"打开"对话框中选择"标高标头_上.rfa"的族文件，单击"打开"按钮，如图 1.2.6 所示。

图 1.2.6　打开标高族

（2）调整标签。选择屏幕操作区标高标头中的"名称"文字，在属性对话框中单击"编辑"按钮，如图 1.2.7 所示。

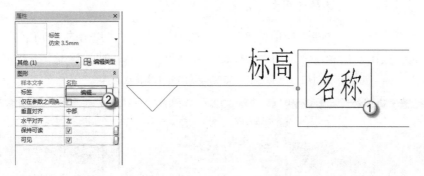

图 1.2.7　调整标签

（3）在弹出的"编辑标签"对话框中，在前缀中输入"建筑："字样，在后缀中输入 F 字样，单击"确定"按钮，如图 1.2.8 所示。此时可以观察到，屏幕操作区的标高标头的文字变为"建筑：名称 F"字样，如图 1.2.9 所示。

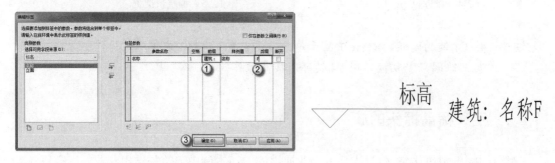

图 1.2.8　编辑标签　　　　　　　　　　　　图 1.2.9　标高标头

（4）另存为建筑标高族。选择"应用程序"→"另存为"→"族"命令，在弹出的"另存为"对话框中将已经调整好的标高标头文件另存为"建筑标高"RFA 族文件，单击"保存"按钮，如图 1.2.10 所示。

图 1.2.10　建筑标高

（5）结构标高的制作。在不关闭已经建好的"建筑标高"族的情况下，选择屏幕操作区标高标头中的"建筑：名称 F"文字，单击"属性"对话框中的"编辑"按钮，然后在弹出的"编辑标签"对话框中，在前缀中输入"结构："字样，在后缀中输入"层"字样，单击"确定"按钮，如图 1.2.11 所示。此时可以观察到，屏幕操作区的标高标头的文字变为"结构：名称层"字样，如图 1.2.12 所示。

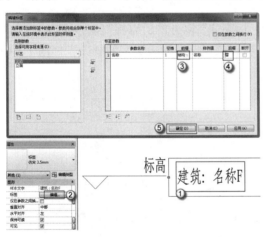

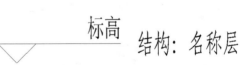

图 1.2.11　更改为结构标高　　　　　　　　图 1.2.12　结构标高

（6）另存为结构标高。选择"应用程序"→"另存为"→"族"命令，在弹出的"另存为"对话框中将已经调整好的标高标头文件另存为"结构标高"RFA 族文件，如图 1.2.13 所示。

1.2.3　建筑专业的标高系统

在房屋建筑的三大专业——建

图 1.2.13　另存为"结构标高"

筑、结构、设备中，建筑与结构是有各自独立的标高系统的，而设备专业是依赖于这两个专业的标高系统。因此在本例之中，建筑与结构两个专业的标高在一个项目文件中，这个带有标高系统的项目文件，一次性就可以提供给三大专业。

（1）选择项目浏览器中的"立面（建筑立面）"→"东"命令，可以观察到系统自带的一些标高，如图 1.2.14 所示。注意，标高只能在立面视图中创建与编辑。

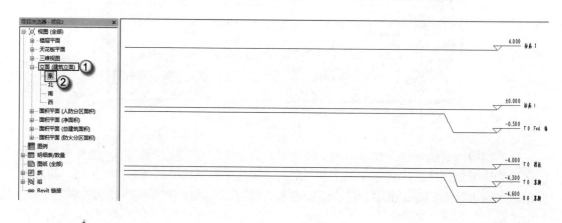

图 1.2.14　系统自带的标高

（2）删除不需要的标高。选择除"±0.000 标高 1"以外的所有标高，按 Delete 键，将其删除。删除后，可以观察到，"标高 1"与项目浏览器中的楼层平面视图"标高 1"相对应，如图 1.2.15 所示。

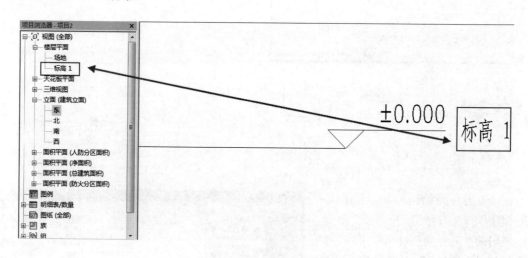

图 1.2.15　删除多余标高

（3）更改标高名称。双击标高标头中"标高 1"字样，在在位编辑窗口中输入 1F 字样，如图 1.2.16 所示。完成后，可以观察到标高的名称与项目浏览器中楼层平面视图相对应，都改为 1F 了，如图 1.2.17 所示。

（4）绘制二层标高。按两次快捷键 L，绘制一个任意高度（具体的标高数值在后面修改）的标高，注意和±0.000 1F 标高相对齐，如图 1.2.18 所示。

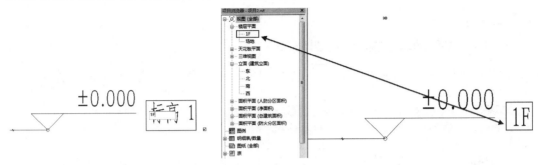

图 1.2.16　修改标高名称　　　　　　　　　　图 1.2.17　与楼层平面视图相对应的名称

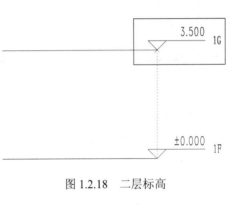

△注意：在 Revit 中，无论是建筑、结构还是设备专业，所有以字母打头的快捷键都是两个字母长度的，此步骤中的 L+L 就是标高命令。在使用 L+L 命令时，在键盘上快速、连续按两下 L 键，就可以发出这个标高命令了。在实战过程中，设计人员都会采用快捷键的方式作图，这样可以极大提高工作效率，本书在最后的附录中，列出了常用的快捷键，供读者朋友随时查阅。

图 1.2.18　二层标高

（5）选择"插入"→"载入族"命令，在弹出的"载入族"对话框中，选择前面制作好的"建筑标高"RFA 族文件，如图 1.2.19 所示。

图 1.2.19　载入"建筑标高"族

（6）选择绘制好的二层的标高，在属性面板中单击"编辑类型"按钮，在弹出的"类型属性"对话框中的"符号"一栏中选择"建筑标高"选项（这就是上一步载入的族），单击"确定"按钮完成操作，如图 1.2.20 所示。可以观察到标高中的楼层符号已经改变，如

图 1.2.21 所示。

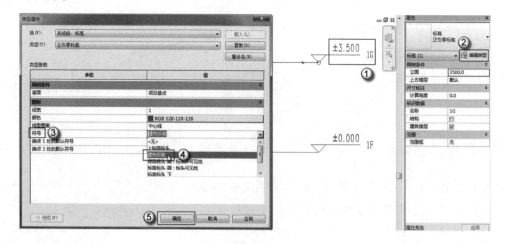

图 1.2.20　选择符号

（7）更改二层标高的名称。双击标高标头中"建筑：1GF"字样，在在位编辑窗口中输入 2 字样，如图 1.2.22 所示。完成后，可以观察到标高的名称与项目浏览器中楼层平面视图相对应，都改为 2 字样了，如图 1.2.23 所示。

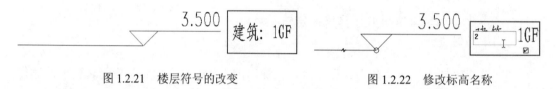

图 1.2.21　楼层符号的改变　　　　　　　　图 1.2.22　修改标高名称

（8）修改标高数值。双击标高标头中的数值，在在位编辑窗口中输入 5.1 字样，如图 1.2.24 所示。经过此操作后，不光标高的数值改为了 5.1 米，标高的高度也联动变为 5.1 米。

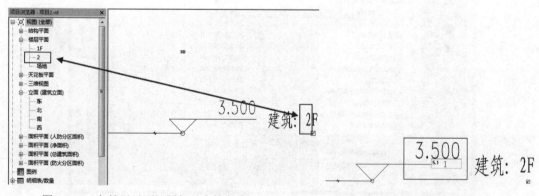

图 1.2.23　与楼层平面视图相对应的名称　　　图 1.2.24　修改标高数值

（9）阵列标高。选择已经建好的二层标高，按快捷键 A+R，取消选中"成组并关联"复选框，"项目数"设为 3，"移动到"选"第二个"选项，如图 1.2.25 所示。将光标向上移动，输入数值 5100，如图 1.2.26 所示。按 Enter 键，完成对标高的阵列，系统会以 5100mm 为间距，再生成两个楼层的标高，如图 1.2.27 所示。

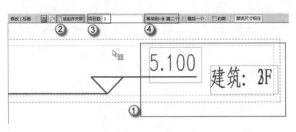

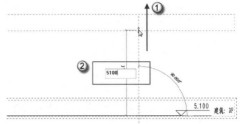

图 1.2.25　阵列标高　　　　　　　　　　图 1.2.26　向上移动

🔔注意：之所以要先定义族，然后再复制标高的原因就是在于，这样操作后楼层的数值就可顺号，2F、3F、4F、5F……，但是这样阵列、复制楼层标高也有问题，就是在项目浏览器中不会自动生成相对应的楼层平面视图，如图 1.2.28 所示。至于如何生成楼层平面视图，本节的后面会有介绍。

图 1.2.27　生成 3F、4F 的楼层标高　　　图 1.2.28　未自动生成相对应的楼层平面视图

（10）复制楼层标高。选择已经生成的"建筑：4F"楼层标高，按快捷键 C+O，选中"约束""多个"复选框，如图 1.2.29 所示。向上以任意距离复制出"建筑：5F""建筑：6F"两个楼层标高，如图 1.2.30 所示。

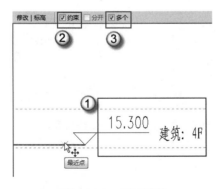

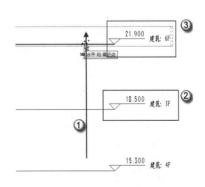

图 1.2.29　复制标高　　　　　　　　　　图 1.2.30　向上生成两个标高

🔔 **注意**：在标高间距一样的情况下，应使用阵列（AR）命令进行标高的复制，这样可以一次性生成多个间距一致的标高。在标高间距不一样的情况下，应使用复制（CO）命令进行标高的复制。

（11）更改机房层标高。将第（3）步生成的"建筑：6F"标高改为"建筑：机房 F"字样，并将其标高数值改为 19.750，如图 1.2.31 所示。

（12）更改天窗层标高。将前面生成的"建筑：5F"标高改为"建筑：天窗 F"字样，并将其标高数值改为 15.950，如图 1.2.32 所示。

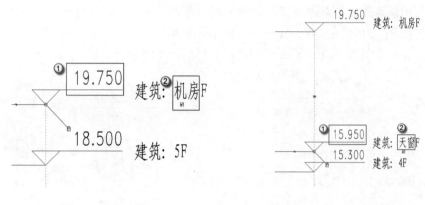

图 1.2.31　更改机房层标高　　　　　　　图 1.2.32　更改天窗层标高

（13）室外地坪标高。选择"建筑：2F"标高，按快捷键 C+O，向下复制生成新的标高（移动距离任意），如图 1.2.33 所示。更改标高数值为–0.450，名称为"建筑：室外地坪F"，如图 1.2.34 所示。

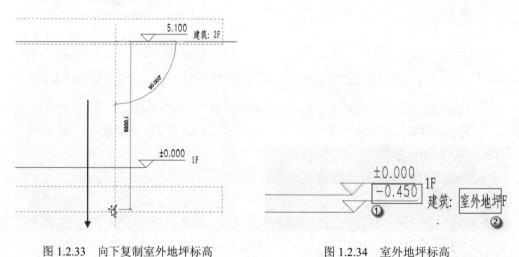

图 1.2.33　向下复制室外地坪标高　　　　图 1.2.34　室外地坪标高

（14）地下室标高。选择刚生成的"建筑：室外地坪 F"标高，按快捷键 C+O，向下复制生成新的标高（移动距离任意），更改标高数值为–4.500，重命名为"建筑：地下室F"，如图 1.2.35 所示。

（15）生成与标高相对应的楼层平面视图。选择"视图"→"平面视图"→"楼层平面"命令，在弹出的"新建楼层平面"对话框中，选择还未生成楼层平面视图的所有标高，并单击"确定"按钮，如图 1.2.36 所示。完成此步操作后，可以在"项目浏览器"面板中观察到系统生成了与标高相对应的楼层平面视图，如图 1.2.37 所示。

（16）复制建筑标高的类型。选择"建筑：地下室 F"标高，在"属性"面板中单击"编辑类型"按钮，在弹出的"类型属性"对话框中单击"复制"按钮，在弹出的"名称"对话框中输入"建筑标头"名称并单击"确定"按钮，如图 1.2.38 所示。

图 1.2.35　地下室标高

图 1.2.36　新建楼层平面视图

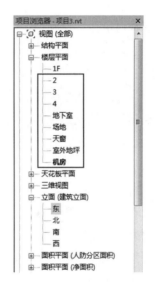

图 1.2.37　生成的楼层平面视图

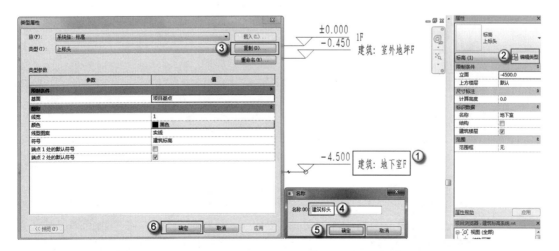

图 1.2.38　复制建筑标高的类型

注意：在 Revit 中，标高是族的一个类型，如果此处不复制标高的类型，那么在 1.2.4 节对结构标高进行修改时，建筑标高会进行联动变化，所以此步骤是将建筑与结构同一族下面的两个类型进行区分的关键第一步（第二步在 1.2.4 节）。

1.2.4　结构专业的标高系统

建筑与结构的标高系统在一个文件中有很多优势，可以将此文件共享，让建筑、结构、设备专业调用。修改这个文件时，建筑、结构、设备专业可以随之联动变化，可以很清楚地观察到建筑与结构专业的构件在垂直尺寸上的关系。

（1）查看建筑标高系统。在"项目浏览器"面板中选择"立面（建筑立面）"→"东"选项，观看整个建筑专业的标高，如图 1.2.39 所示。

（2）绘制结构标高。按两次快捷键 L，绘制一个任意高度（具体的标高数值在后面修改）的标高，注意和已有的建筑标高反方向（以示区别），如图 1.2.40 所示。

（3）载入结构标高族。选择"插入"→"载入族"命令，在弹出的"载入族"对话框中选择"结构标高"RFA 族文件，单击"打开"按钮，如图 1.2.41 所示。

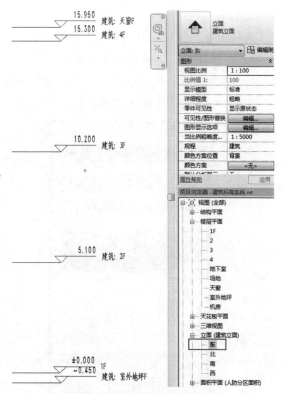

图 1.2.39　查看建筑专业标高

图 1.2.40　绘制结构标高

（4）复制结构标高的类型。选择第（3）步绘制的标高，在"属性"面板中单击"编辑类型"按钮，在弹出的"类型属性"对话框中单击"复制"按钮，在弹出的"名称"对话框中输入"结构标高"名称并单击"确定"按钮，如图 1.2.42 所示。

图 1.2.41 载入结构标高族

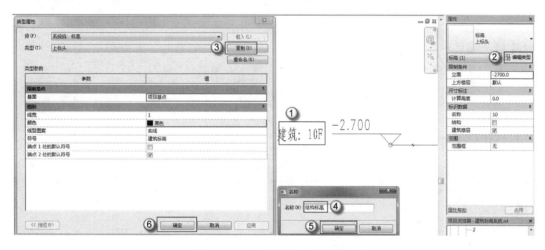

图 1.2.42 复制结构标高的类型

🔔注意：此步骤是将建筑与结构同一族下面的两个类型进行区分的关键第二步（第一步在1.2.3 节），只有这样操作，结构与建筑两个标高系统才能相互独立起来。

（5）在"类型属性"对话框中的"符号"一栏中选择"结构标高"选项（这就是第（4）步载入的族），单击"确定"按钮，如图 1.2.43 所示。完成操作后，可以观察到屏幕操作区中，建筑标高在右，而结构标高在左，如图 1.2.44所示。

图 1.2.43 结构标高符号

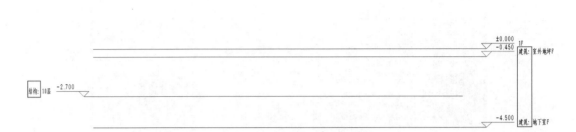

图 1.2.44　结构与建筑标高

（6）更改结构标高的名称。更改标高数值为–0.140，重命名为"结构：一层"，此时在项目浏览器中的楼层平面栏会有"一"这个楼层平面视图，如图 1.2.45 所示。

🔔 注意：楼层平面是建筑专业术语，而与结构专业相对应的是结构平面，这里需要删除系统自动建立的"一"楼层平面视图。

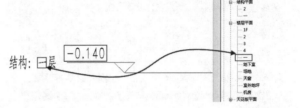

图 1.2.45　更改结构标高的名称

（7）删除楼层平面视图与结构平面视图。在"项目浏览器"面板中选择"楼层平面"栏中的"1"楼层平面视图，按 Delete 键将其删除。同样选择"结构平面栏"中的"一"和"2"结构平面视图（这是系统默认的两个结构平面），按 Delete 键将其删除，如图 1.2.46 所示。删除后的"项目浏览器"面板如图 1.2.47 所示。

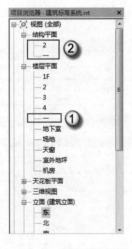

图 1.2.46　删除平面视图

图 1.2.47　删除后的平面视图

（8）阵列标高。选择第（7）步已经建好的标高，按快捷键 A+R，取消选中"成组并关联"复选框，"项目数"设为 5，"移动到"选"第二个"单选按钮，选中"约束"复选框，将光标向上移动，输入数值 5100，如图 1.2.48 所示。按 Enter 键，完成对标高的阵列，系统会以 5100mm 为间距，再生成 4 个楼层的标高，如图 1.2.49 所示。

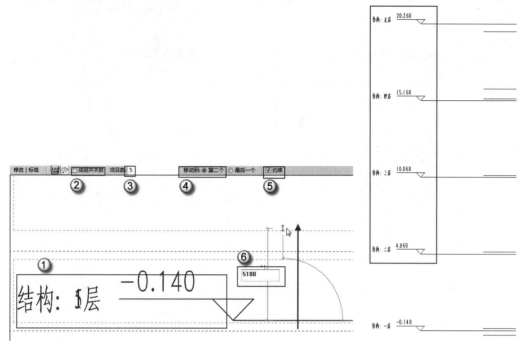

图 1.2.48　阵列标高　　　　　　　　　　　图 1.2.49　向上生成四个标高

（9）更改结构最顶部标高。将结构专业最顶部的标高改为"结构：出屋面层"字样，并将其标高数值改为 19.750，如图 1.2.50 所示。

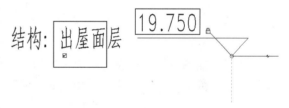

图 1.2.50　出屋面层

（10）向下复制两个标高。选择"结构：一层"标高，按快捷键 C+O，选中"约束""多个"复选框，向下移动光标，以任意距离再生成两个标高，如图 1.2.51 所示。分别修改两个标高的名称为"基础顶层""地下室底板层"字样。分别修改两个标高的数值为–1.550、–5.050 字样，如图 1.2.52 所示。

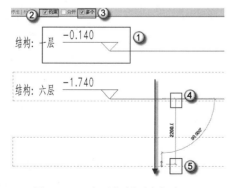

图 1.2.51　向下复制两个标高

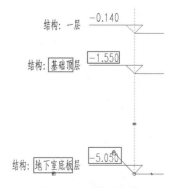

图 1.2.52　修改标高

（11）生成与标高相对应的结构平面视图。选择"视图"→"平面视图"→"楼层平面"命令，在弹出的"新建结构平面"对话框中，选择本节绘制的所有标高，并单击"确定"按钮，如图 1.2.53 所示。完成此步操作后，可以在"项目浏览器"中观察到系统生成了与标高相对应结构平面视图，如图 1.2.54 所示。

図 1.2.53　新建结构平面视图　　　　　图 1.2.54　生成的结构平面视图

注意：在"项目浏览器"面板中，"楼层平面"视图对应的是建筑专业，而"结构平面"视图对应的是结构专业，请读者做好区分，不要混淆。

1.3　轴网的设计

建筑平面定位轴线是确定房屋主要结构构件位置和标志尺寸的基准线，是施工放线和安装设备的依据。确定建筑平面轴线的原则是：在满足建筑使用功能要求的前提下，统一与简化结构、构件的尺寸和节点构造，减少构件类型的规格，扩大预制构件的通用与互换性，提高施工装配化程度。

1.3.1　生成定位轴网

定位轴网的具体位置，因房屋结构体系的不同而有差别，定位轴线之间的距离即标志尺寸应符合模数制的要求。在模数化空间网格中，确定主要结构位置的定位线为定位轴线，其他网格线为定位线，用于确定模数化构件的尺寸。

（1）切换到 1F 楼层平面视图。在项目浏览器中，单击"楼层平面"栏中的"1F"视图，从立面进入到 1F 楼层平面视图，如图 1.3.1 所示。注意，轴网只能在平面视图

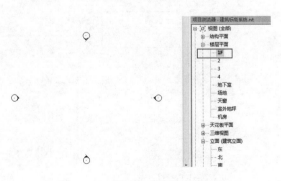

图 1.3.1　进入 1F 楼层平面视图

中绘制。

（2）绘制一根水平轴线。按快捷键 G+R，从屏幕操作区的左侧向右侧绘制一条任意长度的水平轴线，如图 1.3.2 所示。

（3）更改轴号名称。默认情况下，不论是绘制的水平还是垂直轴线，第一线都被系统命名为 1 轴。双击轴头，在在位编辑框中输入 A 轴，如图 1.3.3 所示。因为我国的建筑制图标准规定：水平方向轴线的轴号是以字母命名，而垂直方向轴线的轴号是以数字命名。

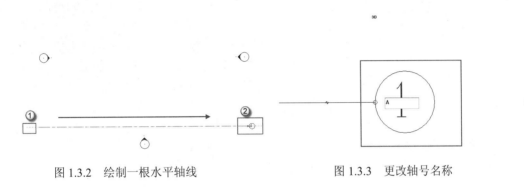

图 1.3.2　绘制一根水平轴线　　　　　　图 1.3.3　更改轴号名称

（4）轴号双头显示。在轴线的左侧，单击轴号显示框，显示出此处的轴号，如图 1.3.4 所示。

图 1.3.4　轴号双头显示

（5）阵列轴线 1。选择第（4）步已经绘制完成的 A 轴线，按快捷键 A+R，取消选中"成组并关联"复选框，"项目数"设为 4，"移动到"选"第二个"单选按钮，选中"约束"复选框，将光标向上移动，输入数值 7500，如图 1.3.5 所示。按 Enter 键，完成对轴线的阵列，系统会以 7500mm 为间距，再生成 3 个轴线，如图 1.3.6 所示。

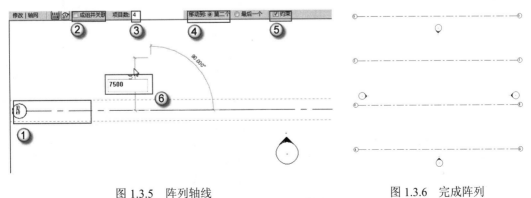

图 1.3.5　阵列轴线　　　　　　　　　图 1.3.6　完成阵列

（6）阵列轴线 2。选择第（5）步已经绘制完成的 D 轴线，按快捷键 A+R，取消"成组并关联"的选择，"项目数"设为 4，"移动到"选"第二个"单选按钮，选中"约束"复选框，将光标向上移动，输入数值 8100，如图 1.3.7 所示。按 Enter 键，完成对轴线的阵列，系统会以 8100mm 为间距，再生成 3 个轴线，如图 1.3.8 所示。

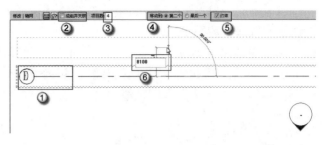

图 1.3.7　阵列轴线

（7）绘制一根垂直轴线。按快捷键 G+R，从屏幕操作区的下侧向上侧绘制一条任意长度的垂直轴线，如图 1.3.9 所示。

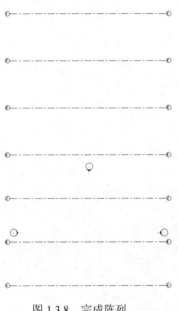

图 1.3.8　完成阵列

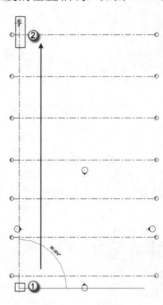

图 1.3.9　绘制一根垂直轴线

（8）更改轴号名称。双击已经绘制好的垂直轴头，在在位编辑框中输入 1 轴，如图 1.3.10 所示。垂直方向的轴线是以数字命名的。

（9）轴号双头显示。在轴线的下侧，单击轴号显示框，显示出此处的轴号，如图 1.3.11 所示。

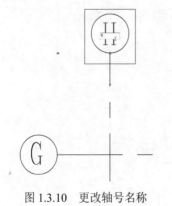

图 1.3.10　更改轴号名称

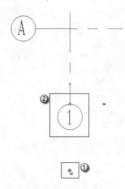

图 1.3.11　轴号双头显示

（10）阵列水平轴线。使用 AR 阵列命令，以 7800mm 为间距，向右侧再生成 3 个轴线，依次是 2、3、4 轴线，如图 1.3.12 所示。

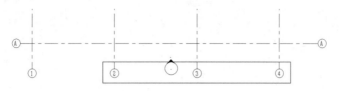

图 1.3.12　生成 2、3、4 轴线

（11）复制生成 5 轴。选择 4 轴，按快捷键 C+O，将光标向右移动，输入 9000 距离，并按 Enter 键，如图 1.3.13 所示。完成后，可以观察到生成了 5 轴，如图 1.3.14 所示。

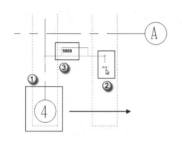

图 1.3.13　复制轴线

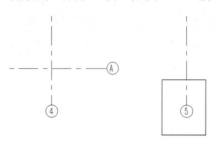

图 1.3.14　生成 5 轴

（12）再次阵列轴线。选择已经生成的 5 轴，按快捷键 A+R（发出阵列命令后，轴号会变，这是正常的），取消选择"成组并关联"复选框，"项目数"设为 7，"移动到"选"第二个"单选按钮，选中"约束"复选框，将光标向上移动，输入数值 7800，如图 1.3.15 所示。按 Enter 键，完成对轴线的阵列，系统会以 7800mm 为间距，再生成 6 个轴线，如图 1.3.16 所示。

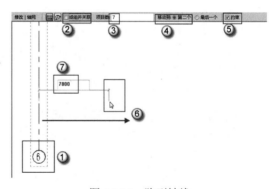

图 1.3.15　阵列轴线

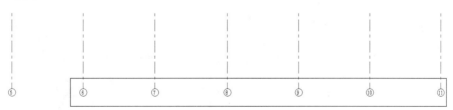

图 1.3.16　完成阵列

（13）拉长水平方向轴线。由于水平方向的轴线比较短，使用夹点的方法，将水平方向的轴线拉到 11 轴的右边，如图 1.3.17 所示。

（14）复制生成附加轴线。选择 4 轴，按快捷键 C+O，向右移动光标，输入数值 6500，按 Enter 键，会生成一个新的轴线，如图 1.3.18 所示。

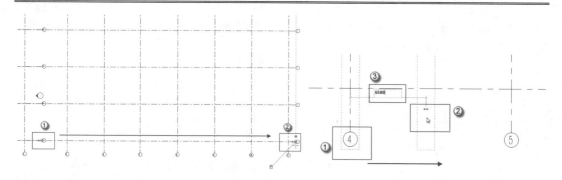

图 1.3.17　拉长水平方向轴线　　　　　　　　图 1.3.18　复制生成附加轴线

（15）更改轴线名称。双击已经绘制好的附加轴线轴头，在在位编辑框中输入 1/4 轴，如图 1.3.19 所示。单击屏幕空白处，完成操作，出现 1/4 轴的附加轴线，如图 1.3.20 所示。

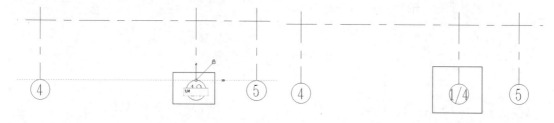

图 1.3.19　更改轴线名称　　　　　　　　　　图 1.3.20　附加轴线

1.3.2　调整轴网

轴网完成后，还需要对其进行调整，如轴线的颜色，轴线的影响范围，轴线尺寸标注等。具体操作如下。

（1）轴线的颜色。单击任意轴线，在"属性"面板中单击"编辑类型"按钮，在弹出的"类型属性"对话框中将"轴线末段颜色"设置为"红"色，如图 1.3.21 所示。

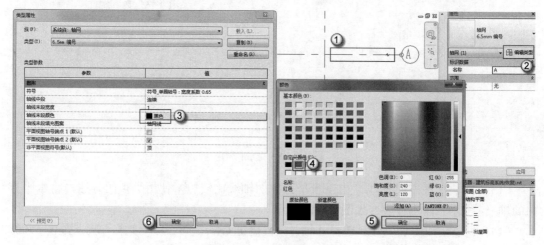

图 1.3.21　调整轴线颜色

注意：轴线默认情况下的颜色是黑色，对于出施工图而言，因为最后都是黑白打印，什么样的颜色没有区别。由于轴线是最重要的定位线，建筑、结构、设备专业都要参照其进行绘图。Revit 绝大部分的构件都是黑色，如果轴线也是黑色，就容易混淆，所以应该将其换成其他颜色。

（2）调整影响范围。在 Revit 中轴网是有影响范围的，也就是说轴网调整后，不是每个楼层平面视图都可以影响到，需要设置这样的范围。在"项目浏览器"面板中单击楼层平面的 1F 楼层，可以观察到轴网的两端都有轴号，如图 1.3.22 所示。但是，在"项目浏览器"面板中单击楼层平面的 2 楼层，可以观察到轴网只有一端有轴号，如图 1.3.23 所示。再次返回到 1F 楼层平面视图，选择所有轴线，选择"影响范围"命令，

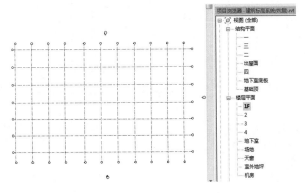

图 1.3.22   双头轴号

在弹出的"影响基准范围"对话框中选择所有的楼层平面与结构平面，并单击"确定"按钮完成操作，如图 1.3.24 所示。

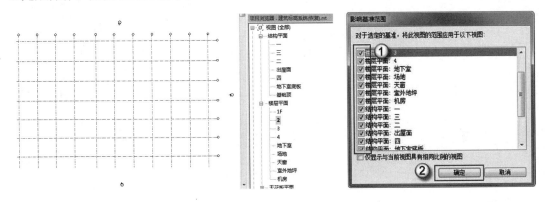

图 1.3.23   单头轴号   图 1.3.24   调整影响范围

（3）检查影响范围。在项目浏览器面板中分别单击楼层平面栏中的 3 平面视图和结构平面栏中的"二"结构平面视图，发现所有的轴线都是双头显示，如图 1.3.25 和图 1.3.26 所示。说明影响范围调整成功。

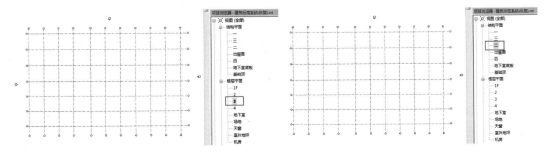

图 1.3.25   检查影响范围 1   图 1.3.26   检查影响范围 2

（4）轴网标注。按快捷键 D+I，向右依次选择 1、2、3、4……11 轴线，如图 1.3.27 所示。使用同样的命令与方法，从下向上完成对 A 至 G 轴的轴线标注，如图 1.3.28 所示。

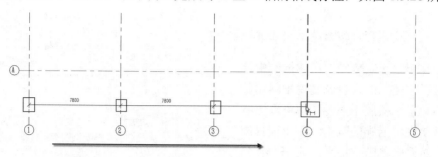

图 1.3.27　水平轴网标注

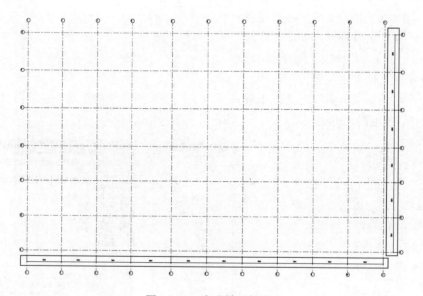

图 1.3.28　完成轴网标注

🔔**注意**：轴网的标注一次只针对一个楼层。如果需要对另外楼层进行轴网标注，可以使用复制楼层的方法来完成。通常在设计初期时，只对建筑一层进行标注，目的是为了检查轴网绘制的准确性。其余平面图中轴网的标注在最后出施工图时再进行操作。

第 2 章　地下基础部分的设计

桩基础是一种发展迅速的深基础，在高层建筑、桥梁及港口工程中应用极为广泛。当建筑场地浅层地基土质不能满足建筑物对地基承载力和变形的要求，也不宜采用地基处理等措施时，往往需要以地基深层坚实土层或岩层作为地基持力层，采用深基础方案。深基础主要有桩基础、沉井基础、墩基础和地下连续墙等几种类型，其中以桩基础的历史最为悠久，应用最为广泛。例如，我国秦代的渭桥、隋朝的郑州超化寺、五代的杭州湾大海堤以及南京的石头城和上海的龙华塔等，都是我国古代桩基的典范。

近年来，随着生产力水平的提高和科学技术的发展，桩的种类和形式、施工机具、施工工艺以及桩基设计理论和设计方法等，都在高速演进和发展。目前我国桩基最大入土深度已达 107m，桩径已超过 5m。

2.1　承　　台

承台指的是为承受、分布由墩身传递的荷载，在基桩顶部设置的连接各桩顶的钢筋混凝土平台。承台是桩与柱或墩联系部分。承台把几根，甚至十几根桩联系在一起形成桩基础。承台分为承台基础、高桩承台和低桩承台。低桩承台一般埋在土中或部分埋进土中，高桩承台一般露出地面或水面。高桩承台由于具有一段自由长度，其周围无支撑体共同承受水平外力，基桩的受力情况极为不利，桩身内力和位移都比同样水平外力作用下的低桩承台要大，其稳定性因而比低桩承台差。高桩承台一般用于港口、码头、海洋工程及桥梁工程。低桩承台一般用于工业与民用房屋建筑物。桩头一般伸入承台 0.1 米，并有钢筋锚入承台。承台上再建柱或墩，形成完整的传力体系。

近年来由于大直径钻孔灌注桩的采用，桩的刚度、强度都较大，因而高桩承台在桥梁基础工程中已得到广泛采用。

2.1.1　单桩矩形承台

承台的形状根据实际施工需求，有矩形、多边形等，而不同形状的承台根据插入的桩数不同又可分为单桩承台和多桩承台。在 Revit 中，模型是由一个一个族组建，承台根据形状和桩数不同，需要建立对应的族类型。

（1）新建族。选择"新建"→"族"命令，在弹出的"新族-选择样板文件"对话框中，选择"公制结构基础"选项，并单击"打开"按钮，如图 2.1.1 所示。

图 2.1.1　新建族

📢注意：承台属于基础，新建承台、垫层等构件的族，在基础选项栏定义。

（2）设置承台长和宽。在"楼层平面"视图中，绘图界面上的虚线十字交叉点，表示承台的几何中心点，所以定义承台长和宽时，可以以十字交叉线为参照平面。按快捷键 R+P，绘制任意一个辅助平面平行于纵向参照平面，将光标移向数字，输入数值 600。选择"辅助平面"，按两次快捷键 M，选择"纵向参照平面"镜像，如图 2.1.2 所示。以同样的方法定义承台宽。

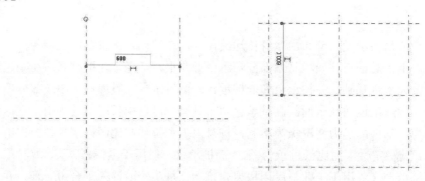

图 2.1.2　定义承台长和宽

（3）绘制承台截面。选择"创建"→"拉伸"→"矩形"命令，绘制矩形承台截面，删除多余的辅助线，如图 2.1.3 所示。

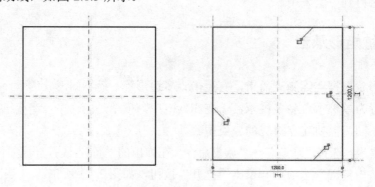

图 2.1.3　绘制承台截面

（4）定义承台高度。在 Revit 中用"深度"表示承台高度，因承台在参照标高以下，表示承台高度输入负值。单击"深度"按钮，输入数值–600，在"项目浏览器"中选择"立面"→"前"命令，观看承台高度，如图 2.1.4 所示。

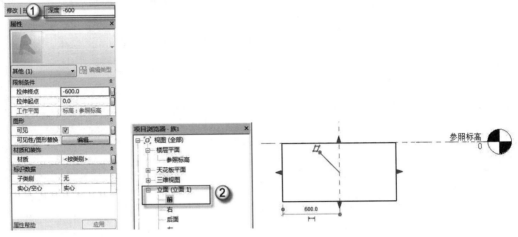

图 2.1.4　定义承台高度

（5）定义垫层长和宽。选择"创建"→"拉伸"→"矩形"命令，在"偏移量"选项栏，输入 100（垫层超出承台 100mm），如图 2.1.5 所示，绘制矩形垫层。

（6）定义垫层高度。在定义承台高度时，采用"深度"定义，这里垫层的高度可以在承台高度基础上进行定义。选择"立面"→"前"命令，在"属性"面板中，在"拉伸起点"后输入数值–600，在"拉伸终点"后输入数值–700，单击 √ 按钮确定，如图 2.1.6 所示。

（7）标注尺寸。在"项目浏览器"面板中选择"楼层平面"→"参照标高"选项，按快捷键 D+I（选择"注释"→"对齐"命令），标注长和宽。选择"立面"→"前"命令，按快捷键 D+I，标注高，如图 2.1.7 所示。

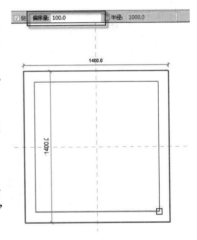

图 2.1.5　定义垫层平面

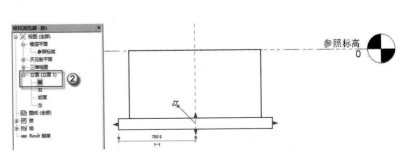

图 2.1.6　定义垫层高度

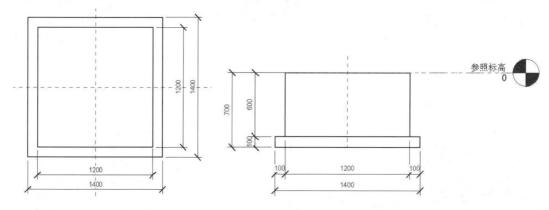

图 2.1.7　标注尺寸

（8）添加材质。选择"立面"→"前"命令，承台和垫层同在立面视图中。选择"承台"，在"属性"面板中单击"材质"按钮，在弹出的"材质浏览器"对话框中，依次单击"混凝土-现场浇注混凝土"→"确定"按钮，如图 2.1.8 所示。同样选择"垫层"，在"属性"面板中单击"材质"按钮，在弹出的"材质浏览器"对话框中，依次单击"混凝土-现场浇注混凝土"→"确定"按钮。

图 2.1.8　添加材质

（9）添加结构材质，单击"族类型"按钮，在弹出的"族类型"对话框中，单击"结构材质"按钮，在弹出"材质浏览器"对话框中，依次单击"混凝土-现场浇注混凝土"→"确定"按钮，如图 2.1.9 所示。

🔔注意：在"属性"面板中添加的材质适用于观看或者画剖面图，而"结构材质"中添加的材质是用于统计工程量。

（10）编辑可见性。在"项目浏览器"面板中选择"楼层平面"→"参照标高"选项，选择"承台"，在"属性"面板中单击"可见性/图形替换"后的"编辑"按钮，在弹出的"族图元可见性设置"对话框中，选中全部的复选框，并单击"确定"按钮，如图 2.1.10 所示。同样选择"垫层"，在"属性"面板中单击"可见性/图形替换"后的"编辑"按钮，在弹出的"族图元可见性设置"对话框中，取消"平面/天花板平面视图"和"当在平面/天花板平面视图中被剖切时（如果类别允许）"复选框的选择，并单击"确定"按钮，如图2.1.11 所示。

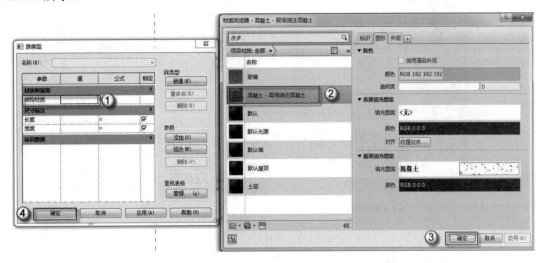

图 2.1.9　添加结构材质

图 2.1.10　承台可见性

图 2.1.11　垫层可见性

🔔注意：在平面图和剖面图中，垫层是不可见的，在施工平面图中也只能看到承台看不到垫层，所以在 Revit 平面视图中，去掉垫层可见性的选择。

（11）编辑族名称。单击"族类型"按钮，在弹出的"族类型"对话框中，单击"新建"按钮，在弹出的"名称"对话框中输入 CT1，单击"确定"按钮，如图 2.1.12 所示。

（12）另存为族。选择"应用程序"→"另存为"→"族"命令，在弹出的"另存为"对话框中将已经调整好的承台标头文件另存为"单桩矩形承台 CT1"RFA 族文件，如图 2.1.13所示。

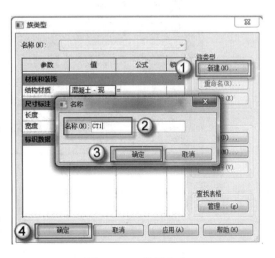

图 2.1.12　编辑名称

图 2.1.13　另存为 CT1

2.1.2　双桩矩形承台

双桩矩形承台指底部有两根桩，平面投影为矩形的承台形式，建双桩矩形承台族的操作方法如下。

（1）新建族。选择"新建"→"族"命令，在弹出的"新族-选择样板文件"对话框中，选择"公制结构基础"选项，单击"打开"按钮，如图 2.1.14 所示。

图 2.1.14　新建族

（2）设置承台长和宽。在"楼层平面"视图中，绘图界面上虚线十字交叉点，表示承台的几何中心点，所以定义承台长和宽时，可以以十字交叉线为参照平面。按快捷键 R+P，绘制任意一个辅助平面平行于纵向参照平面，将光标移向数字，输入数值 600，如图 2.1.15 所示。选择"辅助平面"，按两次快捷键 M，选择"纵向参照平面"镜像，如图 2.1.16 所示。以同样的方法定义承台宽。

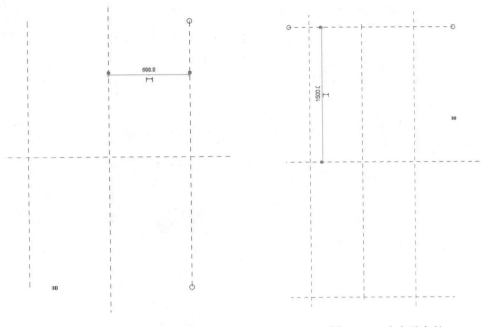

图 2.1.15　定义承台宽　　　　　　　　图 2.1.16　定义承台长

（3）绘制承台截面。选择"创建"→"拉伸"→"矩形"命令，绘制矩形承台截面，删除多余的辅助线，如图 2.1.17 所示。

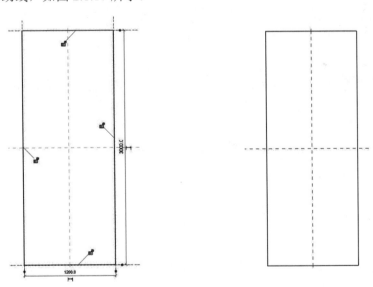

图 2.1.17　绘制承台截面

（4）定义承台高度。在 Revit 中用"深度"表示承台高度，因承台在参照标高以下，表示承台高度输入负值。单击"深度"按钮，输入数值–900，或者在"拉伸终点"后输入数值–900。在项目浏览器中选择"立面"→"前"命令，观看承台高度，如图 2.1.18 所示。

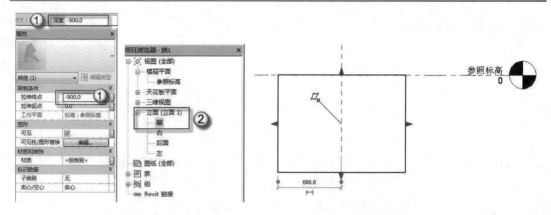

图 2.1.18　定义承台高度

（5）定义垫层长和宽。选择"创建"→"拉伸"→"矩形"命令，在"偏移量"选项栏，输入 100（垫层超出承台 100mm），如图 2.1.19 所示，绘制矩形垫层。

（6）定义垫层高度。在定义承台高度时，采用"深度"定义，这里垫层的高度可以在承台高度基础上进行定义。选择"立面"→"前"命令，在"属性"面板中，在"拉伸起点"后输入数值–900，在"拉伸终点"后输入数值–1000，单击√按钮确定，如图 2.1.20 所示。

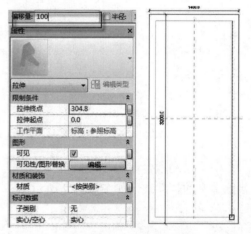

图 2.1.19　定义垫层平面

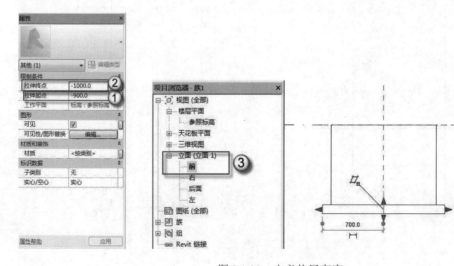

图 2.1.20　定义垫层高度

（7）添加材质。选择"立面"→"前"命令，承台和垫层同在立面视图中。选择"承台"，在"属性"面板中单击"材质"按钮，在弹出的"材质浏览器"对话框中，依次单击"混凝土-现场浇注混凝土"→"确定"按钮，如图 2.1.21 所示。同样选择"垫层"，在"属性"面板中单击"材质"按钮，在弹出的"材质浏览器"对话框中，依次单击"混凝土-现场浇注混凝土"→"确定"按钮。

图 2.1.21　添加材质

（8）添加结构材质，单击"族类型"按钮，在弹出的"族类型"对话框中，依次单击"结构材质"→"混凝土-现场浇注混凝土"→"确定"按钮，如图 2.1.22 所示。

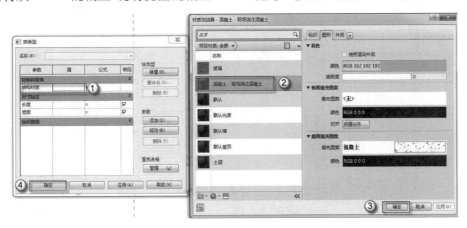

图 2.1.22　添加结构材质

🔔注意：在"属性"面板中添加的材质适用于观看或者画剖面图，而在"结构材质"中添加的材质适用于统计工程量。

（9）编辑可见性。在"项目浏览器"面板中选择"楼层平面"→"参照标高"选项，选择"承台"，在"属性"面板中单击"可见性/图形替换"后的"编辑"按钮，在弹出的"族图元可见性设置"对话框中，选中全部的复选框，并单击"确定"按钮，如图 2.1.23 所示。同样选择"垫层"，在"属性"面板中单击"可见性/图形替换"后的"编辑"按钮，在弹出的"族图元可见性设置"对话框中，取消"平面/天花板平面视图"和"当在平面/天花板平面视图中被剖切时（如果类别允许）"复选框的选择，并单击"确定"按钮，如

图 2.1.24 所示。

图 2.1.23　承台可见性　　　　　　　图 2.1.24　垫层可见性

（10）编辑族名称。单击"族类型"按钮，在弹出的"族类型"对话框中，单击"新建"按钮，在弹出的"名称"对话框中输入 CT2，单击"确定"按钮，如图 2.1.25 所示。

（11）另存为族。选择"应用程序"→"另存为"→"族"命令，在弹出的"另存为"对话框中将已经调整好的承台标头文件另存为"CT2"RFA 族文件，如图 2.1.26 所示。

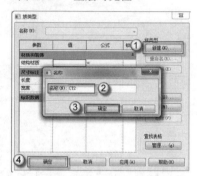

图 2.1.25　编辑簇名称

图 2.1.26　另存为族

2.1.3　三桩多边形承台

三桩多边形承台指底部有 3 根桩，平面投影为多边形的承台形式，此承台族只需要建固定族，具体的操作方法如下。

（1）新建族。选择"新建"→"族"命令，在弹出的"新族-选择样板文件"对话框中，选择"公制结构基础"选项，单击"打开"按钮，如图 2.1.27 所示。

（2）导入配套资源中的 DWG 文件。选择"插入"→"导入 CAD"命令，在弹出的"导入 CAD 样式"对话框中选择"承台 CT3"DWG 文件，如图 2.1.28 所示。

图 2.1.27 新建族样板

图 2.1.28 导入 CAD 图

（3）调整导入 CAD 图形的中心位置。在"楼层平面"视图中，选择导入的图形，按快捷键 M+V，将图形的几何中心移到"参照标高"的交点（十字虚线的交点），如图 2.1.29 所示。导入的图形将作为绘制多边承台的辅助线。

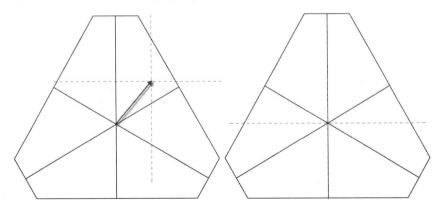

图 2.1.29 调整导入图形

（4）绘制多边承台。选择"创建"→"拉伸"→"直线"命令，绘制多边承台截面，如图 2.1.30 所示。绘制完成后，按 Delete 键，删除导入的 CAD 辅助线。

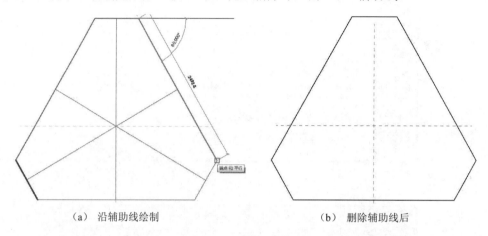

（a）　沿辅助线绘制　　　　　　　　　　　　　（b）　删除辅助线后

图 2.1.30　绘制多边承台

（5）设置承台高度。在"属性"面板中，在"拉伸终点"后输入数值−600，在"项目浏览器"中选择"立面"→"前"命令，观看承台高度，如图 2.1.31 所示。

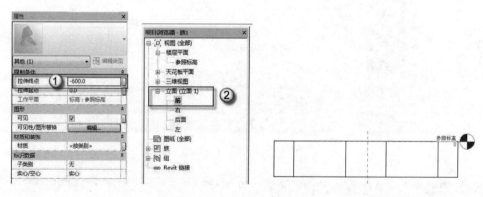

图 2.1.31　设置承台高度

（6）设置垫层。选择"创建"→"拉伸"→"拾取线"命令，在"偏移量"选项栏，输入数值 100（垫层超出承台 100mm），绘制垫层平面。在"属性"面板中，在"拉伸起点"后输入数值−600，在"拉伸终点"后输入数值−700，在"项目浏览器"面板中选择"立面"→"前"命令，查看承台高度，如图 2.1.32 所示。

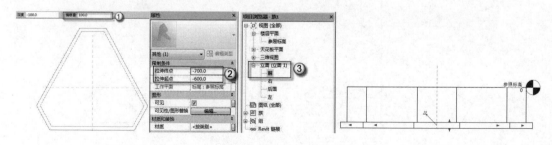

图 2.1.32　设置垫层

🔔**注意：** 在 Revit 中拾取线相当于偏移，当把光标放在图形的内部时，是向内偏移，当光标往图形外拉伸时，是向外偏移。在绘制图形时，注意光标的方向。

（7）添加材质。选择"承台"，在"属性"面板中单击"材质"按钮，在弹出的"材质浏览器"对话框中，依次单击"混凝土-现场浇注混凝土"→"确定"按钮。同样选择"垫层"，在"属性"面板中单击"材质"按钮，在弹出的"材质浏览器"对话框中，依次单击"混凝土-现场浇注混凝土"→"确定"按钮，如图 2.1.33 所示。

图 2.1.33　添加材质

（8）还需要添加结构材质，单击"族类型"按钮，在弹出的"族类型"对话框中，单击"结构材质"按钮，在弹出的"材质浏览器"对话框中，依次单击"混凝土-现场浇注混凝土"→"确定"按钮，如图 2.1.34 所示。

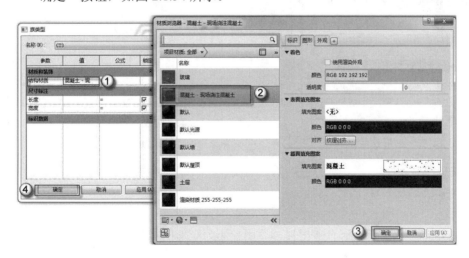

图 2.1.34　添加结构材质

（9）编辑可见性。在"项目浏览器"面板中选择"楼层平面"→"参照标高"选项，选择"承台"，在"属性"面板中单击"可见性/图形替换"后的"编辑"按钮，在弹出的

"族图元可见性设置"对话框中，选中全部的复选框，并单击"确定"按钮，如图 2.1.35
所示。同样选择"垫层"，在"属性"面板中单击"可见性/图形替换"后的"编辑"按钮，
在弹出的"族图元可见性设置"对话框中，取消"平面/天花板平面视图"和"当在平面/
天花板平面视图中被剖切时（如果类别允许）"复选框的选择，并单击"确定"按钮，如图
2.1.36 所示。

图 2.1.35　承台可见性　　　　　　　　　　图 2.1.36　垫层可见性

（10）编辑族名称。单击"族类型"按钮，在弹出的"族类型"对话框中，单击"新
建"按钮，在弹出的"名称"对话框中输入 CT3，单击"确定"按钮，如图 2.1.37 所示。

（11）另存为族。选择"应用程序"→"另存为"→"族"命令，在弹出的"另存为"
对话框中，将已经调整好的承台标头文件另存为"CT3"RFA 族文件，如图 2.1.38 所示。

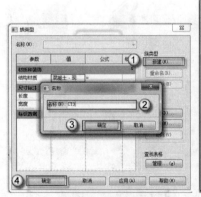

图 2.1.37　编辑族名称　　　　　　　图 2.1.38　另存为"CT3"RFA 文件

2.1.4　四桩矩形承台

四桩矩形形承台指底部有 4 根桩，平面投影为矩形的承台形式，此承台族只需要建固
定族，具体的操作方法如下。

（1）新建族。选择"新建"→"族"命令，在弹出的"新族-选择样板文件"对话框中，
选择"公制结构基础"选项，单击"打开"按钮，如图 2.1.39 所示。

（2）定义承台长和宽。在"楼层平面"视图中，按快捷键 R+P，绘制任意一个辅助平

面平行于纵向参照平面，将光标移向数字，输入数值 1500，如图 2.1.40 所示。选择"辅助平面"，按两次快捷键 M，选择"纵向参照平面"镜像，如图 2.1.41 所示，以同样的方法定义承台宽。

图 2.1.39　新建族

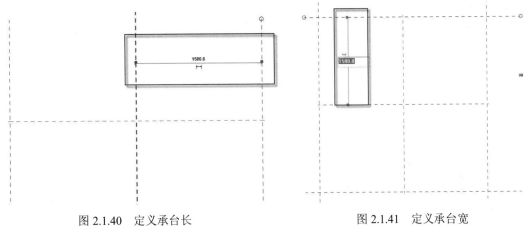

图 2.1.40　定义承台长　　　　　　　　　　图 2.1.41　定义承台宽

（3）绘制承台截面。选择"创建"→"拉伸"→"矩形"命令，绘制矩形承台截面，删除多余的辅助线，如图 2.1.42 所示。

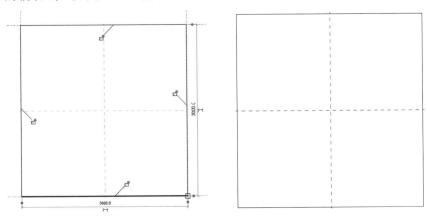

图 2.1.42　绘制承台截面

（4）定义承台高度。在 Revit 中用"深度"表示承台高度，或者采用"拉伸终点"命令，因承台在参照标高以下，表示承台高度输入负值。在"深度"栏，输入数值–600，在"项目浏览器"面板中选择"立面"→"前"命令，观看承台高度，如图 2.1.43 所示。

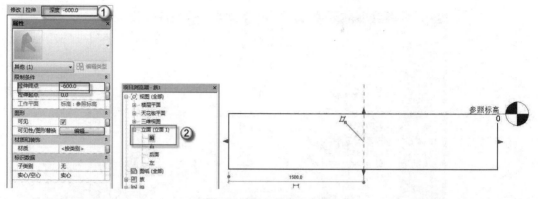

图 2.1.43　定义承台高度

（5）定义垫层长和宽。选择"创建"→"拉伸"→"矩形"命令，在"偏移量"栏，输入 100（垫层超出承台 100mm），如图 2.1.44 所示，绘制矩形垫层。

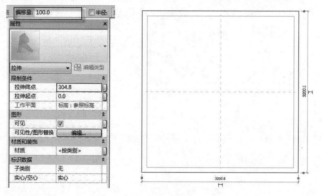

图 2.1.44　定义垫层长和宽

（6）定义垫层高度。在定义承台高度时，采用"深度"定义，这里垫层的高度可以在承台高度基础上进行定义。选择"立面"→"前"命令，在"属性"面板中，在"拉伸起点"后输入数值–600，在"拉伸终点"后输入数值–700，单击 √ 按钮确定，如图 2.1.45 所示。

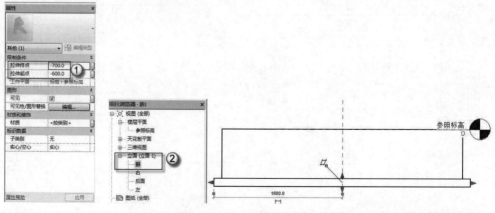

图 2.1.45　定义垫层高度

（7）添加材质。选择"立面"→"前"命令，承台和垫层同在立面视图中。选择"承台"，在"属性"面板中单击"材质"按钮，在弹出的"材质浏览器"对话框中，依次单击"混凝土-现场浇注混凝土"→"确定"按钮，如图 2.1.46 所示。同样选择"垫层"，在"属性"面板中单击"材质"按钮，在弹出的"材质浏览器"对话框中，依次单击"混凝土-现场浇注混凝土"→"确定"按钮。

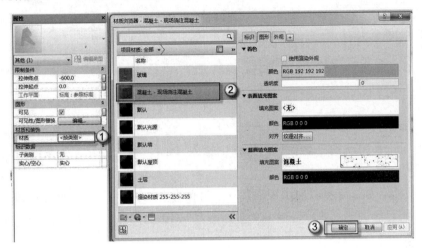

图 2.1.46 添加材质

（8）添加结构材质，单击"族类型"按钮，在弹出的"族类型"对话框中，单击"结构材质"按钮，在弹出的"材质浏览器"对话框中，依次单击"混凝土-现场浇注混凝土"→"确定"按钮，如图 2.1.47 所示。

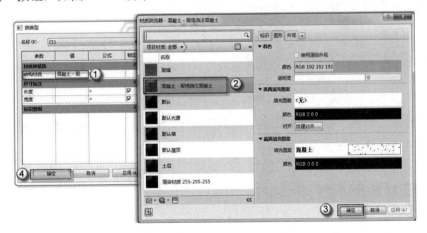

图 2.1.47 添加结构材质

（9）编辑可见性。在"项目浏览器"面板中选择"楼层平面"→"参照标高"选项，选择"承台"，在"属性"面板中单击"可见性/图形替换"后的"编辑"按钮，在弹出的"族图元可见性设置"对话框中，选中全部的复选框，并单击"确定"按钮，如图 2.1.48 所示。同样选择"垫层"，在"属性"面板中单击"可见性/图形替换"后的"编辑"按钮，在弹出的"族图元可见性设置"对话框中，取消"平面/天花板平面视图"和"当在平面/天花板平面视图中被剖切时（如果类别允许）"复选框的选择，并单击"确定"按钮，如

图 2.1.49 所示。

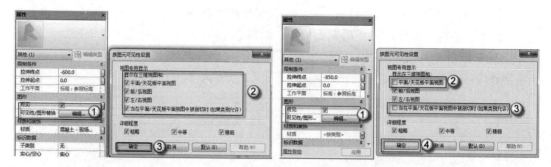

图 2.1.48　承台可见性　　　　　　　　　　图 2.1.49　垫层可见性

　　（10）编辑族名称。单击"族类型"按钮，在弹出的"族类型"对话框中，单击"新建"按钮，在弹出的"名称"对话框中输入 CT4，单击"确定"按钮，如图 2.1.50 所示。

　　（11）另存为族。选择"应用程序"→"另存为"→"族"命令，在弹出的"另存为"对话框中，将已经调整好的承台标头文件另存为"四桩矩形承台"RFA 族文件，如图 2.1.51 所示。

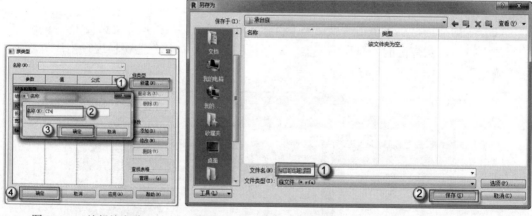

图 2.1.50　编辑族名称　　　　　　　　　　图 2.1.51　另存为族

2.1.5　五桩矩形承台

　　五桩矩形承台指底部有 5 根桩，平面投影为矩形的承台形式，此承台族只需要建固定族，具体操作方法如下。

　　（1）新建族。选择"新建"→"族"命令，在弹出的"新族-选择样板文件"对话框中，选择"公制结构基础"选项，单击"打开"按钮，如图 2.1.52 所示。

　　（2）定义承台长和宽。在"楼层平面"视图中，按快捷键 R+P，绘制任意一个辅助平面平行于纵向参照平面，将光标移向数字，输入数值 600，如图 2.1.53 所示。选择"辅助平面"，按两次快捷键 M，选择"纵向参照平面"镜像，如图 2.1.54 所示。以同样的方法定义承台宽。

图 2.1.52　新建族

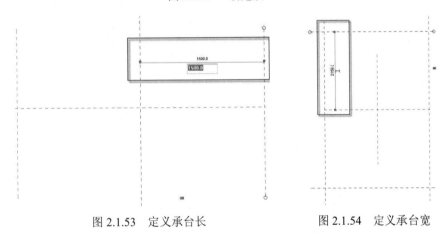

图 2.1.53　定义承台长　　　　　　　　图 2.1.54　定义承台宽

（3）绘制承台截面。选择"创建"→"拉伸"→"矩形"命令，绘制矩形承台截面，删除多余的辅助线，如图 2.1.55 所示。

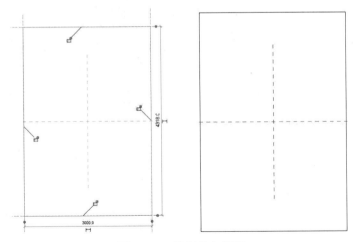

图 2.1.55　绘制承台截面

（4）定义承台高度。在 Revit 中用"深度"表示承台高度，或者采用"拉伸终点"命令，因承台在参照标高以下，表示承台高度输入负值。在"深度"栏，输入数值–750，在

"项目浏览器"面板中选择"立面"→"前"命令，观看承台高度，如图 2.1.56 所示。

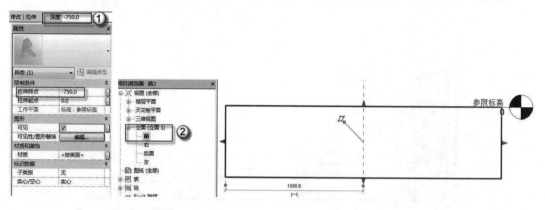

图 2.1.56　定义承台高度

（5）定义垫层长和宽。选择"创建"→"拉伸"→"矩形"命令，在"偏移量"栏，输入 100（垫层超出承台 100mm），如图 2.1.57 所示，绘制矩形垫层。

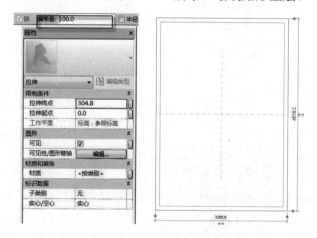

图 2.1.57　定义垫层长和宽

（6）定义垫层高度。在定义承台高度时，采用"深度"定义，这里垫层的高度可以在承台高度基础上进行定义。选择"立面"→"前"命令，在"属性"面板中，在"拉伸起点"后输入数值–750，在"拉伸终点"后输入数值–850，单击 √ 按钮确定，如图 2.1.58 所示。

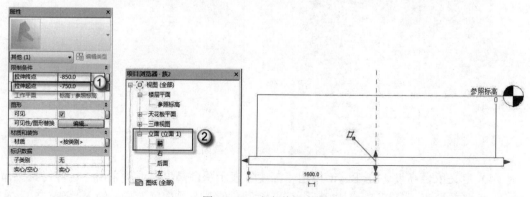

图 2.1.58　定义垫层高度

（7）添加材质。选择"立面"→"前"命令，承台和垫层同在立面视图中。选择"承台"，在"属性"面板中单击"材质"按钮，在弹出的"材质浏览器"对话框中，依次单击"混凝土-现场浇注混凝土"→"确定"按钮，如图 2.1.59 所示。同样选择"垫层"，在"属性"面板中单击"材质"按钮，在弹出的"材质浏览器"对话框中，依次单击"混凝土-现场浇注混凝土"→"确定"按钮。

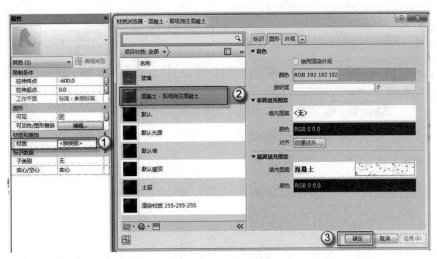

图 2.1.59　添加材质

（8）添加结构材质，单击"族类型"按钮，在弹出的"族类型"对话框中，单击"结构材质"按钮，在弹出的"材质浏览器"对话框中，依次单击"混凝土-现场浇注混凝土"→"确定"按钮，如图 2.1.60 所示。

图 2.1.60　添加结构材质

（9）编辑可见性。在"项目浏览器"面板中选择"楼层平面"→"参照标高"选项，选择"承台"，在"属性"面板中单击"可见性/图形替换"后的"编辑"按钮，在弹出的"族图元可见性设置"对话框中，选中全部的复选框，并单击"确定"按钮，如图 2.1.61 所示。同样选择"垫层"，在"属性"面板中单击"可见性/图形替换"后的"编辑"按钮，在弹出的"族图元可见性设置"对话框中，取消"平面/天花板平面视图"和"当在平面/天花板平面视图中被剖切时（如果类别允许）"复选框的选择，单击"确定"按钮，如图2.1.62 所示。

图 2.1.61　承台可见性　　　　　　　　　图 2.1.62　垫层可见性

（10）编辑族名称。单击"族类型"按钮，在弹出的"族类型"对话框中，单击"新建"按钮，在弹出的"名称"对话框中输入 CT5，单击"确定"按钮，如图 2.1.63 所示。

（11）另存为族。选择"应用程序"→"另存为"→"族"命令，在弹出的"另存为"对话框中，将已经调整好的承台标头文件另存为"五桩矩形承台 CT5"RFA 族文件，如图2.1.64 所示。

图 2.1.63　编辑族名称　　　　　　　　　图 2.1.64　另存为族

2.1.6　六桩矩形承台

六桩矩形承台指底部有 6 根桩，平面投影为矩形的承台形式，此承台族只需要建固定族，具体的操作方法如下。

（1）新建族。选择"新建"→"族"命令，在弹出的"新族-选择样板文件"对话框中，选择"公制结构基础"选项，单击"打开"按钮，如图 2.1.65 所示。

（2）导入配套资源中的 DWG 文件。选择"插入"→"导入 CAD"命令，在弹出的"导入 CAD 格式"对话框中选择"承台 CT6"DWG 文件，如图 2.1.66 所示。

图 2.1.65　新建族样板

图 2.1.66　导入 CAD 图

（3）调整导入 CAD 图形的中心位置。在"楼层平面"视图中，选择导入的图形，按快捷键 M+V，将图形的几何中心移到"参照标高"的交点（十字虚线的交点），如图 2.1.67所示。导入的图形将作为绘制多边承台的辅助线。

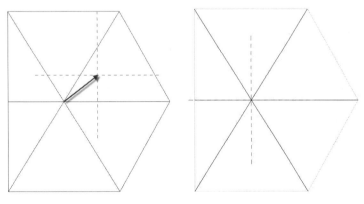

图 2.1.67　调整导入图形

（4）绘制多边承台。选择"创建"→"拉伸"→"直线"命令，绘制多边承台截面，如图 2.1.68 所示。绘制完成后，按 Delete 键，删除导入的 CAD 辅助线。

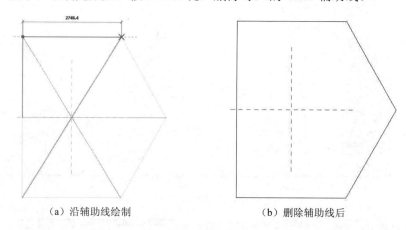

（a）沿辅助线绘制　　　　　　　（b）删除辅助线后

图 2.1.68　绘制多边承台

（5）定义承台高度。在"属性"面板中，在"拉伸终点"后输入数值–800，在"项目浏览器"面板中选择"立面"→"前"命令，观看承台高度，如图 2.1.69 所示。

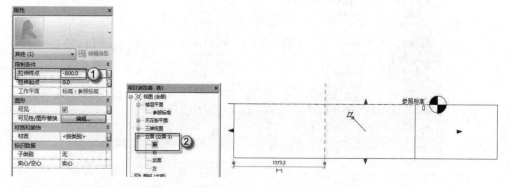

图 2.1.69　定义承台高度

（6）定义垫层长和宽。选择"创建"→"拉伸"→"拾取线"命令，在"偏移量"栏，输入 100（垫层超出承台 100mm），绘制垫层平面，如图 2.1.70 所示。

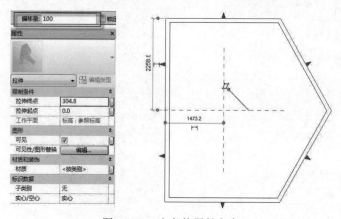

图 2.1.70　定义垫层长和宽

（7）定义垫层高度。在"属性"面板中，在"拉伸起点"后输入数值–800，在"拉伸终点"后输入数值–900，在"项目浏览器"面板中选择"立面"→"前"命令，观看承台高度，如图 2.1.71 所示。

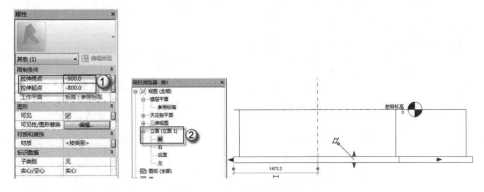

图 2.1.71　定义垫层高度

（8）添加材质。选择"承台"，在"属性"面板中单击"材质"按钮，在弹出的"材质浏览器"对话框中，依次单击"混凝土-现场浇注混凝土"→"确定"按钮。同样选择"垫层"，在"属性"面板中单击"材质"按钮，在弹出的"材质浏览器"对话框中，依次单击"混凝土-现场浇注混凝土"→"确定"按钮，如图 2.1.72 所示。

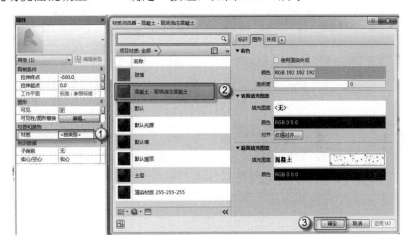

图 2.1.72　添加材质

（9）添加结构材质，单击"族类型"按钮，在弹出的"族类型"对话框中，单击"结构材质"按钮，在弹出的"材质浏览器"对话框中，依次单击"混凝土-现场浇注混凝土"→"确定"按钮，如图 2.1.73 所示。

（10）编辑可见性。在"项目浏览器"面板中选择"楼层平面"→"参照标高"选项，选择"承台"，在"属性"面板中单击"可见性/图形替换"后的"编辑"按钮，在弹出的"族图元可见性设置"对话框中，选中全部复选框，并单击"确定"按钮，如图 2.1.74 所示。同样选择"垫层"，在"属性"面板中单击"可见性/图形替换"后的"编辑"按钮，在弹出的"族图元可见性设置"对话框中，取消"平面/天花板平面视图"和"当在平面/天花板平面视图中被剖切时（如果类别允许）"复选框的选择，单击"确定"按钮，如

图 2.1.75 所示。

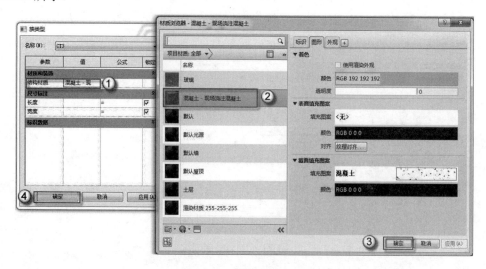

图 2.1.73　添加结构材质

图 2.1.74　承台可见性 　　　　　　　　　 图 2.1.75　垫层可见性

（11）编辑族名称。单击"族类型"按钮，在弹出的"族类型"对话框中，单击"新建"按钮，在弹出的"名称"对话框中输入 CT6，单击"确定"按钮，如图 2.1.76 所示。

（12）另存为族。单击"应用程序"→"另存为"→"族"命令，在弹出的"另存为"对话框中，将已经调整好的承台标头文件另存为"六桩多边承台 CT6"RFA 族文件，如图 2.1.77 所示。

图 2.1.76　编辑族名称 　　　　　　　　　 图 2.1.77　另存为族

2.1.7　七桩多边形承台

七桩多边形承台指底部有 7 根桩，平面投影为多边形的承台形式，此承台族只需要建固定族，具体的操作方法如下。

（1）新建族。选择"新建"→"族"命令，在弹出的"新族-选择样板文件"对话框中，选择"公制结构基础"选项，单击"打开"按钮，如图 2.1.78 所示。

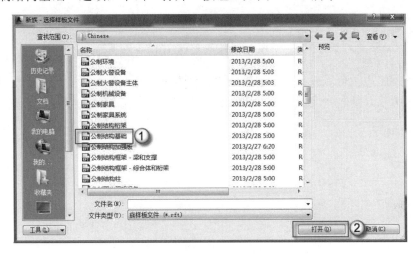

图 2.1.78　新建族样板

（2）导入配套资源中的 DWG 文件。选择"插入"→"导入 CAD"命令，在弹出的"导入 CAD 格式"对话框中选择"CT7a.dwg 承台"文件，如图 2.1.79 所示。

图 2.1.79　导入 CAD 图

（3）调整导入 CAD 图形的中心位置。在"楼层平面"视图中，选择导入的图形，按快捷键 M+V，将图形的几何中心移到"参照标高"的交点（即十字虚线的交点），如图 2.1.80 所示。导入的图形将作为绘制多边承台的辅助线。

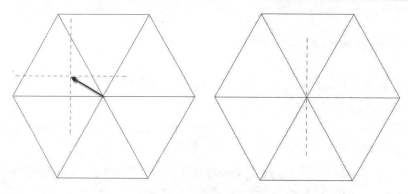

图 2.1.80　调整导入图形

（4）绘制多边承台。选择"创建"→"拉伸"→"直线"命令，绘制多边承台截面，如图 2.1.81 所示。绘制完成后，按 Delete 键，删除导入的 CAD 辅助线。

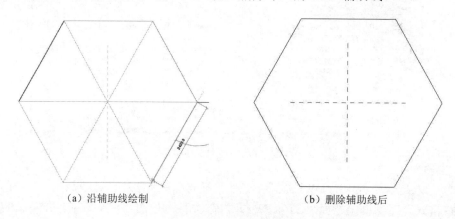

（a）沿辅助线绘制　　　　　　　　　　　　（b）删除辅助线后

图 2.1.81　绘制多边承台

（5）定义承台高度。在"属性"面板中，在"拉伸终点"后输入数值-850，在"项目浏览器"面板中选择"立面"→"前"命令，观看承台高度，如图 2.1.82 所示。

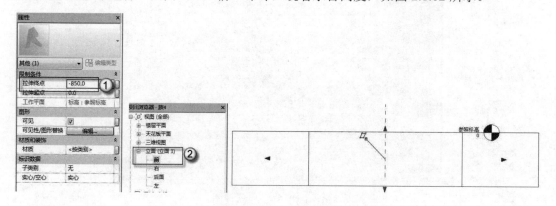

图 2.1.82　定义承台高度

（6）定义垫层长和宽。选择"创建"→"拉伸"→"拾取线"命令，在"偏移量"栏，输入 100（垫层超出承台 100mm），绘制垫层平面，如图 2.1.83 所示。

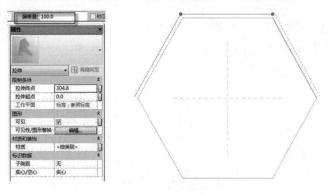

图 2.1.83　定义垫层长和宽

（7）定义垫层高度。在"属性"面板中，在"拉伸起点"后输入数值–850，在"拉伸终点"后输入数值–990，在"项目浏览器"面板中选择"立面"→"前"命令，观看承台高度，如图 2.1.84 所示。

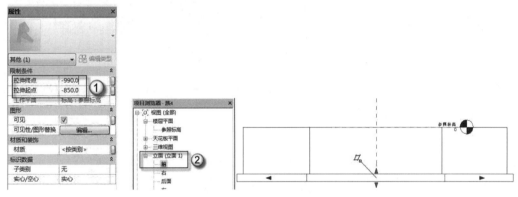

图 2.1.84　定义垫层高度

（8）添加材质。选择"承台"，在"属性"面板中单击"材质"按钮，在弹出的"材质浏览器"对话框中，依次单击"混凝土-现场浇注混凝土"→"确定"按钮。同样选择"垫层"，在"属性"面板中单击"材质"按钮，在弹出的"材质浏览器"对话框中，依次单击"混凝土-现场浇注混凝土"→"确定"按钮，如图 2.1.85 所示。

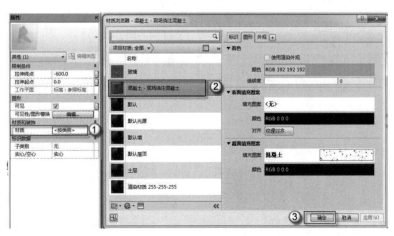

图 2.1.85　添加材质

（9）添加结构材质。单击"族类型"按钮，在弹出的"族类型"对话框中，单击"结构材质"按钮，在弹出的"材质浏览器"对话框中，依次单击"混凝土-现场浇筑混凝土"→"确定"按钮，如图 2.1.86 所示。

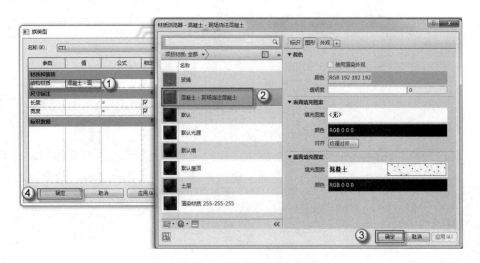

图 2.1.86　添加结构材质

（10）编辑可见性。在"项目浏览器"面板中选择"楼层平面"→"参照标高"选项，选择"承台"，在"属性"面板中单击"可见性/图形替换"后的"编辑"按钮，在弹出的"族图元可见性设置"对话框中，选中全部复选框，并单击"确定"按钮，如图 2.1.87 所示。同样选择"垫层"，在"属性"面板中单击"可见性/图形替换"后的"编辑"按钮，在弹出的"族图元可见性设置"对话框中，取消"平面/天花板平面视图"和"当在平面/天花板平面视图中被剖切时（如果类别允许）"复选框的选择，并单击"确定"按钮，如图2.1.88 所示。

图 2.1.87　承台可见性　　　　　　　　　图 2.1.88　垫层可见性

（11）编辑族名称。单击"族类型"按钮，在弹出的"族类型"对话框中，单击"新建"按钮，在弹出的"名称"中输入"CT7a"，并单击"确定"按钮，如图 2.1.89 所示。

（12）另存为族。单击"应用程序"→"另存为"→"族"命令，在弹出的"另存为"对话框中，将已经调整好的承台标头文件另存为"七桩多边承台 CT7a"RFA 族文件，如图 2.1.90 所示。

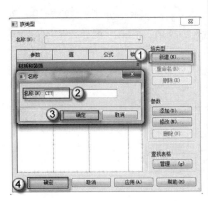

图 2.1.89　编辑族名称　　　　　　　　　图 2.1.90　另存为族

在 Revit 中，建族是最关键的一步。综上所述，介绍了 7 种类型的族，每一种的操作步骤都非常详细，都是为后面的基础做准备。特别注意的是，建族每一步都不能缺少，否则，后面画图时还需要返回来修改，无疑增加了工作量。

2.2　桩

桩基础由桩基和连接于桩顶的承台共同组成。若桩身全部埋于土中，承台底面与土体接触，则称为低承台桩基；若桩身上部露出地面而承台底位于地面以上，则称为高承台桩基。建筑桩基通常为低承台桩基础。在多层框架结构、高层建筑剪力墙结构中，桩基础应用广泛。

2.2.1　制作桩族并嵌入到承台族中

桩族的制作比较简单，为一个圆柱形的三维几何对象。为了以后使用方便，应使用可变族。具体操作如下。

（1）新建族。选择"新建"→"族"命令，在弹出的"新族-选择样板文件"对话框中，选择"公制结构基础"选项，并单击"打开"按钮，如图 2.2.1 所示。

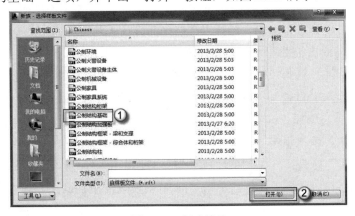

图 2.2.1　新建桩族

（2）绘制桩截面。选择"创建"→"拉伸"→"圆形"命令，输入桩半径数值300绘制圆形桩截面，在"属性"面板中，在"拉伸终点"后输入数值–1000，单击"应用"按钮，在"立面→前视图"截面，查看桩长，如图2.2.2所示。

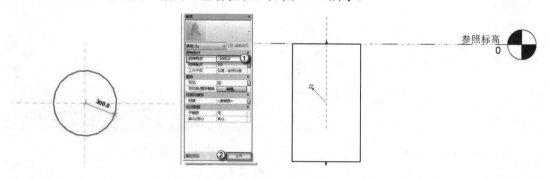

图 2.2.2　绘制桩截面

（3）编辑活族桩。按快捷键 D+I（选择"注释"→"对齐"命令），标注桩长，如图2.2.3 所示。单击尺寸标注，选择"标签"下的"添加参数"，在弹出的"参数属性"对话框中，在"名称"栏中输入"桩长"，单击"确定"按钮，如图2.2.4所示。

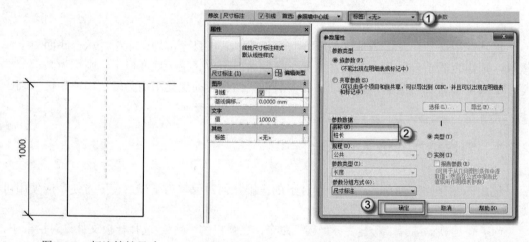

图 2.2.3　标注桩长尺寸　　　　　　　　图 2.2.4　添加参数

（4）同样对桩直径进行编辑。选择"楼层平面"→"参照标高"命令，在"修改/尺寸标注"选项卡下，双击桩截面，选择"注释"→"直径"命令，标注桩直径，如图 2.2.5 所示。单击尺寸标注，选择"标签"下的"添加参数"，在弹出的"参数属性"对话框中，在"名称"栏中输入"直径"，单击"确定"按钮，如图 2.2.6 所示。

（5）添加材质。选择"桩"，在"属性"面板中单击"材质"按钮，在弹出的"材质浏览器"对话框中，依次单击"混凝土-现场浇注混凝土"→"确定"按钮，如图2.2.7所示。单击"族类型"按钮，在弹出的"族类型"对话框中，单击"结构材质"按钮，在弹出的"材质浏览器"对话框中，依次单击"混凝土-现场浇筑混凝土"→"确定"按钮，如图 2.2.8 所示。

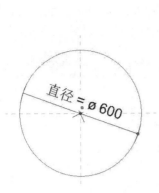
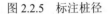

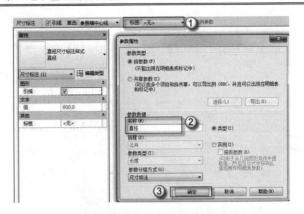

图 2.2.5　标注桩径　　　　　　　　　　图 2.2.6　添加直径参数

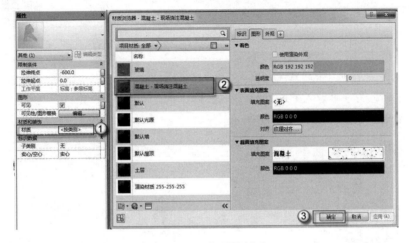

图 2.2.7　添加属性材质

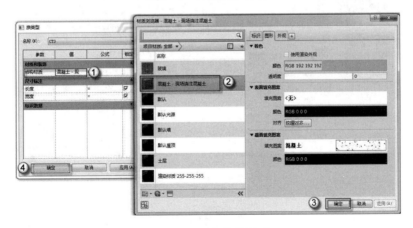

图 2.2.8　添加结构材质

📢注意：这里应该和前面承台建族一样，需要定义桩的可见性，由于做法和前面一样，此处略写，但要记住勾选可见性。

（6）编辑族名称。单击"族类型"按钮，在弹出的"族类型"对话框中，单击"新建"按钮，在弹出的"名称"对话框中输入"桩"，并单击"确定"按钮，如图 2.2.9 所示。

（7）另存为族。选择"应用程序"→"另存为"→"族"命令，在弹出的"另存为"对话框中，将已经调整好的承台标头文件另存为"桩"RFA 族文件，如图 2.2.10 所示。

图 2.2.9　编辑桩名称　　　　　　　　　　　图 2.2.10　另存为族

（8）导入配套资源中的 DWG 文件。选择"结构平面"→"基础顶"命令，在此视图界面，选择"插入"→"导入 CAD"命令，在弹出的"导入 CAD 格式"对话框中选择"承台平面定位 dwg"文件，如图 2.2.11 所示。

图 2.2.11　导入承台定位 CAD 图

注意：导入 CAD 图时，注意导入的单位。配套的图形在 CAD 软件中，需要精确定位拾取点，方便导入 Revit 中定位捕捉。

（9）调整导入 CAD 图形位置。选择导入的图形，按快捷键 M+V，选定图形的拾取点，移到轴网的交点，如图 2.2.12 所示。导入的图形将作为绘制多边承台的辅助线。

（10）载入族。选择"插入"→"载入族"命令，在弹出的"载入族"对话框中选择 CT1.rfa 文件，如图 2.2.13 所示。以同样的方式导入其他承台族。

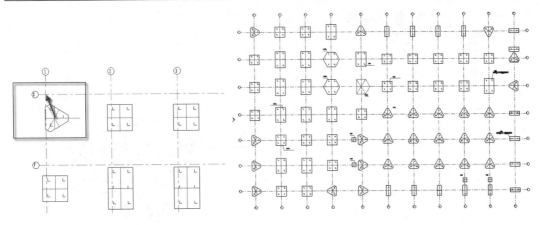

图 2.2.12　调整 CAD 图形

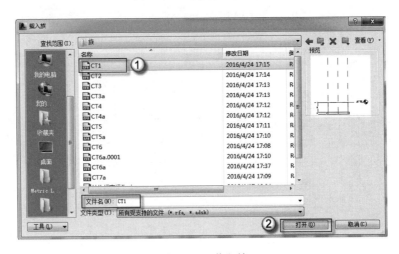

图 2.2.13　载入族

🔔注意：在 Revit 中载入族时，发现系统没有反应，并不表示族没有载入，可以在结构基础里面会看到载入的族。

（11）精确插入承台族 CT1。选择"结构"→"独立"命令，在"属性"面板中选择需要插入的族，精确插入到对应的 CAD 图形中，如图 2.2.14 所示。

（12）精确插入承台族 CT3。选择"结构"→"独立"命令，在"属性"面板中选择 CT3 族，对于与轴网呈一定角度的承台，在族插入前，选中"放置后旋转"复选框，再插入 CT3 族，如图 2.2.15 所示。

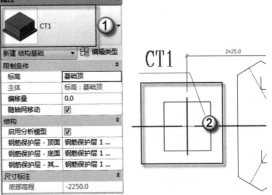

图 2.2.14　精确插入承台族

（13）1～4 轴与 5～11 轴之间的承台底标高不同，1～4 轴插入以 a 结尾的承台族，现将承台族插入对应的图形中，如图 2.2.16 所示。

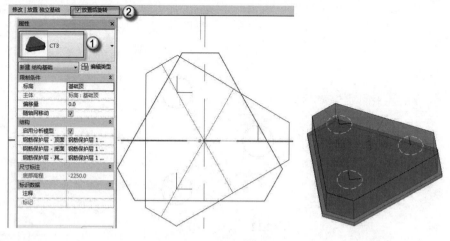

图 2.2.15　精确插入旋转族

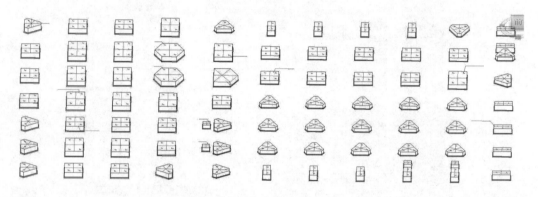

图 2.2.16　承台

总结，将承台族插入到几何图形中，主要有两种方法：第一种是直接采用点式画法，例如步骤（11）；第二种是放置后旋转法，例如步骤（12），其他承台族依照两类方法可以一次插入对应的图形中。

2.2.2　精确定位插入基础

基础的主要部分除了承台还包括承台下的桩，对于桩，根据地理环境、土质类型还有上部荷载的不同，桩长和桩径也不相同，所以前面建的桩族为活桩。此配套图纸，桩径都是 600mm，桩长有两种，1～4 轴桩长为 20 米，5～11 轴桩长为 23.15 米。下面具体介绍如何将桩族插入承台族。

（1）载入桩族。选择"插入"→"载入族"命令，在弹出的"载入族"对话框中选择"桩.rfa"文件，如图 2.2.17 所示。

（2）编辑桩族（1～4 轴）。选择"结构"→"独立"命令，在"属性"面板中单击"编辑类型"按钮，在弹出的"类型属性"对话框中，单击"复制"按钮，在弹出的"名称"对话框中输入"桩1"，单击"确定"按钮。同时，在"桩长"后输入数值 20000，单击"确定"按钮，如图 2.2.18 所示。

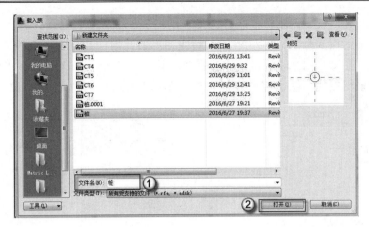

图 2.1.17　载入桩族

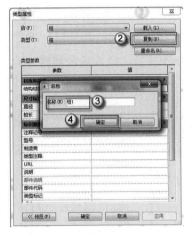

图 2.2.18　编辑桩族（1～4 轴）

（3）编辑桩族（5～11 轴）。选择"结构"→"独立"命令，在"属性"面板中单击"编辑类型"按钮，在弹出的"类型属性"对话框中，单击"复制"按钮，在弹出的"名称"对话框中输入"桩 2"，单击"确定"按钮。同时，在"桩长"后输入数值 23150，单击"确定"按钮，如图 2.2.19 所示。

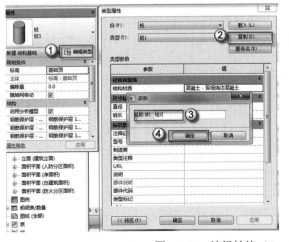

图 2.2.19　编辑桩族（5～11 轴）

（4）桩族 1 插入 1～4 轴承台族。选择"结构"→"独立"命令，在"结构基础"中选择"桩 1"，采用点式画法，将桩族插入对应图形的几何中心，如图 2.2.20 所示。

（5）桩族 2 插入 5～11 轴承台族。选择"结构"→"独立"命令，在"结构基础"中选择"桩 2"，采用点式画法，将桩族插入对应图形的几何中心，如图 2.2.21 所示。

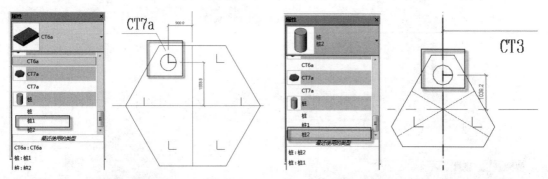

图 2.2.20　桩族插入承台族（1～4 轴）　　　　图 2.2.21　桩族插入承台族（5～11 轴）

（6）在桩族插入承台族中，由于桩过多，插入承台族时，容易产生偏差。当插入点发生偏差时，可以按快捷键 M+V，将桩族移到对应位置，如图 2.2.22 所示。对于同类型承台，也可以按快捷键 C+O，进行复制。

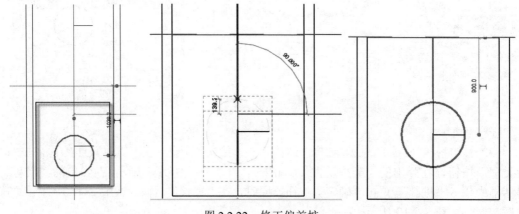

图 2.2.22　修正偏差桩

（7）删除导入的辅助 CAD 图，在"项目浏览器"面板中，选择"结构平面"→"基础顶"选项，选择导入的 CAD 图，按 Delete 键，删除辅助图，如图 2.2.23 所示。

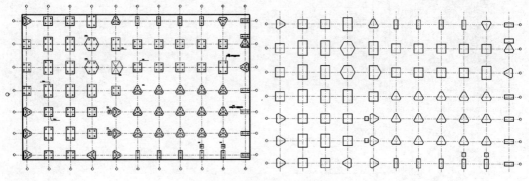

图 2.2.23　删除辅助 CAD 图

（8）完成步骤（4）和步骤（5），将桩族精确地插入对应图形，在三维视图中观察整个基础构件，如图 2.2.24 所示。

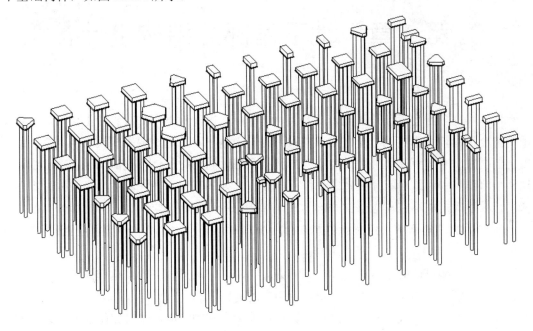

图 2.2.24　三维基础构件

第 3 章　地下室部分结构设计

地下室部分结构设计是基础之后的第一个分项工程，地下室如果设计不当，对整体抗震性能会产生较大影响，一般有如下要求：对于半地下室的埋深要求应大于地下室外地面以上的高度，才能不计其层数，总高度才能从室外地面算起。地下室的墙柱与上部结构的墙柱要协调统一。地下室顶板室内外板面标高变化处，当标高变化超过梁高范围时则形成错层，未采取措施不应作为上部结构的嵌固部位，规范明确规定作为上部结构嵌固部位的地下室楼层的顶楼盖应采用梁板结构，地下室顶板为无梁楼盖时不应作为上部结构嵌固部位。

地下室结构设计的基本构造体为钢筋混凝土构件，钢筋混凝土结构作为 20 世纪以来一直广泛运用的结构，在本工程中也有相当多的运用。

在 Revit 中，本教程地下室结构设计包括地下室柱的绘制、基础梁的绘制、地下室板的绘制和地下室墙的绘制等多方面的内容。在绘制之前，需要对本工程地下室的基本情况有大概的了解，这样建 Revit 模型时才能事半功倍。

3.1　地下室下部结构设计

在现代社会中，随着人们对地下空间需求的不断增长，地下工程在整个建设项目中所占的比重越来越大，地下工程材料消耗大、建造周期长、施工难度大，结构设计的好坏将会对整个项目的设计周期、施工工期以及建造费用产生巨大的影响。

地下室的结构设计共分为地下室框架柱 KZ 的绘制、基础梁 DL 的绘制和地下室底板 DB 的绘制三个部分的内容，工程师可以通过这三个部分的学习来熟练梁、板、柱的一般画法，为后面的学习打下良好的基础。

3.1.1　地下室框架柱 KZ 的绘制

在 Revit 中结构柱的形式比较单一，一般与其截面形式与尺寸紧密相关，本文柱的截面尺寸设置将是绘制 Revit 结构柱的重中之重。

（1）打开项目。选择"打开"→"项目"命令，在弹出的对话框中选择"地下基础部分设计"选项，并单击"打开"按钮，如图 3.1.1 所示。

（2）确认项目信息。选择"视图"→"三维视图"→"默认三维视图"命令，进入如图 3.1.2 所示的三维界面，观察并确认信息。

图 3.1.1　打开项目

图 3.1.2　确认项目信息

（3）导入地下室柱定位 CAD。切换一层结构平面图视图，选择"插入"→"导入 CAD"
→"打开"命令，打开"导入 CAD 格式"对话框，如图 3.1.3 所示。导入 CAD 底图后，
如图 3.1.4 所示。

图 3.1.3　导入地下室柱定位 CAD

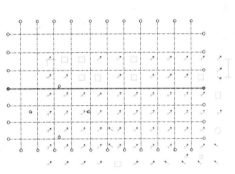

图 3.1.4　导入界面

（4）柱定位。选择导入的 CAD 底图，按快捷键 M+V，将 KZ4 中点交线沿着箭头方向
移动到 1 轴与 G 轴交点处，如图 3.1.5 所示。完成后，可以观察 CAD 的底图与现有的轴网
对齐了，如图 3.1.6 所示。

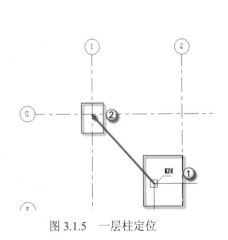

图 3.1.5　一层柱定位

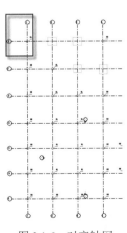

图 3.1.6　对齐轴网

在做好了准备工作以后，工程师就可以开始绘制框柱 KZ。KZ 的绘制包括两大部分：一部分是柱信息的输入；另一部分是柱的定位绘制。下面进入实际操作部分。

（5）建立框架柱 KZ1 信息库。选择"结构"→"柱"→"编辑类型"命令，在弹出的"类型属性"对话框中，单击"复制"按钮，在弹出的对话框中输入 KZ1 字样，单击"确定"按钮。在"尺寸标注"栏中输入 b、h 的尺寸，单击"确定"按钮，如图 3.1.7 和图 3.1.8 所示。

图 3.1.7　输入 KZ1 名称　　　　　　　图 3.1.8　输入 KZ1 截面尺寸

（6）建立框架柱 KZ2 信息库。选择"结构"→"柱"→"编辑类型"命令，在弹出的"类型属性"对话框中，单击"复制"按钮，在弹出的对话框中输入 KZ2 字样，单击"确定"按钮。在"尺寸标注"栏中输入 b、h 的尺寸，单击"确定"按钮，如图 3.1.9 和图 3.1.10 所示。

图 3.1.9　输入 KZ2 名称　　　　　　　图 3.1.10　输入 KZ2 截面尺寸

（7）建立框架柱 KZ3 信息库。选择"结构"→"柱"→"编辑类型"命令，在弹出的"类型属性"对话框中，单击"复制"按钮，在弹出的对话框中输入 KZ3 字样，单击"确定"按钮。在"尺寸标注"栏中输入 b、h 的尺寸，单击"确定"按钮，如图 3.1.11 和图 3.1.12 所示。

图 3.1.11　输入 KZ3 名称　　　　　　　图 3.1.12　输入 KZ3 截面尺寸

（8）建立框架柱 KZ4 信息库。选择"结构"→"柱"→"编辑类型"命令，在弹出的"类型属性"对话框中，单击"复制"按钮，在弹出的对话框中输入 KZ4 字样，单击"确定"按钮。在"尺寸标注"栏中输入 b、h 的尺寸，单击"确定"按钮，如图 3.1.13 和图 3.1.14 所示。

图 3.1.13　输入 KZ4 名称　　　　　　　图 3.1.14　输入 KZ4 截面尺寸

（9）建立框架柱 KZ5 信息库。选择"结构"→"柱"→"编辑类型"命令，在弹出的"类型属性"对话框中，单击"复制"按钮，在弹出的对话框中输入 KZ5 字样，单击"确定"按钮。在"尺寸标注"栏中输入 b、h 的尺寸，单击"确定"按钮，如图 3.1.15 和图 3.1.16 所示。

图 3.1.15　输入 KZ5 名称

图 3.1.16　输入 KZ5 截面尺寸

（10）建立框架柱 **KZ6** 信息库。选择"结构"→"柱"→"编辑类型"命令，在弹出的"类型属性"对话框中，单击"复制"按钮，在弹出的对话框中输入 KZ6 字样，单击"确定"按钮。在"尺寸标注"栏中输入 b、h 的尺寸，单击"确定"按钮，如图 3.1.17 和图 3.1.18 所示。

图 3.1.17　输入 KZ6 名称

图 3.1.18　输入 KZ6 截面尺寸

（11）建立框架柱 **KZ7** 信息库。选择"结构"→"柱"→"编辑类型"命令，在弹出的"类型属性"对话框中，单击"复制"按钮，在弹出的对话框中输入 KZ7 字样，单击"确定"按钮。在"尺寸标注"栏中输入 b、h 的尺寸，单击"确定"按钮，如图 3.1.19 和图 3.1.20 所示。

图 3.1.19　输入 KZ7 名称　　　　　　　　　　图 3.1.20　输入 KZ7 截面尺寸

（12）建立框架柱 KZ8 信息库。选择"结构"→"柱"→"编辑类型"命令，在弹出的"类型属性"对话框中，单击"复制"按钮，在弹出的对话框中输入 KZ8 字样，单击"确定"按钮。在"尺寸标注"栏中输入 b、h 的尺寸，单击"确定"按钮，如图 3.1.21 和图 3.1.22 所示。

图 3.1.21　输入 KZ8 名称　　　　　　　　　　图 3.1.22　输入 KZ8 截面尺寸

（13）建立框架柱 KZ9 信息库。选择"结构"→"柱"→"编辑类型"命令，在弹出的"类型属性"对话框中，单击"复制"按钮，在弹出的对话框中输入 KZ9 字样，单击"确定"按钮。在"尺寸标注"栏中输入 b、h 的尺寸，单击"确定"按钮，如图 3.1.23 和图 3.1.24 所示。

（14）建立框架柱 KZ10 信息库。选择"结构"→"柱"→"编辑类型"命令，在弹出的"类型属性"对话框中，单击"复制"按钮，在弹出的对话框中输入 KZ10 字样，单击

"确定"按钮。在"尺寸标注"栏中输入 b、h 的尺寸，单击"确定"按钮，如图 3.1.25 和图 3.1.26 所示。

图 3.1.23　输入 KZ9 名称

图 3.1.24　输入 KZ9 截面尺寸

图 3.1.25　输入 KZ10 名称

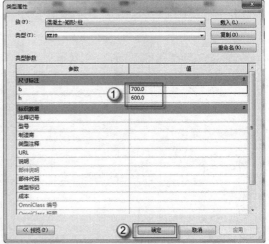

图 3.1.26　输入 KZ10 截面尺寸

（15）建立框架柱 KZ13 信息库。选择"结构"→"柱"→"编辑类型"命令，在弹出的"类型属性"对话框中，单击"复制"按钮，在弹出的对话框中输入 KZ13 字样，单击"确定"按钮。在"尺寸标注"栏中输入 b、h 的尺寸，单击"确定"按钮，如图 3.1.27 和图 3.1.28 所示。

在 Revit 中，柱的信息库的建立就是 Revit 与其他绘图软件的主要差别，将族作为载体输入尺寸、形状、配筋、颜色、材质等信息，使得模型的建立之中包含了各个构建的信息，达到信息模型一体化。 因此可以按照以上方法重复制建立 KZ1～KZ13 的信息库，并与柱表信息相互比对正确后再进行绘图步骤，如图 3.1.29 地下室柱信息库和表 3.1.1 地下室柱表所示。

图 3.1.27　输入 KZ13 名称

图 3.1.28　输入 KZ13 截面尺寸

图 3.1.29　地下室柱信息库

表 3.1.1　地下室柱表

柱　表	B 边尺寸/mm	H 边尺寸/mm
KZ1	600	700
KZ2	600	600
KZ3	600	600
KZ4	600	600
KZ5	600	600
KZ6	600	600
KZ7	700	600
KZ8	700	600

续表

柱　表	B 边尺寸/mm	H 边尺寸/mm
KZ9	700	600
KZ10	700	600
KZ13	700	600

注意：在 Revit 中，柱的信息库的建立是一个烦琐的过程，每一位客户在建完信息库后需要对其信息的完整性、调理性和编号的正确性进行核查。

信息库建完以后，将进入柱的定位绘制阶段。在这个阶段客户需要注意柱的定位、标高、高度等信息的表现形式。下面的步骤会带领读者具体熟练这些内容。

（16）建立柱 KZ4。按快捷键 C+L（绘制结构柱），在"属性"面板中选择"混凝土-矩形-柱"柱类型，选择 KZ4 框柱，如图 3.1.30 所示。然后选择"深度"→"基础顶"选项，最后将 KZ4 绘制在柱定位处，如图 3.1.31 所示。

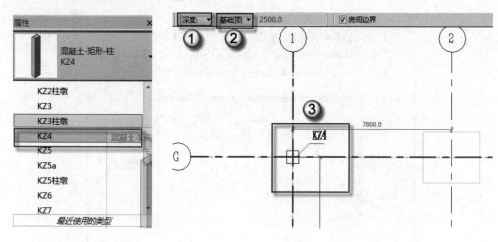

图 3.1.30　KZ4 属性　　　　　图 3.1.31　KZ4 的绘制

（17）建立柱 KZ1。按快捷键 C+L（绘制结构柱），在"属性"面板中选择"混凝土-矩形-柱"柱类型，选择 KZ1 框柱，如图 3.1.32 所示。然后选择"深度"→"基础顶"选项，最后将 KZ1 绘制在柱定位处，如图 3.1.33 所示。

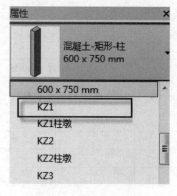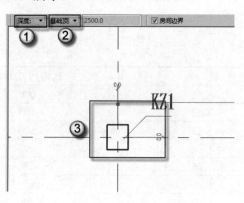

图 3.1.32　KZ1 属性　　　　　图 3.1.33　KZ1 的绘制

（18）建立柱 KZ6。按快捷键 C+L（绘制结构柱），在"属性"面板中选择"混凝土-矩形-柱"柱类型，选择 KZ6 框柱，如图 3.1.34 所示。然后选择"深度"→"基础顶"选项，最后将 KZ6 绘制在柱定位处，如图 3.1.35 所示。

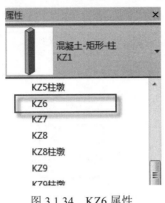

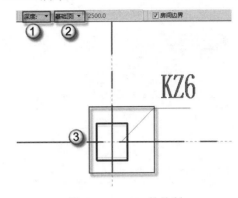

图 3.1.34　KZ6 属性　　　　　　　　　图 3.1.35　KZ6 的绘制

（19）建立柱 KZ7。按快捷键 C+L（绘制结构柱），在"属性"面板中选择"混凝土-矩形-柱"柱类型，选择 KZ7 框柱，如图 3.1.36 所示。然后选择"深度"→"基础顶"选项，最后将 KZ7 绘制在柱定位处，如图 3.1.37 所示。

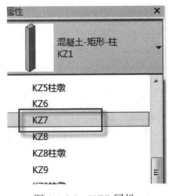

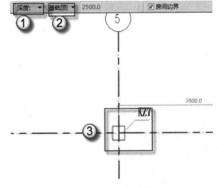

图 3.1.36　KZ7 属性　　　　　　　　　图 3.1.37　KZ7 的绘制

（20）建立柱 KZ8。按快捷键 C+L（绘制结构柱），在"属性"面板中选择"混凝土-矩形-柱"柱类型，选择 KZ8 框柱，如图 3.1.38 所示。然后选择"深度"→"基础顶"选项，最后将 KZ8 绘制在柱定位处，如图 3.1.39 所示。

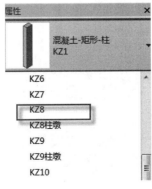

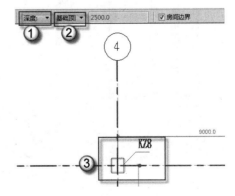

图 3.1.38　KZ8 属性　　　　　　　　　图 3.1.39　KZ8 的绘制

（21）建立柱 KZ9。按快捷键 C+L（绘制结构柱），在"属性"面板中选择"混凝土-矩形-柱"柱类型，选择 KZ9 框柱，如图 3.1.40 所示。然后选择"深度"→"基础顶"选项，最后将 KZ9 绘制在柱定位处，如图 3.1.41 所示。同理依次绘制柱 KZ1～KZ13，得到其他框柱。

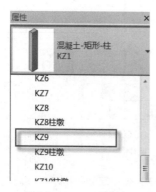

图 3.1.40　KZ9 属性

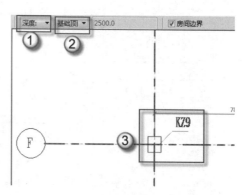

图 3.1.41　KZ9 的绘制

🔔注意：在本工程中，在画框柱时也有一些小技巧。需要绘制时选中"放置后旋转"复选框，如图 3.1.42 所示。然后再旋转构件，按快捷键 M+V 移动即可。这种方法是结构柱绘制中非常好用的一种方法，对有转角的柱、需移动的柱的情况都很好解决。

图 3.1.42　放置后旋转

在 Revit 工程中，经常有大量的重复性的工作需要处理，这时客户可以选择先画代表性构建，然后复制即可。绘制完所有的地下柱后，在三维模式下进行检查，观察效果，如图 3.1.43 所示。

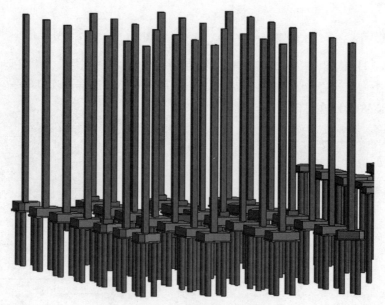

图 3.1.43　地下室框柱 KZ 绘制

以上的绘制技巧希望能使读者更好、更加熟练地运用 Revit 软件的基本操作，以便在绘图时能够有的放矢，事半功倍。

3.1.2 基础梁 DL 的绘制

基础梁可以与各种类型的基础进行特殊配合应用。设计时，须特别注意梁底标高应高于交错设置的相邻基础顶面标高。基础梁系指设置在基础顶面以上且低于建筑标高正负零（±0.000）并以框架柱为支座的梁（以桩承台为支座，单底部不受地基反力作用的梁也按 DL 考虑）。

基础梁有这样几种情况，一种是与筏板组合使用构成梁板式筏形基础，有主次之分，基础主梁代号为 JZL，基础次梁代号为 JCL；另一种是柱下条形基础中的梁，或称条基梁，无主次梁之分；第三种是独立的基础梁，不与任何基础构件相关联。基础梁端部一般有外伸，也有设计不外伸的。基础梁是混凝土柱、墙的支座，基础梁端部不存在锚固，只是"收边"，这与上部框架梁不同，框架梁是锚入柱中，柱锚入基础梁内。基础梁主要承受地基反力，是主要受力构件，与筏板、条基等共同支承上部结构。

在 Revit 中基础梁的形式多种多样，当然以截面尺寸、梁标高、相对位置等基本信息还是绘制基础梁的重点。

（1）打开项目。打开 Revit 进入其主界面，双击 3.1.1 节完成的图形文件（Revit 在保持项目时会自动在主界面保留一个最近刚完成的项目，方便下次查阅），如图 3.1.44 所示。

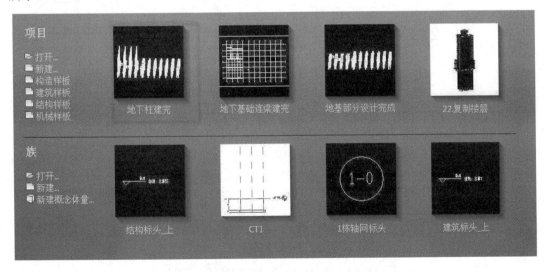

图 3.1.44 打开项目

在绘制基础梁时，在建筑工程制图中往往分为横向和纵向绘制，即从上至下从左往右的顺序依次绘制，这样做主要是为了方便（便于绘图，便于看图，便于改图）。

（2）导入地下室梁定位 CAD。切换至"基础顶面"结构平面图视图，选择"插入"→"导入 CAD"→"打开"命令，如图 3.1.45 所示。导入 CAD 底图后如图 3.1.46 所示（注意打开前要把导入单位调整为毫米）。

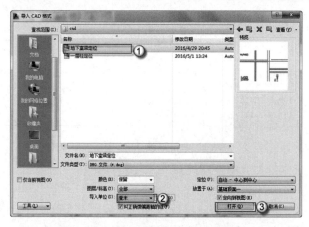

图 3.1.45　导入地下室柱定位 CAD

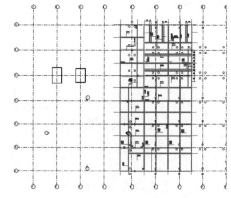

图 3.1.46　导入界面

（3）梁定位。选择导入的 CAD 底图，按快捷键 M+V，将 CAD 基础梁从图 3.1.47 所示的 1 处移到 2 处。对齐图形后如图 3.1.48 所示。

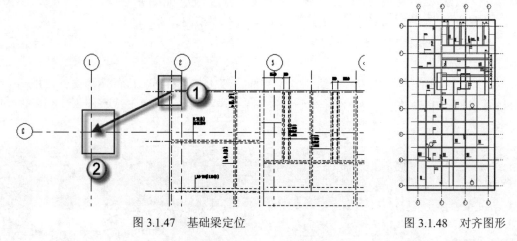

图 3.1.47　基础梁定位

图 3.1.48　对齐图形

（4）设置 DL1。选择"结构"→"梁"→"编辑类型"命令，在弹出的"类型属性"对话框中，单击"复制"按钮，在弹出的对话框中输入 DL1，单击"确定"按钮。在"尺寸标注"栏中输入 b、h 的尺寸，单击"确定"按钮，如图 3.1.49 所示。

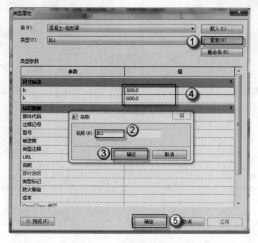

图 3.1.49　编辑 DL1 信息

（5）绘制 DL1。选择"结构"→"梁"命令，在"属性"面板中调整参数标高（基础顶面一），Z 轴偏移值 300 个单位，如图 3.1.50 所示。找到 DL1 的位置从一侧向另一侧绘制，如图 3.1.51 所示。

图 3.1.50　设置 Z 轴偏移值

图 3.1.51　绘制 DL1

（6）设置 DL2。选择"结构"→"梁"→"编辑类型"命令，在弹出的"类型属性"对话框中，单击"复制"按钮，在弹出的对话框中输入 DL2，单击"确定"按钮。在"尺寸标注"栏中输入 b、h 的尺寸，单击"确定"按钮，如图 3.1.52 所示。

（7）绘制 DL2。选择"结构"→"梁"命令，在"属性"面板中调整参数标高（基础顶面一），Z 轴偏移值 300 个单位，如图 3.1.53 所示。找到 DL2 的位置从一侧向另一侧绘制，如图 3.1.54 所示。

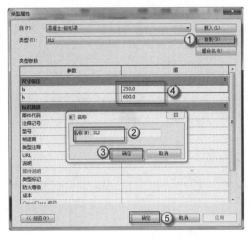

图 3.1.52　编辑 DL2 信息

图 3.1.53　设置 Z 轴偏移值

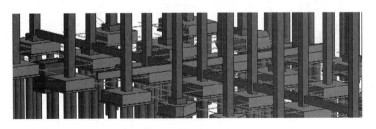

图 3.1.54　绘制 DL2

（8）设置 DL3。选择"结构"→"梁"→"编辑类型"命令，在弹出的"类型属性"对话框中，单击"复制"按钮，在弹出的对话框中输入 DL3，单击"确定"按钮。在"尺寸标注"栏中输入 b、h 的尺寸，单击"确定"按钮，如图 3.1.55 所示。

（9）绘制 DL3。选择"结构"→"梁"命令，在"属性"面板中调整参数标高（基础顶面一），Z 轴偏移值 300 个单位，如图 3.1.56 所示。找到 DL3 的位置从一侧向另一侧绘制，如图 3.1.57 所示。

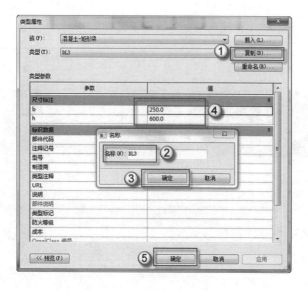

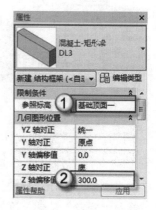

图 3.1.55　编辑 DL3 信息　　　　　　　　　图 3.1.56　设置 Z 轴偏移值

（10）设置 DL4。选择"结构"→"梁"→"编辑类型"命令，在弹出的"类型属性"对话框中，单击"复制"按钮，在弹出的对话框中输入 DL4，单击"确定"按钮。在"尺寸标注"栏中输入 b、h 的尺寸，单击"确定"按钮，如图 3.1.58 所示。

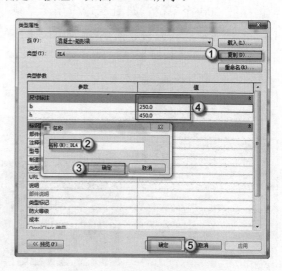

图 3.1.57　绘制 DL3　　　　　　　　　　　图 3.1.58　编辑 DL4 信息

（11）绘制 DL4。选择"结构"→"梁"命令，在"属性"面板中调整参数标高（基础顶面一），Z 轴偏移值 300 个单位，如图 3.1.59 所示。找到 DL4 的位置从一侧向另一侧绘制，如图 3.1.60 所示。

图 3.1.59　设置 Z 轴偏移值

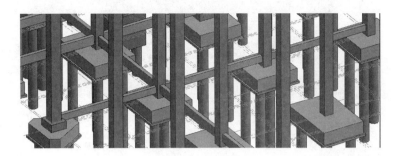

图 3.1.60　绘制 DL4

（12）设置 DL5。选择"结构"→"梁"→"编辑类型"命令，在弹出的"类型属性"对话框中，单击"复制"按钮，在弹出的对话框中输入 DL5，单击"确定"按钮。在"尺寸标注"栏中输入 b、h 的尺寸，单击"确定"按钮，如图 3.1.61 所示。

（13）绘制 DL5。选择"结构"→"梁"命令，在"属性"面板中调整参数标高（基础顶面一），Z 轴偏移值 300 个单位，如图 3.1.62 所示。找到 DL5 的位置从一侧向另一侧绘制，如图 3.1.63 所示。

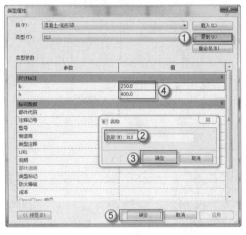

图 3.1.61　编辑 DL5 信息

图 3.1.62　设置 Z 轴偏移值

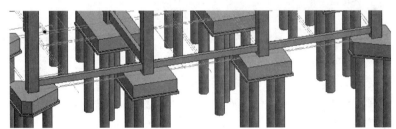

图 3.1.63　绘制 DL5

（14）设置 DL6。选择"结构"→"梁"→"编辑类型"命令，在弹出的"类型属性"对话框中，单击"复制"按钮，在弹出的对话框中输入 DL6，单击"确定"按钮。在"尺寸标注"栏中输入 b、h 的尺寸，单击"确定"按钮，如图 3.1.64 所示。

（15）绘制 DL6。选择"结构"→"梁"命令，在"属性"面板中调整参数标高（基础顶面一），Z 轴偏移值 300 个单位，如图 3.1.65 所示。找到 DL6 的位置从一侧向另一侧绘制，如图 3.1.66 所示。

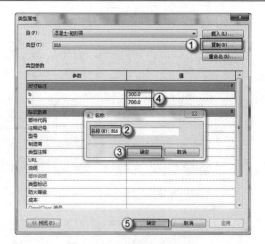
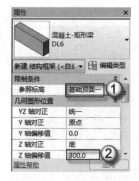

图 3.1.64　编辑 DL6 信息　　　　　　图 3.1.65　设置 Z 轴偏移值

（16）设置 L-F1。选择"结构"→"梁"→"编辑类型"命令，在弹出的"类型属性"对话框中，单击"复制"按钮，在弹出的对话框中输入 L-F1，单击"确定"按钮。在"尺寸标注"栏中输入 b、h 的尺寸，单击"确定"按钮，如图 3.1.67 所示。

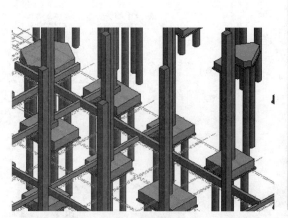
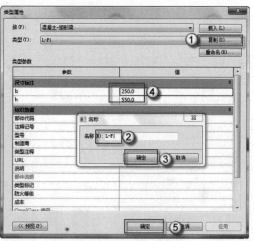

图 3.1.66　绘制 DL6　　　　　　　　图 3.1.67　编辑 L-F1 信息

（17）绘制 L-F1。选择"结构"→"梁"命令，在"属性"面板中调整参数标高（基础顶面一），Z 轴偏移值 300 个单位，如图 3.1.68 所示。找到 L-F1 的位置从一侧向另一侧绘制，如图 3.1.69 所示。

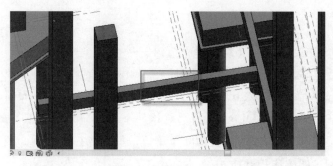

图 3.1.68　设置 Z 轴偏移值　　　　　图 3.1.69　绘制 L-F1

（18）设置 L-F2。选择"结构"→"梁"→"编辑类型"命令，在弹出的"类型属性"对话框中，单击"复制"按钮，在弹出的对话框中输入 L-F2，单击"确定"按钮。在"尺寸标注"栏中输入 b、h 的尺寸，单击"确定"按钮，如图 3.1.70 所示。

图 3.1.70　编辑 L-F2 信息

（19）绘制 L-F2。选择"结构"→"梁"命令，在"属性"面板中调整参数标高（基础顶面一），Z 轴偏移值 300 个单位，如图 3.1.71 所示。找到 L-F2 的位置从一侧向另一侧绘制，如图 3.1.72 所示。

图 3.1.71　设置 Z 轴偏移值

图 3.1.72　绘制 L-F2

（20）设置 L-E2。选择"结构"→"梁"→"编辑类型"命令，在弹出的"类型属性"对话框中，单击"复制"按钮，在弹出的对话框中输入 L-E2，单击"确定"按钮。在"尺寸标注"栏中输入 b、h 的尺寸，单击"确定"按钮，如图 3.1.73 所示。

（21）绘制 L-E2。选择"结构"→"梁"命令，在"属性"面板中调整参数标高（基础顶面一），Z 轴偏移值 300 个单位，如图 3.1.74 所示。找到 L-E2 的位置从一侧向另一侧绘制，如图 3.1.75 所示。

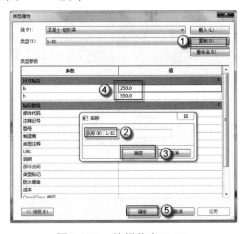

图 3.1.73　编辑信息 L-E2

图 3.1.74　设置 Z 轴偏移值

（22）设置 L-C。选择"结构"→"梁"→"编辑类型"命令，在弹出的"类型属性"对话框中，单击"复制"按钮，在弹出的对话框中输入 L-C，单击"确定"按钮。在"尺寸标注"栏中输入 b、h 的尺寸，单击"确定"按钮，如图 3.1.76 所示。

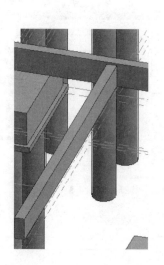

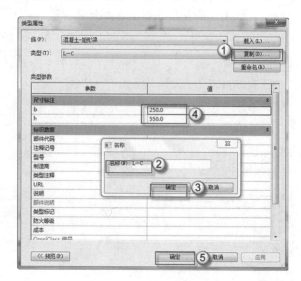

图 3.1.75　绘制 L-E2　　　　　　　　　　图 3.1.76　编辑信息 L-C

（23）绘制 L-C。选择"结构"→"梁"命令，在"属性"面板中调整参数标高（基础顶面一），Z 轴偏移值 300 个单位，如图 3.1.77 所示。找到 L-C 的位置从一侧向另一侧绘制，如图 3.1.78 所示。

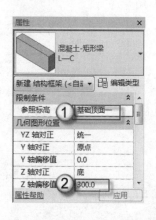

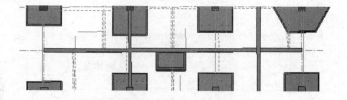

图 3.1.77　设置 Z 轴偏移值　　　　　　图 3.1.78　绘制 L-C

梁的绘制是一项烦琐劳动，技巧性少但工作量大。工程师在进行建模的过程中一定要静下心来认真、仔细地绘制图。其他的 DL 就由读者根据上面提到的方法自行学习、探究。

绘制完所有的地下室部分的框柱后，按 F4 键，在三维模式下进行检查，观察效果，如图 3.1.79 所示。

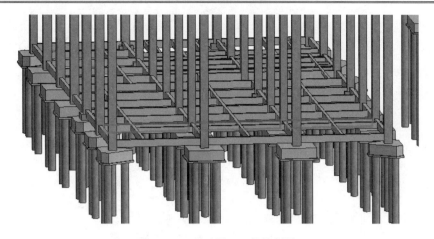

图 3.1.79　基础梁 DL 的绘制图

3.1.3　地下室底板 DB 的绘制

钢筋混凝土结构是指用配有钢筋增强的混凝土制成的结构。承重的主要构件是用钢筋混凝土建造的，包括薄壳结构、大模板现浇结构及使用滑模、升板等建造的钢筋混凝土结构的建筑物，具有坚固、耐久、防火性能好、比钢结构节省钢材和成本低等优点。用在工厂或施工现场预先制成的钢筋混凝土构件，一般在现场拼装而成。

地下室底板在地下室结构设计中具有重要的意义，从分类上包括：无梁板，采用 400～600 厚，加柱帽；无梁板，采用 400～600 厚，加柱帽，采用空心板（填充聚苯材料）；大板结构，只有主梁，板厚 300 左右（也可以采用空心板）；十字交叉梁结构，板厚 250；井字梁结构，板厚 250；预应力结构无梁板（实心或空心）；预应力大板结构，只有主梁，主梁也采用预应力。

本工程采用中南地区 6 度以下区域常见做法——500 厚素混凝土地下填土夯实。在地震区，采用的是带钢筋网的现浇混凝土板。

（1）打开项目文件。单击"打开"按钮，在弹出的对话框中打开保存的文件，或者直接单击"历史项目"按钮，如图 3.1.80 所示。

图 3.1.80　打开地下室底板文件

（2）设置地下室底板参数，按快捷键 S+B，进入编辑模式，单击"编辑类型"按钮，在弹出的对话中单击"复制"按钮，在弹出的对话框中命名板号，然后设置参数，将板厚设置为 500，如图 3.1.81 所示。

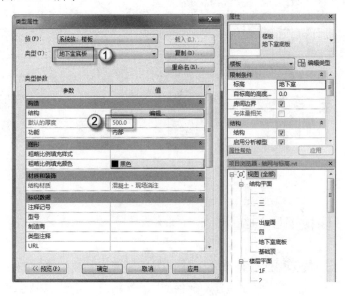

图 3.1.81　设置地下室底板

（3）绘制地下室底板。将偏移量设置为 0，如图 3.1.82 所示。单击"矩形"按钮，绘制地下室底板轮廓，调整跨方向，单击 √ 按钮，完成绘制，如图 3.1.83 所示。

（4）进入三维模式下观看三维效果，如图 3.1.84 所示。

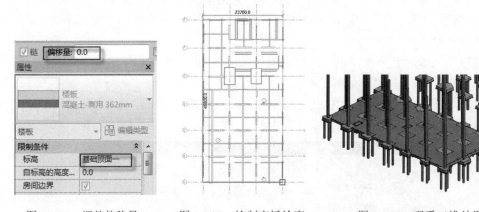

图 3.1.82　调整偏移量　　　图 3.1.83　绘制底板轮廓　　　图 3.1.84　观看三维效果

注意：在绘制现浇混凝土板的时候，要注意偏移量的设置，而且楼板的边界要在梁的内部，因为楼板是架在梁上的，所以绘图时要根据实际情况绘制。

3.2　地下室上部结构设计

在地下室结构中允许存在一定宽度的裂缝。但在施工中应尽量采取有效措施控制裂缝产生，使结构尽可能不出现裂缝或尽量减少裂缝的数量和宽度，尤其要尽量避免有害裂缝的出现，从而确保工程质量。在结构设计时，在保证工程经济的情况下，应尽量提高混凝土的强度，避免出现裂缝。

在地下室上部结构设计中包括三个方面的内容：一是挡土墙 DW 的绘制，二是一层框架梁 1KL 的绘制，三是地下室顶板 1B 的绘制。

3.2.1　挡土墙 DW 的绘制

在 Revit 中挡土墙的绘制与建筑墙的绘制基本一致，但是在材质上不一样。因为要抵抗水平向的水的侧推力，还要有一定的防潮与抗渗能力。

（1）打开项目。选择"打开"→"项目"命令，在弹出的对话框中选择地下部分建完选项，并单击"打开"按钮，如图 3.2.1 所示。

图 3.2.1　打开项目

（2）确认项目信息。选择"视图"→"三维视图"→"默认三维视图"命令，进入如图 3.2.2 所示的三维界面，察看并确认信息。

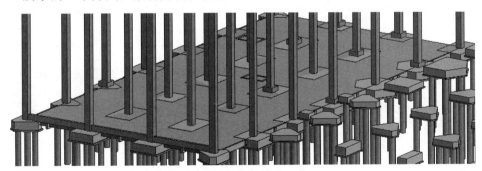

图 3.2.2　确认项目信息

（3）编辑挡土墙 DW。将视图转换到结构平面 1，选择"结构"→"墙"→"编辑类型"命令，在弹出的"类型属性"对话框中，单击下拉按钮，选择"挡土墙-300mm 混凝土"选项，单击"确定"按钮，如图 3.2.3 所示。

（4）绘制挡土墙 DW1。按快捷键 D+W（绘制结构柱），在"属性"面板中选择"挡土墙-300mm 混凝土"挡土墙类型，如图 3.2.4 所示。然后选择"深度"→"基础顶面一"选项，最后将 DW1 绘制在墙定位处，如图 3.2.5 和图 3.2.6 所示。

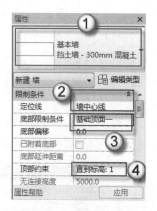

图 3.2.3　编辑挡土墙　　　　　　　　　　　图 3.2.4　编辑挡土墙

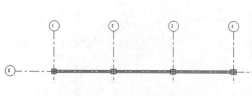

图 3.2.5　绘制 DW1 挡土墙　　　　　　　　图 3.2.6　绘制 DW1 挡土墙

（5）绘制挡土墙 DW2。按快捷键 D+W（绘制结构柱），在"属性"面板中选择"挡土墙-300mm 混凝土"挡土墙类型，如图 3.2.7 所示。然后选择"深度"→"基础顶面一"选项，最后将 DW2 绘制在墙定位处，如图 3.2.8 所示。

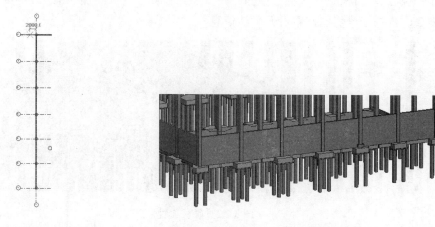

图 3.2.7　绘制 DW2 挡土墙　　　　　　　　图 3.2.8　绘制 DW2 挡土墙

（6）绘制挡土墙 DW3。按快捷键 D+W（绘制结构柱），在"属性"面板中选择"挡土墙-300mm 混凝土"挡土墙类型，如图 3.2.9 所示。然后选择"深度"→"基础顶面一"选项，最后将 DW3 绘制在墙定位处，如图 3.2.10 所示。

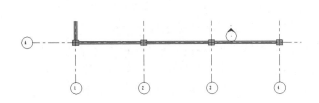

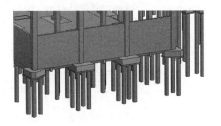

图 3.2.9　绘制 DW3 挡土墙　　　　　　　图 3.2.10　绘制 DW3 挡土墙

（7）绘制挡土墙 DW4。按快捷键 D+W（绘制结构柱），在"属性"面板中选择"挡土墙-300mm 混凝土"挡土墙类型，如图 3.2.11 所示。然后选择"深度"→"基础顶面一"选项，最后将 DW4 绘制在墙定位处，如图 3.2.12 所示。

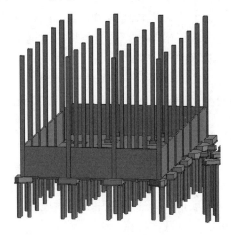

图 3.2.11　绘制 DW4 挡土墙　　　　　　　图 3.2.12　绘制 DW4 挡土墙

🔔注意：在地下室的结构设计中需要考虑到土压力的影响，所以工程师需要注意到挡土墙的作用为承受土压力，形成闭合的维护体系。本工程在建立了挡土墙的信息模型之后的整体图如图 3.2.13 所示。

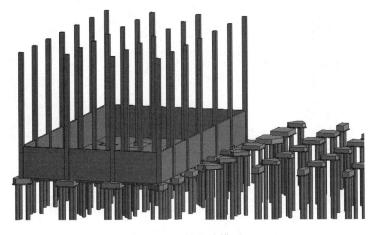

图 3.2.13　挡土墙模型

3.2.2　一层框架梁 1KL 的绘制

框架梁和连梁是梁的两种常见形式，下面对其进行异同分析。

两者相同之处在于：一方面从概念设计的角度来说，在抗震时都希望首先在框架梁或连梁上出现塑性铰而不是在框架柱或剪力墙上，即所谓"强柱弱梁"或"强墙弱连梁"；另一方面从构造的角度来说，两者都必须满足抗震的构造要求，具体说来框架梁和连梁的纵向钢筋（包括梁底和梁顶的钢筋）在锚入支座时都必须满足抗震的锚固长度的要求，对应于相同的抗震等级框架梁和连梁箍筋的直径和加密区间距的要求是一样的。

两者不相同之处在于，在抗震设计时，允许连梁的刚度有大幅度的降低，在某些情况下甚至可以让其退出工作，但是框架梁的刚度只允许有限度的降低，且不允许其退出工作，所以规范规定次梁是不宜搭在连梁上的，但是次梁可以搭在框架梁上。一般说来连梁的跨高比较小（小于 5），以传递剪力为主，所以规范对连梁在构造上做了一些与框架梁不同的规定，一是要求连梁的箍筋是全长加密而框架梁可以分为加密区和非加密区，二是对连梁的腰筋做了明确的规定，即"墙体水平分布钢筋应作为连梁的腰筋在连梁范围内拉通连续配置；当连梁截面高度大于 700mm 时，其两侧面沿梁高范围设置的纵向构造钢筋（腰筋）的直径不应小于 10mm，间距不应大于 200mm；对跨高比不大于 2.5 的连梁，梁两侧的纵向构造钢筋（腰筋）的面积配筋率不应小于 0.3%"且将其纳入了强条的规定，而框架梁的腰筋只要满足"当梁的腹板高度 hw≥450mm 时，在梁的两个侧面应沿高度配置纵向构造钢筋，每侧纵向构造钢筋（不包括梁上、下部受力钢筋及架立钢筋）的截面面积不应小于腹板截面面积 bhw 的 0.1%，且其间距不宜大于 200mm"且不是强制性条文的规定。

（1）打开项目。选择"打开"→"项目"命令，在弹出的对话框中选择地下室墙建完选项，并单击"打开"按钮。

（2）导入二层梁定位 CAD。切换至"视图 1"结构平面图视图，选择"插入"→"导入 CAD"→"打开"命令，如图 3.2.14 所示。导入 CAD 底图后如图 3.2.15 所示（注意打开前要把导入单位调整为毫米）。

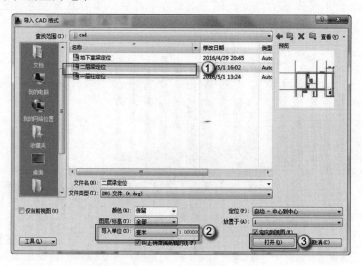

图 3.2.14　导入二层梁定位 CAD

（3）梁定位。选择导入的 CAD 底图，按快捷键 M+V 命令，将 CAD 基础梁从图 3.2.16
所示的 1 处移到 2 处，对齐图形后如图 3.2.17 所示。

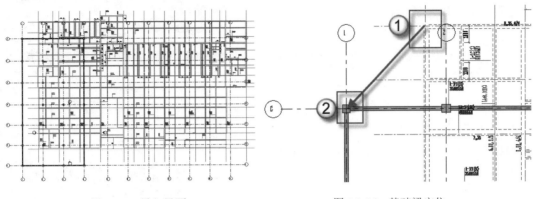

图 3.2.15　导入界面　　　　　　　　　　　图 3.2.16　基础梁定位

（4）设置 L-F1。选择"结构"→"梁"→"编辑类型"命令，在弹出的"类型属性"
对话框中，单击"复制"按钮，在弹出的对话框中 L-F1，单击"确定"按钮。在"尺寸标
注"栏中输入 b、h 的尺寸，单击"确定"按钮，如图 3.2.18 所示。

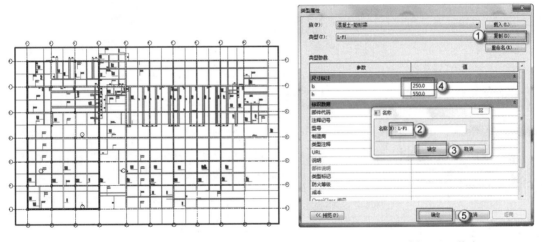

图 3.2.17　对齐图形　　　　　　　　　　　图 3.2.18　编辑 L-F1 信息

（5）绘制 L-F1。选择"结构"→"梁"命令，在"属性"面板中调整参数标高 1，Z
轴偏移值为 0，如图 3.2.19 所示。找到 L-F1 的位置从一侧向另一侧绘制，如图 3.2.20 所示。

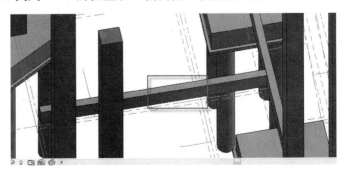

图 3.2.19　设置 Z 轴偏移值　　　　　　　　　图 3.2.20　绘制 L-F1

（6）设置 L-F2。选择"结构"→"梁"→"编辑类型"命令，在弹出的"类型属性"对话框中，单击"复制"按钮，在弹出的对话框中输入 L-F2，单击"确定"按钮。在"尺寸标注"栏中输入 b、h 的尺寸，单击"确定"按钮，如图 3.2.21 所示。

（7）绘制 L-F2。选择"结构"→"梁"命令，在"属性"面板中调整参数标高 1，Z 轴偏移值为 0，如图 3.2.22 所示。找到 L-F2 的位置从一侧向另一侧绘制，如图 3.2.23 所示。

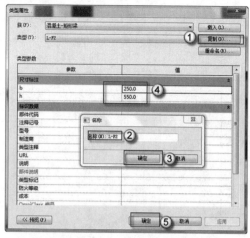

图 3.2.21　编辑 L-F2 信息

图 3.2.22　设置 Z 轴偏移值

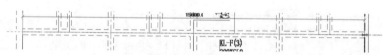

图 3.2.23　绘制 L-F2

（8）设置 L-E1。选择"结构"→"梁"→"编辑类型"命令，在弹出的"类型属性"对话框中，单击"复制"按钮，在弹出的对话框中输入 L-E1，单击"确定"按钮。在"尺寸标注"栏中输入 b、h 的尺寸，单击"确定"按钮，如图 3.2.24 所示。

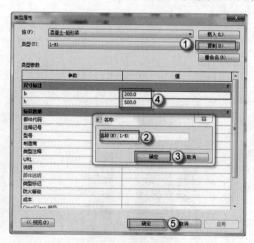

图 3.2.24　编辑 L-E1 信息

（9）绘制 L-E1。选择"结构"→"梁"命令，在"属性"面板中调整参数标高 1，Z

轴偏移值为 0，如图 3.2.25 所示。找到 L-E1 的位置从一侧向另一侧绘制，如图 3.2.26 所示。

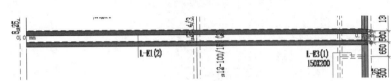

图 3.2.25　设置 Z 轴偏移值　　　　　　　　图 3.2.26　绘制 L-E1

（10）设置 L-E2。选择"结构"→"梁"→"编辑类型"命令，在弹出的"类型属性"对话框中，单击"复制"按钮，在弹出的对话框中输入 L-E2，单击"确定"按钮。在"尺寸标注"栏中输入 b、h 的尺寸，单击"确定"按钮，如图 3.2.27 所示。

（11）绘制 L-E2。选择"结构"→"梁"命令，在"属性"面板中调整参数标高 1，Z 轴偏移值为 0，如图 3.2.28 所示。找到 L-E2 的位置从一侧向另一侧绘制，如图 3.2.29 所示。

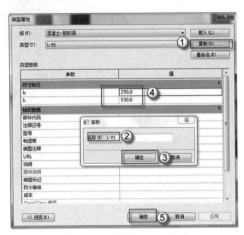

图 3.2.27　编辑 L-E2 信息

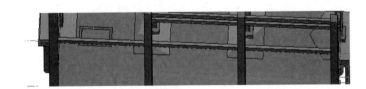

图 3.2.28　设置 Z 轴偏移值　　　　　　　图 3.2.29　绘制 L-E2

（12）设置 L-E3。选择"结构"→"梁"→"编辑类型"命令，在弹出的"类型属性"对话框中，单击"复制"按钮，在弹出的对话框中输入 L-E3，单击"确定"按钮。在"尺寸标注"栏中输入 b、h 的尺寸，单击"确定"按钮，如图 3.2.30 所示。

（13）绘制 L-E3。选择"结构"→"梁"命令，在"属性"面板中调整参数标高 1，Z 轴偏移值为 0，如图 3.2.31 所示。找到 L-E3 的位置从一侧向另一侧绘制，如图 3.2.32 所示。

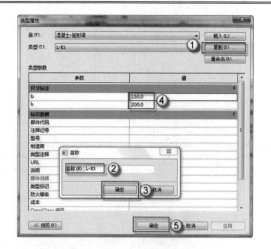

图 3.2.30　编辑 L-E3 信息　　　　图 3.2.31　设置 Z 轴偏移值

（14）设置 KL-E。选择"结构"→"梁"→"编辑类型"命令，在弹出的"类型属性"对话框中，单击"复制"按钮，在弹出的对话框中输入 KL-E，单击"确定"按钮。在"尺寸标注"栏中输入 b、h 的尺寸，单击"确定"按钮，如图 3.2.33 所示。

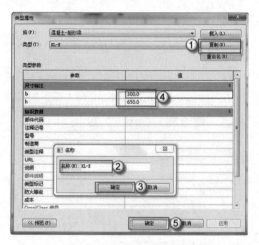

图 3.2.32　绘制 L-E3　　　　　图 3.2.33　编辑 KL-E 信息

（15）绘制 KL-E。选择"结构"→"梁"命令，在"属性"面板中调整参数标高 1，Z 轴偏移值为 0，如图 3.2.34 所示。找到 KL-E 的位置从一侧向另一侧绘制，如图 3.2.35 所示。

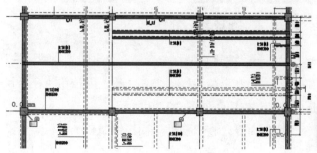

图 3.2.34　设置 KL-E　　　　　图 3.2.35　绘制 KL-E

（16）设置 L-D1。选择"结构"→"梁"→"编辑类型"命令，在弹出的"类型属性"对话框中，单击"复制"按钮，在弹出的对话框中输入 L-D1，单击"确定"按钮。在"尺寸标注"栏中输入 b、h 的尺寸，单击"确定"按钮，如图 3.2.36 所示。

（17）绘制 L-D1。选择"结构"→"梁"命令，在"属性"面板中调整参数标高 1，Z 轴偏移值为 0，如图 3.2.37 所示。找到 L-D1 的位置从一侧向另一侧绘制，如图 3.2.38 所示。

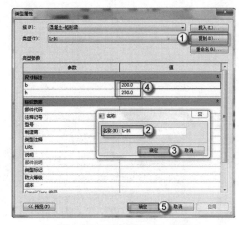

图 3.2.36　编辑 L-D1 信息

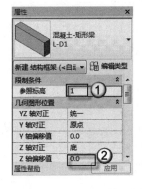

图 3.2.37　设置 Z 轴偏移值

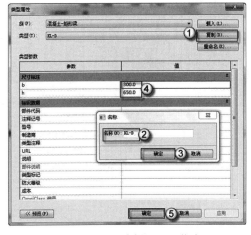

图 3.2.38　绘制 L-D1

（18）设置 KL-D。选择"结构"→"梁"→"编辑类型"命令，在弹出的"类型属性"对话框中，单击"复制"按钮，在弹出的对话框中输入 KL-D，单击"确定"按钮。在"尺寸标注"栏中输入 b、h 的尺寸，单击"确定"按钮，如图 3.2.39 所示。

（19）绘制 KL-D。选择"结构"→"梁"命令，在"属性"面板中调整参数标高 1，Z 轴偏移值为 0，如图 3.2.40 所示。找到 KL-D 的位置从一侧向另一侧绘制，如图 3.2.41 所示。

图 3.2.39　编辑 KL-D 信息

图 3.2.40　设置 Z 轴偏移值

（20）设置 L-1A。选择"结构"→"梁"→"编辑类型"命令，在弹出的"类型属性"对话框中，单击"复制"按钮，在弹出的对话框中输入 L-1A，单击"确定"按钮。在"尺寸标注"栏中输入 b、h 的尺寸，单击"确定"按钮，如图 3.2.42 所示。

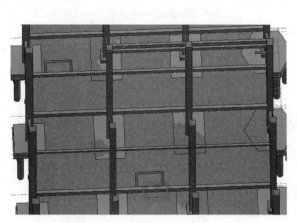

图 3.2.41　绘制 KL-D

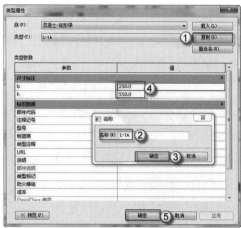

图 3.2.42　编辑 L-1A 信息

（21）绘制 L-1A。选择"结构"→"梁"命令，在"属性"面板中调整参数标高 1，Z 轴偏移值为 0，如图 3.2.43 所示。找到 L-1A 的位置从一侧向另一侧绘制，如图 3.2.44 所示。

图 3.2.43　设置 Z 轴偏移值

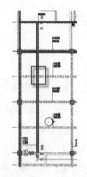

图 3.2.44　绘制 L-1A

（22）设置 L-1B。选择"结构"→"梁"→"编辑类型"命令，在弹出的"类型属性"对话框中，单击"复制"按钮，在弹出的对话框中输入 L-1B，单击"确定"按钮。在"尺寸标注"栏中输入 b、h 的尺寸，单击"确定"按钮，如图 3.2.45 所示。

（23）绘制 L-1B。选择"结构"→"梁"命令，在"属性"面板中调整参数标高 1，Z 轴偏移值为 0，如图 3.2.46 所示。找到 L-1B 的位置从一侧向另一侧绘制，如图 3.2.47 所示。

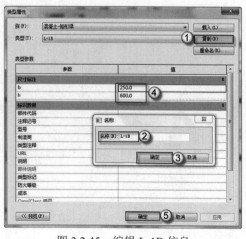

图 3.2.45　编辑 L-1B 信息

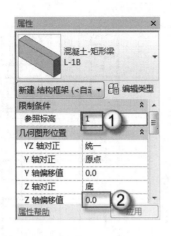

图 3.2.46　设置 Z 轴偏移值

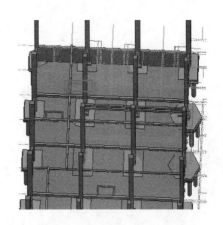

图 3.2.47　绘制 L-1B

（24）设置 L-1D。选择"结构"→"梁"→"编辑类型"命令，在弹出的"类型属性"对话框中，单击"复制"按钮，在弹出的对话框中输入 L-1D，单击"确定"按钮。在"尺寸标注"栏中输入 b、h 的尺寸，单击"确定"按钮，如图 3.2.48 所示。

（25）绘制 L-1D。选择"结构"→"梁"命令，在"属性"面板中调整参数标高 1，Z 轴偏移值为 0，如图 3.2.49 所示。找到 L-1D 的位置从一侧向另一侧绘制，如图 3.2.50 所示。

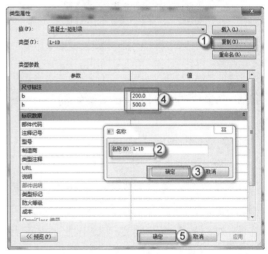

图 3.2.48　编辑 L-1D 信息

图 3.2.49　设置 Z 轴偏移值

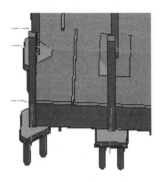

图 3.2.50　绘制 L-1D

按照以上步骤建完后的模型图如图 3.2.51 和图 3.2.52 所示。

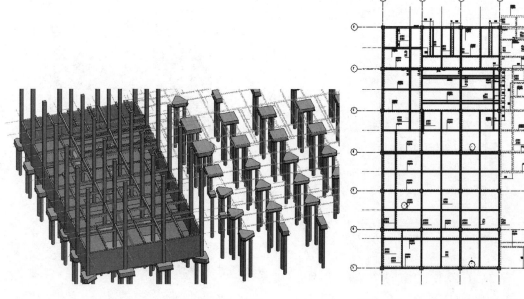

图 3.2.51　一层框架梁 KL 模型　　　　图 3.2.52　一层框架梁 KL 平面

3.2.3　地下室顶板 1B 的绘制

现浇混凝土板有下列几种。

❑　板式楼板

① 单向板，指板的长边与短边之比大于 2，板内受力钢筋沿短边方向布置，板的长边承担板的荷载。

② 双向板，指板的长边与短边之比不大于 2，荷载沿双向传递，短边方向内力较大，长边方向内力较小，受力主筋平行于短边并摆在下面。

❑　肋形楼板

楼板内设置梁，梁有主梁和次梁，主梁沿房间布置，次梁与主梁一般垂直相交，板搁置在次梁上，次梁搁置在主梁上，主梁搁置在墙或柱上，所以板内荷载通过梁传至墙或者柱子上，适用于厂房等大开间房间。

❑　井字楼板

① 纵梁和横梁同时承担着由板传下来的荷载。

② 一般为 6～10m，板厚为 70～80mm 井格边长一般在 2.5m 之内。

③ 常用于跨度为 10m 左右、长短边之比小于 1.5 的公共建筑的门厅、大厅。

❑　无梁楼板

柱网一般布置为正方形或矩形，柱距以 6m 左右较为经济。为减少板跨，改善板的受力条件和加强柱对板的支承作用，一般在柱的顶部设柱帽或托板。由于其板跨较大，板厚不宜小于 120mm，一般为 160～200mm。适宜于活荷载较大的商店、仓库、展览馆等建筑。

在 Revit 中，现浇混凝土楼板是系统族，不需要预先建族，只需要在绘制的过程中对楼板的材质与厚度等参数进行设置。具体步骤如下。

（1）打开项目。打开 Revit 进入其主界面，双击 3.2.2 节完成的图形文件（Revit 在保持项目时会自动在主界面保留一个最近刚完成的项目，方便下次查阅），如图 3.2.53 和图 3.2.54 所示。

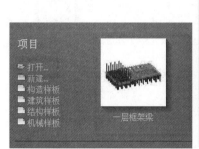

图 3.2.53　打开项目　　　　　　　　　　　图 3.2.54　打开项目

（2）核查信息。对打开的地下室一层框架梁 KL 模型核查信息，保证在信息完全正确后方可进行下一步绘制，如图 3.2.55 和图 3.2.56 所示。

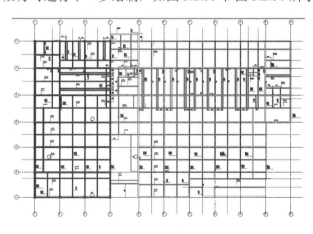

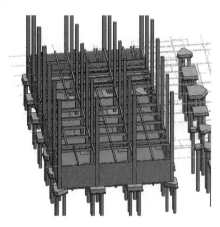

图 3.2.55　一层框架梁平面　　　　　　　　　图 3.2.56　一层框架梁模型

（3）设置 1 号板参数，按快捷键 S+B，进入编辑模式，单击"编辑类型"按钮，在弹出的对话框中单击"复制"按钮，在弹出的对话框中命名板号，单击"确定"按钮。单击"编辑"按钮，设置参数，将板厚设置为 110，如图 3.2.57 所示。

（4）绘制 1 号板，单击"矩形"按钮，绘制 1 号板，调整跨方向，将偏移量设置为 0，单击 √ 按钮，完成绘制，如图 3.2.58 所示。

注意：在绘制现浇混凝土板的时候，要注意偏移量的设置，而且楼板的边界要在梁的内部，因为楼板是架在梁上的，所以绘图要根据实际情况绘制。

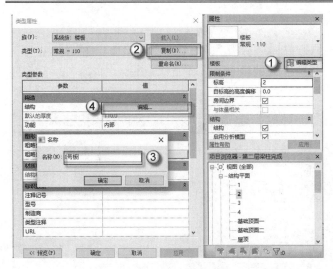

图 3.2.57　设置 1 号板参数　　　　图 3.2.58　绘制 1 号板

（5）设置 2 号板参数，按快捷键 S+B，进入编辑模式，单击"编辑类型"按钮，在弹出的对话框中单击"复制"按钮，在弹出的对话框中命名板号，单击"确定"按钮。单击"编辑"按钮，设置参数，将板厚设置为 110，如图 3.2.59 所示。

（6）绘制 2 号板，单击"矩形"按钮，绘制 2 号板，调整跨方向，将偏移量设置为 0，单击 √ 按钮，完成绘制，如图 3.2.60 所示。

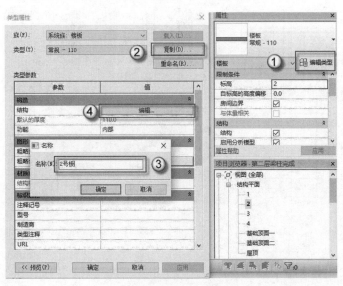

图 3.2.59　设置 2 号板参数　　　　图 3.2.60　绘制 2 号板

（7）设置 3 号板参数，按快捷键 S+B，进入编辑模式，单击"编辑类型"按钮，在弹出的对话框中单击"复制"按钮，在弹出的对话框中命名板号，单击"确定"按钮。单击"编辑"按钮，设置参数，将板厚设置为 110，如图 3.2.61 所示。

（8）绘制 3 号板，单击"矩形"按钮，绘制 3 号板，调整跨方向，将偏移量设置为 0，单击 √ 按钮，完成绘制，如图 3.2.62 所示。

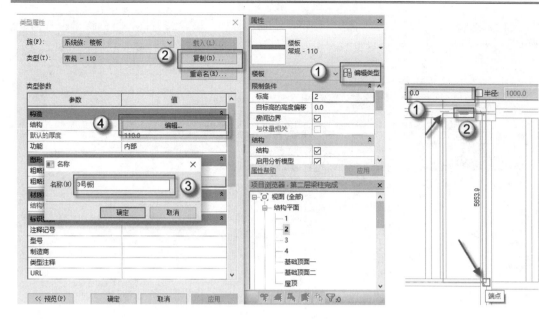

图 3.2.61　设置 3 号板参数　　　　　　　　　图 3.2.62　绘制 3 号板

（9）设置 4 号板参数，按快捷键 S+B，进入编辑模式，单击"编辑类型"按钮，在弹出的对话框中单击"复制"按钮，在弹出的对话框中命名板号，单击"确定"按钮。单击"编辑"按钮，设置参数，将板厚设置为 110，如图 3.2.63 所示。

（10）绘制 4 号板，单击"矩形"按钮，绘制 4 号板，调整跨方向，将偏移量设置为 0，单击√按钮，完成绘制，如图 3.2.64 所示。

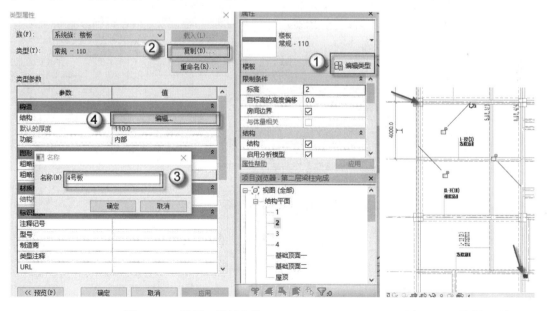

图 3.2.63　设置 4 号板参数　　　　　　　　　图 3.2.64　绘制 4 号板

（11）设置 5 号板参数，按快捷键 S+B，进入编辑模式，单击"编辑类型"按钮，在弹出的对话框中单击"复制"按钮，在弹出的对话框中命名板号，单击"确定"按钮。单击"编辑"按钮，设置参数，将板厚设置为 110，如图 3.2.65 所示。

（12）绘制 5 号板，单击"矩形"按钮，绘制 5 号板，调整跨方向，将偏移量设置为 0，单击 √ 按钮，完成绘制，如图 3.2.66 所示。

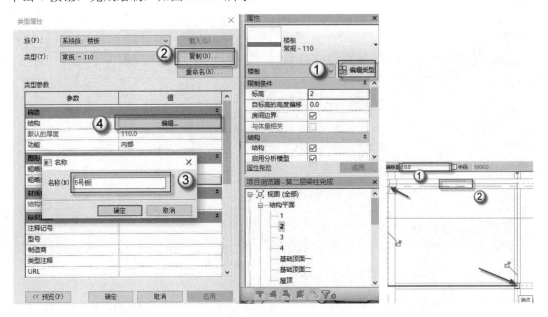

图 3.2.65　设置 5 号板参数　　　　　　图 3.2.66　绘制 5 号板

（13）设置 6 号板参数，按快捷键 S+B，进入编辑模式，单击"编辑类型"按钮，在弹出的对话框中单击"复制"按钮，在弹出的对话框中命名板号，单击"确定"按钮。单击"编辑"按钮，设置参数，将板厚设置为 110，如图 3.2.67 所示。

（14）绘制 6 号板，单击"矩形"按钮，绘制 6 号板，调整跨方向，将偏移量设置为 0，单击 √ 按钮，完成绘制，如图 3.2.68 所示。

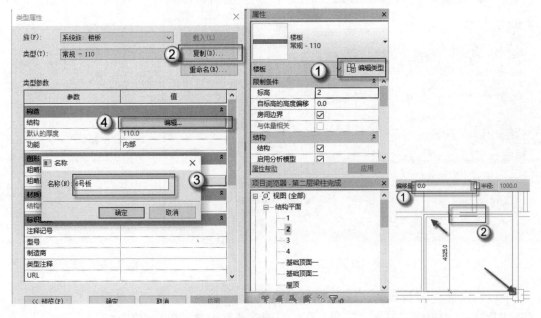

图 3.2.67　设置 6 号板参数　　　　　　图 3.2.68　绘制 6 号板

（15）设置 7 号板参数，按快捷键 S+B，进入编辑模式，单击"编辑类型"按钮，在弹出的对话框中单击"复制"按钮，在弹出的对话框中命名板号，单击"确定"按钮。单击"编辑"按钮，设置参数，将板厚设置为 110，如图 3.2.69 所示。

（16）绘制 7 号板，单击"矩形"按钮，绘制 7 号板，调整跨方向，将偏移量设置为 0，单击√按钮，完成绘制，如图 3.2.70 所示。

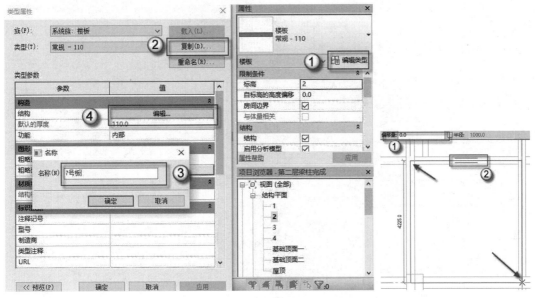

图 3.2.69　设置 7 号板参数　　　　　　　　图 3.2.70　绘制 7 号板

（17）设置 8 号板参数，按快捷键 S+B，进入编辑模式，单击"编辑类型"按钮，在弹出的对话框中单击"复制"按钮，在弹出的对话框中命名板号，单击"确定"按钮。单击"编辑"按钮，设置参数，将板厚设置为 110，如图 3.2.71 所示。

（18）绘制 8 号板，单击"矩形"按钮，绘制 8 号板，调整跨方向，将偏移量设置为 0，单击√按钮，完成绘制，如图 3.2.72 所示。

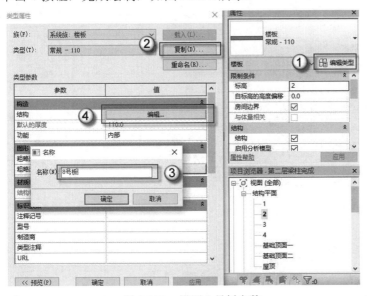
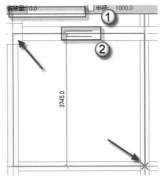

图 3.2.71　设置 8 号板参数　　　　　　　　图 3.2.72　绘制 8 号板

（19）设置 9 号板参数，按快捷键 S+B，进入编辑模式，单击"编辑类型"按钮，在弹出的对话框中单击"复制"按钮，在弹出的对话框中命名板号，单击"确定"按钮。单击"编辑"按钮，设置参数，将板厚设置为 110，如图 3.2.73 所示。

（20）绘制 9 号板，单击"矩形"选项，绘制 9 号板，调整跨方向，将偏移量设置为 0，单击 √ 按钮，完成绘制，如图 3.2.74 所示。

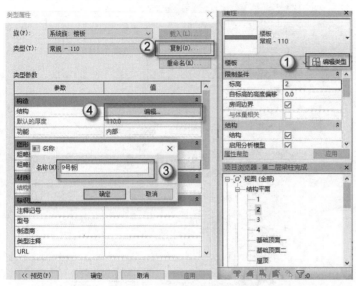
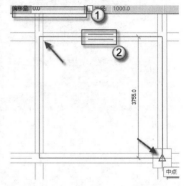

图 3.2.73　设置 9 号板参数　　　　　　　　　图 3.2.74　绘制 9 号板

（21）设置 10 号板参数，按快捷键 S+B，进入编辑模式，单击"编辑类型"按钮，在弹出的对话框中单击"复制"按钮，在弹出的对话框中命名板号，单击"确定"按钮。单击"编辑"按钮，设置参数，将板厚设置为 110，如图 3.2.75 所示。

（22）绘制 10 号板，单击"矩形"按钮，绘制 10 号板，调整跨方向，将偏移量设置为 0，单击 √ 按钮，完成绘制，如图 3.2.76 所示。

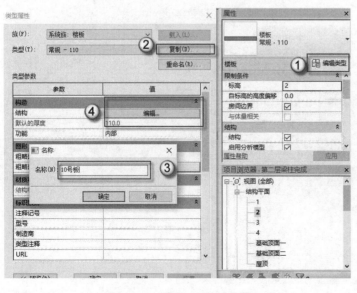

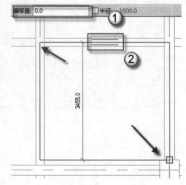

图 3.2.75　设置 10 号板参数　　　　　　　　图 3.2.76　绘制 10 号板

在以上所有板绘制完后，可以得到如图 3.2.77 所示的模型图。

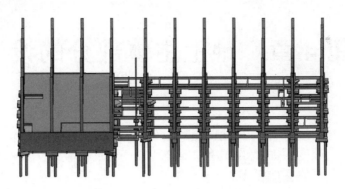

图 3.2.77　地下室顶板 1B 模型

第4章　地上主体部分的设计

主体结构是指房屋的主要构件相互连接、作用的平面或空间构成体。主体结构必须具备符合技术要求的强度、韧性和稳定性，以确保承受建筑物本身的各种载荷。建筑物的主体工程是建筑物工程的重要组成部分。

本章的主体部分设计主要是针对结构专业中的梁、板、柱构件。由于建筑的层数不多，所以无须设置剪力墙。

4.1　二层框架柱 KZ 的绘制

框架柱就是在框架结构中承受梁和板传来的荷载，并将荷载传给基础，是主要的竖向受力构件。框架柱的类型有很多种，在房屋建筑中，框架结构以及框架剪力墙结构中最为常见的是矩形框架柱，其次是圆形框架柱以及其他类型的框架柱。本章中主要介绍的是Revit 中矩形框架柱以及圆形框架柱的绘制方法。

4.1.1　矩形框架柱

Revit 中矩形框架柱是系统族，不需要设计者自己去创建族，只需要先将系统族导入项目中，然后进行参数上的修改即可。

（1）打开项目文件。单击"打开"按钮，在弹出的对话框中打开保存的文件，或者直接单击"历史项目"栏，如图 4.1.1 所示。

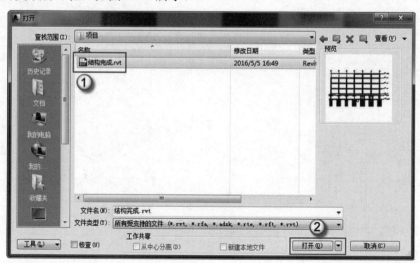

图 4.1.1　打开项目

🔔**注意：** 在进行项目时，要定时保存项目文件，防止软件的出错导致文件丢失，并且将项目文件保存在同一个文件夹中，方便寻找。

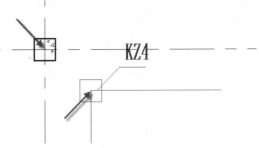

（2）导入配套资源中的 DWG 文件，选择"插入"→"导入 CAD"命令，导入第二层的柱定位的图。

（3）按快捷键 M+V，调整 CAD 图位置与轴网对齐，如图 4.1.2 所示。使用移动过程中的交点与交点对齐后，导入的 CAD 图就与原有的轴网对齐了，如图 4.1.3 所示。

图 4.1.2　调整 CAD 文件位置

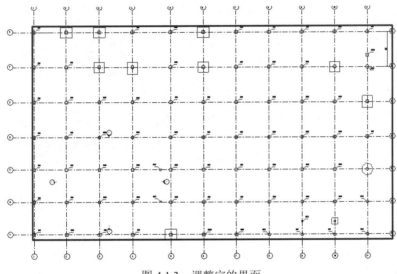

图 4.1.3　调整完的界面

🔔**注意：** 在调整位置的时候，一定要捕捉到交点或端点时才算对齐。Revit 的对齐有一定的误差，只有端点与交点对齐才比较精确。

（4）载入矩形柱的系统族。选择"插入"→"载入族"命令，在弹出的"载入族"对话框中选择"混凝土-矩形-柱.rfa"族文件，如图 4.1.4 所示。

图 4.1.4　载入柱族

（5）设置矩形柱 KZ1 参数，按快捷键 C+L，出现绘制的界面，单击"编辑类型"按钮，在弹出的对话框中单击"复制"按钮，再在弹出的对话框中命名新的族 KZ1，单击"确定"按钮。在"尺寸标注"栏设置参数，如图 4.1.5 所示。

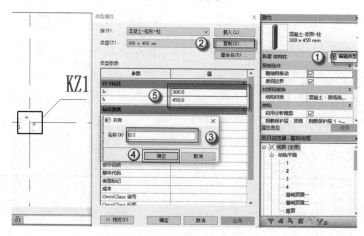

图 4.1.5　设置 KZ1 参数

注意：每次加入新的矩形框架柱时，一定先要单击"复制"按钮，在弹出的对话框中重新命名之后再设置参数。这是因为在 Revit 中，一个类型的图元只要改一个，余下的会随之联动修改，所以必须重命名。

（6）绘制矩形框架柱 KZ1，按快捷键 C+L，取消"放置后旋转"复选框的选择，改为"高度"放置，使顶部标高对齐标高结构 3 层，如图 4.1.6 所示。

（7）设置矩形柱 KZ2 参数，按快捷键 C+L，出现绘制的界面，单击"编辑类型"按钮，在弹出的对话框中单击"复制"按钮，再在弹出的对话框中命名新的族 KZ2，单击"确定"按钮。在"尺寸标注"栏设置参数，如图 4.1.7 所示。

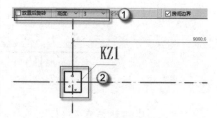

图 4.1.6　绘制矩形框架柱 KZ1

（8）绘制矩形框架柱 KZ2，按快捷键 C+L，取消"放置后旋转"复选框的选择，改为"高度"放置，使顶部标高对齐标高结构 3 层，如图 4.1.8 所示。

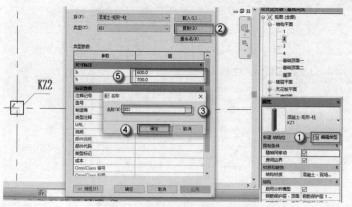

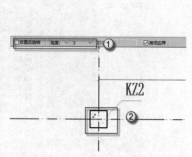

图 4.1.7　设置 KZ2 参数　　　　　　图 4.1.8　绘制矩形框架柱 KZ2

（9）设置矩形柱 KZ4 参数，按快捷键 C+L，出现绘制的界面，单击"编辑类型"按钮，在弹出的对话框中单击"复制"按钮，再在弹出的对话框中命名新的族 KZ4，单击"确定"按钮。在"尺寸标注"栏设置参数，如图 4.1.9 所示。

（10）绘制矩形框架柱 KZ4，按快捷键 C+L，取消"放置后旋转"复选框的选择，改为"高度"放置，使顶部标高对齐标高结构 3 层，如图 4.1.10 所示。

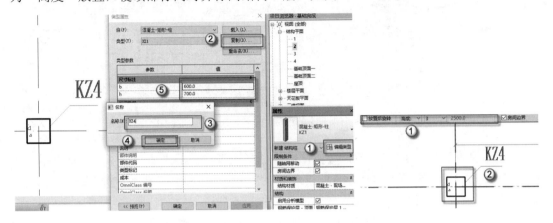

图 4.1.9　设置矩形框架柱 KZ4　　　　　　图 4.1.10　绘制矩形框架柱 KZ4

（11）设置矩形柱 KZ5 参数，按快捷键 C+L，出现绘制的界面，单击"编辑类型"按钮，在弹出的对话框中单击"复制"按钮，再在弹出的对话框中命名新的族 KZ5，单击"确定"按钮。在"尺寸标注"栏设置参数，如图 4.1.11 所示。

（12）绘制矩形框架柱 KZ5，按快捷键 C+L，取消"放置后旋转"复选框的选择，改为"高度"放置，使顶部标高对齐标高结构 3 层，如图 4.1.12 所示。

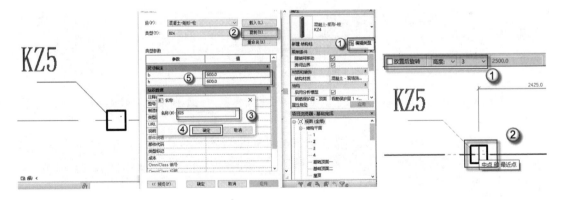

图 4.1.11　设置矩形框架柱 KZ5　　　　　　图 4.1.12　绘制矩形框架柱 KZ5

（13）设置矩形柱 KZ6 参数，按快捷键 C+L，出现绘制的界面，单击"编辑类型"按钮，在弹出的对话框中单击"复制"按钮，再在弹出的对话框中命名新的族 KZ6，单击"确定"按钮。在"尺寸标注"栏设置参数，如图 4.1.13 所示。

（14）绘制矩形框架柱 KZ6，按快捷键 C+L，取消选择"放置后旋转"复选框，改为"高度"放置，使顶部标高对齐标高结构 3 层，如图 4.1.14 所示。

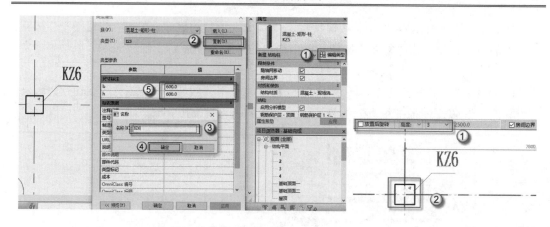

图 4.1.13　设置矩形框架柱 KZ6　　　　　图 4.1.14　绘制矩形框架柱 KZ6

（15）设置矩形柱 KZ7 参数，按快捷键 C+L，出现绘制的界面，单击"编辑类型"按钮，在弹出的对话框中单击"复制"按钮，再在弹出的对话框中命名新的族 KZ7，单击"确定"按钮。在"尺寸标注"栏设置参数，如图 4.1.15 所示。

（16）绘制矩形框架柱 KZ7，按快捷键 C+L，取消"放置后旋转"复选框的选择，改为"高度"放置，使顶部标高对齐标高结构 3 层，如图 4.1.16 所示。

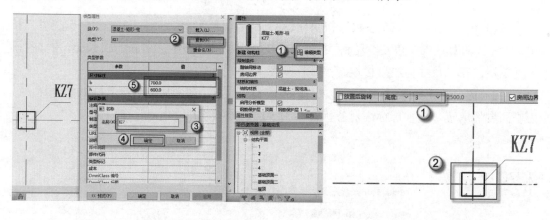

图 4.1.15　设置矩形框架柱 KZ7　　　　　图 4.1.16　绘制矩形框架柱 KZ7

（17）设置矩形柱 KZ8 参数，按快捷键 C+L，出现绘制的界面，单击"编辑类型"按钮，在弹出的对话框中单击"复制"按钮，再在弹出的对话框中命名新的族 KZ8，单击"确定"按钮。在"尺寸标注"栏设置参数，如图 4.1.17 所示。

（18）绘制矩形框架柱 KZ8，按快捷键 C+L，取消"放置后旋转"复选框的选择，改为"高度"放置，使顶部标高对齐标高结构 3 层，如图 4.1.18 所示。

（19）设置矩形柱 KZ9 参数，按快捷键 C+L，出现绘制的界面，单击"编辑类型"按钮，在弹出的对话框中单击"复制"按钮，再在弹出的对话框中命名新的族 KZ9，单击"确定"按钮。在"尺寸标注"栏设置参数，如图 4.1.19 所示。

（20）绘制矩形框架柱 KZ9，按快捷键 C+L，取消"放置后旋转"复选框的选择，改为"高度"放置，使顶部标高对齐标高结构 3 层，如图 4.1.20 所示。

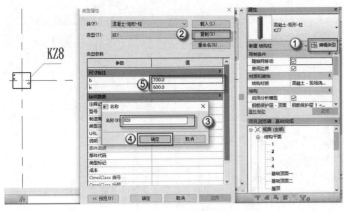

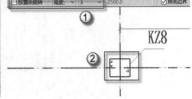

图 4.1.17　设置矩形框架柱 KZ8　　　　图 4.1.18　绘制矩形框架柱 KZ8

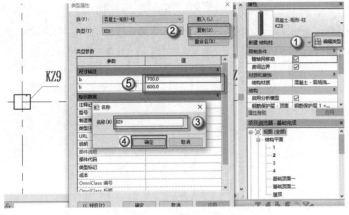

图 4.1.19　设置矩形框架柱 KZ9　　　　图 4.1.20　绘制矩形框架柱 KZ9

（21）设置矩形柱 KZ10 参数，按快捷键 C+L，出现绘制的界面，单击"编辑类型"按钮，在弹出的对话框中单击"复制"按钮，再在弹出的对话框中命名新的族 KZ10，单击"确定"按钮。在"尺寸标注"栏设置参数，如图 4.1.21 所示。

（22）绘制矩形框架柱 KZ10，按快捷键 C+L，取消"放置后旋转"复选框的选择，改为"高度"放置，使顶部标高对齐标高结构 3 层，如图 4.1.22 所示。

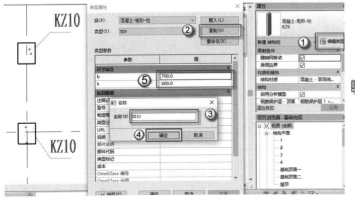

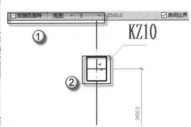

图 4.1.21　设置矩形框架柱 KZ10　　　　图 4.1.22　绘制矩形框架柱 KZ10

　　结构二层的混凝土矩形框架柱绘制方法介绍完毕，剩余的混凝土矩形框架柱按照上述步骤即可完成，当结构二层的混凝土矩形框架柱完成后，保存项目后，按快捷键 F4，观看3D 效果，如图 4.1.23 和图 4.1.24 所示。

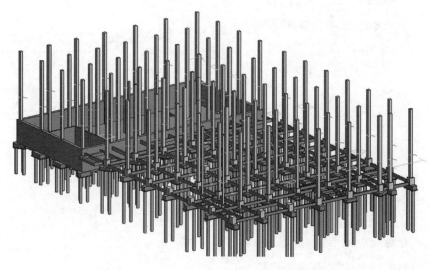

图 4.1.23　矩形框架柱完成后 3D 效果图 1

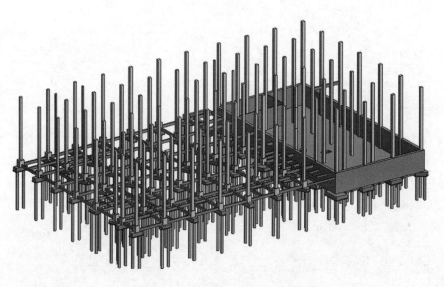

图 4.1.24　矩形框架柱完成后 3D 效果图 2

4.1.2　圆形框架柱

　　Revit 中圆形框架柱是系统族，与矩形框架柱一样，不需要自己去建族，只需要先将系统族导入项目中，然后进行参数上的修改即可。两者区别在于矩形柱要调整柱的截面（长×宽）尺寸，圆形柱只需要调整柱的直径。

　　（1）打开项目文件。单击"打开"按钮，在弹出的对话框中打开保存的文件，或者直接单击"历史项目"按钮，如图 4.1.25 所示。

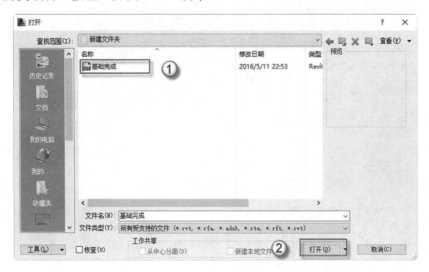

图 4.1.25　打开项目

（2）载入圆形柱的系统族。选择"插入"→"载入族"命令，在弹出的"载入族"对话框中选择"混凝土-圆形-柱.rfa"族文件，如图 4.1.26 所示。

图 4.1.26　载入族

（3）设置圆形框架柱 KZ3 参数，按快捷键 C+L，出现绘制的界面，单击"编辑类型"按钮，在弹出的对话框中单击"复制"按钮，再在弹出的对话框中命名新的族为"圆形柱 KZ3"名称，单击"确定"按钮。在"尺寸标注"栏设置参数，如图 4.1.27 所示。

注意：一定要命名为"圆形柱 KZ3"，否则会与矩形柱 KZ3 重名，会改变原来的框柱 "KZ3"的相关参数。

（4）绘制圆形框架柱 KZ3，按快捷键 C+L，取消"放置后旋转"复选框的选择，改为"高度"放置，使顶部标高对齐标高结构 3 层，如图 4.1.28 所示。

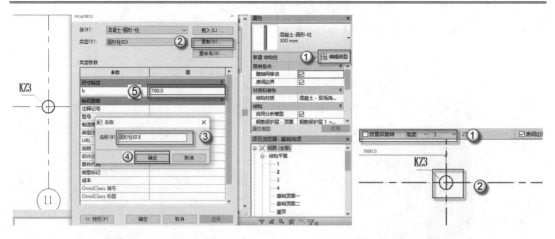

图 4.1.27　设置圆形框架柱 KZ3　　　　　　图 4.1.28　绘制圆形框架柱 KZ3

（5）调整混凝土圆形柱的位置，按快捷键 M+V，移动混凝土圆形框架柱的位置，使其与 CAD 图的位置对齐，如图 4.1.29 所示。

（6）使用复制平移的方式绘制其余的混凝土圆形框架柱，选中圆形框架柱，按快捷键 C+O，平移到其余圆形柱的位置，如 4.1.30 所示。

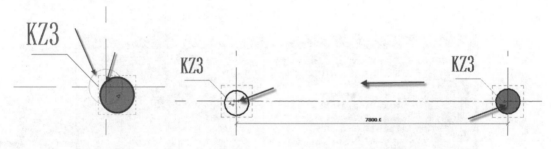

图 4.1.29　调整圆形柱的位置　　　　　　图 4.1.30　绘制圆形框架柱

（7）重复步骤（6）完成其余的混凝土圆形柱的绘制。然后按快捷键 F4 切换到三维效果，观看 3D 效果图是否有遗漏，如图 4.1.31 与图 4.1.32 所示。

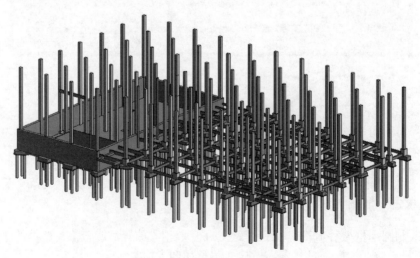

图 4.1.31　圆柱 3D 效果图 1

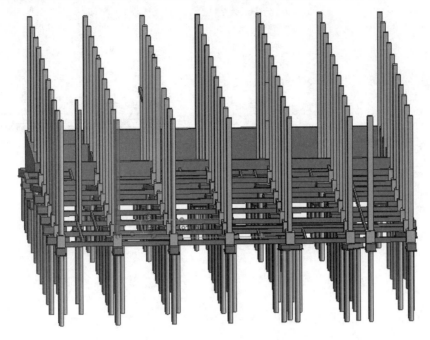

图 4.1.32　圆柱 3D 效果图 2

（8）给混凝土圆形框架柱添加材质，双击圆形框架柱进入族的编辑模式，添加参数进行编辑，如图 4.1.33 所示。

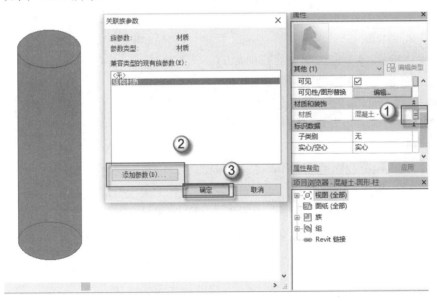

图 4.1.33　添加圆形框架柱的材质

（9）设置材质参数，命名参数的名称为"现浇混凝土"，单击"确定"按钮，生成新的材质参数，如图 4.1.34 所示。

（10）关联族材质参数，选中添加新的材质参数"现浇混凝土"类型 ，单击"确定"按钮，如图 4.1.35 所示。

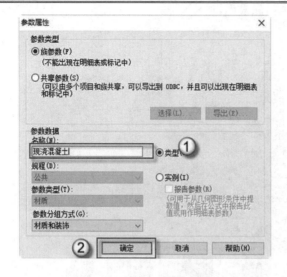

图 4.1.34　设置材质参数

图 4.1.35　关联族材质参数

（11）将混凝土圆形框架梁成组，配合 Ctrl 键，将所有的混凝土圆形框架柱选中，按快捷键 G+P，命名组的名称，如图 4.1.36 所示。

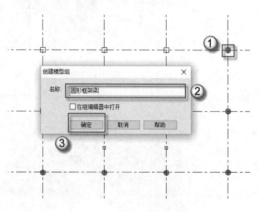

4.2　二层框架梁 2KL 的绘制

框架结构的主体是由梁和柱连接而成的。梁柱交接处的框架节点应为刚接构成双向梁柱抗侧力体系。刚接即梁的两端与框架柱（KZ）固定相连。框架梁的作用除了直接承受楼屋盖

图 4.1.36　将圆形框架梁建组

的荷载并将其传递给框架柱外，还有一个重要作用，就是它和框架柱刚接形成梁柱抗侧力体系，共同抵抗风荷载和地震作用等水平方向的力。根据建筑材料的不同，框架结构可分为：混凝土结构框架、钢框架、钢-混凝土（也称钢骨混凝土）框架，即可以采用钢筋混凝土、建筑钢材或者钢-混凝土（组合）制作框架梁或框架柱。对于钢筋混凝土结构，根据现行中华人民共和国行业标准《高层建筑混凝土结构设计规程》（JGJ 3—2010）第 7.1.3 条规定，两端与剪力墙刚接相连但跨高比不小于 5 的连梁宜按照框架梁设计。

4.2.1　二层水平轴向框架梁 2KL 的设计

Revit 中矩形梁是系统族，不需要设计者自己去创建族，只需要先将系统族导入项目中，然后进行参数上的修改即可。

（1）打开项目文件。单击"打开"按钮，在弹出的对话框中打开保存的文件，或者直接单击"历史项目"按钮，如图 4.2.1 所示。

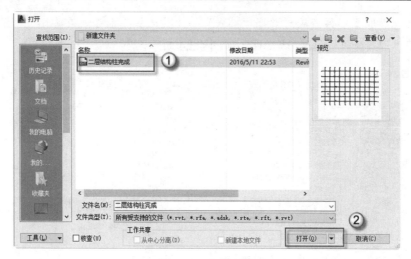

图 4.2.1　打开项目

（2）导入配套资源中的 DWG 文件，选择"插入"→"导入 CAD"命令，导入第二层的梁定位的图。

（3）按快捷键 M+V，调整 CAD 图位置与轴网对齐，如图 4.2.2 所示。使用移动过程中的交点与交点对齐后，导入的 CAD 图就与原有的轴网对齐了，如图 4.2.3 所示。

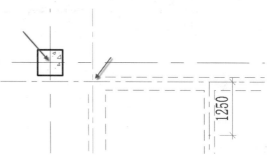

图 4.2.2　调整 CAD 文件位置

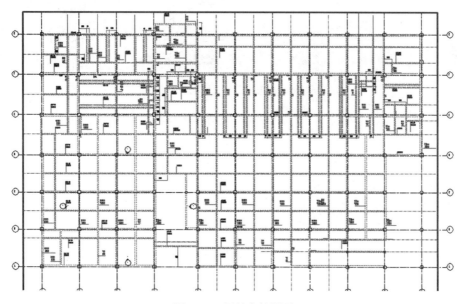

图 4.2.3　调整完的界面

⚠️注意：当调整好导入的 CAD 图位置后，按快捷键 P+N 锁定文件位置。这样的好处是，在复杂的三维操作中，就不会误操作移动底图对象了。

（4）载入矩形梁的系统族。选择"插入"→"载入族"命令，在弹出的"载入族"对话框中选择"混凝土-矩形梁"族文件，如图 4.2.4 所示。

图 4.2.4　载入矩形梁的系统族

（5）设置矩形梁 KL-C1 参数，按快捷键 B+M，出现绘制的界面，单击"编辑类型"按钮，在弹出的对话框中单击"复制"按钮，再在弹出的对话框中命名新的族 KL-C1，单击"确定"按钮。在"尺寸标注"栏设置参数，如图 4.2.5 所示。

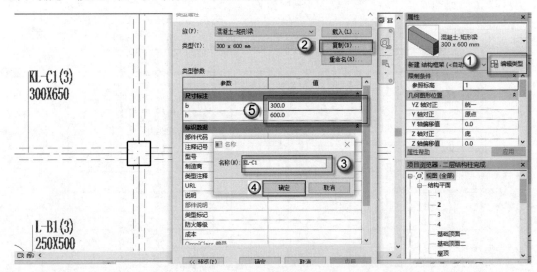

图 4.2.5　设置 KL-C1 参数

（6）绘制矩形框架梁 KL-C1，按快捷键 B+M，放置平面为"标高 2"平面视图，先单击起始柱的中心为起点，后单击终止柱的中心为终点，如图 4.2.6 所示。

（7）调整矩形梁 KL-C1 的位置，选中矩形梁 KL-C1，按快捷键 M+V，移动矩形梁的位置，使其与梁线对齐，如图 4.2.7 所示。

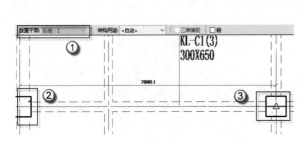

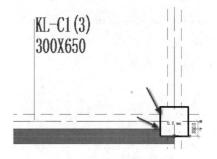

图 4.2.6　绘制 KL-C1　　　　　　　　　　图 4.2.7　调整矩形梁的位置

（8）设置矩形梁 KL-B2 参数，按快捷键 B+M，出现绘制的界面，单击"编辑类型"
按钮，在弹出的对话框中单击"复制"按钮，再在弹出的对话框中命名新的族 KL-B2，单
击"确定"按钮。在"尺寸标注"栏设置参数，如图 4.2.8 所示。

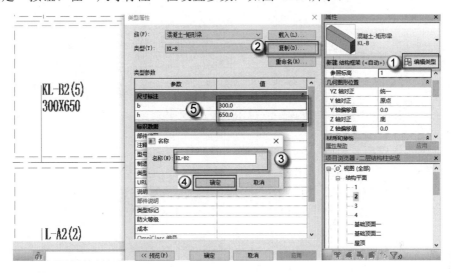

图 4.2.8　设置 KL-B2 的参数

（9）绘制矩形框架梁 KL-B2，按快捷键 B+M，放置平面为"标高 2"平面视图，先单
击起始柱的中心为起点，后单击终止柱的中心为终点，如图 4.2.9 所示。

（10）调整矩形梁 KL-B2 的位置，选中矩形梁 KL-B2，按快捷键 M+V，移动矩形梁的
位置，使其与梁线对齐，如图 4.2.10 所示。

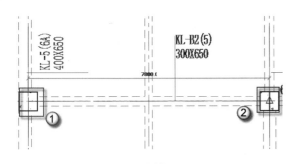

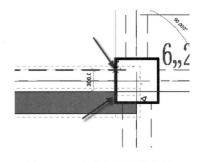

图 4.2.9　绘制 KL-B2　　　　　　　　　　图 4.2.10　调整矩形梁的位置

（11）设置矩形梁 KL-A2 参数，按快捷键 B+M，出现绘制的界面，单击"编辑类型"按钮，在弹出的对话框中单击"复制"按钮，再在弹出的对话框中命名新的族 KLA2，单击"确定"按钮。在"尺寸标注"栏设置参数，如图 4.2.11 所示。

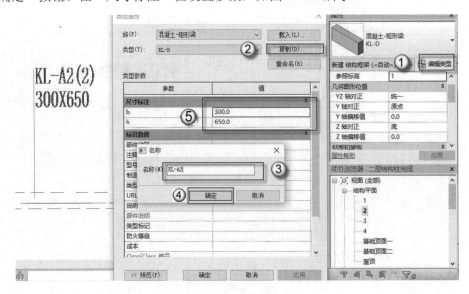

图 4.2.11　设置 KL-A2 参数

（12）绘制矩形框架梁 KL-A2，按快捷键 B+M，放置平面为"标高 2"平面视图，先单击起始柱的中心为起点，后单击终止柱的中心为终点，如图 4.2.12 所示。

（13）调整矩形梁 KL-A2 的位置，选中矩形梁 KL-A2，按快捷键 M+V，移动矩形梁的位置，使其与梁线对齐，如图 4.2.13 所示。

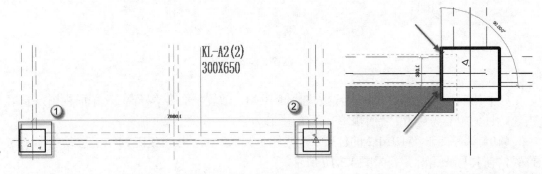

图 4.2.12　绘制 KL-A2　　　　　　　　　　图 4.2.13　调整矩形梁的位置

（14）设置矩形梁 KL-B1 参数，按快捷键 B+M，出现绘制的界面，单击"编辑类型"按钮，在弹出的对话框中单击"复制"按钮，再在弹出的对话框中命名新的族 KLB1，单击"确定"按钮。在"尺寸标注"栏设置参数，如图 4.2.14 所示。

（15）绘制矩形框架梁 KL-B1，按快捷键 B+M，放置平面为"标高 2"平面视图，先单击起始柱的中心为起点，后单击终止柱的中心为终点，如图 4.2.15 所示。

（16）调整矩形梁 KL-B1 的位置，选中矩形梁 KL-B1，按快捷键 M+V，移动矩形梁的位置，使其与梁线对齐，如图 4.2.16 所示。

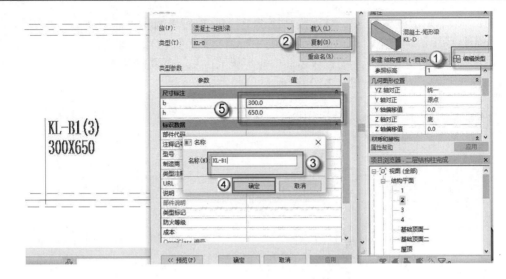

图 4.2.14 设置 KL-B1 参数

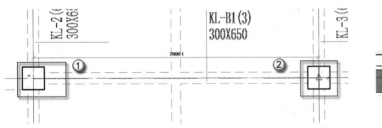

图 4.2.15 绘制 KL-B1

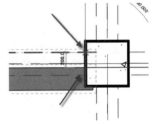

图 4.2.16 调整矩形梁的位置

（17）设置矩形梁 KL-A1 参数，按快捷键 B+M，出现绘制的界面，单击"编辑类型"按钮，在弹出的对话框中单击"复制"按钮，再在弹出的对话框中命名新的族 KL-A1，单击"确定"按钮。在"尺寸标注"栏设置参数，如图 4.2.17 所示。

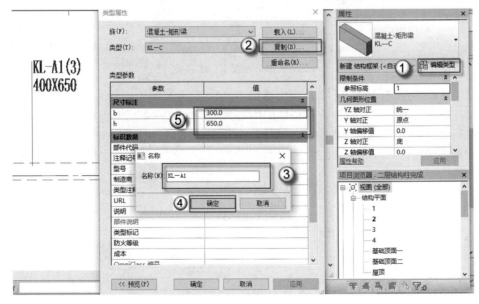

图 4.2.17 设置 KL-A1 参数

（18）绘制矩形框架梁 KL-A1，按快捷键 B+M，放置平面为"标高 2"平面视图，先单击起始柱的中心为起点，后单击终止柱的中心为终点，如图 4.2.18 所示。

（19）调整矩形梁 KL-A1 的位置，选中矩形梁 KL-A1，按快捷键 M+V，移动矩形梁的位置，使其与梁线对齐，如图 4.2.19 所示。

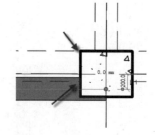

图 4.2.18　绘制 KL-A2　　　　　　　　图 4.2.19　调整矩形梁的位置

（20）设置矩形梁 KL-D 参数，按快捷键 B+M，出现绘制的界面，单击"编辑类型"按钮，在弹出的对话框中单击"复制"按钮，再在弹出的对话框中命名新的族 KL-D，单击"确定"按钮。在"尺寸标注"栏设置参数，如图 4.2.20 所示。

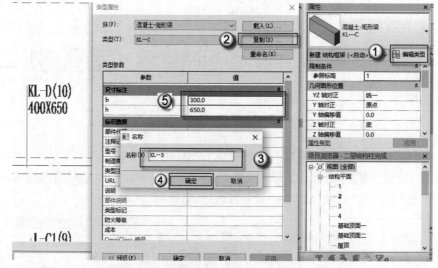

图 4.2.20　设置 KL-D 参数

（21）绘制矩形框架梁 KL-D，按快捷键 B+M，放置平面为"标高 2"平面视图，先单击起始柱的中心为起点，后单击终止柱的中心为终点，如图 4.2.21 所示。

（22）调整矩形梁 KL-D 的位置，选中矩形梁 KL-D，按快捷键 M+V，移动矩形梁的位置，使其与梁线对齐，如图 4.2.22 所示。

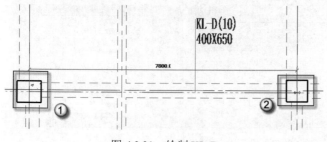

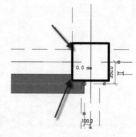

图 4.2.21　绘制 KL-D　　　　　　　　图 4.2.22　调整矩形梁的位置

（23）设置矩形梁 KL-C2 参数，按快捷键 B+M，出现绘制的界面，单击"编辑类型"按钮，在弹出的对话框中单击"复制"按钮，再在弹出的对话框中命名新的族 KL-C2，单击"确定"按钮。在"尺寸标注"栏设置参数，如图 4.2.23 所示。

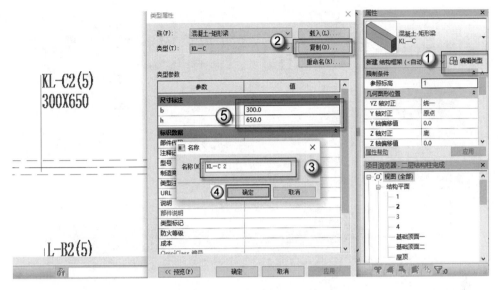

图 4.2.23　设置 KL-C2 参数

（24）绘制矩形框架梁 KL-C2，按快捷键 B+M，放置平面为"标高 2"平面视图，先单击起始柱的中心为起点，后单击终止柱的中心为终点，如图 4.2.24 所示。

（25）调整矩形梁 KL-C2 的位置，选中矩形梁 KL-C2，按快捷键 M+V，移动矩形梁的位置，使其与梁线对齐，如图 4.2.25 所示。

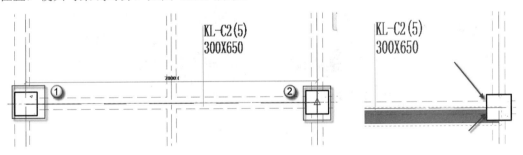

图 4.2.24　绘制 KL-C2　　　　　　　　图 4.2.25　调整矩形梁的位置

4.2.2　二层竖直轴向框架梁 2KL 的设计

在设计中，一般是先进行水平方向的混凝土框架梁的设计，然后再进行竖直轴向的混凝土框架梁设计，所以在 Revit 中先进行水平轴向的混凝土框架梁设计，再进行竖直轴向的混凝土框架梁的设计，要注意水平轴向的混凝土框架梁与竖直轴向的混凝土框架梁的尺寸与编号的不同。

Revit 中矩形梁是系统族，不需要设计者自己去创建族，只需要先将系统族导入项目中，然后进行参数上的设置即可。

（1）打开项目文件。单击"打开"按钮，在弹出的对话框中打开保存的文件，或者直接单击"历史项目"按钮，如图 4.2.26 所示。

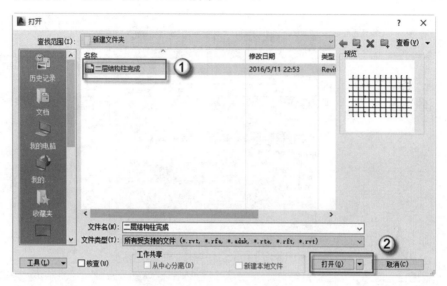

图 4.2.26　打开历史项目

（2）设置矩形梁 KL-1 参数，按快捷键 B+M，出现绘制的界面，单击"编辑类型"按钮，在弹出的对话框中单击"复制"按钮，再在弹出的对话框中命名新的族 KL-1，单击"确定"按钮。在"尺寸标注"栏设置参数，如图 4.2.27 所示。

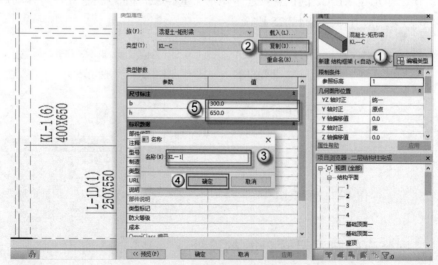

图 4.2.27　设置 KL-1 参数

（3）绘制矩形框架梁 KL-1，按快捷键 B+M，放置平面为"标高 2"平面视图，先单击起始柱的中心为起点，后单击终止柱的中心为终点，如图 4.2.28 所示。

（4）调整矩形梁 KL-1 的位置，选中矩形梁 KL-1，按快捷键 M+V，移动矩形梁的位置，使其与梁线对齐，如图 4.2.29 所示。

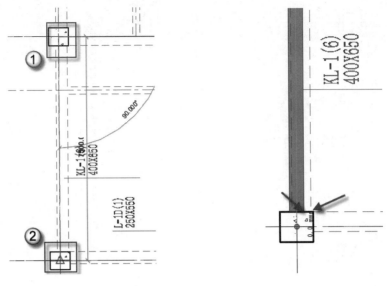

图 4.2.28　绘制 KL-1　　　　　　　　图 4.2.29　调整矩形梁的位置

（5）设置矩形梁 KL-2 参数，按快捷键 B+M，出现绘制的界面，单击"编辑类型"按钮，在弹出的对话框中单击"复制"按钮，再在弹出的对话框中命名新的族 KL-2，单击"确定"按钮。在"尺寸标注"栏设置参数，如图 4.2.30 所示。

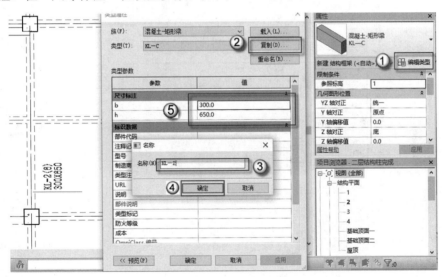

图 4.2.30　设置 KL-2 参数

（6）绘制矩形框架梁 KL-2，按快捷键 B+M，放置平面为"标高 2"平面视图，先单击起始柱的中心为起点，后单击终止柱的中心为终点，如图 4.2.31 所示。

（7）调整矩形梁 KL-2 的位置，选中矩形梁 KL-2，按快捷键 M+V，移动矩形梁的位置，使其与梁线对齐，如图 4.2.32 所示。

（8）设置矩形梁 KL-3 参数，按快捷键 B+M，出现绘制的界面，单击"编辑类型"按钮，在弹出的对话框中单击"复制"按钮，再在弹出的对话框中命名新的族 KL-3，单击"确定"按钮。在"尺寸标注"栏设置参数，如图 4.2.33 所示。

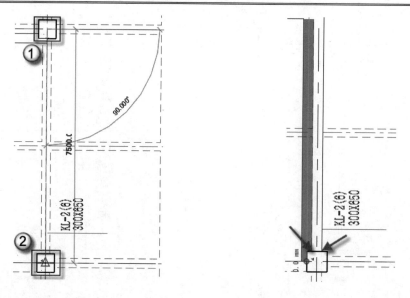

图 4.2.31　绘制 KL-2　　　　　　　　图 4.2.32　调整矩形梁的位置

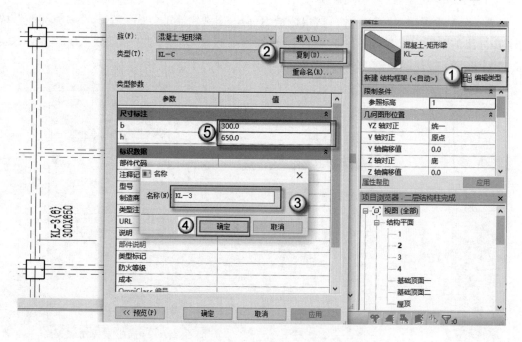

图 4.2.33　设置 KL-3 参数

（9）绘制矩形框架梁 KL-3，按快捷键 B+M，放置平面为"标高 2"平面视图，先单击起始柱的中心为起点，后单击终止柱的中心为终点，如图 4.2.34 所示。

（10）调整矩形梁 KL-3 的位置，选中矩形梁 KL-3，按快捷键 M+V，移动矩形梁的位置，使其与梁线对齐，如图 4.2.35 所示。

（11）设置矩形梁 KL-4 参数，按快捷键 B+M，出现绘制的界面，单击"编辑类型"按钮，在弹出的对话框中单击"复制"按钮，再在弹出的对话框中命名新的族 KL-4，单击"确定"按钮。在"尺寸标注"栏设置参数，如图 4.2.36 所示。

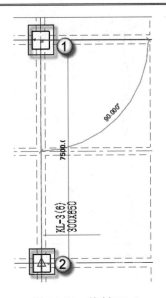

图 4.2.34　绘制 KL-3

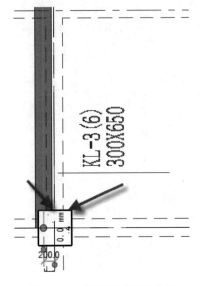

图 4.2.35　调整矩形梁的位置

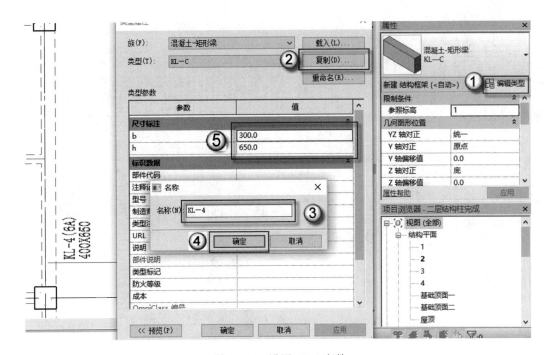

图 4.2.36　设置 KL-4 参数

（12）绘制矩形框架梁 KL-4，按快捷键 B+M，放置平面为"标高 2"平面视图，先单击起始柱的中心为起点，后单击终止柱的中心为终点，如图 4.2.37 所示。

（13）调整矩形梁 KL-4 的位置，选中矩形梁 KL-4，按快捷键 M+V，移动矩形梁的位置，使其与梁线对齐，如图 4.2.38 所示。

（14）设置矩形梁 KL-5 参数，按快捷键 B+M，出现绘制的界面，单击"编辑类型"按钮，在弹出的对话框中单击"复制"按钮，再在弹出的对话框中命名新的族 KL-5，单击"确定"按钮。在"尺寸标注"栏设置参数，如图 4.2.39 所示。

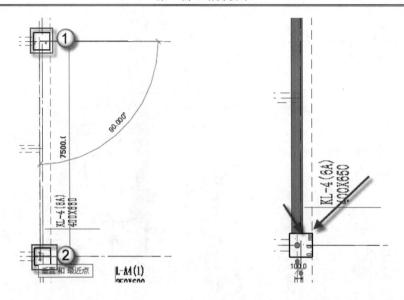

图 4.2.37　绘制 KL-4　　　　　　　　　图 4.2.38　调整矩形梁的位置

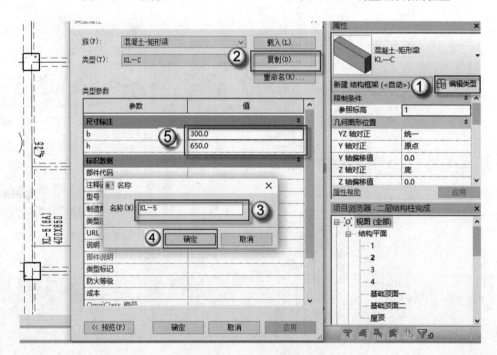

图 4.2.39　设置 KL-5 参数

（15）绘制矩形框架梁 KL-5，按快捷键 B+M，放置平面为"标高 2"平面视图，先单击起始柱的中心为起点，后单击终止柱的中心为终点，如图 4.2.40 所示。

（16）调整矩形梁 KL-5 的位置，选中矩形梁 KL-5，按快捷键 M+V，移动矩形梁的位置，使其与梁线对齐，如图 4.2.41 所示。

（17）设置矩形梁 KL-6 参数，按快捷键 B+M，出现绘制的界面，单击"编辑类型"按钮，在弹出的对话框中单击"复制"按钮，再在弹出的对话框中命名新的族 KL-6，单击"确定"按钮。在"尺寸标注"栏设置参数，如图 4.2.42 所示。

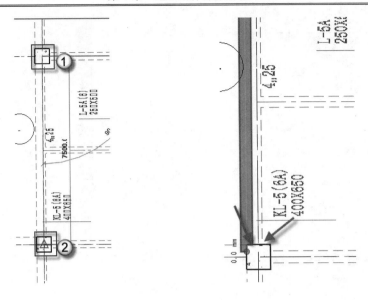

图 4.2.40 绘制 KL-5   图 4.2.41 调整矩形梁的位置

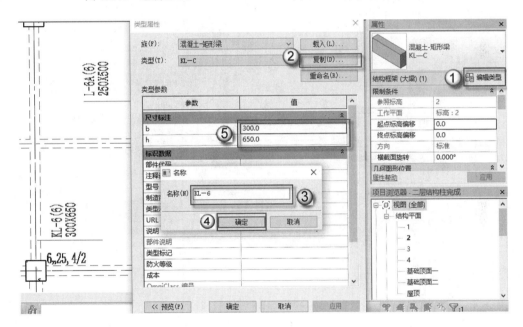

图 4.2.42 设置 KL-6 参数

（18）绘制矩形框架梁 KL-6，按快捷键 B+M，放置平面为"标高 2"平面视图，先单击起始柱的中心为起点，后单击终止柱的中心为终点，如图 4.2.43 所示。

（19）调整矩形梁 KL-6 的位置，选中矩形梁 KL-6，按快捷键 M+V，移动矩形梁的位置，使其与梁线对齐，如图 4.2.44 所示。

（20）设置矩形梁 KL-7 参数，按快捷键 B+M，出现绘制的界面，单击"编辑类型"按钮，在弹出的对话框中单击"复制"按钮，再在弹出的对话框中命名新的族 KL-7，单击"确定"按钮。在"尺寸标注"栏设置参数，如图 4.2.45 所示。

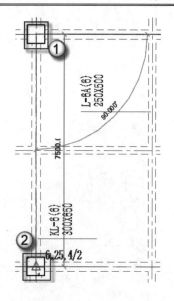

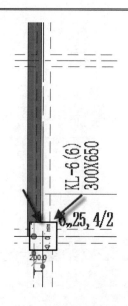

图 4.2.43　绘制 KL-6　　　　　　图 4.2.44　调整矩形梁的位置

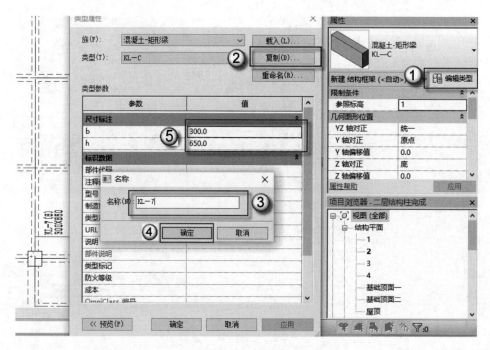

图 4.2.45　设置 KL-7 参数

（21）绘制矩形框架梁 KL-7，按快捷键 B+M，放置平面为"标高 2"平面视图，先单击起始柱的中心为起点，后单击终止柱的中心为终点，如图 4.2.46 所示。

（22）调整矩形梁 KL-7 的位置，选中矩形梁 KL-7，按快捷键 M+V，移动矩形梁的位置，使其与梁线对齐，如图 4.2.47 所示。

（23）设置矩形梁 KL-8 参数，按快捷键 B+M，出现绘制的界面，单击"编辑类型"按钮，在弹出的对话框中单击"复制"按钮，再在弹出的对话框中命名新的族 KL-8，单击"确定"按钮。在"尺寸标注"栏中设置参数，如图 4.2.48 所示。

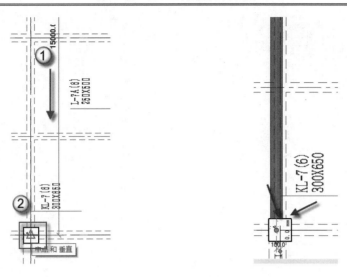

图 4.2.46　绘制 KL-7　　　　　　　　　图 4.2.47　调整矩形梁的位置

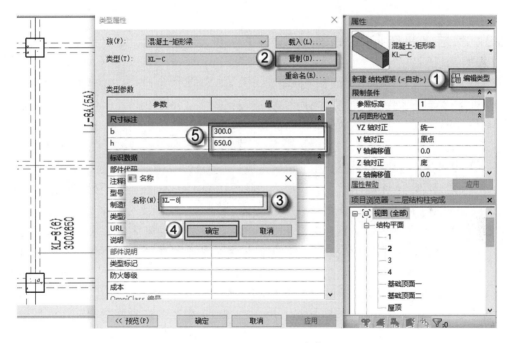

图 4.2.48　设置 KL-8 参数

（24）绘制矩形框架梁 KL-8，按快捷键 B+M，放置平面为"标高 2"平面视图，先单击起始柱的中心为起点，后单击终止柱的中心为终点，如图 4.2.49 所示。

（25）调整矩形梁 KL-8 的位置，选中矩形梁 KL-8，按快捷键 M+V，移动矩形梁的位置，使其与梁线对齐，如图 4.2.50 所示。

🔔注意：在 Revit 中，水平轴向的混凝土框架梁与竖直轴向的混凝土框架梁直接的连接是自动的，所以框架梁的位置一定要与 CAD 图的梁线对齐，在绘制的过程中注意框架梁的编号与尺寸的变化，一定要先复制，并且在绘制的过程中要定时保存项目，以免项目丢失。

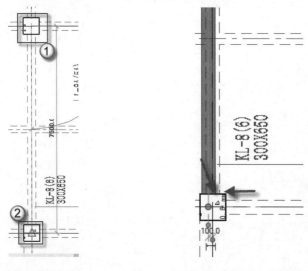

图 4.2.49　绘制 KL-8　　　　图 4.2.50　调整矩形梁的位置

4.2.3　二层水平轴向次梁 2L 的设计

一般情况下，次梁是指两端搭在框架梁上的梁。这类梁是没有抗震要求的，因此在构造上与框架梁有以下不同，现以国家建筑标准设计图集《16G101-1》（《混凝土结构施工图平面整体表示方法制图规划和构造详图》）为例进行说明。

❑ 次梁梁顶钢筋在支座的锚固长度为受拉锚固长度 la，而框架梁的梁顶钢筋在支座的锚固长度为抗震锚固长度 laE。

❑ 次梁梁底钢筋在支座的锚固长度一般情况下为 12d，而框架梁的梁底钢筋在支座的锚固长度为抗震锚固长度 laE。

❑ 次梁的箍筋没有最小直径的要求，没有加密区和非加密区的要求，只需满足计算要求即可。而框架梁根据不同的抗震等级对箍筋的直径和间距有不同的要求，不但要满足计算要求，还要满足构造要求。

❑ 在平面表示法中，框架梁的编号为 KL，次梁的编号为 L。

在构造中次梁与框架梁有很多区别，所以在 Revit 中需要注意次梁的位置标高与框架的不同，在设置参数与编号时要避免混淆，次梁也是混凝土框架梁，所以也是系统族，水平轴向的次梁设计步骤如下。

（1）打开项目文件。单击"打开"按钮，在弹出的对话框中打开保存的文件，或者直接单击"历史项目"按钮，如图 4.2.51 所示。

（2）设置矩形梁 L-A1 参数，按快捷键 B+M，出现绘制的界面，单击"编辑类型"按钮，在弹出的对话框中单击"复制"按钮，再在弹出的对话框中命名新的族 L-A1，单击"确定"按钮。在"尺寸标注"栏设置参数，如图 4.2.52 所示。

（3）绘制矩形框架梁 L-A1，按快捷键 B+M，放置平面为"标高 2"平面视图，先单击起始柱的中心为起点，后单击终止柱的中心为终点，如图 4.2.53 所示。

（4）调整矩形梁 L-A1 的位置，选中矩形梁 L-A1，按快捷键 M+V，移动矩形梁的位置，使其与梁线对齐，如图 4.2.54 所示。

图 4.2.51　打开历史项目

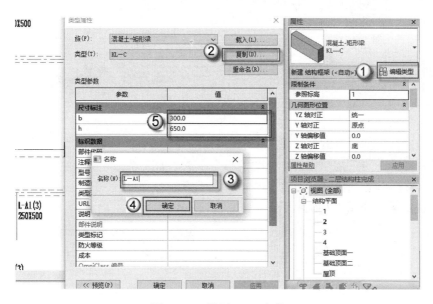

图 4.2.52　设置 L-A1 参数

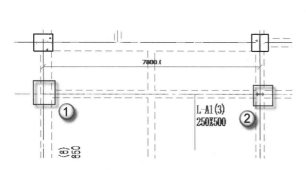

图 4.2.53　绘制 L-A1

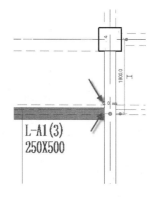

图 4.2.54　调整矩形梁的位置

（5）设置矩形梁 L-B1 参数，按快捷键 B+M，出现绘制的界面，单击"编辑类型"按钮，在弹出的对话框中单击"复制"按钮，再在弹出的对话框中命名新的族 L-B1，单击"确定"按钮。在"尺寸标注"栏设置参数，如图 4.2.55 所示。

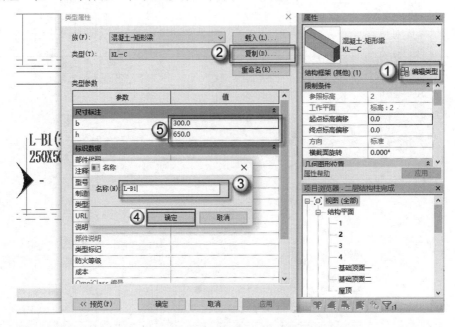

图 4.2.55　设置 L-B1 参数

（6）绘制矩形框架梁 L-B1，按快捷键 B+M，放置平面为"标高 2"平面视图，先单击起始柱的中心为起点，后单击终止柱的中心为终点，如图 4.2.56 所示。

（7）调整矩形梁 L-B1 的位置，选中矩形梁 L-B1，按快捷键 M+V，移动矩形梁的位置，使其与梁线对齐，如图 4.2.57 所示。

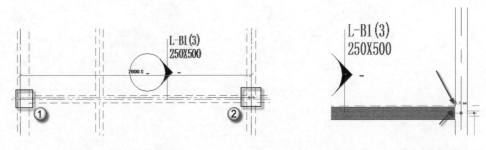

图 4.2.56　绘制 L-B1　　　　　　　　图 4.2.57　调整矩形梁的位置

（8）设置矩形梁 L-C1 参数，按快捷键 B+M，出现绘制的界面，单击"编辑类型"按钮，在弹出的对话框中单击"复制"按钮，再在弹出的对话框中命名新的族 L-C1，单击"确定"按钮。在"尺寸标注"栏设置参数，如图 4.2.58 所示。

（9）绘制矩形框架梁 L-C1，按快捷键 B+M，放置平面为"标高 2"平面视图，先单击起始柱的中心为起点，后单击终止柱的中心为终点，如图 4.2.59 所示。

（10）调整矩形梁 L-C1 的位置，选中矩形梁 L-C1，按快捷键 M+V，移动矩形梁的位置，使其与梁线对齐，如图 4.2.60 所示。

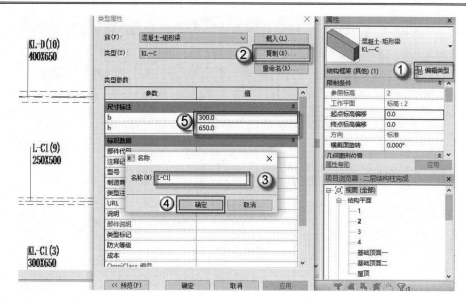

图 4.2.58　设置 L-C1 参数

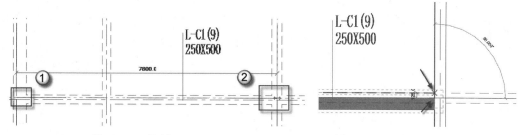

图 4.2.59　绘制 L-C1　　　　　　　　图 4.2.60　调整矩形梁的位置

（11）设置矩形梁 L-D1 参数，按快捷键 B+M，出现绘制的界面，单击"编辑类型"按钮，在弹出的对话框中单击"复制"按钮，再在弹出的对话框中命名新的族 L-D1，单击"确定"按钮。在"尺寸标注"栏设置参数，如图 4.2.61 所示。

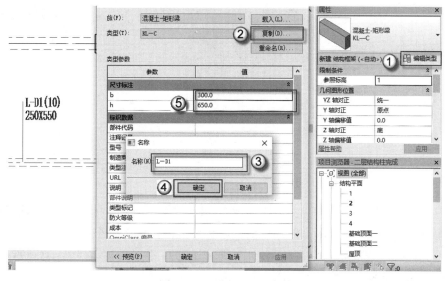

图 4.2.61　设置 L-D1 参数

（12）绘制矩形框架梁 L-D1，按快捷键 B+M，放置平面为"标高 2"平面视图，先单击起始柱的中心为起点，后单击终止柱的中心为终点，如图 4.2.62 所示。

（13）调整矩形梁 L-D1 的位置，选中矩形梁 L-D1，按快捷键 M+V，移动矩形梁的位置，使其与梁线对齐，如图 4.2.63 所示。

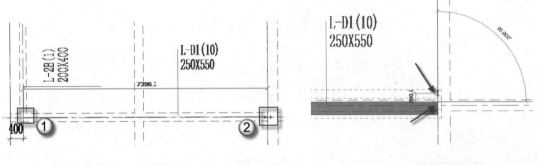

图 4.2.62　绘制 L-D1　　　　　　　　　图 4.2.63　调整矩形梁的位置

（14）设置矩形梁 L-D2 参数，按快捷键 B+M，出现绘制的界面，单击"编辑类型"按钮，在弹出的对话框中单击"复制"按钮，再在弹出的对话框中命名新的族 L-D2，单击"确定"按钮。在"尺寸标注"栏设置参数，如图 4.2.64 所示。

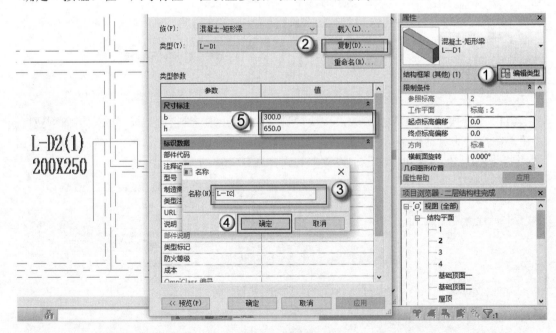

图 4.2.64　设置 L-D2 参数

（15）绘制矩形框架梁 L-D2，按快捷键 B+M，放置平面为"标高 2"平面视图，先单击起始柱的中心为起点，后单击终止柱的中心为终点，如图 4.2.65 所示。

（16）调整矩形梁 L-D2 的位置，选中矩形梁 L-D2，按快捷键 M+V，移动矩形梁的位置，使其与梁线对齐，如图 4.2.66 所示。

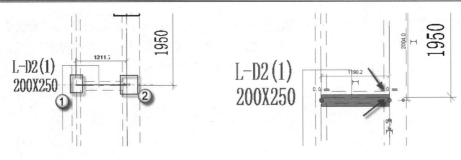

图 4.2.65　绘制 L-D2　　　　　　　　　图 4.2.66　调整矩形梁的位置

（17）设置矩形梁 L-B2 参数，按快捷键 B+M，出现绘制的界面，单击"编辑类型"按钮，在弹出的对话框中单击"复制"按钮，再在弹出的对话框中命名新的族 L-B2，单击"确定"按钮。在"尺寸标注"栏设置参数，如图 4.2.67 所示。

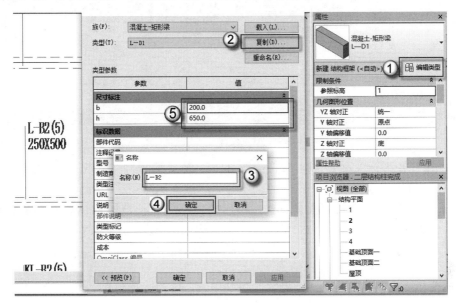

图 4.2.67　设置 L-B2 参数

（18）绘制矩形框架梁 L-B2，按快捷键 B+M，放置平面为"标高 2"平面视图，先单击起始柱的中心为起点，后单击终止柱的中心为终点，如图 4.2.68 所示。

（19）调整矩形梁 L-B2 的位置，选中矩形梁 L-B2，按快捷键 M+V，移动矩形梁的位置，使其与梁线对齐，如图 4.2.69 所示。

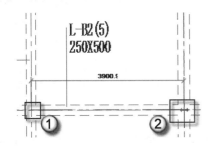

图 4.2.68　绘制 L-B2

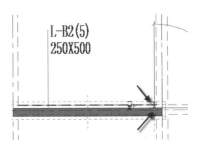

图 4.2.69　调整矩形梁的位置

（20）设置矩形梁 L-A2 参数，按快捷键 B+M，出现绘制的界面，单击"编辑类型"按钮，在弹出的对话框中单击"复制"按钮，再在弹出的对话框中命名新的族 L-A2，单击"确定"按钮。在"尺寸标注"栏设置参数，如图 4.2.70 所示。

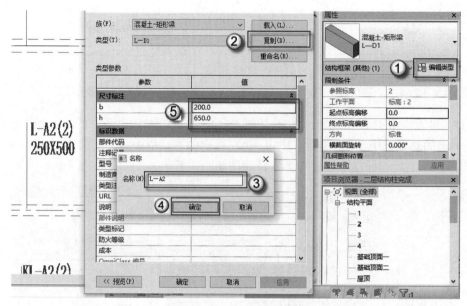

图 4.2.70　设置 L-A2 参数

（21）绘制矩形框架梁 L-A2，按快捷键 B+M，放置平面为"标高 2"平面视图，先单击起始柱的中心为起点，后单击终止柱的中心为终点，如图 4.2.71 所示。

（22）调整矩形梁 L-A2 的位置，选中矩形梁 L-A2，按快捷键 M+V，移动矩形梁的位置，使其与梁线对齐，如图 4.2.72 所示。

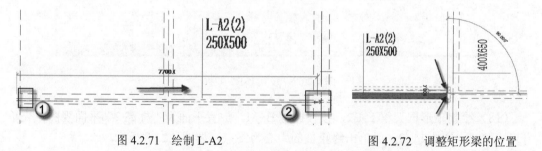

图 4.2.71　绘制 L-A2　　　　　　　　　　　　　图 4.2.72　调整矩形梁的位置

（23）设置矩形梁 L-A3 参数，按快捷键 B+M，出现绘制的界面，单击"编辑类型"按钮，在弹出的对话框中单击"复制"按钮，再在弹出的对话框中命名新的族 L-A3，单击"确定"按钮。在"尺寸标注"栏设置参数，如图 4.2.73 所示。

（24）绘制矩形框架梁 L-A3，按快捷键 B+M，放置平面为"标高 2"平面视图，先单击起始柱的中心为起点，后单击终止柱的中心为终点，如图 4.2.74 所示。

（25）调整矩形梁 L-A3 的位置，选中矩形梁 L-A3，按快捷键 M+V，移动矩形梁的位置，使其与梁线对齐，如图 4.2.75 所示。

🔔注意：次梁是搭接在框架梁上的，所以绘制的时候起点与终点都应该在框架梁上面，在绘制之前注意次梁的编号与尺寸以及跨数。

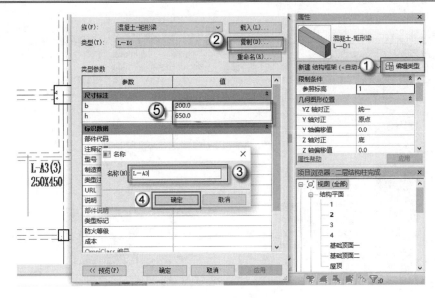

图 4.2.73 设置 L-A3 参数

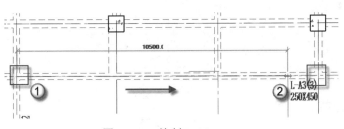

图 4.2.74 绘制 L-A3

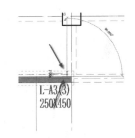

图 4.2.75 调整矩形梁的位置

4.2.4 二层竖直轴向次梁 2L 的设计

次梁与框架梁类似，一般是先进行水平方向混凝土次梁的设计，然后再进行竖直轴向的混凝土次梁设计，所以在 Revit 中先进行水平轴向的混凝土次梁设计，再进行竖直轴向的混凝土次梁的设计，要注意水平轴向的混凝土次梁与竖直轴向的混凝土次梁的尺寸与编号的不同。

Revit 中梁是系统族，不需要设计者自己去创建族，只需要先将系统族导入项目中，然后进行参数上的设置即可。

（1）打开项目文件。单击"打开"按钮，在弹出的对话框中打开保存的文件，或者直接单击"历史项目"按钮，如图 4.2.76 所示。

（2）设置矩形梁 L-1A 参数，按快捷键 B+M，出现绘制的界面，单击"编辑类型"按钮，在弹出的对话框中单击"复制"按钮，再在弹出的对话框中命名新的族 L-1A，单击"确定"按钮。在"尺寸标注"栏设置参数，如图 4.2.77 所示。

（3）绘制矩形框架梁 L-1A，按快捷键 B+M，放置平面为"标高 2"平面视图，先单击起始柱的中心为起点，后单击终止柱的中心为终点，如图 4.2.78 所示。

（4）调整矩形梁 L-1A 的位置，选中矩形梁 L-1A，按快捷键 M+V，移动矩形梁的位置，使其与梁线对齐，如图 4.2.79 所示。

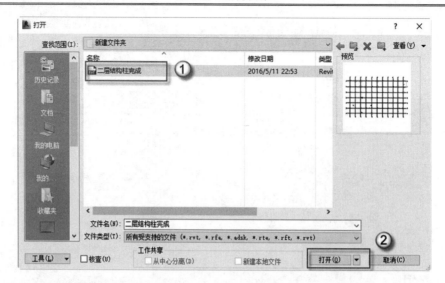

图 4.2.76　打开历史项目

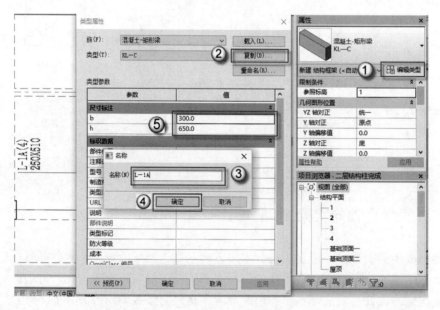

图 4.2.77　设置 L-1A 参数

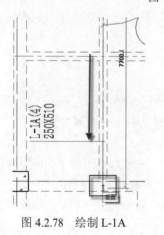

图 4.2.78　绘制 L-1A

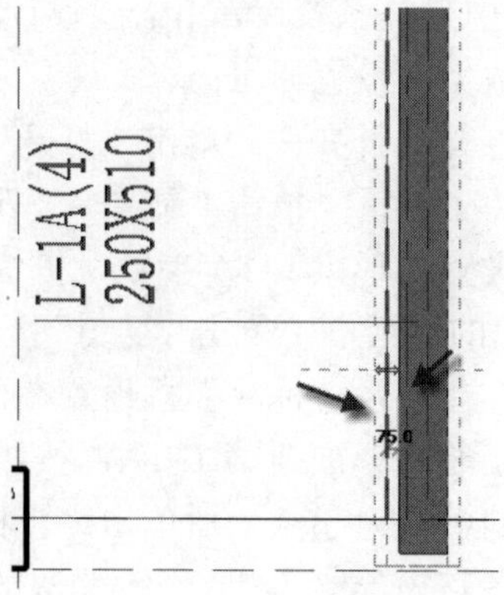

图 4.2.79　调整矩形梁的位置

（5）设置矩形梁 L-1B 参数，按快捷键 B+M，出现绘制的界面，单击"编辑类型"按钮，在弹出的对话框中单击"复制"按钮，再在弹出的对话框中命名新的族 L-1B，单击"确定"按钮。在"尺寸标注"栏设置参数，如图 4.2.80 所示。

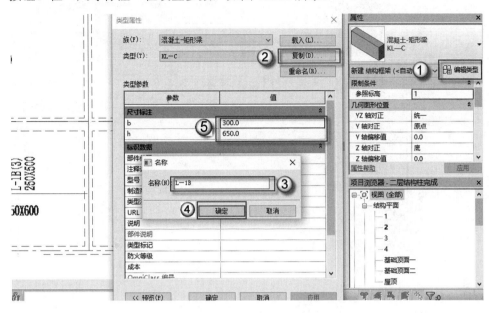

图 4.2.80　设置 L-1B 参数

（6）绘制矩形框架梁 L-1B，按快捷键 B+M，放置平面为"标高 2"平面视图，先单击起始柱的中心为起点，后单击终止柱的中心为终点，如图 4.2.81 所示。

（7）调整矩形梁 L-1B 的位置，选中矩形梁 L-1B，按快捷键 M+V，移动矩形梁的位置，使其与梁线对齐，如图 4.2.82 所示。

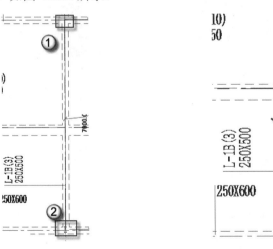

图 4.2.81　绘制 L-1B　　　　　　图 4.2.82　调整矩形梁的位置

（8）设置矩形梁 L-1C 参数，按快捷键 B+M，出现绘制的界面，单击"编辑类型"按钮，在弹出的对话框中单击"复制"按钮，再在弹出的对话框中命名新的族 L-1C，单击"确定"按钮。在"尺寸标注"栏设置参数，如图 4.2.83 所示。

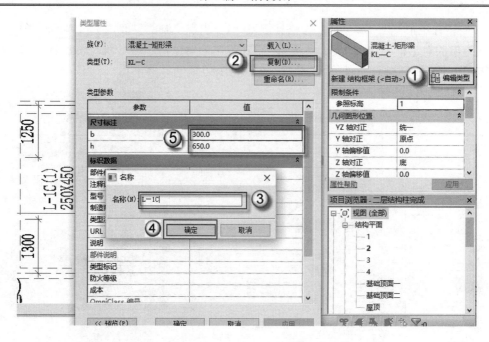

图 4.2.83　设置 L-1C 参数

（9）绘制矩形框架梁 L-1C，按快捷键 B+M，放置平面为"标高 2"平面视图，先单击起始柱的中心为起点，后单击终止柱的中心为终点，如图 4.2.84 所示。

（10）调整矩形梁 L-1C 的位置，选中矩形梁 L-1C，按快捷键 M+V，移动矩形梁的位置，使其与梁线对齐，如图 4.2.85 所示。

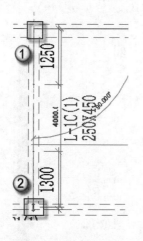

图 4.2.84　绘制 L-1C

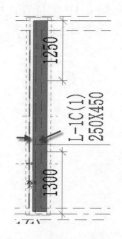

图 4.2.85　调整矩形梁的位置

（11）设置矩形梁 L-2D 参数，按快捷键 B+M，出现绘制的界面，单击"编辑类型"按钮，在弹出的对话框中单击"复制"按钮，再在弹出的对话框中命名新的族 L-2D，单击"确定"按钮。在"尺寸标注"栏设置参数，如图 4.2.86 所示。

（12）绘制矩形框架梁 L-2D，按快捷键 B+M，放置平面为"标高 2"平面视图，先单击起始柱的中心为起点，后单击终止柱的中心为终点，如图 4.2.87 所示。

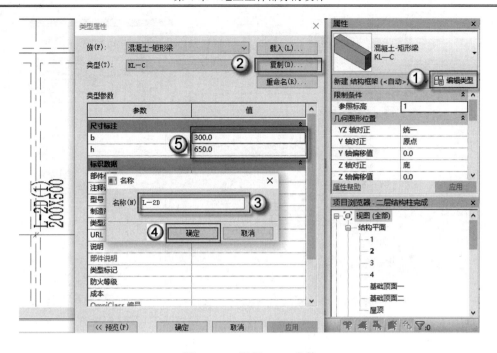

图 4.2.86　设置 L-2D 参数

（13）调整矩形梁 L-2D 的位置，选中矩形梁 L-2D，按快捷键 M+V，移动矩形梁的位置，使其与梁线对齐，如图 4.2.88 所示。

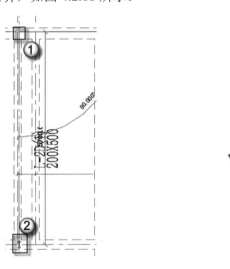

图 4.2.87　绘制 L-2D　　　　　　　图 4.2.88　调整矩形梁的位置

（14）设置矩形梁 L-2C 参数，按快捷键 B+M，出现绘制的界面，单击"编辑类型"按钮，在弹出的对话框中单击"复制"按钮，再在弹出的对话框中命名新的族 L-2C，单击"确定"按钮。在"尺寸标注"栏设置参数，如图 4.2.89 所示。

（15）绘制矩形框架梁 L-2C，按快捷键 B+M，放置平面为"标高 2"平面视图，先单击起始柱的中心为起点，后单击终止柱的中心为终点，如图 4.2.90 所示。

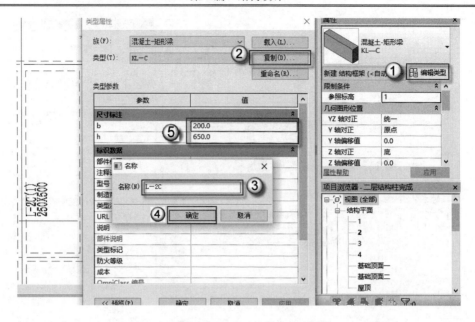

图 4.2.89　设置 L-2C 参数

（16）调整矩形梁 L-2C 的位置，选中矩形梁 L-2C，按快捷键 M+V，移动矩形梁的位置，使其与梁线对齐，如图 4.2.91 所示。

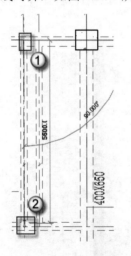

图 4.2.90　绘制 L-2C

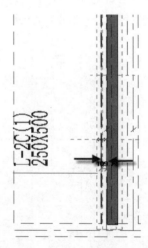

图 4.2.91　调整矩形梁的位置

（17）设置矩形梁 L-4A 参数，按快捷键 B+M，出现绘制的界面，单击"编辑类型"按钮，在弹出的对话框中单击"复制"按钮，再在弹出的对话框中命名新的族 L-4A，单击"确定"按钮。在"尺寸标注"栏设置参数，如图 4.2.92 所示。

（18）绘制矩形框架梁 L-4A，按快捷键 B+M，放置平面为"标高 2"平面视图，先单击起始柱的中心为起点，后单击终止柱的中心为终点，如图 4.2.93 所示。

（19）调整矩形梁 L-4A 的位置，选中矩形梁 L-4A，按快捷键 M+V，移动矩形梁的位置，使其与梁线对齐，如图 4.2.94 所示。

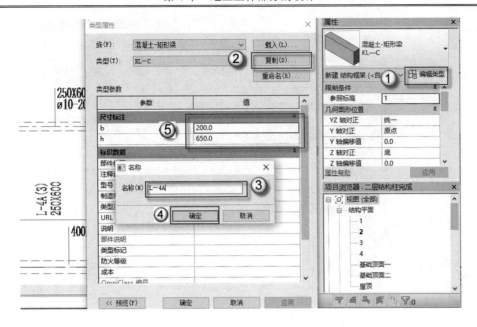

图 4.2.92　设置 L-4A 参数

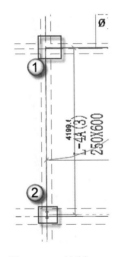

图 4.2.93　绘制 L-4A

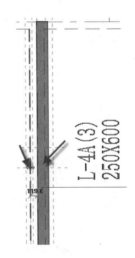

图 4.2.94　调整矩形梁的位置

（20）设置矩形梁 L-6A 参数，按快捷键 B+M，出现绘制的界面，单击"编辑类型"按钮，在弹出的对话框中单击"复制"按钮，再在弹出的对话框中命名新的族 L-6A，单击"确定"按钮。在"尺寸标注"栏设置参数，如图 4.2.95 所示。

（21）绘制矩形框架梁 L-6A，按快捷键 B+M，放置平面为"标高 2"平面视图，先单击起始柱的中心为起点，后单击终止柱的中心为终点，如图 4.2.96 所示。

（22）调整矩形梁 L-6A 的位置，选中矩形梁 L-6A，按快捷键 M+V，移动矩形梁的位置，使其与梁线对齐，如图 4.2.97 所示。

注意：在绘制梁的过程中，要注意梁的编号尺寸与标高、竖直方向与水平方向的梁搭接，可时常用 3D 视图观察是否有错误。

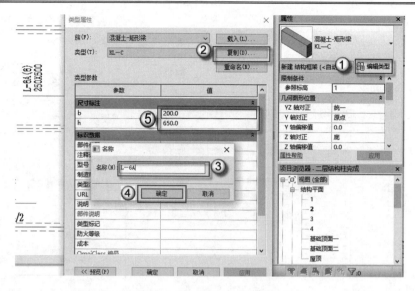

图 4.2.95　设置 L-6A 参数

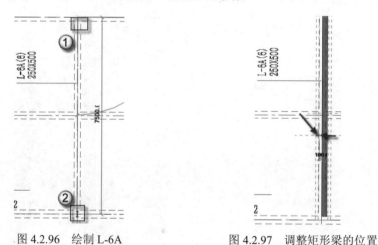

图 4.2.96　绘制 L-6A　　　　　　　　图 4.2.97　调整矩形梁的位置

（23）参照上述步骤将其他次梁完成，然后检查是否有遗漏，以及编号尺寸是否错误。按快捷键 F4，进入 3D 视图中观看效果，保存项目为"第二层梁柱完成"RVT 文件，如图 4.2.98 与图 4.2.99 所示。

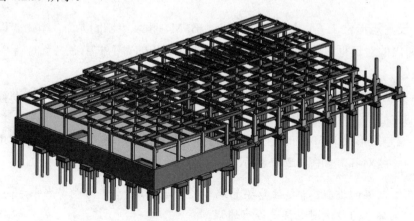

图 4.2.98　3D 效果图 1

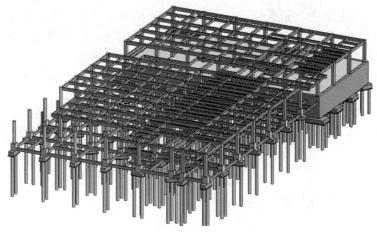

图 4.2.99　3D 效果图 2

4.3　二层板 2B 的绘制

二层的结构楼梯是挂接在已经完成的梁边上的。实际的施工过程与 Revit 的建模过程一致，也是柱→梁→板这样的顺序。Revit 与传统的 AutoCAD 出图不一样，不仅可以输出施工图，还可以建立模型，进行施工模拟。本节中的楼板设计，选用了公共建筑中结构专业常用的 110、130 等厚度的钢筋混凝土现浇楼板。

4.3.1　110 厚楼板的设计

在 Revit 中，现浇混凝土楼板是系统族，不需要预先建族，只需要在绘制的过程中对楼板的材质与厚度等参数进行设置。具体步骤如下。

（1）打开项目文件。单击"打开"按钮，在弹出的对话框中打开保存的文件，或者直接单击"历史项目"按钮，如图 4.3.1 所示。

图 4.3.1　打开项目

（2）设置 1 号板参数，按快捷键 S+B，进入编辑模式，单击"编辑类型"按钮，在弹出的对话框中单击"复制"按钮，再在弹出的对话框中命名板号，单击"确定"按钮。单击"编辑"按钮设置参数，将板厚设置为 110，如图 4.3.2 所示。

（3）绘制 1 号板，单击"矩形"按钮，绘制 1 号板，调整跨方向，将偏移量设置为 0，单击 √ 按钮，完成绘制，如图 4.3.3 所示。

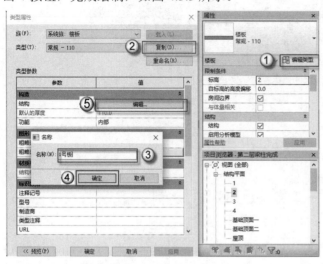

图 4.3.2　设置 1 号板参数　　　　　　　　　图 4.3.3　绘制 1 号板

注意：在绘制现浇混凝土板的时候，要注意偏移量的设置，而且楼板的边界要在梁的内部，因为楼板是架在梁上的，所以绘图时要根据实际情况绘制。

（4）设置 2 号板参数，按快捷键 S+B，进入编辑模式，单击"编辑类型"按钮，在弹出的对话框中单击"复制"按钮，再在弹出的对话框中命名板号，单击"确定"按钮。单击"编辑"按钮设置参数，将板厚设置为 110，如图 4.3.4 所示。

（5）绘制 2 号板，单击"矩形"按钮，绘制 2 号板，调整跨方向，将偏移量设置为 0，单击 √ 按钮，完成绘制，如图 4.3.5 所示。

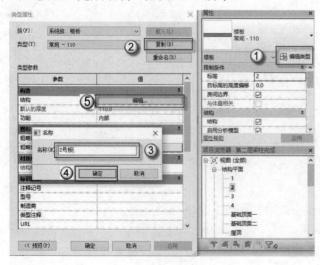
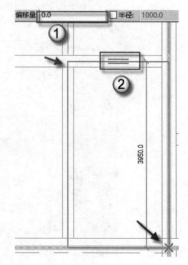

图 4.3.4　设置 2 号板参数　　　　　　　　　图 4.3.5　绘制 2 号板

（6）设置 3 号板参数，按快捷键 S+B，进入编辑模式，单击"编辑类型"按钮，在弹出的对话框中单击"复制"按钮，再在弹出的对话框中命名板号，单击"确定"按钮。单击"编辑"按钮设置参数，将板厚设置为 110，如图 4.3.6 所示。

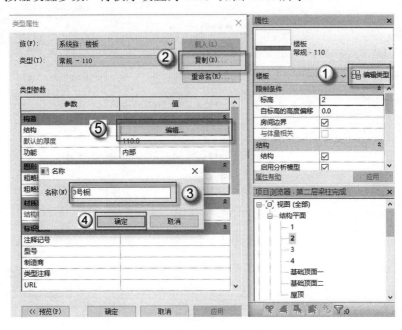

图 4.3.6　设置 3 号板参数

（7）绘制 3 号板，单击"矩形"按钮，绘制 3 号板，调整跨方向，将偏移量设置为 0，单击 √ 按钮，完成绘制，如图 4.3.7 所示。

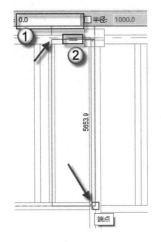

图 4.3.7　绘制 3 号板

（8）设置 4 号板参数，按快捷键 S+B，进入编辑模式，单击"编辑类型"按钮，在弹出的对话框中单击"复制"按钮，再在弹出的对话框中命名板号，单击"确定"按钮。单击"编辑"按钮设置参数，将板厚设置为 110，如图 4.3.8 所示。

（9）绘制 4 号板，单击"矩形"按钮，绘制 4 号板，调整跨方向，将偏移量设置为 0，单击 √ 按钮，完成绘制，如图 4.3.9 所示。

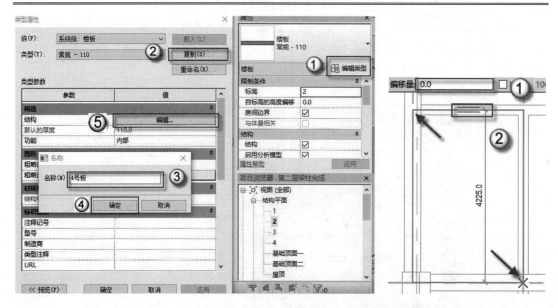

图 4.3.8　设置 4 号板参数　　　　　　　图 4.3.9　绘制 4 号板

（10）设置 5 号板参数，按快捷键 S+B，进入编辑模式，单击"编辑类型"按钮，在弹出的对话框中单击"复制"按钮，再在弹出的对话框中命名板号，单击"确定"按钮。单击"编辑"按钮设置参数，将板厚设置为 110，如图 4.3.10 所示。

（11）绘制 5 号板，单击"矩形"按钮，绘制 5 号板，调整跨方向，将偏移量设置为 0，单击√按钮，完成绘制，如图 4.3.11 所示。

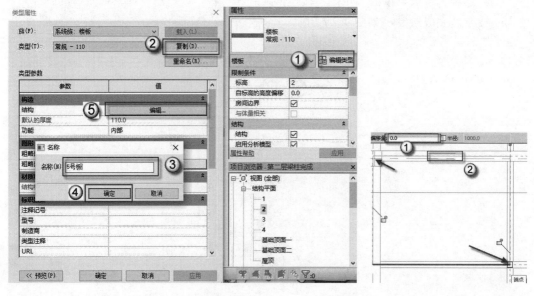

图 4.3.10　设置 5 号板参数　　　　　　　图 4.3.11　绘制 5 号板

（12）设置 6 号板参数，按快捷键 S+B，进入编辑模式，单击"编辑类型"按钮，在弹出的对话框中单击"复制"按钮，再在弹出的对话框中命名板号，单击"确定"按钮。单击"编辑"按钮设置参数，将板厚设置为 110，如图 4.3.12 所示。

（13）绘制 6 号板，单击"矩形"按钮，绘制 6 号板，调整跨方向，将偏移量设置为 0，

单击 √ 按钮，完成绘制，如图 4.3.13 所示。

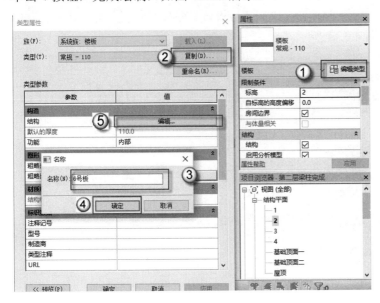

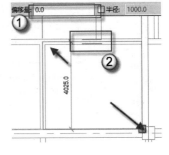

图 4.3.12　设置 6 号板参数

图 4.3.13　绘制 6 号板

（14）设置 7 号板参数，按快捷键 S+B，进入编辑模式，单击"编辑类型"按钮，在弹出的对话框中单击"复制"按钮，再在弹出的对话框中命名板号，单击"确定"按钮。单击"编辑"按钮设置参数，将板厚设置为 110，如图 4.3.14 所示。

（15）绘制 7 号板，单击"矩形"按钮，绘制 7 号板，调整跨方向，将偏移量设置为 0，单击 √ 按钮，完成绘制，如图 4.3.15 所示。

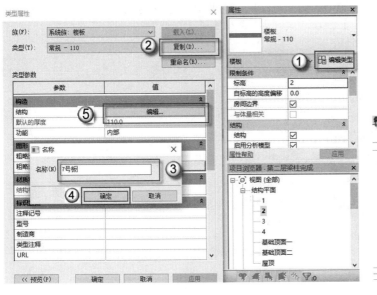

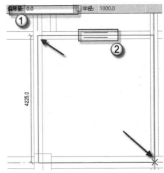

图 4.3.14　设置 7 号板参数

图 4.3.15　绘制 7 号板

（16）设置 8 号板参数，按快捷键 S+B，进入编辑模式，单击"编辑类型"按钮，在弹出的对话框中单击"复制"按钮，再在弹出的对话框中命名板号，单击"确定"按钮。

单击"编辑"按钮设置参数，将板厚设置为 110，如图 4.3.16 所示。

（17）绘制 8 号板，单击"矩形"按钮，绘制 8 号板，调整跨方向，将偏移量设置为 0，单击 √ 按钮，完成绘制，如图 4.3.17 所示。

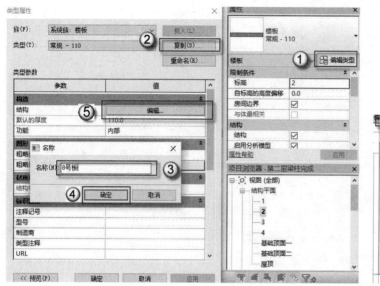
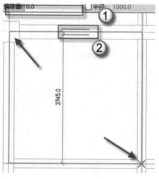

图 4.3.16　设置 8 号板参数　　　　　　　　图 4.3.17　绘制 8 号板

（18）设置 9 号板参数，按快捷键 S+B，进入编辑模式，单击"编辑类型"按钮，在弹出的对话框中单击"复制"按钮，再在弹出的对话框中命名板号，单击"确定"按钮。单击"编辑"按钮设置参数，将板厚设置为 110，如图 4.3.18 所示。

（19）绘制 9 号板，单击"矩形"按钮，绘制 9 号板，调整跨方向，将偏移量设置为 0，单击 √ 按钮，完成绘制，如图 4.3.19 所示。

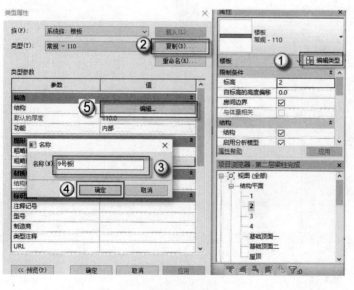

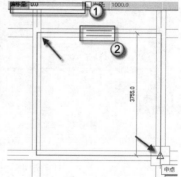

图 4.3.18　设置 9 号板参数　　　　　　　　图 4.3.19　绘制 9 号板

（20）设置 10 号板参数，按快捷键 S+B，进入编辑模式，单击"编辑类型"按钮，在弹出的对话框中单击"复制"按钮，再在弹出的对话框中命名板号，单击"确定"按钮。单击"编辑"按钮设置参数，将板厚设置为 110，如图 4.3.20 所示。

（21）绘制 10 号板，单击"矩形"选项，绘制 10 号板，调整跨方向，将偏移量设置为 0，单击 √ 按钮，完成绘制，如图 4.3.21 所示。

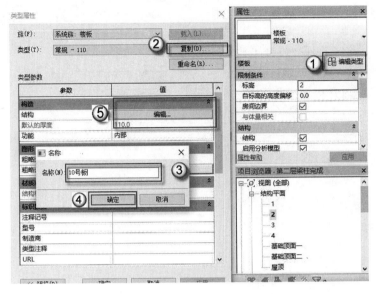
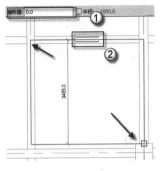

图 4.3.20 设置 10 号板参数 　　　　 图 4.3.21 绘制 10 号板

（22）设置 11 号板参数，按快捷键 S+B，进入编辑模式，单击"编辑类型"按钮，在弹出的对话框中单击"复制"按钮，再在弹出的对话框中命名板号，单击"确定"按钮。单击"编辑"按钮设置参数，将板厚设置为 110，如图 4.3.22 所示。

（23）绘制 11 号板，单击"矩形"按钮，绘制 11 号板，调整跨方向，将偏移量设置为 0，单击 √ 按钮，完成绘制，如图 4.3.23 所示。

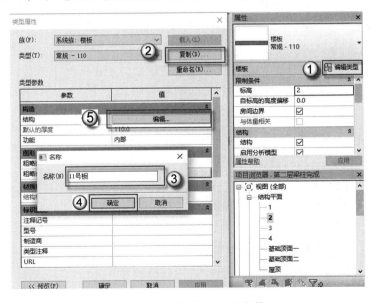

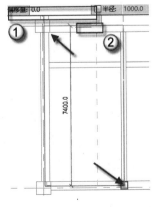

图 4.3.22 设置 11 号板参数 　　　　 图 4.3.23 绘制 11 号板

（24）设置 12 号板参数，按快捷键 S+B，进入编辑模式，单击"编辑类型"按钮，在弹出的对话框中单击"复制"按钮，再在弹出的对话框中命名板号，单击"确定"按钮。单击"编辑"按钮设置参数，将板厚设置为 110，如图 4.3.24 所示。

（25）绘制 12 号板，单击"矩形"选项，绘制 12 号板，调整跨方向，将偏移量设置为 0，单击 √ 按钮，完成绘制，如图 4.3.25 所示。

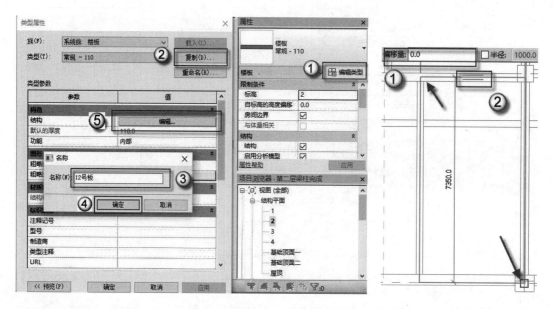

图 4.3.24　设置 12 号板参数　　　　　　　　　图 4.3.25　绘制 12 号板

⌂注意：绘制混凝土现浇板的时候先要注意材质的设置，然后是板厚的设置以及板的标高，最后可以调整楼板的跨方向。

4.3.2　130 厚楼板的设计

在本项目中，130 厚的楼板与 110 厚的楼板的区别在于楼板短边的跨度不一样，130 厚的楼板肯比 110 厚的跨度大，读者在设计时应注意。

在 Revit 中，现浇混凝土楼板是系统族，不需要预先建族，只需要在绘制的过程中对楼板的材质与厚度等参数进行设置。具体步骤如下。

（1）打开项目文件。单击"打开"按钮，在弹出的对话框中打开保存的文件，或者直接单击"历史项目"按钮，如图 4.3.26 所示。

（2）设置 13 号板参数，按快捷键 S+B，进入编辑模式，单击"编辑类型"按钮，在弹出的对话框中单击"复制"按钮，再在弹出的对话框中命名板号，单击"确定"按钮。单击"编辑"按钮设置参数，将板厚设置为 130，如图 4.3.27 所示。

（3）绘制 13 号板，单击"矩形"按钮，绘制 13 号板，调整跨方向，将偏移量设置为 50，单击 √ 按钮，完成绘制，如图 4.3.28 所示。

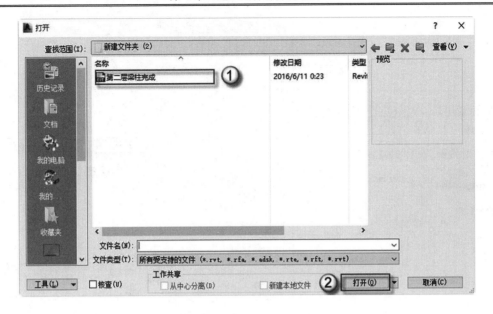

图 4.3.26　打开项目

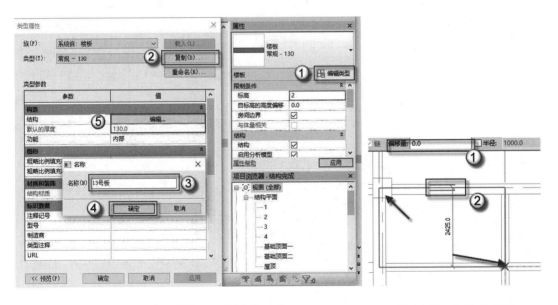

图 4.3.27　设置 13 号板参数　　　　　　　　　图 4.3.28　绘制 13 号板

（4）设置 14 号板参数，按快捷键 S+B，进入编辑模式，单击"编辑类型"按钮，在弹出的对话框中单击"复制"按钮，再在弹出的对话框中命名板号，单击"确定"按钮。单击"编辑"按钮设置参数，将板厚设置为 130，如图 4.3.29 所示。

（5）绘制 14 号板，单击"矩形"按钮，绘制 14 号板，调整跨方向，将偏移量设置为 50，单击√按钮，完成绘制，如图 4.3.30 所示。

（6）设置 15 号板参数，按快捷键 S+B，进入编辑模式，单击"编辑类型"按钮，在弹出的对话框中单击"复制"按钮，再在弹出的对话框中命名板号，单击"确定"按钮。单击"编辑"按钮设置参数，将板厚设置为 130，如图 4.3.31 所示。

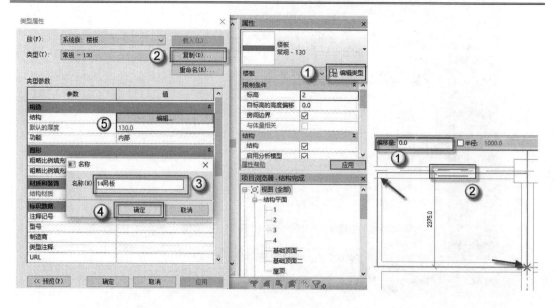

图 4.3.29　设置 14 号板参数　　　　　　　　　　图 4.3.30　绘制 14 号板

（7）绘制 15 号板，单击"矩形"按钮，绘制 15 号板，调整跨方向，将偏移量设置为 50，单击√按钮，完成绘制，如图 4.3.32 所示。

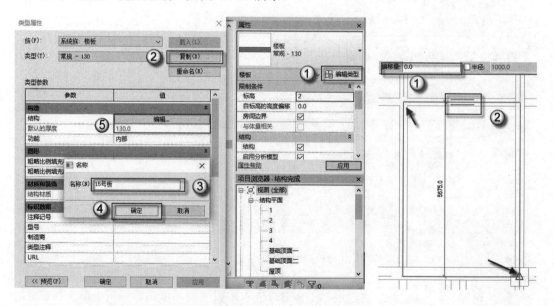

图 4.3.31　设置 15 号板参数　　　　　　　　　　图 4.3.32　绘制 15 号板

（8）设置 16 号板参数，按快捷键 S+B，进入编辑模式，单击"编辑类型"按钮，在弹出的对话框中单击"复制"按钮，再在弹出的对话框中命名板号，单击"确定"按钮。单击"编辑"按钮设置参数，将板厚设置为 130，如图 4.3.33 所示。

（9）绘制 16 号板，单击"矩形"按钮，绘制 16 号板，调整跨方向，将偏移量设置为 50，单击√按钮，完成绘制，如图 4.3.34 所示。

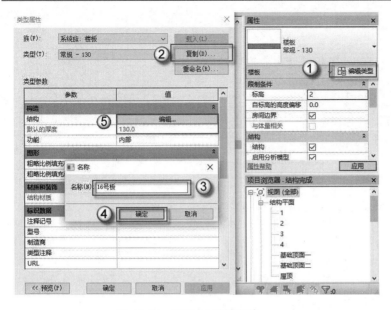

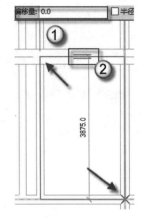

图 4.3.33　设置 16 号板参数　　　　　　　　图 4.3.34　绘制 16 号板

（10）设置 17 号板参数，按快捷键 S+B，进入编辑模式，单击"编辑类型"按钮，在弹出的对话框中单击"复制"按钮，再在弹出的对话框中命名板号，单击"确定"按钮。单击"编辑"按钮设置参数，将板厚设置为 130，如图 4.3.35 所示。

（11）绘制 17 号板，单击"矩形"按钮，绘制 17 号板，调整跨方向，将偏移量设置为 50，单击 √ 按钮，完成绘制，如图 4.3.36 所示。

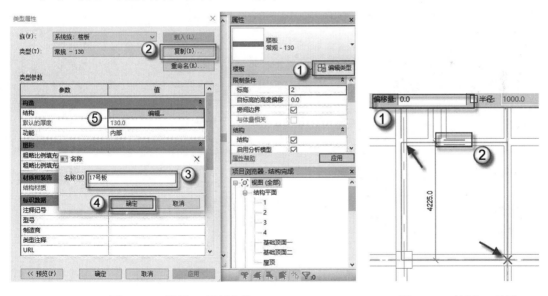

图 4.3.35　设置 17 号板参数　　　　　　　　图 4.3.36　绘制 17 号板

（12）设置 18 号板参数，按快捷键 S+B，进入编辑模式，单击"编辑类型"按钮，在弹出的对话框中单击"复制"按钮，再在弹出的对话框中命名板号，单击"确定"按钮。单击"编辑"按钮设置参数，将板厚设置为 130，如图 4.3.37 所示。

（13）绘制 18 号板，单击"矩形"按钮，绘制 18 号板，调整跨方向，将偏移量设置为 50，单击 √ 按钮，完成绘制，如图 4.3.38 所示。

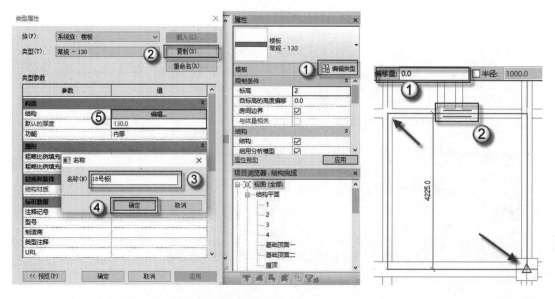

图 4.3.37　设置 18 号板参数　　　　　　　图 4.3.38　绘制 18 号板

（14）设置 19 号板参数，按快捷键 S+B，进入编辑模式，单击"编辑类型"按钮，在弹出的对话框中单击"复制"按钮，再在弹出的对话框中命名板号，单击"确定"按钮。单击"编辑"按钮设置参数，将板厚设置为 130，如图 4.3.39 所示。

（15）绘制 19 号板，单击"矩形"按钮，绘制 19 号板，调整跨方向，将偏移量设置为 50，单击 √ 按钮，完成绘制，如图 4.3.40 所示。

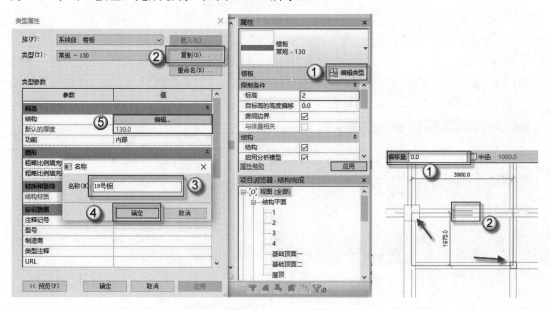

图 4.3.39　设置 19 号板参数　　　　　　　图 4.3.40　绘制 19 号板

（16）设置 20 号板参数，按快捷键 S+B，进入编辑模式，单击"编辑类型"按钮，弹出的对话框中单击"复制"按钮，再在弹出的对话框中命名板号，单击"确定"按钮。

单击"编辑"按钮设置参数，将板厚设置为 130，如图 4.3.41 所示。

（17）绘制 20 号板，单击"矩形"按钮，绘制 20 号板，调整跨方向，将偏移量设置为 50，单击 √ 按钮，完成绘制，如图 4.3.42 所示。

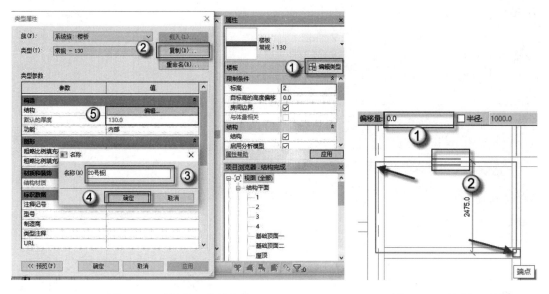

图 4.3.41　设置 20 号板参数　　　　　　图 4.3.42　绘制 20 号板

（18）设置 21 号板参数，按快捷键 S+B，进入编辑模式，单击"编辑类型"按钮，在弹出的对话框中单击"复制"按钮，再在弹出的对话框中命名板号，单击"确定"按钮。单击"编辑"按钮设置参数，将板厚设置为 130，如图 4.3.43 所示。

（19）绘制 21 号板，单击"矩形"按钮，绘制 21 号板，调整跨方向，将偏移量设置为 50，单击 √ 按钮，完成绘制，如图 4.3.44 所示。

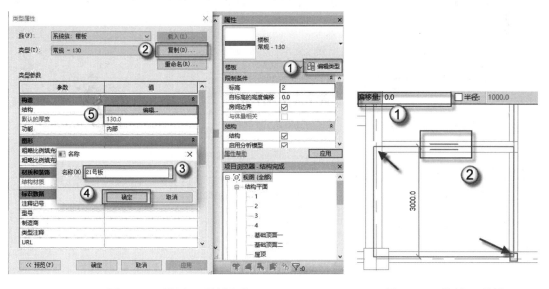

图 4.3.43　设置 21 号板参数　　　　　　图 4.3.44　绘制 21 号板

（20）设置 22 号板参数，按快捷键 S+B，进入编辑模式，单击"编辑类型"按钮，在弹出的对话框中单击"复制"按钮，再在弹出的对话框中命名板号，单击"确定"按钮。单击"编辑"按钮设置参数，将板厚设置为 130，如图 4.3.45 所示。

（21）绘制 22 号板，单击"矩形"按钮，绘制 22 号板，调整跨方向，将偏移量设置为 50，单击 √ 按钮，完成绘制，如图 4.3.46 所示。

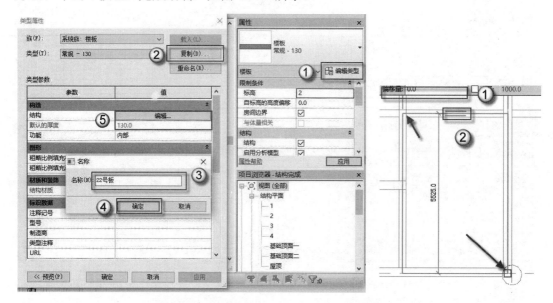

图 4.3.45　设置 22 号板参数　　　　　　　图 4.3.46　绘制 22 号板

（22）设置 23 号板参数，按快捷键 S+B，进入编辑模式，单击"编辑类型"按钮，在弹出的对话框中单击"复制"按钮，再在弹出的对话框中命名板号，单击"确定"按钮。单击"编辑"按钮设置参数，将板厚设置为 130，如图 4.3.47 所示。

（23）绘制 23 号板，单击"矩形"按钮，绘制 23 号板，调整跨方向，将偏移量设置为 50，单击 √ 按钮，完成绘制，如图 4.3.48 所示。

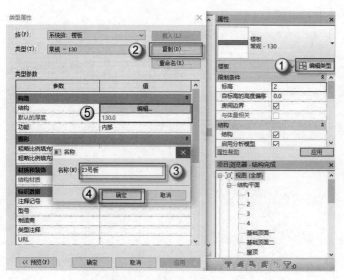
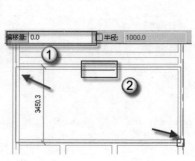

图 4.3.47　设置 23 号板参数　　　　　　　图 4.3.48　绘制 23 号板

（24）参照上述步骤完成其余现浇混凝土楼板的绘制，注意楼板的边界位置、厚度以及跨方向。完成所有楼板后，按快捷键 F+4 进入 3D 视图，如图 4.3.49 和图 4.3.50 所示。

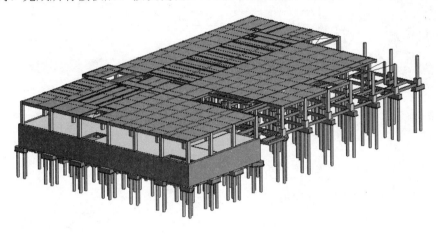

图 4.3.49　3D 效果图 1

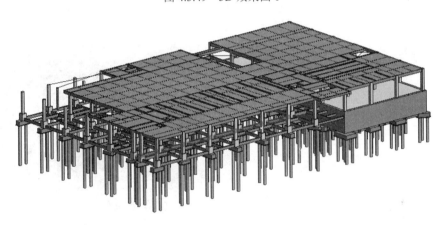

图 4.3.50　3D 效果图 2

4.3.3　向上复制生成三层结构平面

本项目中结构三层与结构二层的结构一样，所以采用向上复制生成三层结构平面的方法，需要注意的是复制楼层的操作运算量相当大，所以对计算机的性能要求相当高，一般情况下不要一次性复制，以免计算机死机，复制前一定要保存文件。具体步骤如下。

（1）打开项目文件。单击"打开"按钮，在弹出的对话框中打开保存的文件，或者直接单击"历史项目"按钮，如图 4.3.51 所示。

（2）复制混凝土矩形框架柱与圆形框架柱，框选所有对象，打开"过滤器"对话框，选中"结构柱"复选框，单击"确定"按钮，选择"复制到剪切板"命令，完成复制，如图 4.3.52 所示。

（3）粘贴混凝土矩形框架柱与圆形框架柱，选择"粘贴"→"与同一位置对齐"命令，完成粘贴，完成后的 3D 效果如图 4.3.53 与图 4.3.54 所示。

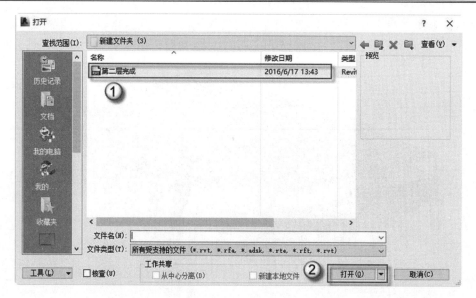

图 4.3.51　打开项目

图 4.3.52　复制结构柱

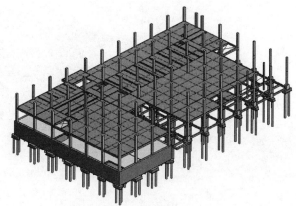

图 4.3.53　框架柱 3D 效果图 1

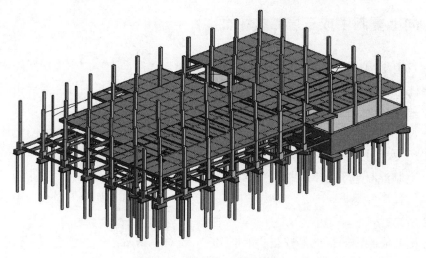

图 4.3.54　框架柱 3D 效果图 2

（4）复制混凝土矩形梁，框选所有对象，打开"过滤器"对话框，选中"结构框架"复选框，单击"确定"按钮，选择"复制到剪切板"命令，完成复制，如图 4.3.55 所示。

（5）粘贴混凝土矩形梁，选择"粘贴"→"与同一位置对齐"命令，完成粘贴，完成后的 3D 效果如图 4.3.56 与图 4.3.57 所示。

图 4.3.55　复制框架梁

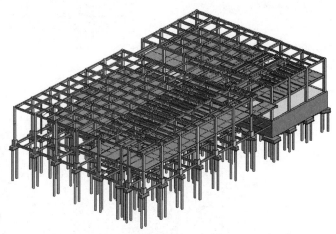

图 4.3.56　框架梁 3D 效果图 1

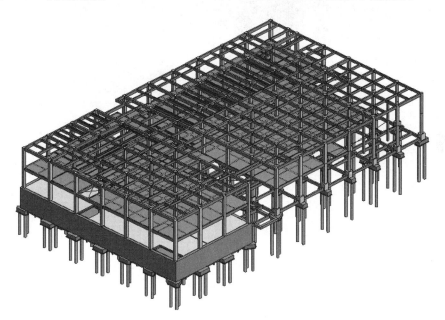

图 4.3.57　框架梁 3D 效果图 2

（6）复制混凝土楼板，框选所有对象，单击"过滤器"按钮，打开"过滤器"对话框，选中"楼板"与"跨方向符号"复选框，单击"确定"按钮，选择"复制到剪切板"命令，完成复制，如图 4.3.58 所示。

（7）粘贴混凝土楼板，选择"粘贴"→"与同一位置对齐"命令，完成粘贴，完成后的 3D 效果如图 4.3.59 与图 4.3.60 所示。

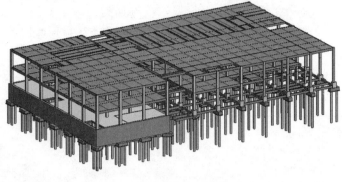

图 4.3.58　复制楼板　　　　　　　　　图 4.3.59　楼板 3D 效果图 1

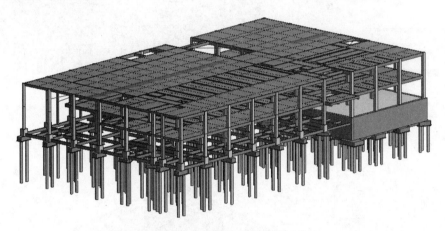

图 4.3.60　楼板 3D 效果图 2

4.4　修改三层结构构件

复制后的三层结构构件还需要进行修改，主要是截面尺寸与构件的名称。为了满足刚重比，结构构件越向上，截面尺寸越小，其实就像树的生长一样，所以工程师在进行结构设计时，往往采用先复制，后修改的方法完成。

4.4.1　修改三层柱

在本项目中，三层框架柱与二层框架柱布置类似，区别在于构件的尺寸与编号不同，将二层的构件复制到三层后，对构件进行修改即可，具体步骤如下。

（1）打开项目文件。单击"打开"按钮，在弹出的对话框中打开保存的文件，或者直接单击"历史项目"按钮，如图 4.4.1 所示。

（2）修改 KZ1 的参数以及名称，单击 KZ1 对象，单击"编辑类型"按钮，在弹出的对话框中，单击"复制"按钮，在弹出的对话框中命名新的族名称"3KZ1"，单击"确定"按钮，在"尺寸标注"栏中修改截面参数，如图 4.4.2 所示。

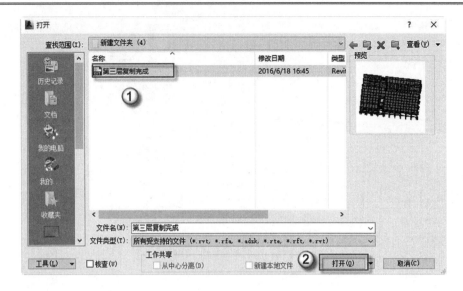

图 4.4.1　打开项目

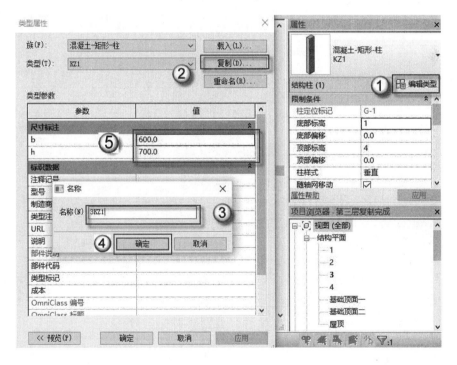

图 4.4.2　修改 KZ1

（3）修改 KZ2 的参数以及名称，单击 KZ2 对象，单击"编辑类型"按钮，在弹出的对话框中，单击"复制"按钮，在弹出的对话框中命名新的族名称"3KZ2"，单击"确定"按钮，在"尺寸标注"栏中修改截面参数，如图 4.4.3 所示。

（4）修改 KZ3 的参数以及名称，单击 KZ3 对象，单击"编辑类型"按钮，在弹出的对话框中，单击"复制"按钮，在弹出的对话框中命名新的族名称为"3KZ3"单击"确定"按钮，在"尺寸标注"栏中修改截面参数，如图 4.4.4 所示。

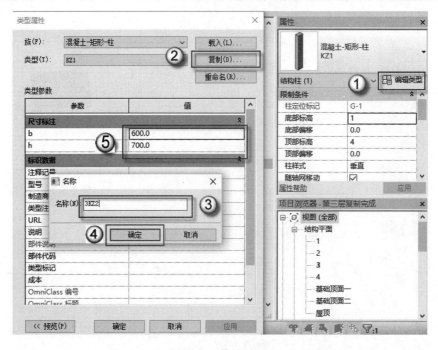

图 4.4.3　修改 KZ2

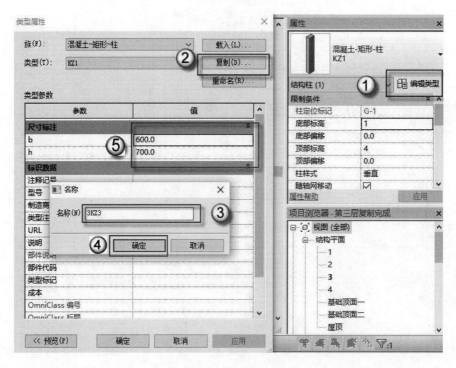

图 4.4.4　修改 KZ3

（5）修改 KZ4 的参数以及名称，单击 KZ4 对象，单击"编辑类型"按钮，在弹出的对话框中，单击"复制"按钮，在弹出的对话框中命名新的族名称"3KZ4"，单击"确定"按钮，在"尺寸标注"栏中修改截面参数，如图 4.4.5 所示。

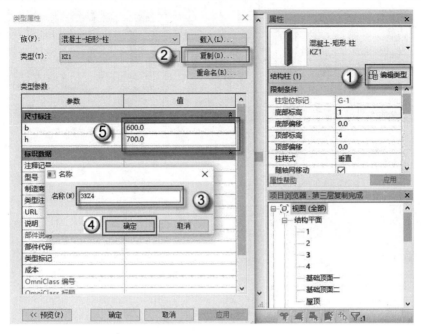

图 4.4.5　修改 KZ4

（6）修改 KZ5 的参数以及名称，单击 KZ5 对象，单击"编辑类型"按钮，在弹出的对话框中，单击"复制"按钮，在弹出的对话框中命名新的族名称"3KZ5"，单击"确定"按钮，在"尺寸标注"栏中修改截面参数，如图 4.4.6 所示。

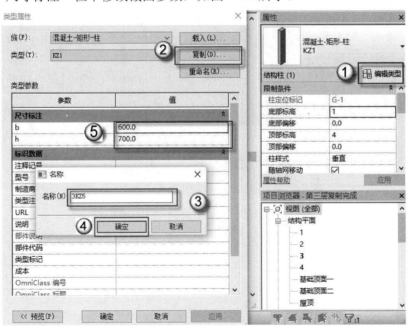

图 4.4.6　修改 KZ5

（7）修改 KZ6 的参数以及名称，单击 KZ6 对象，单击"编辑类型"按钮，在弹出的对话框中，单击"复制"按钮，在弹出的对话框中命名新的族名称"3KZ6"，单击"确定"按钮，在"尺寸标注"栏中修改截面参数，如图 4.4.7 所示。

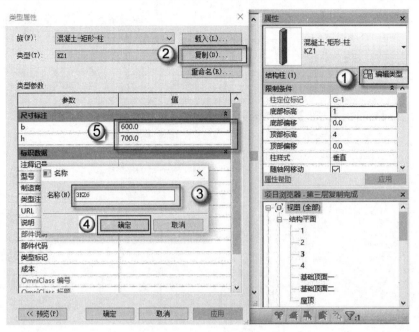

图 4.4.7　修改 KZ6

（8）修改 KZ7 的参数以及名称，单击 KZ7 对象，单击"编辑类型"按钮，在弹出的对话框中，单击"复制"按钮，在弹出的对话框中命名新的族名称"3KZ7"，单击"确定"按钮，在"尺寸标注"栏中修改截面参数，如图 4.4.8 所示。

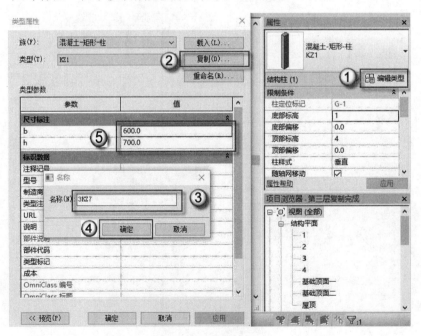

图 4.4.8　修改 KZ7

（9）修改 KZ8 的参数以及名称，单击 KZ8 对象，单击"编辑类型"按钮，在弹出的对话框中，单击"复制"按钮，在弹出的对话框中命名新的族名称"3KZ8"，单击"确定"按钮，在"尺寸标注"栏中修改截面参数，如图 4.4.9 所示。

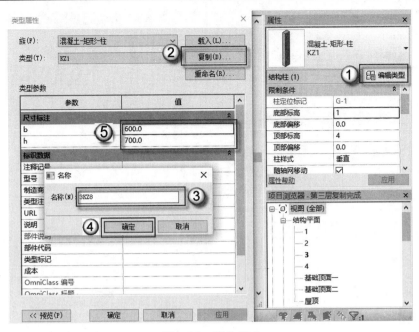

图 4.4.9　修改 KZ8

（10）修改 KZ9 的参数以及名称，单击 KZ9 对象，单击"编辑类型"按钮，在弹出的对话框中，单击"复制"按钮，在弹出的对话框中命名新的族名称"3KZ9"，单击"确定"按钮，在"尺寸标注"栏中修改截面参数，如图 4.4.10 所示。

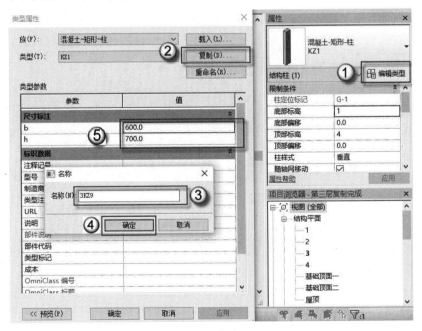

图 4.4.10　修改 KZ9

（11）修改 KZ10 的参数以及名称，单击 KZ10 对象，单击"编辑类型"按钮，在弹出的对话框中，单击"复制"按钮，在弹出的对话框中命名新的族名称"3KZ10"，单击"确定"按钮，在"尺寸标注"栏中修改截面参数，如图 4.4.11 所示。

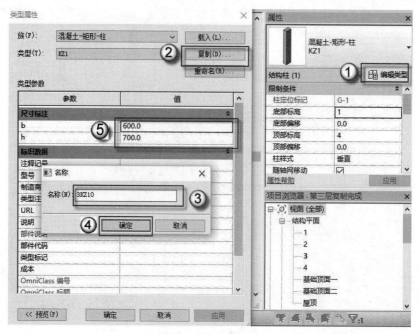

图 4.4.11　修改 KZ10

参照上述步骤，可以将其他混凝土框架柱 KZ 的参数修改完成。由于步骤冗长，此处不再重复，请读者自己练习。

4.4.2　修改三层梁

在本项目中，三层框架梁与二层框梁的布置类似，区别在于构件的尺寸与编号不同，将二层的构件复制到三层后，对构件进行修改即可，具体步骤如下。

（1）打开项目文件。单击"打开"按钮，在弹出的对话框中打开保存的文件，或者直接单击"历史项目"按钮，如图 4.4.12 所示。

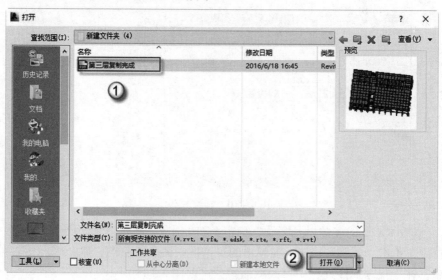

图 4.4.12　打开项目

（2）修改 KL1 的参数以及名称，单击 KL1 对象，单击"编辑类型"按钮，在弹出的对话框中，单击"复制"按钮，在弹出的对话框中命名新的族名称"3KL1"，单击"确定"按钮，在"尺寸标注"栏中修改截面参数，如图 4.4.13 所示。

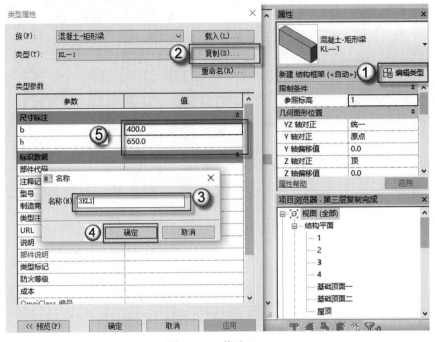

图 4.4.13　修改 KL1

（3）修改 KL2 的参数以及名称，单击 KL2 对象，单击"编辑类型"按钮，在弹出的对话框中，单击"复制"按钮，在弹出的对话框中命名新的族名称"3KL2"，单击"确定"按钮，在"尺寸标注"栏中修改截面参数，如图 4.4.14 所示。

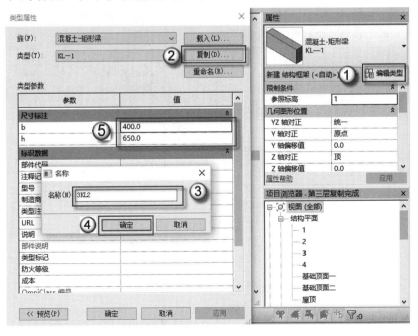

图 4.4.14　修改 KL2

（4）修改 KL3 的参数以及名称，单击 KL3 对象，单击"编辑类型"按钮，在弹出的对话框中，单击"复制"按钮，在弹出的对话框中命名新的族名称"3KL3"，单击"确定"按钮，在"尺寸标注"栏中修改截面参数，如图 4.4.15 所示。

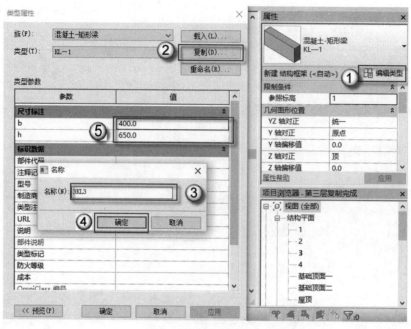

图 4.4.15 修改 KL3

（5）修改 KL4 的参数以及名称，单击 KL4 对象，单击"编辑类型"按钮，在弹出的对话框中，单击"复制"按钮，在弹出的对话框中命名新的族名称"3KL4"，单击"确定"按钮，在"尺寸标注"栏中修改截面参数，如图 4.4.16 所示。

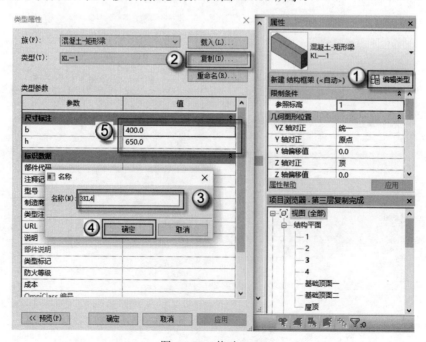

图 4.4.16 修改 KL4

（6）修改 KL5 的参数以及名称，单击 KL5 对象，单击"编辑类型"按钮，在弹出的对话框中，单击"复制"按钮，在弹出的对话框中命名新的族名称"3KL5"，单击"确定"按钮，在"尺寸标注"栏中修改截面参数，如图 4.4.17 所示。

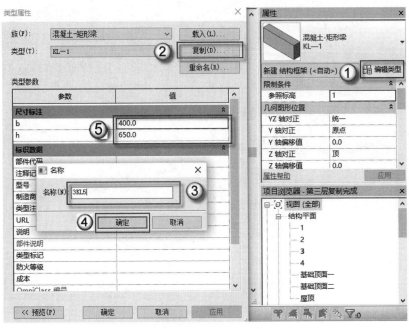

图 4.4.17　修改 KL5

（7）修改 KL6 的参数以及名称，单击 KL6 对象，单击"编辑类型"按钮，在弹出的对话框中，单击"复制"按钮，在弹出的对话框中命名新的族名称"3KL6"，单击"确定"按钮，在"尺寸标注"栏中修改截面参数，如图 4.4.18 所示。

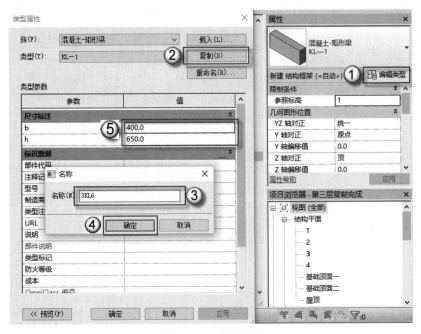

图 4.4.18　修改 KL6

（8）修改 KL7 的参数以及名称，单击 KL7 对象，单击"编辑类型"按钮，在弹出的对话框中，单击"复制"按钮，在弹出的对话框中命名新的族名称"3KL7"，单击"确定"按钮，在"尺寸标注"栏中修改截面参数，如图 4.4.19 所示。

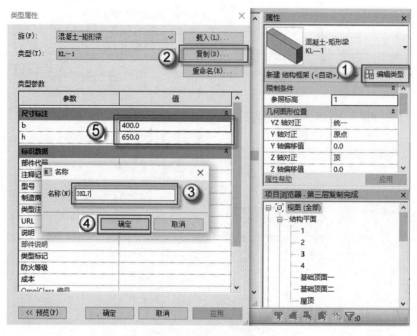

图 4.4.19　修改 KL7

（9）修改 KL8 的参数以及名称，单击 KL8 对象，单击"编辑类型"按钮，在弹出的对话框中，单击"复制"按钮，在弹出的对话框中命名新的族名称"3KL8"，单击"确定"按钮，在"尺寸标注"栏中修改截面参数，如图 4.4.20 所示。

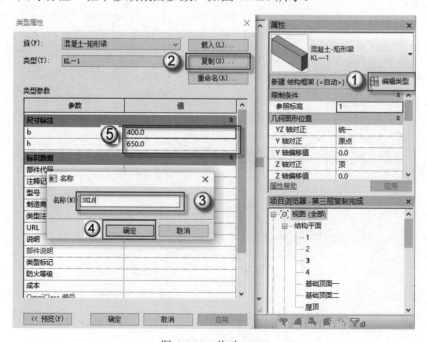

图 4.4.20　修改 KL8

参照上述步骤，可以将其他混凝土框架梁 KL 的参数修改完成。由于步骤冗长，此处不再重复。

4.4.3　修改三层板

在本项目中，三层混凝土现浇楼板与二层混凝土现浇楼板的布置类似，区别在于构件的尺寸与编号不同，将二层的构件复制到三层后，对构件进行修改即可，具体步骤如下。

（1）打开项目文件。单击"打开"按钮，在弹出的对话框中打开保存的文件，或者直接单击"历史项目"按钮，如图 4.4.21 所示。

图 4.4.21　打开项目

（2）修改 1 号板，选中 1 号板，单击"编辑类型"按钮，在弹出的对话框中，单击"复制"按钮，在弹出的对话框中命名为"1 号板 3"，单击"确定"按钮。单击"编辑"按钮，修改板厚为 120，如图 4.4.22 所示。

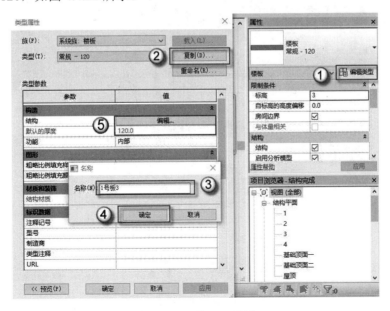

图 4.4.22　修改 1 号板

（3）修改 2 号板，选中 2 号板，单击"编辑类型"按钮，在弹出的对话框中，单击"复制"按钮，在弹出的对话框中命名为"2 号板 3"，单击"确定"按钮，单击"编辑"按钮，修改板厚为 120，如图 4.4.23 所示。

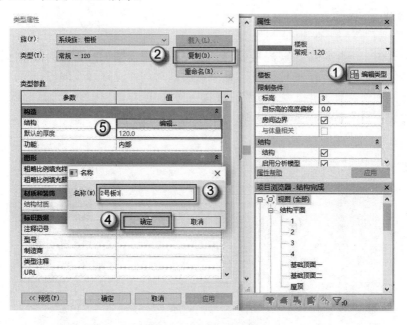

图 4.4.23　修改 2 号板

（4）修改 3 号板，选中 3 号板，单击"编辑类型"按钮，在弹出的对话框中，单击"复制"按钮，在弹出的对话框中命名为"3 号板 3"，单击"确定"按钮。单击"编辑"按钮，修改板厚为 120，如图 4.4.24 所示。

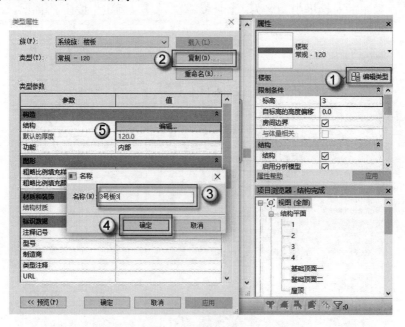

图 4.4.24　修改 3 号板

（5）修改 4 号板，选中 4 号板，单击"编辑类型"按钮，在弹出的对话框中，单击"复制"按钮，在弹出的对话框中命名为"4 号板 3"，单击"确定"按钮。单击"编辑"按钮，修改板厚为 120，如图 4.4.25 所示。

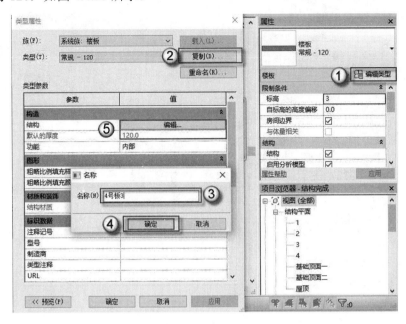

图 4.4.25　修改 4 号板

（6）修改 5 号板，选中 5 号板，单击"编辑类型"按钮，在弹出的对话框中，单击"复制"按钮，在弹出的对话框中命名为"5 号板 3"，单击"确定"按钮。单击"编辑"按钮，修改板厚为 120，如图 4.4.26 所示。

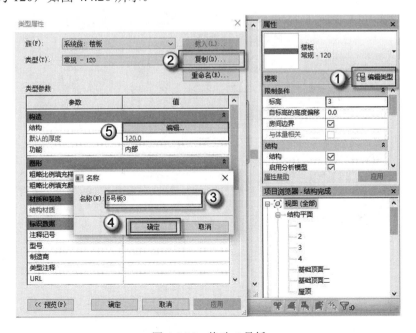

图 4.4.26　修改 5 号板

（7）修改 6 号板，选中 6 号板，单击"编辑类型"按钮，在弹出的对话框中，单击"复制"按钮，在弹出的对话框中命名为"6 号板 3"，单击"确定"按钮。单击"编辑"按钮，修改板厚为 120，如图 4.4.27 所示。

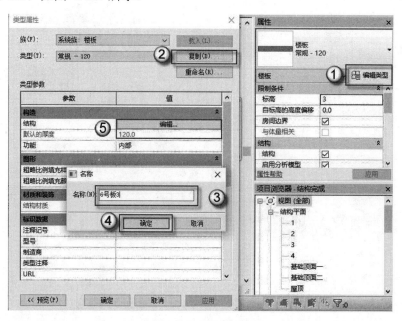

图 4.4.27　修改 6 号板

（8）修改 7 号板，选中 7 号板，单击"编辑类型"按钮，在弹出的对话框中，单击"复制"按钮，在弹出的对话框中命名为"7 号板 3"，单击"确定"按钮。单击"编辑"按钮，修改板厚为 120，如图 4.4.28 所示。

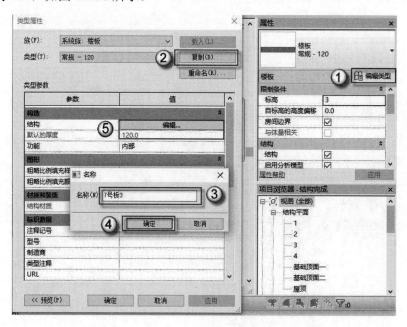

图 4.4.28　修改 7 号板

（9）修改 8 号板，选中 8 号板，单击"编辑类型"按钮，在弹出的对话框中，单击"复制"按钮，在弹出的对话框中命名为"8 号板 3"，单击"确定"按钮。单击"编辑"按钮，修改板厚为 120，如图 4.4.29 所示。

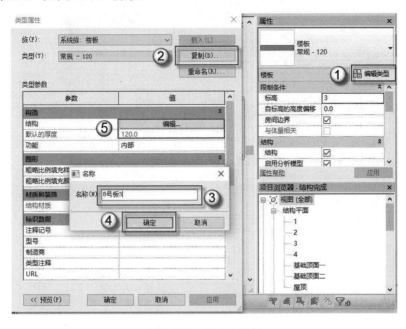

图 4.4.29　修改 8 号板

（10）修改 9 号板，选中 9 号板，单击"编辑类型"按钮，在弹出的对话框中，单击"复制"按钮，在弹出的对话框中命名为"9 号板 3"，单击"确定"按钮。单击"编辑"选项，修改板厚为 120，如图 4.4.30 所示。

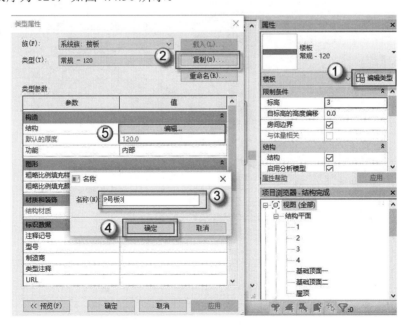

图 4.4.30　修改 9 号板

（11）修改 10 号板，选中 10 号板，单击"编辑类型"按钮，在弹出的对话框中，单击"复制"按钮，在弹出的对话框中命名为"10 号板 3"，单击"确定"按钮。单击"编辑"按钮，修改板厚 120，如图 4.4.31 所示。

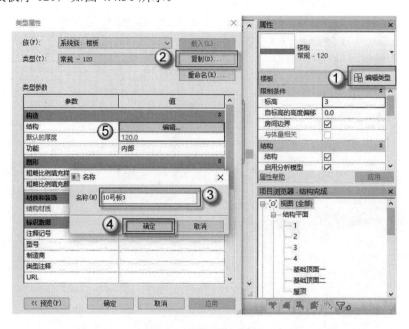

图 4.4.31　修改 10 号板

（12）修改 11 号板，选中 11 号板，单击"编辑类型"按钮，在弹出的对话框中，单击"复制"按钮，在弹出的对话框中命名为"11 号板 3"，单击"确定"按钮。单击"编辑"按钮，修改板厚为 120，如图 4.4.32 所示。

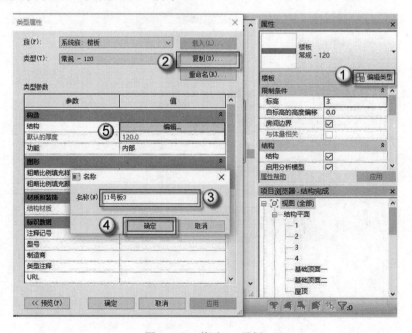

图 4.2.32　修改 11 号板

（13）修改 12 号板，选中 12 号板，单击"编辑类型"按钮，在弹出的对话框中，单击"复制"按钮，在弹出的对话框中命名为"12 号板 3"，单击"确定"按钮。单击"编辑"按钮，修改板厚为 120，如图 4.4.33 所示。

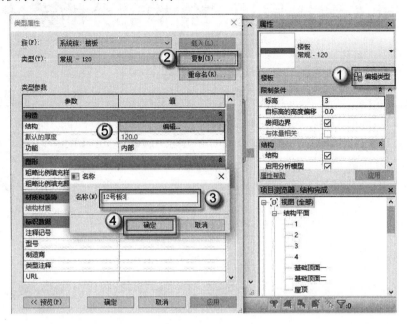

图 4.2.33　修改 12 号板

参照上述步骤，可以将其他三层混凝土楼板的参数修改完成。由于步骤冗长，此处不再重复。

第 5 章　屋顶的结构部分的设计

屋顶是房屋最上层覆盖的外围护结构，其主要功能是抵御自然界的风霜雨雪、气温变化、太阳辐射和其他不利因素的影响。屋顶的作用主要有两点，一是围护作用，二是承重作用。因此，一方面，其围护作用要求屋顶在结构上解决防火、防水、保温、隔热、隔声等问题；另一方面，屋顶又是房屋上层的承重结构，承担着作用于屋顶上的各种荷载，并对房屋上部发挥水平支撑作用，要求屋顶结构满足强度、刚度和整体空间稳定性的要求。

5.1　屋顶层的结构设计

从屋顶的结构方面来说，屋顶要承受风、雨、水等荷载及其自身的重量，上人屋顶还要承受人和设备等的荷载，所以屋顶也是房屋的承重结构，应有足够的强度和刚度，以保证房屋的结构安全，并防止因过大的结构变形引起防水层开裂和漏水。

5.1.1　屋框梁 WKL 的设计

屋框梁全称为"屋面框架梁"，屋框梁位于整个结构顶面，主要作用是承受屋架的自重和屋面活荷载，其上所受力包括楼面恒荷载和活荷载。

- ❑ 恒荷载一般指包括建筑结构本身的自重，预加应力、混凝土的收缩和徐变的影响、土的重力、静水压力及浮力等。
- ❑ 活荷载是施加在结构上的由人群、物料和交通工具引起的使用或占用荷载和自然产生的自然荷载。

（1）查看结构：4 层平面视图。选择"项目浏览器"中的"结构平面：4"选项，可以观察到结构：4 层的完整轴网，如图 5.1.1 所示。

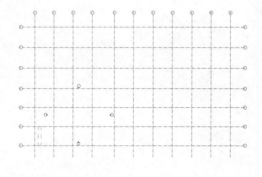

图 5.1.1　结构：4 层

（2）导入配套资源中的 DWG 图。选择"插入"→"导入 CAD"→"打开"命令，在弹出的"导入 CAD 格式"对话框中选择对应文件，如图 5.1.2 所示。

图 5.1.2　导入屋框梁 CAD

🔔注意：导入的 DWG 文件底图与轴网不对应时，应使用移动命令将 CAD 底图与已有的轴网对齐。

（3）整体移动 DWG 文件使其与轴网相符合。单击"屋框梁 DWG 文件"文件，按快捷键 M+V，将①点移动到②点（即 2 轴和 G 轴的交点），如图 5.1.3 所示。

🔔注意：在移动位置时，一定要注意捕捉点的精确性，在 Revit 中，端点或交点的捕捉才算比较精准。

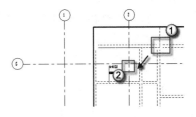

图 5.1.3　选中屋框梁并移动

在 CAD 图导入等基本工作完成以后，即可开始绘制基本屋框梁。绘制有两大基本步骤，第一个是建立屋框梁信息，第二个是绘制屋框梁，下面开始操作。

（4）新建屋框梁 WKL-F1。由 DWG 图可得，WKL-F1 梁的长宽为 300×650。选择"结构"→"梁"→"编辑类型"命令（或按快捷键 B+M，单击"属性"面板中的"编辑类型"按钮），在弹出的"类型属性"对话框中，单击"复制"按钮，在弹出的对话框中输入"WKL-F1"，单击"确定"按钮。在"尺寸标注"栏中输入 WKL-F1 的长宽（b、h），并单击"确定"按钮，如图 5.1.4 和图 5.1.5 所示。

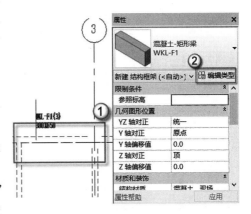

图 5.1.4　确定 WKL-F1 尺寸

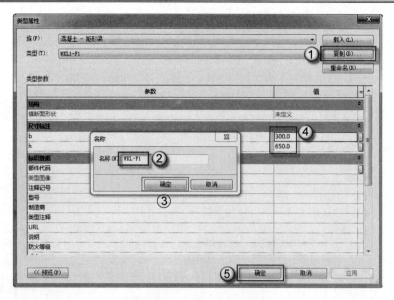

图 5.1.5　编辑梁的属性

注意：每次加入新的屋框梁时，应先单击"复制"按钮，在弹出的对话框中重新命名之后再设置具体参数。这是因为在 Revit 中，一个类型的图元，只要改一个，余下的会随之联动修改，所以必须重命名。

（5）新建屋框梁 WKL-F2。由 DWG 图可得，WKL-F2 梁的长宽为 250×500。选择"结构"→"梁"→"编辑类型"命令，在弹出的"类型属性"对话框中，单击"复制"按钮，在弹出的对话框中输入"WKL-F2"，单击"确定"按钮。在"尺寸标注"栏中输入WKL-F2 的长宽（b、h），并单击"确定"按钮，如图 5.1.6 和图 5.1.7 所示。

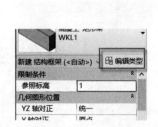

图 5.1.6　确定 WKL-F2 尺寸

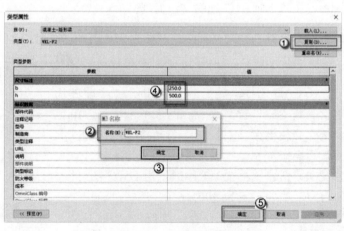

图 5.1.7　编辑梁的属性

（6）新建屋框梁 WKL-E。由 DWG 图可得，WKL-E 梁的长宽为 300×650。选择"结构"→"梁"→"编辑类型"命令，在弹出的"类型属性"对话框中，单击"复制"按钮，在弹出的对话框中输入"WKL-E"，单击"确定"按钮。在"尺寸标注"栏中输入 WKL-E的长宽（b、h），并单击"确定"按钮，如图 5.1.8 和图 5.1.9 所示。

图 5.1.8 确定 WKL-E 尺寸

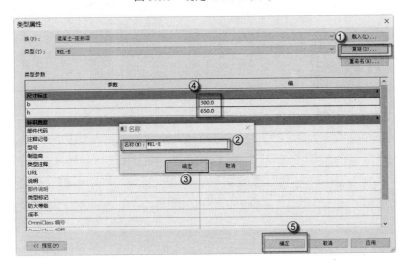

图 5.1.9 编辑梁的属性

⌂注意：每次需要修改屋框梁尺寸或其他属性时，应在"类型"选项中，选择屋框梁型号
  之后再设置具体参数。

在 Revit 中，梁的信息库的建立就是 Revit 与其他绘图软件的主要差别，将族作为载体
输入尺寸、形状、配筋、颜色、材质等信息，使模型的建立之中包含各个构建的信息，达
到信息模型一体化，可以按照以上方法重复复制建立屋框梁的信息库，如图 5.1.10 所示。

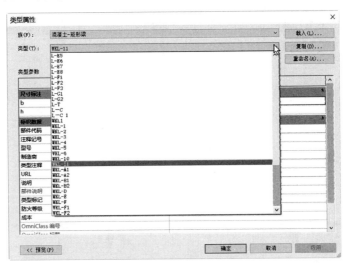

图 5.1.10 屋框梁信息库

当屋框梁信息库建立完成以后，将进入屋框梁的定位绘制阶段，在这个阶段需要注意屋框梁的定位等具体信息。

（7）绘制 WKL-F1。按快捷键 B+M（绘制梁命令），在"属性"面板中选择"混凝土-矩形梁"梁类型，选择 WKL-F1 梁，最后将 WKL-F1 绘制在梁定位处，如图 5.1.11 所示。

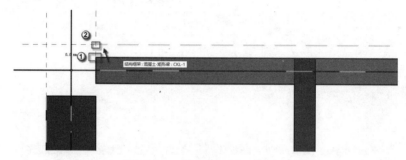

图 5.1.11　调整 WKL-F1 位置

🔔注意：绘制屋框梁时，常常出现绘制的屋框梁与实际定位出现偏移的问题，此时可以先绘制出所需的屋框梁，然后按快捷键 M+V，将屋框梁移动到准确位置，如图 5.1.11 所示，将 WKL-F1 从①位置移动到②位置。移动完成后如图 5.1.12 所示。

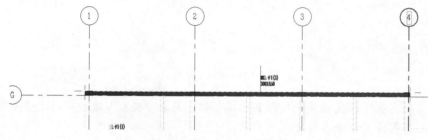

图 5.1.12　WKL-F1 完成图

（8）绘制 WKL-F2。按快捷键 B+M（绘制梁命令），在"属性"面板中选择"混凝土-矩形梁"梁类型，选择 WKL-F2 梁，如图 5.1.13 所示，将 WKL-F2 从①位置移动到②位置。移动完成后如图 5.1.14 所示。

（9）结构：4 层的屋框梁绘制方法介绍完毕，剩余的屋框梁按照上述步骤即可完成，当结构：4 层的屋框梁绘制完成后，保存项目，平面图如图 5.1.15 所示，3D 效果如图 5.1.16 所示，读者可根据相同方法绘制完整屋框梁图。

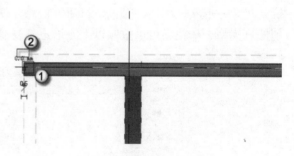

图 5.1.13　调整 WKL-F2 位置

图 5.1.14　WKL-F2 完成图

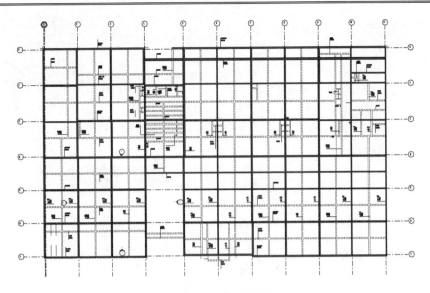

图 5.1.15　完整的屋框梁图

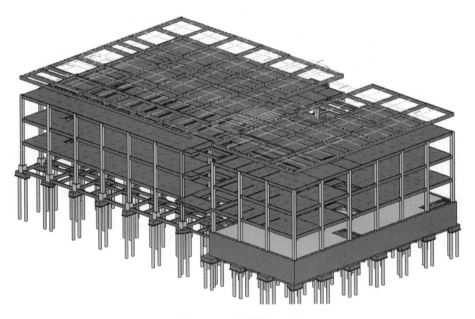

图 5.1.16　屋框梁 3D 图

5.1.2　屋次梁 WL 的设计

屋次梁 WL 是指屋面的结构次梁，次梁是指两端的着力点是主梁的梁。为了最后出图输出柱表归并的方便，一般的屋次梁的命名就是 WL。

在 5.1.1 节屋框梁已完成的屋顶结构基础上，绘制屋次梁，仍分为两个步骤，第一个是建立屋次梁信息，第二个是绘制屋次梁，下面开始操作。

（1）新建屋次梁 L-F1。由 DWG 图可得，屋次梁 L-F1 的长宽为 250×550，如图 5.1.17 所示。选择"结构"→"梁"→"编辑类型"命令（或按快捷键 B+M，单击"属性"面板中的"编辑类型"按钮），在弹出的"类型属性"对话框中，单击"复制"按钮，在弹出的对话框中输入"L-F1"，单击"确定"按钮。在"尺寸标注"栏中输入 L-F1 的长宽（b、h），并单击"确定"按钮，如图 5.1.18 所示。

图 5.1.17　确定梁尺寸

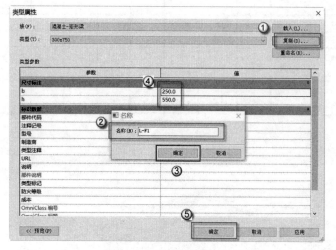

图 5.1.18　编辑梁的属性

（2）新建屋次梁 L-F2。由 DWG 图可得，屋次梁 L-F2 的长宽为 250× 500，如图 5.1.19 所示。选择"结构" →"梁"→"编辑类型"命令，在弹出的"类型属性"对话框中，单击"复制"按钮，在弹出的对话框中输入"L-F2"，单击"确定"按钮。在"尺寸标注"栏中输入 L-F2 的长宽（b，h），并单击"确定"按钮。如图 5.1.20 所示。

图 5.1.19　确定梁尺寸

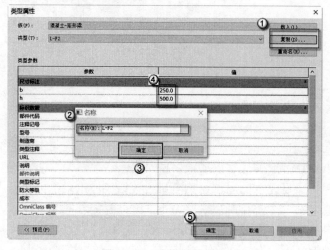

图 5.1.20　编辑梁的属性

（3）新建屋次梁 L-E5。由 DWG 图可得，屋次梁 L-E5 的长宽为 250×600，如图 5.1.21 所示。选择"结构"→"梁"→"编辑类型"命令，在弹出的"类型属性"对话框中，单击"复制"按钮，在弹出的对话框中输入"L-E5"，单击"确定"按钮。在"尺寸标注"栏中输入 L-E5 的长宽（b、h），并单击"确定"按钮，如图 5.1.22 所示。

图 5.1.21　确定梁尺寸

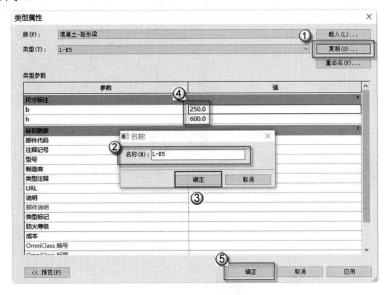

图 5.1.22　编辑梁的属性

读者可以按照以上方法重复复制建立屋次梁的信息库，如图 5.1.23 所示。

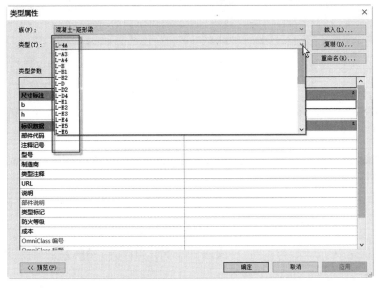

图 5.1.23　屋次梁信息库

当屋次梁信息库建立完成以后，将进入屋次梁的定位绘制阶段，在这个阶段需要注意屋次梁的定位等具体信息。

（4）绘制 L-F1。按快捷键 B+M（绘制梁命令），在"属性"面板中选择"混凝土-矩形梁"梁类型，选择 L-F1 梁，如图 5.1.24 所示。最后将 L-F1 绘制在梁定位处。

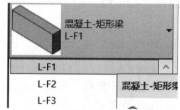

图 5.1.24　选择梁类型

🔔注意：绘制屋次梁时，常常出现绘制的屋次梁与实际定位出现偏移的问题，此时可以先绘制出所需的屋次梁，然后按快捷键 M+V，将屋次梁移动到准确位置，如图 5.1.25 所示，将 L-F1 从①位置移动到②位置。移动完成后如图 5.1.26 所示。

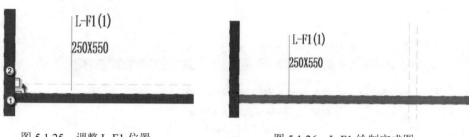

图 5.1.25　调整 L-F1 位置　　　　　　　图 5.1.26　L-F1 绘制完成图

（5）绘制 L-F2。按快捷键 B+M（绘制梁命令），在"属性"面板中选择"混凝土-矩形梁"梁类型，选择 L-F2 梁，如图 5.127 所示。最后将 L-F1 绘制在梁定位处，如图 5.1.28 和图 5.1.29 所示。

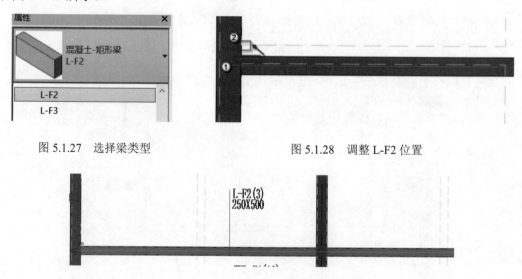

图 5.1.27　选择梁类型　　　　　　　　　图 5.1.28　调整 L-F2 位置

图 5.1.29　L-F2 绘制完成图

（6）结构：4 层的屋次梁绘制方法介绍完毕，剩余屋次梁按步骤即可完成，当结构：4 层的屋次梁绘制完成后，保存项目，平面图如图 5.1.30 所示，3D 效果如图 5.1.31 所示，读者可根据相同方法绘制完整的屋次梁图。

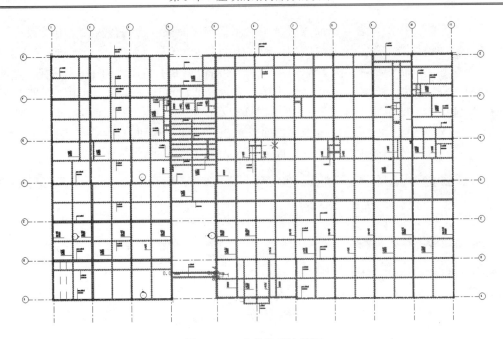

图 5.1.30 完整的屋次梁图

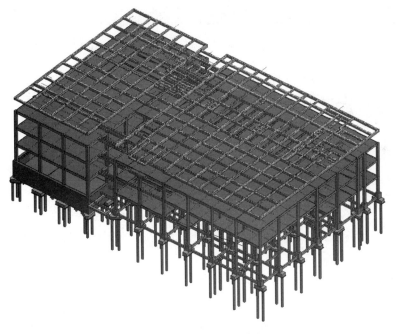

图 5.1.31 屋次梁 3D 图

5.1.3 屋面板 WB 的设计

屋面板是可直接承受屋面荷载的板。房屋的屋顶一般使用铝镁锰或合金等金属制成。屋面板可用材质一般有 0.426 / 0.478 / 0.55 毫米基材厚度的中高强度镀锌或镀铝锌彩钢卷、铝合金、铝镁锰合金、不锈钢、锌铜钛金属板、铜、纯钛金属板等。

介绍完毕屋面板的概念，下面即可开始绘制基本屋面板。绘制有两大基本步骤，第一个是建立屋面板信息，第二个是绘制屋面板，下面开始操作。

（1）新建屋面板 WB-1。由 DWG 图可得，屋面板 WB-1 的厚度为 110，选择"结构"→"楼板"→"楼板：结构"→"编辑类型"命令（或按快捷键 S+B，单击"属性"面板中的"编辑类型"按钮），在弹出的"类型属性"对话框中，单击"复制"按钮，在弹出的对话框中输入"WB-1"，单击"确定"按钮。单击"编辑"按钮，在弹出的对话框中输入结构楼板厚度，单击"确定"按钮，如图 5.1.32 和图 5.1.33 所示。

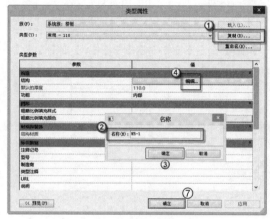

图 5.1.32　新建屋面板

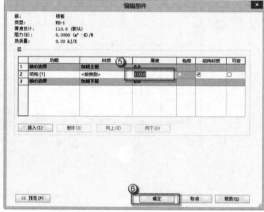

图 5.1.33　编辑尺寸

（2）绘制屋面板 WB-1。按快捷键 S+B（绘制屋面板命令），在"属性"面板中选择"楼板-wb-1"屋面板类型，如图 5.1.34 所示。

（3）进入"修改/创建楼板边界"模式，如图 5.1.35 所示，可以观察到 WB-1 的边界为一矩形，且 WB-1 不需要考虑坡度以及跨方向，可直接选择"边界线"中的"矩形"工具进行绘制，如图 5.1.36 所示。绘制完成后，单击√按钮，完成的效果如图 5.1.37 所示。

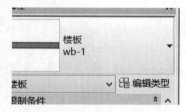

图 5.1.34　选择屋面板类型

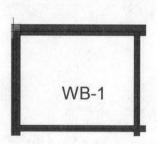

图 5.1.35　观察屋面板形状

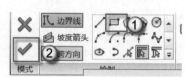

图 5.1.36　绘制工具的选择

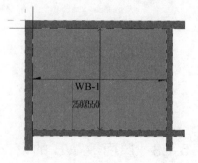

图 5.1.37　WB-1 绘制完成图

注意：这一步中，应注意先观察边界是否规则，如果是规律的几何图形，可直接利用边界线中的图形绘制，如是不规则的边界，则需要用直线逐步将边界完整绘制出来。

（4）新建屋面板 WB-2。由 DWG 图可得，屋面板 WB-2 的厚度为 120，选择"结构"→"楼板"→"楼板：结构"→"编辑类型"命令，在弹出的"类型属性"对话框中，单击"复制"按钮，在弹出的对话框中输入"WB-2"，单击"确定"按钮。单击"编辑"按钮，在弹出的对话框中输入结构楼板厚度，单击"确定"按钮，如图 5.1.38 和图 5.1.39 所示。

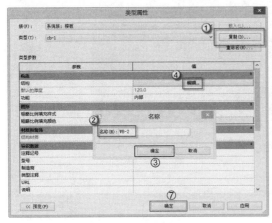
图 5.1.38　新建屋面板

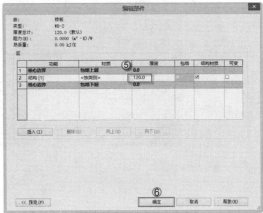
图 5.1.39　编辑屋面板尺寸

（5）绘制屋面板 WB-2。按快捷键 S+B（绘制屋面板命令），在"属性"面板中选择"楼板-WB-2"屋面板类型，如图 5.1.40 所示。

（6）进入"修改/创建楼板边界"模式。可以观察到 WB-2 的边界是不规则的，且 WB-2 不需要考虑坡度以及跨方向，这时应用直线绘制楼板，接下来介绍另一种方法，即如何用直线绘制楼板。

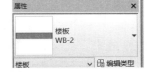
图 5.1.40　选择屋面板类型

选择"边界线"中的"直线"命令，即图 5.1.41 中①所示，然后以图 5.1.42 中的②点为起点，沿楼板边界依次绘制直线直至回到②点形成一个闭合的图形，完成后单击√按钮，完成 WB-2 的绘制，如图 5.1.43 所示。

图 5.1.41　绘制工具的选择

图 5.1.42　不规则图形的绘制方法

图 5.1.43　WB-2 绘制完成图

注意：无论用什么方法绘制结构楼板，读者都应着重注意边界的精确性并且避免线与线之间产生重复，从而高效准确地完成绘制工作。

（7）结构：4 层的屋面板绘制方法介绍完毕，剩余屋面板按上述步骤即可完成。当结构：4 层的屋面板绘制完成后，保存项目，平面图如图 5.1.44 所示，3D 效果如图 5.1.45 所示，读者可根据相同方法绘制完整的屋面板图。

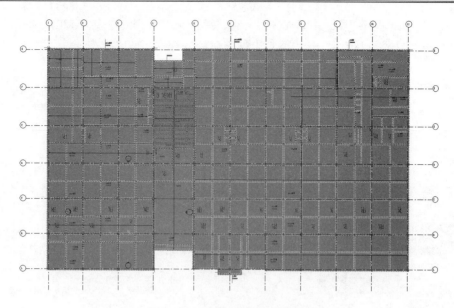

图 5.1.44　完整的屋面板平面图

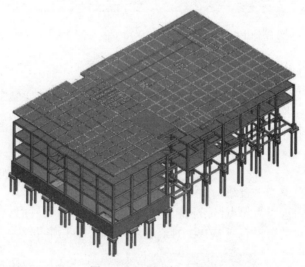

图 5.1.45　屋面板 3D 图

5.2　出屋面层的结构设计

在屋面的结构标高之上，还有一些构件。从建筑专业的角度说，建筑功能是让维护人员可以上屋面平台进行相应的操作，就是常说的"上人屋面"。从结构专业的角度说，出屋面层的结构体系要与下面几层成为一个整体，这样对抗震有利。

5.2.1　出屋面梁 CKL 的设计

出屋面部分的建筑跨度不大，此外梁的截面尺寸相对于下层主体结构而言比较小。出屋面梁 CKL 的具体设计操作如下。

（1）打开项目。选择"打开"→"项目"命令，在弹出的对话框中选择结构完成选项，并单击"打开"按钮，如图 5.2.1 所示。

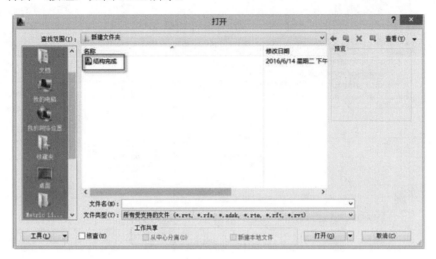

图 5.2.1　打开项目

（2）确认项目信息。选择"视图"→"三维视图"→"默认三维视图"命令，进入如图 5.2.2 所示的三维界面，观察并确认信息。

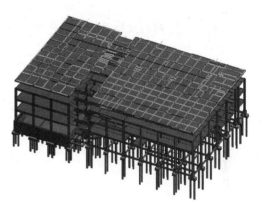

（3）新建出屋面层标高。选择"项目浏览器"中的"东立面"命令。由配套资源中的 DWG 图可得，出屋面层的标高为"19.750"。选择"19.000"标高，按快捷键 C+O，向上拉伸，输入数值 750。双击"结构：基础顶面四层"轴，输入"出屋面层"，单击"确定"按钮，出屋面层标高完成，如图 5.2.3 所示。

图 5.2.2　确认项目信息

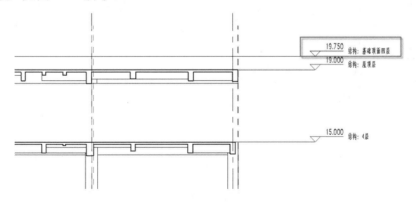

图 5.2.3　新建标高

（4）新建出屋面层结构平面。选择"视图"→"平面视图"→"结构平面"命令，在弹出的对话框中选择"出屋面"标高,单击"确定"按钮,如图 5.2.4 所示,在"项目浏览器"面板中观察生成的出屋面层,如图 5.2.5 所示。

 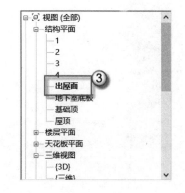

图 5.2.4　新建结构平面　　　　　　　　图 5.2.5　确认生成的平面信息

注意:创建新的结构平面时,还可以直接按两次快捷键 L 并输入标高与标高名称,创建所需要的标高,则"项目浏览器"面板中会自动生成创建标高所对应的结构平面。

(5)隐藏不需要的图层。切换到结构平面中的"出屋面"视图,框选如图 5.2.6 所示图元,右击"在视图中隐藏",在弹出的快捷菜单中选择"图元"命令,将多余图元全部隐藏。如果在出屋面层结构全部绘制完成后,可选择"显示隐藏的图元"命令,恢复原本的图形,如图 5.2.7 所示。

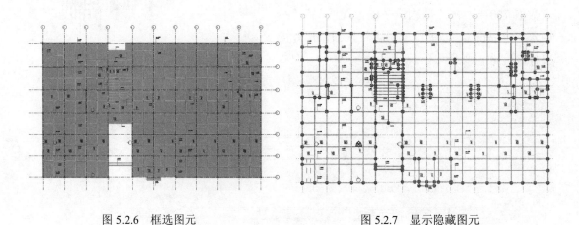

图 5.2.6　框选图元　　　　　　　　　　图 5.2.7　显示隐藏图元

(6)导入配套资源中的 DWG 图。选择"插入"→"导入 CAD"→"打开"命令,在弹出的"导入 CAD 格式"对话框中选择"出屋面"文件,如图 5.2.8 所示。

(7)整体移动 DWG 文件使其与轴网相符合。单击"出屋面梁 DWG 文件",按快捷键

M+V，将①点移动到②点（即⑤轴和 F 轴的交点）如图 5.2.9 所示。移动完成后如图 5.2.10 所示。

图 5.2.8　导入界面

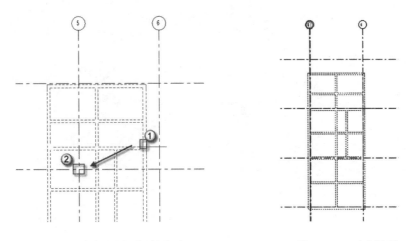

图 5.2.9　选中出屋面梁并移动　　　　　图 5.2.10　对齐图形

在将 CAD 图导入等基本工作完成以后，即可开始绘制出屋面梁。绘制仍分为两个基本步骤，第一个是建立出屋面梁信息，第二个是绘制出屋面梁，下面开始操作。

（8）新建屋框梁 CKL-1。由 DWG 图可得，CKL-1 梁的长宽为 300×400。选择"结构"→"梁"→"编辑类型"命令（或按快捷键 B+M，单击"属性"面板中的"编辑类型"按钮），在弹出的"类型属性"对话框中，单击"复制"按钮，在弹出的对话框中输入"CKL-1"，单击"确定"按钮。在"尺寸标注"栏中输入 CKL-1 的长宽（b、h），单击"确定"按钮，如图 5.2.11 和图 5.2.12 所示。

（9）新建屋框梁 CKL-2。由 DWG 图可得，CKL-2 梁的长宽为 300×250。选择"结构"→"梁"→"编辑类型"命令，在弹出的"类型属性"对话框中，单击"复制"按钮，在弹出的对话框中输入"CKL-2",单击"确定"按钮。在"尺寸标注"栏中输入 CKL-2 的长宽(b、h),单击"确定"按钮,如图 5.2.13 和图 5.2.14 所示。

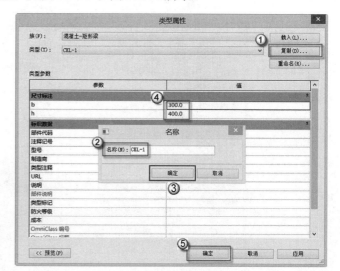

图 5.2.11　选择梁类型　　　　　　　图 5.2.12　编辑出屋面梁尺寸

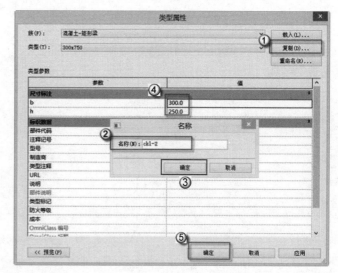

图 5.2.13　选择梁类型　　　　　　　图 5.2.14　编辑出屋面梁尺寸

(10)绘制 CKL-1。按快捷键 B+M(绘制梁命令),在"属性"面板中选择"混凝土-矩形梁"梁类型,选择 CKL-1 梁,如图 5.2.15 所示。将 CKL-1 从①位置移动到②位置,如图 5.2.16 所示。移动完成后如图 5.2.17 所示。

图 5.2.15　选择梁类型

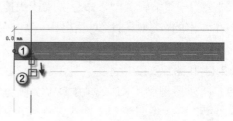

图 5.2.16　调整梁的位置

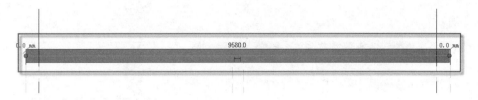

图 5.2.17　绘制完成的 CKL-1

（11）出屋面梁绘制方法介绍完毕，剩余梁按上述步骤即可完成。当出屋面梁绘制完成后，保存项目，平面图如图 5.2.18 所示，3D 效果如图 5.2.19 所示。

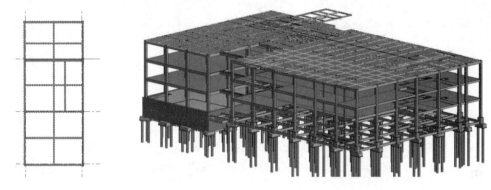

图 5.2.18　出屋面梁平面图　　　　　图 5.2.19　出屋面梁 3D 图

5.2.2　屋面柱 WZ 的设计

屋面柱 WZ 与框柱在结构设计上没有实质的区别，但是横截面尺寸小一些。具体操作如下。

（1）查看结构：4 层平面视图。选择"项目浏览器"中的"出屋面"命令，可以观察到结构：出屋面层的完整轴网，如图 5.2.20 所示。

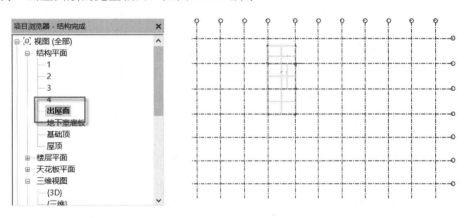

图 5.2.20　结构：出屋面层

（2）导入配套资源中的 DWG 图。选择"插入"→"导入 CAD"→"打开"命令，在弹出的"导入 CAD 格式"对话框中选择"屋面柱"文件，如图 5.2.21 所示。导入界面如

图 5.2.22 所示。

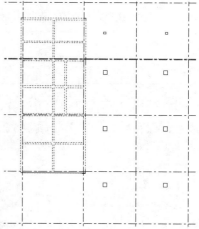

图 5.2.21　导入屋面柱 CAD　　　　　　　　　图 5.2.22　导入界面

（3）整体移动 DWG 文件使其与轴网相符合。单击"屋面柱"DWG 文件，按快捷键 M+V，将①点移动到②点（即①轴和 G 轴的交点）如图 5.2.23 所示。移动完成后如图 5.2.24 所示。

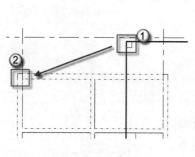

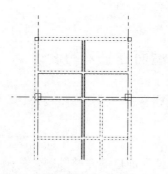

图 5.2.23　选中屋面柱并移动　　　　　　　图 5.2.24　对齐图形

在将 CAD 图导入等基本工作完成以后即可开始绘制。绘制仍分为两个基本步骤：第一个是建立屋面柱信息，第二个是绘制屋面柱。下面开始操作。

（4）新建屋面柱 WZ-1。由 DWG 图可得，WZ-1 的长宽为 350×350。选择"结构"→"柱"→"编辑类型"命令（或按快捷键 C+L，单击"属性"面板中的"编辑类型"按钮），在弹出的"类型属性"对话框中，单击"复制"按钮，在弹出的对话框中输入"WZ-1"，单击"确定"按钮。在"尺寸标注"栏中输入 WZ-1 的长宽（b、h），单击"确定"按钮，如图 5.2.25 所示。

（5）新建屋面柱 WZ-2。由 DWG 图可得，WZ-2 的长宽为 600×600。选择"结构"→"柱"→"编辑类型"命令，在弹出的"类型属性"对话框中，单击"复制"按钮，在弹出的对话框中输入"WZ-2"，单击"确定"按钮。在"尺寸标注"栏中输入 WZ-2 的长宽（b、h），单击"确定"按钮，如图 5.2.26 所示。

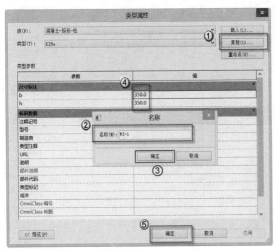

图 5.2.25　新建屋面柱 WZ-1

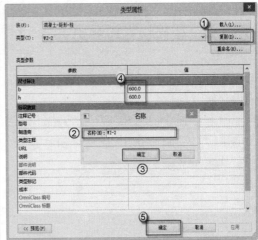

图 5.2.26　新建屋面柱 WZ-2

（6）绘制 WZ-1。按快捷键 C+L（绘制柱命令），在"属性"面板中选择"混凝土-矩形"柱类型，选择 WZ-1，如图 5.2.27 所示。由立面图可将"底部标高"设置成"第 4 层"，如图 5.2.28 所示，最后将 WZ-1 绘制在柱定位处，如图 5.2.29 和图 5.2.30 所示。

图 5.2.27　选择柱类型

图 5.2.28　修改标高

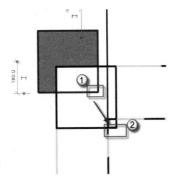

图 5.2.29　调整 WZ-1 位置

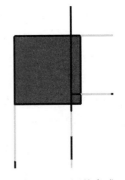

图 5.2.30　调整完成

（7）屋面柱绘制方法介绍完毕，剩余的柱按照上述步骤即可完成。绘制完成后，保存项目，3D 效果，如图 5.2.31 所示。

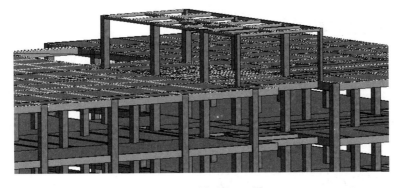

图 5.2.31　屋面柱 3D 图

5.2.3 出屋面板 CB 的设计

出屋面板 CB 与下层主体结构的楼板 B 相比板厚小一些，这是由板的跨度引起的。具体操作如下。

（1）查看平面视图。选择"项目浏览器"中的"出屋面"面板，可以观察到结构：出屋面层的完整轴网，如图 5.2.32 所示。

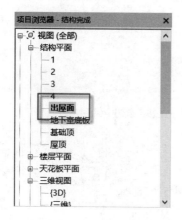
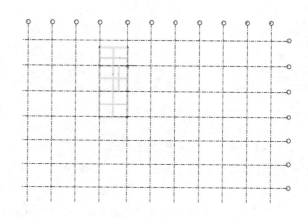

图 5.2.32 结构：出屋面层

（2）新建出屋面板 CB-1。由 DWG 图可得，CB-1 的板厚为 110。选择"结构"→"楼板：结构"→"编辑类型"命令（或按快捷键 S+B，单击"属性"面板中的"编辑类型"按钮），在弹出的"类型属性"对话框中，单击"复制"按钮，在弹出的对话框中输入"CB-1"，单击"确定"按钮。在"尺寸标注"栏中输入 CB-1 的板厚，单击"确定"按钮，如图 5.2.33 和图 5.2.34 所示。

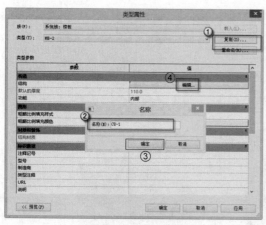
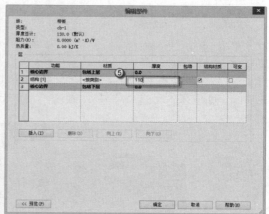

图 5.2.33 新建出屋面板 CB-1   图 5.2.34 编辑尺寸

（3）绘制屋面板 CB-1。按快捷键 S+B（绘制屋面板命令），在"属性"面板中选择"楼板-cb-1"屋面板类型，如图 5.2.35 所示。

（4）进入"修改/创建楼板边界"模式，如图 5.2.36 所示，可以观察到 CB-1 的边界为一矩形，且 CB-1 不需要考虑坡度以及跨方向，则可选择"边界线"中的"矩形"工具直接进行绘制，如图 5.2.37 中的①所示。绘制完成后，单击 √ 按钮，完成 CB-1 的绘制，完成后如图 5.2.38 所示。

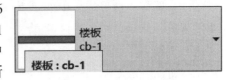

图 5.2.35　选择屋面板类型

图 5.2.36　确认屋面板形状

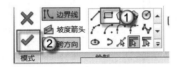

图 5.2.37　选择绘制工具

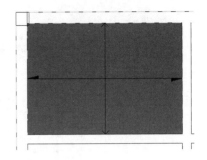

图 5.2.38　绘制完成

（5）新建出屋面板 CB-2。由 DWG 图可得，CB-2 的板厚为 120，选择"结构"→"楼板"→"楼板：结构"→"编辑类型"命令，在弹出的"类型属性"对话框中，单击"复制"按钮，在弹出的对话框中输入"CB-2"，单击"确定"按钮，在"尺寸标注"栏中输入结构楼板厚度，单击"确定"按钮，如图 5.2.39 和图 5.2.40 所示。

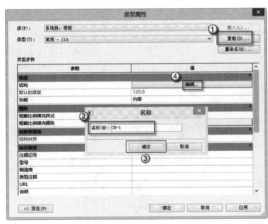

图 5.2.39　新建出屋面板 CB-2

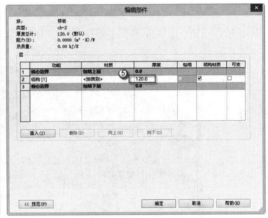

图 5.2.40　编辑出屋面板尺寸

（6）绘制屋面板 CB-2。按快捷键 S+B（绘制屋面板命令），在"属性"面板中选择"楼板-cb-2"屋面板类型，如图 5.2.41 所示。

（7）进入"修改/创建楼板边界"模式，如图 5.2.42 所示，可以观察到 CB-2 的边界是不规则的，而 CB-2 不需要考虑坡度以及跨方向，这时应用直线绘制楼板，接下来开始绘制。

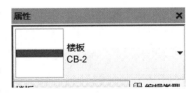

图 5.2.41　选择屋面板类型

（8）选择"边界线"中的"直线"命令，即图 5.2.42 中的①所示，然后以图 5.2.43 中的②点为起点，沿楼板边界依次绘制直线直至回到②点形成一个闭合的图形。完成后，单击 √ 按钮，完成 CB-2 的绘制，如图 5.2.44 所示。

图 5.2.42　选择绘制工具

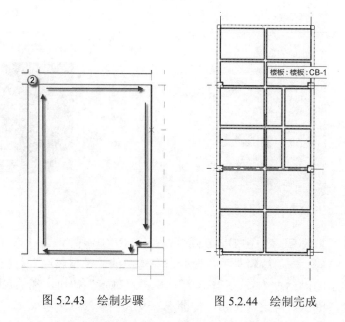

图 5.2.43　绘制步骤　　　　图 5.2.44　绘制完成

（9）结构：出屋面层的出屋面板绘制方法介绍完毕，剩余出屋面板按上述步骤即可完成，绘制完成后保存项目，3D 效果如图 5.2.45 所示。

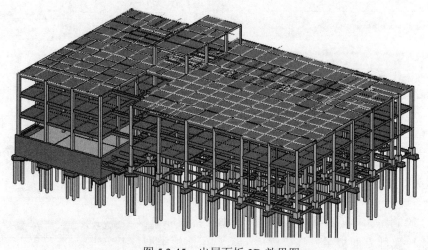

图 5.2.45　出屋面板 3D 效果图

5.3　混凝土雨蓬的设计

此次设计中，建筑与结构专业都有雨蓬。建筑是轻钢玻璃雨蓬，结构是混凝土雨蓬。

建筑雨蓬是主体完成后，以装修的形式装上去的。而结构雨蓬是在做主体结构时就现浇的。本节中有两种类型的混凝土雨蓬：有梁雨蓬与无梁雨蓬。

5.3.1　有梁混凝土雨蓬的设计

有梁混凝土雨蓬是指雨蓬的板在四周有一圈（四根）梁连接，这样的雨蓬跨度大一些。具体操作如下。

（1）新建有梁混凝土雨蓬层标高。选择"项目浏览器"面板中的"东立面"命令。由配套资源中的 DWG 图可得，有梁混凝土雨蓬层的标高为"17.800"。选择"15.000"标高，按快捷键 C+O 向上拉伸，输入数值 2800。双击"结构：7 层"轴，输入"有梁混凝土雨蓬层"，单击"确定"按钮，则有梁混凝土雨蓬层标高完成，如图 5.3.1 所示。

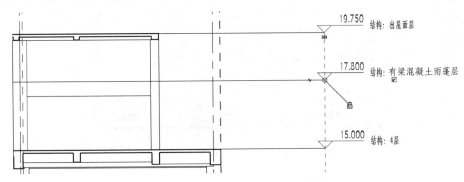

图 5.3.1　新建有梁混凝土雨蓬层标高

（2）创建有梁混凝土雨蓬层结构平面。选择"视图"→"平面视图"→"结构平面"命令，在弹出的对话框中选择"7"标高，单击"确定"按钮，如图 5.3.2 所示。在"项目浏览器"面板中可观察到生成的有梁混凝土雨蓬层，如图 5.3.3 所示。

图 5.3.2　新建结构平面

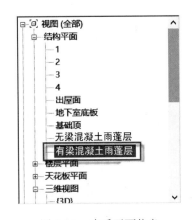

图 5.3.3　查看平面信息

🔔 注意：创建新的结构平面时，还可以直接按两次快捷键 L 并输入标高与标高名称，创建所需要的标高，在"项目浏览器"面板中自动生成创建标高所对应的结构平面。

（3）导入配套资源中的 DWG 图。选择"插入"→"导入 CAD"→"打开"命令，在弹出的"导入 CAD 格式"对话框中选择"有梁混凝土雨蓬"文件，如图 5.3.4 所示，导入后界面如图 5.3.5 所示。

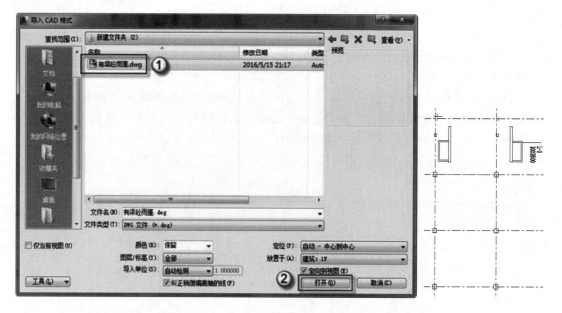

图 5.3.4　导入有梁混凝土雨蓬 DWG 图　　　　　图 5.3.5　导入界面

（4）整体移动 DWG 文件使其与轴网相符合。单击"有梁混凝土雨蓬"文件，按快捷键 M+V，将①点移动到②，如图 5.3.6 所示。移动完成后如图 5.3.7 所示。

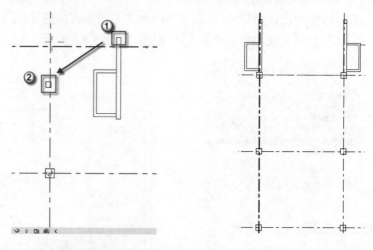

图 5.3.6　选中有梁混凝土雨蓬并移动　　　　图 5.3.7　对齐图形

（5）新建雨蓬梁 L-1。由 DWG 图可得，L-1 梁的长宽为 350×600。选择"结构"→"梁"→"编辑类型"命令（或按快捷键 B+M，单击"属性"面板中的"编辑类型"按钮），在弹出的"类型属性"对话框中，单击"复制"按钮，在弹出的对话框中输入"L-1"，单击"确定"按钮。在"尺寸标注"栏中输入 L-1 的长宽（b、h），单击"确定"按钮，如图 5.3.8 所示。

（6）新建雨蓬梁 L-2。由 DWG 图可得，L-2 梁的长宽为 200×600。选择"结构"→"梁"→"编辑类型"命令，在弹出的"类型属性"对话框中，单击"复制"按钮，在弹出的对话框中输入"L-2"，单击"确定"按钮。在"尺寸标注"栏中输入 L-2 的长宽（b、h），单击"确定"按钮，如图 5.3.9 所示。

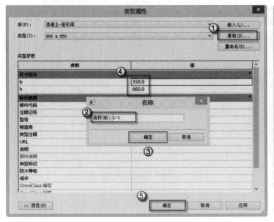
图 5.3.8　编辑 L-1

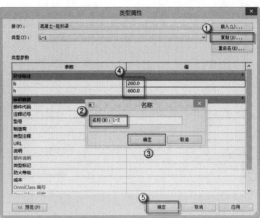
图 5.3.9　编辑 L-2

（7）绘制 L-1。按快捷键 B+M（绘制梁命令），在"属性"面板中选择"混凝土-矩形梁"梁类型，选择 L-1 梁，调整梁的位置，如图 5.3.10 所示，最后将 L-1 绘制在梁定位处，如图 5.3.11 所示。

（8）绘制 L-2。按快捷键 B+M（绘制梁命令），在"属性"面板中选择"混凝土-矩形梁"梁类型，选择 L-2 梁，将 L-2 分次绘制在梁定位处，如图 5.3.12 所示。

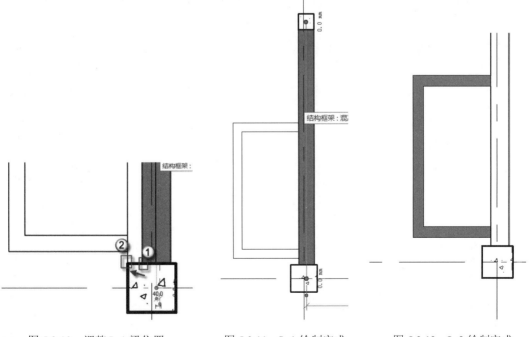

图 5.3.10　调整 L-1 梁位置　　　　图 5.3.11　L-1 绘制完成　　　　图 5.3.12　L-2 绘制完成

（9）绘制雨蓬。按快捷键 S+B（绘制板命令），在"属性"面板中选择"楼板-常规-110"板类型，如图 5.3.13 所示，接下来开始绘制雨蓬。

图 5.3.13　选择板类型

（10）进入"修改/创建楼板边界"模式。可以观察到有梁雨蓬的边界为一矩形，且不需要考虑坡度以及跨方向，则可直接选择"边界线"中的"矩形"工具进行绘制，如图 5.3.14 所示。绘制完成后，单击 √ 按钮完成有梁雨蓬的绘制，如图 5.3.15 和图 5.3.16 所示。

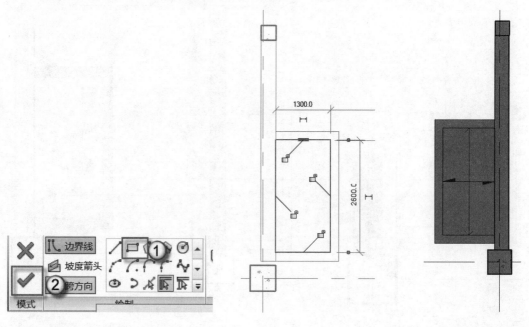

图 5.3.14　选择绘制工具　　　图 5.3.15　绘制方法　　　图 5.3.16　有梁雨蓬平面图

（11）创建"有梁雨蓬"组。选择已绘制好的"有梁雨蓬"，如图 5.3.17 所示，选择"创建"中的"创建组"命令，如图 5.3.18 所示，在弹出的对话框中将模型组名称与附着的详图组名称均改为"有梁雨蓬"，如图 5.3.19 所示，则"有梁雨蓬"组绘制完成，如图 5.3.20 所示。

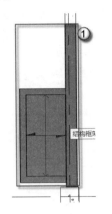

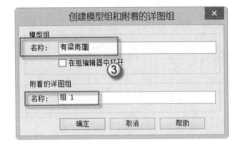

图 5.3.17　选择有梁雨蓬　　图 5.3.18　选择"创建组"命令　　图 5.3.19　修改组名称

🔔注意：各种组均可以在成组后继续编辑，选中组后单击修改面板上的"编辑组"即可，
　　　　如图 5.3.21 所示。

另一侧有梁雨蓬可用同样方法绘制，完整有梁雨蓬 3D 效果图如图 5.3.22 所示。

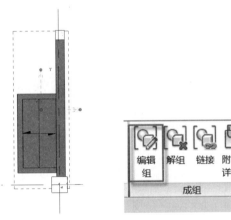

图 5.3.20　"有梁雨蓬"组　　　　图 5.3.21　编辑组　　　　图 5.3.22　有梁雨蓬 3D 图

5.3.2　无梁混凝土雨蓬的设计

与有梁混凝土雨蓬相比，无梁雨蓬周围没有梁，雨蓬的板直接连在主体结构上，其跨度要小一些，具体操作如下。

（1）新建无梁混凝土雨蓬层标高。选择"项目浏览器"中的"东立面"命令，由配套资源中的 DWG 图可得，无梁混凝土雨蓬层的标高为"18.800"。选择"17.800"标高，按快捷键 C+O 向上拉伸，输入数值 1.000。双击"结构：8 层"轴，输入"无梁混凝土雨蓬层"，单击"确定"按钮，则无梁混凝土雨蓬层标高完成，如图 5.3.23 所示。

（2）创建无梁混凝土雨蓬层结构平面。选择"视图"→"平面视图"→"结构平面"命令，在弹出的对话框中选择"8"标高，单击"确定"按钮，如图 5.3.24 所示。在"项目浏览器"面板中可观察到生成的有梁混凝土雨蓬层，如图 5.3.25 所示。

图 5.3.23　新建无梁混凝土雨蓬层标高

图 5.3.24　"新建结构平面"对话框

图 5.3.25　查看平面信息

（3）导入配套资源中的 DWG 图。选择"插入"→"导入 CAD"→"打开"命令，在弹出的"导入 CAD 格式"对话框中选择"无梁混凝土雨蓬"文件，如图 5.3.26 所示，导入后界面如图 5.3.27 所示。

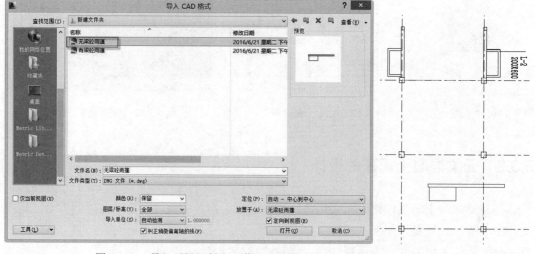

图 5.3.26　导入无梁混凝土雨蓬 DWG 图

图 5.3.27　导入界面

（4）整体移动 DWG 文件使其与轴网相符合。单击"无梁混凝土雨蓬"文件，按快捷键 M+V，将①点移动到②，如图 5.3.28 所示。移动完成后如图 5.3.29 所示。

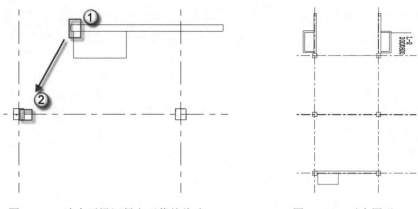

图 5.3.28　选中无梁混凝土雨蓬并移动　　　　图 5.3.29　对齐图形

（5）新建雨蓬梁 L-3。由 DWG 图可得，L-3 梁的长宽为 350×500。选择"结构"→"梁"→"编辑类型"命令，在弹出的"类型属性"对话框中，单击"复制"按钮，在弹出的对话框中输入"L-3"，单击"确定"按钮。在"尺寸标注"栏中输入 L-3 的长宽（b、h），单击"确定"按钮，如图 5.3.30 所示。

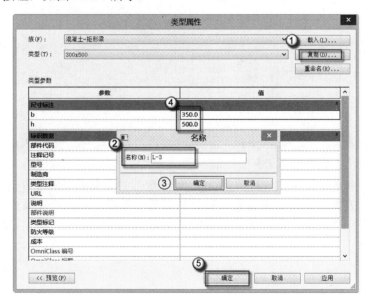

图 5.3.30　编辑 L-3

（6）绘制 L-3。按快捷键 B+M（绘制梁命令），在"属性"面板中选择"混凝土-矩形梁"梁类型，选择 L-3 梁，调整梁的位置，如图 5.3.31 所示，最后将 L-3 绘制在梁定位处，如图 5.3.32 所示。

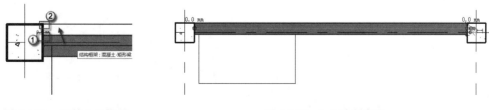

图 5.3.31　调整 L-3 位置　　　　　　　　图 5.3.32　L-3 绘制完成

注意：在这里可以发现，虽说是无梁雨蓬的设计，但仍绘制了 L-3，原因是梁并不在雨蓬上，而是在主体上，是主体与雨蓬的连接构件。请读者注意有梁雨蓬与无梁雨蓬的区别，避免概念的混淆。

（7）设置雨蓬板。由配套资源的 DWG 文件可知，无梁雨蓬板的厚度为 120。选择"结构"→"楼板：结构"→"编辑类型"命令（或按快捷键 S+B，单击"属性"面板中的"编辑类型"）。在弹出的"类型属性"对话框中，单击"复制"按钮，在弹出的对话框中输入"WB-4"，单击"确定"按钮。在"尺寸标注"栏中输入 L-3 的长宽（b、h），单击"确定"按钮，如图 5.3.33 和图 5.3.34 所示。

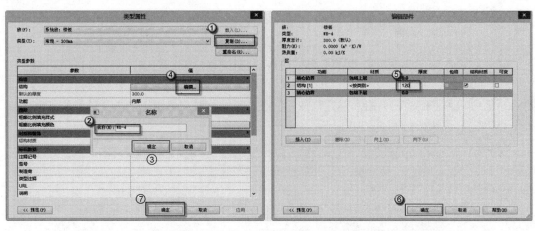

图 5.3.33　设置 WB-4　　　　　　　　　　图 5.3.34　确定尺寸

（8）绘制雨蓬板。按快捷键 S+B（绘制板命令），在"属性"面板中选择"WB-4"板类型，如图 5.3.35 所示，接下来开始绘制雨蓬。

（9）进入"修改/创建楼板边界"模式。可以观察到无梁雨蓬的边界为一矩形，且不需要考虑坡度以及跨方向，则可直接选择"边界线"中的"矩形"工具进行绘制，如图 5.3.36 所示。绘制完成后，单击 √ 按钮，完成有梁雨蓬的绘制，如图 5.3.37 和图 5.3.38 所示。

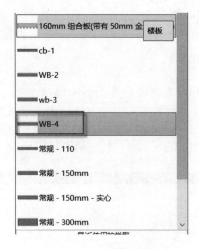

图 5.3.35　选择板类型

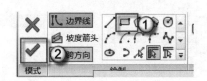

图 5.3.36　选择绘制工具

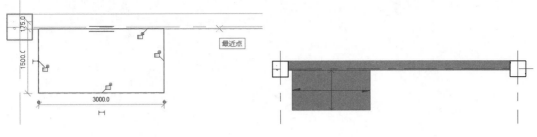

图 5.3.37　绘制方法　　　　　　　　　图 5.3.38　无梁雨蓬平面图

（10）创建"无梁雨蓬"组。选择已绘制好的"无梁雨蓬"，如图 5.3.39 所示，选择"创建"中的"创建组"命令，如图 5.3.40 所示，在弹出的对话框中将模型组名称与附着的详图组名称均改为"有梁雨蓬"，如图 5.3.41 所示，则"无梁雨蓬"组绘制完成，如图 5.3.42 所示。

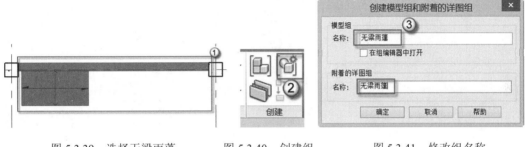

图 5.3.39　选择无梁雨蓬　　　图 5.3.40　创建组　　　　图 5.3.41　修改组名称

注意：各种组均可以在成组后继续编辑，选中组后单击修改面板上的"编辑组"即可，如图 5.3.43 所示。

按照上述步骤，可设计出完整无梁混凝土雨蓬，无梁混凝土雨蓬 3D 效果如图 5.3.44 所示。

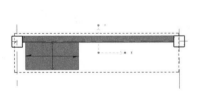

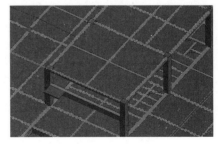

图 5.3.42　"无梁雨蓬"组　　　图 5.3.43　编辑组　　　　图 5.3.44　无梁雨蓬 3D 图

第2篇　建筑设计

第6章 建立门族

门、窗是建筑物的两个重要的围护部件。门在房屋建筑中的作用主要是交通联系，并兼采光和通风；窗的作用主要是采光、通风及眺望。在设计门、窗时，必须根据有关规范和建筑的使用要求来决定其形式及尺寸大小，并符合现行《建筑模数协调标准》（GB/T 50002-2013）的要求，以降低成本和适应建筑工业化生产的需要。

窗的设置和构造要求主要有以下几个方面：满足采光要求，必须有一定的窗洞口面积；满足通风要求，窗洞口面积中必须有一定的开启扇面积；开启灵活、关闭紧密，能够方便使用和减少外界对室内的影响；坚固、耐久，保证使用安全；符合建筑立面装饰和造型要求，必须有适合的色彩及窗洞口形状；同时必须满足建筑的某些特殊要求，如保温、隔热、隔声、防水、防火、防盗等要求。

门的设置和构造要求主要是满足交通和疏散要求，必须有足够的宽度和适宜的数量及位置，其他方面要求基本与窗的设置和构造要求相同。

6.1 一般门族

门按其开启方式分通常有平开门、弹簧门、推拉门、折叠门、转门、升降门、卷帘门、上翻门等。这些类型的构件，在 Revit 中提供了一些族，可供设计者随时调用。但是这类自带的门族缺乏及时的更新，因此在实例操作中还需要自定义门族。

6.1.1 带百叶门 M0921

百叶由一系列带有角度的薄片组成，主要的作用是在保证透气的情况下遮挡视线。此处设计的 M0921 门，就是设置在洗漱间门口，是中南标图集中比较常用的一种百叶门类型，门的开启方向向外，具体操作如下。

（1）选择"公制门.rft"族样板。选择"程序"→"新建"→"族"命令，在弹出的"新族-选择样板文件"对话框中选择"公制门.rft"文件，单击"打开"按钮，进入门族的设计界面，如图6.1.1所示。

（2）删除公制门框架。按 Ctrl 键，多选

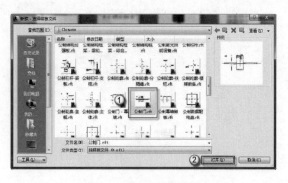

图 6.1.1 选择样板文件

上"框架/竖挺：拉伸"，如图 6.1.2 所示，按 Delete 键将其删除。删除后如图 6.1.3 所示。

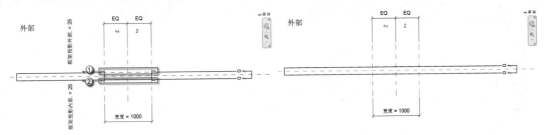

图 6.1.2　选定"框架/竖挺：拉伸"　　　　　　图 6.1.3　删除"框架/竖挺：拉伸"

（3）新建族类型。单击"族类型"按钮，在弹出的"族类型"对话框中单击"新建"按钮，弹出"名称"对话框，在"名称"一栏中输入"带百叶门 M0921"字样，单击"确定"按钮，如图 6.1.4 所示。

（4）修改门的尺寸标注。在不关闭已经打开的"带百叶门 M0921"族的族类型的情况下，选择屏幕操作区"尺寸标注"栏，在"高度"中输入"2100"字样，在"宽度"中输入"900"字样，如图 6.1.5 所示。

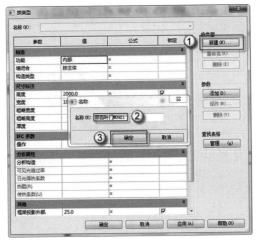 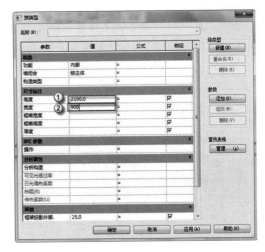

图 6.1.4　创建"带百叶门 M0921"　　　　　　图 6.1.5　修改尺寸标注

（5）删除多余参数。继续在"族类型"对话框中，单击"其他"栏下的"框架投影外部"参数，单击对话框右侧"参数"下的"删除"按钮，在弹出的对话框中单击"是"按钮。重复上述步骤，将"框架投影内部"和"框架宽度"两个无效参数删除。最后单击"确定"按钮，结束"族类型"编辑，如图 6.1.6 所示。

（6）选择"项目浏览器"中的"立面（立面 1）"→"外部"选项，可以进入 M0921的外部立面视图，如图 6.1.7 所示。

（7）导入 CAD 图形。选择"插入"→"导入 CAD"命令，弹出"导入 CAD 格式"对话框，选择"M0921.dwg"文件，将"导入单位"改为"毫米"，单击"打开"按钮，如图 6.1.8 所示。

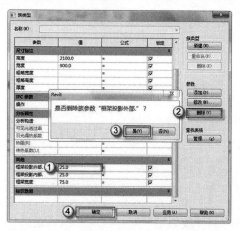

图 6.1.6　删除多余参数

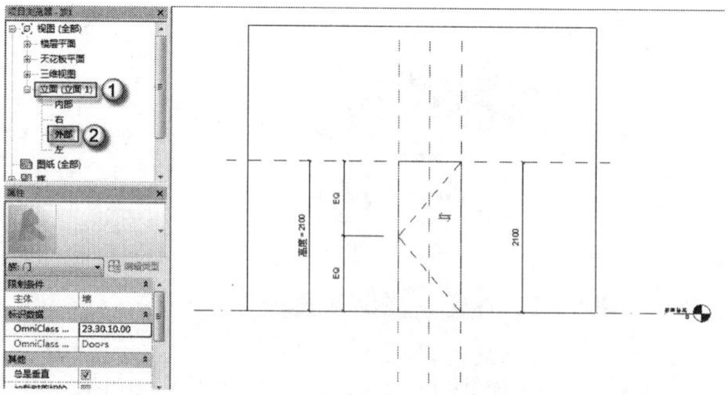

图 6.1.7　M0921 的外部立面视图

（8）调整 CAD 图形。单击导入的"M0921"CAD 图形。按快捷键 M+V，将导入的 CAD 图形移动至如图 6.1.9 所示位置。

⌂注意：使用快捷键 M+V 移动目标时，尽量捕捉目标端点，这样可以减小误差。在 Revit 中，对象捕捉是自动开启的，默认情况下会开启常用的捕捉方式，但只有"端点"与"交点"两种最精确。

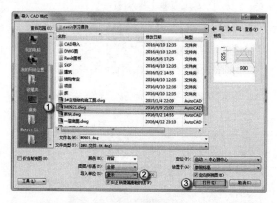

图 6.1.8　导入"M0921.dwg"文件

（9）绘制门框。选择"创建"→"拉伸"命令，进入"修改 | 编辑拉伸"界面，用菜单中的绘制工具将门框绘制完成，如图 6.1.10 所示。绘制完成后，单击 √ 按钮完成绘制。

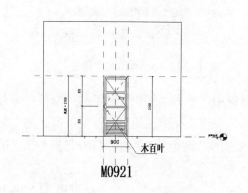

图 6.1.9　调整后的 M0921.dwg

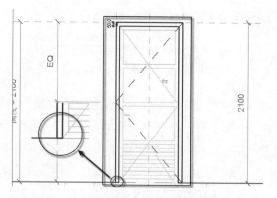

图 6.1.10　绘制门框

⌂注意：绘制门框时可以选择多种方式，可以用"直接"工具绘制，也可以用其他方式绘制，但是最后必须是一个闭合的图形，若出现无法闭合的情况，可以用绘制工具"拾取线"+修改工具"修建/延伸为角（TR）"进行绘制。

（10）选择"项目浏览器"中的"立面（立面 1）"→"左"选项，可以进入 M0921 的左立面视图，如图 6.1.11 所示。

（11）修改门框的位置及厚度。选择前面绘制好的门框，打开"属性"面板，在"拉伸终点"中写入"105"字样，在"拉伸起点"中写入"45"字样，如图 6.1.12 所示。

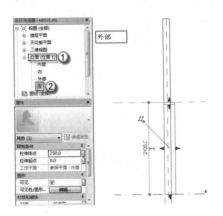

图 6.1.11　M0921 的左立面视图

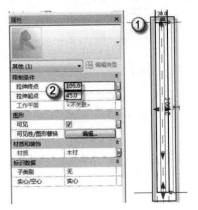

图 6.1.12　修改门框的位置及厚度

注意：通过调整门框的拉伸起点和拉伸终点，可以调整门框的位置和厚度。根据图纸要求，门框厚度取 60mm，由于笔者绘制门框拉伸时是在外部立面处绘制的，则门左立面的中轴线距离门的外部平面距离为 75，因此门框的拉伸起点和拉伸终点分部为 45（45=75−30）和 105（105=75+30）。所以要注意拉伸起点和拉伸终点的具体数值应根据绘制门框时选择的位置决定。此处输入数值的建模方式，就是 Revit 参数化建模特色的体现。

（12）修改门框的可见性。在门框的"属性"面板中，单击"图形"栏"可见性/图形替换"后的"编辑"按钮，弹出"族图元可见性设置"对话框，取消"平面/天花板平面视图"和"当在平面/天花板平面视图中被剖切时（如果类别允许）"复选框的选择，单击"确定"按钮，如图 6.1.13 所示。

注意：此处去掉门可见性的原因是因为我国施工图的要求。在平面施工图中并不需要这么复杂的门样式，而是比较简洁的门板轮廓与开启方法线，具体平面图的绘制方法后面会介绍。

图 6.1.13　修改门的可见性

（13）添加材质参数。在门框的"属性"面板中，单击"材质和装饰"栏"材质"右侧的空白按钮，弹出"关联族参数"对话框，单击"添加参数（D）"按钮，如图 6.1.14 所示，弹出"参数属性"对话框。选中"共享参数"单选按钮，单击"确定"按钮，弹出"未指定共享参数文件"对话框，单击"是"按钮，弹出"编辑共享参数"对话框，如图 6.1.15 所示。

图 6.1.14　添加材质参数　　　　　图 6.1.15　"参数属性"对话框

注意： 族参数不能出现在明细表或标注中，而共享参数可以。所以为了能保证 Revit 做完的工程可以直接导入到其他算量软件中，应尽量选择使用共享参数。

（14）创建共享参数文件。在弹出的"编辑共享参数"对话框中，单击"共享参数文件"下的"创建"按钮，弹出"创建共享参数文件"对话框，选择合适的路径，在"文件名"中输入"门窗材质"，单击"保存"按钮，如图 6.1.16 所示。

图 6.1.16　"创建共享参数文件"对话框

（15）新建门窗框材质组。在"编辑共享参数"对话框中，单击"组"下的"新建"按钮，弹出"新参数组"对话框，在"名称"中输入"门窗"字样，单击"确定"按钮，如图 6.1.17 所示。

（16）新建门窗材质参数。在"编辑共享参数"对话框中，单击"参数"下的"新建"按钮，弹出"参数属性"对话框，在"名称"中输入"门板材质"，在"参数类型"栏中选择"材质"选项，单击"确定"按钮，单击"编辑共享参数"对话框中的"确定"按钮，如图 6.1.18 所示。

注意： 在"参数属性"对话框中，"参数类型"不可以是"长度"选项，一定要改为"材质"选项，此处极容易出错。

（17）添加门框材质。在门框的"属性"面板中，单击"材质和装饰"栏"材质"右侧的空白按钮，弹出"关联族参数"对话框，单击"添加参数（D）"按钮，如图 6.1.14 所示，弹出"参数属性"对话框，选中"共享参数"单选按钮，单击"确定"按钮，弹出"共享参数"对话框，在"参数组（G）"栏中选择"门窗"选项，在"参数（P）"中选择"门板材质"选项，单击"确定"按钮，如图 6.1.19 所示。

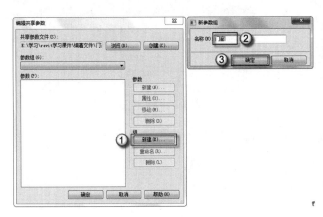 

图 6.1.17　添加门窗材质组　　　　　　　　图 6.1.18　添加门窗材质

（18）选择"项目浏览器"中的"立面（立面1）"→"外部"选项，可以进入 M0921 的外部立面视图。

（19）绘制门板。选择"创建"→"拉伸"命令，进入"修改|编辑拉伸"界面，用菜单中的绘制工具将门板绘制完成，如图 6.1.20 所示。绘制完成后，单击√按钮，完成绘制。

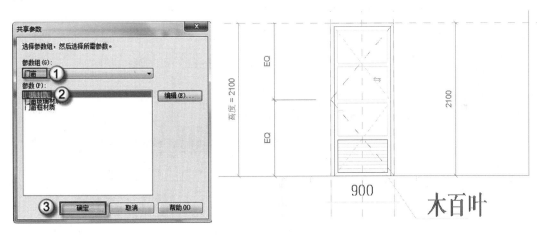

图 6.1.19　添加门框材质　　　　　　　　　图 6.1.20　绘制门板

（20）选择"项目浏览器"中的"立面（立面1）"→"左"选项，可以进入 M0921 的左立面视图，如图 6.1.21 所示。

（21）修改门板的位置及厚度。选择前面绘制好的门板，打开"属性"面板，在"属性"面板中，在"拉伸终点"中输入"95"字样，在"拉伸起点"中输入"55"字样，如图 6.1.22 所示。

（22）修改门板的可见性。在门板的"属性"面板中，单击"图形"栏"可见性/图形替换"后的"编辑"按钮，弹出"族图元可见性设置"对话框，取消"平面/天花板平面视图"和"当在平面/天花板平面视图中被剖切时（如果类别允许）"复选框的选择，单击"确定"按钮，如图 6.1.23 所示。

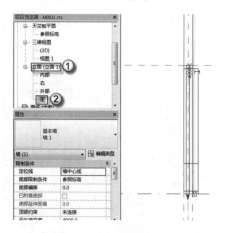

图 6.1.21 M0921 门板的左立面图

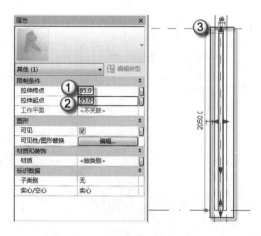

图 6.1.22 修改门板的位置及厚度

（23）编辑门板材质。单击"族类型"按钮，弹出"族类型"对话框，单击"材质和装饰"栏"门板材质"后的"<按类别>"按钮，弹出"材质浏览器-木材"对话框，选择"主视图"→"AEC 材质"→"木材"→"木材"选项，双击"木材"材质将其添加到"文档材质"。选择"文档材质"中的"木材"材质，单击"材质浏览器-木

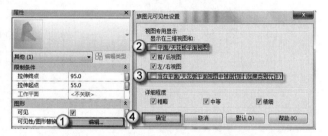

图 6.1.23 门板的可见性

材"对话框中的"确定"按钮。重复上述步骤，将"门窗框材质"修改为"木材"材质，单击"族类型"对话框中的"确定"按钮，如图 6.1.24 所示，完成"门框材质"的修改。

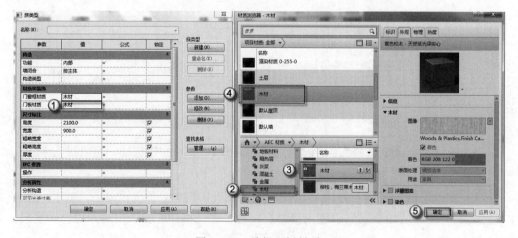

图 6.1.24 编辑门板材质

（24）编辑门窗框材质。单击"族类型"按钮，弹出"族类型"对话框，单击"材质和装饰"栏"门窗框材质"后的"<按类别>"按钮，弹出"材质浏览器-木材"对话框，选

择"主视图"→"AEC 材质"→"木材"→"木材"选项，双击"木材"材质将其添加到
"文档材质"。选择"文档材质"中的"木材"材质，单击"材质浏览器-木材"对话框中的"确
定"按钮，再单击"族类型"对话框的"确定"按钮，完成"门窗框材质"的修改。

（25）选择"项目浏览器"中的"立面（立面1）"→"左"选项，可以进入 M0921 的
外部立面视图，如图 6.1.25 所示。

（26）绘制百叶窗洞。选择"创建"→"拉伸"命令，进入"修改 | 编辑拉伸"界面，
用菜单中的绘制工具将百叶窗洞绘制完成，单击√按钮，完成绘制，如图 6.1.26 所示。

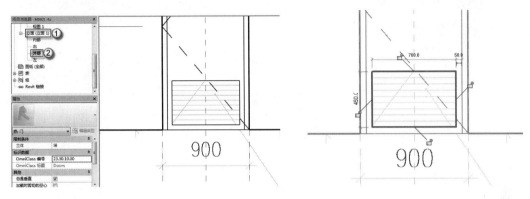

图 6.1.25　M0921 的外部立面视图 2　　　　图 6.1.26　绘制百叶窗洞

（27）选择"项目浏览器"中的"立面（立面 1）"→"左"选项，可以进入百叶窗洞
的左立面视图，如图 6.1.27 所示。

（28）修改百叶窗洞的位置及厚度。选择前面绘制好的窗洞，打开"属性"面板，在
"属性"面板中，在"拉伸终点"中输入"105"字样，在"拉伸起点"中输入"45"字样，
如图 6.1.28 所示。

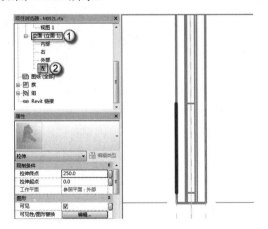
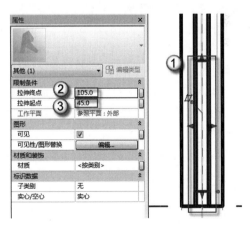

图 6.1.27　百叶窗洞的左立面视图　　　　图 6.1.28　修改百叶窗洞的位置及厚度

（29）创建百叶窗的斜棂。选择"项目浏览器"中的"立面（立面1）"→"左"选项，
进入门的左立面视图。选择"创建"→"拉伸"命令，进入"修改 | 编辑拉伸"界面，用
菜单中的绘制工具绘制一个长40mm、宽15mm 的矩形。然后按快捷键 R+O 将其旋转30°。
按快捷键 C+O，选中下方的"约束"和"多个"复选框，向下每隔60mm 将其复制，复制

完 8 个后，按 M+V 将整体调整至百叶窗洞正中位置，如图 6.1.29 所示。

🔔**注意**：百叶窗有正反向，所以创建百叶时务必要判断内外部方向。此处百叶窗安装在门的下部采用内低外高，这样不管是外部直视或稍仰视均看不到门内情况，门外只能看到室内地板情况。

（30）修改百叶窗斜楞宽度。选择"项目浏览器"中的"立面（立面 1）"→"外部"选项，进入百叶窗斜楞拉伸创建的外部立面视图，如图 6.1.30 所示。在"属性"面板中，在"拉伸终点"中输入"260"字样，在"拉伸起点"中输入"−260"字样，如图 6.1.31 所示。

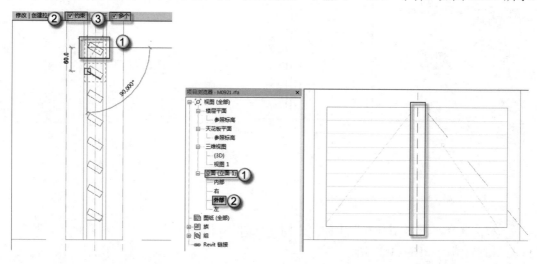

图 6.1.29　调整百叶窗斜楞的位置　　　　图 6.1.30　百叶窗斜楞的外部视图

（31）修改百叶窗楞的可见性。在"属性"面板中，单击"图形"栏"可见性/图形替换"后的"编辑"按钮，弹出"族图元可见性设置"对话框，取消"平面/天花板平面视图"和"当在平面/天花板平面视图中被剖切时（如果类别允许）"复选框的选择，单击"确定"按钮，如图 6.1.32 所示。

（32）编辑百叶窗材质。单击百叶窗楞，单击"属性"面板中"材质和装饰"栏"材质"右侧的"="按钮，弹出"关联族参数"对话框，选择"门板材质"，单击"确定"按钮，如图 6.1.33 所示。3D 效果如图 6.1.34 所示。

图 6.1.31　修改百叶窗楞的宽度

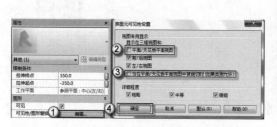

图 6.1.32　修改百叶窗楞的可见性

图 6.1.33　编辑百叶窗材质图

（33）载入门锁族。选择"项目浏览器"中的"楼层平面"→"参照标高"选项，进入门的参照标高视图。选择"插入"→"载入族"命令，弹出"载入族"对话框，打开"建筑"\"门"\"门构件"\"拉手"文件夹，选择"门锁 11.rfa"，单击确定"打开"按钮，如图 6.1.35 所示。

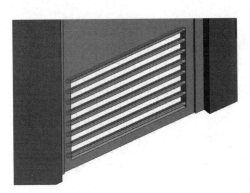

图 6.1.34　下部百叶窗 3D 图

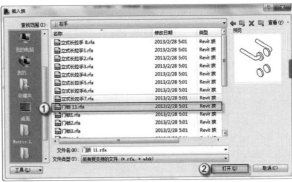

图 6.1.35　插入门拉手族

（34）绘制门锁。选择"项目浏览器"中的"族"→"门"→"门锁 11"选项，单击门锁 11 并将其拖动至绘图区域如图 6.1.36 所示，按 Esc 键取消插入族命令。单击"属性"面板中的"编辑类型"按钮，弹出"属性类型"对话框，在"尺寸标注"栏的"面板厚度"中输入"40"字样，单击"确定"按钮，如图 6.1.37 所示。

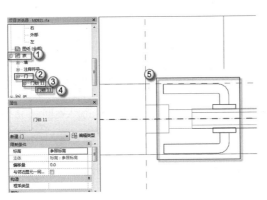

图 6.1.36　绘制门锁

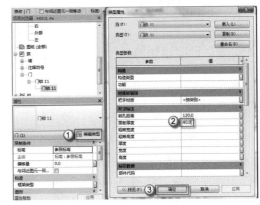

图 6.1.37　修改"门锁 11"的面板厚度

（35）调整门锁位置。按快捷键 R+P，绘制一条距离门边 140mm 的辅助线，按快捷键 M+V 将"门锁 11"族移动至辅助线处。单击门锁族的"翻转实例开门方向"按钮，如图 6.1.38 所示。选择"项目浏览器"中的"立面（立面 1）"→"外部"选项，进入门的外部立面视图。选择族"门锁 11"，按快捷键 M+V，向上拖动并输入"900"，按 Enter 键结束，如图 6.1.39 所示。

（36）修改门锁的可见性。在门锁的"属性"面板中，单击"图形"栏"可见性/图形替换"后的"编辑"按钮，弹出"族图元可见性设置"对话框，取消"平面/天花板平面视图"复选框的选择，单击"确定"按钮，如图 6.1.40 所示。

（37）绘制带百叶门 M0921 的平面轮廓线。选择"项目浏览器"中的"楼层平面"→

"参照标高"选项，进入门的参照标高视图。选择"注释"→"符号线"命令，绘制长900、宽40的门板轮廓线和半径为900的门开启方向轮廓线，如图6.1.41所示，按快捷键D+I，为矩形"门板轮廓线"长边标注，并将此标注锁定。

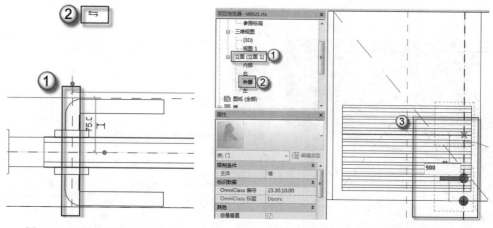

图 6.1.38　调整门锁水平位置　　　　　图 6.1.39　调整门锁竖直位置

图 6.1.40　修改门锁的可见性　　　　图 6.1.41　绘制带百叶门 M0921 的平面轮廓线

（38）绘制带百叶门 M0921 的立面打开方向。选择"项目浏览器"中的"立面（立面1）"→"外部"选项，进入门的外部立面视图。选择"注释"→"符号线"命令，绘制如图6.1.42所示门的"打开方向"符号线。

保存族"带百叶门 M0921"，单击"保存"按钮，将文件保存到指定位置方便以后使用，如图6.1.43所示。

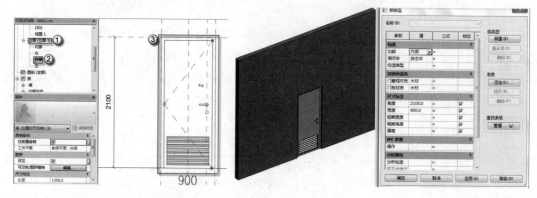

图 6.1.42　绘制带百叶门 M0921 的立面打开方向　　图 6.1.43　族"带百叶门 M0921"最终效果及其属性

6.1.2　双开门 M2030

双开门由两扇相同的门板组成，主要作用是增大开门空间。此处设计的 M2030 门，就是设置在大门口，是中南标图集中比较常用的一种双开门类型，门的开启方向向外，具体操作如下。

（1）选择"公制门.rft"族样板。选择"程序"→"新建"→"族"命令，在弹出的"新族-选择样板文件"对话框中选择"公制门.rft"文件，单击"打开"按钮，进入门族的设计界面，如图 6.1.44 所示。

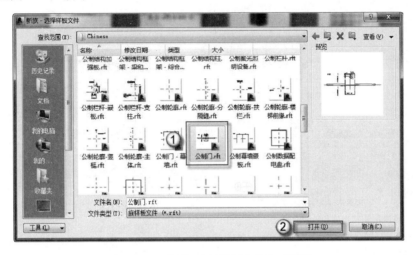

图 6.1.44　"新族-选择样板文件"对话框

（2）删除公制门框架。按 Ctrl 键，多选上"框架/竖挺：拉伸"，如图 6.1.45 所示。按 Delete 键将其删除，删除后如图 6.1.46 所示。

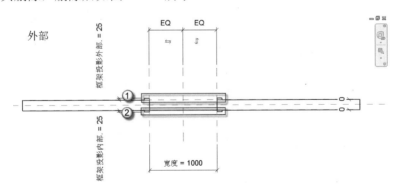

图 6.1.45　选定"框架/竖挺：拉伸"

（3）新建族类型。单击"族类型"按钮，在弹出的"族类型"对话框中单击"新建"按钮，弹出"名称"对话框，在"名称"栏输入"双开门 M2030"字样，单击"确定"按钮，如图 6.1.47 所示。

（4）修改门的尺寸标注。在不关闭已经打开的"双开门 M2030"族的族类型情况下，选择屏幕操作区"尺寸标注"栏，在"高度"中输入"3000"字样，在"宽度"中输入"2000"字样，单击"确定"按钮，如图 6.1.48 所示。

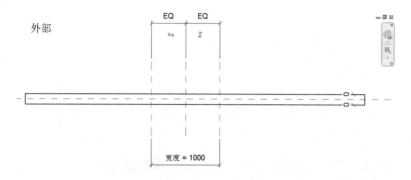

图 6.1.46　删除"框架/竖挺：拉伸"

图 6.1.47　创建"双开门 M2030"

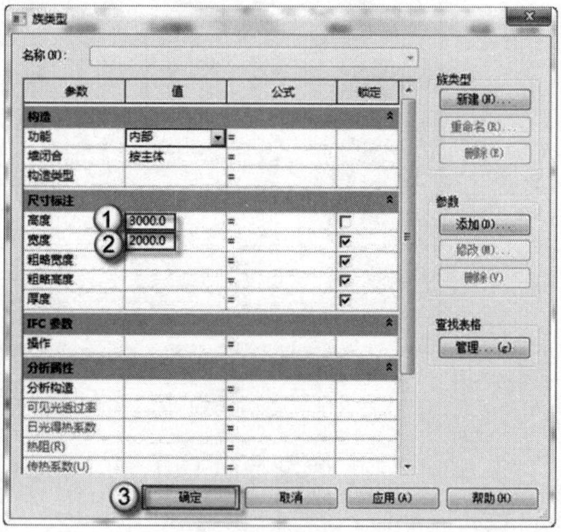

图 6.1.48　修改尺寸标注

（5）删除多余参数。继续在"族类型"对话框中，单击"其他"栏的"框架投影外部"参数，单击对话框右侧"参数"下的"删除"按钮，在弹出的对话框中，单击"是"按钮。重复上述步骤，将"框架投影内部"和"框架宽度"两个无效参数删除。最后单击"确定"按钮，结束"族类型"编辑，如图 6.1.49 所示。

（6）选择"项目浏览器"中的"立面（立面 1）" → "外部"选项，可以进入双开门 M2030 的外部立面视图，如图 6.1.50 所示。

（7）导入 CAD 图形。选择"插入"→"导入 CAD"命令，弹出"导入 CAD 格式"对话框，选择"双开门 M2030.dwg"文件，将"导入单位"改为"毫米"，单击"打开"按钮，如图 6.1.51 所示。

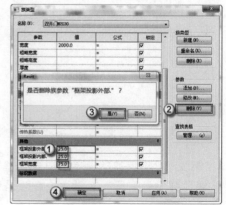

图 6.1.49　删除多余参数

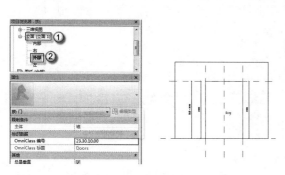

图 6.1.50　双开门 M2030 的外部立面视图

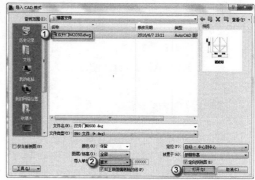

图 6.1.51　导入"双开门 M2030.dwg"文件

（8）调整 CAD 图形。单击选定导入的"M0921"CAD 图形。按快捷键 M+V，将"双开门 M2030"导入的 CAD 图形移动至如图 6.1.52 所示位置。

（9）绘制门框。选择"创建"→"拉伸"命令，进入"修改 | 编辑拉伸"界面，用菜单中的绘制工具将门框绘制完成，单击 √ 按钮，完成绘制，如图 6.1.53 所示。

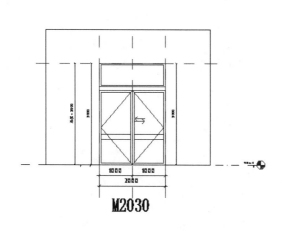

图 6.1.52　调整后的双开门 M2030.dwg

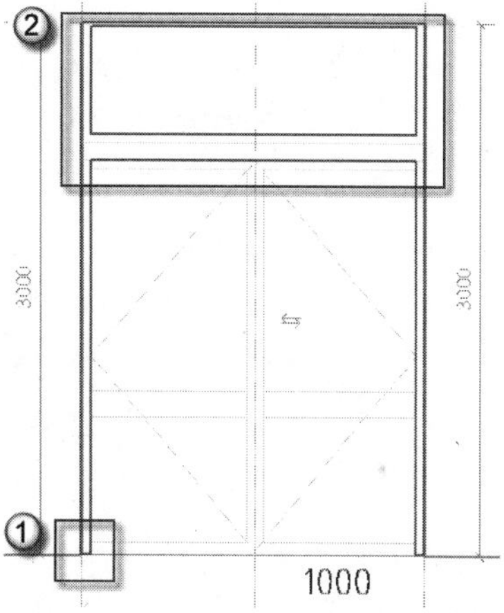

图 6.1.53　绘制门框

注意：图 6.1.53 所示①号区域为门框下沿必须闭合，②号区域为双开门 M2030 上方开窗，此处将窗洞一并做出。

（10）选择"项目浏览器"中的"立面（立面 1）"→"左"选项，可以进入双开门 M2030的左立面视图，如图 6.1.54 所示。

（11）修改门框的位置及厚度。选择前面绘制好的门框，打开"属性"面板，在"拉伸终点"中输入"105"字样，在"拉伸起点"中输入"45"字样，如图 6.1.55 所示。

（12）修改门框的可见性。在门框的"属性"面板中，单击"图形"栏"可见性/图形替换"后的"编辑"按钮，弹出"族图元可见性设置"对话框，取消"平面/天花板平面视图"和"当在平面/天花板平面视图中被剖切时（如果类别允许）"复选框的选择，单击"确定"按钮，如图 6.1.56 所示。

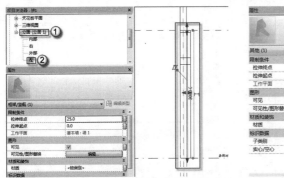
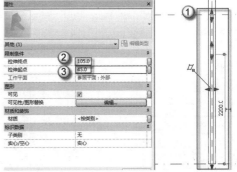

图 6.1.54　双开门 M2030 的左立面视图　　　　图 6.1.55　修改门框的位置及厚度

（13）添加门框材质。在门框的"属性"面板中，单击"材质和装饰"栏"材质"右侧的空白按钮，弹出"关联族参数"对话框，单击"添加参数（D）"按钮，弹出"参数属性"对话框，选中"共享参数"单选按钮，单击"确定"按钮，弹出"共享参数"对话框，在"参数组（G）"下拉列表框中选择"门窗"选项，在"参数（P）"列表框中选择"门窗框材质"选项，单击"确定"按钮，如图 6.1.57 所示。

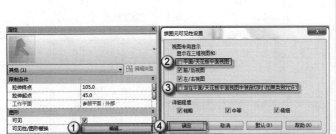

图 6.1.56　修改门的可见性　　　　　　　图 6.1.57　添加门窗框材质

（14）绘制门板。选择"项目浏览器"中的"立面（立面 1）"→"外部"选项，可以进入双开门 M2030 的外部立面视图。选择"创建"→"拉伸"命令，进入"修改｜编辑拉伸"界面，用菜单中的绘制工具将门板绘制完成，如图 6.1.58 所示。然后重复选择"创建"→"拉伸"命令，将右边门板绘制出来，单击 √ 按钮，完成绘制，如图 6.1.59 所示。

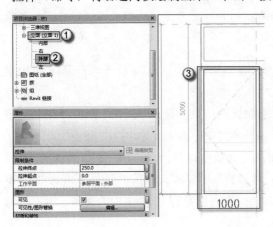
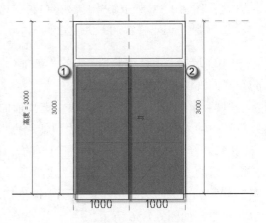

图 6.1.58　绘制门板　　　　　　　　　　图 6.1.59　门板绘制完成

（15）选择"项目浏览器"中的"立面（立面 1）"→"左"选项，可以进入双开门 M2030 的左立面视图，如图 6.1.60 所示。修改门板的位置及厚度。选择前面绘制好的门板，打开"属性"面板，在"拉伸终点"中输入"95"字样，在"拉伸起点"中输入"55"字样，如图 6.1.61 所示。

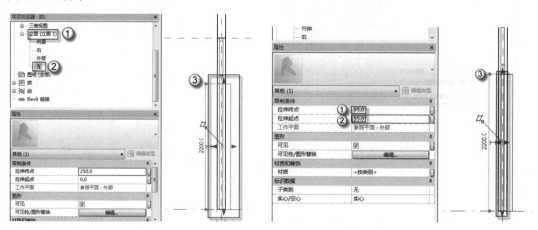

图 6.1.60　双开门 M2030 门板的左立面图　　　　图 6.1.61　修改门板的位置及厚度

（16）修改门板的可见性。在门板的"属性"面板中，单击"图形"栏"可见性/图形替换"后的"编辑"按钮，弹出"族图元可见性设置"对话框，取消"平面/天花板平面视图"和"当在平面/天花板平面视图中被剖切时（如果类别允许）"复选框的选择，单击"确定"按钮，如 6.1.62 所示。

（17）添加门板材质。选择"项目浏览器"中的"视图"→"三维视图"→"{3D}"选项，可以进入双开门 M2030 的 3D 视图，选择门板，在门板的"属性"面板中，单击"材质和装饰"栏"材质"右侧的空白按钮，弹出"关联族参数"对话框，单击"添加参数（D）"按

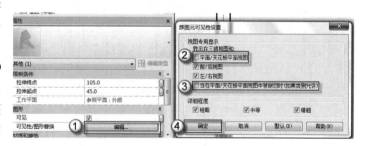

图 6.1.62　门板的可见性

钮，弹出"参数属性"对话框，选中"共享参数"单选按钮，单击"确定"按钮，弹出"共享参数"对话框，在"参数组（G）"下拉列表中选择"门窗"选项，在"参数（P）"列表框中选择"门板材质"选项，单击"确定"按钮，如图 6.1.63 所示。重复上述操作对另一块门板进行"拉伸起终点"和材"质编辑"的调整。

（18）绘制双开门上部窗户玻璃。选择"项目浏览器"中的"立面（立面 1）"→"左"选项，可以进入双开门 M2030 的外部立面视图，选择"创建"→"拉伸"命令，进入"修改|编辑拉伸"界面，用菜单中的绘制工具绘制双开门上部窗户玻璃，绘制完成后，单击 √ 按钮，完成绘制，地图 6.1.64 所示。

（19）选择"项目浏览器"中的"立面（立面 1）"→"左"选项，可以进入百叶窗洞的左立面视图，如图 6.1.65 所示。

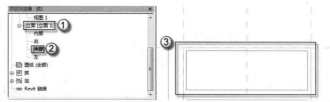

图 6.1.63　添加门板材质　　　　　　　　　　图 6.1.64　双开门上部窗户玻璃

（20）修改双开门上部窗户玻璃的位置及厚度。选择绘制好的玻璃，打开"属性"面板，在"拉伸终点"中输入"85"字样，在"拉伸起点"中输入"65"字样，如图 6.1.66 所示。

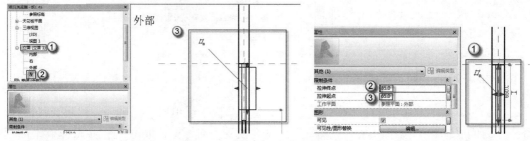

图 6.1.65　双开门上部窗户玻璃的左立面视图　　　图 6.1.66　双开门上部窗户玻璃的位置及厚度

（21）修改双开门上部窗户玻璃的可见性。在绘制完成后，单击 √ 按钮，完成绘制。在"属性"面板中，单击"图形"栏"可见性/图形替换"后的"编辑"按钮，弹出"族图元可见性设置"对话框，取消"平面/天花板平面视图"和"当在平面/天花板平面视图中被剖切时（如果类别允许）"复选框的选择，单击"确定"按钮，如图 6.1.67 所示。

（22）添加双开门上部窗户玻璃材质。选择双开门上部窗户玻璃，在双开门上部窗户玻璃的"属性"面板中，单击"材质和装饰"栏"材质"右侧的空白按钮，弹出"关联族参数"对话框，单击"添加参数（D）"按钮，弹出"参数属性"对话框。选中"共享参数"单选按钮，单击"确定"按钮，弹出"共享参数"对话框，在"参数组（G）"下拉列表框中选择"门窗"选项，在"参数（P）"列表框中选择"门窗玻璃材质"选项，单击"确定"按钮，如图 6.1.68 所示。

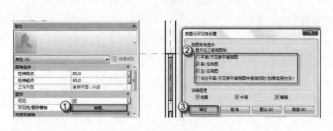

图 6.1.67　修改双开门上部窗户玻璃的可见性　　　图 6.1.68　编辑双开门上部窗户玻璃材质

（23）编辑双开门上部窗户玻璃材质。单击"族类型"按钮，弹出"族类型"对话框，单击"材质和装饰"栏"门窗玻璃材质"右侧的"<按类别>"按钮，弹出"材质浏览器"对话框，选择"主视图"→"Autodesk 材质"→"玻璃"→"玻璃"选项，双击"玻璃"材质将其添加到"文档材质"。选择"文档材质"中的"玻璃"材质，单击"确定"按钮，如图 6.1.69 所示。

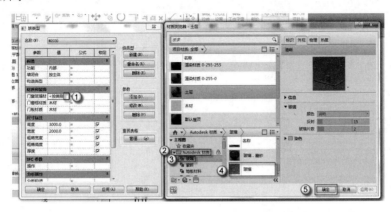

图 6.1.69　编辑门窗玻璃材质

（24）载入门锁族。选择"项目浏览器"中的"楼层平面"→"参照标高"选项，进入门的参照标高视图。选择"插入"→"载入族"命令，弹出"载入族"对话框，打开"建筑"\"门"\"门构件"\"拉手"文件夹，选择"门锁11.rfa"，单击"打开"按钮，如图 6.1.70 所示。

（25）绘制门锁。选择"项目浏览器"中的"族"→"门"→"门锁 11"选项，单击门锁11 并将其拖动至绘图区域，如图 6.1.71 所示位置，按"Esc"取消插入族命令。单击"属性"

图 6.1.70　插入门拉手族

面板中的"编辑类型"按钮，弹出"属性类型"对话框，在"尺寸标注"栏的"面板厚度"中输入"40"字样，单击"确定"按钮，如图 6.1.72 所示。

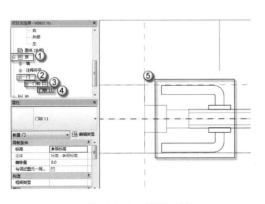

图 6.1.71　绘制门锁

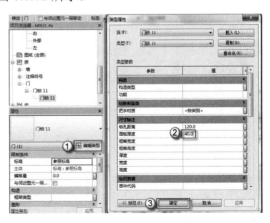

图 6.1.72　修改"门锁 11"的面板厚度

　　（26）调整门锁位置。单击门锁距离门中轴线尺寸，输入"140"字样，如图 6.1.73 所示。选择"项目浏览器"中的"立面（立面 1）"→"外部"选项，进入门的外部立面视图。选择族"门锁 11"，按快捷键 M+V，向上拖动并输入"900"，按 Enter 键结束，如图 6.1.74 所示。最后按两次快捷键 M 将"门锁 11"镜像复制到对称位置，对称轴选择门的中轴线。

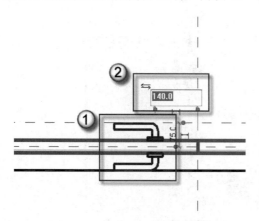

图 6.1.73　调整门锁水平位置

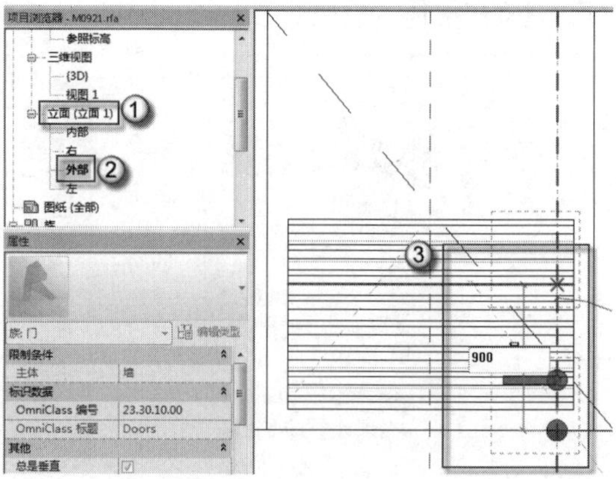

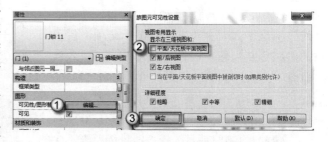

图 6.1.74　调整门锁竖直位置

　　（27）修改门锁的可见性。在门锁的"属性"面板中，单击"图形"栏"可见性/图形替换"后的"编辑"按钮，弹出"族图元可见性设置"对话框，取消"平面/天花板平面视图"复选框的选择，单击"确定"按钮，如图 6.1.75 所示。最后按两次快捷键 M将"门锁 11"族镜像复制到对称位置，对称轴选择门的中轴线。

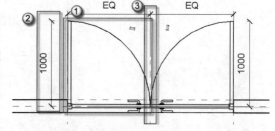

图 6.1.75　修改门锁的可见性

　　（28）绘制双开门 M2030 的平面轮廓线。选择"项目浏览器"中的"楼层平面"→"参照标高"选项，进入门的参照标高视图。选择"注释"→"符号线"命令，绘制长 1000、宽 40 的"门板轮廓线"和半径为 1000 的"门开启方向轮廓线"，如图 6.1.76 所示，按快捷键 D+I，为矩形"门板轮廓线"长边做标注，并将此标注锁定，按两次快捷键 M 以门的中轴线镜像复制。

　　（29）绘制双开门 M2030 的立面打开方向。选择"项目浏览器"中的"立面（立面 1）"

图 6.1.76　绘制双开门 M2030 的平面轮廓线

→"外部"选项，进入门的外部立面视图。选择菜单"注释"→"符号线"命令，将"子类别"改为"立面打开方向（投影）"，绘制如图 6.1.77 所示门的"打开方向"符号线。

　　保存族"双开门 M2030"，单击"保存"按钮，将文件保存到指定位置方便以后使用，如图 6.1.78 所示。

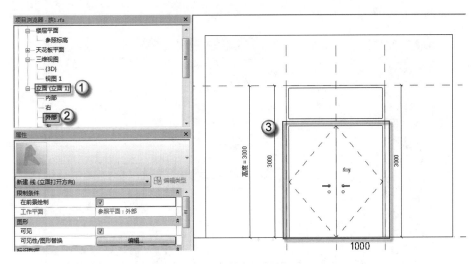

图 6.1.77　绘制双开门 M2030 的立面打开方向

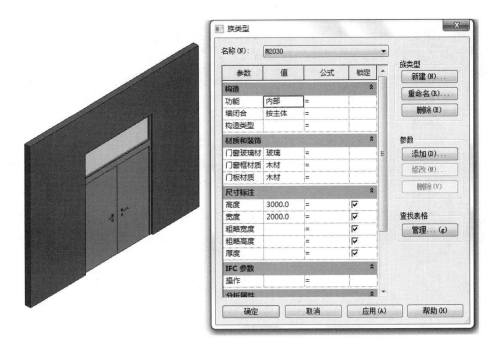

图 6.1.78　族"双开门 M2030"最终效果及其属性

6.1.3　子母门 M1221

子母门由两扇不同的门板组成，主要的作用是为了在一般情况下作为单开门使用，人流量大时可以增加开门面积。此处设计的 M1221 门设置在房间门口，是中南标图集中比较常用的一种子母门类型，门的开启方向向外，具体操作如下。

（1）选择"公制门.rft"族样板。选择"程序"→"新建"→"族"命令，在弹出的"新族-选择样板文件"对话框中选择"公制门.rft"文件，单击"打开"按钮，进入门族的设计界面，如图 6.1.79 所示。

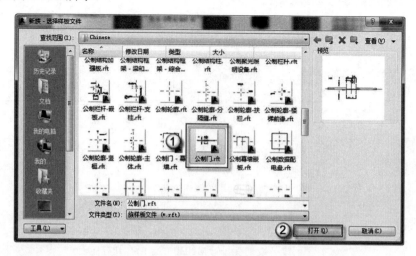

图 6.1.79　"新族-选择样板文件"对话框

（2）删除公制门框架。按 Ctrl 键，多选上"框架/竖挺：拉伸"，如图 6.1.80 所示，按
Delete 键将其删除。删除后如图 6.1.81 所示。

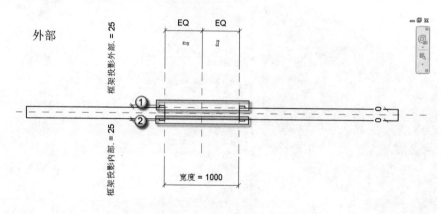

图 6.1.80　选定"框架/竖挺：拉伸"

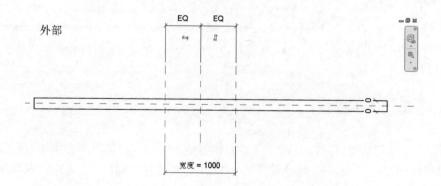

图 6.1.81　删除"框架/竖挺：拉伸"

（3）新建族类型。单击"族类型"按钮，在弹出的"族类型"对话框中单击"新建"

按钮，弹出"名称"对话框，在"名称"栏中输入"子母门 M1221"字样，单击"确定"按钮，如图 6.1.82 所示。

（4）修改门的尺寸标注。在不关闭已经打开的"子母门 M1221"族的族类型情况下，选择屏幕操作区"尺寸标注"栏，在"高度"中输入"2100"字样，在"宽度"中输入"1200"字样，单击"确定"按钮，如图 6.1.83 所示。

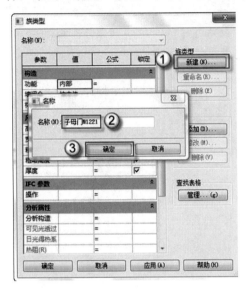
图 6.1.82　创建"子母门 M1221"

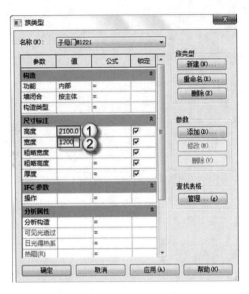
图 6.1.83　修改尺寸标注

（5）删除多余参数。继续在"族类型"对话框中，单击"其他"栏的"框架投影外部"参数，单击对话框右侧"参数"下的"删除"按钮，弹出对话框，单击"是"按钮。重复上述步骤，将"框架投影内部"和"框架宽度"两个无效参数删除。最后单击"确定"按钮，结束"族类型"编辑，如图6.1.84 所示。

（6）选择"项目浏览器"中的"立面（立面 1）"→"外部"选项，可以进入子母门 M1221 的外部立面视图，如图 6.1.85 所示。

（7）导入 CAD 图形。选择"插入"→"导入CAD"命令，弹出"导入 CAD 格式"对话框，选择"子母门 M1221.dwg"文件，将"导入单位"改为"毫米"，单击"打开"按钮，如图 6.1.86 所示。

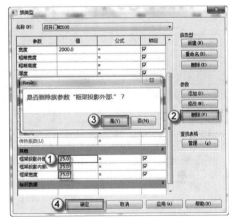
图 6.1.84　删除多余参数

（8）调整 CAD 图形。选定导入的"子母门 M1221.dwg"CAD 图形，按快捷键 M+V，将"子母门 M1221"的导入 CAD 图形移动至如图 6.1.87 所示位置。

（9）绘制门框。选择"创建"→"拉伸"命令，进入"修改|编辑拉伸"界面，用菜单中的绘制工具绘制门框，绘制完成后，单击√按钮，完成绘制，如图 6.1.88 所示。

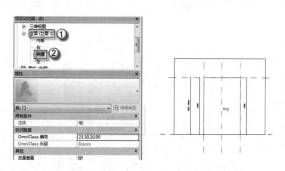

图 6.1.85　子母门 M1221 的外部立面视图

图 6.1.86　导入"子母门 M1221.dwg"文件

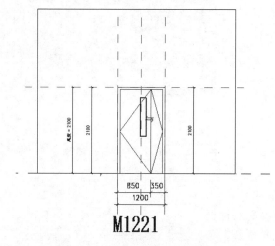

图 6.1.87　调整后的子母门 M1221.dwg

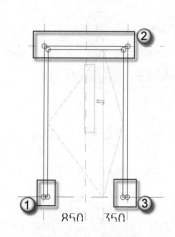

图 6.1.88　绘制门框

（10）选择"项目浏览器"中的"立面（立面 1）"→"左"选项，可以进入子母门 M1221 的左立面视图，如图 6.1.89 所示。

（11）修改门框的位置及厚度。选择绘制好的门框，打开"属性"面板，在"拉伸终点"中输入"105"字样，在"拉伸起点"中输入"45"字样，如图 6.1.90 所示。

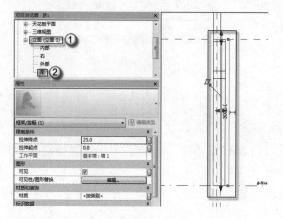

图 6.1.89　子母门 M1221 的左立面视图

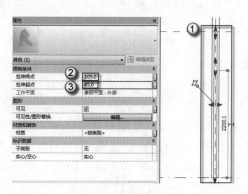

图 6.1.90　修改门框的位置及厚度

（12）修改门框的可见性。在门框的"属性"面板中，单击"图形"栏的"可见性/图形替换"后的"编辑"按钮，弹出"族图元可见性设置"对话框，取消"平面/天花板平面视图"和"当在平面/天花板平面视图中被剖切时（如果类别允许）"复选框的选择，单击"确定"按钮，如图 6.1.91 所示。

（13）添加门框材质。在门框的"属性"面板中，单击"材质和装饰"栏"材质"右侧的空白按钮，弹出"关联族参数"对话框，单击"添加参数（D）"按钮，弹出"参数属性"对话框，选中"共享参数"单选按钮，单击"确定"按钮，弹出"共享参数"对话框，在"参数组（G）"下拉列表框中选择"门窗"选项，在"参数（P）"列表框中选择"门窗框材质"选项，单击"确定"按钮，如图 6.1.92 所示。

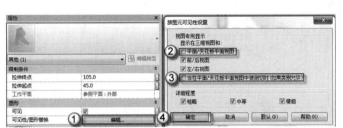

图 6.1.91　修改门的可见性　　　　　　图 6.1.92　添加门窗框材质

（14）绘制门板。选择"项目浏览器"中的"立面（立面 1）"→"外部"选项，可以进入子母门 M1221 的外部立面视图。选择"创建"→"拉伸"命令，进入"修改｜编辑拉伸"界面，用菜单中的绘制工具绘制门板，绘制完成后，单击√按钮，如图 6.1.93 所示。然后重复选择"创建"→"拉伸"命令将右边门板用"拉伸"工具绘制出来，单击√按钮，完成绘制，如图 6.1.94 所示。

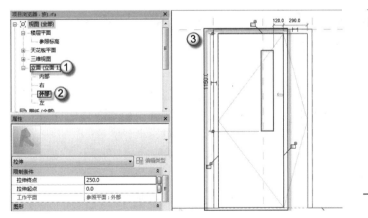

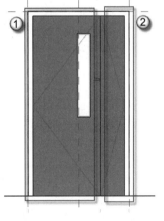

图 6.1.93　绘制门板　　　　　　图 6.1.94　完成门板绘制

（15）选择"项目浏览器"中的"立面（立面 1）"→"左"选项，可以进入子母门 M1221

的左立面视图，如图 6.1.95 所示。修改门板的位置及厚度。选择绘制好的门板，打开"属性"面板，在"拉伸终点"中输入"95"字样，在"拉伸起点"中输入"55"字样，如图 6.1.96 所示。

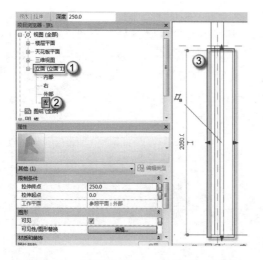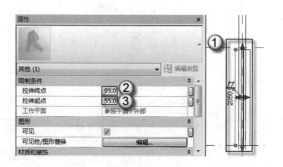

图 6.1.95　子母门 M1221 门板的左立面图　　　　图 6.1.96　修改门板的位置及厚度

（16）修改门板的可见性。在门板的"属性"面板中，单击"图形"栏"可见性/图形替换"后的"编辑"按钮，弹出"族图元可见性设置"对话框，取消"平面/天花板平面视图"和"当在平面/天花板平面视图中被剖切时（如果类别允许）"复选框的选择，单击"确定"按钮，如 6.1.97 所示。

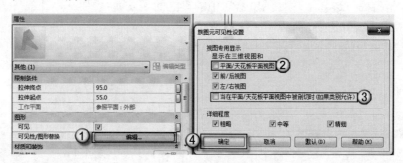

图 6.1.97　门板的可见性

（17）添加门板材质。选择"项目浏览器"中的"视图"→"三维视图"→"{3D}"命令，可以进入子母门 M1221 的 3D 视图，选择门板，在门板的"属性"面板中，单击"材质和装饰"栏"材质"右侧的空白按钮，弹出"关联族参数"对话框。单击"添加参数（D）"按钮，弹出"参数属性"对话框，选中"共享参数"单选按钮，单击"确定"按钮，弹出"共享参数"对话框。在"参数组（G）"中选择"门窗"选项，在"参数（P）"中选择"门板材质"选项，单击"确定"按钮。重复（15）~（17）步操作对子门板进行"拉伸起终点"和"材质编辑"的调整。

（18）绘制子母门中部窗窗框。选择"项目浏览器"中的"立面（立面 1）"→"左"选项，可以进入子母门 M1221 的外部立面视图，选择"创建"→"拉伸"命令，进入"修改 | 编辑拉伸"界面，用菜单中的绘制工具绘制子母门中部窗窗框，绘制完成后，单击√按

钮，完成绘制，如图 6.1.98 所示。

（19）修改子母门中部窗窗框的位置及厚度。选择"项目浏览器"中的"立面（立面 1）"→"{3D}"选项，可以进入子母门中部窗窗框的 3D 视图，选择绘制好的窗框，打开"属性"面板，在"拉伸终点"中输入"95"字样，在"拉伸起点"中输入"55"字样，如图 6.1.99 所示。

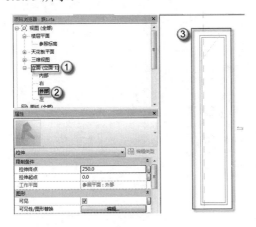

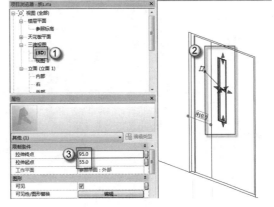

图 6.1.98　子母门中部窗窗框　　　　　图 6.1.99　子母门中部窗窗框的位置及厚度

（20）修改子母门中部窗窗框的可见性。在子母门中部窗窗框的"属性"面板中，单击"图形"栏的"可见性/图形替换"后的"编辑"按钮，弹出"族图元可见性设置"对话框，取消"平面/天花板平面视图"和"当在平面/天花板平面视图中被剖切时（如果类别允许）"复选框的选择，单击"确定"按钮，如图 6.1.100 所示。

（21）添加子母门中部窗窗框材质。选择子母门中部窗窗框，在子母门中部窗窗框的"属性"面板中，单击"材质和装饰"栏"材质"右侧的空白按钮，弹出"关联族参数"对话框，单击"添加参数（D）"按钮，弹出"参数属性"对话框。选中"共享参数"单选按钮，单击"确定"按钮，弹出"共享参数"对话框，在"参数组（G）"中选择"门窗"选项，在"参数（P）"中选择"门窗框材质"选项，单击"确定"按钮，如图 6.1.101 所示。

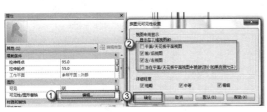

图 6.1.100　修改子母门中部窗户玻璃的可见性　　　图 6.1.101　添加子母门中部窗窗框材质

（22）绘制子母门中部窗户玻璃。选择"项目浏览器"中的"立面（立面 1）"→"左"选项，可以进入子母门 M1221 的外部立面视图，选择"创建"→"拉伸"命令，进入"修改 | 编辑拉伸"界面，用菜单中的绘制工具绘制子母门中部窗户玻璃，绘制完成后，单击 √ 按钮，完成绘制，如图 6.1.102 所示。

（23）修改子母门中部窗户玻璃的位置及厚度。选择"项目浏览器"中的"立面（立面 1）"→"{3D}"选项，可以进入窗洞的 3D 视图。选择绘制好的玻璃，打开"属性"面板，在"拉伸终点"中输入"85"字样，在"拉伸起点"中输入"65"字样，如图 6.1.103 所示。

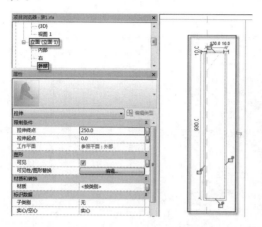 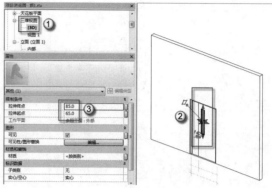

图 6.1.102　子母门中部窗户玻璃　　　　图 6.1.103　子母门中部窗户玻璃的位置及厚度

（24）修改子母门中部窗户玻璃的可见性。在"属性"面板中，单击"图形"栏"可见性/图形替换"后的"编辑"按钮，弹出"族图元可见性设置"对话框，取消"平面/天花板平面视图"和"当在平面/天花板平面视图中被剖切时（如果类别允许）"复选框的选择，单击"确定"按钮，如图 6.1.104 所示。

（25）添加子母门中部窗户玻璃材质。选择子母门中部窗户玻璃，在子母门中部窗户玻璃的"属性"面板中，单击"材质和装饰"栏"材质"右侧的空白按钮，弹出"关联族参数"对话框，单击"添加参数（D）"按钮，弹出"参数属性"对话框。选中"共享参数"单选按钮，单击"确定"按钮，弹出"共享参数"对话框，在"参数组（G）"中选择"门窗"选项，在"参数（P）"中选择"门窗玻璃材质"选项，单击"确定"按钮，如图 6.1.105 所示。

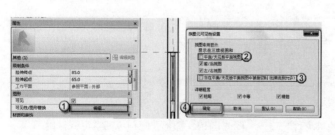 

图 6.1.104　修改子母门中部窗户玻璃的可见性　　图 6.1.105　编辑子母门中部窗户玻璃材质

（26）编辑材质。单击"族类型"按钮，弹出"族类型"对话框，单击"材质和装饰"栏"门窗玻璃材质"右侧的"<按类别>"按钮，弹出"材质浏览器"对话框，选择"主视图"→"Autodesk 材质"→"玻璃"→"玻璃"选项，双击"玻璃"材质将其添加到"文档材质"。选择"文档材质"中的"玻璃"材质，单击"确定"按钮，如图 6.1.106 所示。

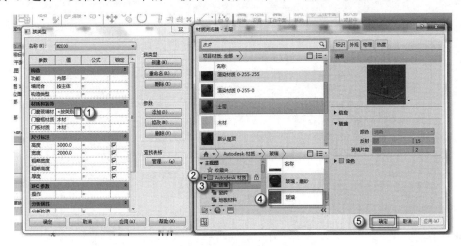

图 6.1.106　编辑门窗玻璃材质

（27）添加"断桥铝"材质。单击"族类型"按钮，弹出"族类型"对话框，单击"材质和装饰"栏"门窗玻璃材质"右侧的"<按类别>"按钮，弹出"材质浏览器"对话框，选择"主视图"→"ACE 材质"→"金属"→"铝，蓝色阳级电镀"选项，右击"铝，蓝色阳级电镀"材质将其添加到"收藏夹"。复制"收藏夹"中的"铝，蓝色阳级电镀"材质，将其重命名为"断桥铝"。选择"断桥铝"，在右方的"外观"标签下，选择颜色，将颜色改为更深的蓝色。单击"材质浏览器"对话框中的"确定"按钮，如图 6.1.107 所示。重复本次操作，为"材质和装饰"栏"门窗框材质"添加"断桥铝"材质。

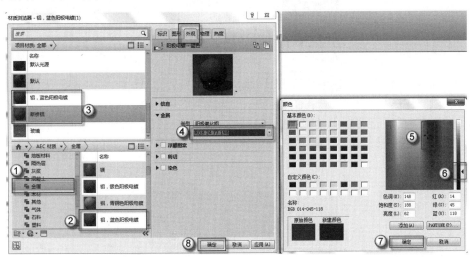

图 6.1.107　添加"断桥铝"材质

（28）载入族"门锁 1.rfa"。选择"项目浏览器"中的"楼层平面"→"参照标高"选项，进入门的参照标高视图。选择"插入"→"载入族"命令，弹出"载入族"对话框，打开"建筑"\"门"\"门构件"\"拉手"文件夹，选择"门锁 1.rfa"，单击"打开"按钮，如图 6.1.108 所示。

图 6.1.108　插入族"门锁 1.rfa"

（29）绘制门锁。选择"项目浏览器"中的"族"→"门"→"门锁 1"选项，单击门锁 11 并将其拖动至绘图区域如图 6.1.109 所示位置，按 Esc 键取消插入族命令。单击"属性"面板中的"编辑类型"按钮，弹出"属性类型"对话框，在"尺寸标注"栏的"面板厚度"中输入"50"字样，单击"确定"按钮，如图 6.1.110 所示。

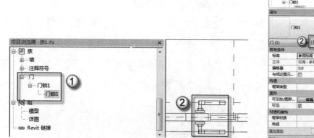

图 6.1.109　绘制门锁 1

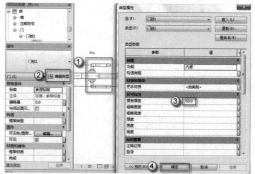

图 6.1.110　修改"门锁 1"的面板厚度

（30）调整门锁位置。选择"项目浏览器"中的"立面（立面 1）"→"参考平面"选项，进入门的外部立面视图。单击门锁距离门中轴线尺寸，输入"140"字样，如图 6.1.111 所示。选择"项目浏览器"中的"立面（立面 1）"→"外部"选项，进入门的外部立面视图。选择族"门锁 1"，按快捷键 M+V，将其向上移动动并输入"900"，按 Enter 键确定，如图 6.1.112 所示。

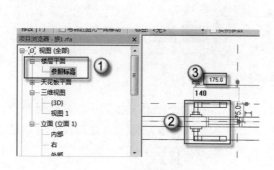

图 6.1.111　调整门锁水平位置

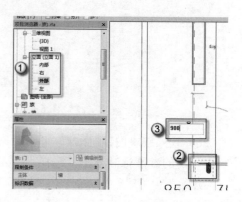

图 6.1.112　调整门锁竖直位置

（31）修改门锁 1 的可见性。在门锁的"属性"面板中，选择"图形"栏"可见性/图形替换"后的"编辑"按钮，弹出"族图元可见性设置"对话框，取消"平面/天花板平面视图"复选框的选择，单击"确定"按钮，如图 6.1.113 所示。

（32）绘制子母门 M1221 的平面轮廓线。选择"项目浏览器"中的"楼层平面"→"参照标高"选项，进入门的参照标高视图。选择"注释"→"符号线"

图 6.1.113　修改门锁 1 的可见性

命令，绘制如图 6.1.114 所示门的投影线，按快捷键 D+I，为矩形"门板轮廓线"长边做标注，并将此标注锁定。

（33）绘制子母门 M1221 的立面打开方向。选择"项目浏览器"中的"立面（立面 1）"→"外部"选项，进入门的外部立面视图。选择"注释"→"符号线"命令，将"子类别"改为"立面打开方向（投影）"，绘制如图 6.1.115 所示门的"打开方向"符号线。

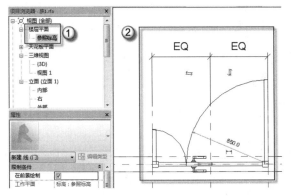
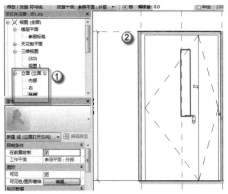

图 6.1.114　绘制子母门 M1221 的平面轮廓线　　图 6.1.115　绘制子母门 M1221 的立面打开方向

保存族"子母门 M1221"，单击"保存"按钮，将文件保存到指定位置方便以后使用，如图 6.1.116 所示。

图 6.1.116　族"子母门 M1221"最终效果及其属性

6.1.4　单开门 M1021

单开门由一扇相同的门板组成，主要作用是为了普通房间开门。此处设计的 M1021 门设置在大门口，是中南标图集中比较常用的一种单开门类型，门的开启方向向外，具体操作如下。

（1）选择"公制门.rft"族样板。选择"程序"→"新建"→"族"命令，在弹出的"新族-选择样板文件"对话框中选择"公制门.rft"文件，单击"打开"按钮，进入门族的设计界面，如图 6.1.117 所示。

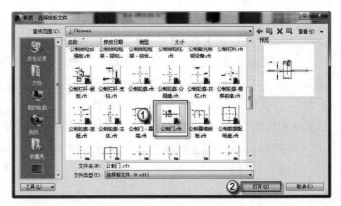

图 6.1.117　"新族-选择样板文件"对话框

（2）删除公制门框架。按 Ctrl 键，多选上"框架/竖挺：拉伸"，如图 6.1.118 所示，按 Delete 键将其删除，删除后如图 6.1.119 所示。

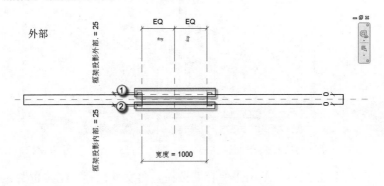

图 6.1.118　选定"框架/竖挺：拉伸"

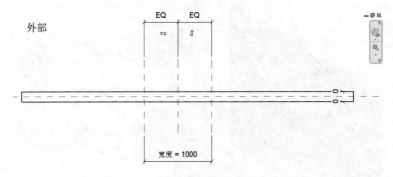

图 6.1.119　删除"框架/竖挺：拉伸"

（3）新建族类型。单击"族类型"按钮，在弹出的"族类型"对话框中单击"新建"按钮，弹出"名称"对话框，在其中输入"单开门 M1021"字样，单击"确定"按钮，如图 6.1.120 所示。

（4）修改门的尺寸标注。在不关闭已经打开的"单开门 M1021"族的族类型的情况下，选择屏幕操作区"尺寸标注"栏，在"高度"中输入"2100"字样，在"宽度"中输入"1000"字样，单击"确定"按钮，如图 6.1.121 所示。

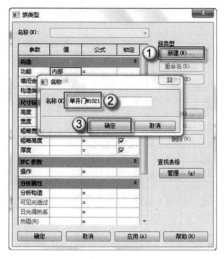

图 6.1.120　创建"单开门 M1021"

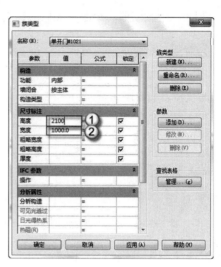

图 6.1.121　修改尺寸标注

（5）删除多余参数。继续在"族类型"对话框中，单击"其他"栏下的"框架投影外部"参数，单击对话框右侧"参数"下的"删除"按钮，弹出对话框，单击"是"按钮。重复上述步骤，将"框架投影内部"和"框架宽度"两个无效参数删除。最后单击"确定"按钮，结束"族类型"编辑，如图 6.1.122 所示。

（6）选择"项目浏览器"中的"立面（立面 1）"→"外部"命令，可以进入单开门 M1021 的外部立面视图，如图 6.1.123 所示。

（7）导入 CAD 图形。选择"插入"→"导入 CAD"命令，弹出"导入 CAD 格式"对话框，选择"单开门 M1021.dwg"文件，将"导入单位"改为"毫米"，单击"打开"按钮，如图 6.1.124 所示。

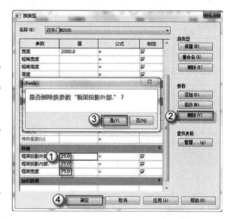

图 6.1.122　删除多余参数

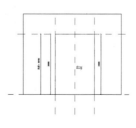

图 6.1.123　单开门 M1021 的外部立面视图

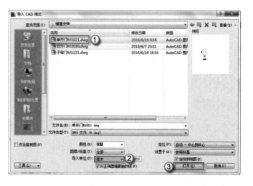

图 6.1.124　导入"单开门 M1021.dwg"文件

（8）调整 CAD 图形。选定导入的"单开门 M1021.dwg" CAD 图形。按快捷键 M+V，将"单开门 M1021"的导入 CAD 图形移动至如图 6.1.125 所示位置。

（9）绘制门框。选择"创建"→"拉伸"命令，进入"修改 | 编辑拉伸"界面，用菜单中的绘制工具绘制门框，绘制完成后，单击 √ 按钮，完成绘制，如图 6.1.126 所示。

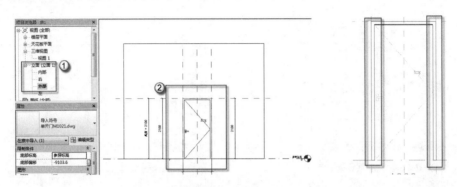

图 6.1.125　调整后的单开门 M1021.dwg　　　　图 6.1.126　绘制门框

（10）选择"项目浏览器"中的"立面（立面 1）"→"左"命令，可以进入单开门 M1021 的左立面视图，如图 6.1.127 所示。

（11）修改门框的位置及厚度。选择绘制好的门框，打开"属性"面板，在"拉伸终点"中输入"105"字样，在"拉伸起点"中输入"45"字样，如图 6.1.128 所示。

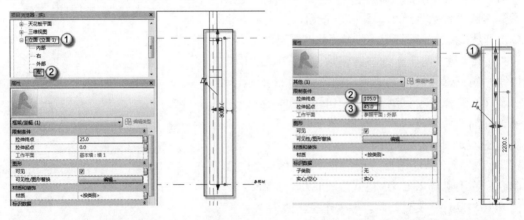

图 6.1.127　单开门 M1021 的左立面视图　　　　图 6.1.128　修改门框的位置及厚度

（12）修改门框的可见性。在门框的"属性"面板中，单击"图形"栏"可见性/图形替换"后的"编辑"按钮，弹出"族图元可见性设置"对话框，取消"平面/天花板平面视图"和"当在平面/天花板平面视图中被剖切时（如果类别允许）"复选框的选择，单击"确定"按钮，如图 6.1.129 所示。

图 6.1.129　修改门的可见性

（13）添加门框材质。在门框的"属性"面板中，单击"材质和装饰"栏"材质"右侧的空白按钮，弹出"关联族参数"对话框。单击"添加参数（D）"按钮，弹出"参数属性"对话框，选中"共享参数"单选按钮，单击"确定"按钮，弹出"共享参数"对话框，在"参数组（G）"中选择"门窗"选项，在"参数（P）"中选择"门窗框材质"选项，单击"确定"按钮，如图 6.1.130 所示。

图 6.1.130　添加门窗框材质

（14）绘制门板。选择"项目浏览器"中的"立面（立面1）"→"外部"选项，可以进入单开门 M1021 的外部立面视图。选择"创建"→"拉伸"命令，进入"修改｜编辑拉伸"界面，用菜单中的绘制工具绘制门板绘，绘制完成后，单击√按钮，如图 6.1.131 所示。然后重复选择"创建"→"拉伸"命令，将右边门板用"拉伸"工具绘制出来，完成后如图 6.1.132 所示。

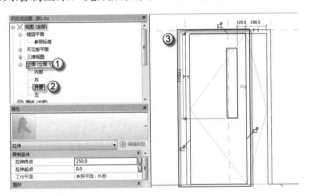

图 6.1.131　绘制门板

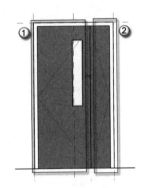

图 6.1.132　完成门板绘制

（15）选择"项目浏览器"中的"立面（立面1）"→"左"选项，可以进入单开门 M1021 的左立面视图，如图 6.1.133 所示。修改门板的位置及厚度，选择绘制好的门板，打开"属性"面板，在"拉伸终点"中输入"95"字样，在"拉伸起点"中输入"55"字样，如图 6.1.134 所示。

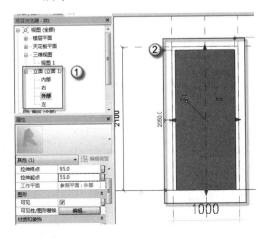

图 6.1.133　单开门 M1021 门板的左立面图

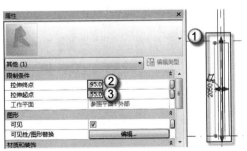

图 6.1.134　修改门板的位置及厚度

（16）修改门板的可见性。在门板的"属性"面板中，单击"图形"栏"可见性/图形替换"后的"编辑"按钮，弹出"族图元可见性设置"对话框，取消"平面/天花板平面视图"和"当在平面/天花板平面视图中被剖切时（如果类别允许）"复选框的选择，单击"确定"按钮，如 6.1.135 所示。

（17）添加门板材质。选择
"项目浏览器"中的"视图"→
"三维视图"→"{3D}"选项，
可以进入单开门 M1021 的 3D 视图，选择门板，在门板的"属性"面板中，单击"材质和装饰"栏"材质"右侧的空白按钮，弹出
"关联族参数"对话框，单击"添

图 6.1.135　门板的可见性

加参数（D）"按钮，弹出"参数属性"对话框。选中"共享参数"单选按钮，单击"确定"按钮，弹出"共享参数"对话框，在"参数组（G）"中选择"门窗"选项，在"参数（P）"中选择"门板材质"选项，单击"确定"按钮。

（18）添加材质。单击"族类型"按钮，弹出"族类型"对话框，单击"材质和装饰"栏"门板材质"右侧的"<按类别>"按钮，弹出"材质浏览器"对话框。选择"主视图"→"ACE 材质"→"木材"→"红木"选项，右击"红木"材质将其添加到"收藏夹"。选择"收藏夹"中的"红木"材质，单击"材质浏览器"对话框中的"确定"按钮，如图 6.1.136 所示。重复本次操作，为"材质和装饰"栏的"门窗框材质"添加"断桥铝"材质。

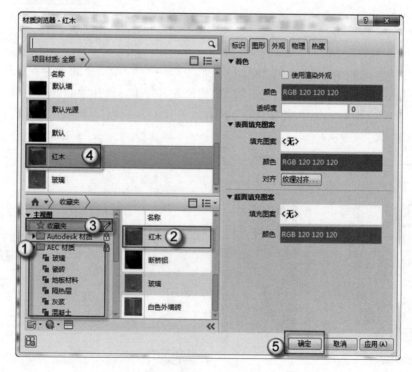

图 6.1.136　添加材质

（19）载入族"门锁 2.rfa"。选择"项目浏览器"中的"楼层平面"→"参照标高"选项，进入门的参照标高视图。选择"插入"→"载入族"命令，弹出"载入族"对话框，打开"建筑"\"门"\"门构件"\"拉手"文件夹，选择"门锁 6.rfa"，单击"打开"按钮，如图 6.1.137 所示。

（20）绘制门锁 6。选择"项目浏览器"中的"族"→"门"→"门锁 6"选项，单击门锁 6 将其拖动至绘图区域如图 6.1.138 所示位置，按 Esc 取消插入族命令。单击"属性"面板中的"编辑类型"按钮，弹出"属性类型"对话框，在"尺寸标注"栏的"面板厚度"中输入"40"字样，单击"确定"按钮，如图 6.1.139 所示。

图 6.1.137　插入族"门锁 6.rfa"

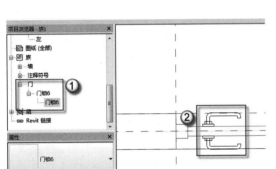

图 6.1.138　绘制门锁 6

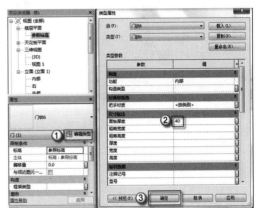

图 6.1.139　修改"门锁 6"的面板厚度

（21）调整门锁位置。按快捷键 R+P，绘制一条距离门边 140mm 的辅助线，按快捷键 M+V，将"门锁 6"族移动至辅助线处，如图 6.1.140 所示。选择"项目浏览器"中的"立面（立面 1）"→"外部"命令，进入门的外部立面视图。选择族"门锁 6"，按快捷键 M+V，将其向上移动并输入"900"，按 Enter 键确定，如图 6.1.141 所示。

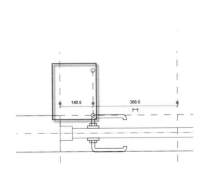

图 6.1.140　调整门锁 6 水平位置

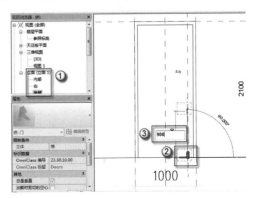

图 6.1.141　调整门锁 6 竖直位置

（22）修改门锁 6 的可见性。在门锁 6 的"属性"面板中，单击"图形"栏"可见性/图形替换"后的"编辑"按钮，弹出"族图元可见性设置"对话框，取消"平面/天花板平面视图"复选框的选择，单击"确定"按钮，如图 6.1.142 所示。

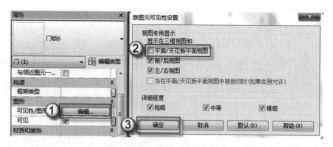

图 6.1.142　修改门锁 6 的可见性

（23）绘制单开门 M1021 的平面轮廓线。选择"项目浏览器"中的"楼层平面"→"参照标高"选项，进入门的参照标高视图。选择"注释"→"符号线"命令，绘制如图 6.1.143 所示门的投影线，按快捷键 D+I，为矩形"门板轮廓线"长边做标注，并将此标注锁定。

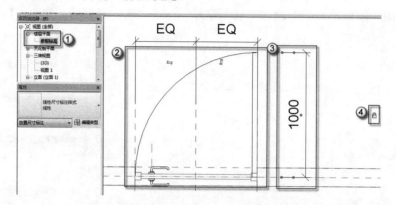

图 6.1.143　绘制单开门 M1021 的平面轮廓线

（24）绘制单开门 M1021 的立面打开方向。选择"项目浏览器"中的"立面（立面 1）"→"外部"选项，进入门的外部立面视图。选择"注释"→"符号线"命令，将"子类别"改为"立面打开方向（投影）"绘制如图 6.1.144 所示门的"打开方向"符号线。

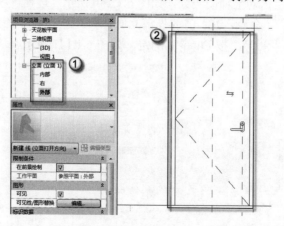

图 6.1.144　绘制单开门 M1021 的立面打开方向

保存族"单开门 M1021"，单击"保存"按钮，将文件保存到指定位置方便以后使用，如图 6.1.145 所示。

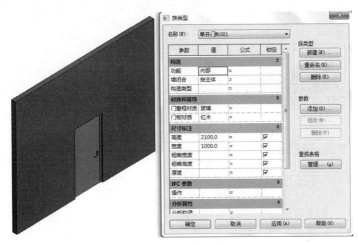

图 6.1.145 族"单开门 M1021"最终效果及其属性

6.2 防 火 门 族

防火门是指在一定时间内能满足耐火稳定性、完整性和隔热性要求的门，是设在防火分区间、疏散楼梯间、垂直竖井等具有一定耐火性的防火分隔物。防火门除具有普通门的作用外，更具有阻止火势蔓延和烟气扩散的作用，可在一定时间内阻止火势的蔓延，确保人员疏散。

按照国际最新标准所定义的防火门为：能够共同提供开口部一定程度的防火保护的任何防火门扇、门樘、五金及其他配件的组合。

6.2.1 FM1534 乙

FM1534 乙是一樘乙级防火门。乙级防火门所用的材质主要是木质的、钢质、钢木结构以及石材等，一般用于防火通道，耐火时间为一个小时。由于门宽是 1500mm，所以采用双开。

（1）选择"公制门.rft"族样板：选择"程序"→"新建"→"族"命令，在弹出的"新族-选择样板文件"对话框中选择"公制门.rft"文件，单击"打开"按钮，进入门族的设计界面，如图 6.2.1 所示。

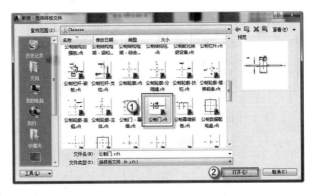

图 6.2.1 "新族-选择样板文件"对话框

（2）删除公制门框架。按 Ctrl 键，多选上"框架/竖挺：拉伸"，如图 6.2.2 所示，按

Delete 键将其删除，删除后如图 6.2.3 所示。

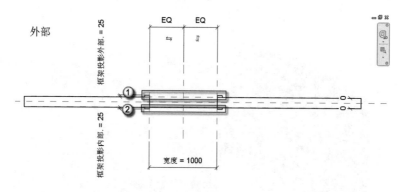

图 6.2.2　选定"框架/竖挺：拉伸"

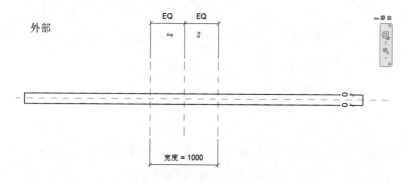

图 6.2.3　删除"框架/竖挺：拉伸"

（3）新建族类型。单击"族类型"按钮，在弹出的"族类型"对话框中单击"新建"按钮，弹出"名称"对话框，输入"FM1534 乙"字样，单击"确定"按钮，如图 6.2.4 所示。

（4）修改门的尺寸标注。在不关闭已经打开的"FM1534 乙"族的族类型的情况下，选择屏幕操作区"尺寸标注"栏，在"高度"中输入"3450"字样，在"宽度"中输入"1500"字样，单击"确定"按钮，如图 6.2.5 所示。

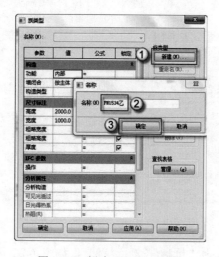

图 6.2.4　创建"FM1534 乙"

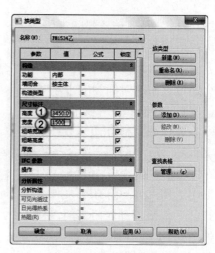

图 6.2.5　修改尺寸标注

（5）删除多余参数。继续在"族类型"对话框中，单击"其他"标签下的"框架投影
外部"参数，单击对话框右侧"参数"下的"删除"
按钮，弹出对话框，单击"是"按钮。重复上述步
骤，将"框架投影内部"和"框架宽度"两个无效
参数删除。最后单击"确定"按钮，结束"族类型"
编辑，如图 6.2.6 所示。

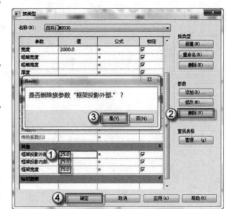

（6）选择"项目浏览器"中的"立面（立面 1）"
→"外部"选项，可以进入 FM1534 乙的外部立面
视图，如图 6.2.7 所示。

（7）导入 CAD 图形。选择"插入"→"导入
CAD"命令，弹出"导入 CAD 格式"对话框，选
择"FM1534 乙.dwg"文件，将"导入单位"改为
"毫米"，单击"打开"按钮，如图 6.2.8 所示。

图 6.2.6　　删除多余参数

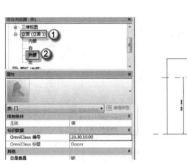

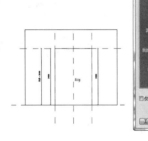

图 6.2.7　FM1534 乙的外部立面视图　　　　图 6.2.8　导入"FM1534 乙.dwg"文件

（8）调整 CAD 图形。选定导入的"FM1534 乙.dwg"CAD 图形，按快捷键 M+V，将
"FM1534 乙.dwg"的导入 CAD 图形移动至如图 6.2.9 所示位置。

（9）绘制 FM1534 乙门框。选择"创建"→"拉伸"命令，进入"修改 | 编辑拉伸"
界面，用菜单中的绘制工具绘制门框，绘制完成后，单击√按钮，完成绘制，如图 6.2.10
所示。

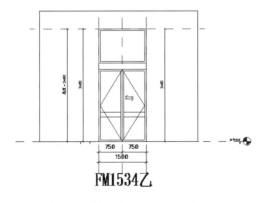

图 6.2.9　调整后的 FM1534 乙.dwg　　　　　图 6.2.10　绘制门框

（10）选择"项目浏览器"中的"立面（立面 1）"→"左"命令，可以进入 FM1534 乙的左立面视图，如图 6.2.11 所示。

（11）修改 FM1534 乙门框的位置及厚度。选择绘制好的门框，打开"属性"面板，在"拉伸终点"中输入"105"字样，在"拉伸起点"中输入"45"字样，如图 6.2.12 所示。

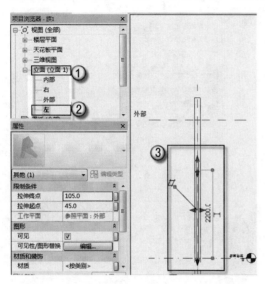

图 6.2.11　FM1534 乙的左立面视图

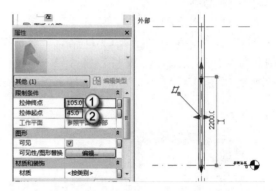

图 6.2.12　修改门框的位置及厚度

（12）修改 FM1534 乙门框的可见性。在门框的"属性"面板中，单击"图形"栏"可见性/图形替换"后的"编辑"按钮，弹出"族图元可见性设置"对话框，取消"平面/天花板平面视图"和"当在平面/天花板平面视图中被剖切时（如果类别允许）"复选框的选择，单击"确定"按钮，如图 6.2.13 所示。

（13）添加 FM1534 乙门框材质。在门框的"属性"面板中，单击"材质和装饰"栏"材质"右侧的空白按钮，弹出"关联族参数"对话框，单击"添加参数（D）"按钮，弹出"参数属性"对话框。选中"共享参数"单选按钮，单击"确定"按钮，弹出"共享参数"对话框，在"参数组（G）"中选择"门窗"选项，在"参数（P）"中选择"门窗框材质"选项，单击"确定"按钮，如图 6.2.14 所示。

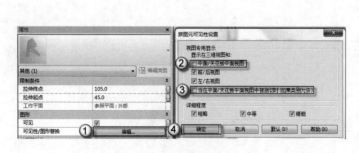

图 6.2.13　修改门的可见性

图 6.2.14　添加门窗框材质

（14）绘制 FM1534 乙门板。选择"项目浏览器"中的"立面（立面 1）"→"外部"

选项，可以进入 FM1534 乙的外部立面视图。选择"创建"→"拉伸"命令，进入"修改｜编辑拉伸"界面，用菜单中的绘制工具绘制门板，绘制完成后，单击√按钮，如图 6.2.15 所示。然后重复选择"创建"→"拉伸"命令，将右边门板用"拉伸"工具绘制出来，单击√按钮，完成绘制。完成后如图 6.2.16 所示。

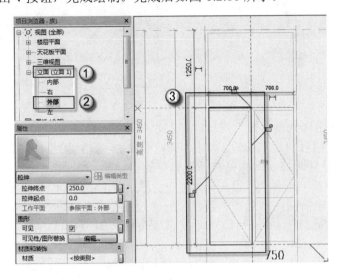

图 6.2.15　绘制 FM1534 乙的门板　　　　　图 6.2.16　完成门板绘制

（15）修改 FM1534 乙的门板的位置及厚度。选择"项目浏览器"中的"立面（立面 1）"→"左"选项，可以进入 FM1534 乙的左立面视图，如图 6.2.17 所示。选择绘制好的门板，打开"属性"面板，在"拉伸终点"中输入"95"字样，在"拉伸起点"中输入"55"字样，如图 6.2.18 所示。

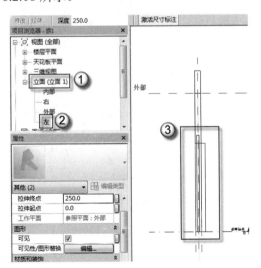

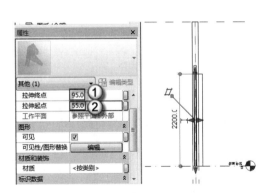

图 6.2.17　FM1534 乙门板的左立面图　　　　图 6.2.18　修改门板的位置及厚度

（16）修改 FM1534 乙的门板的可见性。在门板的"属性"面板中，单击"图形"栏"可见性/图形替换"后的"编辑"按钮，弹出"族图元可见性设置"对话框，取消"平面/天花板平面视图"和"当在平面/天花板平面视图中被剖切时（如果类别允许）"复选框的选择，单击"确定"按钮，如 6.2.19 所示。

（17）添加门板材质。选择"项目浏览器"中的"视图"→"三维视图"→"{3D}"命令，可以进入 FM1534 乙的 3D 视图，选择门板，在门板的"属性"面板中，单击"材质和装饰"栏"材质"右侧的空白按钮，弹出"关联族参数"对话框，单击"添加参数（D）"按钮，弹出"参数属性"对话框。选中"共享参数"

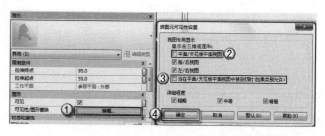

图 6.2.19　修改门板的可见性

单选按钮，单击"确定"按钮，弹出"共享参数"对话框，在"参数组（G）"中选择"门窗"选项，在"参数（P）"中选择"门板材质"选项，单击"确定"按钮。重复上述（15）～（17）步操作对另一块门板进行"拉伸起终点"和"材质编辑"的调整。

（18）绘制 FM1534 乙上部窗窗框。选择"项目浏览器"中的"立面（立面 1）"→"左"选项，可以进入 FM1534 乙的外部立面视图，选择"创建"→"拉伸"命令，进入"修改｜编辑拉伸"界面，用菜单中的绘制工具绘制 FM1534 乙上部窗窗框，如图 6.2.20 所示。绘制完成后，单击√按钮，完成绘制。

（19）修改 FM1534 乙上部窗窗框的位置及厚度。选择"项目浏览器"中的"立面（立面 1）"→"{3D}"选项，可以进入 FM1534 乙上部窗窗框的 3D 视图，选择绘制好的窗框，打开"属性"面板，在"拉伸终点"中输入"95"字样，在"拉伸起点"中输入"55"字样，如图 6.2.21 所示。

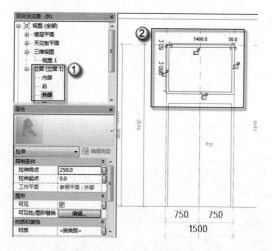

图 6.2.20　FM1534 乙上部窗窗框

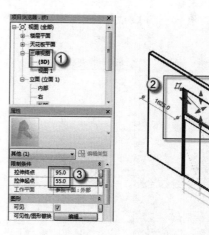

图 6.2.21　FM1534 乙上部窗窗框的位置及厚度

（20）修改 FM1534 乙上部窗窗框的可见性。在 FM1534 乙上部窗窗框的"属性"面板中，单击"图形"栏"可见性/图形替换"后的"编辑"按钮，弹出"族图元可见性设置"对话框，取消"平面/天花板平面视图"和"当在平面/天花板平面视图中被剖切时（如果类别允许）"复选框的选择，单击"确定"按钮，如图 6.2.22 所示。

（21）添加 FM1534 乙上部窗窗框材质。选择 FM1534 乙上部窗窗框，在 FM1534 乙上部窗窗框的"属性"面板中，单击"材质和装饰"栏"材质"右侧的空白按钮，弹出"关联族参数"对话框，单击"添加参数（D）"按钮，弹出"参数属性"对话框。选中"共享参数"单选按钮，单击"确定"按钮，弹出"共享参数"对话框，在"参数组（G）"中选择"门窗"选项，在"参数（P）"中选择"门窗框材质"选项，单击"确定"按钮，如图 6.2.23 所示。

图 6.2.22　修改 FM1534 乙上部窗户玻璃的可见性

图 6.2.23　添加 FM1534 乙上部窗窗框材质

（22）绘制 FM1534 乙上部窗户玻璃。选择"项目浏览器"中的"立面（立面 1）"→"左"选项，可以进入 FM1534 乙的外部立面视图，选择"创建"→"拉伸"命令，进入"修改｜编辑拉伸"界面，用菜单中的绘制工具绘制 FM1534 乙上部窗户玻璃，如图 6.2.24 所示，绘制完成后，单击√按钮，完成绘制。

（23）修改 FM1534 乙上部窗户玻璃的位置及厚度。选择"项目浏览器"中的"立面（立面 1）"→"{3D}"选项，可以进入窗洞的 3D 视图。选择绘制好的玻璃，打开"属性"面板，在"拉伸终点"中输入"85"字样，在"拉伸起点"中输入"65"字样，如图 6.2.25 所示。

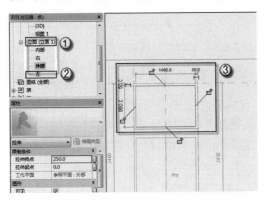

图 6.2.24　FM1534 乙上部窗户玻璃

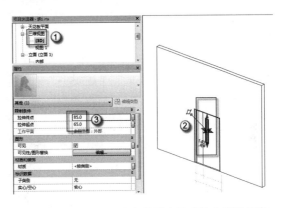

图 6.2.25　FM1534 乙上部窗户玻璃的位置及厚度

（24）修改 FM1534 乙上部窗户玻璃的可见性。在 FM1534 乙上部窗户玻璃的"属性"面板中，单击"图形"栏"可见性/图形替换"后的"编辑"按钮，弹出"族图元可见性设置"对话框，取消"平面/天花板平面视图"和"当在平面/天花板平面视图中被剖切时（如果类别允许）"复选框的选择，单击"确定"按钮，如图 6.2.26 所示。

（25）添加 FM1534 乙上部窗户玻璃材质。选择 FM1534 乙上部窗户玻璃，在 FM1534 乙上部窗户玻璃的"属性"面板中，单击"材质和装饰"栏"材质"右侧的空白按钮，弹出"关联族参数"对话框，单击"添加参数（D）"按钮，弹出"参数属性"对话框，选中"共享参数"单选按钮，单击"确定"按钮，弹出"共享参数"对话框。在"参数组（G）"中选择"门窗"选项，在"参数（P）"中选择"门窗玻璃材质"选项，单击"确定"按钮，如图 6.2.27 所示。

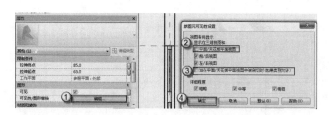

图 6.2.26　修改 FM1534 乙上部窗户玻璃的可见性　　图 6.2.27　编辑 FM1534 乙上部窗户玻璃材质

　　（26）编辑材质。单击"族类型"按钮，弹出"族类型"对话框，单击"材质和装饰"

栏"门窗玻璃材质"右侧的
"<按类别>"按钮，弹出"材
质浏览器"对话框。选择"主
视图"→"Autodesk 材质"→
"玻璃"→"玻璃"选项，双
击"玻璃"材质将其添加到"文
档材质"。选择"文档材质"
中的"玻璃"材质，单击"材
质浏览器"对话框中的"确定"
按钮，如图 6.2.28 所示。

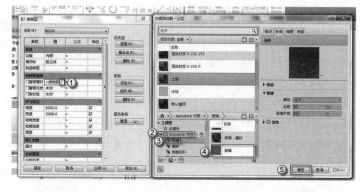

图 6.2.28　编辑门窗玻璃材质

　　（27）添加"木材"材质。
单击"族类型"按钮，弹出"族类型"对话框，单击"材质和装饰"栏"门窗玻璃材质"
右侧的"<按类别>"按钮，弹出"材质浏览器"对话框，选择"主视图"→"收藏夹"→
"木材"选项，双击"木材"材质，单击"材质浏览器"对话框中的"确定"按钮，如图
6.2.29 所示。重复本次操作，为"材质和装饰"标签下的"门窗框材质"添加"木材"材质。

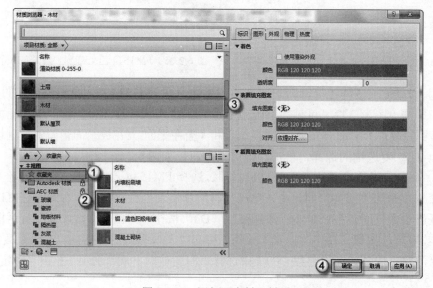

图 6.2.29　添加"木材"材质

（28）载入族"门锁 2.rfa"。选择"项目浏览器"中的"楼层平面"→"参照标高"选项，进入门的参照标高视图。选择"插入"→"载入族"命令，弹出"载入族"对话框，打开"建筑"\"门"\"门构件"\"拉手"文件夹，选择"门锁 6.rfa"，单击"打开"按钮，如图 6.2.30 所示。

图 6.2.30　插入族"门锁 6.rfa"

（29）绘制门锁 6。选择"项目浏览器"中的"族"→"门"→"门锁 6"→"门锁 6"选项，单击门锁 6 并将其拖动至绘图区域如图 6.2.31 所示位置，按 Esc 键取消插入族命令。单击"属性"面板中的"编辑类型"按钮，弹出"属性类型"对话框，在"尺寸标注"栏的"面板厚度"中输入"40"字样，单击"确定"按钮，如图 6.2.32 所示。

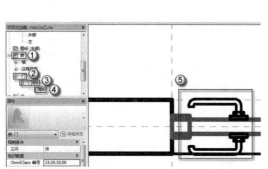

图 6.2.31　绘制门锁 6

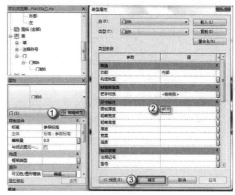

图 6.2.32　修改"门锁 6"的面板厚度

（30）调整门锁位置。单击门锁距离门中轴线尺寸，输入"140"字样，如图 6.2.33 所示。选择"项目浏览器"中的"立面（立面 1）"→"外部"选项，进入门的外部立面视图。选择族"门锁 6"，按快捷键 M+V，将其向上拖动并输入"900"，按 Enter 键，如图 6.2.34 所示。最后按快捷键 M+V 将"门锁 6"镜像复制到对称位置，对称轴选择门的中轴线。

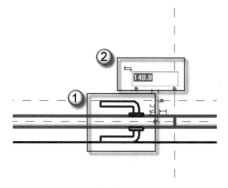

图 6.2.33　调整门锁 6 水平位置

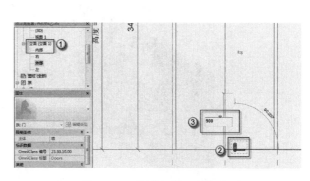

图 6.2.34　调整门锁 6 竖直位置

（31）修改门锁的可见性。在门锁的"属性"面板中，单击"图形"栏"可见性/图形替换"后的"编辑"按钮，弹出"族图元可见性设置"对话框，取消"平面/天花板平面视图"复选框的选择,单击"确定"按钮,如图 6.2.35 所示。最后按两次快捷键 M 将"门锁6"族镜像复制到对称位置,对称轴选择门的中轴线。

（32）绘制 FM1534 乙的平面轮廓线。选择"项目浏览器"中的"楼层平面"→"参照标高"选项,进入门的参照标高视图。选择"注释"→"符号线"命令,绘制长 750、宽 40 的"门板轮廓线",和半径为 750 的"门开启方向轮廓线",如图 6.2.36 所示,按快捷键 D+I,为矩形"门板轮廓线"长边做标注,并将此标注锁定。按两次快捷键 M 以门的中轴线镜像复制。

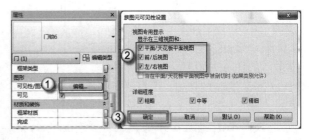

图 6.2.35　修改门锁 6 的可见性

（33）绘制 FM1534 乙的立面打开方向。选择"项目浏览器"中的"立面(立面 1)"→"外部"选项,进入门的外部立面视图。选择"注释"→"符号线"命令,将"子类别"改为"立面打开方向(投影)",绘制如图 6.2.37 所示门的"打开方向"符号线。

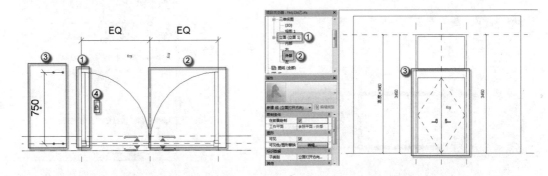

图 6.2.36　绘制 FM1534 乙的平面轮廓线　　　　图 6.2.37　绘制 FM1534 乙的立面打开方向

保存族"FM1534 乙",单击"保存"按钮,将文件保存到指定位置方便以后使用,如图 6.2.38 所示。

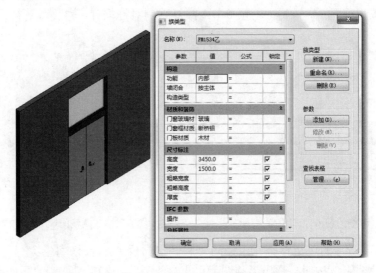

图 6.2.38　族"FM1534 乙"最终效果及其属性

6.2.2 FM1521 乙

FM1521 乙与 FM1534 乙相比，门高少了 1300mm，所以在建族的时候，不需要建门上部的梁子，具体操作如下。

（1）选择"公制门.rft"族样板。选择"程序"→"新建"→"族"命令，在弹出的"新族-选择样板文件"对话框中选择"公制门.rft"文件，单击"打开"按钮，进入门族的设计界面，如图 6.2.39 所示。

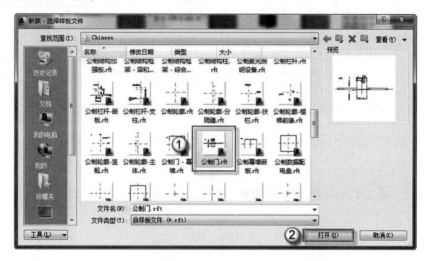

图 6.2.39 "新族-选择样板文件"对话框

（2）删除公制门框架。按 Ctrl 键，多选上"框架/竖挺：拉伸"，如图 6.2.40 所示，按 Delete 键将其删除，删除后如图 6.2.41 所示。

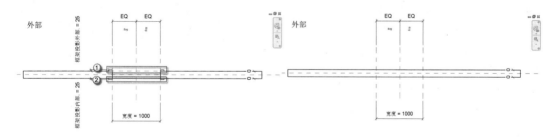

图 6.2.40 选定"框架/竖挺：拉伸" 图 6.2.41 删除"框架/竖挺：拉伸"

（3）新建族类型。单击"族类型"按钮，在弹出的"族类型"对话框中单击"新建"按钮，弹出"名称"对话框，在其中输入"FM1521 乙"字样，单击"确定"按钮，如图 6.2.42 所示。

（4）修改门的尺寸标注。在不关闭已经打开的"FM1521 乙"族的族类型情况下，选择屏幕操作区"尺寸标注"栏，在"高度"中输入"2100"字样，在"宽度"中输入"1500"字样，单击"确定"按钮，如图 6.2.43 所示。

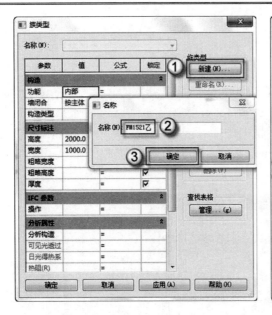

图 6.2.42　创建"FM1521 乙"　　图 6.2.43　修改尺寸标注

（5）删除多余参数。继续在"族类型"对话框中，单击"其他"栏的"框架投影外部"参数，单击对话框右侧"参数"下的"删除"按钮，弹出对话框，单击"是"按钮。重复上述步骤，将"框架投影内部"和"框架宽度"两个无效参数删除，最后单击"确定"按钮，结束"族类型"编辑，如图 6.2.44 所示。

（6）选择"项目浏览器"中的"立面（立面 1）"→"外部"选项，可以进入 FM1521 乙的外部立面视图，如图 6.2.45 所示。

（7）导入 CAD 图形。选择"插入"→"导入 CAD"命令，弹出"导入 CAD 格式"对话框，选择"FM1521 乙.dwg"文件，将"导入单位"改为"毫米"，单击"打开"按钮，如图 6.2.46 所示。

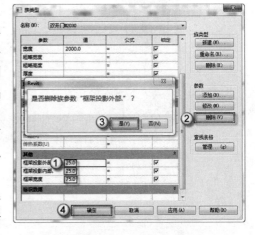

图 6.2.44　删除多余参数

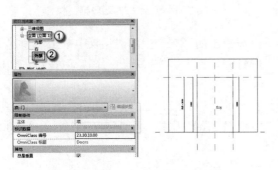

图 6.2.45　FM1521 乙的外部立面视图

图 6.2.46　导入"FM1521 乙.dwg"文件

（8）调整 CAD 图形。选定导入的"FM1521 乙.dwg"CAD 图形，按快捷键 M+V，将"FM1521 乙.dwg"导入 CAD 图形移动至如图 6.2.47 所示位置。

（9）绘制 FM1521 乙门框。选择"创建"→"拉伸"命令，进入"修改丨编辑拉伸"界面，用菜单中的绘制工具将门框绘制完成，如图 6.2.48 所示。绘制完成后，单击 √ 按钮完成绘制。

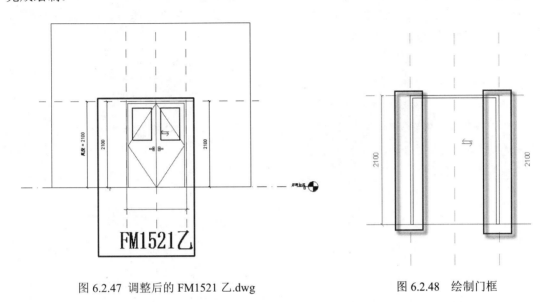

图 6.2.47　调整后的 FM1521 乙.dwg　　　　图 6.2.48　绘制门框

（10）选择"项目浏览器"中的"立面（立面 1）"→"左"选项，可以进入 FM1521 乙的左立面视图，如图 6.2.49 所示。

（11）修改 FM1521 乙门框的位置及厚度。选择绘制好的门框，打开"属性"面板，在"拉伸终点"中输入"105"字样，在"拉伸起点"中输入"45"字样，如图 6.2.50 所示。

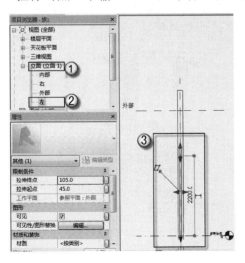

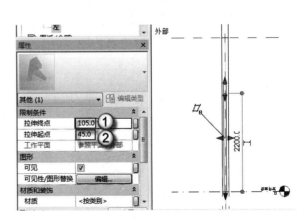

图 6.2.49　FM1521 乙的左立面视图　　　　图 6.2.50　修改门框的位置及厚度

（12）修改 FM1521 乙门框的可见性。在门框的"属性"面板中，单击"图形"栏"可见性/图形替换"后的"编辑"按钮，弹出"族图元可见性设置"对话框，取消"平面/天花板平面视图"和"当在平面/天花板平面视图中被剖切时（如果类别允许）"复选框的选择,单击"确定"按钮,如图 6.2.51 所示。

（13）添加 FM1521 乙门框材质。在门框的"属性"面板中,单击"材质和装饰"栏"材质"右侧的空白按钮,弹出"关联族参数"对话框,单击"添加参数（D）"按钮,弹出"参数属性"对话框,选择"共享参数"单选按钮,单击"确定"按钮,弹出"共享参数"对话框。在"参数组（G）"中选择"门窗"选项,在"参数（P）"中选择"门窗框材质"选项,单击"确定"按钮,如图 6.2.52 所示。

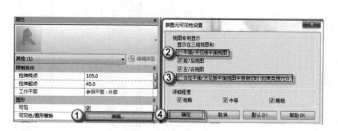

图 6.2.51　修改门的可见性

图 6.2.52　添加门窗框材质

（14）绘制 FM1521 乙门板。选择"项目浏览器"中的"立面（立面 1）"→"外部"选项,可以进入 FM1521 乙的外部立面视图。选择"创建"→"拉伸"命令,进入"修改 | 编辑拉伸"界面,用菜单中的绘图工具完成门板绘制,如图 6.2.53 所示。绘制完成后,单击√按钮。然后重复选择"创建"→"拉伸"命令,将右边门板用"拉伸"工具绘制出来,单击√按钮完成绘制,如图 6.2.54 所示。

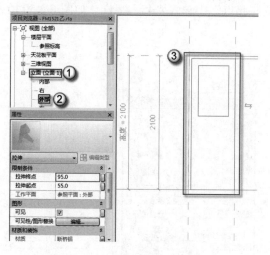

图 6.2.53　绘制 FM1521 乙的门板

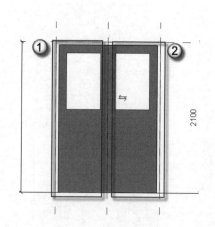

图 6.2.54　门板绘制完成图

（15）修改 FM1521 乙的门板的位置及厚度。选择"项目浏览器"中的"立面（立面 1）"→"左"选项,可以进入 FM1521 乙的左立面视图,如图 6.2.55 所示。选择绘制好的门板,打开"属性"面板,在"拉伸终点"中输入"95"字样,在"拉伸起点"中输入"55"字样，如图 6.2.56 所示。

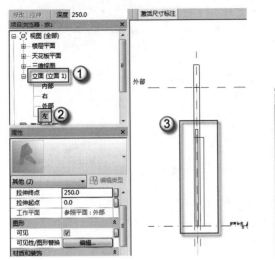

图 6.2.55　FM1521 乙门板的左立面图

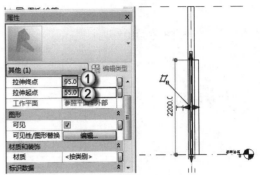

图 6.2.56　修改门板的位置及厚度

（16）修改 FM1521 乙的门板的可见性。在门板的"属性"面板中，单击"图形"栏"可见性/图形替换"后的"编辑"按钮，弹出"族图元可见性设置"对话框，取消"平面/天花板平面视图"和"当在平面/天花板平面视图中被剖切时（如果类别允许）"复选框的选择，单击"确定"按钮，如 6.2.57 所示。

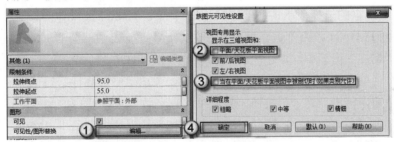

图 6.2.57　门板的可见性

（17）添加门板材质。选择"项目浏览器"中的"视图"→"三维视图"→"{3D}"命令，可以进入 FM1521 乙的 3D 视图，选择门板，在门板的"属性"面板中，单击"材质和装饰"栏"材质"右侧的空白按钮，弹出"关联族参数"对话框，单击"添加参数（D）"按钮，弹出"参数属性"对话框。选择"共享参数"单选按钮，单击"确定"按钮，弹出"共享参数"对话框，在"参数组（G）"中选择"门窗"选项，在"参数（P）"中选择"门板材质"选项，单击"确定"按钮。重复上述（15）～（17）步操作对另一块门板进行"拉伸起终点"和"材质编辑"的调整。

（18）绘制 FM1521 乙中部窗窗框。选择"项目浏览器"中的"立面（立面1）"→"外部"选项，可以进入 FM1521 乙的外部立面视图，选择"创建"→"拉伸"命令，进入"修改 | 编辑拉伸"界面，用菜单中的绘制工具完成 FM1521 乙中部窗窗框，如图 6.2.58 所示。绘制完成后，单击 √ 按钮完成绘制。

（19）修改 FM1521 乙中部窗窗框的位置及厚度。选择"项目浏览器"中的"立面（立面 1）"→"{3D}"选项，可以进入 FM1521 乙中部窗窗框的 3D 视图，选择绘制好的窗框，打开"属性"面板，在"拉伸终点"中输入"95"字样，在"拉伸起点"中输入"55"字样，如图 6.2.59 所示。

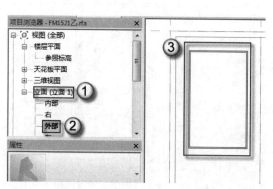
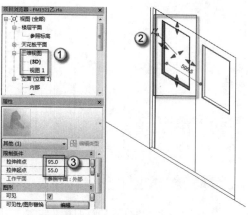

图 6.2.58　FM1521 乙中部窗窗框　　　　图 6.2.59　FM1521 乙中部窗窗框的位置及厚度

（20）修改 FM1521 乙中部窗窗框的可见性。在 FM1521 乙中部窗窗框的"属性"面板中，单击"图形"栏"可见性/图形替换"后的"编辑"按钮，弹出"族图元可见性设置"对话框，取消"平面/天花板平面视图"和"当在平面/天花板平面视图中被剖切时（如果类别允许）"复选框的选择，单击"确定"按钮，如图 6.2.60 所示。

（21）添加 FM1521 乙中部窗窗框材质。选择 FM1521 乙中部窗窗框，在 FM1521 乙中部窗窗框的"属性"面板中，单击"材质和装饰"栏"材质"右侧的空白按钮，弹出"关联族参数"对话框。单击"添加参数（D）"按钮，弹出"参数属性"对话框，选择"共享参数"单击按钮，单击"确定"按钮，弹出"共享参数"对话框，在"参数组（G）"中选择"门窗"选项，在"参数（P）"中选择"门窗框材质"选项，单击"确定"按钮，如图 6.2.61 所示。快捷键 M 绘制另一个窗框。

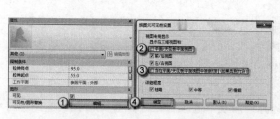

图 6.2.60　修改 FM1521 乙中部窗户玻璃的可见性　　　图 6.2.61　添加 FM1521 乙中部窗窗框材质

（22）绘制 FM1521 乙中部窗户玻璃。选择"项目浏览器"中的"立面（立面 1）"→"左"选项，可以进入 FM1521 乙的外部立面视图，选择"创建"→"拉伸"命令，进入"修改丨编辑拉伸"界面，用菜单中的绘制工具绘制 FM1521 乙中部窗户玻璃，如图 6.2.62 所示。绘制完成后，单击 √ 按钮完成绘制。

（23）修改 FM1521 乙中部窗户玻璃的位置及厚度。选择"项目浏览器"中的"立面（立面 1）"→"{3D}"选项，可以进入窗洞的 3D 视图。选择绘制好的玻璃，打开"属性"面板，在"拉伸终点"中输入"85"字样，在"拉伸起点"中输入"65"字样，如图 6.2.63 所示。

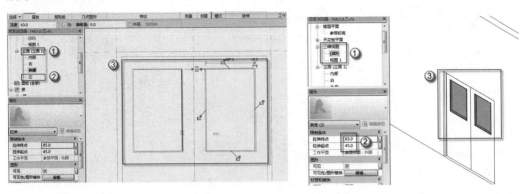

图 6.2.62　FM1521 乙中部窗户玻璃　　图 6.2.63　FM1521 乙中部窗户玻璃的位置及厚度

（24）修改 FM1521 乙中部窗户玻璃的可见性。在"属性"面板中，单击"图形"栏"可见性/图形替换"后的"编辑"按钮，弹出"族图元可见性设置"对话框，取消"平面/天花板平面视图"和"当在平面/天花板平面视图中被剖切时（如果类别允许）"复选框的选择，单击"确定"按钮，如图 6.2.64 所示。

（25）添加 FM1521 乙中部窗户玻璃材质。选择 FM1521 乙中部窗户玻璃，在 FM1521 乙中部窗户玻璃的"属性"面板中，单击"材质和装饰"栏"材质"右侧的空白按钮，弹出"关联族参数"对话框，单击"添加参数（D）"按钮，弹出"参数属性"对话框。选择"共享参数"单选按钮，单击"确定"按钮，弹出"共享参数"对话框，在"参数组（G）"中选择"门窗"选项，在"参数（P）"中选择"门窗玻璃材质"选项，单击"确定"按钮，如图 6.2.65 所示。

图 6.2.64　修改 FM1521 乙中部窗户玻璃的可见性　图 6.2.65　编辑 FM1521 乙中部窗户玻璃材质

（26）编辑材质。单击"族类型"按钮，弹出"族类型"对话框，单击"材质和装饰"栏"门窗玻璃材质"右侧的"<按类别>"按钮，弹出"材质浏览器"对话框，选择"主视图"→"Autodesk 材质"→"玻璃"→"玻璃"选项，双击"玻璃"材质将其添加到"文档材质"。选择"文档材质"中的"玻璃"材质，单击"材质浏览器"对话框中的"确定"

按钮。如图 6.2.66 所示。

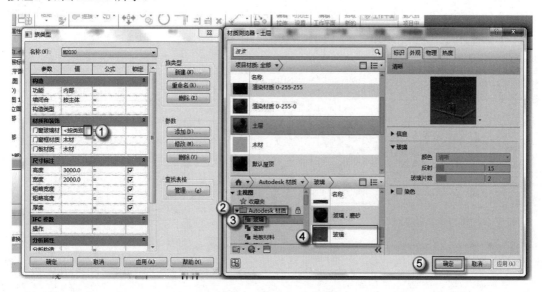

图 6.2.66 编辑门窗玻璃材质

（27）添加"断桥铝"材质。单击"族类型"按钮，弹出"族类型"对话框，单击"材质和装饰"栏"门窗框材质"右侧的"<按类别>"按钮，弹出"材质浏览器"对话框，选择"主视图"→"收藏夹"→"断桥铝"选项，双击"木材"材质，单击"材质浏览器"对话框中的"确定"按钮，如图 6.2.67 所示。重复本次操作，为"材质和装饰"标签下"门窗框材质"添加"断桥铝"材质。

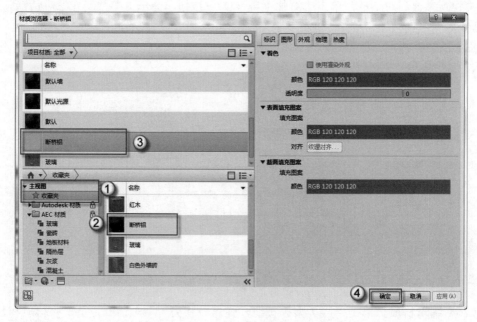

图 6.2.67 添加"断桥铝"材质

（28）载入族"门锁 1.rfa"。选择"项目浏览器"中的"楼层平面"→"参照标高"选项，进入门的参照标高视图。选择"插入"→"载入族"命令，弹出"载入族"对话框，打开"建筑"\"门"\"门构件"\"拉手"文件夹，选择"门锁 1.rfa"，单击"打开"按钮，如图 6.2.68 所示。

图 6.2.68　插入族"门锁 1.rfa"

（29）绘制门锁 1。选择"项目浏览器"中的"族"→"门"→"门锁 1"→"门锁 1"选项，单击门锁 1 并将其拖动至绘图区域，如图 6.2.69 所示位置按 Esc 键取消插入族命令。单击"属性"面板中的"编辑类型"按钮，弹出"属性类型"对话框，在"尺寸标注"栏的"面板厚度"中输入"40"字样，单击"确定"按钮，如图 6.2.70 所示。

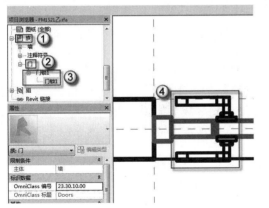

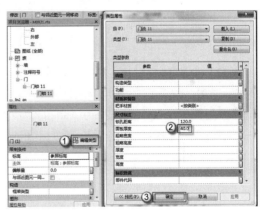

图 6.2.69　绘制门锁 1　　　　　　　　图 6.2.70　修改"门锁 1"的面板厚度

（30）调整门锁位置。单击门锁距离门中轴线尺寸，输入"140"字样，如图 6.2.71 所示。选择"项目浏览器"中的"立面（立面 1）"→"外部"选项，进入门的外部立面视图。选择族"门锁 1"，输入"MV"命令，左键向上拖动，并输入"900"，按下 Enter 键。如图 6.2.72 所示。最后将"门锁 11"族用"MM"命令移动镜像复制到对称位置，对称轴选择门的中轴线。

（31）修改门锁的可见性。在门锁的"属性"面板中，单击"图形"栏"可见性/图形替换"后的"编辑"按钮，弹出"族图元可见性设置"对话框，取消"平面/天花板平面视图"复选框的选择，单击"确定"按钮，如图 6.2.73 所示。最后按两次快捷键 M，将"门锁 1"族镜像复制到对称位置，对称轴选择门的中轴线。

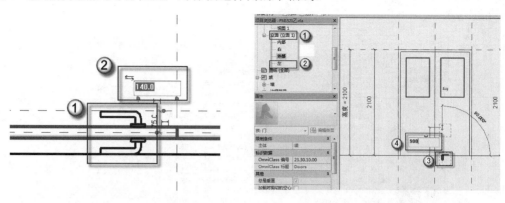

图 6.2.71　调整门锁 1 水平位置　　　　　图 6.2.72　调整门锁 1 竖直位置

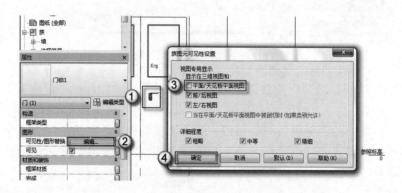

图 6.2.73　修改门锁 1 的可见性

（32）绘制 FM1521 乙的平面轮廓线。选择"项目浏览器"中的"楼层平面"→"参照标高"选项，进入门的参照标高视图。选择"注释"→"符号线"命令，绘制长 750、宽 40 的"门板轮廓线"和半径为 750 的"门开启方向轮廓线"如图 6.2.74 所示，按快捷键 D+I，为矩形"门板轮廓线"长边做标注，并将此标注锁定。按两次快捷键 M，以门的中轴线镜像复制。

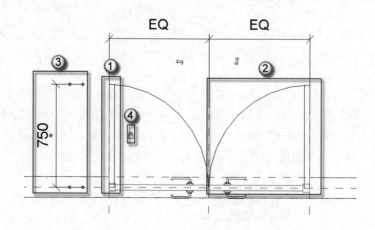

图 6.2.74　绘制 FM1521 乙的平面轮廓线

（33）绘制 FM1521 乙的立面打开方向。选择"项目浏览器"中的"立面（立面 1）"→"外部"选项，进入门的外部立面视图。选择"注释"→"符号线"命令，将"子类别"改为"立面打开方向（投影）"，绘制如图 6.2.75 所示门的"打开方向"符号线。

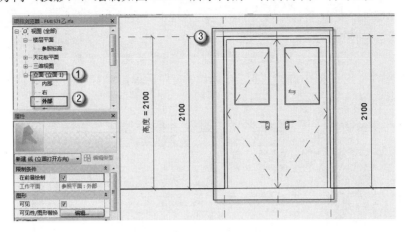

图 6.2.75　绘制 FM1521 乙的立面打开方向

保存族"FM1521 乙"，单击"保存"按钮，将文件保存到指定位置方便以后使用，如图 6.2.76 所示。

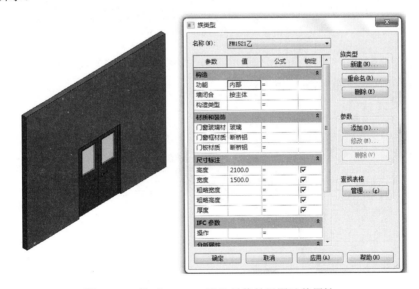

图 6.2.76　族"FM1521 乙"最终效果图及其属性

6.3　门联窗族

门联窗是一种特别的建筑门窗构件，是门和窗连在一起的一个整体，一般窗的距地高度加上窗本身的高度等于门的高度，也就是门顶和窗顶在同一高度。门联窗的功能是增加室内采光强度，打造良好的室内环境，更符合人们的生活起居要求。

6.3.1 MC2430

门联窗 MC2430 是一个双开的门加上一扇落地窗,在门与窗的上口有梁子,门窗框的材质为断桥铝,具体操作如下。

(1)选择"公制门.rft"族样板。选择"程序"→"新建"→"族"命令,在弹出的"新族-选择样板文件"对话框中选择"公制门.rft"文件,单击"打开"按钮,进入门族的设计界面,如图 6.3.1 所示。

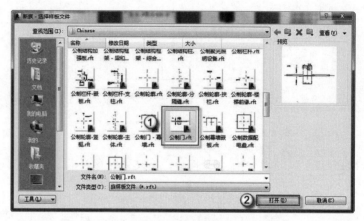

图 6.3.1 "新族-选择样板文件"对话框

(2)删除公制门框架。按 Ctrl 键,多选上"框架/竖梃:拉伸",如图 6.3.2 所示,按 Delete 键将其删除,删除后如图 6.3.3 所示。

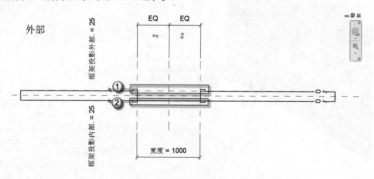

图 6.3.2 选定"框架/竖梃:拉伸"

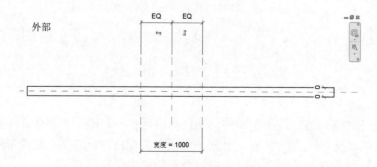

图 6.3.3 删除"框架/竖梃:拉伸"

（3）新建族类型。单击"族类型"按钮，在弹出的"族类型"对话框中单击"新建"按钮，弹出"名称"对话框，在"名称"一栏输入"MC2430"字样，单击"确定"按钮，如图 6.3.4 所示。

（4）修改门的尺寸标注。在不关闭已经打开的"MC2430"族的族类型的情况下，选择屏幕操作区"尺寸标注"栏，在"高度"中输入"3000"字样，在"宽度"中输入"2400"字样，单击"确定"按钮，如图 6.3.5 所示。

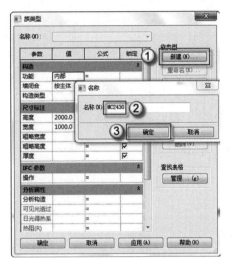

图 6.3.4　创建"MC2430"

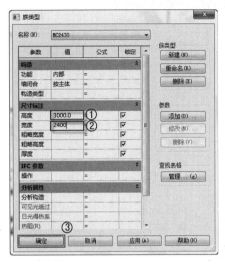

图 6.3.5　修改尺寸标注

（5）删除多余参数。继续在"族类型"对话框中，单击"其他"栏的"框架投影外部"参数，单击对话框右侧"参数"下的"删除"按钮，在弹出的对话框中单击"是"按钮。重复上述步骤，将"框架投影内部"和"框架宽度"两个无效参数删除。最后单击"确定"按钮，结束"族类型"编辑，如图 6.3.6 所示。

（6）选择"项目浏览器"中的"立面（立面 1）"→"外部"选项，可以进入 MC2430 的外部立面视图，如图 6.3.7所示。

（7）导入 CAD 图形。选择"插入"→"导入 CAD"命令，弹出"导入 CAD 格式"对话框，选择"MC2430.dwg"文件，将"导入单位"改为"毫米"，单击"打开"按钮，如图 6.3.8 所示。

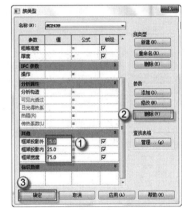

图 6.3.6　删除多余参数

（8）调整 CAD 图形。选定导入的"MC2430.dwg" CAD 图形，按快捷键 M+V，将"MC2430.dwg"的导入 CAD 图形移动至如图 6.3.9 所示位置。

（9）绘制 MC2430 门框。选择"创建"→"拉伸"命令，进入"修改 | 编辑拉伸"界面，用菜单中的绘制工具门框，如图 6.3.10 所示。绘制完成后，单击√按钮完成绘制。

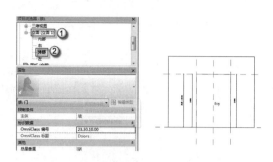

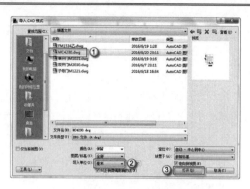

图 6.3.7　MC2430 的外部立面视图　　　　图 6.3.8　导入"MC2430.dwg"文件

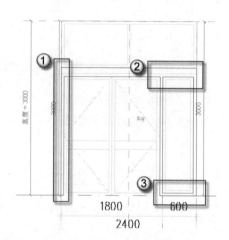

图 6.3.9　调整后的 MC2430.dwg　　　　　　图 6.3.10　绘制门框

（10）选择"项目浏览器"中的"立面（立面 1）"→"左"命令，可以进入 MC2430的左立面视图，如图 6.3.11 所示。

（11）修改 MC2430 门框的位置及厚度。选择绘制好的门框，打开"属性"面板，在"拉伸终点"中输入"105"字样，在"拉伸起点"中输入"45"字样，如图 6.3.12 所示。

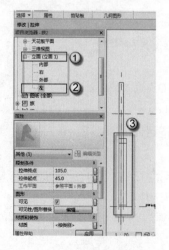

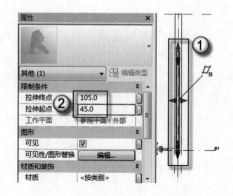

图 6.3.11　MC2430 的左立面视图　　　　图 6.3.12　修改门框的位置及厚度

（12）修改 MC2430 门框的可见性。在门框的"属性"面板中，单击"图形"栏"可见性/图形替换"后的"编辑"按钮，弹出"族图元可见性设置"对话框，取消"平面/天花板平面视图"和"当在平面/天花板平面视图中被剖切时（如果类别允许）"复选框的选择，单击"确定"按钮，如图 6.3.13 所示。

（13）添加 MC2430 门框材质。在门框的"属性"面板中，单击"材质和装饰"栏"材质"右侧的空白按钮，弹出"关联族参数"对话框，单击"添加参数（D）"按钮，弹出"参数属性"对话框。选择"共享参数"单选按钮，单击"确定"按钮，弹出"共享参数"对话框，在"参数组（G）"中选择"门窗"选项，在"参数（P）"中选择"门窗框材质"选项，单击"确定"按钮，如图 6.3.14 所示。

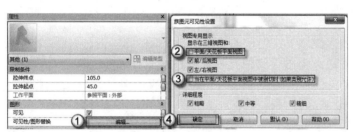

图 6.3.13　修改门的可见性　　　　　　　　图 6.3.14　添加门窗框材质

（14）绘制 MC2430 门板。选择"项目浏览器"中的"立面（立面 1）"→"外部"命令，可以进入 MC2430 的外部立面视图。选择"创建"→"拉伸"命令，进入"修改｜编辑拉伸"界面，用菜单中的绘制工具完成门板绘制，如图 6.3.15 所示。绘制完成后，单击√按钮。然后重复选择"创建"→"拉伸"命令将右边门板用"拉伸"工具绘制出来，单击√按钮完成绘制，如图 6.3.16 所示。

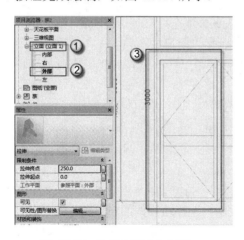

图 6.3.15　绘制 MC2430 门板

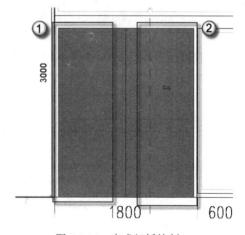

图 6.3.16　完成门板绘制

（15）修改 MC2430 门板的位置及厚度。选择"项目浏览器"中的"立面（立面 1）"→"左"选项，可以进入 MC2430 的左立面视图，如图 6.3.17 所示。选择绘制好的门板，打开"属性"面板,在"拉伸终点"中输入"95"字样,在"拉伸起点"中输入"55"字样,如图6.3.18 所示。

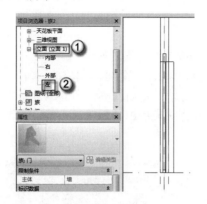

图 6.3.17　MC2430 门板的左立面图

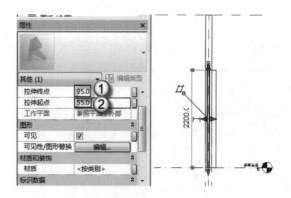

图 6.3.18　修改门板的位置及厚度

(16) 修改 MC2430 的门板的可见性。在门板的"属性"面板中,单击"图形"栏"可见性/图形替换"后的"编辑"按钮,弹出"族图元可见性设置"对话框,取消"平面/天花板平面视图"和"当在平面/天花板平面视图中被剖切时(如果类别允许)"复选框的选择,单击"确定"按钮,如 6.3.19 所示。

(17) 添加门板材质。选择"项目浏览器"中的"视图"→"三维视图"→"{3D}"选项,可以进入 MC2430 的 3D 视图,选择门板,在门板的"属性"面板中,单击"材质和装饰"栏"材质"右侧的空白按钮,弹出"关联族参数"对话框,单击"添加参数

图 6.3.19　门板的可见性

(D)"按钮,弹出"参数属性"对话框。选择"共享参数"单选按钮,单击"确定"按钮,弹出"共享参数"对话框,在"参数组(G)"中选择"门窗"选项,在"参数(P)"中选择"门板材质"选项,单击"确定"按钮。重复上述(15)~(17)步操作对另一块门板进行"拉伸起终点"和"材质编辑"的调整。

(18) 绘制 MC2430 窗窗框。选择"项目浏览器"中的"立面(立面1)"→"左"选项,可以进入 MC2430 的外部立面视图,选择"创建"→"拉伸"命令,进入"修改|编辑拉伸"界面,用菜单中的绘制工具完成 MC2430 窗窗框绘制,如图 6.3.20 所示。绘制完成后,单击√按钮完成绘制。

(19) 修改 MC2430 窗窗框的位置及厚度。选择"项目浏览器"中的"立面(立面1)"→"{3D}"命令,可以进入 MC2430 窗窗框的 3D 视图,选择绘制好的窗框,打开"属性"面板,在"拉伸终点"中输入"95"字样,在"拉伸起点"中输入"55"字样,如图 6.3.21 所示。

(20) 修改 MC2430 窗窗框的可见性。在 MC2430 窗窗框的"属性"面板中,单击"图形"栏"可见性/图形替换"后的"编辑"按钮,弹出"族图元可见性设置"对话框,取消"平面/天花板平面视图"和"当在平面/天花板平面视图中被剖切时(如果类别允许)"复

选框的选择，单击"确定"按钮，如图 6.3.22 所示。

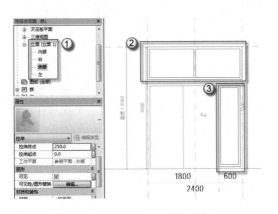

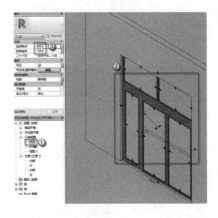

图 6.3.20　MC2430 的窗框绘制　　　　　　图 6.3.21　MC2430 窗窗框的位置及厚度

（21）添加 MC2430 窗窗框材质。选择 MC2430 窗窗框，在 MC2430 窗窗框的"属性"面板中，单击"材质和装饰"栏"材质"右侧的空白按钮，弹出"关联族参数"对话框，单击"添加参数（D）"按钮，弹出"参数属性"对话框。选择"共享参数"单选按钮，单击"确定"按钮，弹出"共享参数"对话框，在"参数组（G）"中选择"门窗"选项，在"参数（P）"中选择"门窗框材质"选项，单击"确定"按钮，如图 6.3.23 所示。重复上述（18）～（21）步操作对 MC2430 左部窗窗框进行"拉伸起终点"和"材质编辑"的调整。

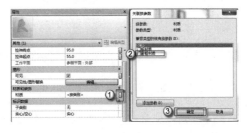

图 6.3.22　修改 MC2430 窗户玻璃的可见性　　　图 6.3.23　添加 MC2430 窗窗框材质

（22）绘制 MC2430 窗户玻璃。选择"项目浏览器"中的"立面（立面 1）"→"左"选项，可以进入 MC2430 的外部立面视图，选择"创建"→"拉伸"命令，进入"修改 | 编辑拉伸"界面,用菜单中的绘制工具完成 MC2430窗户玻璃绘制，如图 6.3.24 所示。绘制完成后，单击 √ 按钮完成绘制。

（23）修改 MC2430 窗户玻璃的位置及厚度。选择"项目浏览器"中的"立面（立面 1）"→"{3D}"选项，可以进入窗洞的 3D 视图。选择绘制好的玻璃，打开"属性"面板，在"拉伸终点"中输入"85"字样，在"拉伸起点"中输入"65"字样，如图 6.3.25 所示。

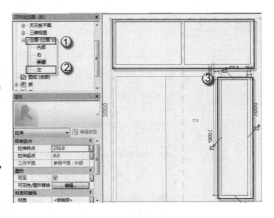

图 6.3.24　MC2430 窗户玻璃

（24）修改 MC2430 窗户玻璃的可见性。在"属性"面板中，单击"图形"栏"可见性/图形替换"后的"编辑"按钮，弹出"族图元可见性设置"对话框，取消"平面/天花板平面视图"和"当在平面/天花板平面视图中被剖切时（如果类别允许）"复选框的选择，单击"确定"按钮，如图 6.3.26 所示。

（25）添加 MC2430 窗户玻璃材质。选择 MC2430 窗户玻璃，在 MC2430 窗户玻璃的"属性"面板中，单击"材质和装饰"栏"材质"右侧的空白按钮，弹出"关联族参数"对话框，单击"添加参数（D）"按钮，弹出"参数属性"对话框。选择"共享参数"单选按钮，单击"确定"按钮，弹出"共享参数"对话框，在"参数组（G）"中选择"门窗"选项，在"参数（P）"

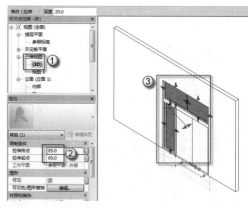

图 6.3.25　MC2430 窗户玻璃的位置及厚度

中选择"门窗玻璃材质"选项，单击"确定"按钮，如图 6.3.27 所示。

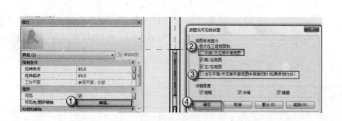

图 6.3.26　修改 MC2430 窗户玻璃的可见性

图 6.3.27　编辑 MC2430 窗户玻璃材质

（26）编辑材质。单击"族类型"按钮，弹出"族类型"对话框，单击"材质和装饰"栏"门窗玻璃材质"后的"<按类别>"按钮，弹出"材质浏览器"对话框，选择"主视图"→"Autodesk 材质"→"玻璃"→"玻璃"选项，双击"玻璃"材质将其添加到"文档材质"。选择"文档材质"中的"玻璃"材质，单击"材质浏览器"对话框中的"确定"按钮，如图 6.3.28 所示。

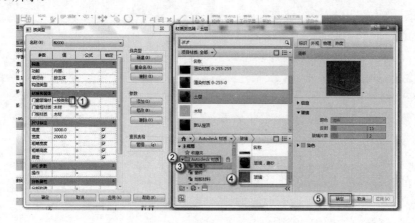

图 6.3.28　编辑门窗玻璃材质

（27）添加"木材"材质。单击"族类型"按钮，弹出"族类型"对话框，单击"材质和装饰"栏"门窗框材质"的"<按类别>"按钮，弹出"材质浏览器"对话框，选择"主视图"→"收藏夹"→"木材"选项，双击"木材"材质，单击"材质浏览器"对话框中的"确定"按钮，如图 6.3.29 所示。重复本次操作，为"材质和装饰"标签下"门窗框材质"添加"木材"材质。

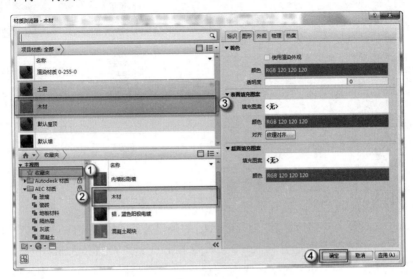

图 6.3.29　添加"木材"材质

（28）载入族"立式长拉手 1.rfa"。选择"项目浏览器"中的"楼层平面"→"参照标高"选项，进入门的参照标高视图。选择"插入"→"载入族"命令，弹出"载入族"对话框，打开"建筑"\"门"\"门构件"\"拉手"文件夹，选择"立式长拉手 1.rfa"，单击"打开"按钮，如图 6.3.30 所示。

图 6.3.30　插入族"立式长拉手 1.rfa"

（29）绘制立式长拉手 1。选择"项目浏览器"中的"族"→"门"→"立式长拉手 1"选项，单击立式长拉手 1 并将其拖动至绘图区域如图 6.3.31 所示位置，按 Esc 键取消插入族命令。单击"属性"面板中的"编辑类型"按钮，弹出"属性类型"对话框，在"尺寸标注"栏的"面板厚度"中输入"40"字样，单击"确定"按钮，如图 6.3.32 所示。

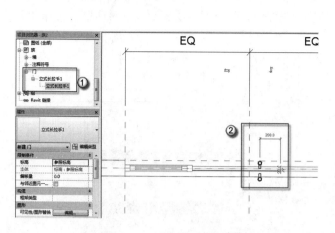

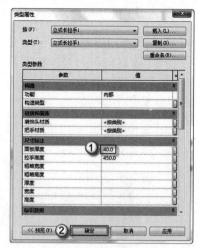

图 6.3.31　绘制立式长拉手 1　　　　　图 6.3.32　修改"立式长拉手 1"的面板厚度

（30）调整门锁位置。按快捷键 R+P 在门中轴处绘制一条辅助线，并按快捷键 M+V 将"立式长拉手 1"族移动至距离该辅助线 140mm 处，如图 6.3.33 所示。选择"项目浏览器"中的"立面（立面 1）"→"外部"选项，进入门的外部立面视图。选择族"立式长拉手 1"，按快捷键 M+V，左键向上拖动并输入"900"，按 Enter 键，如图 6.3.34 所示。最后按两次快捷键 M 将"立式长拉手 1"族镜像复制到对称位置，对称轴选择门的中轴线。

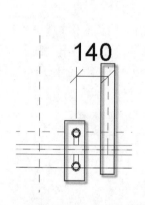

图 6.3.33　调整立式长拉手 1 水平位置

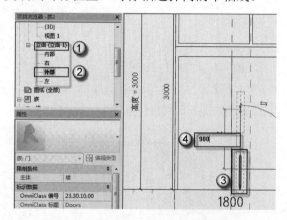

图 6.3.34　调整立式长拉手 1 竖直位置

（31）修改门锁的可见性。在门锁的"属性"面板中，单击"图形"栏"可见性/图形替换"后的"编辑"按钮，弹出"族图元可见性设置"对话框，取消"平面/天花板平面视图"复选框的选择，单击"确定"按钮，如图 6.3.35 所示。最后按两次快捷键 M 将"立式长拉手 1"族镜像复制到对称位置，对称轴选择门的中轴线。

（32）绘制 MC2430 的平面轮廓线。选择"项目浏览器"中的"楼层平面"→"参照标高"选项，进入门的参照标高视图。

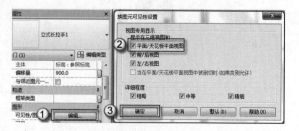

图 6.3.35　修改立式长拉手 1 的可见性

选择"注释"→"符号线"命令，绘制长 900、宽 40 的"门板轮廓线"和半径为 900 的"门开启方向轮廓线"，按快捷键 D+I，为矩形"门板轮廓线"长边做标注，并将此标注锁定。按两次快捷键 M，以门的中轴线镜像复制。然后选择"注释"→"符号线"命令，将"子类别"改为"玻璃（投影）"，如图 6.3.36 所示。

（33）绘制 MC2430 的立面打开方向。选择"项目浏览器"中的"立面（立面 1）"→"外部"选项，进入门的外部立面视图。选择"注释"→"符号线"命令，将"子类别"改为"立面打开方向（投影）"，绘制如图 6.3.37 所示门的"打开方向"符号线。

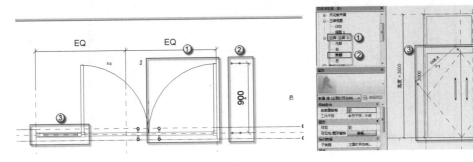

图 6.3.36　绘制 MC2430 的平面轮廓线　　　　图 6.3.37　绘制 MC2430 的立面打开方向

保存族"MC2430"，单击"保存"按钮，将文件保存到指定位置方便以后使用，如图6.3.38 所示。

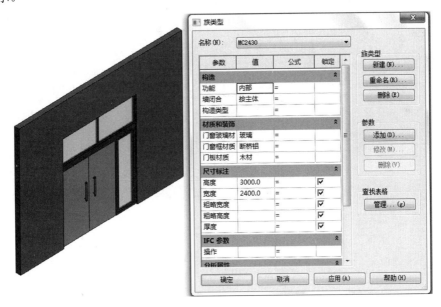

图 6.3.38　族"MC2430"最终效果及其属性

6.3.2　MC2934

MC2934 是一个转角门联窗，此处设计的 MC2934 门设置在门口，门的开启方向朝外，具体操作如下。

（1）选择"公制门.rft"族样板。选择"程序"→"新建"→"族"命令，在弹出的"新族-选择样板文件"对话框中选择"公制门.rft"文件，单击"打开"按钮，进入门族的设计界面，如图6.3.39所示。

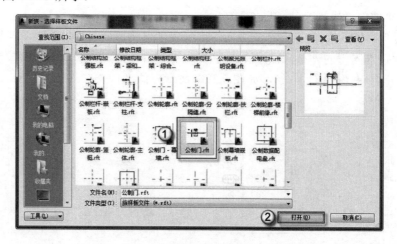

图6.3.39　"新族-选择样板文件"对话框

（2）删除公制门框架。按 Ctrl 键，多选上"框架/竖挺：拉伸"，如图6.3.40所示，按 Delete 键将其删除，删除后如图6.3.41所示。

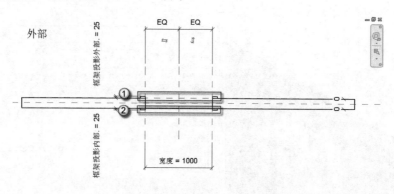

图6.3.40　选定"框架/竖挺：拉伸"

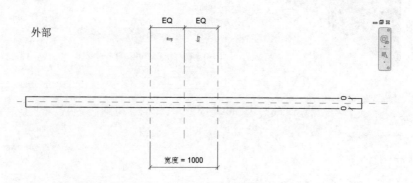

图6.3.41　删除"框架/竖挺：拉伸"

（3）新建族类型。单击"族类型"按钮，在弹出的"族类型"对话框中单击"新建"

按钮，弹出"名称"对话框，在"名称"一栏输入"MC2934"字样，单击"确定"按钮，如图 6.3.42 所示。

（4）修改门的尺寸标注。在不关闭已经打开的"MC2934"族的族类型的情况下，选择屏幕操作区"尺寸标注"栏，在"高度"中输入"3450"字样，在"宽度"中输入"2350"字样，单击"确定"按钮，如图 6.3.43 所示。

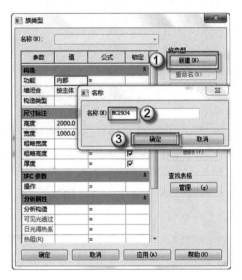

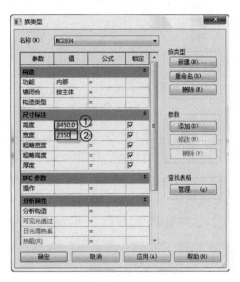

图 6.3.42 创建"MC2934"　　　　图 6.3.43 修改尺寸标注

注意：转角门联窗的正面选取时，宽度这里取 MC2934 正方向的门宽 1500 与门联窗 850 之和。

（5）删除多余参数。继续在"族类型"对话框中，单击"其他"栏的"框架投影外部"参数，再单击对话框右侧"参数"下的"删除"按钮，在弹出的对话框中单击"是"按钮。重复上述步骤，将"框架投影内部"和"框架宽度"两个无效参数删除。最后单击"确定"按钮，结束"族类型"编辑，如图 6.3.44 所示。

（6）选择"项目浏览器"中的"立面（立面 1）"→"外部"选项，可以进入 MC2934 的外部立面视图，如图 6.3.45 所示，并删除"门的开启方向"符号线。

（7）调整模板基本墙。选择"项目浏览器"中的"楼层平面"→"参照标高"命令，可以进入 MC2934 的参照平面视图，拖曳左侧墙端点，将其拖至门框处，如图 6.3.46 所示。

（8）删除已有的洞口剪切。选择"项目浏览器"中的"视图"→"三维视图"→"{3D}"选项，

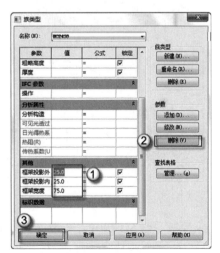

图 6.3.44 删除多余参数

可以进入 MC2934 的 3D 视图。选择图形"洞口剪切"，按 Delete 键将其删除，如图 6.3.47 所示。

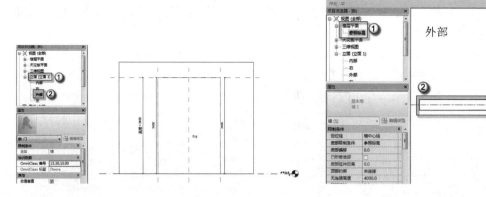

图 6.3.45　MC2934 的外部立面视图　　　　图 6.3.46　调整基本墙

（9）新建尺寸参数"转角长"。按快捷键 R+P，在上方标签"偏移量"中输入"400"字样，绘制一条距离门内边线 400 的一条参照平面辅助线，如图 6.3.48 所示。再按快捷键 D+I，标注从门内边线到辅助线的距离，按 Esc 键，然后选择该标注，在上方"标签"中选择"添加参数"，弹出"参数属性"对话框，在"参数数据"的"名称"中输入"转角长"字样，单击"确定"按钮，如图 6.3.48 所示。

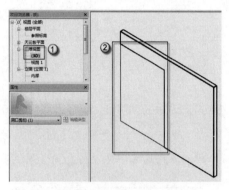

图 6.3.47　删除图形"洞口剪切"

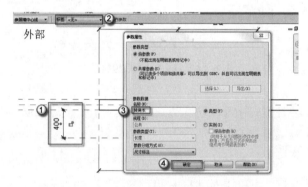

图 6.3.48　新建尺寸参数"转角长"

📖注意：重建新洞口的拐角后的墙，编者选择 400 厚、550 长，并且由于实际情况可能会改变转角长，因此选择建立活族。

（10）创建新的洞口剪切的空心模型。选择"创建"→"空心形状"→"空心拉伸"命令，进入"修改｜编辑拉伸"界面，单击"视图"→"楼层平面"→"参照标高"命令，进入平面视图，用菜单中的绘制工具绘制新的洞口剪切，如图 6.3.49 所示。在"属性"面板中，在"拉伸终点"中输入"3450"字样，在"拉伸起点"中输入"0"字样，完成后单击√按钮，完成绘制。

📖注意：图 6.3.49 中绘制拐角处的洞口宽度编者选择的是 300，读者绘制时可根据实际需要的墙宽进行绘制。

（11）挖去新的空心模型创建新的洞口剪切。选择"项目浏览器"中的"视图"→"三维视图"→"{3D}"选项，可以进入 MC2934 的 3D 视图，选择"修改"→"剪切"→"剪切几何图形"命令，先选择基本墙，再选择创建的空心拉伸，得到新的洞口剪切，如图 6.3.50 所示。

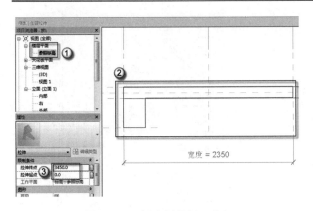
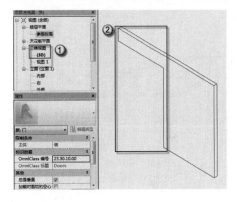

图 6.3.49　创建新的洞口剪切　　　　　图 6.3.50　创建新的洞口剪切

注意：使用"剪切几何图形"命令时，要先选择需要剪切的图元（如基本墙），再选择建好的空心图形（如空心拉伸）。

（12）导入 CAD 图形。选择"项目浏览器"中的"立面（立面 1）"→"外部"选项，可以进入 MC2934 的外部立面视图，选择"插入"→"导入 CAD"命令，弹出"导入 CAD 格式"对话框，选择"MC2934.dwg"文件，将"导入单位"改为"毫米"，单击"打开"按钮，如图 6.3.51 所示。调整 CAD 图形，单击选定导入的"MC2934.dwg" CAD 图形。按快捷键 M+V，将"MC2934.dwg"的导入 CAD 图形移动至如图 6.3.52 所示位置。

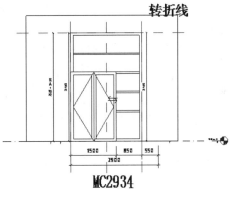

图 6.3.51　导入"MC2934.dwg"文件　　　图 6.3.52　调整后的 MC2934.dwg

（13）绘制 MC2934 门框。选择"创建"→"拉伸"命令，进入"修改 | 编辑拉伸"界面，用菜单中的绘制工具绘制门框，如图 6.3.53 所示。修改 MC2934 门框的位置及厚度，在"属性"面板中，在"拉伸终点"中输入"105"字样，在"拉伸起点"中输入"45"字样。完成后单击 √ 按钮，完成绘制，如图 6.3.54 所示。

（14）修改 MC2934 门框的可见性。在门框的"属性"面板中，单击"图形"栏"可见性/图形替换"后的"编辑"按钮，弹出"族图元可见性设置"对话框，取消"平面/天花板平面视图"和"当在平面/天花板平面视图中被剖切时（如果类别允许）"复选框，单击"确定"按钮，如图 6.3.55 所示。

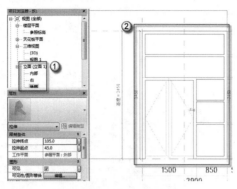

图 6.3.53　绘制门框拉伸　　　　　　　图 6.3.54　修改门框的位置及厚度

（15）添加 MC2934 门框材质。在门框的"属性"面板中，单击"材质和装饰"栏"材质"右侧的空白按钮，弹出"关联族参数"对话框，单击"添加参数（D）"按钮。弹出"参数属性"对话框。选择"共享参数"单选按钮，单击"确定"按钮，弹出"共享参数"对话框，在"参数组（G）"中选择"门窗"选项，在"参数（P）"中选择"门窗框材质"选项，单击"确定"按钮，如图 6.3.56 所示。

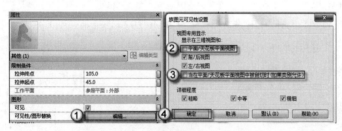

图 6.3.55　修改门的可见性　　　　　　　图 6.3.56　添加门窗框材质

（16）绘制 MC2934 门板。选择"项目浏览器"中的"立面（立面 1）"→"外部"选项，可以进入 MC2934 的外部立面视图。选择"创建"→"拉伸"命令，进入"修改 | 编辑拉伸"界面，用菜单中的绘制工具绘制门板，如图 6.3.57 所示。绘制完成后，单击√按钮。然后重复选择"创建"→"拉伸"命令，将右边门板用"拉伸"工具绘制出来，单击√按钮，完成绘制，如图 6.3.58 所示。

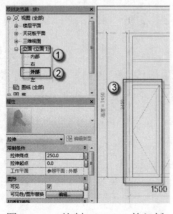

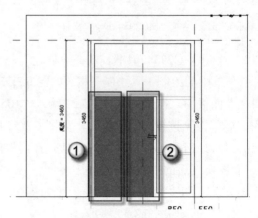

图 6.3.57　绘制 MC2934 的门板　　　　　图 6.3.58　完成门板绘制

（17）修改 MC2934 的门板的位置及厚度。选择"项目浏览器"中的"立面（立面 1）"→
"左"命令，可以进入 MC2934 的左立面视图，如图 6.3.59 所示。选择绘制好的门板，打
开"属性"面板，在"拉伸终点"中输入"95"字样，在"拉伸起点"中输入"55"字样，
如图 6.3.60 所示。

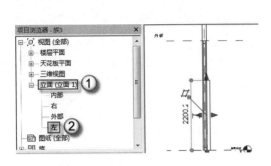
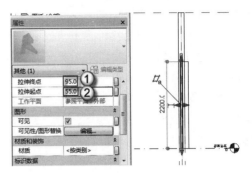

图 6.3.59　MC2934 门板的左立面图　　　　图 6.3.60　修改门板的位置及厚度

（18）修改 MC2934 的门板的可见性。在门板的"属性"面板中，单击"图形"栏"可
见性/图形替换"后的"编辑"按钮，弹出"族图元可见性设置"对话框，取消"平面/天
花板平面视图"和"当在平面/天花板平面视图中被剖切时（如果类别允许）"复选框的选
择，单击"确定"按钮，如 6.3.61 所示。

图 6.3.61　门板的可见性

（19）添加门板材质。选择"项目浏览器"中的"视图"→"三维视图"→"{3D}"
选项，可以进入 MC2934 的 3D 视图，选择门板，在门板的"属性"面板中，单击"材质
和装饰"栏"材质"右侧的空白按钮，弹出"关联族参数"对话框，单击"添加参数（D）"
按钮，弹出"参数属性"对话框。选择"共享参数"单选按钮，单击"确定"按钮，弹出
"共享参数"对话框，在"参数组（G）"中选择"门窗"选项，在"参数（P）"中选择"门
板材质"选项，单击"确定"按钮。重复上述（17）～（19）步操作对另一块门板进行"拉
伸起终点"和"材质编辑"的调整。

（20）绘制 MC2934 窗户玻璃。选择"项目浏览器"中的"立面（立面 1）"→"外部"
选项，可以进入 MC2934 的左立面视图，选择"创建"→"拉伸"命令，进入"修改 | 编辑拉
伸"界面，用菜单中的绘制工具绘制 MC2934 窗户玻璃，在"属性"面板中，在"拉伸终
点"中输入"85"字样，在"拉伸起点"中输入"65"字样。绘制完成后，单击 √ 按钮完
成绘制，如图 6.3.62 所示。

（21）修改 MC2934 窗户玻璃的可见性。在"属性"面板中，单击"图形"栏"可见

性/图形替换"后的"编辑"按钮，弹出"族图元可见性设置"对话框，取消"平面/天花板平面视图"和"当在平面/天花板平面视图中被剖切时（如果类别允许）"复选框的选择，单击"确定"按钮，如图 6.3.63 所示。

（22）添加 MC2934 窗户玻璃材质。选择 MC2934 窗户玻璃，在 MC2934 窗户玻璃的"属性"面板中，单击"材质和装饰"栏"材质"右侧的空白按钮，弹出"关联族参数"对话框。单击"添加参数（D）"按钮，弹出"参数属性"对话框，选择"共享参数"单选按钮，单击"确定"按钮，弹出"共享参数"对话框，在"参数组（G）"中选择"门窗"选项，在"参数（P）"中选择"门窗玻璃材质"选项，单击"确定"按钮，如图 6.3.64 所示。

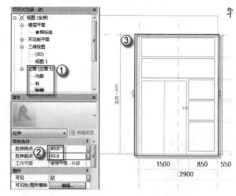

图 6.3.62　MC2934 窗户玻璃的位置及厚度

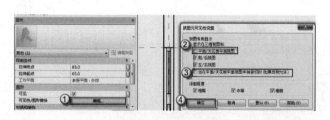

图 6.3.63　修改 MC2934 窗户玻璃的可见性

图 6.3.64　编辑 MC2934 窗户玻璃材质

（23）编辑材质。单击"族类型"按钮，弹出"族类型"对话框，单击"材质和装饰"栏"门窗玻璃材质"右侧的"<按类别>"按钮，弹出"材质浏览器"对话框，选择"主视图"→"Autodesk 材质"→"玻璃"→"玻璃"选项，双击"玻璃"材质将其添加到"文档材质"。选择"文档材质"中的"玻璃"材质，单击"材质浏览器"对话框中的"确定"按钮，如图 6.3.65 所示。

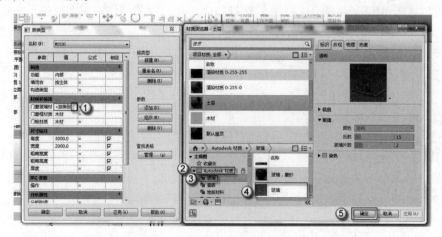

图 6.3.65　编辑门窗玻璃材质

（24）添加"木材"材质。单击"族类型"按钮，弹出"族类型"对话框，单击"材质和装饰"栏"门板材质"右侧的"<按类别>"按钮，弹出"材质浏览器"对话框，选择"主视图"→"收藏夹"→"木材"选项，双击"木材"材质，单击"材质浏览器"对话框中的"确定"按钮，如图 6.3.66 所示。重复本次操作，为"材质和装饰"标签下"门窗框材质"添加"木材"材质。

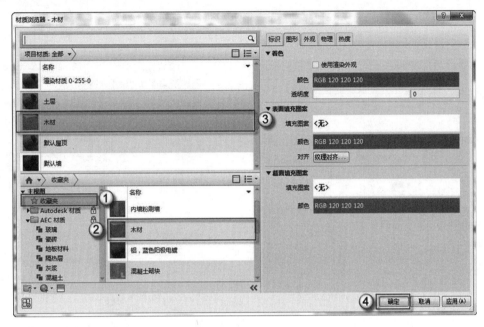

图 6.3.66 添加"木材"材质

（25）载入族"立式长拉手 7.rfa"。选择"项目浏览器"中的"楼层平面"→"参照标高"选项，进入门的参照标高视图。选择"插入"→"载入族"命令，弹出"载入族"对话框，打开"建筑"\"门"\"门构件"\"拉手"文件夹，选择"立式长拉手 7.rfa"，单击"打开"按钮。如图 6.3.67 所示。

图 6.3.67 插入族"立式长拉手 7.rfa"

（26）绘制立式长拉手 7。选择"项目浏览器"中的"族"→"门"→"立式长拉手 7"选项，单击立式长拉手 7 并将其拖动至绘图区域如图 6.3.68 所示位置，按 Esc 键取消插入族命令。单击"属性"面板中"编辑类型"按钮，弹出"类型属性"对话框，在"尺寸标注"栏的"面板厚度"中输入"40"字样，单击"确定"按钮，如图 6.3.69 所示。

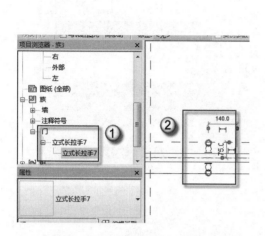

图 6.3.68　绘制立式长拉手 7　　　　　　图 6.3.69　修改"立式长拉手 7"的面板厚度

（27）调整门锁位置。按快捷键 R+P 在门中轴出绘制一条辅助线，并按快捷键 M+V 将"立式长拉手 7"族移动至距离该辅助线 140mm 处，如图 6.3.70 所示。选择"项目浏览器"中的"立面（立面 1）"→"外部"命令，进入门的外部立面视图。选择族"立式长拉手 7"，按快捷键 M+V，将其向上拖动并输入"900"，按 Enter 键确认，如图 6.3.71 所示。最后按两次快捷键 M，将"立式长拉手 7"族镜像复制到对称位置，对称轴选择门的中轴线。

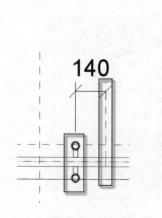

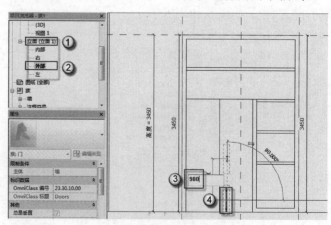

图 6.3.70　调整立式长拉手 7 水平位置　　　　图 6.3.71　调整立式长拉手 7 竖直位置

（28）修改门锁的可见性。在门锁的"属性"面板中，单击"图形"栏"可见性/图形替换"后的"编辑"按钮，弹出"族图元可见性设置"对话框，取消"平面/天花板平面视图"复选框的选择，单击"确定"按钮，如图 6.3.72 所示。最后按两次快捷键 M，将"立式长拉手 7"族镜像复制到对称位置，对称轴选择门的中轴线。

（29）绘制转角后的窗户。选择"项目浏览器"中的"立面（立面 1）"→"左"选项，可以进入 MC2934 的左立面视图，选择"插入"→"导入 CAD"命令，弹出"导入 CAD 格式"对话框，选择"MC2934.dwg"文件，将"导入单位"改为"毫米"，单击"打开"按钮。调整 CAD 图形，单击选定导入的"MC2934.dwg"CAD 图形，按快捷键 M+V，将"MC2934.dwg"的导入 CAD 图形移动至如图 6.3.73 所示位置。

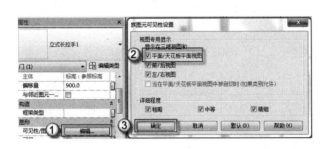

图 6.3.72　修改立式长拉手 7 的可见性

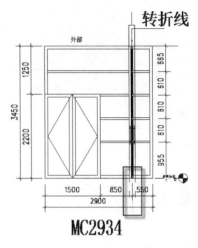

图 6.3.73　导入转角处 CAD 模板

（30）绘制 MC2934 转角窗窗框。选择"项目浏览器"中的"立面（立面 1）"→"左"选项，可以进入 MC2934 的外部立面视图，选择"创建"→"拉伸"命令，进入"修改 | 编辑拉伸"界面，用菜单中的绘制工具绘制 MC2934 窗窗框，如图 6.3.74 所示。在"属性"面板中，在"拉伸终点"中输入"-1175"字样，在"拉伸起点"中输入"-1135"字样，完成后单击 √ 按钮完成绘制。

🔔注意：此处绘制拉伸时的基准面是门的中心平面，所以应该偏移 1175（=2350÷2）。正负可根据立体图进行修改。

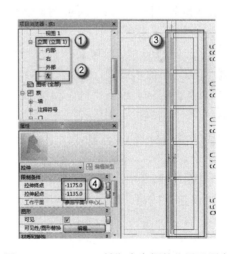

图 6.3.74　MC2934 转角窗窗框的位置及厚度

（31）修改 MC2934 窗窗框的可见性。在 MC2934 窗窗框的"属性"面板中，单击"图形"栏"可见性/图形替换"后的"编辑"按钮，弹出"族图元可见性设置"对话框，取消"平面/天花板平面视图"和"当在平面/天花板平面视图中被剖切时（如果类别允许）"复选框的选择，单击"确定"按钮，如图 6.3.75 所示。

（32）添加 MC2934 转角窗窗框材质。选择 MC2934 窗窗框，在 MC2934 窗窗框的"属性"面板中,单击"材质和装饰"栏"材质"右侧的空白按钮,弹出"关联族参数"对话框,在"列表框中选择"门窗框材质"选项,单击"确定"按钮,如图 6.3.76 所示。

（33）绘制 MC2934 窗户玻璃。选择"项目浏览器"中的"立面（立面 1）"→"左"选项,可以进入 MC2934 的左立面视图,选择"创建"→"拉伸"命令,进入"修改｜编辑拉伸"界面,用菜单中的绘制工具绘制 MC2934 窗户玻璃,如图 6.3.77 所示。在"属性"面板中,在"拉伸终点"中输入"–1165"字样,在"拉伸起点"中输入"–1145"字样,完成后单击√按钮完成绘制。

图 6.3.75　修改 MC2934 转角窗户窗框的可见性　　图 6.3.76　添加 MC2934 转角窗窗框材质

（34）修改 MC2934 转角窗户玻璃的可见性。在"属性"面板中,单击"图形"栏"可见性/图形替换"后的"编辑"按钮,弹出"族图元可见性设置"对话框,取消"平面/天花板平面视图"和"当在平面/天花板平面视图中被剖切时（如果类别允许）"复选框的选择,单击"确定"按钮,如图 6.3.78 所示。

（35）添加 MC2934 转角窗户玻璃材质。选择 MC2934 窗户玻璃,在 MC2934 窗户玻璃的"属性"面板中,单击"材质和装饰"栏"材质"右侧的空白按钮,弹出"关联族参数"对话框。单击"添加参数（D）"按钮,弹出"参数属性"

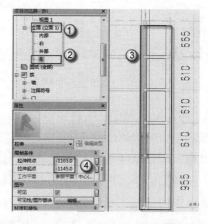

图 6.3.77　MC2934 转角窗户玻璃的位置及厚度

对话框,选择"共享参数"单选按钮,单击"确定"按钮,弹出"共享参数"对话框,在"参数组（G）"中选择"门窗"选项,在"参数（P）"中选择"门窗玻璃材质"选项,单击"确定"按钮,如图 6.3.79 所示。

图 6.3.78　修改 MC2934 转角窗户玻璃的可见性　　图 6.3.79　编辑 MC2934 转角窗户玻璃材质

（36）绘制 MC2934 的平面轮廓线。选择"项目浏览器"中的"楼层平面"→"参照标高"命令，进入门的参照标高视图。按快捷键 R+P，作出墙体和门的宽边辅助线，并标注且将标注锁定，如图 6.3.80 所示。选择"注释"→"符号线"命令，绘制如图 6.3.81 的"门（投影）"，按快捷键 D+I，为"门板轮廓线"长边做标注并将此标注锁定。按两次快捷键 M，以门的中轴线镜像复制。

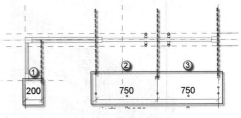

图 6.3.80　辅助线标注

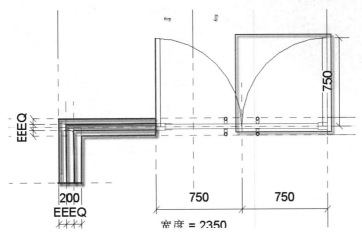

图 6.3.81　绘制 MC2934 的平面轮廓线

（37）绘制 MC2934 的立面打开方向。选择"项目浏览器"中的"立面（立面 1）"→"外部"选项，进入门的外部立面视图。选择"注释"→"符号线"命令，将"子类别"改为"立面打开方向（投影）"，绘制如图 6.3.82 所示门的"打开方向"符号线。

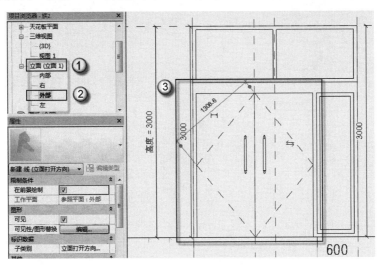

图 6.3.82　绘制 MC2934 的立面打开方向

保存族"MC2934"，单击"保存"按钮，将文件保存到指定位置方便以后使用，如图

6.3.83 所示。

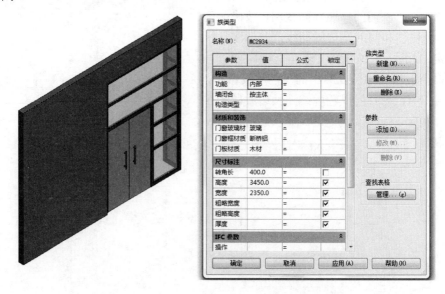

图 6.3.83　族 "MC2934" 最终效果及其属性

第7章　建立窗、幕墙族

本章介绍另外两种类型的建筑构件：窗与幕墙。因为二者在创建时，都是选用的与窗有关的族样板文件，所以将其放在一章中介绍。本章中的窗、幕墙都采用断桥铝和双层中空玻璃材质，但是材质的截面尺寸不一样。

7.1　窗　　族

窗是建筑构造物之一。窗扇的开启形式应方便使用，安全，易于清洁。公共建筑宜采用推拉窗和内开窗，当采用外开窗时应有牢固窗扇的措施。开向公共走道的窗扇，其底面高度应不低于 2m，窗台低于 0.8m 时应采取保护措施。

7.1.1　外檐窗 C2925

C2925 是一个转角窗，转角窗经常用在饮食类的公共建筑中，因为这样的窗可以增加视角。此窗的开启方向向外，具体操作如下。

（1）选择"公制窗.rft"族样板。选择"程序"→"新建"→"族"命令，在弹出的"新族-选择样板文件"对话框中选择"公制窗.rft"文件，单击"打开"按钮，进入窗族的设计界面，如图 7.1.1 所示。

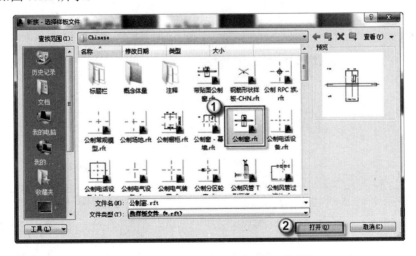

图 7.1.1　"新族-选择样板文件"对话框

（2）新建族类型。单击"族类型"按钮，在弹出的"族类型"对话框中单击"新建"

按钮，弹出"名称"对话框，在"名称"一栏输入"C2925"字样，单击"确定"按钮，如图 7.1.2 所示。

（3）修改窗的尺寸标注。在不关闭已经打开的"C2925"族的族类型的情况下，选择屏幕操作区"尺寸标注"标签，在"高度"中输入"2550"字样，在"宽度"中输入"2350"字样，在"默认窗台高"中输入"900"字样，单击"确定"按钮，如图 7.1.3 所示。

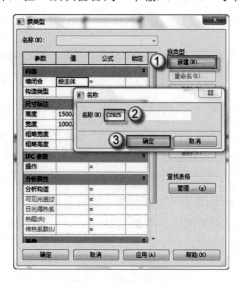

图 7.1.2　创建"C2925"　　　　　　　　　　图 7.1.3　修改尺寸标注

（4）调整基本墙高。选择"项目浏览器"中的"立面（立面 1）"→"外部"选项，可以进入 C2925 的外部立面视图，选择基本墙，出现基本墙的调整按钮，单击向上的按钮并进行拖动，将基本墙上端拖至高于窗洞的位置，如图 7.1.4 所示。

（5）调整模板基本墙。选择"项目浏览器"中的"楼层平面"→"参照标高"选项，可以进入 C2925 的参照平面视图，单击左侧墙端点，将左侧墙端点拖至窗框处，如图 7.1.5 所示。

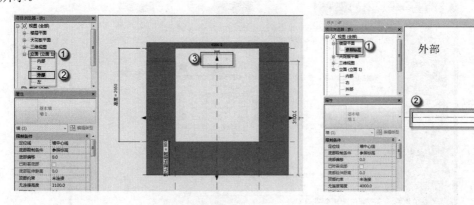

图 7.1.4　C2925 的外部立面视图　　　　　　　图 7.1.5　调整基本墙

（6）删除已有的洞口剪切。选择"项目浏览器"中的"视图"→"三维视图"→"{3D}"选项，可以进入 C2925 的 3D 视图。选择图形"洞口剪切"，按 Delete 键将其删除，如图 7.1.6 所示。

（7）新建尺寸参数"转角长"。按快捷键 R+P，在上方"标签"的"偏移量"中输入"400"字样，绘制一条距离窗内边线 400 的一条参照平面辅助线，如图 7.1.7 所示。按快捷键 D+I，标注从窗内边线到辅助线的距离，按 Esc 键，然后选择该标注，在上方"标签"中选择"添加参数"，弹出"参数属性"对话框，在"参数数据"的"名称"栏中输入"转角长"字样，单击"确定"按钮，如图 7.1.8 所示。

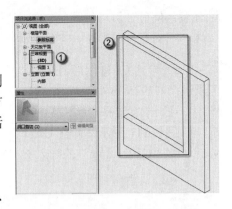

图 7.1.6 删除图形"洞口剪切"

🔔注意：重建新洞口的拐角后的墙，这里选择 400 厚、550 长，并且由于实际情况可能改变转角长，因此选择建立活族。

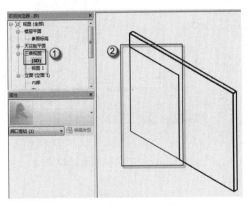

图 7.1.7 删除图形"洞口剪切"

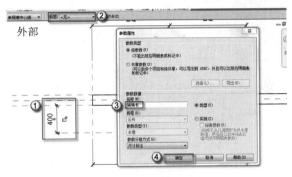

图 7.1.8 新建尺寸参数"转角长"

（8）创建新的洞口剪切的空心模型。选择菜单"创建"→"空心形状"→"空心拉伸"命令，进入"修改 | 编辑拉伸"界面，用菜单中的绘制工具绘制新的洞口剪切绘，如图 7.1.9 所示。在"属性"面板中，在"拉伸终点"中输入"3450"字样，在"拉伸起点"中输入"900"字样，完成后单击 √ 按钮完成绘制。

（9）挖去新的空心模型创建新的洞口剪切。选择"项目浏览器"中的"视图"→"三维视图"→"{3D}"选项，可以进入 C2925 的 3D 视图，选择"修改"→"剪切"→"剪切几何图形"命令，先选择基本墙，再选择创建的空心拉伸，得到新的洞口剪切，如图 7.1.10 所示。

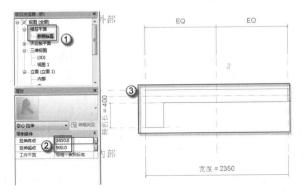

图 7.1.9 创建新的洞口剪切

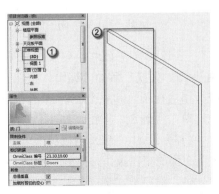

图 7.1.10 创建新的洞口剪切

🔔**注意**：使用剪切几何图形命令时，要先选择需要剪切的图元（如基本墙），再选择建好的空心图形（如空心拉伸）。

（10）导入 CAD 图形。选择"项目浏览器"中的"立面（立面1）"→"外部"命令，可以进入 C2925 的外部立面视图，选择"插入"→"导入 CAD"命令，弹出"导入 CAD 格式"对话框，选择"C2925.dwg"文件，将"导入单位"改为"毫米"，单击"打开"按钮，如图 7.1.11 所示。调整 CAD 图形，选定导入的"C2925.dwg"CAD 图形，按快捷键 M+V，将"C2925.dwg"的导入 CAD 图形移动至如图 7.1.12 所示位置。

图 7.1.11　导入"C2925.dwg"文件

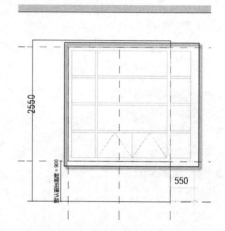

图 7.1.12　调整后的 C2925.dwg

（11）绘制 C2925 窗框。选择"创建"→"拉伸"命令，进入"修改｜编辑拉伸"界面，用菜单中的绘制工具绘制窗框，如图 7.1.13 所示。修改 C2925 窗框的位置及厚度，在"属性"面板中，在"拉伸终点"中输入"40"字样，在"拉伸起点"中输入"0"字样。完成后，单击√按钮完成绘制。

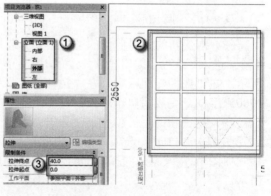

🔔**注意**：公制窗中基本墙的厚度为 200，所以中心线的位置为 100。由于 C2925 为外檐窗，所以窗框外边缘与墙的外墙线在同一平面。

图 7.1.13　绘制窗框拉伸

（12）修改 C2925 窗框的可见性。在窗框的"属性"面板中，单击"图形"栏"可见性/图形替换"后的"编辑"按钮，弹出"族图元可见性设置"对话框，取消"平面/天花板平面视图"和"当在平面/天花板平面视图中被剖切时（如果类别允许）"复选框的选择，单击"确定"按钮，如图 7.1.14 所示。

（13）添加 C2925 窗框材质。在窗框的"属性"面板中，单击"材质和装饰"栏"材质"右侧的空白按钮，弹出"关联族参数"对话框，单击"添加参数（D）"按钮，弹出"参数属性"对话框。选择"共享参数"单选按钮，单击"确定"按钮，弹出"共享参数"对话框，在"参数组（G）"中选择"门窗"选项，在"参数（P）"中选择"门窗框材质"选项，单击"确定"按钮，如图 7.1.15 所示。

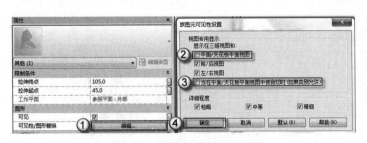

图 7.1.14　修改窗框的可见性　　　　图 7.1.15　添加窗框材质

（14）绘制 C2925 窗户玻璃。选择"项目浏览器"中的"立面（立面 1）"→"左"命令，可以进入 C2925 的左立面视图，选择"创建"→"拉伸"命令，进入"修改｜编辑拉伸"界面，用菜单中的绘制工具完成 C2925 窗户玻璃绘制，如图 7.1.16 所示。在"属性"面板中，在"拉伸终点"中输入"30"字样，在"拉伸起点"中输入"10"字样。绘制完成后，单击√按钮完成绘制。

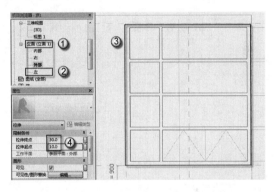

（15）修改 C2925 窗户玻璃的可见性。在"属性"面板中，单击"图形"标签下的"可见性/图形替换"后的"编辑"按钮，弹出"族图元可见性设置"对话框，取消"平面/天花板平面视图"和"当在平面/天花板平面视图中被剖切时（如果类别允许）"复选框的选择，单击"确定"按钮，如图 7.1.17 所示。

图 7.1.16　C2925 窗户玻璃的位置及厚度

（16）添加 C2925 窗户玻璃材质。选择 C2925 窗户玻璃，在 C2925 窗户玻璃的"属性"面板中，单击"材质和装饰"栏"材质"右侧的空白按钮，弹出"关联族参数"对话框，单击"添加参数（D）"按钮，弹出"参数属性"对话框。选择"共享参数"单选按钮，单击"确定"按钮，弹出"共享参数"对话框，在"参数组（G）"中选择"门窗"选项，在"参数（P）"中选择"门窗玻璃材质"选项，单击"确定"按钮，如图 7.1.18 所示。

图 7.1.17　修改 C2925 窗户玻璃的可见性　　　图 7.1.18　编辑 C2925 窗户玻璃材质

（17）编辑材质。单击"族类型"按钮，弹出"族类型"对话框，单击"材质和装饰"栏"门窗玻璃材质"后的"<按类别>"按钮，弹出"材质浏览器"对话框，选择"主视图"→"Autodesk 材质"→"玻璃"→"玻璃"选项，双击"玻璃"材质将其添加到"文档材质"。选择"文档材质"中的"玻璃"材质，单击"材质浏览器"对话框中的"确定"按钮，如图 7.1.19 所示。

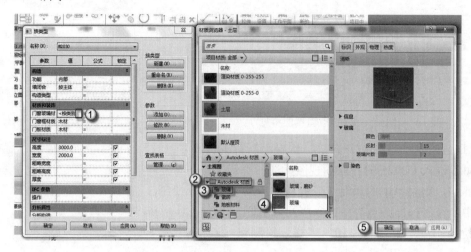

图 7.1.19　编辑门窗玻璃材质

（18）添加"断桥铝"材质。单击"族类型"按钮，弹出"族类型"对话框，单击"材质和装饰"栏"门窗框材质"后的"<按类别>"按钮，弹出"材质浏览器"对话框，选择"主视图"→"收藏夹"→"断桥铝"选项，双击"断桥铝"材质，单击"材质浏览器"对话框中的"确定"按钮，如图 7.1.20 所示。

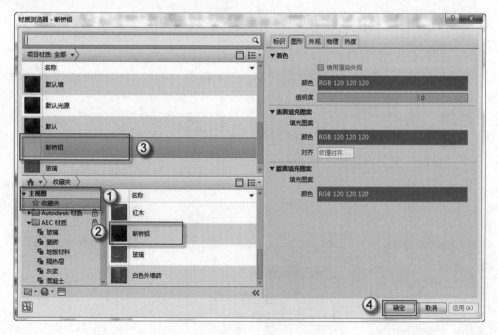

图 7.1.20　添加"断桥铝"材质

（19）绘制转角后的窗户。选择"项目浏览器"中的"立面（立面1）"→"左"选项，可以进入 C2925 的左立面视图，选择"插入"→"导入 CAD"命令，弹出"导入 CAD 格式"对话框，选择"C2925.dwg"文件，将"导入单位"改为"毫米"，单击"打开"按钮。调整 CAD 图形，选定导入的"C2925.dwg"CAD 图形，按快捷键 M+V，将"C2925.dwg"的导入 CAD 图形移动至如图 7.1.21 所示位置。

（20）绘制 C2925 门窗框。选择"项目浏览器"中的"立面（立面1）"→"左"命令，可以进入 C2925 的外部立面视图，选择"创建"→"拉伸"命令，进入"修改｜编辑拉伸"界面，用菜单中的绘制工具绘制 C2925 门窗框，如图 7.1.22 所示。在"属性"面板中，在"拉伸终点"中输入"-40"字样，在"拉伸起点"中输入"0"字样，完成后，单击 √ 按钮完成绘制。

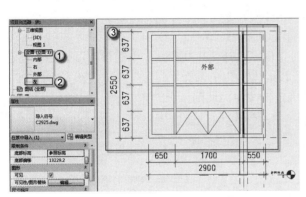

图 7.1.21　导入转角处 CAD 模板　　　　图 7.1.22　C2925 转角门窗框的位置及厚度

（21）修改 C2925 门窗框的可见性。在 C2925 门窗框的"属性"面板中，单击"图形"栏"可见性/图形替换"后的"编辑"按钮，弹出"族图元可见性设置"对话框，取消"平面/天花板平面视图"和"当在平面/天花板平面视图中被剖切时（如果类别允许）"复选框的选择，单击"确定"按钮，如图 7.1.23 所示。

（22）添加 C2925 转角门窗框材质。选择 C2925 门窗框，在 C2925 门窗框的"属性"面板中，单击"材质和装饰"栏"材质"右侧的空白按钮，弹出"关联族参数"对话框，在列表框中选择"门窗框材质"选项，单击"确定"按钮，如图 7.1.24 所示。

图 7.1.23　修改 C2925 转角窗户窗框的可见性　　　图 7.1.24　添加 C2925 转角门窗框材质

（23）绘制 C2925 窗户玻璃。选择"项目浏览器"中的"立面（立面1）"→"左"选项，可以进入 C2925 的左立面视图，选择"创建"→"拉伸"命令，进入"修改｜编辑拉伸"界面，用菜单中的绘制工具绘制 C2925 窗户玻璃，如图 7.1.25 所示。在"属性"面板中，在"拉伸起点"中输入"-30"字样，在"拉伸终点"中写入"-10"字样，完成后，单击√按钮完成绘制。

（24）修改 C2925 转角窗户玻璃的可见性。在"属性"面板中，单击"图形"栏"可见性/图形替换"后的"编辑"按钮，弹出"族图元可见性设置"对话框，取消"平面/天花板平面视图"和"当在平面/天花板平面视图中被剖切时（如果类别允许）"复选框的选择，单击"确定"按钮，如图 7.1.26 所示。

（25）添加 C2925 转角窗户玻璃材质。选择 C2925 窗户玻璃，在 C2925 窗户玻璃的"属性"面板中，单击"材质和装饰"栏"材质"右侧的空白按钮，弹出"关联族参数"对话框，单击"添

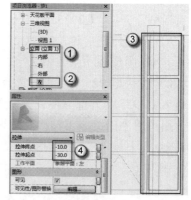

图 7.1.25　C2925 转角窗户玻璃的位置及厚度

加参数（D）"按钮，弹出"参数属性"对话框。选择"共享参数"单选按钮，单击"确定"按钮，弹出"共享参数"对话框，在"参数组（G）"中选择"门窗"选项，在"参数（P）"中选择"门窗玻璃材质"选项，单击"确定"按钮，如图 7.1.27 所示。

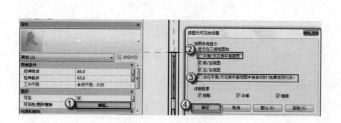

图 7.1.26　修改 C2925 转角窗户玻璃的可见性

图 7.1.27　编辑 C2925 转角窗户玻璃材质

（26）绘制 C2925 的平面轮廓线。选择"项目浏览器"中的"楼层平面"→"参照标高"选项，进入窗的参照标高视图。按快捷键 R+P，作出墙体和窗的宽边辅助线，并标注且将标注锁定，如图 7.1.28 所示。选择"注释"→"符号线"命令，绘制如图 7.1.29 所示的平面轮廓线。

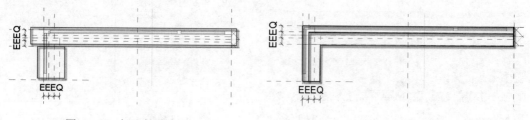

图 7.1.28　标注辅助线

图 7.1.29　绘制 C2925 的平面轮廓线

（27）绘制 C2925 的立面打开方向。选择"项目浏览器"中的"立面（立面 1）"→"外部"选项，进入窗的外部立面视图。选择"注释"→"符号线"命令，将"子类别"改为

"立面打开方向（投影）"，绘制如图 7.1.30 所示窗的"打开方向"符号线。

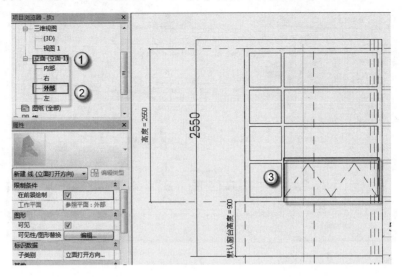

图 7.1.30 绘制 C2925 的立面打开方向

保存族"C2925"，单击"保存"按钮，将文件保存到指定位置方便以后使用，如图 7.1.31 所示。

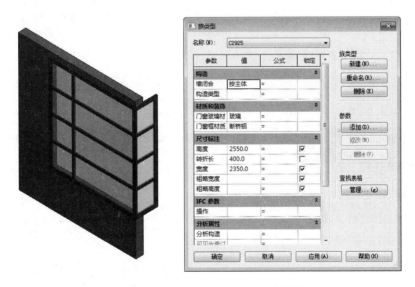

图 7.1.31 族"C2925"最终效果及其属性

7.1.2 高窗 GC4010

GC4010 是一个高窗。高窗是指窗台比较高（一般为 1800mm）的窗子，主要是为了保护私密性。此窗的开启方向向外，具体操作如下。

（1）选择"公制窗.rft"族样板。选择"程序"→"新建"→"族"命令，在弹出的"新族-选择样板文件"对话框中选择"公制窗.rft"文件，单击"打开"按钮，进入窗族的设计界面，如图 7.1.32 所示。

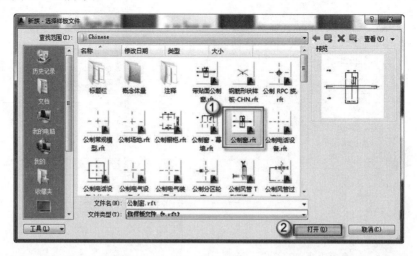

图 7.1.32 "新族-选择样板文件"对话框

（2）新建族类型。单击"族类型"按钮，在弹出的"族类型"对话框中单击"新建"按钮，弹出"名称"对话框，在"名称"一栏输入"GC4010"字样，单击"确定"按钮，如图 7.1.33 所示。

（3）修改窗的尺寸标注。在不关闭已经打开的"GC4010"族的族类型情况下，选择屏幕操作区"尺寸标注"栏，在"高度"中输入"1000"字样，在"宽度"中输入"4000"字样，在"默认窗台高"中输入"1800"字样，单击"确定"按钮，如图 7.1.34 所示。

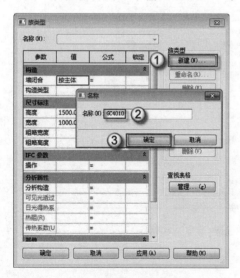

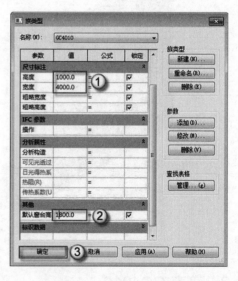

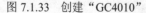

图 7.1.33　创建"GC4010"　　　　　　　　图 7.1.34　修改尺寸标注

（4）导入 CAD 图形。选择"项目浏览器"中的"立面（立面 1）"→"外部"选项，可以进入 GC4010 的外部立面视图，选择"插入"→"导入 CAD"命令，弹出"导入 CAD格式"对话框，选择"GC4010.dwg"文件，将"导入单位"改为"毫米"，单击"打开"按钮，如图 7.1.35 所示。调整 CAD 图形，选定导入的"GC4010.dwg"CAD 图形，按快捷键 M+V，将"GC4010.dwg"的导入 CAD 图形移动至如图 7.1.36 所示位置。

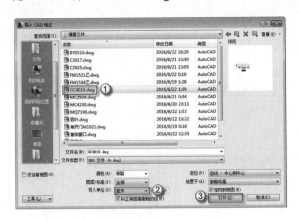

图 7.1.35　导入"GC4010.dwg"文件

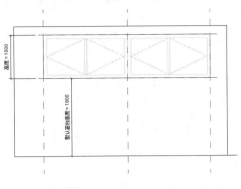

图 7.1.36　调整后的 GC4010.dwg

（5）绘制 GC4010 窗框。选择"创建"→"拉伸"命令，进入"修改 | 编辑拉伸"界面，用菜单中的绘制工具绘制窗框，如图 7.1.37 所示。修改 GC4010 窗框的位置及厚度，在"属性"面板中，在"拉伸终点"中输入"120"字样，在"拉伸起点"中输入"80"字样。完成后，单击 √ 按钮完成绘制。

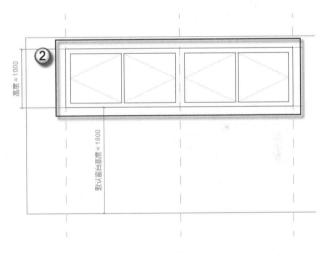

图 7.1.37　绘制窗框拉伸

（6）修改 GC4010 窗框的可见性。在窗框的"属性"面板中，单击"图形"栏"可见性/图形替换"后的"编辑"按钮，弹出"族图元可见性设置"对话框，取消"平面/天花板平面视图"和"当在平面/天花板平面视图中被剖切时（如果类别允许）"复选框的选择，单击"确定"按钮，如图 7.1.38 所示。

（7）添加 GC4010 窗框材质。在窗框的"属性"面板中，单击"材质和装饰"栏"材质"右侧的空白按钮，弹出"关联族参数"对话框，单击"添加参数（D）"按钮，弹出"参数属性"对话框。选中"共享参数"单选按钮，单击"确定"按钮，弹出"共享参数"对话框，在"参数组（G）"中选择"门窗"选项，在"参数（P）"中选择"门窗框材质"选项，单击"确定"按钮，如图 7.1.39 所示。

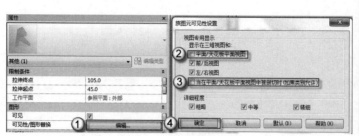

图 7.1.38　修改窗框的可见性　　　　　　　　图 7.1.39　添加窗框材质

（8）绘制 GC4010 窗户玻璃。选择"项目浏览器"中的"立面（立面 1）"→"左"选项，可以进入 GC4010 的左立面视图，选择"创建"→"拉伸"命令，进入"修改 | 编辑拉伸"界面，用菜单中的绘制工具绘制 GC4010 窗户玻璃，如图 7.1.40 所示。在"属性"面板中，在"拉伸终点"中输入"110"字样，在"拉伸起点"中输入"90"字样。绘制完成后，单击 √ 按钮完成绘制。

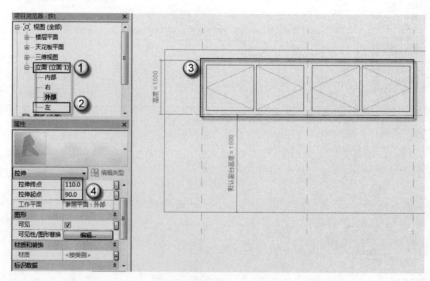

图 7.1.40　绘制 GC4010 窗户玻璃的位置及厚度

（9）修改 GC4010 窗户玻璃的可见性。在"属性"面板中，单击"图形"栏"可见性/图形替换"后的"编辑"按钮，弹出"族图元可见性设置"对话框，取消"平面/天花板平面视图"和"当在平面/天花板平面视图中被剖切时（如果类别允许）"复选框的选择，单击"确定"按钮，如图 7.1.41 所示。

（10）添加 GC4010 窗户玻璃材质。选择 GC4010 窗户玻璃，在 GC4010 窗户玻璃的"属性"面板中，单击"材质和装饰"栏"材质"右侧的空白按钮，弹出"关联族参数"对话框，单击"添加参数（D）"按钮，弹出"参数属性"对话框。选中"共享参数"单选按钮，单击"确定"按钮,弹出"共享参数"对话框,在"参数组(G)"中选择"门窗"选项,在"参数(P)"中选择"门窗玻璃材质"选项,单击"确定"按钮,如图 7.1.42 所示。

图 7.1.41　修改 GC4010 窗户玻璃的可见性

图 7.1.42　编辑 GC4010 窗户玻璃材质

(11)编辑材质。单击"族类型"按钮,弹出"族类型"对话框,单击"材质和装饰"栏"门窗玻璃材质"后的"<按类别>"按钮,弹出"材质浏览器"对话框,选择"主视图"→"Autodesk 材质"→"玻璃"→"玻璃"选项,双击"玻璃"材质将其添加到"文档材质"。选择"文档材质"中的"玻璃"材质,单击"材质浏览器"对话框中的"确定"按钮,如图 7.1.43 所示。

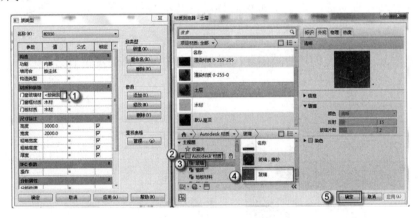

图 7.1.43　编辑门窗玻璃材质

(12)添加"断桥铝"材质。单击"族类型"按钮,弹出"族类型"对话框,单击"材质和装饰"栏"门窗框材质"后的"<按类别>"按钮,弹出"材质浏览器"对话框,选择"主视图"→"收藏夹"→"断桥铝"选项,双击"断桥铝"材质,单击"材质浏览器"对话框中的"确定"按钮,如图 7.1.44 所示。

(13)绘制 GC4010 的立面打开方向。选择"项目浏览器"中的"立面(立面 1)"→"外部"选项,进

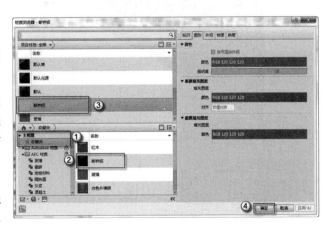

图 7.1.44　添加"断桥铝"材质

入窗的外部立面视图。选择"注释"→"符号线"命令,将"子类别"改为"立面打开方向(投影)",绘制如图 7.1.45 所示窗的"打开方向"符号线。

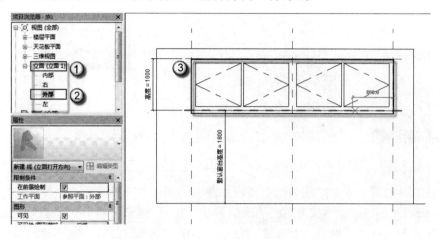

图 7.1.45 绘制 GC4010 的立面打开方向

注意:由于此处为高窗,高于平面视图标高,所以在平面图上是看不到这个窗户的,因此不做窗的投影轮廓线。

保存族"GC4010",单击"保存"按钮,将文件保存到指定位置方便以后使用,如图 7.1.46 所示。

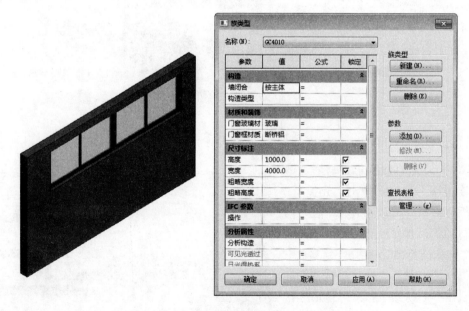

图 7.1.46 族"GC4010"最终效果及其属性

7.1.3 内檐窗 C2017

C2017 是一个内檐窗,内檐窗是指设置在建筑物内部的窗,在节能方面比外檐窗要求要小一些。此窗的开启方向向外，具体操作如下。

（1）选择"公制窗.rft"族样板。选择"程序"→"新建"→"族"命令，在弹出的"新族-选择样板文件"对话框中选择"公制窗.rft"文件，单击"打开"按钮，进入窗族的设计界面，如图 7.1.47 所示。

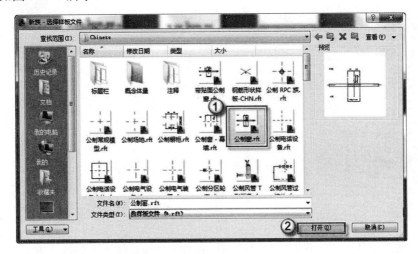

图 7.1.47　"新族-选择样板文件"对话框

（2）新建族类型。单击"族类型"按钮，在弹出的"族类型"对话框中单击"新建"按钮，弹出"名称"对话框，在"名称"一栏输入"C2017"字样，单击"确定"按钮，如图 7.1.48 所示。

（3）修改窗的尺寸标注。在不关闭已经打开的"C2017"族的族类型情况下，选择屏幕操作区"尺寸标注"栏，在"高度"中输入"1750"字样，在"宽度"中输入"2000"字样，在"默认窗台高"中写入"900"字样，单击"确定"按钮，如图 7.1.49 所示。

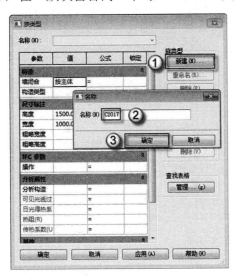

图 7.1.48　创建"C2017"

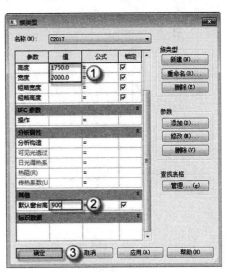

图 7.1.49　修改尺寸标注

（4）导入 CAD 图形。选择"项目浏览器"中的"立面（立面 1）"→"外部"选项，可以进入 C2017 的外部立面视图，选择"插入"→"导入 CAD"命令，弹出"导入 CAD格式"对话框，选择"C2017.dwg"文件，将"导入单位"改为"毫米"，单击"打开"按钮，如图 7.1.50 所示。调整 CAD 图形，选定导入的"C2017.dwg"CAD 图形，按快捷键M+V，将"C2017.dwg"的导入 CAD 图形移动至如图 7.1.51 所示位置。

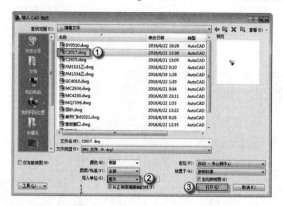

图 7.1.50　导入"C2017.dwg"文件　　　　　图 7.1.51　调整后的 C2017.dwg

（5）绘制 C2017 窗框。选择"创建"→"拉伸"命令，进入"修改 | 编辑拉伸"界面，用菜单中的绘制工具绘制窗框，如图 7.1.52 所示。修改 C2017 窗框的位置及厚度，在"属性"面板中，在"拉伸终点"中输入"200"字样，在"拉伸起点"中输入"180"字样。完成后，单击 √ 按钮，完成绘制。

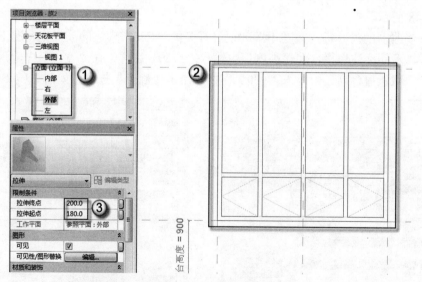

图 7.1.52　绘制窗框拉伸

△注意：C2017 是一个内檐窗，窗边与墙的内边线平齐。

（6）修改 C2017 窗框的可见性。在窗框的"属性"面板中，单击"图形"栏"可见性/图形替换"后的"编辑"按钮，弹出"族图元可见性设置"对话框，取消"平面/天花板平面视图"和"当在平面/天花板平面视图中被剖切时（如果类别允许）"复选框的选择，单击"确定"按钮，如图 7.1.53 所示。

（7）添加 C2017 窗框材质。在窗框的"属性"面板中，单击"材质和装饰"栏"材质"右侧的空白按钮，弹出"关联族参数"对话框，单击"添加参数（D）"按钮，弹出"参数属性"对话框。选中"共享参数"单选按钮，单击"确定"按钮，弹出"共享参数"对话框，在"参数组（G）"中选择"门窗"选项，在"参数（P）"中选择"门窗框材质"选项，单击"确定"按钮，如图 7.1.54 所示。

图 7.1.53　修改窗框的可见性　　　　　　　　　图 7.1.54　添加窗框材质

（8）绘制 C2017 窗户玻璃。选择"项目浏览器"中的"立面（立面 1）"→"左"选项，可以进入 C2017 的左立面视图，选择"创建"→"拉伸"命令，进入"修改｜编辑拉伸"界面，用菜单中的绘制工具绘制 C2017 窗户玻璃，如图 7.1.55 所示。在"属性"面板中，在"拉伸终点"中输入"190"字样，在"拉伸起点"中输入"170"字样。绘制完成后，单击 √ 按钮完成绘制。

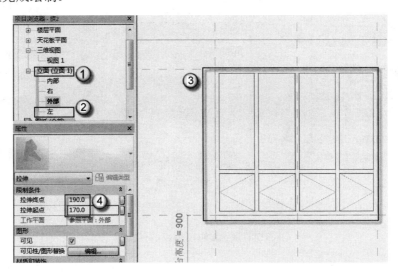

图 7.1.55　C2017 窗户玻璃的位置及厚度

（9）修改 C2017 窗户玻璃的可见性。在"属性"面板中，单击"图形"栏"可见性/图形替换"后的"编辑"按钮，弹出"族图元可见性设置"对话框，取消"平面/天花板平面视图"和"当在平面/天花板平面视图中被剖切时（如果类别允许）"复选框的选择，单击"确定"按钮，如图 7.1.56 所示。

（10）添加 C2017 窗户玻璃材质。选择 C2017 窗户玻璃，在 C2017 窗户玻璃的属性面板中，单击"材质和装饰"栏"材质"右侧的空白按钮，弹出"关联族参数"对话框，单击"添加参数（D）"按钮，弹出"参数属性"对话框。选中"共享参数"单选按钮，单击"确定"按钮，弹出"共享参数"对话框，在"参数组（G）"中选择"门窗"选项，在"参数（P）"中选择"门窗玻璃材质"选项，单击"确定"按钮，如图 7.1.57 所示。

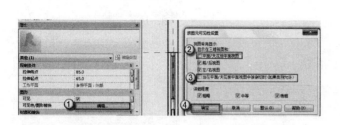

图 7.1.56　修改 C2017 窗户玻璃的可见性

图 7.1.57　编辑 C2017 窗户玻璃材质

（11）编辑材质。单击"族类型"按钮，弹出"族类型"对话框，单击"材质和装饰"栏"门窗玻璃材质"后的"<按类别>"按钮，弹出"材质浏览器"对话框，选择"主视图"→"Autodesk 材质"→"玻璃"→"玻璃"选项，双击"玻璃"材质将其添加到"文档材质"。选择"文档材质"中的"玻璃"材质，单击"材质浏览器"对话框中的"确定"按钮，如图 7.1.58 所示。

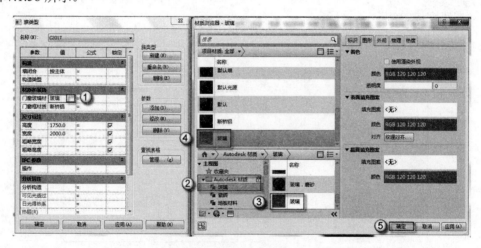

图 7.1.58　编辑门窗玻璃材质

（12）添加"断桥铝"材质。单击"族类型"按钮，弹出"族类型"对话框，单击"材质和装饰"栏"门窗框材质"后的"<按类别>"按钮，弹出"材质浏览器"对话框，选择"主视图"→"收藏夹"→"断桥铝"命令，双击"断桥铝"材质，单击"材质浏览器"对话框中的"确定"按钮，如图 7.1.59 所示。

（13）绘制 C2017 的立面打开方向。选择"项目浏览器"中的"立面（立面 1）"→"外部"选项，进入窗的外部立面视图。选择"注释"→"符号线"命令，将"子类别"改为"立面打开方向（投影）"，绘制如图 7.1.60 所示窗的"打开方向"符号线。

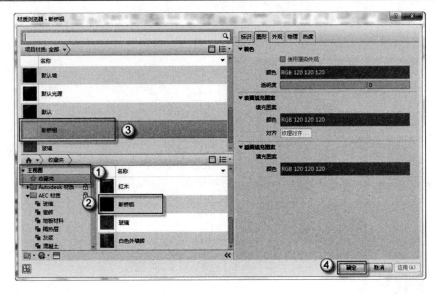

图 7.1.59 添加"断桥铝"材质

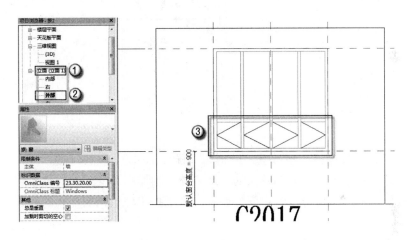

图 7.1.60 绘制 C2017 的立面打开方向

（14）绘制 C2925 的平面轮廓线。选择"项目浏览器"中的"楼层平面"→"参照标高"选项，进入窗的参照标高视图。按快捷键 R+P，作出墙体和窗的宽边辅助线，并标注且将标注锁定，如图 7.1.61 所示。选择"注释"→"符号线"命令，绘制如图 7.1.62 的平面轮廓线。

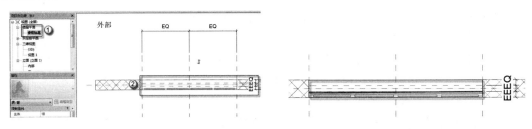

图 7.1.61 辅助线标注　　　　　　　图 7.1.62 绘制 C2925 的平面轮廓线

保存族"C2017"，单击"保存"按钮，将文件保存到指定位置方便以后使用，如图 7.1.63

所示。

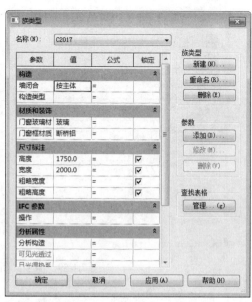

图 7.1.63 族 "C2017" 最终效果图及其属性

7.2 幕 墙 族

幕墙是建筑的外墙围护，不承重，像幕布一样挂上去，因此又称为"帷幕墙"，是现代大型和高层建筑常用的带有装饰效果的轻质墙体，由面板和支承结构体系组成，相对主体结构有一定位移能力或自身有一定变形能力，不承担主体结构所作用的建筑外围护结构或装饰性结构。

幕墙是利用各种强劲、轻盈、美观的建筑材料取代传统的砖石或窗墙的外墙工法，是包围在主结构的外围而使整栋建筑达到美观，使用功能健全而又安全的外墙工法。简言之，是将建筑穿上一件漂亮的外衣。幕墙范围主要包括建筑的外墙、采光顶（罩）等。

7.2.1 MQ6596

MQ6596 是一个转角幕墙，幕墙的开启方向向外。幕墙的建族方式与门窗类似，特别和窗的类型相近，具体操作如下。

（1）选择"公制窗 - 幕墙.rft"族样板。选择"程序"→"新建"→"族"命令，在弹出的"新族-选择样板文件"对话框中选择"公制窗-幕墙.rft"文件，单击"打开"按钮，进入幕墙族的设计界面，如图 7.2.1 所示。

（2）新建族类型。单击"族类型"按钮，在弹出的"族类型"对话框中单击"新建"按钮，弹出"名称"对话框，在"名称"一栏输入"MQ6596"字样，单击"确定"按钮，如图 7.2.2 所示。

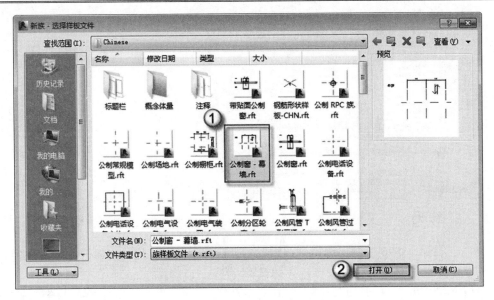

图 7.2.1　"新族-选择样板文件"对话框

（3）修改幕墙的尺寸标注。选择"项目浏览器"中的"立面（立面 1）"→"外部"命令，可以进入 MQ6596 的外部立面视图，选择"顶部"的边线，单击其标注写入"9650"，选择左右边线中的任意一根，单击其标注写入"2075"，并将各边线延长相交，如图 7.2.3 所示。

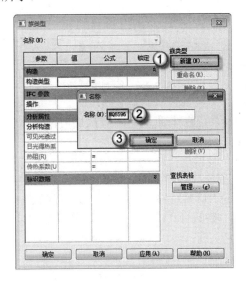

图 7.2.2　创建"MQ6596"

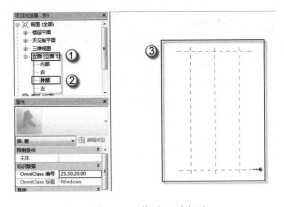

图 7.2.3　修改尺寸标注

（4）导入 CAD 图形。选择"项目浏览器"中的"立面（立面 1）"→"外部"选项，可以进入 MQ6596 的外部立面视图，选择"插入"→"导入 CAD"命令，弹出"导入 CAD 格式"对话框，选择"MQ6596.dwg"文件，将"导入单位"改为"毫米"，单击"打开"按钮，如图 7.2.4 所示。调整 CAD 图形，选定导入的"MQ6596.dwg"CAD 图形按快捷键 M+V，将"MQ6596.dwg"的导入 CAD 图形移动至如图 7.2.5 所示位置。

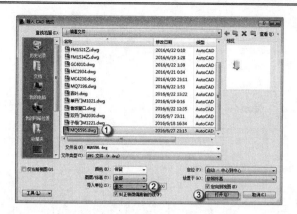

图 7.2.4　导入"MQ6596.dwg"文件

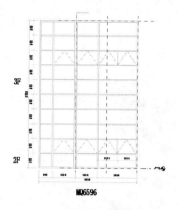

图 7.2.5　调整后的 MQ6596.dwg

（5）绘制 MQ6596 窗框。选择"创建"→"拉伸"命令，进入"修改 | 编辑拉伸"界面，用菜单中的绘制工具绘制窗框，如图 7.2.6 所示。修改 MQ6596 窗框的位置及厚度，在"属性"面板中，在"拉伸终点"中输入"40"字样，在"拉伸起点"中输入"0"字样。完成后，单击√按钮完成绘制。

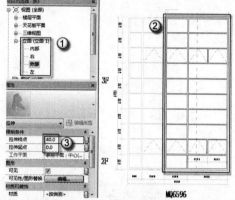

图 7.2.6　绘制窗框拉伸

注意：幕墙从外往内布置，所以拉伸起点为 0，拉伸终点为 40。读者经常会在此处出错，其实没有什么规律，不是 0、40；就是 0、-40，多调整几次就可以了。

（6）修改 MQ6596 窗框的可见性。在窗框的"属性"面板中，单击"图形"栏"可见性/图形替换"后的"编辑"按钮，弹出"族图元可见性设置"对话框，取消"平面/天花板平面视图"和"当在平面/天花板平面视图中被剖切时（如果类别允许）"复选框的选择，单击"确定"按钮，如图 7.2.7 所示。

（7）添加 MQ6596 窗框材质。在窗框的"属性"面板中，单击"材质和装饰"栏"材质"右侧的空白按钮，弹出"关联族参数"对话框，单击"添加参数（D）"按钮，弹出"参数属性"对话框。选中"共享参数"单选按钮，单击"确定"按钮，弹出"共享参数"对话框，在"参数组（G）"中选择"门窗"选项，在"参数（P）"中选择"幕墙窗框材质"选项，单击"确定"按钮，如图 7.2.8 所示。

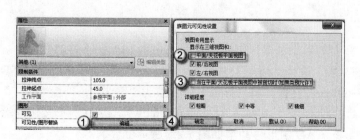

图 7.2.7　修改窗框的可见性

图 7.2.8　添加窗框材质

（8）绘制 MQ6596 幕墙窗户玻璃。选择"项目浏览器"中的"立面（立面 1）"→"左"
选项，可以进入 MQ6596 的左立面视图，选择"创
建"→"拉伸"命令，进入"修改｜编辑拉伸"
界面，用菜单中的绘制工具绘制 MQ6596 幕墙窗
户玻璃，如图 7.2.9 所示。在"属性"面板中，
在"拉伸终点"中输入"30"字样，在"拉伸起
点"中输入"10"字样。绘制完成后，单击√按
钮完成绘制。

（9）修改 MQ6596 幕墙窗户玻璃的可见性。
在"属性"面板中，单击"图形"栏"可见性/
图形替换"后的"编辑"按钮，弹出"族图元可
见性设置"对话框，取消"平面/天花板平面视图"
和"当在平面/天花板平面视图中被剖切时（如果
类别允许）"复选框的选择，单击"确定"按钮，
如图 7.2.10 所示。

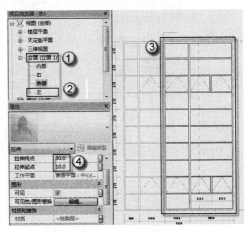

图 7.2.9　MQ6596 幕墙窗户玻璃的位置及厚度

（10）添加 MQ6596 幕墙窗户玻璃材质。选择 MQ6596 幕墙窗户玻璃，在 MQ6596 幕
墙窗户玻璃的"属性"面板中，单击"材质和装饰"栏"材质"右侧的空白按钮，弹出"关
联族参数"对话框，单击"添加参数（D）"按钮，弹出"参数属性"对话框，选中"共享
参数"单选按钮，单击"确定"按钮，弹出"共享参数"对话框，在"参数组（G）"中选
择"门窗"选项，在"参数（P）"中选择"门窗玻璃材质"选项，单击"确定"按钮，如
图 7.2.11 所示。

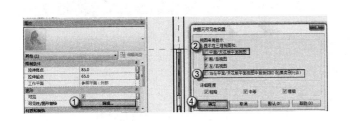

图 7.2.10　修改 MQ6596 幕墙窗户玻璃的可见性　　图 7.2.11　编辑 MQ6596 幕墙窗户玻璃材质

（11）编辑材质。单击"族类型"按钮，弹出"族类型"对话框，单击"材质和装饰"
栏"门窗玻璃材质"后的"<按类别>"按钮，弹出"材质浏览器"对话框，选择"主视图"
→"Autodesk 材质"→"玻璃"→"玻璃"选项，双击"玻璃"材质将其添加到"文档材
质"，选择"文档材质"中的"玻璃"材质，单击"材质浏览器"对话框中的"确定"按钮，
如图 7.2.12 所示。

（12）添加"断桥铝"材质。单击"族类型"按钮，弹出"族类型"对话框，单击"材
质和装饰"栏"门窗框材质"后的"<按类别>"按钮，弹出"材质浏览器"对话框，选择
"主视图"→"收藏夹"→"断桥铝"选项，双击"断桥铝"材质，单击"材质浏览器"对
话框中的"确定"按钮，如图 7.2.13 所示。

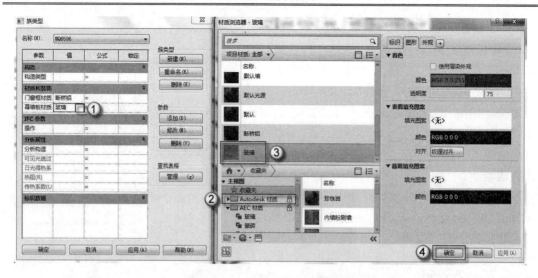

图 7.2.12　编辑门幕墙玻璃材质

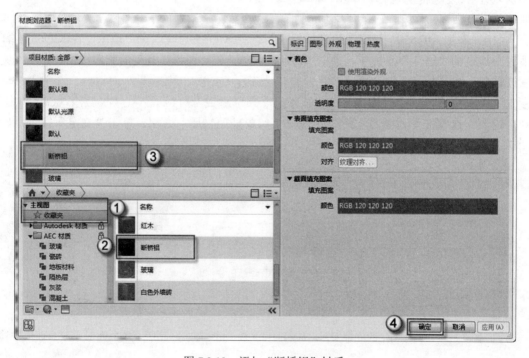

图 7.2.13　添加"断桥铝"材质

（13）绘制转角后的幕墙户。选择"项目浏览器"中的"楼层平面"→"参照标高"选项，进入幕墙的参照标高视图，选择绿色的 CAD 图元，按快捷键 R+O 将其顺时针旋转 90°，如图 7.2.14 所示。然后将 CAD 图形移动至绘制好的幕墙的右侧，选择"项目浏览器"中的"立面（立面 1）"→"左"选项，进入 MQ6596 的左部立面视图，将 CAD 图调整到如图 7.2.15 所示位置。

💭注意：进入左立面视图后，要移动 CAD 底图，将底图中的转折线与幕墙外边线对齐，否则幕墙的转折处会出现"裂缝"。

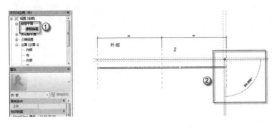
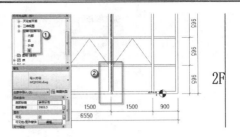

图 7.2.14　旋转 CAD 图　　　　　　　图 7.2.15　调整转角处 CAD 位置

（14）绘制 MQ6596 幕墙窗框。选择"项目浏览器"中的"立面（立面 1）"→"左"选项，可以进入 MQ6596 的左部立面视图，选择"创建"→"拉伸"命令，进入"修改｜编辑拉伸"界面，用菜单中的绘制工具绘制 MQ6596 幕墙窗框，如图 7.2.16 所示。在"属性"面板中，在"拉伸终点"中输入"2075"字样，在"拉伸起点"中输入"2035"字样，完成后，单击√按钮完成绘制。

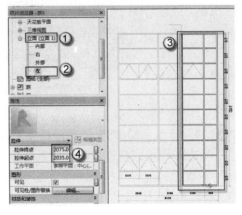

（15）修改 MQ6596 幕墙窗框的可见性。在 MQ6596 幕墙窗框的"属性"面板中，单击"图形"栏"可见性/图形替换"后的"编辑"按钮，弹出"族图元可见性设置"对话框，取消"平面/天花板平面视图"和"当在平面/天花板平面视图中被剖切时（如果类别允许）"复选框的选择，单击"确定"按钮，如图 7.2.17 所示。

图 7.2.16　MQ6596 转角幕墙窗框的位置及厚度

（16）添加 MQ6596 转角幕墙窗框材质。选择 MQ6596 幕墙窗框，在 MQ6596 幕墙窗框的"属性"面板中，单击"材质和装饰"栏"材质"右侧的空白按钮，弹出"关联族参数"对话框，在列表框中选择"幕墙窗框材质"选项，单击"确定"按钮，如图 7.2.18 所示。

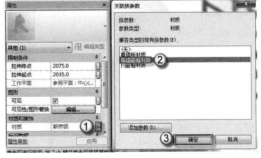

图 7.2.17　修改 MQ6596 转角幕墙窗框的可见性　　　图 7.2.18　添加 MQ6596 转角幕墙窗框材质

（17）绘制 MQ6596 幕墙窗户玻璃。选择"项目浏览器"中的"立面（立面 1）"→"左"选项，可以进入 MQ6596 的左立面视图，选择"创建"→"拉伸"命令，进入"修改｜编辑拉伸"界面，用菜单中的绘制工具绘制 MQ6596 幕墙窗户玻璃，如图 7.2.19 所示。在"属性"面板中，在"拉伸终点"中输入"2065"字样，在"拉伸起点"中输入"2045"字样，完成后，单击√按钮完成绘制。

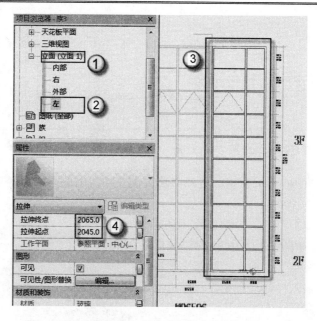

图 7.2.19　MQ6596 转角幕墙窗户玻璃的位置及厚度

（18）修改 MQ6596 转角幕墙窗户玻璃的可见性。在"属性"面板中，单击"图形"栏"可见性/图形替换"后的"编辑"按钮，弹出"族图元可见性设置"对话框，取消"平面/天花板平面视图"和"当在平面/天花板平面视图中被剖切时（如果类别允许）"复选框的选择，单击"确定"按钮，如图 7.2.20 所示。

（19）添加 MQ6596 转角幕墙窗户玻璃材质。选择 MQ6596 幕墙窗户玻璃，在 MQ6596 幕墙窗户玻璃的"属性"面板中，单击"材质和装饰"栏"材质"右侧的空白按钮，弹出"关联族参数"对话框，单击"添加参数（D）"按钮，弹出"参数属性"对话框。选中"共享参数"单选按钮，单击"确定"按钮，弹出"共享参数"对话框，在"参数组（G）"中选择"门窗"选项，在"参数（P）"中选择"门窗玻璃材质"选项，单击"确定"按钮，如图 7.2.21 所示。

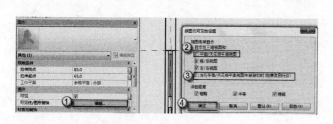

图 7.2.20　修改 MQ6596 转角幕墙窗户玻璃的可见性　　图 7.2.21　编辑 MQ6596 转角幕墙窗户玻璃材质

（20）绘制 MQ6596 的平面轮廓线。选择"项目浏览器"中的"楼层平面"→"参照标高"选项，进入幕墙的参照标高视图。选择"注释"→"符号线"命令，沿 MQ6596 边线绘制如图 7.2.22 所示的平面轮廓线。

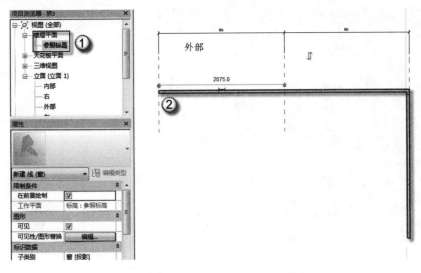

图 7.2.22 绘制 MQ6596 的平面轮廓线

（21）绘制 MQ6596 的立面打开方向。选择"项目浏览器"中的"立面（立面1）"→
"外部"选项，进入幕墙的外部立面视图。选择"注释"→"符号线"命令，将"子类别"
改为"窗[投影]"，绘制如图 7.2.23 所示幕墙的"打开方向"符号线。

保存族"MQ6596"，单击"保存"按钮，将文件保存到指定位置方便以后使用，如图
7.2.4 所示。

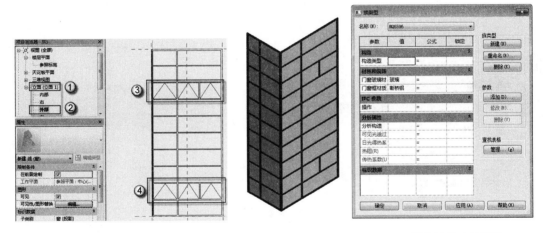

图 7.2.23 绘制 MQ6596 的立面打开方向　　　图 7.2.24 族"MQ6596"最终效果及其属性

7.2.2 MQ7196

MQ7196 也是一个转角幕墙，与前面的操作方式类似，具体操作如下。

（1）选择"公制窗 - 幕墙.rft"族样板。选择"程序"→"新建"→"族"命令，在
弹出的"新族-选择样板文件"对话框中选择"公制窗-幕墙.rft"文件，单击"打开"按钮，
进入幕墙族的设计界面，如图 7.2.25 所示。

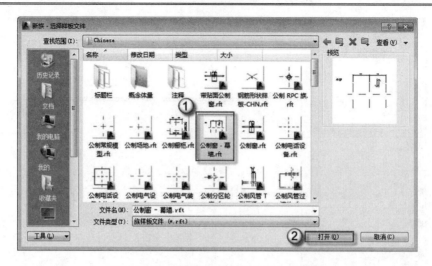

图 7.2.25　"新族-选择样板文件"对话框

（2）新建族类型。单击"族类型"按钮，在弹出的"族类型"对话框中单击"新建"按钮，弹出"名称"对话框，在"名称"一栏输入"MQ7196"字样，单击"确定"按钮，如图 7.2.26 所示。

（3）修改幕墙的尺寸标注。选中"项目浏览器"中的"立面（立面 1）"→"外部"命令，可以进入 MQ7196 的外部立面视图，选择"顶部"的边线，单击其标注写入"9650"，选择左右边线中的任意一根，单击其标注写入"1600"，并将各边线延长相交，如图 7.2.27 所示。

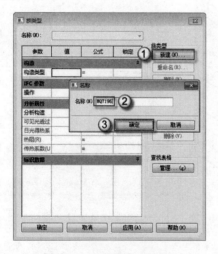

图 7.2.26　创建"MQ7196"

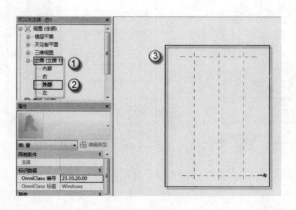

图 7.2.27　修改尺寸标注

（4）导入 CAD 图形。选择"项目浏览器"中的"立面（立面 1）"→"外部"选项，可以进入 MQ7196 的外部立面视图，选择"插入"→"导入 CAD"命令，弹出"导入 CAD格式"对话框，选择"MQ7196.dwg"文件，将"导入单位"改为"毫米"，单击"打开"按钮。如图 7.2.28 所示。调整 CAD 图形，选定导入的"MQ7196.dwg"CAD 图形，按快捷键 M+V，将"MQ7196.dwg"的导入 CAD 图形移动至如图 7.2.29 所示位置。

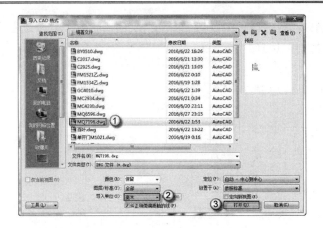

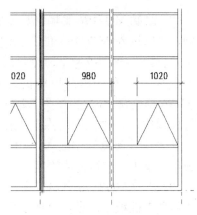

图 7.2.28　导入"MQ7196.dwg"文件　　　　图 7.2.29　调整后的 MQ7196.dwg

（5）绘制 MQ7196 窗框。选择"创建"→"拉伸"命令，进入"修改 | 编辑拉伸"界面，用菜单中的绘制工具绘制窗框，如图 7.2.30 所示。修改 MQ7196 窗框的位置及厚度，在"属性"面板中，在"拉伸终点"中输入"40"字样，在"拉伸起点"中输入"0"字样。完成后，单击√按钮完成绘制。

🔔注意：幕墙从外往内布置，所以拉伸起点为 0，拉伸终点为 40。

（6）修改 MQ7196 窗框的可见性。在窗框的"属性"面板中，单击"图形"栏"可见性/图形替换"后的"编辑"按钮，弹出"族图元可见性设置"对话框，取消"平面/天花板平面视图"和"当在平面/天花板平面视图中被剖切时（如果类别允许）"复选框的选择，单击"确定"按钮，如图 7.2.31 所示。

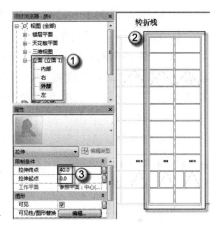

图 7.2.30　绘制窗框拉伸

（7）添加 MQ7196 窗框材质。在窗框的"属性"面板中，单击"材质和装饰"栏"材质"右侧的空白按钮，弹出"关联族参数"对话框，单击"添加参数（D）"按钮，弹出"参数属性"对话框，选中"共享参数"单选按钮，单击"确定"按钮，弹出"共享参数"对话框。在"参数组（G）"中选择"门窗"选项，在"参数（P）"中选择"幕门窗框材质"选项，单击"确定"按钮，如图 7.2.32 所示。

图 7.2.31　修改窗框的可见性

图 7.2.32　添加窗框材质

　　（8）绘制 MQ7196 幕墙窗户玻璃。选择"项目浏览器"中的"立面（立面 1）"→"左"
选项，可以进入 MQ7196 的左立面视图，选择
菜单"创建"→"拉伸"命令，进入"修改|
编辑拉伸"界面，用菜单中的绘制工具绘制
MQ7196 幕墙窗户玻璃，如图 7.2.33 所示。在"属
性"面板中，在"拉伸终点"中输入"30"字
样，在"拉伸起点"中输入"10"字样。绘制
完成后，单击 √ 按钮完成绘制。

　　（9）修改 MQ7196 幕墙窗户玻璃的可见性。
在"属性"面板中，单击"图形"栏"可见性/
图形替换"后的"编辑"按钮，弹出"族图元
可见性设置"对话框，取消"平面/天花板平面
视图"和"当在平面/天花板平面视图中被剖切
时（如果类别允许）"复选框的选择，单击"确
定"按钮，如图 7.2.34 所示。

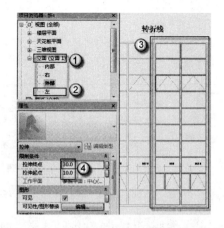

图 7.2.33　MQ7196 幕墙窗户玻璃的位置及厚度

　　（10）添加 MQ7196 幕墙窗户玻璃材质。选择 MQ7196 幕墙窗户玻璃，在 MQ7196 幕
墙窗户玻璃的"属性"面板中，单击"材质和装饰"栏"材质"右侧的空白按钮，弹出"关
联族参数"对话框，单击"添加参数（D）"按钮，弹出"参数属性"对话框。选中"共享
参数"单选按钮，单击"确定"按钮，弹出"共享参数"对话框，在"参数组（G）"中选
择"门窗"选项，在"参数（P）"中选择"门窗玻璃材质"选项，单击"确定"按钮，如
图 7.2.35 所示。

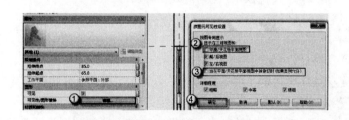

图 7.2.34　修改 MQ7196 幕墙窗户玻璃的可见性　　　图 7.2.35　编辑 MQ7196 幕墙窗户玻璃材质

　　（11）编辑材质。单击"族类型"按钮，弹出"族类型"对话框，单击"材质和装饰"
栏"幕墙板材质"后的"<按类别>"按钮，弹出"材质浏览器"对话框，选择"主视图"→
"Autodesk 材质"→"玻璃"→"玻璃"选项，双击"玻璃"材质将其添加到"文档材质"，
选择"文档材质"中的"玻璃"材质，单击"材质浏览器"对话框的"确定"按钮，如图
7.2.36 所示。

　　（12）添加"断桥铝"材质。单击"族类型"按钮，弹出"族类型"对话框，单击"材
质和装饰"栏"门窗框材质"后的"<按类别>"按钮，弹出"材质浏览器"对话框，选择
"主视图"→"收藏夹"→"断桥铝"选项，双击"断桥铝"材质，单击"材质浏览器"对
话框中的"确定"按钮，如图 7.2.37 所示。

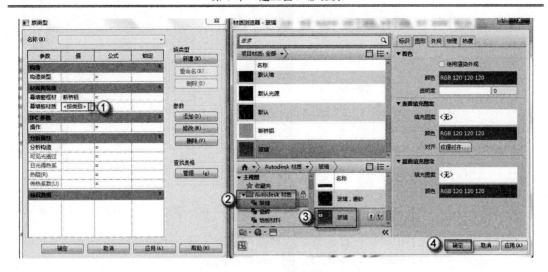

图 7.2.36　编辑门幕墙玻璃材质

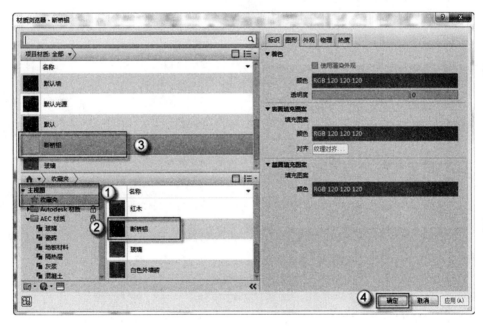

图 7.2.37　添加"断桥铝"材质

（13）绘制转角后的幕墙窗户。选择"项目浏览器"中的"楼层平面"→"参照标高"选项，进入幕墙的参照标高视图，选择绿色的 CAD 图元，按快捷键 R+O 将其顺时针旋转90°，如图 7.2.38 所示。然后将 CAD 图形移动至绘制好的幕墙的右侧，选择"项目浏览器"中的"立面（立面 1）"→"左"选项，进入 MQ7196 的左部立面视图，将 CAD 图调整到如图 7.2.39 所示位置。

（14）绘制 MQ7196 幕墙窗框。选择"项目浏览器"中的"立面（立面 1）"→"左"选项，可以进入 MQ7196 的左部立面视图，选择"创建"→"拉伸"命令，进入"修改｜编辑拉伸"界面，用菜单中的绘制工具绘制 MQ7196 幕墙窗框，如图 7.2.40 所示。单击 √按钮完成绘制。

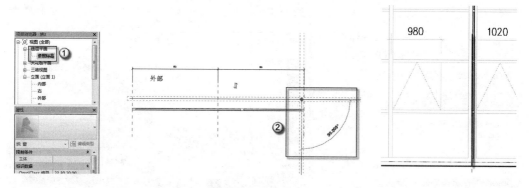

图 7.2.38　旋转 CAD 图　　　　　　　　　图 7.2.39　调整转角处 CAD 位置

（15）调整 MQ7196 幕墙窗框位置。选择"项目浏览器"中的"楼层平面"→"参照标高"选项，进入幕墙的参照标高视图。选择转角后的幕墙，拖动水平指向箭头，将其拖至右边提前画好的垂直于水平幕墙的辅助线上，将水平幕墙调整至合适位置，如图 7.2.41所示。

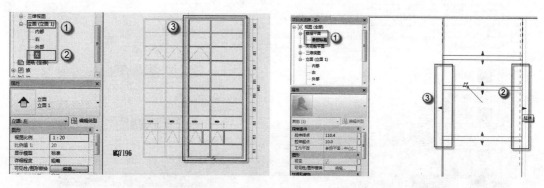

图 7.2.40　MQ7196 转角幕墙窗框的位置及厚度　　　图 7.2.41　调整转角幕墙的位置

（16）修改 MQ7196 幕墙窗框的可见性。在 MQ7196 幕墙窗框的"属性"面板中，单击"图形"栏"可见性/图形替换"后的"编辑"按钮，弹出"族图元可见性设置"对话框，取消"平面/天花板平面视图"和"当在平面/天花板平面视图中被剖切时（如果类别允许）"复选框的选择，单击"确定"按钮，如图 7.2.42 所示。

（17）添加 MQ7196 转角幕墙窗框材质。选择 MQ7196 幕墙窗框，在 MQ7196 幕墙窗框的"属性"面板中，单击"材质和装饰"栏"材质"右侧的空白按钮，弹出"关联族参数"对话框，在列表框中选择"幕墙窗框材质"选项，单击"确定"按钮，如图 7.2.43 所示。

图 7.2.42　修改 MQ7196 转角幕墙户窗框的可见性

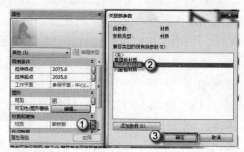

图 7.2.43　添加 MQ7196 转角幕墙窗框材质

（18）绘制 MQ7196 幕墙窗户玻璃。选择"项目浏览器"中的"立面（立面 1）"→"左"
选项，可以进入 MQ7196 的左立面视图，选
择"创建"→"拉伸"命令，进入"修改 |
编辑拉伸"界面，用菜单中的绘制工具绘制
MQ7196 幕墙窗户玻璃，如图 7.2.44 所示。
在"属性"面板中，在"拉伸终点"中输入
"1590"字样，在"拉伸起点"中输入"1570"
字样，完成后，单击√按钮完成绘制。

（19）修改 MQ7196 转角幕墙窗户玻璃
的可见性。在"属性"面板中，单击"图形"
栏"可见性/图形替换"后的"编辑"按钮，
弹出"族图元可见性设置"对话框，取消"平
面/天花板平面视图"和"当在平面/天花板
平面视图中被剖切时（如果类别允许）"复

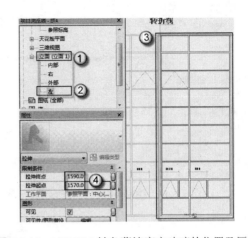

图 7.2.44　MQ7196 转角幕墙窗户玻璃的位置及厚度

选框的选择，单击"确定"按钮，如图 7.2.45 所示。

（20）添加 MQ7196 转角幕墙窗户玻璃材质。选择 MQ7196 幕墙窗户玻璃，在 MQ7196
幕墙窗户玻璃的"属性"面板中，单击"材质和装饰"栏"材质"右侧的空白按钮，弹出
"关联族参数"对话框，单击"添加参数（D）"按钮，弹出"参数属性"对话框。选中"共
享参数"单选按钮，单击"确定"按钮，弹出"共享参数"对话框，在"参数组（G）"中
选择"门窗"选项，在"参数（P）"中选择"门窗玻璃材质"选项，单击"确定"按钮，
如图 7.2.46 所示。

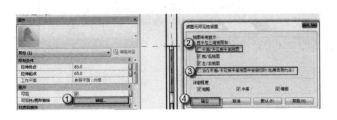

图 7.2.45　修改 MQ7196 转角幕墙窗户玻璃的可见性　图 7.2.46　编辑 MQ7196 转角幕墙窗户玻璃材质

（21）绘制 MQ7196 的平面轮廓线。选择"项目浏览器"中的"楼层平面"→"参照
标高"选项，进入幕墙的参照标高视图。选择"注释"→"符号线"命令，沿 MQ7196 边
线绘制如图 7.2.47 的平面轮廓线。

（22）绘制 MQ7196 的立面打开方向。选择"项目浏览器"中的"立面（立面 1）"→
"外部"选项，进入幕墙的外部立面视图。选择"注释"→"符号线"命令，将"子类别"
改为"窗[投影]"，绘制如图 7.2.48 所示幕墙的"打开方向"符号线。

保存族"MQ7196"，单击"保存"按钮，将文件保存到指定位置方便以后使用，如图
7.2.49 所示。

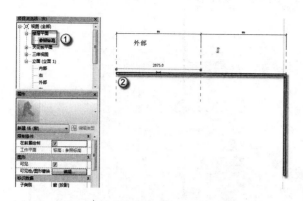

图 7.2.47　绘制 MQ7196 的平面轮廓线

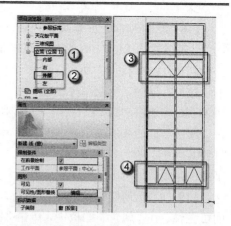

图 7.2.48　绘制 MQ7196 的立面打开方向

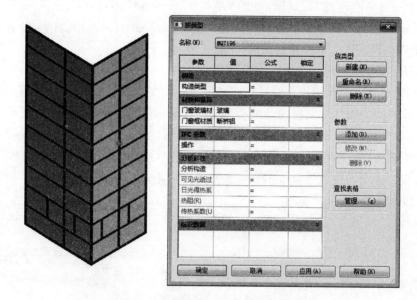

图 7.2.49　族"MQ7196"最终效果及其属性

第 8 章　建立其他构件族

族是在 Autodesk Revit 中设计所有建筑构件的基础。设计师可以使用 Revit 参数化构件设计最精细的装配（如家具和设备），以及最基础的建筑构件（如墙和柱）。族的好处是任何一处发生变更，所有相关信息即随之变更。Revit 依赖族并不是为了用族来建一个简单的模型，而是要统计这些构件，如门窗统计表、墙体统计表、房间统计表、设备统计表、体量统计表等。在 Revit 里面它是可以重复使用的，在所有的项目中，仅自动统计能给设计师节约大量的时间，而且当设计师修改一个时，所有同类型的构件在所有视图里全部自动更新，这又节约了大量设计时间。

8.1　轻钢玻璃雨蓬

雨蓬是设在建筑物出入口或顶部阳台上方，用来挡雨、防高空落物砸伤的一种建筑装配，一般选用钢化及夹胶两种。钢化玻璃是普通玻璃经过均匀加热，当接近软化点时，根据不同厚度以相应的冷却速度均匀冷却而成。夹层玻璃具有很好的安全性。由于中间具有塑料衬片的粘合作用，玻璃破碎时，碎片不会飞散，仅产生辐射状裂纹，因此比较安全。

轻钢玻璃雨蓬是由一块玻璃面板和多个骨架（悬臂梁和预埋构件）以及几个连接杆件组合而成，具体情况按具体设计需要而定。轻钢玻璃雨蓬的玻璃面板一般选择 6mm 厚的玻璃材质+0.86mm 厚的 PVB 材料+6mm 厚的玻璃材质的夹胶钢化玻璃或是 8mm 厚的玻璃材质+1.12mm 厚的 PVB 材料+8mm 厚的玻璃材质的夹胶钢化玻璃。

8.1.1　在 SketchUp 中绘制骨架

雨蓬骨架的绘制一般有两种方式，一种是在 Revit 中逐一绘制各个面组合而成，其为活族，绘制过程相对较复杂，但设计师可以把其作为族样板，在以后的设计中可以根据实际尺寸的需要在 Revit 中进行更改并使用。一种是在 SketchUp 中按尺寸画出骨架模型再导入到 Revit 中，其为死族，设计过程较之前者更为简单，但设计师后期无法对其尺寸进行修改。在建筑设计中，雨蓬的数量并不多，按规范在建筑出入口处设置雨蓬即可。其他雨蓬的设置需按设计任务书的要求绘制，特殊情况特殊处理，并不通用。一般采用第二种方法。

SketchUp 是基于面的三维绘图软件，其任何模型体块的建立都是通过对面的编辑而成的。具体操作如下。

（1）在菜单栏中选择"卷曲工具"命令，根据雨蓬骨架的尺寸变量围合成平行于 X 轴或 Y 轴的辅助线框，如图 8.1.1 所示。

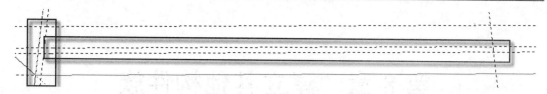

图 8.1.1　线框围合

（2）在菜单栏中选择"直线"命令，沿着已绘制的辅助线框依次连接各点形成一个基础底面，如图 8.1.2 所示。

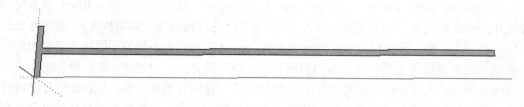

图 8.1.2　连线成面

（3）在菜单栏中选择"推/拉"命令，将前面生成的面向上拉出 120 单位的高度，如图 8.1.3 所示，这样就完成了主体骨架的建模。

（4）根据雨蓬骨架的设计需要确定骨架上底面的宽度与厚度。选择"卷尺工具"命令，在骨架的侧立面上向下拉出一条辅助线来，辅助线与骨架的上边线距离为 12 个单位，如图 8.1.4 所示。

（5）选择"直线"命令，沿着前面完成的辅助线，从左向右绘制出一条直线来，如图 8.1.5 所示。

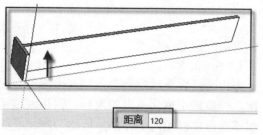

图 8.1.3　基本体块

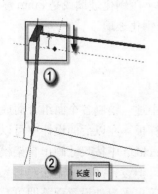

图 8.1.4　使用参考线绘制直线

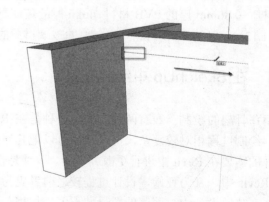

图 8.1.5　绘制直线

（6）选择"推/拉"命令，在立面上选中需拉伸的面，输入拉伸距离为"10"个单位，按 Enter 键完成操作，如图 8.1.6 所示。

注意：将视图转到另一侧，也使用同样的方法拉伸，使两个面的拉伸对象保持左右对称。
　　　因为在 SketchUp 中没有镜像命令，只能一面一面地操作。

（7）剪切下底面体块。选择"卷尺工具"命令，在立面上绘制一条辅助线，然后选择"直线"命令，连接参考线界定的左下和右上两点生成新的面，如图 8.1.7 所示。

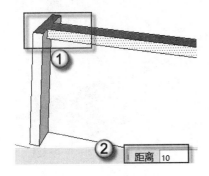

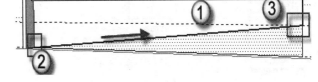

图 8.1.6　绘制拉伸面　　　　　　　　　图 8.1.7　补线生成面

（8）选择"推/拉"命令，将生成的新面推向另一侧，直至该面消失即完成对体块的剪切，如图 8.1.8 和图 8.1.9 所示。

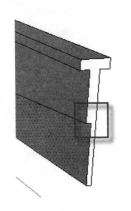

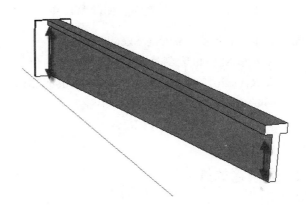

图 8.1.8　剪切体块图　　　　　　　　　图 8.1.9　剪切成果图

（9）选择"卷尺工具"命令，根据已有尺寸数据和设计需要，取等分点在悬挑构件和预埋件立面上绘制参考线，如图 8.1.10 所示。再选择"圆"命令，以参考线交点为圆心，结合连接构件的截面尺寸在该立面上绘制圆形线框，如图 8.1.11 所示。

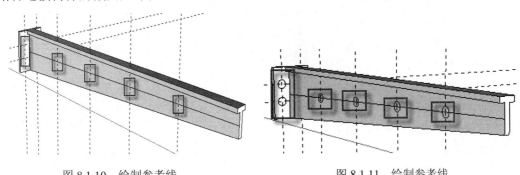

图 8.1.10　绘制参考线　　　　　　　　　图 8.1.11　绘制参考线

（10）选择"推/拉"命令，选中圆形线框围合的面执行"推"的命令直至将图形去除，如图 8.1.12 所示。然后在下一个线框上重复操作，或双击该线框即可重复上一步操作，最终成图，如图 8.1.13 所示。

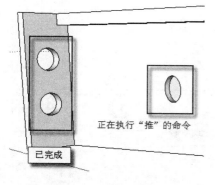

图 8.1.12 绘制孔洞

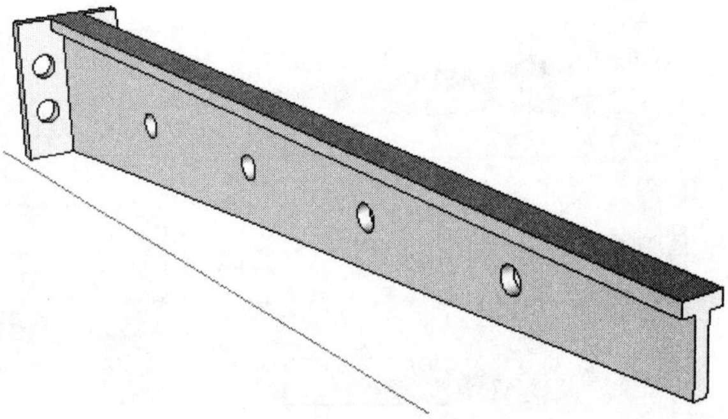

图 8.1.13 模型成果

（11）选择"应用程序"→"另存为"命令，在打开的对话框中选择相的 SketchUp 文件夹，更改文件名为"雨蓬骨架"，单击"保存"按钮，如图 8.1.14 所示。

💭注意：在 Revit 中有非常好的 SketchUp 接口，可以导入由 SketchUp 创建的 "SKP" 文件。但是在 Revit 2017 中，只能导入由 SketchUp 2015 创建的文件，如果是高版本的 SKP 文件，需要另存为旧版本再导入 Revit 中。

图 8.1.14 保存文件

8.1.2 建雨蓬的族

在 Revit 中，导入配套资源中的 SketchUp 文件（骨架）以及查找雨蓬所需的长、宽尺寸，完成雨蓬族的建立。

1．新建族样本文件

（1）选择"应用程序"→"新建"→"族"命令，在弹出的文件夹对话框中选择"基于墙的公制常规模型.rfa"的族文件，单击"打开"按钮，如图 8.1.15 所示。

（2）绘制辅助线。在"项目浏览器"中选择"立面"→（里面 1）→"放置边"按钮，主界面就会进入放置边所对应的立面，在该立面

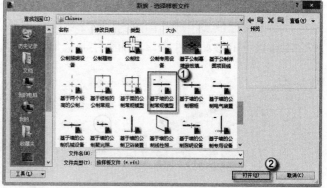

图 8.1.15 打开建雨蓬的族样板

上按快捷键 R+P 和 M+M 绘制辅助线，并根据作图需要调整墙体和辅助线的尺寸，如图 8.1.16 所示。

（3）导入配套资源中的 SketchUp 文件。选择"插入"→"导入 CAD"命令，在弹出的对话框中选择对应文件夹，将文件类型更改为 SketchUp 文件，选择需要的文件，单击"打开"按钮，如图 8.1.17 所示。

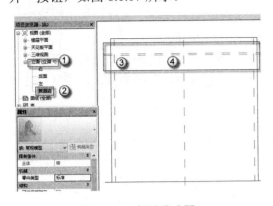

图 8.1.16　辅助线成图

图 8.1.17　导入骨架

2．编辑导入的模型骨架并安置骨架

（1）分解组件。选择"骨架"组→"全部分解"命令。

（2）编辑可见性。重新选中"骨架"图元，在"属性"面板中编辑"可见性/图形替换"选项，取消"平面/天花板平面视图"复选框的选择，单击"确定"按钮，如图 8.1.18 所示。

（3）添加材质。单击"属性"面板中"材质和装饰"栏后的"<按类别>"按钮，在弹出的对话框中选择"不锈钢"材质并单击"确定"按钮，如图 8.1.19 所示。

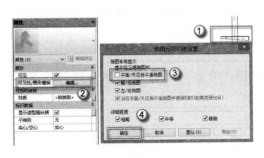

图 8.1.18　去掉平面可见性

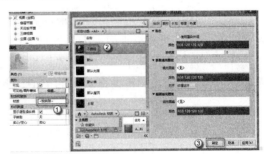

图 8.1.19　添加材质

（4）在"项目浏览器"中选择"立面（立面 1）"和"放置边"选项，调整骨架的位置，并使用阵列或复制、镜像的命令完成骨架的安置，如图 8.1.20 所示。

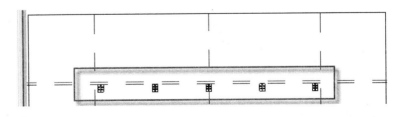

图 8.1.20　安置骨架

3. 绘制其他构件

（1）绘制雨蓬。在"项目浏览器"的"放置边"立面视图中选择"创建"→"拉伸"命令，在弹出的"勾叉选项板"中选择"矩形框"选项，并在墙体上对应位置根据界定玻璃面板的长度和厚度的辅助线绘制出其截面，然后单击√按钮。

（2）切换至"左"立面视图，按快捷键 D+I 测量相关尺寸。选中玻璃面板，根据设计要求的宽度，在"属性"面板中输入"拉伸起点"和"拉伸终点"的数值，最终完成玻璃面板的绘制，如图 8.1.21 所示。

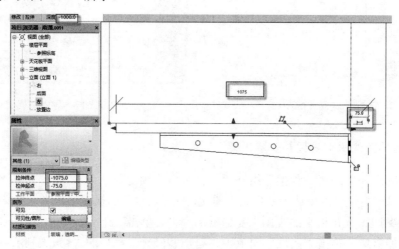

图 8.1.21　编辑玻璃面板的宽度

（3）编辑可见性。选中玻璃面板图元，在"属性"面板中编辑"可见性/图形替换"选项，选择"平面/天花板平面视图"选项并单击"确定"按钮。

（4）添加材质。选中图元并在"属性"面板中添加玻璃面板的材质，选择已有的"门窗玻璃"类型或新增一种雨蓬玻璃的类型，并单击"确定"按钮，如图 8.1.22 和图 8.1.23 所示。

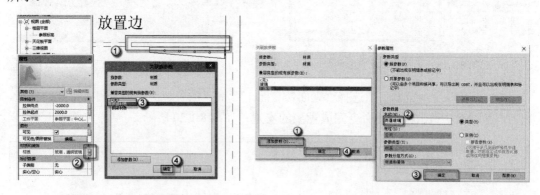

图 8.1.22　添加材质类型　　　　　　图 8.1.23　添加材质类型

注意：有时此处只是给出了雨蓬的材质类型，并未添加雨蓬的"玻璃"材质，所以应该在三维视图中检查一下材质是否给出完整。

（5）绘制连接构件。切换至"左"立面视图，运用"直线"命令在骨架的预留孔洞上绘制辅助线，如图 8.1.24 所示。

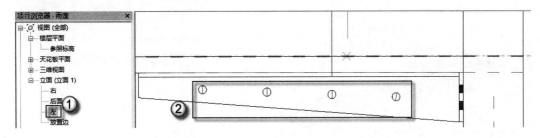

图 8.1.24　绘制辅助线

（6）选择"创建"→"拉伸"命令，在弹出的"勾叉选项板"中选择"圆形框"选项，并在骨架上对应位置绘制出连接构件横截面，完成后单击 √ 按钮，如图 8.1.25 所示。

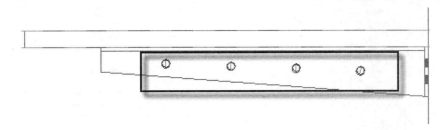

图 8.1.25　绘制出连接构件

（7）在"放置边"立面视图中按快捷键 D+I，测量连接构件的长度，计算并编辑其"拉伸起点"和"拉伸终点"的数值。

（8）编辑可见性并添加材质。首先选中"连接构件"图元，在"属性"面板中编辑"可见性/图形替换"选项，取消"平面/天花板平面视图"复选框的选择，单击"确定"按钮。其次，添加"连接构件"的材质，选择或添加"不锈钢"类型，单击"确定"按钮。

（9）根据连接构件需要的数量，借助辅助线，选择"拷贝"命令复制构件，如图 8.1.26 所示。

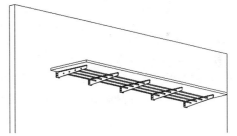

图 8.1.26　绘制出连接构件

4．编辑成果并保存

（1）选中雨蓬架（即骨架和连接构件）图元，在上下文关联选项卡中选择"创建组"命令，在弹出的对话框中命名为"雨蓬架"的组，并单击"确定"按钮，如图 8.1.27 所示。

（2）在创建选项卡中选择"族类型"命令，在弹出的对话框中单击"新建"按钮，然后在弹出的对话框中输入"名称"为"雨蓬"，并单击两次"确定"按钮，如图 8.1.28 所示。

（3）选择"应用程序"→"另存为"→"族"命令，在打开的对话框中选择相应族文件夹，更改文件名为"雨蓬"并单击"保存"按钮，如图 8.1.29 所示。

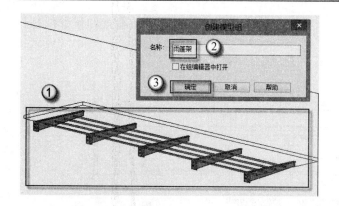
图 8.1.27　创建组

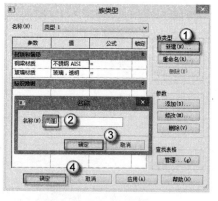
图 8.1.28　新建属性类别

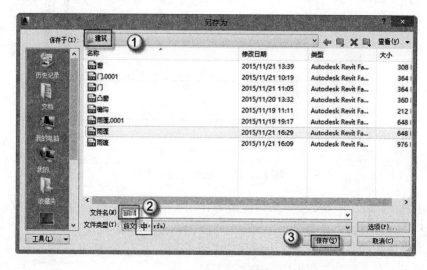
图 8.1.29　保存族

通过以上 4 个大步骤，一个完整的雨篷族即被建好了。总结起来这种建雨篷的方法的优点是节省了设计师建族时间；缺点则是灵活性较差，若有尺寸变动，更改起来比较复杂。

8.2　厨　洁　具

适用于酒店、饭店、餐厅等餐饮场所，以及各大机关单位、学校、工地食堂的大型厨房设备一般指商用厨房设备。它的特点是产品种类多，规格、功率、容量等各方面都比家用厨房设备要大很多，价格也比较高，侧重于整体厨房，涉及金属材质部分全部采用不锈钢材质。其大致可分为 5 大类：灶具设备、排烟通风设备、调理设备、机械类设备、制冷保温设备。

8.2.1　双头双尾电磁炉

目前用得比较多的灶具设备是天然气或液化气灶。其中，最常见的产品有双头单尾灶、双头双尾灶、单头单尾炒灶、双头和单头的低汤灶，单门、双门以及三门蒸柜等。日韩式厨房还要用到铁板烧设备等。这些燃气设备一般要经过相关的检测方可使用。随着电磁技术的发展，现在已有一少部分厨房开始使用电磁灶具，绿色环保，节省成本，将是未来的发展趋势。

双头双尾电磁炉具有双芯加热，两人操作，互不干扰；防水、防漏电、防干烧保护；操作简单，火力电子显示可随意调节，而且可用膝盖调节炉子的火力大小；静音设计，提供无噪音环境；外壳材质采用 SUS304 不锈钢，材质优良且容易清洁等功能。一般双头双尾电磁炉的长度为 2000mm，宽度为 1000mm，高度为 1200mm。其中，高度部分由 400mm 的挡板和 600mm 的主体以及 200mm 的子弹脚组成。

（1）选择"应用程序"→"新建"→"族"命令，在弹出的族样板文件夹对话框中选择"公制常规模型.rfa"的族文件，单击"打开"按钮，如图 8.2.1 所示。

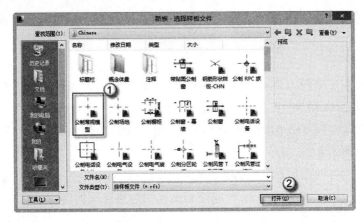

图 8.2.1　新建属性类别

（2）炉身体块是长度为 2000mm，宽度为 950mm，高度为 600mm 的立方体。进入左立面视图，分别按快捷键 R+P、C+O、M+M 绘制参考线。选择"创建"→"拉伸"→"直线"命令，绘制图框，在"属性"面板中编辑"拉伸起点"和"拉伸终点"的数值（-1000，1000），然后单击 √ 按钮，如图 8.2.2 所示。

（3）编辑可见性并添加材质。首先，选中炉身体块图元，在"属性"面板中编辑"可见性/图形替换"选项，取消"平面/天花板平面视图"复选框的选择，单击"确定"按钮。其次，添加炉身体块的材质，选择"不锈钢"类型，单击"确定"按钮，如图 8.2.3 所示。

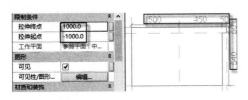

图 8.2.2　炉身体块

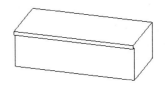

图 8.2.3　炉身体块效果图

（4）炉脚上部是长度为 60mm，宽度为 60mm，高度为 150mm 的立方体。返回到"楼层平面-参照标高"平面，按快捷键 C+O 和 M+M 绘制参考线。选择"创建"→"拉伸"→"矩

形框"命令，绘制图框，在"属性"面板中编辑"拉伸起点"和"拉伸终点"的数值（-600，
-750），然后单击√按钮，如图 8.2.4 所示。

（5）编辑可见性并添加材质。首先，选中炉脚上部图元，在"属性"面板中编辑"可
见性/图形替换"选项，取消"平面/天花板平面视图"复选框的选择，单击"确定"按钮。
其次，添加炉脚上部的材质，选择"不锈钢"类型，单击"确定"按钮，如图 8.2.5 所示。

图 8.2.4 炉脚上部

图 8.2.5 炉脚上部效果图

（6）炉脚中部是半径为 20mm，高度为 30mm 的圆柱。返回到"楼层平面-参照标高"
平面，按快捷键 C+O 和 M+M 绘制参考线。选择"创建"→"拉伸"→"圆形框"命令，
绘制图框，在"属性"面板中编辑"拉伸起点"和"拉伸终点"的数值（-750，-780），然
后单击√按钮，如图 8.2.6 所示。

（7）编辑可见性并添加材质。首先，选中炉脚中部图元，在"属性"面板中编辑"可
见性/图形替换"选项，取消"平面/天花板平面视图"复选框的选择，单击"确定"按钮。
其次，添加炉脚中部的材质，选择"不锈钢"类型，单击"确定"按钮，如图 8.2.7 所示。

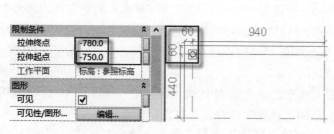

图 8.2.6 炉脚中部

图 8.2.7 炉脚中部效果图

（8）炉脚下部是半径为 35mm，高度为 20mm 的圆柱。返回到"楼层平面-参照标高"
平面，选择"创建"→"拉伸"→"圆形框"命令，参照原参考线定位，绘制图框，在"属
性"面板中编辑"拉伸起点"和"拉伸终点"的数值为（-780，-800），然后单击√按钮。
如图 8.2.8 所示。

（9）编辑可见性并添加材质。首先，选中炉脚底部图元，在"属性"面板中编辑"可
见性/图形"选项，去掉"平面/天花板平面视图"勾选，单击"确定"按钮。其次，添加
炉脚底部的材质，选择"不锈钢"类型，单击"确定"按钮。如图 8.2.9 所示。

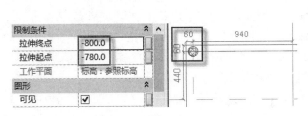

图 8.2.8　炉脚下部　　　　　　　　　　　图 8.2.9　炉脚下部效果图

（10）挡板（是长度为 2000mm，厚度为 60mm，高度为 400mm 的板）。返回到"楼层平面-参照标高"平面，按快捷键 C+O 绘制参考线。选择"创建"→"拉伸"→"矩形框"命令，绘制图框，在"属性"面板中编辑"拉伸起点"和"拉伸终点"的数值（0，400），然后单击√按钮，如图 8.2.10 所示。

（11）编辑可见性并添加材质。首先，选中挡板图元，在"属性"面板中编辑"可见性/图形替换"选项，取消"平面/天花板平面视图"复选框的选择，单击"确定"按钮。其次，添加挡板的材质，选择"不锈钢"类型，单击"确定"按钮，如图 8.2.11 所示。

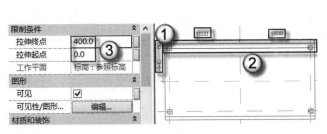

图 8.2.10　绘制挡板　　　　　　　　　　图 8.2.11　挡板效果图

（12）炉围 A 由半径为 300mm 的圆与半径为 250mm 的圆围合成的圆环，其高度为 60mm。返回到"楼层平面-参照标高"平面，配合"CO"和"MM"的命令绘制参考线。选择"创建"→"拉伸"→"圆形框"命令，绘制图框 a（半径=300mm），在选项栏中更改偏移量为"-50"，绘制图框 b(半径=250mm)，在"属性"面板中编辑"拉伸起点"和"拉伸终点"的数值（0，60），然后单击√按钮。如图 8.2.12 所示。

（13）编辑可见性并添加材质。首先，选中炉围 A 图元，在"属性"面板中编辑"可见性/图形"选项，去掉"平面/天花板平面视图"勾选，单击"确定"按钮。其次，添加炉围 A 的材质，选择"不锈钢"类型，单击"确定"按钮。如图 8.2.13 所示。

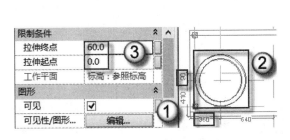

图 8.2.12　绘制炉围 A　　　　　　　　　图 8.2.13　炉围 A 效果图

（14）炉围 B（由半径为 250mm 的圆与 半径为 240mm 的圆围合成的圆环，其高度为 30mm）。返回到"楼层平面-参照标高"平面，按快捷键 C+O 和 M+M 绘制参考线。选择"创建"→"拉伸"→"圆形框"命令，绘制图框 a（半径=250mm），在选项栏中更改偏移量为"-10"，绘制图框 b（半径=240mm），在"属性"面板中编辑"拉伸起点"和"拉伸终点"的数值（60，80），然后单击√按钮，如图 8.2.14 所示。

（15）编辑可见性并添加材质。首先，选中炉围 B 图元，在"属性"面板中编辑"可见性/图形替换"选项，取消"平面/天花板平面视图"复选框的选择，单击"确定"按钮。其次，添加炉围 B 的材质，选择"不锈钢"类型，单击"确定"按钮，如图 8.2.15 所示。

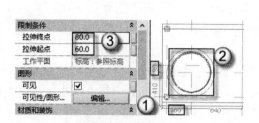

图 8.2.14　绘制炉围 B

图 8.2.15　炉围 B 效果图

（16）尾围 A 由半径为 180mm 的圆与 半径为 150mm 的圆围合成的圆环，其高度为 50mm。返回到"楼层平面-参照标高"平面，配合快捷键 C+O 和 M+M 绘制参考线。选择"创建"→"拉伸"→"圆形框"命令，绘制图框 a（半径=180mm），在选项栏中更改偏移量为"-30"，绘制图框 b（半径=150mm），在"属性"面板中编辑"拉伸起点"和"拉伸终点"的数值（0，50），然后单击√按钮，如图 8.2.16 所示。

（17）编辑可见性并添加材质。首先，选中尾围 A 图元，在"属性"面板中编辑"可见性/图形替换"选项，取消"平面/天花板平面视图"复选框的选择，单击"确定"按钮。其次，添加尾围 A 的材质，选择"不锈钢"类型，单击"确定"按钮，如图 8.2.17 所示。

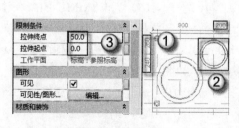

图 8.2.16　绘制尾围 A

图 8.2.17　尾围 A 效果图

（18）尾围 B 由半径为 150mm 的圆与半径为 140mm 的圆围合成的圆环，其高度为 40mm。返回到"楼层平面-参照标高"平面，配合快捷键 C+O 和 M+M 绘制参考线。选择"创建"→"拉伸"→"圆形框"命令，绘制图框 a（半径=150mm），在选项栏中更改偏移量为"-10"，绘制图框 b（半径=140mm），在"属性"面板中编辑"拉伸起点"和"拉伸终点"的数值（50，90），然后单击√按钮，如图 8.2.18 所示。

（19）编辑可见性并添加材质。首先，选中尾围 B 图元，在"属性"面板中编辑"可见性/图形替换"选项，取消"平面/天花板平面视图"复选框的选择，单击"确定"按钮。其次，添加尾围 B 的材质，选择"不锈钢"类型，单击"确定"按钮，如图 8.2.19 所示。

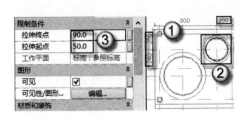

图 8.2.18 绘制尾围 B   图 8.2.19 尾围 B 效果图

（20）选中子弹脚图元，在上下文关联选项卡中选择"创建组"命令，在弹出的对话框中命名为"子弹脚"的组，并单击"确定"按钮，如图 8.2.20 所示。

（21）在创建选项卡中选择"族类型"命令，在弹出的对话框中单击"新建"按钮，然后在弹出的"名称"对话框中命名为"子弹脚"，并两次单击"确定"按钮，如图 8.2.21 所示。

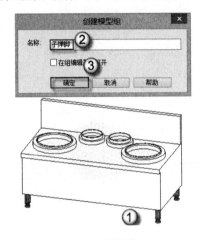

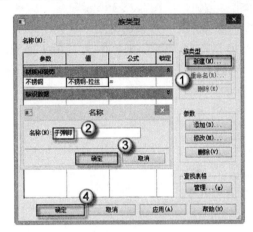

图 8.2.20 创建组   图 8.2.21 新建属性类别

确认模型无误并保存文件。选择"应用程序"→"另存为"→"族"命令，在打开的对话框中选择相应的族文件夹，更改文件名为"洁具"并单击"保存"按钮，如图 8.2.22 所示。

图 8.2.22 保存族

8.2.2　油烟机

油烟机是一种净化厨房环境的厨房电器。其安装在厨房炉灶上方，能将炉灶燃烧的废物和烹饪过程中产生的对人体有害的油烟迅速抽走，排出室外，减少污染，净化空气，并有防毒、防爆的安全保障作用。

（1）选择"应用程序"→"新建"→"族"命令，在弹出的族样板文件夹对话框中选择"公制常规模型.rfa"的族文件，单击"打开"按钮。

（2）油烟机主体以直角梯形为左立面拉伸成长度为 2400mm 的体块。进入"左立面"视图，分别按快捷键 R+P、C+O 和 M+M 绘制参考线。选择"创建"→"拉伸"→"直线"命令，绘制图框，在"属性"面板中编辑"拉伸起点"和"拉伸终点"的数值（-1200，1200），然后单击√按钮，如图 8.2.23 所示。

（3）编辑可见性并添加材质。首先，选中主体图元，在"属性"面板中编辑"可见性/图形替换"选项，取消"平面/天花板平面视图"复选框的选择，单击"确定"按钮。其次，添加油烟机主体的材质，选择"不锈钢"类型，单击"确定"按钮，如图 8.2.24 所示。

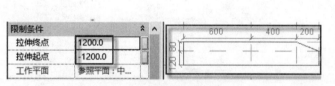 

图 8.2.23　初始体块平面　　　　　　　　　图 8.2.24　初始体块效果图

（4）主体挖洞（洞口尺寸为长 1900mm，宽 900mm）。返回到"楼层平面-参照标高"平面，按快捷键 C+O 和 M+M 绘制参考线。在菜单栏中选择"创建"→"空心形状"→"空心拉伸"→"矩形框"命令，绘制图框，在"属性"面板中编辑"拉伸起点"和"拉伸终点"的数值（0，120），然后单击√按钮，如图 8.2.25 和图 8.2.26 所示。

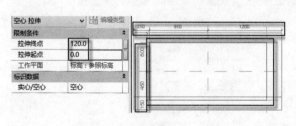 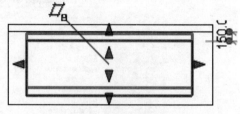

图 8.2.25　主体挖洞　　　　　　　　　　　图 8.2.26　体块效果图

（5）转轴是半径为 120mm，厚度为 70mm 的圆柱。返回到"楼层平面-参照标高"平面，按快捷键 C+O 和 M+M 绘制参考线。选择"创建"→"拉伸"→"圆形框"命令，绘制图框，在"属性"面板中编辑"拉伸起点"和"拉伸终点"的数值（50，120），然后单击√按钮，如图 8.2.27 所示。

（6）编辑可见性并添加材质。首先，选中转轴图元，在"属性"面板中编辑"可见性/图形替换"选项，取消"平面/天花板平面视图"复选框的选择，单击"确定"按钮。其次，添加转轴的材质，选择"不锈钢"类型，单击"确定"按钮，如图 8.2.28 所示。

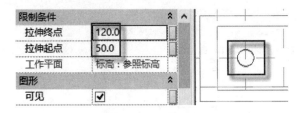

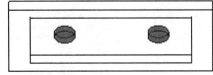

图 8.2.27　转轴平面　　　　　　　　　　图 8.2.28　转轴效果图

（7）扇叶。返回到"楼层平面-参照标高"平面，依次选择"注释"→"符号线"→"圆内切正五边形"、"圆内切正十五边形"、"直线"命令，绘制参考线。选择"创建"→"拉伸"→"直线"、"起点-终点-半径弧"命令，绘制图框，在"属性"面板中编辑"拉伸起点"和"拉伸终点"的数值（75，77），然后单击√按钮，如图 8.2.29 所示。

（8）编辑可见性并添加材质。首先，选中扇叶图元，在"属性"面板中编辑"可见性/图形替换"选项，取消"平面/天花板平面视图"复选框的选择，单击"确定"按钮。其次，添加扇叶的材质，选择"不锈钢"类型，单击"确定"按钮，如图 8.2.30 所示。

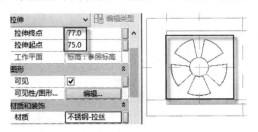

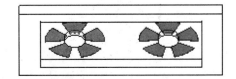

图 8.2.29　扇叶平面　　　　　　　　　　图 8.2.30　扇叶效果

（9）隔板是长度为 900mm，宽度为 30mm，厚度为 1.5mm 的板，其间隔为 20mm。返回到"楼层平面-参照标高"平面，按快捷键 C+O 和 M+M 绘制参考线。选择"创建"→"拉伸"→"矩形框"命令，绘制图框，在"属性"面板中编辑"拉伸起点"和"拉伸终点"的数值（30，32），然后单击√按钮，如图 8.2.31 所示。

（10）编辑可见性并添加材质。首先，选中隔板图元，在"属性"面板中编辑"可见性/图形替换"选项，取消"平面/天花板平面视图"复选框的选择，单击"确定"按钮。其次，添加隔板的材质，选择"不锈钢"类型，单击"确定"按钮，如图 8.2.32 所示。

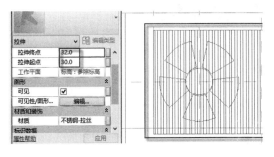

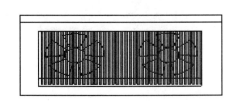

图 8.2.31　隔板平面　　　　　　　　　　图 8.2.32　隔板效果图

确认模型无误并保存文件。选择"应用程序"→"另存为"→"族"命令,在打开的对话框中选择相应的族文件夹,更改文件名为"屏风"并单击"保存"按钮,如图 8.3.33 所示。

图 8.2.33　保存族

8.2.3　水池

厨房水池按材料分有铸铁搪瓷、陶瓷、不锈钢、人造石、钢板珐琅、亚克力、结晶石水槽等;按款式分有单盆、双盆、大小双盆、异形双盆等。

不锈钢水池流行已久并且目前采用不锈钢水槽的较多,这种选择不仅因为不锈钢材质表现出来的金属质感颇有些现代气息,更重要的是不锈钢易于清洁,面板薄、重量轻,而且还具备耐腐蚀、耐高温、耐潮湿等优点。此处以不锈钢双盆水池为例。一般水槽的长度为 1380mm,宽度为 680mm,高度为 950mm。其中水槽高度为 800mm,挡板高度为 150mm。

(1)选择"应用程序"→"新建"→"族"命令,在弹出的族样板文件夹对话框中选择"公制轮廓.rfa"族文件,单击"打开"按钮,如图 8.2.34 所示。

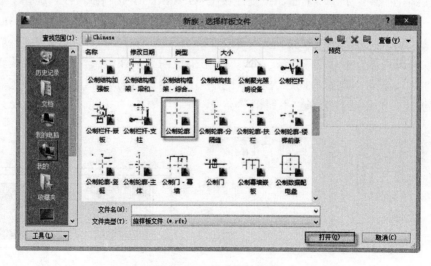

图 8.2.34　新建属性类别

（2）按快捷键 R+P、C+O 和 M+M 绘制参考线。选择"创建"→"模型线"命令，绘制线框并单击√按钮，如图 8.2.35 所示。

（3）选择"应用程序"→"另存为"→"族"命令，在打开的对话框中选择相应的族文件夹，更改文件名为"轮廓"并单击"保存"按钮，如图 8.2.36 所示。

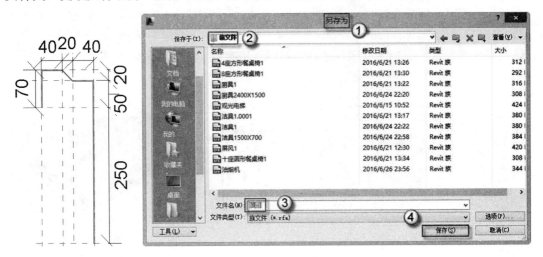

图 8.2.35　水池局部轮廓　　　　　　　　　　图 8.2.36　另存族

（4）选择"应用程序"→"新建"→"族"命令，在弹出的族样板文件夹对话框中选择"公制常规模型.rfa"的族文件，单击"打开"按钮。

（5）按快捷键 R+P、C+O 和 M+M 绘制参考线。选择"创建"→"放样"→"拾取路径"命令，依次选中模型线框，单击√按钮。其次选择"载入轮廓"命令，在弹出的对话框中找到"轮廓"的族，单击"打开"按钮，最后在"轮廓栏"中选中载入的"轮廓族"，单击√按钮，如图 8.2.37 所示。

注意：首先，载入轮廓族后先检查轮廓方向是否正确，若不正确，则在"属性"面板中选中"轮廓已翻转"复选框。其次，若模型线与轮廓模型位置不对称时，可通过调整水平或垂直轮廓偏移的数据的方法将模型调整至需要的位置。

（6）编辑可见性并添加材质。首先，选中轮廓图元，在"属性"面板中编辑"可见性/图形替换"选项，取消"平面/天花板平面视图"复选框的选择，单击"确定"按钮。其次，添加轮廓的材质，选择"不锈钢"类型，单击"确定"按钮，如图 8.2.38 所示。

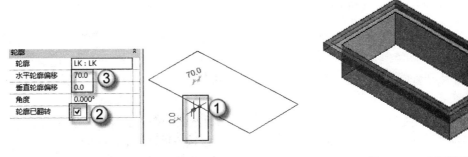

图 8.2.37　载入轮廓　　　　　　　　　　图 8.2.38　成图模型

（7）水池底板是长度为 600mm，宽度为 600mm，厚度为 1.5mm 的板，中间有两个半径为 40mm 的孔洞。返回到"楼层平面-参照标高"平面，选择"创建"→"拉伸"→"矩形框"和"圆形框"命令，绘制图框，在"属性"面板中编辑"拉伸起点"和"拉伸终点"的数值（-300，-298.5），单击 √ 按钮，如图 8.2.39 所示。

（8）编辑可见性并添加材质。首先，选中水池底板板图元，在"属性"面板中编辑"可见性/图形替换"选项，取消"平面/天花板平面视图"复选框的选择，单击"确定"按钮。其次，添加水池底板的材质，选择"不锈钢"类型，单击"确定"按钮，如图 8.2.40 所示。

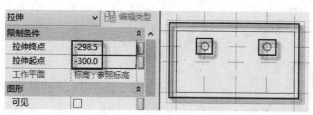
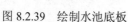
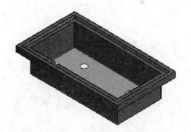

图 8.2.39　绘制水池底板　　　　　　图 8.2.40　水池底板效果图

（9）水池分隔板是长度为 600mm，宽度为 60mm，高度为 150mm 的板。返回到"楼层平面-参照标高"平面，在菜单栏中选择"创建"→"拉伸"→"矩形框"命令，绘制图框，在"属性"面板中编辑"拉伸起点"和"拉伸终点"的数值（0，-298.5），单击 √ 按钮，如图 8.2.41 所示。

（10）编辑可见性并添加材质。首先，选中凹槽底板图元，在"属性"面板中编辑"可见性/图形替换"选项，取消"平面/天花板平面视图"复选框的选择，单击"确定"按钮。其次，添加凹槽底板的材质，选择"不锈钢"类型，单击"确定"按钮，如图 8.2.42 所示。

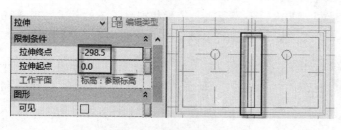

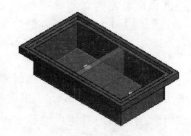

图 8.2.41　绘制水池分隔板　　　　　　图 8.2.42　水池分隔板效果图

（11）台面挡板是长度为 1500mm，高度为 150mm 的板。返回到"楼层平面-参照标高"平面，按快捷键 C+O 绘制参考线。选择"创建"→"拉伸"→"矩形框"命令，绘制图框，在"属性"面板中编辑"拉伸起点"和"拉伸终点"的数值（20，170），然后单击 √ 按钮，如图 8.2.43 所示。

（12）编辑可见性并添加材质。首先，选中台面挡板图元，在"属性"面板中编辑"可见性/图形替换"选项，取消"平面/天花板平面视图"复选框的选择，单击"确定"按钮。其次，添加台面挡板的材质，选择"不锈钢"类型，单击"确定"按钮，如图 8.2.44

所示。

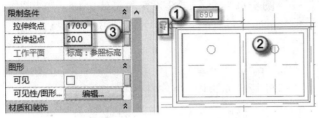

图 8.2.43　绘制台面挡板　　　　　　　图 8.2.44　台面挡板效果图

（13）竖向支架是半径为 20mm，高度为 848.5mm 的圆柱。返回到"楼层平面-参照标高"平面，按快捷键 C+O 绘制参考线。选择"创建"→"拉伸"→"圆形框"命令，绘制图框，在"属性"面板中编辑"拉伸起点"和"拉伸终点"的数值（−1.5，−730），然后单击√按钮，如图 8.2.45 所示。

（14）编辑可见性并添加材质。首先，选中竖向支架图元，在"属性"面板中编辑"可见性/图形替换"选项，取消"平面/天花板平面视图"复选框的选择，单击"确定"按钮。其次，添加竖向支架的材质，选择"不锈钢"类型，单击"确定"按钮，如图 8.2.46 所示。

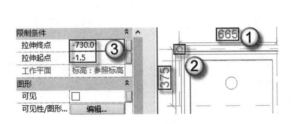

图 8.2.45　绘制竖向支架　　　　　　　图 8.2.46　竖向支架效果图

（15）子弹脚上部是半径为 15mm，高度为 30mm 的圆柱。返回到"楼层平面-参照标高"平面，选择"创建"→"拉伸"→"圆形框"命令，参照原参考线定位，绘制图框，在"属性"面板中编辑"拉伸起点"和"拉伸终点"的数值（−730，−760），然后单击√按钮，如图 8.2.47 所示。

（16）编辑可见性并添加材质。首先，选中子弹脚上部图元，在"属性"面板中编辑"可见性/图形替换"选项，取消"平面/天花板平面视图"复选框的选择，单击"确定"按钮。其次，添加子弹脚上部的材质，选择"不锈钢"类型，单击"确定"按钮，如图 8.2.48 所示。

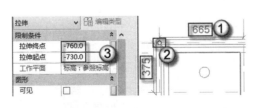

图 8.2.47　子弹脚上部　　　　　　　　图 8.2.48　子弹脚上部效果图

（17）子弹脚下部是半径为 25mm，高度为 20mm 的圆柱。返回到"楼层平面-参照标高"平面，选择"创建"→"拉伸"→"圆形框"命令，参照元参考线定位，绘制图框，在"属性"面板中编辑"拉伸起点"和"拉伸终点"的数值（-760，-780），然后单击√按钮，如图 8.2.49 所示。

（18）编辑可见性并添加材质。首先，选中子弹脚下部图元，在"属性"面板中编辑"可见性/图形替换"选项，取消"平面/天花板平面视图"复选框的选择，单击"确定"按钮。其次，添加子弹脚下部的材质，选择 "不锈钢"类型，单击"确定"按钮，如图 8.2.50 所示。

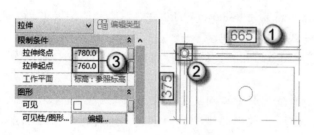

图 8.2.49　子弹脚下部平面　　　　　　　图 8.2.50　子弹脚下部效果图

（19）纵向支架是半径为 15mm，长度为 840mm 的圆柱。进入"前立面"视图，按快捷键 R+P 和 C+O 绘制参考线。选择"创建"→"拉伸"→"圆形框"命令，绘制图框，在"属性"面板中编辑"拉伸起点"和"拉伸终点"的数值（-375，375），然后单击√按钮，如图 8.2.51 所示。

（20）编辑可见性并添加材质。首先，选中纵向支架图元，在"属性"面板中编辑"可见性/图形替换"选项，取消"平面/天花板平面视图"复选框的选择，单击"确定"按钮。其次，添加纵向支架的材质，选择"不锈钢"类型，单击"确定"按钮，如图 8.2.52 所示。

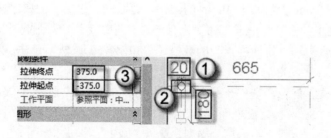

图 8.2.51　绘制纵向支架　　　　　　　　图 8.2.52　纵向支架效果图

（21）横向支架是半径为 15mm，长度为 1330mm 的圆柱。进入"左立面"视图中，按快捷键 R+P 和 C+O 绘制参考线。选择"创建"→"拉伸"→"圆形框"命令，绘制图框，在"属性"面板中编辑"拉伸起点"和"拉伸终点"的数值（665，-665），然后单击√按钮，如图 8.2.53 所示。

（22）编辑可见性并添加材质。首先，选中横向支架图元，在"属性"面板中编辑"可见性/图形替换"选项，取消"平面/天花板平面视图"复选框的选择，单击"确定"按

钮。其次，添加横向支架的材质，选择"不锈钢"类型，单击"确定"按钮，如图 8.2.54
所示。

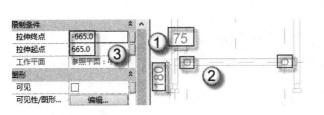

图 8.2.53　横向支架　　　　　　　　图 8.2.54　横向支架效果图

（23）隔板是长度为 580mm，宽度为 90mm，高度为 3mm 的板，其间隔为 30mm。进
入"前立面"视图，按快捷键 R+P 和 C+O 绘制参考线。选择"创建"→"拉伸"→"矩
形框"命令，绘制图框，在"属性"面板中编辑"拉伸起点"和"拉伸终点"的数值（300，
–300），然后单击 √ 按钮，如图 8.2.55 所示。

（24）编辑可见性并添加材质。首先，选中隔板图元，在"属性"面板中编辑"可见
性/图形替换"选项，取消"平面/天花板平面视图"复选框的选择，单击"确定"按钮。
其次，添加隔板的材质，选择"不锈钢"类型，单击"确定"按钮，如图 8.2.56 所示。

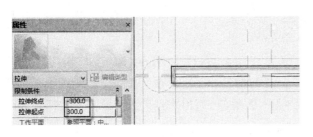

图 8.2.55　绘制隔板　　　　　　　　图 8.2.56　隔板效果图

确认模型无误并保存文件。选择"应用程序"→"另存为"→"族"命令，在打开的
对话框中选择相应族文件夹，更改文件名为"洁具"并单击"保存"按钮，如图 8.2.57 所示。

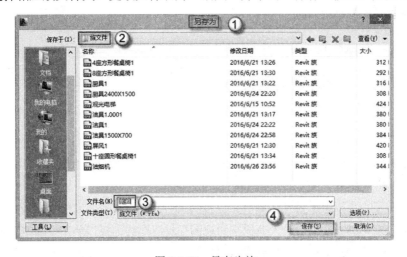

图 8.2.57　另存为族

8.3　室　内　陈　设

在建筑中，室内陈设的布置有利于使用者对室内公共空间尺度的衡量。对于设计师而言，设计者很大程度上并不是使用者，数字化的空间范围的界定，与使用者空间尺度的要求可能会存在出入，从而降低方案的通过率。而对于使用者而言，其判断建筑的标准是是否满足居住的舒适度，往往是通过视觉的感官来判断，而不是通过理解数字化的公共空间来做出选择。因此，在建筑中加入室内陈设就很有必要了。

8.3.1　四座方形餐桌椅

食堂餐桌椅是一种餐饮用的器具，以桌面与座椅相连接的款式为主，广泛应用于各大饭店、各大高校或各大厂房里，专门供客人、学生、员工吃饭使用。食堂餐桌椅的造型与尺寸非常有讲究，常见的造型有圆形、二人座、四人座、十人座等。一般来说食堂餐桌椅的餐桌高为 750mm 至 790mm；餐椅高为 450mm 至 500mm。桌面长度为 1150mm，宽度为550mm。

（1）选择"应用程序"→"新建"→"族"命令，在弹出的族样板文件夹对话框中选择"公制常规模型.rfa"的族文件，单击"打开"按钮。

（2）桌面是长度为 1150mm，宽度为 550mm，厚度为 20mm 的板。按快捷键 R+P、C+O和 M+M 绘制参考线。选择"创建"→"拉伸"→"矩形框"命令，绘制图框，在"属性"面板中编辑"拉伸起点"和"拉伸终点"的数值（-20，0），然后单击√按钮，如图 8.3.1所示。

（3）编辑可见性并添加材质。首先，选中桌面图元，在"属性"面板中编辑"可见性/图形替换"选项，取消"平面/天花板平面视图"复选框的选择，单击"确定"按钮。其次，添加桌面的材质，选择或添加"不锈钢"类型，单击"确定"按钮，如图 8.3.2 所示。

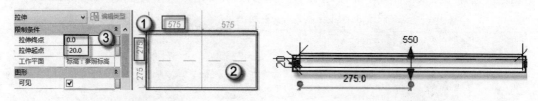

图 8.3.1　绘制桌面　　　　　　　　　　图 8.3.2　桌面的左立面图

（4）支架 A 长度为 1030mm。在"左立面"视图中按快捷键 R+P、C+O 和 M+M 绘制参考线。选择"创建"→"拉伸"→"直线"命令，绘制图框，在"属性"面板中编辑"拉伸起点"和"拉伸终点"的数值（-515，515），然后单击√按钮，如图 8.3.3 所示。

（5）编辑可见性并添加材质。首先，选中支架 A 图元，在"属性"面板中编辑"可见性/图形替换"选项，取消"平面/天花板平面视图"复选框的选择，单击"确定"按钮。其次，添加支架 A 的材质，选择或添加"不锈钢"类型，单击"确定"按钮，如图 8.3.4 所示。

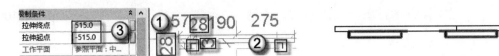

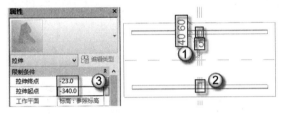

図 8.3.3　绘制支架 A　　　　　　　　　　　図 8.3.4　支架 A 效果图

（6）支架 B 是长度为 40mm，宽度为 30mm，高度为 280mm 的长方体。返回到"楼层平面-参照标高"平面，按快捷键 C+O 和 M+M 绘制参考线。选择"创建"→"拉伸"→"矩形框"命令，绘制图框，在"属性"面板中编辑"拉伸起点"和"拉伸终点"的数值（-340，-23），然后单击√按钮，如图 8.3.5 所示。

（7）编辑可见性并添加材质。首先，选中支架 B 图元，在"属性"面板中编辑"可见性/图形替换"选项，取消"平面/天花板平面视图"复选框的选择，单击"确定"按钮。其次，添加支架 B 的材质，选择或添加"不锈钢"类型，单击"确定"按钮，如图 8.3.6 所示。

図 8.3.5　绘制支架 B　　　　　　　　　　　図 8.3.6　支架 B 效果图

（8）支架 C 是长度为 350mm，宽度为 30mm，厚度为 40mm 的长方体。返回到"楼层平面-参照标高"平面，按快捷键 R+P 和 M+M 绘制参考线。选择"创建"→"拉伸"→"矩形框"命令，绘制图框，在"属性"面板中编辑"拉伸起点"和"拉伸终点"的数值（-180，-140），然后单击√按钮，如图 8.3.7 所示。

（9）编辑可见性并添加材质。首先，选中支架 C 图元，在"属性"面板中编辑"可见性/图形替换"选项，取消"平面/天花板平面视图"复选框的选择，单击"确定"按钮。其次，添加支架 C 的材质，选择或添加"不锈钢"类型，单击"确定"按钮，如图 8.3.8 所示。

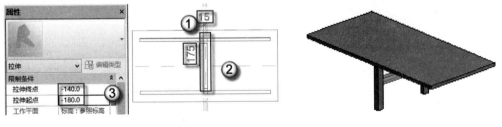

図 8.3.7　绘制支架 C　　　　　　　　　　　図 8.3.8　支架 C 效果图

（10）支架 D 是长度为 1350mm，宽度为 30mm，厚度为 40mm 的长方体。返回到"楼层平面-参照标高"平面，按快捷键 C+O 和 M+M 绘制参考线。选择"创建"→"拉伸"→"矩形框"命令，绘制图框，在"属性"面板中编辑"拉伸起点"和"拉伸终点"的数值（-380，-340），然后单击√按钮，如图 8.3.9 所示。

（11）编辑可见性并添加材质。首先，选中支架 D 图元，在"属性"面板中编辑"可见性/图形替换"选项，取消"平面/天花板平面视图"复选框的选择，单击"确定"按钮。其次，添加支架 D 的材质，选择或添加"不锈钢"类型，单击"确定"按钮，如图 8.3.10 所示。

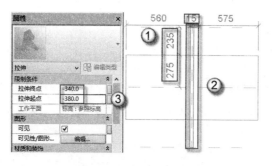

图 8.3.9　绘制支架 D

图 8.3.10　支架 D 效果图

（12）支架 E 是长度为 1350mm，宽度为 30mm，厚度为 40mm 的长方体。返回到"楼层平面-参照标高"平面，按快捷键 C+O 和 M+M 绘制参考线。选择"创建"→"拉伸"→"矩形框"命令，绘制图框，在"属性"面板中编辑"拉伸起点"和"拉伸终点"的数值（-380，-40），然后单击√按钮，如图 8.3.11 所示。

（13）编辑可见性并添加材质。首先，选中支架 E 图元，在"属性"面板中编辑"可见性/图形替换"选项，取消"平面/天花板平面视图"复选框的选择，单击"确定"按钮。其次，添加支架 E 的材质，选择或添加"不锈钢"类型，单击"确定"按钮，如图 8.3.12 所示。

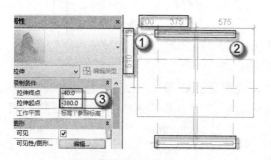

图 8.3.11　绘制支架 E

图 8.3.12　支架 E 效果图

（14）支架 F 是长度为 40mm，宽度为 30mm，高度为 410mm 的长方体。返回到"楼层平面-参照标高"平面，按快捷键 C+O 和 M+M 绘制参考线。选择"创建"→"拉伸"→"矩形框"命令，绘制图框，在"属性"面板中编辑"拉伸起点"和"拉伸终点"的数值（-750，40），然后单击√按钮，如图 8.3.13 所示。

（15）编辑可见性并添加材质。首先，选中支架 F 图元，在"属性"面板中编辑"可见性/图形替换"选项，取消"平面/天花板平面视图"复选框的选择，单击"确定"按钮。其次，添加支架 F 的材质，选择或添加"不锈钢"类型，单击"确定"按钮，如图 8.3.14 所示。

（16）绘制座椅的平面是半径为 150mm，厚度为 40mm 的圆柱。返回到"楼层平面-参照标高"平面，按快捷键 C+O 和 M+M 绘制参考线。选择"创建"→"拉伸"→"圆形框"命令，绘制图框，然后切换至"左前立面"视图，在"属性"面板中编辑"拉伸起点"和"拉伸终点"的数值（-340，-300），然后单击√按钮，如图 8.3.15 所示。

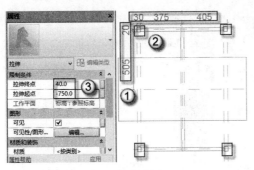

图 8.2.13　绘制支架 F

图 8.3.14　支架 F 效果图

（17）编辑可见性并添加材质。首先，选中圆凳图元，在"属性"面板中编辑"可见性/图形替换"选项，取消"平面/天花板平面视图"复选框的选择，单击"确定"按钮。其次，添加圆凳的材质，选择或添加"不锈钢"类型，单击"确定"按钮，如图 8.3.16 所示。

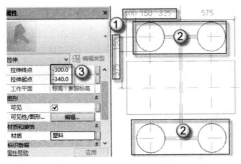

图 8.3.15　绘制圆凳支架

图 8.3.16　圆凳效果图

（18）选中支架图元。在上下文关联选项卡中选择"创建组"命令，在弹出的对话框中命名为"餐桌支架"的组，单击"确定"按钮，如图 8.3.17 所示。

（19）在创建选项卡中选择"族类型"命令，在弹出的对话框中单击"新建"按钮，然后在弹出的对话框中命名为"餐桌支架"，并单击两次"确定"按钮，如图 8.3.18 所示。

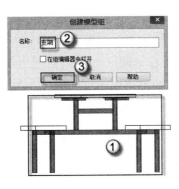

图 8.3.17　创建组

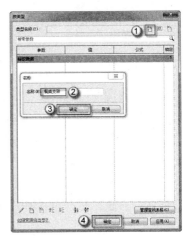

图 8.3.18　新建属性类别

确认模型无误并保存文件。选择"应用程序"→"另存为"→"族"命令，在打开的
对话框中选择相应的族文件夹，更改文件名
为"四座方形餐桌椅"并单击"保存"按钮，
如图 8.3.19 所示。

8.3.2　八座方形餐桌椅

食堂八座方形餐桌椅的尺寸为：餐桌高
为 750mm，餐椅高为 450mm。桌面长度为
2200mm，宽度为 550mm。

图 8.3.19　另存为族

（1）选择"应用程序"→"新建"→"族"
命令，在弹出的族样板文件夹对话框中选择"公制常规模型.rfa"的族文件，单击"打开"
按钮。

（2）桌面是长度为 2200mm，宽度为 550mm，厚度为 20mm 的板。按快捷键 R+P、C+O
和 M+M 绘制参考线。选择"创建"→"拉伸"→"矩形框"命令，绘制图框，在"属性"
面板中编辑"拉伸起点"和"拉伸终点"的数值（0，–20），然后单击√按钮，如图 8.3.20
所示。

（3）编辑可见性并添加材质。首先，选中桌面图元，在"属性"面板中编辑"可见性
/图形替换"选项，取消"平面/天花板平面视图"复选框的选择，单击"确定"按钮。其次，
添加桌面的材质，选择或添加"不锈钢"类型，单击"确定"按钮，如图 8.3.21 所示。

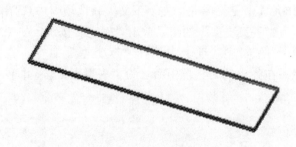

图 8.3.20　桌面图　　　　　　　　　　　8.3.21　桌面效果图

（4）支架 A 长度为 2080mm。在"左立面"视图中按快捷键 R+P、C+O 和 M+M 绘制
参考线。选择"创建"→"拉伸"→"直线"命令，绘制图框，在"属性"面板中编辑"拉
伸起点"和"拉伸终点"的数值（–1040，1040），然后单击√按钮，如图 8.3.22 所示。

（5）编辑可见性并添加材质。首先，选中支架 A 图元，在"属性"面板中编辑"可见
性/图形替换"选项，取消"平面/天花板平面视图"复选框的选择，单击"确定"按钮。
其次，添加支架 A 的材质，选择或添加"不锈钢"类型，单击"确定"按钮，如图 8.3.23
所示。

（6）支架 B 是长度为 40mm，宽度为 30mm，高度为 280mm 的长方体。返回到"楼层
平面-参照标高"平面，按快捷键 C+O 和 M+M 绘制参考线。选择"创建"→"拉伸"→

"矩形框"命令，绘制图框，在"属性"面板中编辑"拉伸起点"和"拉伸终点"的数值（-340，-23），然后单击√按钮，如图 8.3.24 所示。

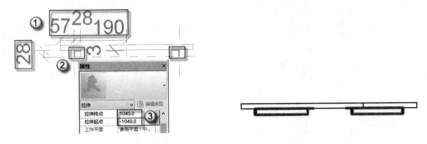

图 8.3.22　绘制支架 A　　　　　　　　　　图 8.323　支架 A 效果图

（7）编辑可见性并添加材质。首先，选中支架 B 图元，在"属性"面板中编辑"可见性/图形替换"选项，取消"平面/天花板平面视图"复选框的选择，单击"确定"按钮。其次，添加支架 B 的材质，选择或添加"不锈钢"类型，单击"确定"按钮，如图 8.3.25 所示。

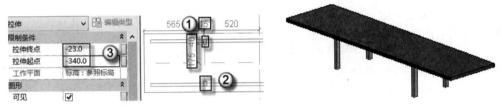

图 8.3.24　绘制支架 B　　　　　　　　　　图 8.3.25　支架 B 效果图

（8）支架 C 是长度为 350mm，宽度为 30mm，厚度为 40mm 的长方体。返回到"楼层平面-参照标高"平面，结合参考线定位。选择"创建"→"拉伸"→"矩形框"命令，绘制图框，在"属性"面板中编辑"拉伸起点"和"拉伸终点"的数值（-180，-140），然后单击√按钮，如图 8.3.26 所示。

（9）编辑可见性并添加材质。首先，选中支架 C 图元，在"属性"面板中编辑"可见性/图形替换"选项，取消"平面/天花板平面视图"复选框的选择，单击"确定"按钮。其次，添加支架 C 的材质，选择或添加"不锈钢"类型，单击"确定"按钮，如图 8.3.27 所示。

图 8.3.26　绘制支架 C　　　　　　　　　　图 8.3.27　支架 C 效果图

（10）支架 D 是长度为 1350mm，宽度为 30mm，厚度为 40mm 的长方体。返回到"楼层平面-参照标高"平面，按快捷键 C+O 和 M+M 绘制参考线。选择"创建"→"拉伸"→"矩形框"命令，绘制图框，在"属性"面板中编辑"拉伸起点"和"拉伸终点"的数值（-380，-340），然后单击 √ 按钮，如图 8.3.28 所示。

（11）编辑可见性并添加材质。首先，选中支架 D 图元，在"属性"面板中编辑"可见性/图形替换"选项，取消"平面/天花板平面视图"复选框的选择，单击"确定"按钮。其次，添加支架 D 的材质，选择或添加"不锈钢"类型，单击"确定"按钮，如图 8.3.29 所示。

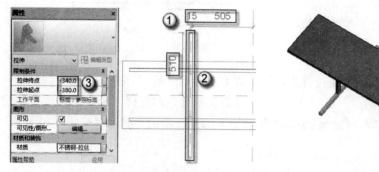

图 8.3.28　绘制支架 D　　　　　　　图 8.3.29　支架 D 效果图

（12）支架 E 是长度为 1350mm，宽度为 30mm，厚度为 40mm 的长方体。返回到"楼层平面-参照标高"平面，按快捷键 C+O 和 M+M 绘制参考线。选择"创建"→"拉伸"→"矩形框"命令，绘制图框，在"属性"面板中编辑"拉伸起点"和"拉伸终点"的数值（-380，-340），然后单击 √ 按钮，如图 8.3.30 所示。

（13）编辑可见性并添加材质。首先，选中支架 E 图元，在"属性"面板中编辑"可见性/图形替换"选项，取消"平面/天花板平面视图"复选框的选择，单击"确定"按钮。其次，添加支架 E 的材质，选择或添加"不锈钢"类型，单击"确定"按钮，如图 8.3.31 所示。

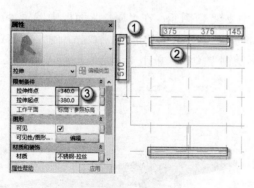
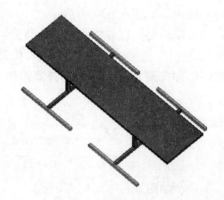

图 8.3.30　支架 E　　　　　　　　　图 8.3.31　支架 E 效果图

（14）支架 F 是长度为 40mm，宽度为 30mm，高度为 410mm 的长方体。返回到"楼层平面-参照标高"平面，按快捷键 C+O 和 M+M 绘制参考线。选择"创建"→"拉伸"→"矩形框"命令，绘制图框，在"属性"面板中编辑"拉伸起点"和"拉伸终点"的数值（-750，-340），然后单击 √ 按钮，如图 8.3.32 所示。

（15）编辑可见性并添加材质。首先，选中支架 F 图元，在"属性"面板中编辑"可见性/图形替换"选项，取消"平面/天花板平面视图"复选框的选择，单击"确定"按钮。其次，添加支架 F 的材质，选择或添加"不锈钢"类型，单击"确定"按钮，如图 8.3.33 所示。

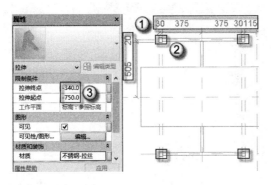

图 8.3.32　绘制支架 F　　　　　　　　图 8.3.33　支架 F 效果图

（16）绘制座椅的平面是半径为 150mm，厚度为 40mm 的圆柱。返回到"楼层平面-参照标高"平面，按快捷键 C+O 和 M+M 绘制参考线。选择"创建"→"拉伸"→"框"命令，绘制图框，然后切换至"左前立面"视图，在"属性"面板中编辑"拉伸起点"和"拉伸终点"的数值（-340，-300），然后单击√按钮，如图 8.3.34 所示。

（17）编辑可见性并添加材质。首先，选中圆凳图元，在"属性"面板中编辑"可见性/图形替换"选项，取消"平面/天花板平面视图"复选框的选择，单击"确定"按钮。其次，添加圆凳的材质，选择或添加"塑料"类型，单击"确定"按钮，如图 8.3.35 所示。

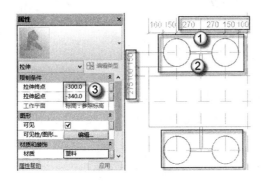

图 8.3.34　绘制圆凳　　　　　　　　图 8.3.35　圆凳效果图

（18）选中支架图元，在上下文关联选项卡中选择"创建组"命令，在弹出的对话框中命名为"餐桌支架"的组，并单击"确定"按钮，如图 8.3.36 所示。

（19）在创建选项卡中选择"族类型"命令，在弹出的对话框中单击"新建"按钮，然后在弹出的对话框中命名为"餐桌支架"，并单击两次"确定"按钮，如图 8.3.37 所示。

确认模型无误并保存文件。选择"应用程序"→"另存为"→"族"命令，在打开的对话框中选择相应的族文件夹，更改文件

图 8.3.36　创建组

名为"八座方形餐桌椅"并单击"保存"按钮，如图 8.3.38 所示。

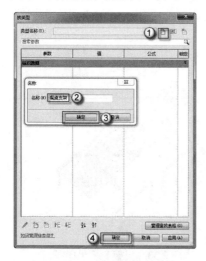

图 8.3.37　新建属性类别　　　　　　　　　　图 8.3.38　另存为族

8.3.3　十座圆形餐桌椅

　　一般食堂十座圆形餐桌椅尺寸为：桌面半径为 750mm，餐桌高为 750mm，餐椅高为 450mm。具体操作如下。

　　（1）选择"应用程序"→"新建"→"族"命令，在弹出的族样板文件夹对话框中选择"公制常规模型.rfa"的族文件，单击"打开"按钮。

　　（2）绘制桌面平面半径为850mm，厚度为20mm。选择"创建"→"拉伸"→"圆形框"命令，绘制图框，在"属性"面板中编辑"拉伸起点"和"拉伸终点"的数值（-20，0），然后单击√按钮，如图 8.3.39 所示。

　　注意：由于桌面是圆形，各立面视图完全相同，因此编辑厚度时可在执行操作步骤（1）的过程中在选项栏的深度栏中输入 20 个单位（即桌面的厚度尺寸）。

　　（3）编辑可见性并添加材质。首先，选中桌面图元，在"属性"面板中编辑"可见性/图形替换"选项，取消"平面/天花板平面视图"复选框的选择，单击"确定"按钮。其次，添加桌面的材质，选择或添加"不锈钢"类型，单击"确定"按钮，如图 8.3.40 所示。

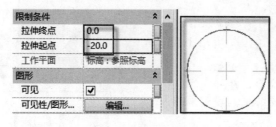

图 8.3.39　绘制桌面　　　　　　　　　　图 8.3.40　桌面效果图

　　（4）支架 A 其平面是边长为 30mm 的正五边形，高度为 360mm。返回到"楼层平面-

参照标高"平面，按快捷键 R+P 和 M+M 绘制参考线。选择"创建"→"拉伸"→"直线"命令，绘制图框，在"属性"面板中编辑"拉伸起点"和"拉伸终点"的数值（-380，-20），然后单击 √ 按钮。如图 8.3.41 所示。

（5）编辑可见性并添加材质。首先，选中支架 A 图元，在"属性"面板中编辑"可见性/图形替换"选项，取消"平面/天花板平面视图"复选框的选择，单击"确定"按钮。其次，添加支架 A 的材质，选择或添加"不锈钢"类型，单击"确定"按钮，如图 8.3.42 所示。

图 8.3.41　绘制支架 A

图 8.3.42　支架 A 效果图

（6）支架 B 是长度为 40mm，宽度为 30mm，高度为 320mm 的长方体。返回到"楼层平面-参照标高"平面，按快捷键 R+P 和 M+M 绘制参考线。选择"创建"→"拉伸"→"直线"命令，绘制图框，在"属性"面板中编辑"拉伸起点"和"拉伸终点"的数值（-340，-20），然后单击 √ 按钮，如图 8.3.43 所示。

（7）编辑可见性并添加材质。首先，选中支架 B 图元，在"属性"面板中编辑"可见性/图形替换"选项，取消"平面/天花板平面视图"复选框的选择，单击"确定"按钮。其次，添加支架 B 的材质，选择或添加"不锈钢"类型，单击"确定"按钮，如图 8.3.44 所示。

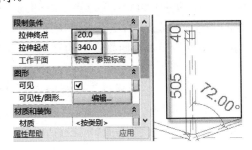

图 8.3.43　绘制支架 B

图 8.3.44　支架 B 效果图

（8）支架 C 是长度为 914mm，宽度为 30mm，厚度为 40mm 的长方体。返回到"楼层平面-参照标高"平面，按快捷键 R+P 和 M+M 绘制参考线。选择"创建"→"拉伸"→"直线"命令，绘制图框，在"属性"面板中编辑"拉伸起点"和"拉伸终点"的数值（-380，-340），然后单击 √ 按钮，如图 8.3.45 所示。

（9）编辑可见性并添加材质。首先，选中支架 C 图元，在"属性"面板中编辑"可见性/图形替换"选项，取消"平面/天花板平面视图"复选框的选择，单击"确定"按钮。其次，添加支架 C 的材质，选择或添加"不锈钢"类型，单击"确定"按钮，如图 8.3.46 所示。

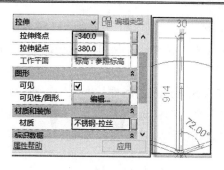
图 8.3.45　绘制支架 C

图 8.3.46　支架 C 效果图

（10）支架 D 是长度为 600mm，宽度为 30mm，厚度为 40mm 的长方体。返回到"楼层平面-参照标高"平面，按快捷键 R+P 和 M+M 绘制参考线。选择"创建"→"拉伸"→"直线"命令，绘制图框，在"属性"面板中编辑"拉伸起点"和"拉伸终点"的数值（-380，-340），然后单击 √ 按钮，如图 8.3.47 所示。

（11）编辑可见性并添加材质。首先，选中支架 D 图元，在"属性"面板中编辑"可见性/图形替换"选项，取消"平面/天花板平面视图"复选框的选择，单击"确定"按钮。其次，添加支架 D 的材质，选择或添加"不锈钢"类型，单击"确定"按钮，如图 8.3.48 所示。

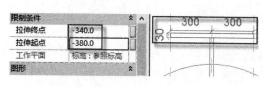
图 8.3.47　支架 D

图 8.3.48　支架 D 效果图

（12）支架 E 是长度为 40mm，宽度为 30mm，高度为 410mm 的长方体。返回到"楼层平面-参照标高"平面，按快捷键 R+P 和 M+M 绘制参考线。选择"创建"→"拉伸"→"直线"命令，绘制图框，在"属性"面板中编辑"拉伸起点"和"拉伸终点"的数值（-340，-750），然后单击 √ 按钮，如图 8.3.49 所示。

（13）编辑可见性并添加材质。首先，选中支架 E 图元，在"属性"面板中编辑"可见性/图形替换"选项，取消"平面/天花板平面视图"复选框的选择，单击"确定"按钮。其次，添加支架 E 的材质，选择或添加"不锈钢"类型，单击"确定"按钮，如图 8.3.50 所示。

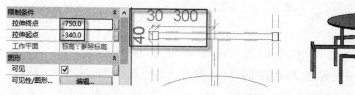
图 8.3.49　绘制支架 E

图 8.3.50　支架 E 效果图

（14）绘制座椅的平面是半径为 150mm，厚度为 40mm 的圆柱。返回到"楼层平面-参照标高"平面，按快捷键 C+O 和 M+M 绘制参考线。选择"创建"→"拉伸"→"圆形框"命令，绘制图框，在"属性"面板中编辑"拉伸起点"和"拉伸终点"的数值（-340，-300），然后单击 √ 按钮，如图 8.3.51 所示。

（15）编辑可见性并添加材质。首先，选中圆凳图元，在"属性"面板中编辑"可见性/图形替换"选项，取消"平面/天花板平面视图"复选框的选择，单击"确定"按钮。其次，添加圆凳的材质，选择或添加"塑料"类型，单击"确定"按钮，如图 8.3.52 所示。

 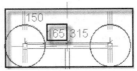 

图 8.3.51　圆凳平面视图　　　　　　　　　　图 8.3.52　圆凳效果图

（16）选中支架图元，在上下文关联选项卡中选择"创建组"命令，在弹出的对话框中命名为"十座圆形餐桌支架"的组，并单击"确定"按钮，如图 8.3.53 所示。

（17）在创建选项卡中选择"族类型"命令，在弹出的对话框中单击"新建"按钮，然后在弹出的对话框中命名为"支架"，并单击两次"确定"按钮，如图 8.3.54 所示。

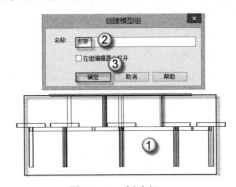 

图 8.3.53　创建组　　　　　　　　　　图 8.3.54　新建属性类别

确认模型无误并保存文件。选择"应用程序"→"另存为"→"族"命令，在打开的对话框中选择相应的族文件夹，更改文件名为"十座方形餐桌椅"并单击"保存"按钮，如图 8.3.55 所示。

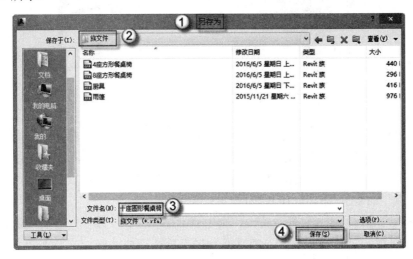

图 8.3.55　另存为族

8.3.4　屏风

屏风隔断可分为单片式和双片式两种。顶部采用新型道轨及吊轮，可以全方向、多角度灵活组合空间。屏风边框统一采用铝合金材料加工、制作。适用范围有大型会展中心、酒店、商务会议场所、咖啡厅、商场、医院、教会、国际学校及政府机构办事处等各类型室内场所。显著特点是以最经济、快捷、合理的方式来分隔、分排不同类型的活动空间；可提供独立而不受干扰的空间；无须地面轨道，保证地面装饰面的完整性。另外屏风隔断组合中可带有门中门，让使空间更加完美、灵活。

（1）选择"应用程序"→"新建"→"族"命令，在弹出的族样板文件夹对话框中选择"公制常规模型.rfa"的族文件，单击"打开"按钮。

（2）屏风框架其主体宽度为 600mm，高度为 2800mm，厚度为 40mm，边框的宽度为 40mm。进入"前"立面视图，按快捷键 R+P、C+O 和 M+M 绘制参考线。选择"创建"→"拉伸"→"矩形框"命令，绘制屏风框架图框，在"属性"面板中编辑"拉伸起点"和"拉伸终点"的数值（-20，20），然后单击√按钮，如图 8.3.56 所示。

（3）编辑可见性并添加材质。首先，选中桌面图元，在"属性"面板中编辑"可见性/图形替换"选项，取消"平面/天花板平面视图"复选框的选择，单击"确定"按钮。其次，添加边框的材质，选择需要的木材类型，单击"确定"按钮，如图 8.3.57 所示。

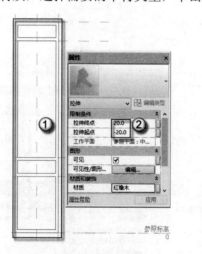

图 8.3.56　绘制屏风框架　　　　　　　　图 8.3.57　屏风框架效果图

（4）屏风扇面和窗格（厚度为 20mm）。返回到"楼层平面-参照标高"平面，按快捷键 C+O 和 M+M 绘制参考线。选择"创建"→"拉伸"→"矩形框"命令，绘制图框，单击√按钮。然后切换至"左"立面视图，选中图元，在"属性"面板中编辑"拉伸起点"和"拉伸终点"的数值（-10，10），如图 8.3.58 所示。

（5）编辑可见性并添加材质。首先，选中桌面图元，在"属性"面板中编辑"可见性/图形替换"选项，取消"平面/天花板平面视图"复选框的选择，单击"确定"按钮。其次，添加边框的材质，选择需要的木材类型，单击"确定"按钮，如图 8.3.59 所示。

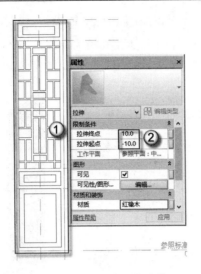

图 8.3.58　绘制扇面和窗格　　　　　图 8.3.59　扇面和窗格效果图

（6）屏风亮堂板和裙板（厚度为 10mm）。返回到"楼层平面-参照标高"平面，按快捷键 C+O 和 M+M 绘制参考线。选择"创建"→"拉伸"→"矩形框"命令，绘制图框，单击√按钮。然后切换至"左"立面视图，选中图元，在"属性"面板中编辑"拉伸起点"和"拉伸终点"的数值（-5，5），如图 8.3.60 所示。

（7）编辑可见性并添加材质。首先，选中桌面图元，在"属性"面板中编辑"可见性/图形替换"选项，取消"平面/天花板平面视图"复选框的选择，单击"确定"按钮。其次，添加边框的材质，选择需要的木材类型，单击"确定"按钮，如图 8.3.61 所示。

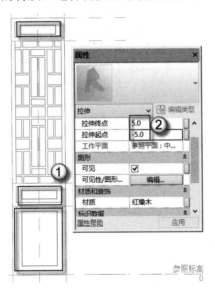

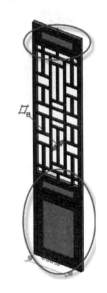

图 8.3.60　绘制亮堂板和裙板　　　　　图 8.3.61　亮堂板和裙板效果图

（8）屏风玻璃（厚度为 10mm）。返回到"前立面"视图，选择"创建"→"拉伸"→"矩形框"命令，绘制图框，单击√按钮。然后切换至"左"立面视图，选中图元，在"属性"面板中编辑"拉伸起点"和"拉伸终点"的数值（-5，5），如图 8.3.62 所示。

（9）编辑可见性并添加材质。首先，选中桌面图元，在"属性"面板中编辑"可见性/图形替换"选项，取消"平面/天花板平面视图"复选框的选择，单击"确定"按钮。其次，添加边框的材质，选择"玻璃"类型，单击"确定"按钮，如图 8.3.63 所示。

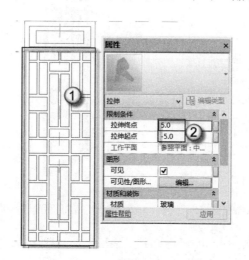 

图 8.3.62　绘制屏风玻璃　　　　　　　　图 8.3.63　屏风玻璃效果图

确认模型无误并保存文件。选择"应用程序"→"另存为"→"族"命令，在打开的对话框中选择相应的族文件夹，更改文件名为"屏风"并单击"保存"按钮，如图 8.3.64 所示。

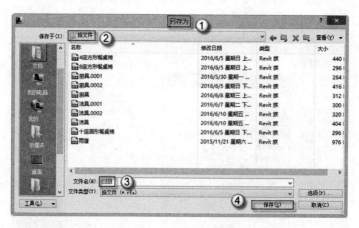

图 8.3.64　另存为族

8.4　电梯的设计

电梯是解决垂直交通常用的一种措施，其具有速度快、节省时间、省力等优点。在大型商场、医院、宾馆、办公楼、高层住宅等建筑中常设置电梯。

按照电梯的使用性质可以分为客梯、货梯、消防电梯和观光电梯。本节中将介绍 3 种典型的电梯实例。

8.4.1　1 号电梯（观光兼无障碍梯）

观光改无障碍梯是适合乘轮椅者、视残者或担架床可进入和使用的电梯。在公共建筑中配备电梯时，必须设无障碍电梯，候梯厅无障碍设施的设计要求如下：候梯厅深度大于或等于 1.80m；按钮高度为 0.90～1.10m；电梯门洞净宽度大于或等于 0.90m；显示与音响能清晰显示轿厢上、下运行方向和层数位置及电梯抵达音响；每层电梯口应安装楼层标志，电梯口应设提示盲道。井道和轿厢壁至少有同一侧是透明的，乘客可观看轿厢外景物的电梯。

（1）打开族。以 Revit 系统自带族为基础创建 1 号电梯族。选择"应用程序菜单"→"新建"→"族"命令，在弹出的"新族-选择样板文件"对话框中选择"公制门.rft"文件，单击"打开"按钮，进入"公制门"族，如图 8.4.1 所示。

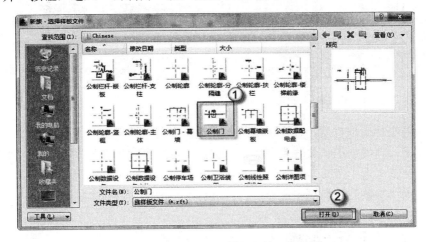

图 8.4.1　"新族-选择样板文件"对话框

注意：选用系统族文件的时候不要修改其文件类型，在完成族的编辑后，直接取个名字，保存族就可以为 Revit 所用了。

（2）修改门框。因为电梯内部是不需要门框的，所以需要删除"公制门"族内部的门框。打开"参照标高平面"视图，选中内部门框，按 Delete 键，删除内部门框，如图 8.4.2 所示。

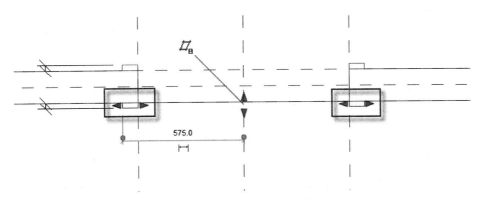

图 8.4.2　删除内部门框

（3）新建族类型。选择"创建"→"族类型"命令，在弹出的"族类型"对话框中单击"新建"按钮，在弹出的"名称"对话框中修改名称为"1 号电梯"，单击"确定"按钮返回"族类型"对话框，并分别更改高度和宽度为"2100"和"1100"，如图 8.4.3 所示。

（4）修改框架。单击"框架投影内部"栏，在选中后单击"删除"按钮，删除框架投影内部显示，然后分别更改"框架投影外部"和"框架宽度"的数值为"50"和"100"。最后单击"确定"按钮，返回"参照标高"视图，如图 8.4.4 所示。

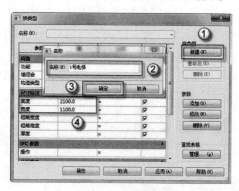

图 8.4.3　新建族类型　　　　　　　　图 8.4.4　修改框架

（5）设置电梯门框材质。选中电梯门框，单击"属性"面板中"材质"栏中的"关联族参数"按钮，在弹出的"关联族参数"对话框中单击"添加参数"按钮，在弹出的"参数属性"对话框中选中"共享参数"单选按钮，再单击"选择"按钮，在弹出的"共享参数"对话框的"参数"列表框中选择"门窗框材质"选项。最后单击"确定"按钮，完成电梯门框材质的设置，如图 8.4.5 所示。

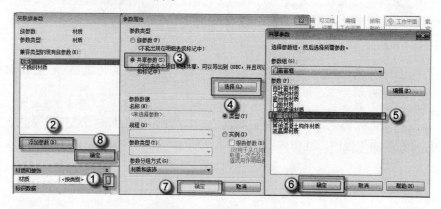

图 8.4.5　设置电梯门框材质

（6）创建电梯门。切换至"外部"立面视图，首先删除门打开方向线，如图 8.4.6 所示。然后选择"创建"→"拉伸"→"矩形线链"命令，画出如图 8.4.7 所示的矩形框，接着单击矩形框的右侧线，按快捷键 M+V，把右侧线向左平移 2mm，选中整个矩形，按两下快捷键 M，以红色线为中轴线画出另一侧的电梯门，如图 8.4.7 所示。

⚠️注意：为了让创建好的电梯门中间能留有一条缝（这是与实际一致的做法），所以需要把门中线向左、向右各移动 5mm。

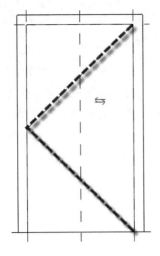
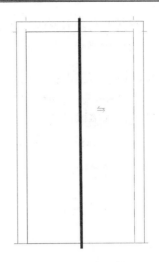

图 8.4.6　门打开方向线　　　　　　　图 8.4.7　创建电梯门

（7）设置电梯门参数。切换至"左"立面视图，分别更改"拉伸终点"和"拉伸起点"数值为"95"和"55"。接着单击"编辑"按钮，在弹出的"族图元可见性设置"对话框中取消"平面/天花板平面视图"和"当在平面/天花板平面视图中被剖切时（如果类别允许）"复选框的选择，最后单击"确定"按钮，如图 8.4.8 所示。

图 8.4.8　设置电梯门参数

注意：电梯门在二维平面视图是不需要显示的，因此需要选中以上两个选项。这样才能达到我国建筑施工图的要求。

（8）设置电梯门材质。单击"属性"面板中"材质"栏的"关联族参数"按钮，在弹出的"关联族参数"对话框中单击"添加参数"按钮，在弹出的"参数属性"对话框中选中"共享参数"单选按钮，再单击"选择"按钮，在弹出的"共享参数"对话框的"参数"列表框中选择"不锈钢材质"选项。最后单击"确定"按钮，返回"左"立面视图。单击"完成编辑模式"按钮，完成电梯门的创建，如图 8.4.9 所示。

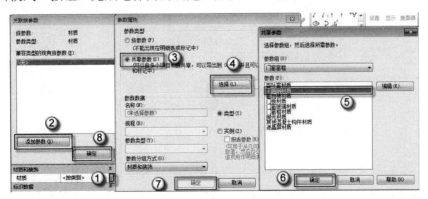

图 8.4.9　设置电梯门材质

注意：　"不锈钢材质"需要预先设定才会显示在"参数"列表框中，而且只有在"共享参数"对话框中显示，才能统计其工程量。

（9）创建电梯层站召唤器面板。选择"创建"→"拉伸"→"直线"命令，绘制出如图 8.4.10 所示的长为"500"、宽为"120"的矩形。接着切换绘制方式至"矩形"，修改偏移量数值为"-20"，在该矩形内绘制出新的矩形，然后选中新的矩形底部线条拖动至如图 8.4.11 所示的长为"180"的位置。

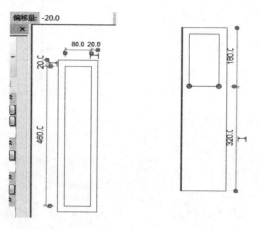

图 8.4.10　绘制两个矩形框　　　　图 8.4.11　修改内框

（10）设置面板属性。切换至"左"立面视图，分别更改"拉伸起点"和"拉伸终点"数值为"0"和"-30"。单击"属性"面板"图形"栏中的"编辑"按钮，在弹出的"族图元可见性设置"对话框中取消"平面/天花板平面视图"及"当在平面/天花板平面视图中被剖切时（如果类别允许）"复选框的选择，单击"确定"按钮完成族可见性设置，如图 8.4.12 所示。接着单击"属性"面板"材质和装饰"栏中的"关联族参数"按钮，在弹出的"关联族参数"对话框的"兼容类型的现有族参数"列表框中选择"不锈钢材质"选项，单击"确定"按钮，完成材质设置，如图 8.4.13 所示。返回"左"立面视图，单击"完成编辑模式"按钮，完成电梯楼层按钮面板的创建。

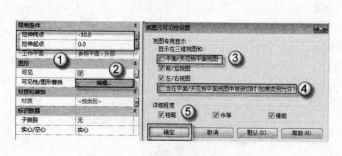

图 8.4.12　设置面板可见性及数值　　　　图 8.4.13　设置面板材质

注意：　"关联族参数"对话框"兼容类型的现有族参数"列表框中如果在之前没有添加过该类材质则列表框中是不会显示的。因为在第（8）步时有添加过"不锈钢材质"，因此这里才有"不锈钢材质"显示，不需要再次添加。如若再次添加，系统会弹出"此族已包含共享参数"不锈钢材质"的提示对话框。

（11）创建电梯层站召唤器显示屏。切换至"外部"立面视图，选择"创建"→"拉伸"→"矩形"命令，绘制出如图 8.4.14 所示矩形。单击"编辑"按钮，在弹出的"族图元可见性设置"对话框中取消"平面/天花板平面视图"和"当在平面/天花板平面视图中被剖切时（如果类别允许）"复选框的选择，单击"确定"按钮，完成可见性的编辑。修改"拉伸终点"数值为"-25"。单击"属性"面板中"材质"栏中的"关联族参数"按钮，在弹出的"关联族参数"对话框中单击"添加参数"按钮，在弹出的"参数属性"对话框中选择"共享参数"单选按钮，再单击"选择"按钮，在弹出的"共享参数"对话框的"参数"列表框中选择"液晶屏材质"选项。最后单击"确定"按钮，完成材质设置，如图 8.4.15 所示。最后单击"完成编辑模式"按钮完成电梯层站召唤器显示屏的创建。

图 8.4.14　编辑可见性

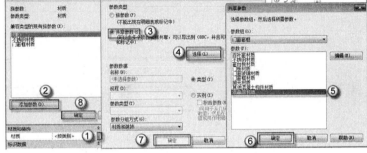

图 8.4.15　设置材质

（12）创建电梯层站召唤器按钮。按快捷键 R+P，创建一条电梯楼层按钮面板居中辅助线。选择"创建"→"拉伸"→"圆形"命令，接着在辅助线上绘制出半径为"25"的圆形，分别修改"拉伸终点"和"拉伸起点"数值为"-60"和"-50"，单击选中该圆形，按快捷键 C+O，以其圆心为起点绘制一个距离其 100mm 的新的圆形。设置其材质为"不锈钢材质"。在弹出的"族图元可见性设置"对话框中取消"平面/天花板平面视图"和"当在平面/天花板平面视图中被剖切时（如果类别允许）"复选框的选择，单击"完成编辑模式"按钮完成电梯层站召唤器按钮的创建，如图 8.4.16 所示。

（13）绘制电梯平面图辅助线。按快捷键 R+P，绘制一条位于电梯门正中间的辅助线即①。以①为中心绘制其他的纵向辅助线，选中①按快捷键 C+O，按照图 8.4.17 上所给出的间隔标注以①为原型分别复制出其他②~⑧纵向线。然后在墙内侧边线上绘制出一条辅助线，按快捷键 M+V 将其

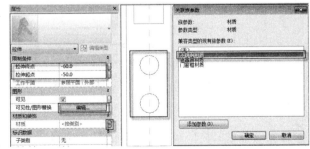

图 8.4.16　创建电梯层站召唤器按钮

移动至⑨，再按快捷键 C+O 按照图 8.4.17 上所给的间隔标注以⑨为原型分别复制出其他⑩~⑯横向线。

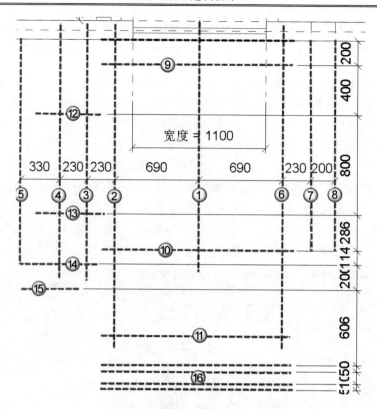

图 8.4.17　绘制电梯平面图辅助线

（14）绘制电梯门平面图。切换至"参照标高"平面，选择"注释"→"符号线"命令，分别选择绘制方式和子类型为"直线"和"门投影"。以图 8.4.18 中的①线为基准绘制出矩形，接着选中该矩形，按快捷键 M+V，按照红色箭头的方向先竖直向下移动 20mm，再次选中该矩形并按快捷键 M+V 向左移动 20mm，最后按两下快捷键 M，以正中间的辅助线为中间线复制生成另一个矩形，完成电梯门平面图的绘制，如图 8.4.18 所示。

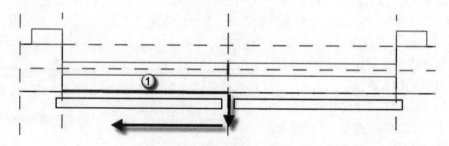

图 8.4.18　绘制电梯门平面图

⚠注意：因为电梯平面图只是作为二维平面符号，而不是作为构件或模型的实际几何图形一部分的线，所以使用"注释"选项卡中的"符号线"工具。M+V 和 M+M 分别是移动选定图元至当前视图中的指定位置，以及可以使用现有线或边作为镜像轴来反转选定图元的位置的快捷键。

（15）绘制电梯轿厢及平衡块平面图。选择"注释"→"符号线"命令，分别选择绘制方式和子类型为"直线"和"门投影"。首先绘制出平衡块平面图即图 8.4.19 中的①。接着绘制电梯轿厢即②，先绘制③～④以上的矩形部分后切换绘制方式至"起点-终点-半径弧"，以③、④及⑤为端点绘制出弧形部分。切换绘制方式至"直线"，绘制出图中的两条交叉线，完成电梯轿厢及平衡块平面图的绘制。

▢注意：　"起点-终点-半径弧"绘制方式顾名思义需要三点来确定其弧线。这也是为什么要花大力气来绘制这么多的辅助线的重要原因之一。因为电梯平面图只是作为二维平面符号，而不是作为构件或模型的实际几何图形一部分的线，所以使用"注释"选项卡中的"符号线"工具。

（16）创建电梯外墙底部砌块。该外墙由底部砌块和上部玻璃幕墙两部分组成。先绘制底部砌块，选择"创建"→"拉伸"→"直线"命令，绘制如图 8.4.20 中①～③中的矩形部分及连线。切换绘制方式至"起点-终点-半径弧"，分别绘制出剩余的弧线部分。修改"拉伸终点"为"500"。设置材质为"混凝土砌块"。单击"完成编辑模式"按钮完成底部砌块的创建，返回"参照平面"视图。

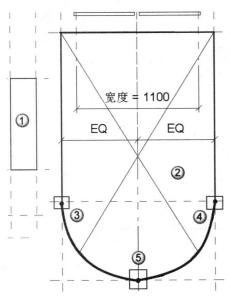
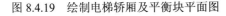
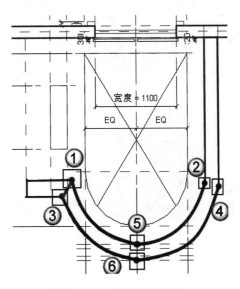

图 8.4.19　绘制电梯轿厢及平衡块平面图　　　　图 8.4.20　创建电梯外墙

（17）创建电梯外墙玻璃幕墙。选择"创建"→"拉伸"→"直线"命令，在底部砌块的基础上往内缩 50mm 绘制出电梯外墙玻璃幕墙。分别修改"拉伸终点"和"拉伸起点"为"4500"和"500"，设置材质为"玻璃"。最后单击"完成编辑模式"按钮完成底部砌块的创建，返回"参照平面"视图，如图 8.4.21 所示。

（18）设置尺寸标注。按快捷键 D+I 在"参照平面"视图上标注出电梯平面图尺寸，如图 8.4.22 所示。

保存电梯族。选择"应用程序菜单"→"另存为"→"族"命令，在弹出的"另存为"对话框中输入文件名"1 号观光电梯族"并单击"保存"按钮，如图 8.4.23 所示，完成 1 号观光电梯族的创建。

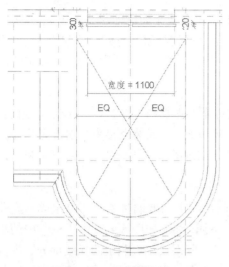

图 8.4.21　创建电梯外墙玻璃幕墙

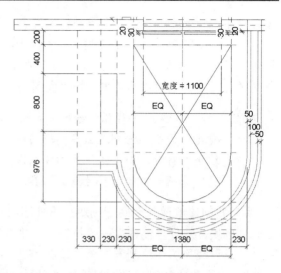

图 8.4.22　标注电梯平面尺寸

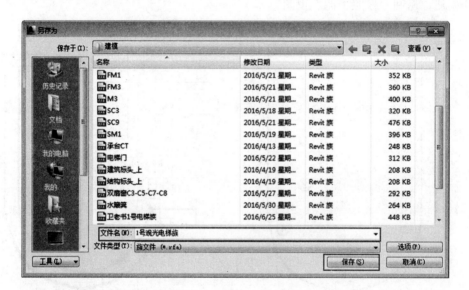

图 8.4.23　保存 1 号观光电梯

8.4.2　2 号电梯（客货两用梯）

2 号电梯主要用于运送乘客，但也可运送货物。其与乘客电梯的区别在于轿厢内部装饰结构不同，通常也称此类电梯为服务梯。

（1）打开族。以 Revit 系统自带族为基础创建 2 号电梯族。选择"应用程序菜单"→"新建"→"族"命令，在弹出的"新族-选择样板文件"对话框中选择"公制门.rft"文件，单击"打开"按钮，进入"公制门"族，如图 8.4.24 所示。

（2）修改门框。因为电梯内部是不需要门框的，所以需要删除"公制门"族内部的门框。打开"参照标高平面"视图，选中内部门框，按 Delete 键，删除内部门框，如图 8.4.25 所示。

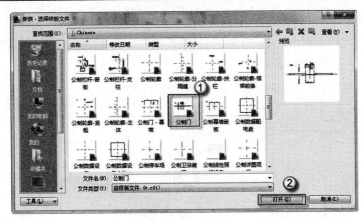

图 8.4.24　打开"公制门"

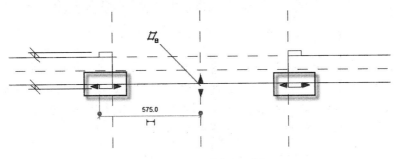

图 8.4.25　删除内部门框

（3）新建族类型。选择"创建"→"族类型"命令，在弹出的"族类型"对话框中单击"新建"按钮，在弹出的"名称"对话框中修改名称为"2号电梯"，单击"确定"按钮返回"族类型"对话框，并分别更改高度和宽度为"2100"和"1100"，如图 8.4.26 所示。

（4）修改框架。单击"框架投影内部"栏，在选中后单击"删除"按钮，删除框架投影内部显示，然后分别更改"框架投影外部"和"框架宽度"的数值为"50"和"100"。最后单击"确定"按钮，返回"参照标高"视图，如图 8.4.27 所示。

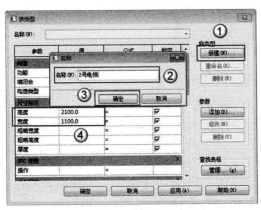

图 8.4.26　新建族类型　　　　　　　　　　　　　　图 8.4.27　修改框架

（5）设置电梯门框材质。选中电梯门框，单击"属性"面板中"材质"栏的"关联族参数"按钮，在弹出的"关联族参数"对话框中单击"添加参数"按钮，在弹出的"参数属性"对话框中选中"共享参数"单选按钮，再单击"选择"按钮，在弹出的"共享参数"对话框的"参数"列表框中选择"门窗框材质"选项。最后单击"确定"按钮，完成电梯门框材质的设置，如图 8.4.28 所示。

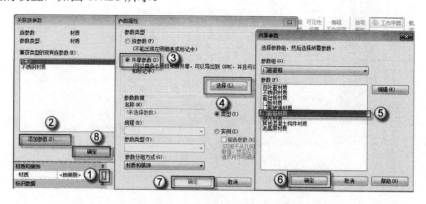

图 8.4.28　设置电梯门框材质

（6）创建电梯门。切换至"外部"立面视图，首先删除门打开方向线，如图 8.4.29 所示。然后选择"创建"→"拉伸"→"矩形"命令，画出矩形框，接着单击选中矩形框的右侧线，按快捷键 M+V，把右侧线向左平移 2mm，选中整个矩形，按两下快捷键 M，以①线为中轴线画出另一侧的电梯门，如图 8.4.30 所示。

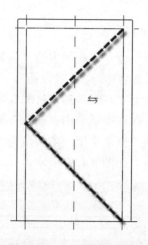

图 8.4.29　门打开方向线

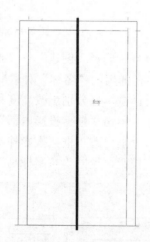

图 8.4.30　创建电梯门

（7）设置电梯门参数。切换至"左"立面视图，分别更改"拉伸终点"和"拉伸起点"数值为"95"和"55"。接着单击"编辑"按钮，在弹出的"族图元可见性设置"对话框中取消"平面/天花板平面视图"和"当在平面/天花板平面视图中被剖切时（如果类别允许）"复选框的选择，最后单击"确定"按钮，如图 8.4.31 所示。

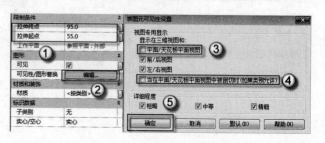

图 8.4.31　设置电梯门参数

（8）设置电梯门材质。单击"属性"面板中"材质"栏的"关联族参数"按钮，在弹出的"关联族参数"对话框中单击"添加参数"按钮，在弹出的"参数属性"对话框中选中"共享参数"单选按钮，再单击"选择"按钮，在弹出的"共享参数"对话框的"参数"列表框中选择"不锈钢材质"选项。最后单击"确定"按钮，返回"左"立面视图。单击"完成编辑模式"按钮，完成电梯门的创建，如图 8.4.32 所示。

图 8.4.32　设置电梯门材质

（9）创建电梯层站召唤器。在"1 号观光电梯族"的创建过程中已经创建过电梯层站召唤器，因此可以复制"1 号观光电梯族"中的电梯层站召唤器来使用。打开"1 号观光电梯族"，切换至"外部"立面视图，选中电梯层站召唤器按快捷键 Ctrl+C，复制电梯层站召唤器。切换回"2 号电梯族""外部"立面视图，按快捷键 Ctrl+V，在弹出的"重复类型"对话框中单击"确定"按钮，如图 8.4.33 所示。粘贴召唤器至"2 号电梯族"后，如图 8.4.34 所示。。

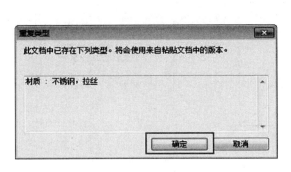

图 8.4.33　"重复类型"对话框　　　　图 8.4.34　粘贴召唤器

注意：单击"重复类型"对话框中的"确定"按钮后，在电梯"外"立面视图中会出现一个虚线框，该框的位置与"1 号观光电梯"电梯层站召唤器同位置，光标上也出现一个虚线框，将光标上的虚线框与"外"立面视图的虚线框重合，即完成了电梯层站召唤器的粘贴。

（10）绘制电梯平面图辅助线。按快捷键 R+P，绘制一条位于电梯门正中间的辅助线即①。以①为中心绘制其他的纵向辅助线,选中①按快捷键 C+O 按照图 8.4.35 所给出的间隔标注以①为原型分别复制出其他②~⑤纵向线。然后在墙内侧边线上绘制出一条辅助线,按快捷键 M+V 将其移动至⑥,再按快捷键 C+O 按照图 8.4.35 所给的间隔标注以⑥为原型分别复制出其他⑦~⑨横向线。

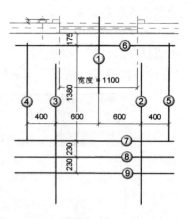

图 8.4.35　绘制电梯平面图辅助线

(11) 绘制电梯门平面图。切换至"参照标高"平面,选择"注释"→"符号线"命令,分别选择绘制方式和子类型为"直线"和"门投影"。以图 8.4.36 中的线为基准绘制出矩形,接着选中该矩形,按快捷键 M+V,按照红色箭头的方向先竖直向下移动 20mm,再次选中该矩形并按快捷键 M+V 向左移动 20mm,最后按两下快捷键 M,以正中间的辅助线为中间线复制生成另一个矩形,完成电梯门平面图的绘制。

(12) 绘制电梯轿厢及平衡块平面图。选择"注释"→"符号线"命令,分别选择绘制方式和子类型为"直线"和"门投影"。首先绘制出平衡块平面图即图 8.4.37 中的②。再绘制电梯轿厢即①。接着绘制出图中的两条交叉线,完成电梯轿厢及平衡块平面图的绘制。

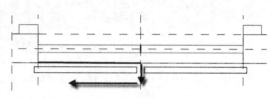

图 8.4.36　绘制电梯门平面图

(13) 标注电梯平面图尺寸。按快捷键 D+I 如图 8.4.38 所示标注出电梯平面图尺寸。这样标注之后的族,在插入到 Revit 中不会出现位移等状况。

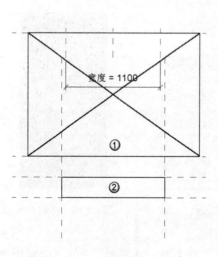

图 8.4.37　绘制电梯平面图

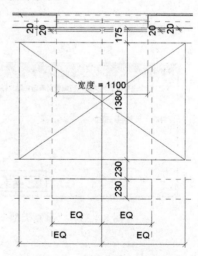

图 8.4.38　标注电梯平面图尺寸

保存电梯族。选择"应用程序菜单"→"另存为"→"族"命令,在弹出的"另存为"对话框中输入文件名"2 号客货两用电梯族"并单击"保存"按钮,完成 2 号客货两用电梯族的创建,如图 8.4.39 所示。

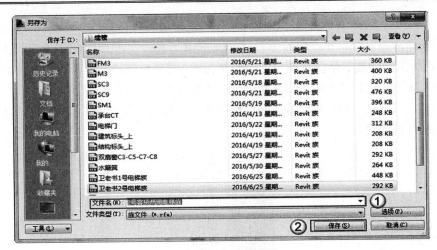

图 8.4.39　保存电梯族

8.4.3　3 号电梯（餐梯）

所谓餐梯就是指专门用于餐饮行业传递饭菜等使用的一类梯具产品，广泛使用于一些大型高档餐厅中；采用餐梯进行饭菜的传递更加卫生健康，与此同时也提升了智能化操作与管理效率。餐梯按其种类及特点可分为窗台式和落地式两种。本例采用的就是落地式餐梯。

（1）打开"2 号客货两用电梯族"。因为 3 号餐梯和 2 号客货两用梯是一样的，只是平衡块的位置不一样。因此只需对"2 号客货两用电梯族"进行修改，即可建成"3 号餐梯族"。双击打开"2 号客货两用电梯族"。

（2）新建 3 号餐梯族类型。选择"创建"→"族类型"命令，在弹出的"族类型"对话框中单击"新建"按钮，在弹出的"名称"对话框中修改名称为"3 号餐梯族"，单击"确定"按钮返回"族类型"对话框，单击"确定"按钮，返回"参照标高"平面视图，如图8.4.40 所示。

（3）重绘辅助线。按快捷键 R+P，绘制一条位于电梯门正中间的辅助线即①。以①为中心绘制其他的纵向辅助线，选中①按快捷键 C+O 按照图 8.4.41 所给出的间隔标注以①为原型，分别复制出其他②～⑤纵向线。然后在灰色线上绘制出一条辅助线，按快捷键 M+V将其移动至⑥，再按快捷键 C+O，按照图 8.4.41 所给的间隔标注以⑥为原型分别复制出其他⑦～⑨横向线。

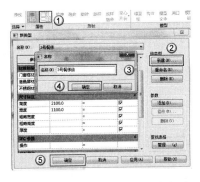

图 8.4.40　新建 3 号餐梯族类型

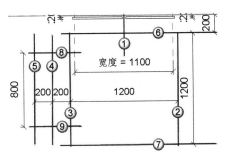

图 8.4.41　绘制辅助线

（4）绘制电梯轿厢及平衡块平面图。选择"注释"→"符号线"命令，分别选择绘制方式和子类型为"直线"和"门投影"。首先绘制出平衡块平面图即图 8.4.42 中的②，再绘制电梯轿厢即①。接着绘制出图中的两条交叉线，完成电梯轿厢及平衡块平面图的绘制。

保存电梯族。选择"应用程序菜单"→"另存为"→"族"命令，在弹出的"另存为"对话框中输入文件名"3 号餐梯族"并单击"保存"按钮，如图 8.4.43 所示，这样就完成了 3 号餐梯族的创建。

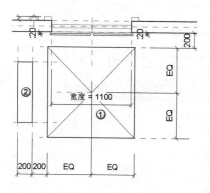

图 8.4.42　绘制电梯轿厢及平衡块平面图

图 8.4.43　保存 3 号餐梯族

第 9 章　地下室平面

地下室的设计重点是光线和气流，地下室采光是最重要的，另外就是空气的流通性。前者可以通过设计得到一定的满足，而后者则完全取决于地下室的性质，如果是半地下室，情况相对要好一些，在装修中也可以多借用宝贵的半窗，如果是全地下室，空气的流通问题就难以弥补了。对于全地下室，正是由于空气流通的问题，设计师不建议把其装修成常住空间。在光线的处理中，内部的照明和外部的自然光结合是一种理想的地下室采光机制。也就是说地下室必须要有一个或一套常亮灯，如果想多些设计感，可以让常亮光透过磨砂玻璃透射生成柔和慢光，为地下室营造朦胧浪漫的情调。在空气流通方面，尤其是全地下室，一定要有换气设备，然后根据情况添置一些富有生机的绿色植物，以大大改善地下室的空气质量。

本节从地下室建筑主体、地下室地面、插入族、楼梯等 4 个部分介绍地下室建筑。在绘制之前，需要对本工程地下室的基本情况做一些大概的了解，这样建 Revit 模型时才能事半功倍。

9.1　地下室建筑主体

建筑主体是指建筑实体的结构构造，包括屋盖、楼盖、梁、柱、支撑、墙体、连接接点和基础等。主体结构是基于地基基础之上，接受、承担和传递建设工程所有上部荷载，维持上部结构整体性、稳定性和安全性的有机联系的系统体系，它和地基基础一起共同构成建设工程完整的结构系统，是建设工程安全使用的基础，是建设工程结构安全、稳定、可靠的载体和重要组成部分。

9.1.1　地下室建筑柱

Revit 提供了两种不同用途的柱：建筑柱和结构柱。建筑柱和结构柱在 Revit 中所起的功能和作用并不相同。结构柱主要用于支撑和承载重量，而建筑柱则主要起装饰和维护作用。建筑柱将继承连接到的其他图元的材质，如建筑柱与墙体连接后，会与墙体融合并继承墙体的材质。

（1）导入配套资源中的 DWG 文件，选择"插入"→"导入 CAD"命令，导入地下室的柱定位的图。

（2）按快捷键 M+V，调整 CAD 图位置与轴网对齐，如图 9.1.1 所示。使移动过程中的交点与交点对齐后，导入的 CAD 图就与原有的轴网对齐了，如图 9.1.2 所示。

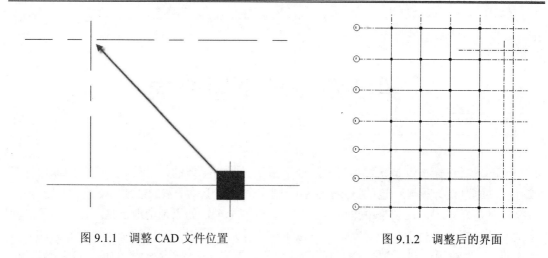

图 9.1.1　调整 CAD 文件位置　　　　　　图 9.1.2　调整后的界面

🔔注意：在调整之前，将界面的线条调整为细线模式，开启细线模式比较容易捕捉端点。
　　　　在调整位置的时候，一定要捕捉到交点或端点时才算对齐。Revit 的对齐有一定
　　　　的误差，只有端点与交点的对齐才比较精确。

（3）载入系统族。选择"插入"→"载入族"命令，在弹出的"载入族"对话框中选择"矩形柱.rfa"族文件，如图 9.1.3 所示。

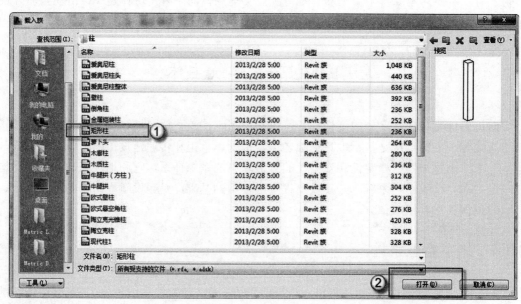

图 9.1.3　载入系统族

（4）编辑类型。选择"建筑"→"柱"→"柱：建筑"命令，在"属性"面板中单击"编辑类型"按钮，如图 9.1.4 所示。

（5）复制创建"600mm×600mm"族类型。在弹出的"类型属性"对话框中，单击"复制"按钮，在弹出的"名称"对话框中，在"名称"后输入"600mm×600mm"字样，单击"确定"按钮，如图 9.1.5 所示。

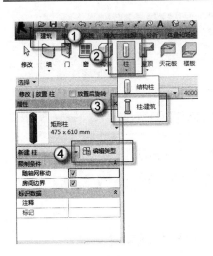

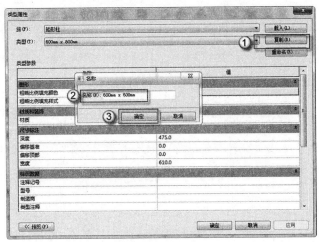

图 9.1.4　编辑类型　　　　　　　　　图 9.1.5　复制"600mm×600mm"柱

（6）添加"600mm×600mm"柱的材质。在返回的"类型属性"对话框的"材质与装饰"栏，单击"按类别"按钮，在弹出的"材质浏览器"对话框中，在"AEC 材质"下选择"混凝土"→"混凝土，现场浇注"，在"截面填充图案"中选择"混凝土-钢砼"图案，单击"确定"按钮，如图 9.1.6 所示。

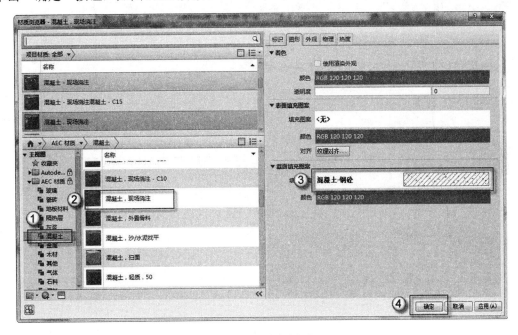

图 9.1.6　添加材质

（7）编辑柱的尺寸。在返回的"类型属性"对话框中，在"深度"中输入"600"字样，在"宽度"中输入"600"字样，单击"确定"按钮，如图 9.1.7 所示。

（8）柱的布置。在绘图界面中，选中"放置后旋转"复选框，选择"高度"并选择对应柱的楼层，在需要插入柱的位置插入所需要的柱，然后移动光标将柱放置成项目所需要的角度，单击确定，如图 9.1.8 所示。

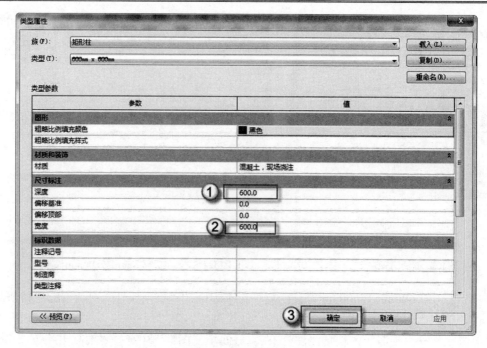

图 9.1.7　编辑柱的尺寸

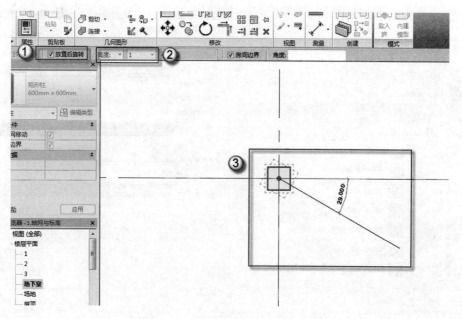

图 9.1.8　"600mm×600mm" 柱的布置

（9）复制创建 "600mm×700mm" 族类型。在 "属性" 面板中，单击 "编辑类型" 按钮，在弹出的 "类型属性" 对话框中，单击 "复制" 按钮，在弹出的 "名称" 对话框中，在 "名称" 后输入 "600mm×700mm" 字样，单击 "确定" 按钮，如图 9.1.9 所示。

（10）编辑柱的尺寸。在返回的 "类型属性" 对话框中，在 "深度" 中输入 "600" 字样，在 "宽度" 中输入 "700" 字样，单击 "确定" 按钮，如图 9.1.10 所示。

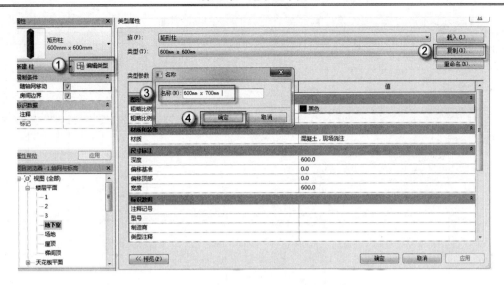

图 9.1.9　复制 "600mm×700mm" 柱

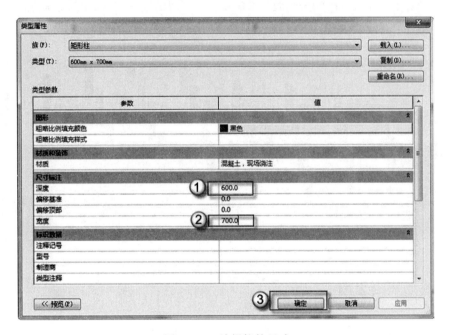

图 9.1.10　编辑柱的尺寸

注意：在本案例中，截面尺寸为 "600mm×700mm" 的柱与截面尺寸为 "600mm×600mm" 的柱的材质的一样的，因此不需要重新添加材质。若在其他项目中柱的材质不一样，则需根据步骤（6）重新添加材质。

（11）柱的布置。在绘图界面中，选中 "放置后旋转" 复选框，选择 "高度" 并选择对应柱的楼层，在需要插入柱的位置插入所需要的柱，然后移动光标将柱放置成项目所需要的角度，单击确定，如图 9.1.11 所示。

（12）重复步骤（8）和步骤（11），完成对地下室柱的布置，如图 9.1.12 所示，3D 效果如图 9.1.13 所示。

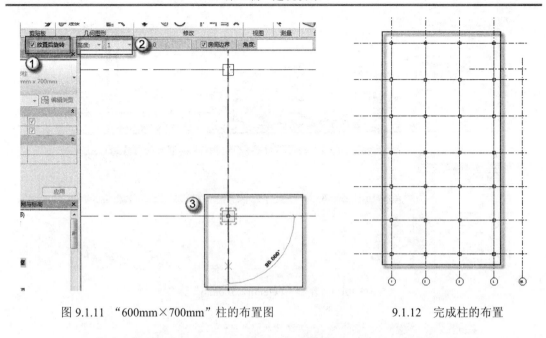

图 9.1.11　"600mm×700mm" 柱的布置图　　　　9.1.12　完成柱的布置

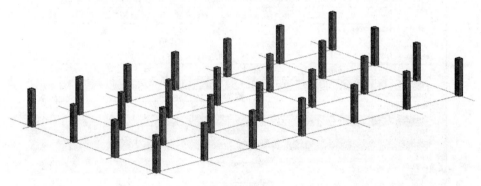

图 9.1.13　3D 效果图

9.1.2　地下室挡土墙

挡土墙是指支承路基填土或山坡土体、防止填土或土体变形失稳的构筑物。在挡土墙横断面中，与被支承土体直接接触的部位称为墙背；与墙背相对的、临空的部位称为墙面；与地基直接接触的部位称为基底；与基底相对的、墙的顶面称为墙顶；基底的前端称为墙趾；基底的后端称为墙踵。根据其刚度及位移方式不同，可分为刚性挡土墙、柔性挡土墙和临时支撑三类。根据挡土墙的设置位置不同，分为路肩墙、路堤墙、路堑墙和山坡墙等。设置于路堤边坡的挡土墙称为路堤墙；墙顶位于路肩的挡土墙称为路肩墙；设置于路堑边坡的挡土墙称为路堑墙；设置于山坡上，支承山坡上可能坍塌的覆盖层土体或破碎岩层的挡土墙称为山坡墙。根据受力方式，分为仰斜式挡土墙和承重式挡土墙。

本例中的挡土墙主要用来支承土的侧向压力和建筑物上部结构所传递下来的荷载，以保证建筑物的整体稳定性。

（1）选择墙体类型。按快捷键 W+A，在"属性"面板中选择"挡土墙-300mm 混凝土"

类型的墙体，单击"编辑类型"按钮，如图 9.1.14 所示。

（2）复制创建"挡土墙"族类型。在弹出的"类型属性"对话框中，在族的类型中选择"系统族：基本墙"，单击"复制"按钮，在弹出的"名称"对话框中输入"地下室挡土墙"字样，单击"确定"按钮，如图 9.1.15 所示。

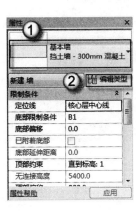

图 9.1.14　选择墙体类型

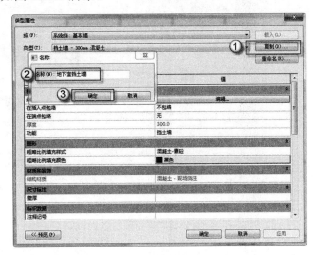

图 9.1.15　复制创建挡土墙类型

（3）添加"衬底[2]"功能。在返回的"类型属性"对话框中，单击"结构"参数后的"编辑"按钮，在弹出的"编辑部件"对话框中，单击"插入"→"向上"按钮，在"功能"参数下将"结构[1]"改为"衬底[2]"，如图 9.1.16 所示。

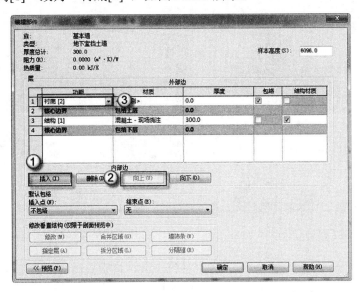

图 9.1.16　添加"衬底[2]"功能

（4）编辑"衬底[2]"材质。在"编辑部件"对话框中，单击"衬底[2]"对应的"材质"单元格右上角的"浏览"按钮，在弹出的"材质浏览器"对话框中，在"AEC 材质"下选择"混凝土""混凝土，沙/水泥找平"，在"截面填充图案"中选择"沙"图案，如图 9.1.17 所示。单击"确定"按钮，返回"编辑部件"对话框，然后将其对应的厚度设置为"20mm"。

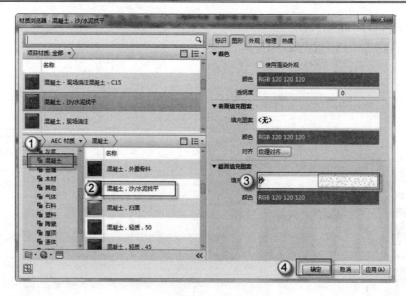

9.1.17　编辑"衬底[2]"材质

（5）添加"衬底[2]"功能。在"编辑部件"对话框中单击"插入"按钮，在"功能"参数下将"结构[1]"改为"衬底[2]"，如图 9.1.18 所示。

（6）编辑"衬底[2]"材质。在"编辑部件"对话框中，单击"衬底[2]"对应的"材质"单元格右上角的"浏览"按钮，在弹出的"材质浏览器"对话框中，在"AEC 材质"下选择"塑料"→"聚氨酯泡沫"，在"截面填充图案"中选择"防水-防水材料"图案，如图 9.1.19 所示。单击"确定"按钮，返回"编辑部件"对话框，然后将其对应的厚度改为"5mm"。

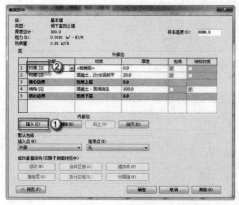
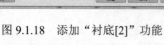
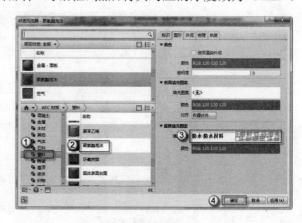

图 9.1.18　添加"衬底[2]"功能　　　　　图 9.1.19　编辑"衬底[2]"材质

（7）添加"面层 1[4]"功能。在"编辑部件"对话框中单击"插入"按钮，在"功能"参数下将"结构[1]"改为"面层 1[4]"，如图 9.1.20 所示。

（8）编辑"面层 1[4]"材质。在"编辑部件"对话框中，单击"面层 1[4]"对应的"材质"单元格右上角的"浏览"按钮，在弹出的"材质浏览器"对话框中，在"AEC 材质"下选择"塑料"→"聚苯乙烯"，在"截面填充图案"中选择"分区 04"图案，如图 9.1.21 所示。单击"确定"按钮，返回"编辑部件"对话框，然后将其对应的厚度改为"50mm"。

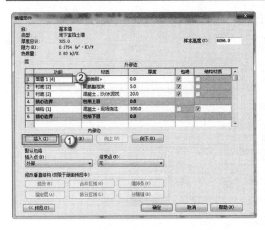

图 9.1.20　添加"面层 1[4]"功能

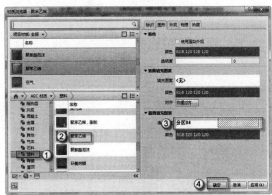

图 9.1.21　编辑"面层 1[4]"材质

（9）添加"面层 2 [5]"功能。在"编辑部件"对话框中选中"结构[1]"，单击"插入"→"向下"按钮，在"功能"参数下将"结构[1] "改为"面层 2 [5] "，如图 9.1.22 所示。

（10）编辑"面层 2 [5]"材质。在"编辑部件"对话框中，单击"面层 2 [5]"对应的"材质"单元格右上角的"浏览"按钮，在弹出的"材质浏览器"对话框中，在"AEC 材质"下选择"其他"→"粉刷，米色，平滑"，将其填充图案改为"松散-砂浆/粉刷"，单击"确定"按钮，返回"编辑部件"对话框，如图 9.1.23 所示。然后在"编辑部件"对话框中将其对应的厚度改为"10mm"。

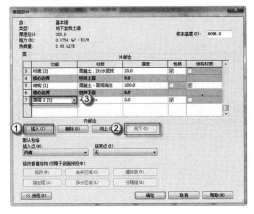

图 9.1.22　添加"面层 2 [5]"功能

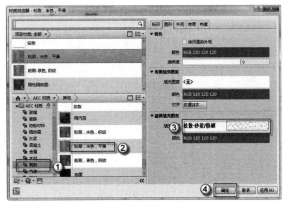

图 9.1.23　编辑"面层 2 [5]"材质

注意：每一次添加材质时，可以右击鼠标，将材质添加到收藏夹中，下次需要相同材质时可以直接从收藏夹中获取。

（11）完成"地下室挡土墙"的编辑。在"类型属性"对话框中，单击"在插入点包络"后的参数"不包络"→"外部"，再单击"在端点包络"后的参数"无"→"外部"，单击功能参数后的"无"→"挡土墙"，然后单击"确定"按钮完成"地下室挡土墙"族类型的编辑，如图 9.1.24 所示。

（12）绘制挡土墙。在绘图界面中，放置墙选择"高度"，楼层为"1"，定位线选择"核心层中心线"，这样就可以开始绘制墙体了，如图 9.1.25 所示。

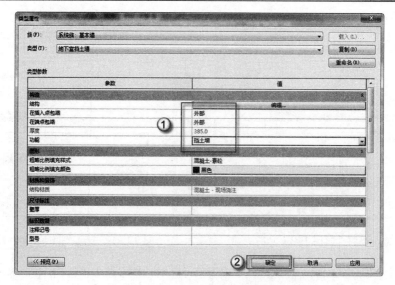

图 9.1.24　完成挡土墙的编辑

🔔**注意**：根据自己的绘图习惯，可以通过改变偏移量来绘制墙体。

完成挡土墙的绘制，如图 9.1.26 所示。按快捷键 F4，切换到三维视图，如图 9.1.27 所示。通过三维的直观观察，可以检查模型是否有瑕疵。

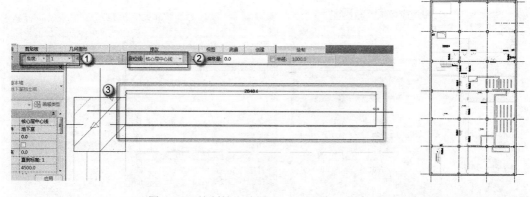

图 9.1.25 绘制挡土墙图　　　　　　　　　　　　　　　9.1.26 完成挡土墙的绘制

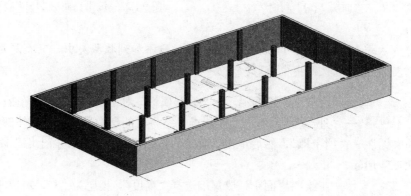

图 9.1.27　3D 效果图

⚠注意：在建筑专业与结构专业中，都要绘制挡土墙。结构专业绘图的侧重点是指导算量，
　　　　建筑专业绘图的侧重点是指导砌墙。

9.1.3　地下室内墙

内墙是分隔建筑物内部空间的非承重构件，不承受荷载并将自重传递给楼板和梁，最
后传递给基础。内墙具有一般墙体的设计要求，即强度和稳定性的要求，保温隔热隔声的
要求，防火、防水、防潮的要求等。

由于内墙设在室内且不承重，所以内墙一般设在结构梁上或楼板上，为减轻结构荷载，
要求内墙的自重尽量轻一些、厚度薄一些。

（1）选择墙体类型。按快捷键 W+A，在"属性"面板下选择"常规-200mm"类型的
墙体，单击"编辑类型"按钮，如图 9.1.28 所示。

（2）复制创建"内墙-200mm"族类型。在弹出的"类型属性"对话框中，在族的类型
中选择"系统族：基本墙"，单击"复制"按钮，在弹出的"名称"对话框中输入"内墙-200mm"
字样，单击"确定"按钮，如图 9.1.29 所示。

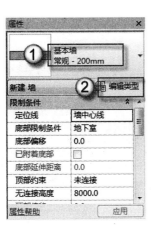

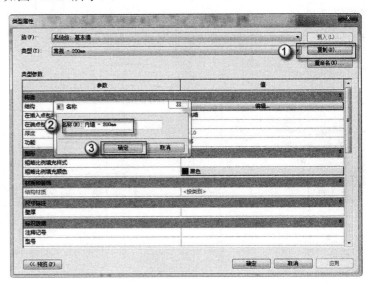

图 9.1.28　选择墙体类型　　　　　　　图 9.1.29　复制创建"内墙-200mm"族类型

（3）添加"面层 1[4]"功能。在返回的"类型属性"对话框中，单击"结构"参数后
的"编辑"按钮，在弹出的"编辑部件"对话框中，单击"插入"→"向上"按钮，在"功
能"参数下将"结构[1]"改为"面层 1[4]"如图 9.1.30 所示。

（4）编辑"面层 1[4]"材质。在"编辑部件"对话框中，单击"面层 1[4]"对应的"材
质"单元格右上角的"浏览"按钮，在弹出的"材质浏览器"对话框中，在"AEC 材质"
下选择"其他"→"粉刷，米色，平滑"，将填充图案改为"松散-砂浆/粉刷"，单击"确
定"按钮，返回"编辑部件"对话框，如图 9.1.31 所示。然后在"编辑部件"对话框中将
其对应的厚度改为"10mm"。

图 9.1.30　添加"面层 1[4]"功能　　　　图 9.1.31　编辑"面层 1[4]"材质

（5）添加"面层 2 [5]"功能。在"编辑部件"对话框中选中"结构[1]"，单击"插入"→"向下"按钮，在"功能"参数下将"结构[1] "改为"面层 2 [5] "，如图 9.1.32 所示。

（6）编辑"面层 2 [5]"材质。在"编辑部件"对话框中，单击"面层 2 [5]"对应的"材质"单元格右上角的"浏览"按钮，在弹出的"材质浏览器"对话框中，在"项目材质：全部"下选择"粉刷，米色，平滑"，单击"确定"按钮，返回"编辑部件"对话框，如图 9.1.33 所示。然后在"编辑部件"对话框中将其对应的厚度改为"10mm"。

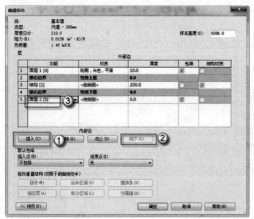
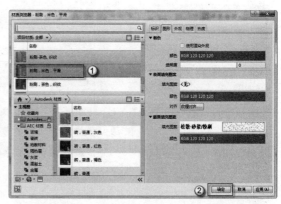

图 9.1.32　添加"面层 2 [5]"功能　　　　图 9.1.33　编辑"面层 2 [5]"材质

（7）编辑"结构[1]"材质。在"编辑部件"对话框中，单击"结构[1]"对应的"材质"单元格右上角的"浏览"按钮，在弹出的"材质浏览器"对话框中，在"AEC 材质"下选择"砖石"→"混凝土砌块，地面块"，将填充图案改为"砌体-加气砼"。单击"确定"按钮，返回"编辑部件"对话框，如图 9.1.34 所示。然后在"编辑部件"对话框中将其对应的厚度改为"200mm"，最后单击"确定"按钮返回"类型属性"。

（8）完成"内墙 - 200mm"的编辑。在"类型属性"对话框中，选择"在插入点包络"后的参数"不包络"→"外部"，再选择"在端点包络"后的参数"无"→"外部"，选择功能参数后的"无"→"外部"，然后单击"确定"按钮，如图 9.1.35 所示。

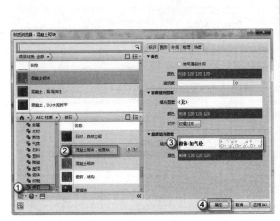 

图 9.1.34　编辑"结构[1]"材质　　　　图 9.1.35　完成"内墙-200mm"的编辑

（9）绘制辅助线。在绘图界面中，首先按快捷键 R+P，在导入的 CAD 底图中 200mm 内墙的中心处画出一条辅助线，如图 9.1.36 所示。

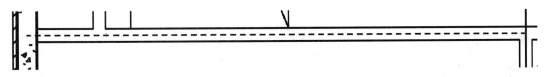

图 9.1.36　绘制辅助线

（10）绘制"内墙-200mm"。在绘图界面中，放置墙选择"高度"，楼层为"1"，"定位线"选择"核心层中心线"，这样就可以开始绘制墙体了，如图 9.1.37 所示。

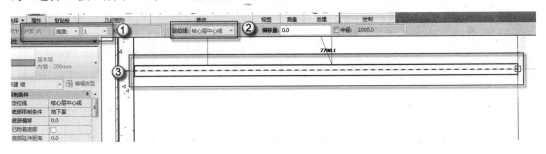

图 9.1.37　绘制"内墙-200mm"

（11）复制创建"内墙-250mm"族类型。按快捷键 W+A，单击"属性"面板中的"编辑类型"按钮，在弹出的"类型属性"对话框中，单击"复制"按钮，在弹出的"名称"对话框中输入"内墙-250mm"字样，单击"确定"按钮，如图 9.1.38 所示。

（12）设置"结构[1]"的厚度。在返回的"类型属性"对话框中，单击"结构"参数后的"编辑"按钮，在弹出的"编辑部件"对话框中，在"厚度"参数下，将结构[1]的厚度由"200mm"改为"250mm"。如图 9.1.39 所示。

（13）完成"内墙-250mm"的编辑。在"类型属性"对话框中，选择"在插入点包络"后的参数"不包络"→"外部"，再选择"在端点包络"后的参数"无"→"外部"，选择功能参数后的"无"→"外部"命令，然后单击"确定"按钮，如图 9.1.40 所示。

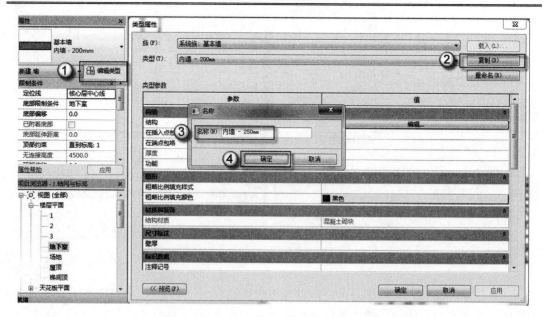

图 9.1.38　复制创建"内墙-250mm"族类型

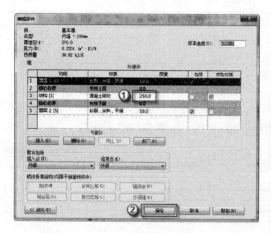

图 9.1.39　设置"结构[1]"的厚度

图 9.1.40　完成"内墙-250mm"的编辑

（14）绘制辅助线。在绘图界面中，首先按快捷键 R+P，在导入的 CAD 底图中 250mm 内墙的中心处画出一条辅助线，如图 9.1.41 所示。

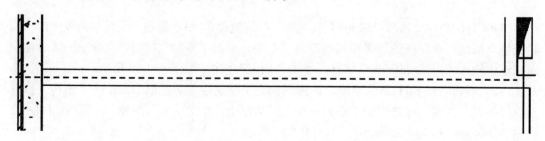

图 9.1.41　绘制辅助线

（15）绘制"内墙-250mm"。在绘图界面中，放置墙选择"高度"，楼层为"1"，"定位线"选择"核心层中心线",这样就可以开始绘制墙体了,如图 9.1.42 所示。

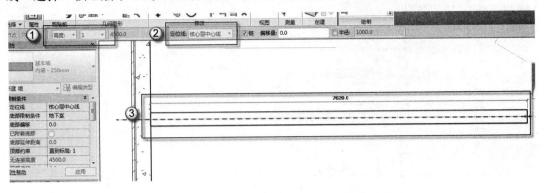

图 9.1.42　绘制"内墙-250mm"

（16）复制创建"内墙-300mm"族类型。按快捷键 W+A,单击"属性"面板中的"编辑类型"按钮,在弹出的"类型属性"对话框中,单击"复制"按钮,在弹出的"名称"对话框中输入"内墙-300mm"字样,单击"确定"按钮,如图 9.1.43 所示。

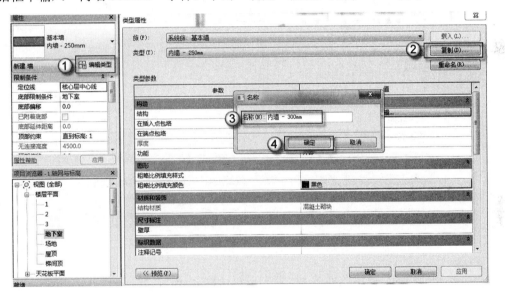

图 9.1.43　复制创建"内墙-300mm"族类型

（17）编辑"结构[1]"的材质。在返回的"类型属性"对话框中,单击 "结构"参数后的"编辑"按钮,在弹出的"编辑部件"对话框中,单击"结构[1]"对应的"材质"单元格右上角的"浏览"按钮,在弹出的"材质浏览器"中,选择"AEC 材质"中的"混凝土"→"混凝土,现场浇注",将其填充图案改为"混凝土-钢砼",单击"确定"按钮,如图 9.1.44 所示。

（18）设置"结构[1]"的厚度。在返回的"编辑部件"对话框中,在"厚度"参数下,将结构[1]的厚度由"250mm"改为"300mm",单击"确定"按钮,如图 9.1.45 所示。

（19）完成"内墙-300mm"的编辑。在"类型属性"对话框中,选择"插入点包络"后的参数"不包络"→"外部",再选择"在端点包络"后的参数"无"→"外部",选择功能参数后的"无"→"外部"命令,然后单击"确定"按钮,如图 9.1.46 所示。

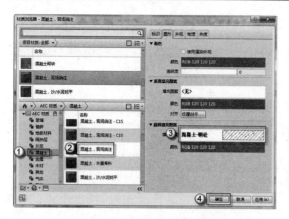 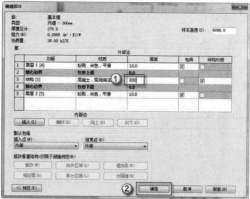

图 9.1.44　编辑"结构[1]"的材质　　　　　图 9.1.45　设置"结构[1]"的厚度

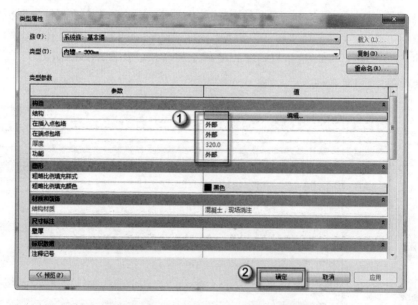

图 9.1.46　完成"内墙-300mm"的编辑

（20）绘制辅助线。在绘图界面中，首先按快捷键 R+P，在导入的 CAD 底图中 300mm 内墙的中心处画出一条辅助线，如图 9.1.47 所示。

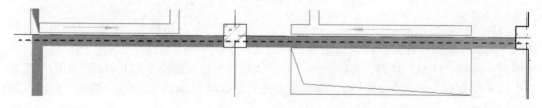

图 9.1.47　绘制辅助线

（21）绘制"内墙-300mm"。在绘图界面中，放置墙选择"高度"，楼层为"1"，"定位线"选择"核心层中心线"，之后就可以开始绘制墙体了，如图 9.1.48 所示。

（22）复制创建"内墙-150mm"族类型。按快捷键 W+A，单击"属性"面板中的"编辑类型"按钮，在弹出的"类型属性"对话框中，单击"复制"按钮，在弹出的"名称"

对话框中输入"内墙-150mm"字样，单击"确定"按钮，如图 9.1.49 所示。

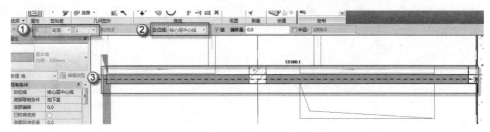

图 9.1.48　绘制"内墙-300mm"

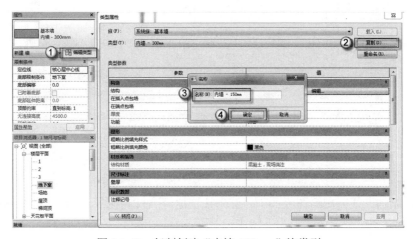

图 9.1.49　复制创建"内墙-150mm"族类型

（23）编辑"结构[1]"的材质。在返回的"类型属性"对话框中，单击 "结构"参数后的"编辑"按钮，在弹出的"编辑部件"对话框中，单击"结构[1]"对应的"材质"单元格右上角的"浏览"按钮，在弹出的"材质浏览器"中，选择"AEC 材质"中的"砖石"→"混凝土砌块"，将其填充图案改为"砌体-加气砼"，单击"确定"按钮，如图 9.1.50 所示。

（24）设置"结构[1]"的厚度。在返回的"编辑部件"对话框中，单击"结构"参数后的"编辑"按钮，在弹出的"编辑部件"对话框中，在"厚度"参数下，将结构[1]的厚度由"300mm"改为"150mm"，单击"确定"按钮，如图 9.1.51 所示。

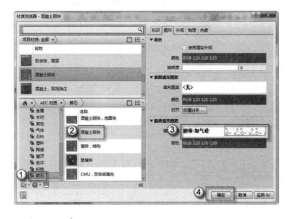

图 9.1.50　编辑"结构[1]"的材质

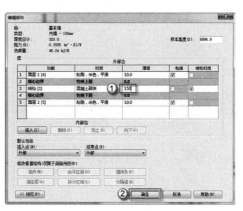

图 9.1.51　设置"结构[1]"的厚度

（25）完成"内墙-150mm"的编辑。在"类型属性"对话框中，选择"在插入点包络"后的参数"不包络"→"外部"，再选择"在端点包络"后的参数"无"→"外部"，选择功能参数后的"无"→"外部"命令，然后单击"确定"按钮，如图 9.1.52 所示。

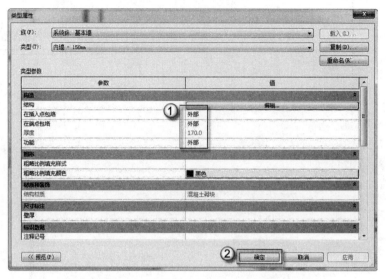

图 9.1.52　完成"内墙-150mm"的编辑

（26）绘制辅助线。在绘图界面中，首先按快捷键 R+P，在导入的 CAD 底图中 150mm 内墙的中心处画出一条辅助线，如图 9.1.53 所示。

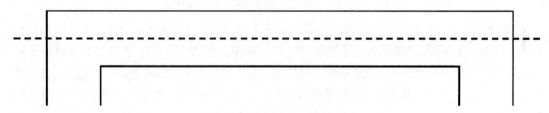

图 9.1.53　绘制辅助线

（27）绘制"内墙-150mm"。在绘图界面中，放置墙选择"高度"，楼层为"1"，"定位线"选择"核心层中心线"，这样就可以开始绘制墙体了，如图 9.1.54 所示。

（28）重复步骤（9）、（10）、（14）、（15）、（20）、（21）、（26）、（27），完成所有内墙的绘制，如图 9.1.55 所示，3D 效果如图 9.1.56 所示。

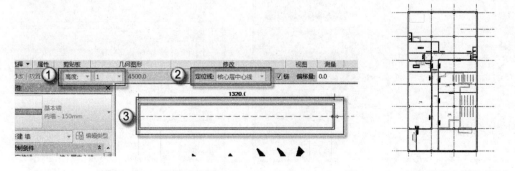

图 9.1.54　绘制"内墙-150mm"　　　图 9.1.55　完成所有内墙的绘制

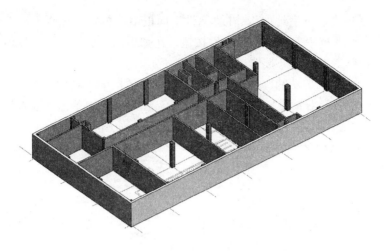

图 9.1.56　3D 效果图

9.2　地下室地面

地面通常由面层和基层两部分构成。面层直接承受物理和化学作用，并构成室内空间形象，其材料和构造应根据房间的使用要求、地面的使用要求和经济条件加以选用。基层包括找平层、结构层和垫层，有时还包括管道层。地面在设计时应满足具有足够的坚固性、保温性能好，具有一定的弹性，防水、防潮、防火、耐腐蚀、经济适用等要求。

9.2.1　地面

地下室的地面与其他的楼地面相比较而言对于防水、防潮等方面的要求更为严格，同时也要具有良好的排水系统。

（1）选择类型。在"属性"面板中选择"建筑"→"楼板"→"楼板：建筑"选项，在楼板中选择"常规-150mm"，如图 9.2.1 所示。

图 9.2.1　选择类型

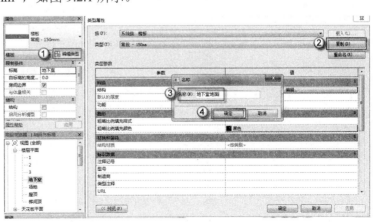

图 9.2.2　复制创建"地下室地面"

（2）复制创建"地下室地面"。在"属性"面板中，单击"编辑类型"按钮，在弹出的"类型属性"对话框中，单击"复制"按钮，在弹出的"名称"对话框中，将名称改为"地下室地面"，单击"确定"按钮，如图 9.2.2 所示。

（3）添加"衬底[2]"功能。单击"属性类型"对话框中"结构"参数后的"编辑"按钮，弹出"编辑部件"对话框，如图 9.2.3 所示。在对话框中单击"插入"→"向上"按钮，在"功能"参数下将"结构[1]"改为"衬底[2]"，如图 9.2.4 所示。

图 9.2.3　编辑部件窗口　　　　　　　　　图 9.2.4　添加"衬底[2]"功能

（4）编辑"衬底[2]"材质。在"编辑部件"对话框中，单击"衬底[2]"对应的"材质"单元格右上角的"浏览"按钮，在弹出的"材质浏览器"对话框中，在"AEC 材质"下选择"混凝土"→"混凝土，沙/水泥找平"，填充图案选择"沙"图案，如图 9.2.5 所示。单击"确定"按钮，返回"编辑部件"对话框，然后将其对应的厚度设置为"20mm"。

（5）添加"衬底[2]"功能。在"编辑部件"对话框中单击"插入"按钮，在"功能"参数下将"结构[1]"改为"衬底[2]"，如图 9.2.6 所示。

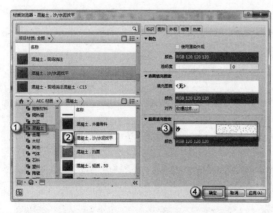

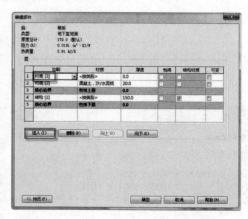

图 9.2.5　编辑"衬底[2]"材质　　　　　　图 9.2.6　添加"衬底[2]"功能

（6）编辑"衬底[2]"材质。在"编辑部件"对话框中，单击"衬底[2]"对应的"材质"单元格右上角的"浏览"按钮，在弹出的"材质浏览器"对话框中，在"AEC 材质"下选择"其他"→"沥青，沥青"，填充图案选择"分区 02"图案，如图 9.2.7 所示。单击"确定"按钮，返回"编辑部件"对话框，然后将其对应的厚度设置为"10mm"，如图 9.2.8 所示。

图 9.2.7　编辑"衬底[2]"材质　　　　　图 9.2.8　设置"衬底[2]"厚度

（7）添加"衬底[2]"功能。在"编辑部件"对话框中单击"插入"按钮，在"功能"参数下将"结构[1]"改为"衬底[2]"，如图 9.2.9 所示。

（8）编辑"衬底[2]"材质。在"编辑部件"对话框中，单击"衬底[2]"对应的"材质"单元格右上角的"浏览"按钮，在弹出的"材质浏览器"对话框中，在"AEC 材质"下选择"混凝土"→"混凝土，现场浇注-C20"，填充图案选择"混凝土-素砼"图案，如图 9.2.10 所示。单击"确定"按钮，返回"编辑部件"对话框，然后将其对应的厚度设置为"70mm"。

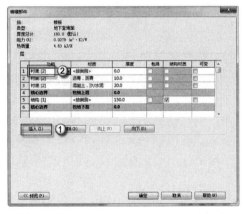

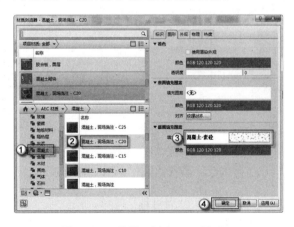

图 9.2.9　添加"衬底[2]"功能　　　　　图 9.2.10　编辑"衬底[2]"材质

（9）添加"衬底[2]"功能。在"编辑部件"对话框中单击"插入"按钮，在"功能"参数下将"结构[1]"改为"衬底[2]"，如图 9.2.11 所示。

（10）编辑"衬底[2]"材质。在"编辑部件"对话框中，单击"衬底[2]"对应的"材质"单元格右上角的"浏览"按钮，在弹出的"材质浏览器"对话框中，在"AEC 材质"下选择"混凝土"→"混凝土，沙/水泥找平"，填充图案选择"沙"图案，如图 9.2.12 所示。单击"确定"按钮，返回"编辑部件"对话框，然后将其对应的厚度设置为"10mm"。

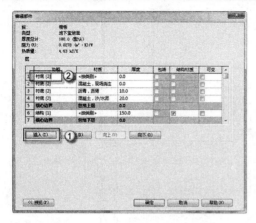

图 9.2.11 添加"衬底[2]"功能   图 9.2.12 编辑"衬底[2]"材质

（11）添加"面层 1[4]"功能。在"编辑部件"对话框中单击"插入"按钮，在"功能"参数下将"衬底[2]"改为"面层 1 [4]"，如图 9.2.13 所示。

（12）编辑"面层 1[4]"材质。在"编辑部件"对话框下，单击"面层 1[4]"对应的"材质"单元格右上角的"浏览"按钮，在弹出的"材质浏览器"对话框中，在"AEC 材质"下选择"灰浆"→"灰浆"，填充图案选择"沙-密实"图案，如图 9.2.14 所示。单击"确定"按钮，返回"编辑部件"对话框，然后将其对应的厚度设置为"20mm"。

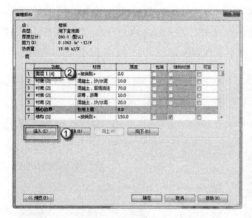

图 9.2.13 添加"面层 1 [4]"功能   图 9.2.14 编辑面层 1[4]材质

（13）编辑"结构[1]"材质。在"编辑部件"对话框中，单击"结构[1]"对应的"材质"单元格右上角的"浏览"按钮，在弹出的"材质浏览器"对话框中，在"AEC 材质"下选择"混凝土"→"混凝土，现场浇注-C15"，填充图案选择"混凝土-素砼"。单击"确定"按钮，如图 9.2.15 所示。

（14）设置"结构[1]"的厚度。在返回的"编辑部件"对话框中，在"厚度"参数下，将结构[1]的厚度由"150mm"改为"100mm"，单击"确定"按钮，如图 9.2.16 所示。

（15）完成"地下室地面"的编辑。在"类型属性"对话框中，选择"功能"参数后"无"→"外部"，然后单击"确定"按钮，如图 9.2.17 所示。

（16）绘制"地下室地面"。在"绘制"面板下选择"直线"，在需要绘制的地方绘制地面，然后在上下文关联选项卡中单击 √ 按钮，如图 9.2.18 所示。

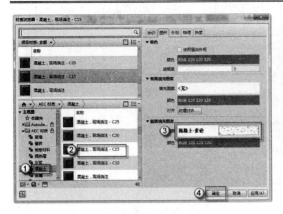
图 9.2.15　编辑"结构[1]"材质

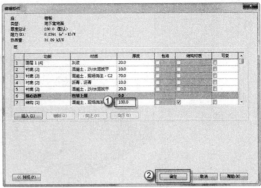
图 9.2.16　设置"结构[1]"的厚度

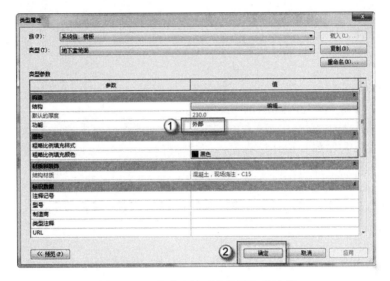
图 9.2.17　完成"地下室地面"的编辑

（17）完成绘制"地下室地面"，如图 9.2.19 所示，3D 效果如图 9.2.20 所示。

图 9.2.18　绘制"地下室地面"

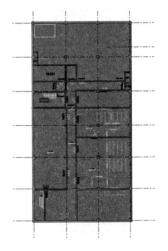
图 9.2.19　完成绘制"地下室地面"

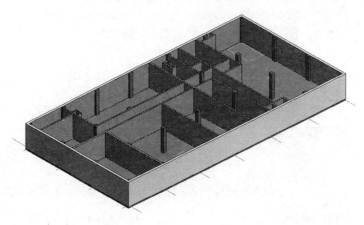

图 9.2.20　3D 效果图

🔔注意：若为规则形状，可直接用矩形拉伸。

9.2.2　排水井

排水井安装简便、重量轻、易于运输和安装，性能可靠，承载能力强，抗冲击性好，耐腐蚀、耐老化，与塑料管道连接方便，密封性好，可有效防止污水渗漏、安全环保；内壁光滑流畅，污物不易滞留，减少了堵塞的可能性，排放率大大增加。

（1）地面开洞。双击鼠标选择地下室地面，在"绘制"任务栏中选择"矩形"，在绘图界面需要绘制的地方，绘制排水井的轮廓，然后在上下文关联选项卡中单击 √ 按钮，如图 9.2.21 所示。

🔔注意：在 Revit 中，如果不容易选择目标项目，可以不停按 Tab 键切换选择，直到选择需要的对象为止。

（2）选择墙体类型。按快捷键 W+A，选择"基本墙"族。在"属性"面板中选择"基本墙"→"常规-200mm"选项，如图 9.2.22 所示。

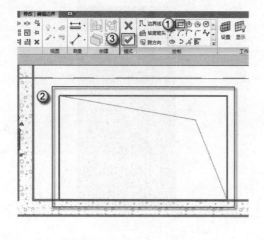

图 9.2.21　地面开洞

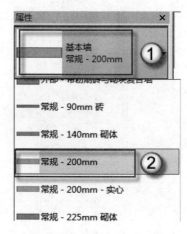

图 9.2.22　选择墙体类型

（3）复制创建"排水井"。在"属性"面板中单击"编辑类型"按钮，在弹出的"类型属性"对话框中单击"复制"按钮，然后在弹出的"名称"对话框中输入"排水井"字样，最后单击"确定"按钮，如图 9.2.23 所示。

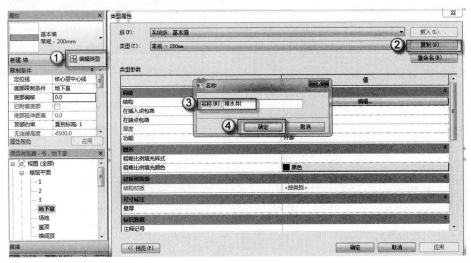

图 9.2.23　复制创建"排水井"

（4）编辑"排水井"材质。在"属性类型"对话框中，单击"结构"参数后的"编辑"按钮，在弹出的"编辑部件"对话框中，单击"结构[1]"对应的"材质"单元格右上角的"浏览"按钮，在弹出的"材质浏览器"对话框中，在"AEC 材质"下选择"混凝土"→"混凝土，现场浇注"，然后单击"截面填充图案"下面的空白条，在弹出的"填充样式"对话框中选择"混凝土-素砼"，单击"确定"按钮。最后，单击"材质浏览器"对话框中的"确定"按钮，如图 9.2.24 所示。

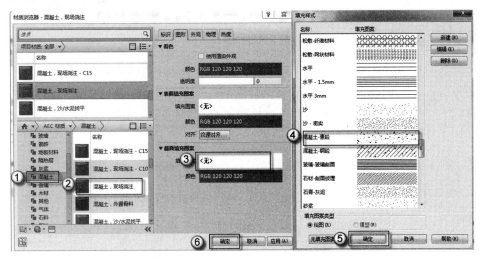

图 9.2.24　编辑"排水井"材质

（5）设置"排水井"厚度。在返回的"编辑部件"对话框中，将"结构[1]"对应的厚度改为"50mm"，然后单击"确定"按钮，如图 9.2.25 所示。最后，在返回的"类型属性"对话框中，单击"确定"按钮，如图 9.2.26 所示。

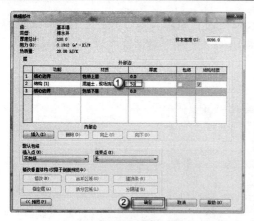

图 9.2.25　设置"排水井"厚度

图 9.2.26　完成"排水井"的设置

（6）设置"2500×1500×1600 排水井"的属性。在"属性"面板中，在"底部限制条件"中选择"地下室"，在"底部偏移"中输入"-1600"字样，在"顶部约束"中选择"直到标高：地下室"，然后单击"应用"按钮，如图 9.2.27 所示。

（7）绘制"2500×1500×1600 排水井"。在绘图界面中，将"定位线"选择为"核心面：外部"，然后绘制排水井，如图 9.2.28 所示。

图 9.2.27　设置属性

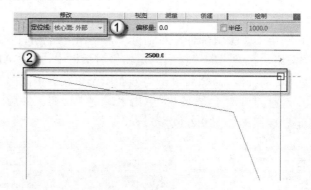

图 9.2.28　绘制"2500×1500×1600 排水井"

注意：绘制排水井时，要及时地在三维视图中看绘制的方向是否正确，避免全部画完后才发现出错，修改的工作量过大。

（8）完成"2500×1500×1600 排水井"的绘制，如图 9.2.29 所示，3D 效果如图 9.2.30 所示。

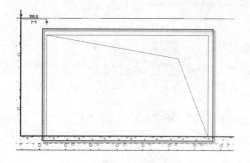

图 9.2.29　完成"2500×1500×1600 排水井"的绘制

图 9.2.30　3D 效果图

（9）设置"2500×1500×1600 排水井"的属性。在"属性"面板中选择"楼板：地下室地面"，在"自标高的高度偏移"中输入"–1600"字样，单击"应用"按钮，如图 9.2.31 所示。

（10）绘制"2500×1500×1600 排水井"地面。在"绘制"任务栏的"边界线"中选择"矩形"，在绘图界面需要绘制的地方，绘制排水井的地面，然后在上下文关联选项卡中单击√按钮，如图 9.2.32 所示。

图 9.2.31　设置排水井地面属性

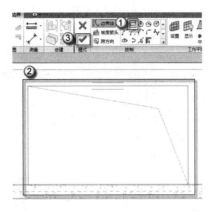

图 9.2.32　绘制排水井地面

（11）完成"2500×1500×1600 排水井"的绘制，3D 效果图如图 9.2.33 所示。

（12）设置"4800×1200×550 排水井"的属性。按快捷键 W+A，在"属性"面板中选择"基本墙-排水井"，将"底部偏移"中的"–1600"改成"–550"字样，然后单击"应用"按钮，如图 9.2.34 所示。

（13）绘制"4800×1200×550 排水井"。在绘图界面中，将"定位线"选择为"核心面：外部"，然后绘制排水井，如图 9.2.35 所示。

（14）完成"4800×1200×550 排水井"的绘制，如图 9.2.36 所示，3D 效果如图 9.2.37 所示。

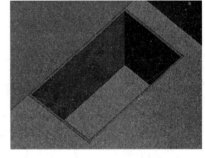

图 9.2.33　3D 效果

图 9.2.34　设置属性

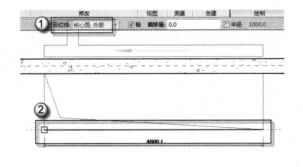

图 9.2.35　绘制"4800×1200×550 排水井"

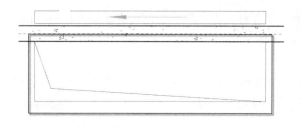

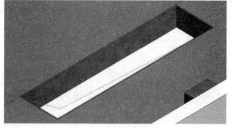

图 9.2.36　完成 "4800×1200×550 排水井" 的绘制　　　图 9.2.37　3D 效果图

（15）设置 "4800×1200×550 排水井" 的属性。在 "属性" 面板中选择 "楼板：地下室地面"，在 "自标高的高度偏移" 中将 "-1600" 改成 "-550" 字样，单击 "应用" 按钮，如图 9.2.38 所示。

（16）绘制 "4800×1200×550 排水井" 地面。在 "绘制" 任务栏的 "边界线" 中选择 "矩形"，在绘图界面需要绘制的地方，绘制排水井的地面，然后在上下文关联选项卡中单击 √ 按钮，如图 9.2.39 所示。

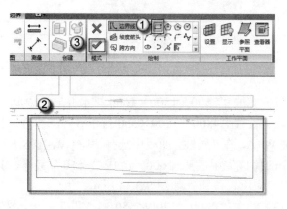

图 9.2.38　设置排水井地面属性　　　　　　　图 9.2.39　绘制排水井地面

（17）完成 "4800×1200×550 排水井" 的绘制，3D 效果图如图 9.2.40 所示。

9.2.3　地沟

地下室中的地沟是排水用的，主要作用是将地下室的积水排走。操作方法是先建轮廓族，然后用檐槽命令拉出，具体操作如下。

（1）打开 "公制轮廓" 族样板文件。单击 "程序菜单" 按钮，在下拉菜单中选择 "新建"→"族" 命令，在弹出的 "新族-选择样板文件" 对话框中，选择 "公制轮廓" 族。单击 "打开" 按钮，如图 9.2.41 所示。

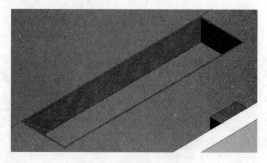

图 9.2.40　3D 效果

（2）绘制 "250mm 宽地沟" 的辅助线。按快捷键 R+P，在 "偏移量" 后输入 "125" 字样，然后绘制辅助线，如图 9.2.42 所示。

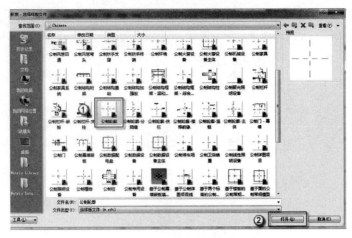

图 9.2.41　打开"公制轮廓"族

（3）辅助线的镜像。选择绘制完成的辅助线，按两下快捷键 M，然后单击中心线，完成镜像绘制，如图 9.2.43 所示。

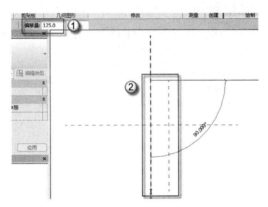

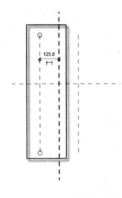

图 9.2.42　绘制辅助线 　　　　　　　　　　　图 9.2.43　镜像绘制

（4）绘制辅助线。按快捷键 R+P，在"偏移量"后输入"-300"字样，然后绘制辅助线，如图 9.2.44 所示。

（5）绘制轮廓。选择"创建"→"直线"命令，在绘制中选择"直线"，在"子类别"目录下选择"轮廓"，然后绘制水沟的轮廓，如图 9.2.45 所示。

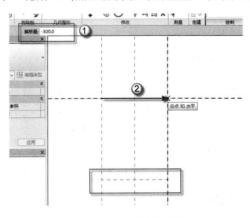

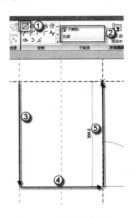

图 9.2.44　绘制辅助线 　　　　　　　　　　　图 9.2.45　绘制轮廓

（6）绘制直线。在"偏移量"后输入"20"，然后绘制直线，如图 9.2.46 所示。

（7）完成绘制"250mm 宽地沟"。在"偏移量"的位置将"20"改为"0"，然后绘制直线，将地沟的轮廓闭合，如图 9.2.47 所示。

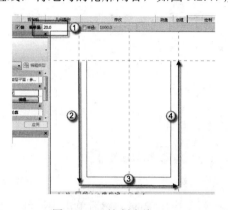

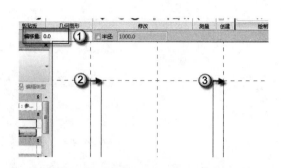

图 9.2.46　绘制直线　　　　　　　　　　图 9.2.47　完成绘制"250mm 宽地沟"

（8）保存"250mm 地沟"轮廓族。单击"程序菜单"按钮，在下拉菜单中选择"另存为"→"族"命令，在弹出的"另存为"对话框中，在"文件名"后输入"250mm 地沟轮廓"，单击"保存"按钮，如图 9.2.48 所示。

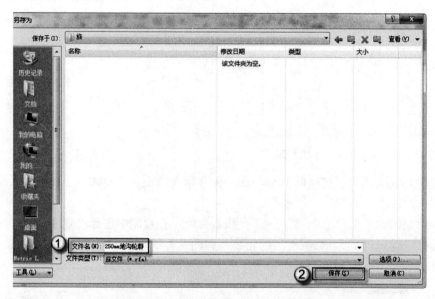

图 9.2.48　保存"250mm 地沟"轮廓族

（9）载入"250mm 地沟轮廓"族文件。选择"程序菜单"→"关闭"命令，返回到地下室平面图，选择"插入"→"载入族"命令，在弹出的"载入族"对话框中，找到前面保存的"250mm 地沟轮廓"族文件，单击"打开"命令，如图 9.2.49 所示。

（10）复制创建"250mm 地沟"。选择"建筑"→"屋顶"→"屋顶：檐槽"命令，在"属性"面板中单击"编辑类型"按钮，在弹出的"类型属性"对话框中，单击"复制"按钮，弹出"名称"对话框，在"名称"后面输入"250mm 地沟"字样，最后单击"确定"按钮，如图 9.2.50 所示。

图 9.2.49　载入"250mm 地沟轮廓"族文件

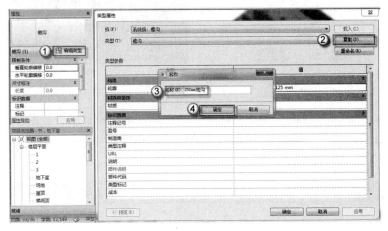

图 9.2.50　复制创建"250mm 地沟"

（11）设置类型参数。在返回的"类型属性"对话框中，单击"轮廓"参数对应的"值"单元格的按钮，选择"250mm 地沟轮廓：250mm 地沟轮廓"，单击"确定"按钮，如图 9.2.51 所示。

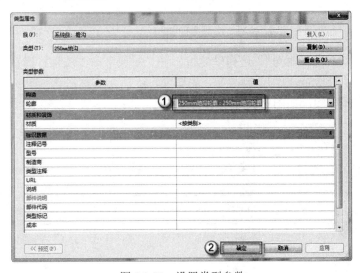

图 9.2.51　设置类型参数

（12）地面开洞。双击鼠标选择地下室地面，在"绘制"任务栏选择"直线"，在绘图界面需要绘制的地方，绘制 250mm 水沟的轮廓，然后在上下文关联选项卡中单击 √ 按钮，如图 9.2.52 所示，完成地面开洞，如图 9.2.53 所示。

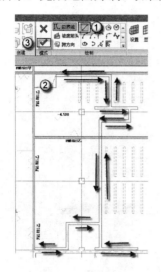
图 9.2.52　地面开洞

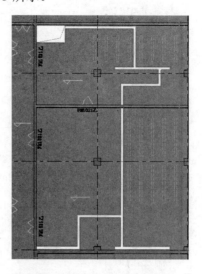
图 9.2.53　完成地面开洞

（13）绘制"250mm 地沟"模型线。选择"建筑"→"模型线"命令，（或者直接按快捷键 L+I），在"偏移量"后输入"125"字样，然后在绘图界面，沿着地沟的轮廓绘制地沟的模型线，如图 9.2.54 所示。

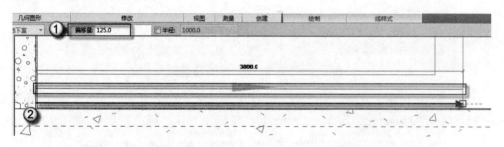
图 9.2.54　绘制"250mm 地沟"模型线

（14）绘制"250mm 地沟"。选择"建筑"→"屋顶"→"屋顶：檐槽"命令，在"属性"面板中选择"250mm 地沟"族类型，如图 9.2.55 所示。然后逐一单击拾取前面绘制的"250mm 地沟"模型线，如图 9.2.56 所示。

图 9.2.55　选择类型

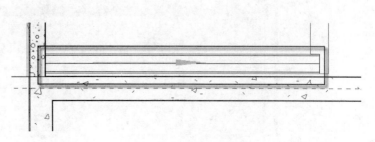
图 9.2.56　拾取模型线

（15）完成"250mm 地沟"的绘制，如图 9.2.57 所示，3D 效果如图 9.2.58 所示。

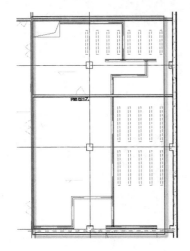

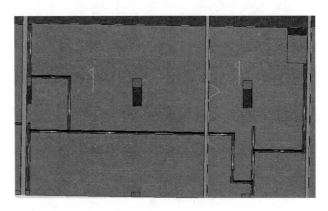

图 9.2.57　完成"250mm 地沟"的绘制　　　　　图 9.2.58　3D 效果图

（16）打开"公制轮廓"族样板文件。单击"程序菜单"按钮，在下拉菜单中选择"新建"→"族"命令，在弹出的"新族-选择样板文件"中，选择"公制轮廓"族，单击"打开"按钮，如图 9.2.59 所示。

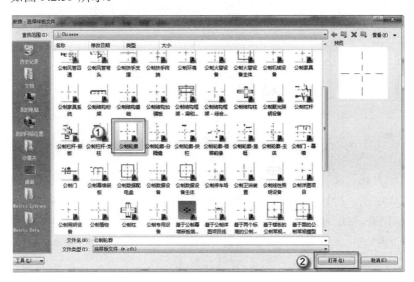

图 9.2.59　打开"公制轮廓"族

（17）绘制"200mm 宽地沟"的辅助线。按快捷键 R+P，在"偏移量"后输入"100"字样，然后绘制辅助线，如图 9.2.60 所示。

（18）辅助线的镜像。选择绘制完成的辅助线，按两下快捷键 M，然后单击中心线，完成镜像绘制，如图 9.2.61 所示。

（19）绘制辅助线。按快捷键 R+P，在"偏移量"后输入"-300"字样，然后绘制辅助线，如图 9.2.62 所示。

（20）绘制轮廓。选择"创建"→"直线"命令，在绘制中选择"直线"，在"子类别"

下选择"轮廓"，然后绘制水沟的轮廓，如图 9.2.63 所示。

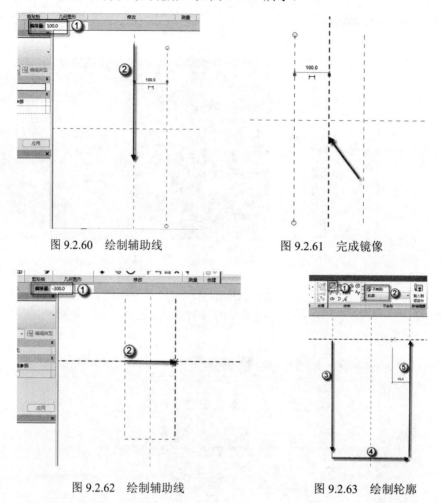

图 9.2.60　绘制辅助线　　　　　　　　　图 9.2.61　完成镜像

图 9.2.62　绘制辅助线　　　　　　　　　图 9.2.63　绘制轮廓

（21）绘制直线。在"偏移量"后输入"20"，然后绘制直线，如图 9.2.64 所示。

（22）完成绘制"200mm 宽地沟"。在"偏移量"后将"20"改为"0"，然后绘制直线，将地沟的轮廓闭合，如图 9.2.65 所示。

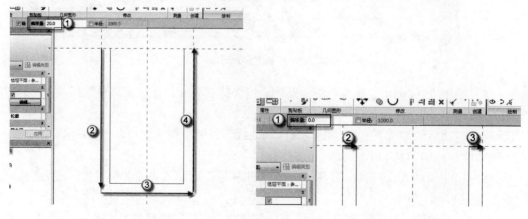

图 9.2.64　绘制直线　　　　　　　　图 9.2.65　完成绘制"200mm 宽地沟"

（23）保存"200mm 地沟"轮廓族。单击"程序菜单"按钮，在下拉菜单中选择"另存为"→"族"命令，在弹出的"另存为"对话框中，在"文件名"后输入"200mm 地沟轮廓"，单击"保存"按钮，如图 9.2.66 所示。

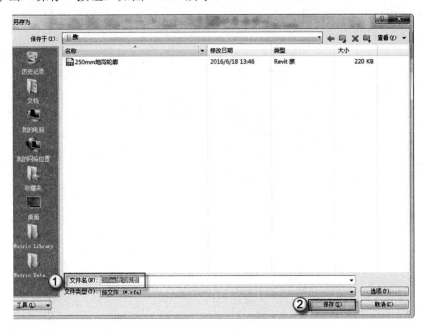

图 9.2.66　保存"200mm 地沟"轮廓族

（24）载入"200mm 地沟轮廓"族文件。选择"程序菜单"→"关闭"命令，返回到地下室平面图，选择"插入"→"载入族"命令，在弹出的"载入族"对话框中，找到前面保存的"200mm 地沟轮廓"族文件，单击"打开"命令，如图 9.2.67 所示。

图 9.2.67　载入"200mm 地沟轮廓"族文件

（25）复制创建"200mm 地沟"。选择"建筑"→"屋顶"→"屋顶：檐槽"命令，在"属性"面板下单击"编辑类型"按钮，在弹出的"类型属性"对话框中，单击"复制"按钮，弹出"名称"对话框，在"名称"后面输入"200mm 地沟"字样，最后单击"确定"按钮，如图 9.2.68 所示。

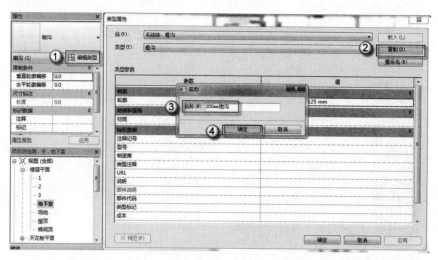

图 9.2.68　复制创建"200mm 地沟"

（26）设置类型参数。在返回的"类型属性"对话框中，单击"轮廓"参数对应的"值"单元格按钮，选择"200mm 地沟轮廓：200mm 地沟轮廓"，单击"确定"按钮，如图 9.2.69 所示。

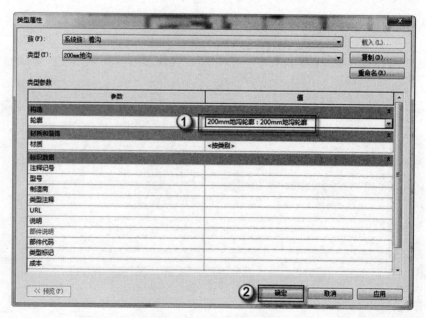

图 9.2.69　设置类型参数

（27）地面开洞。双击鼠标，选择地下室地面，在"绘制"任务栏选择"矩形"，在绘图界面需要绘制的地方，绘制 200mm 水沟的轮廓，然后在上下文关联选项卡中单击√按钮，如图 9.2.70 所示，完成地面开洞，如图 9.2.71 所示。

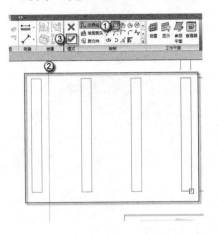

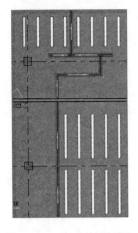

图 9.2.70　地面开洞　　　　　　　　图 9.2.71　完成地面开洞

（28）绘制"200mm 地沟"模型线。选择"建筑"→"模型线"命令（或者直接按快捷键 L+I），在"偏移量"后输入"100"字样，然后在绘图界面，沿着地沟的轮廓绘制地沟的模型线，如图 9.2.72 所示。

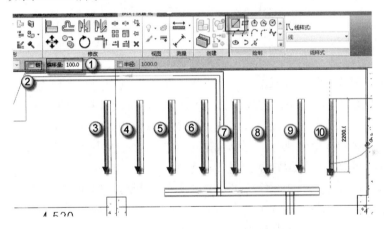

图 9.2.72　绘制"200mm 地沟"模型线

（29）绘制"200mm 地沟"。选择"建筑"→"屋顶"→"屋顶：檐槽"命令，在"属性"面板中选择"200mm 地沟"族类型，如图 9.2.73 所示。然后逐一单击拾取前面绘制的"200mm 地沟"模型线，如图 9.2.74 所示。

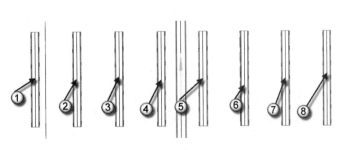

图 9.2.73　选择类型　　　　　　　　图 9.2.74　拾取模型线

（30）完成"200mm 地沟"的绘制，如图 9.2.75 所示，3D 效果如图 9.2.76 所示。

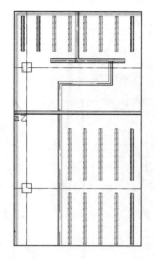

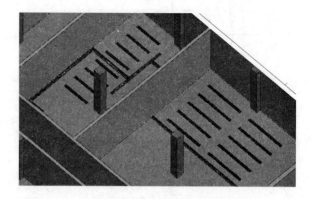

图 9.2.75　完成"200mm 地沟"的绘制　　　　图 9.2.76　3D 效果图

9.3　插　入　族

Revit 中的所有图元都是基于族的。"族"是 Revit 中使用的一个功能强大的概念，有助于更轻松地管理数据和进行修改。每个族图元能够在其内定义多种类型，根据族创建者的设计，每种类型可以具有不同的尺寸、形状、材质设置或其他参数变量。 使用 Revit 的一个优点是不必学习复杂的编程语言，便能够创建自己的构件族。使用族编辑器，整个族创建过程在预定义的样板中执行，可以根据用户的需要在族中加入各种参数，如距离、材质、可见性等。可以使用族编辑器创建现实生活中的建筑构件和图形。

"族"（family）是 Revit 中一个必要的功能，可以帮助工程师更方便地管理和修改其搭建的模型，它不像 SketchUp 模型那样仅仅是一个建筑表现，没有任何附加的关于项目的智能数据，对于想要用模型说明几何形体的工程师来说，了解每个建筑元件的表现是非常必要的，但 Revit 的每个族文件内都含有很多的参数和信息，如尺寸、形状、类型和其他的参数变量设置，有助于工程师更方便地修改项目。

族类型在 Revit 族中起到了画龙点睛的作用，当工程师建好一个族文件时，只是一个观赏的样子，没有任何的参数、尺寸，起不到什么作用，若工程师想让它成为一个包含了很多参数的"数据库"，就必须要在族类型里添加参数。

9.3.1　门族

门按其开启方式通常有平开门、弹簧门、推拉门、折叠门、转门、升降门、卷帘门、上翻门等。这些类型的构件，在 Revit 中提供了一些族，可供设计者随时调用，但是这类自带的门族，缺乏及时的更新，因此在实例操作中还需要自定义门族。但无论是系统族还是自定义的族，都需要插入到项目中，才能发挥作用。

（1）载入"FM1021 甲"族文件。选择"插入"→"载入族"命令，在弹出的"载入族"对话框中，找到前面建立的门族"FM1021 甲"，然后单击"打开"按钮，如图 9.3.1 所示。

图 9.3.1　载入"FM1021 甲"族文件

（2）插入"FM1021 甲"族。选择"建筑"→"门"命令（或者直接按快捷键 D+R），在相应的地方插入族，如图 9.3.2 所示。

（3）移动"FM1021 甲"族。先选择已经插入的门族，按快捷键 M+V，移动"FM1021 甲"，如图 9.3.3 所示。

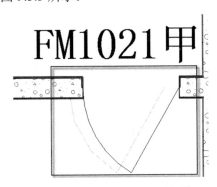
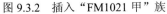

图 9.3.2　插入"FM1021 甲"族

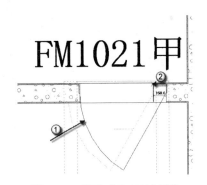

图 9.3.3　移动"FM1021 甲"

注意：插入族后会有一些误差，都会通过快捷键 M+V 来移动族，使其达到准确位置。为了比较容易拾取有效点，可以人为地将这误差扩大。

（4）完成"FM1021 甲"族的插入，如图 9.3.4 所示，3D 效果如图 9.3.5 所示。

（5）载入"FM1021 乙"族文件。选择"插入"→"载入族"命令，在弹出的"载入族"对话框中，找到前面建立的门族"FM1021 乙"，然后单击"打开"按钮，如图 9.3.6 所示。

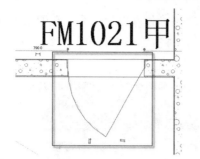

图 9.3.4　完成"FM1021 甲"族的插入

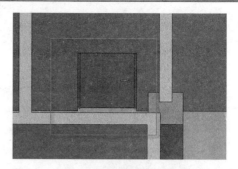

图 9.3.5　3D 效果图

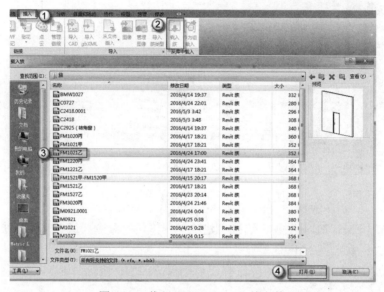

图 9.3.6　载入"FM1021 乙"族文件

（6）插入"FM1021 乙"族。选择"建筑"→"门"命令（或者直接按快捷键 D+R），在相应的地方插入族，如图 9.3.7 所示。

（7）移动"FM1021 乙"族。先选择已经插入的门族，按快捷键 M+V，移动"FM1021 乙"，如图 9.3.8 所示。

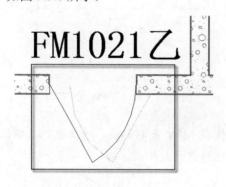

图 9.3.7　插入"FM1021 乙"族

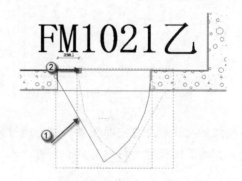

图 9.3.8　移动"FM1021 乙"

（8）翻转"FM1021 乙"实例开门方向。完成移动门族后，发现前面建的族的实例开门方向与导入的 CAD 底图不一致，如图 9.3.9 所示。这时就可以单击已经插入的门族附近的"翻转实例开门方向"，如图 9.3.10 所示。

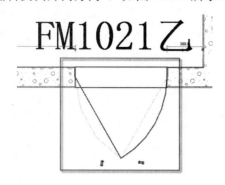
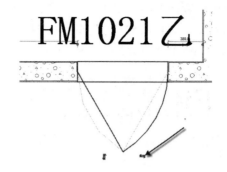

图 9.3.9　完成移动"FM1021 乙"　　　　图 9.3.10　翻转"FM1021 乙"实例开门方向

（9）完成翻转"FM1021 乙"实例开门方向，如图 9.3.11 所示，3D 效果图如图 9.3.12 所示。

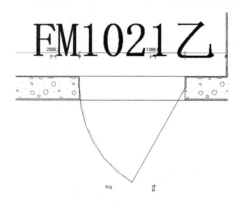
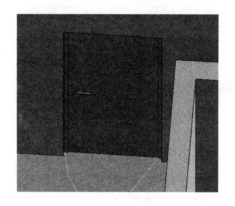

图 9.3.11　完成翻转"FM1021 乙"实例开门方向　　　　图 9.3.12　3D 效果图

（10）载入"FM1521 乙"族文件。选择"插入"→"载入族"命令，在弹出的"载入族"对话框中，找到前面已建立的门族"FM1521 乙"，然后单击"打开"按钮，如图 9.3.13 所示。

图 9.3.13　载入"FM1521 乙"族文件

（11）插入"FM1521 乙"族。选择"建筑"→"门"命令（或者直接按快捷键 D+R），在相应的位置插入族，如图 9.3.14 所示。

（12）移动"FM1521 乙"族。先选择已经插入的门族，按快捷键 M+V，移动"FM1521 乙"，如图 9.3.15 所示。

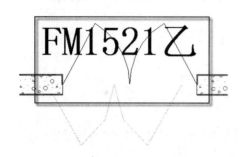

图 9.3.14　插入"FM1521 乙"族

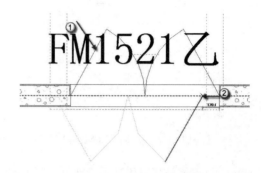

图 9.3.15　移动"FM1521 乙"

（13）翻转"FM1521 乙"实例面。完成移动门族后，发现前面建的门族的实例面与导入的 CAD 底图不一致，如图 9.3.16 所示。这时就可以单击已经插入的门族附近的"翻转实例面"，如图 9.3.17 所示。

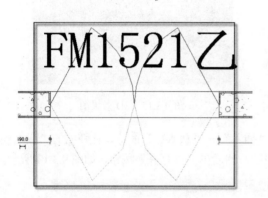

图 9.3.16　完成"FM1521 乙"族的插入

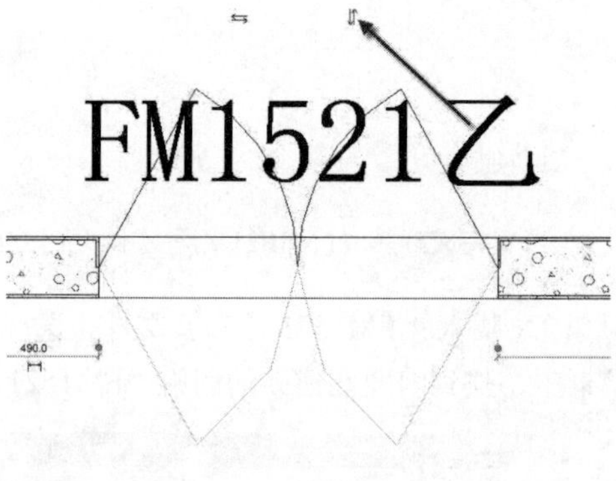

图 9.3.17　翻转"FM1521 乙"实例面

（14）完成翻转"FM1521 乙"实例面，如图 9.3.18 所示，3D 效果如图 9.3.19 所示。

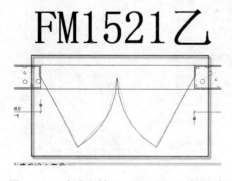

图 9.3.18　完成翻转"FM1521 乙"实例面

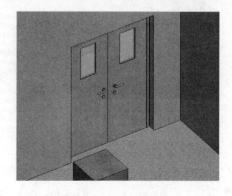

图 9.3.19　3D 效果图

（15）载入"FM1221 乙"族文件。选择"插入"→"载入族"命令，在弹出的"载入族"对话框中，找到前面建立的门族"FM1221 乙"，然后单击"打开"按钮，如图 9.3.20 所示。

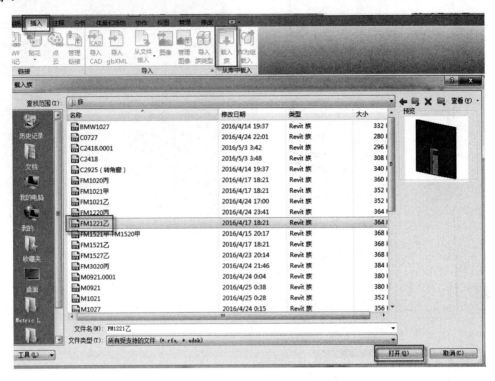

图 9.3.20　载入"FM1221 乙"族文件

（16）插入"FM1221 乙"族。选择"建筑"→"门"命令（或者直接按快捷键 D+R），在相应的位置插入族，如图 9.3.21 所示。

（17）移动"FM1221 乙"族。先选择已经插入的门族，按快捷键 M+V，移动"FM1221乙"，如图 9.3.22 所示。

图 9.3.21　插入"FM1221 乙"族

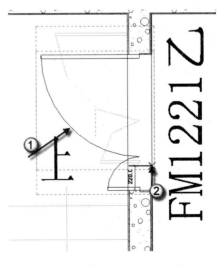

图 9.3.22　移动"FM1221 乙"

（18）完成移动"FM1221 乙"，如图 9.3.23 所示，3D 效果如图 9.3.24 所示。

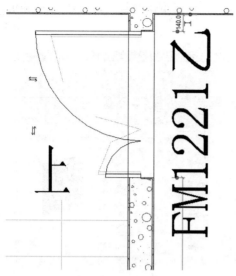
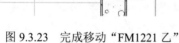

图 9.3.23　完成移动"FM1221 乙"

图 9.3.24　3D 效果图

（19）载入"FM1020 丙"族文件。选择"插入"→"载入族"命令，在弹出的"载入族"对话框中，找到前面建立的门族"FM1020 丙"，然后单击"打开"按钮，如图 9.3.25 所示。

图 9.3.25　载入"FM1020 丙"族文件

（20）插入"FM1020 丙"族。选择"建筑"→"门"命令（或者直接按快捷键 D+R），在相应的位置插入族，如图 9.3.26 所示。

（21）移动"FM1020 丙"族。先选择已经插入的门族，按快捷键 M+V，移动"FM1020 丙"，如图 9.3.27 所示。

（22）修改"FM1020 丙"族。完成移动"FM1020 丙"后，发现所建的门的投影与 CAD 底图中门的投影不一致，双击"FM1020 丙"，进入族的编辑模式，如图 9.3.28 所示。按快捷键 D+E，删除不相符的部分，选择"注释"→"符号线"命令，在"绘制"的任务栏中选择"圆心 – 端点弧"，然后绘制圆弧，如图 9.3.29 所示。

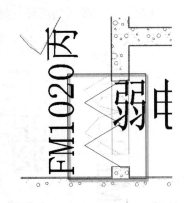

图 9.3.26 插入"FM1020 丙"族

图 9.3.27 移动"FM1020 丙"

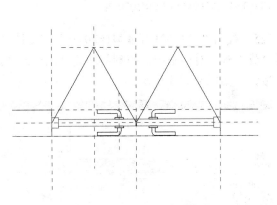

图 9.3.28 进入族的编辑模式

（23）载入到项目中。完成"FM1020 丙"族的修改后，单击族编辑器中的"载入到项目中"按钮，在弹出的"族已存在"对话框中，单击"覆盖现有版本及其参数值"按钮，如图 9.3.30 所示。

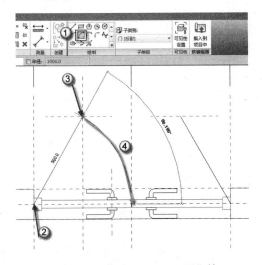

图 9.3.29 修改"FM1020 丙"族

图 9.3.30 载入到项目中

（24）完成载入到项目，如图 9.3.31 所示，3D 效果如图 9.3.32 所示。

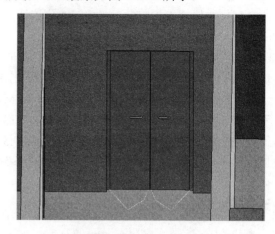

图 9.3.31　完成移动 "FM1020 丙"　　　　　　图 9.3.32　3D 效果图

（25）载入 "FM1521 甲-FM1520 甲" 族文件。选择 "插入" → "载入族" 命令，在弹出的 "载入族" 对话框中，找到前面建立的门族 "FM1521 甲-FM1520 甲"，然后单击 "打开" 按钮，如图 9.3.33 所示。

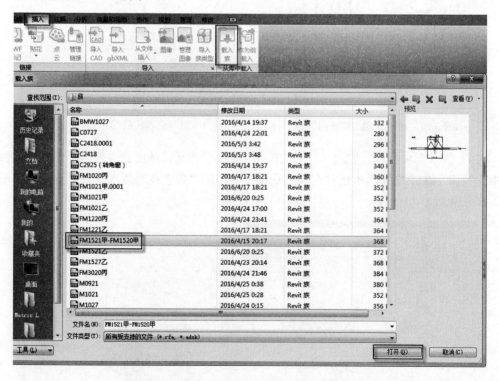

图 9.3.33　载入 "FM1521 甲-FM1520 甲" 族文件

（26）插入 "FM1521 甲" 族。选择 "建筑" → "门" 命令（或者直接按快捷键 D+R），在相应的位置插入族，如图 9.3.34 所示。

（27）移动 "FM1521 甲" 族。选择已经插入的门族，按快捷键 M+V，移动 "FM1521 甲"，如图 9.3.35 所示。

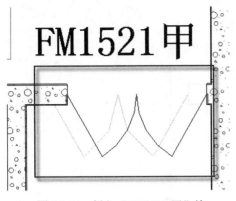

图 9.3.34 插入"FM1521 甲"族

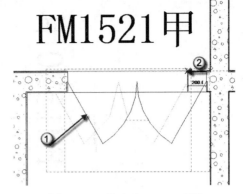

图 9.3.35 移动"FM1521 甲"

（28）完成移动"FM1521 甲"，如图 9.3.36 所示，3D 效果如图 9.3.37 所示。

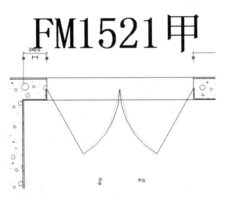

图 9.3.36 完成移动"FM1521 甲"

图 9.3.37 3D 效果图

（29）插入"FM1520 甲"。按快捷键 D+R，在"属性"面板中单击"编辑类型"按钮，在弹出的"类型属性"对话框中，在"类型"中选择"FM1520 甲"，单击"确定"按钮，如图 9.3.38 所示。然后在相应的位置插入族，如图 9.3.39 所示。

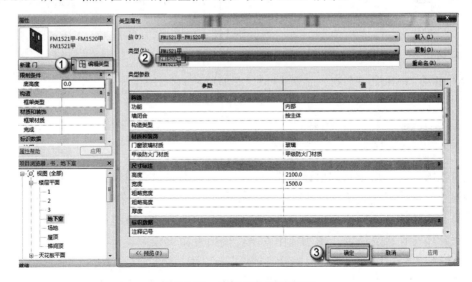

图 9.3.38 选择"FM1520 甲"

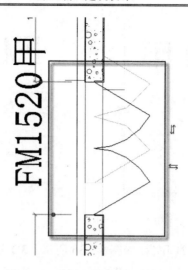

图 9.3.39　插入"FM1520 甲"

（30）移动"FM1520 甲"族。选择已经插入的门族，按快捷键 M+V，移动"FM1520 甲"，如图 9.3.40 所示。

（31）完成移动"FM1520 甲"，如图 9.3.41 所示，3D 效果如图 9.3.42 所示。

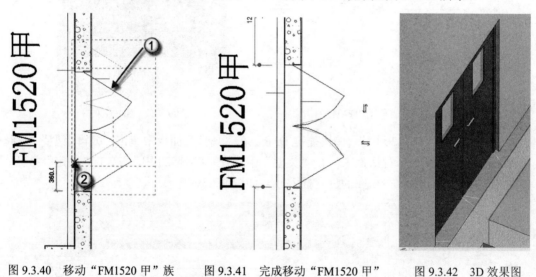

图 9.3.40　移动"FM1520 甲"族　　图 9.3.41　完成移动"FM1520 甲"　　图 9.3.42　3D 效果图

9.3.2　钢爬梯

随着我国经济和城市基础建设的快速发展，对各类建筑新材料的需求也日益增强。作为城市检查井道的附属设施，长期以来，爬梯材料一直采用钢筋制作。其优点为承载力强，安全可靠。但传统金属爬梯在许多恶劣环境条件下，如窨井、隧道、化工企业、多雨潮湿等场合，金属爬梯极易锈蚀，影响使用安全，使用寿命也较短。

（1）载入"人孔爬梯"系统族。选择"插入"→"载入族"命令，在弹出的"载入族"对话框中，打开"建筑"\"专用设备"\"梯子"文件夹，在其中找到"人孔爬梯"，如图 9.3.43 所示。

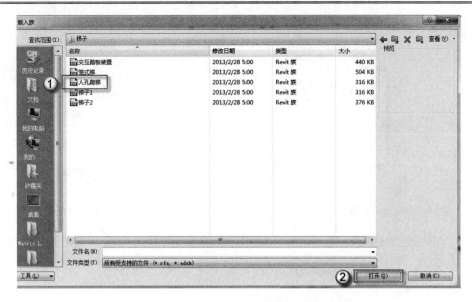

图 9.3.43　载入"人孔爬梯"系统族

（2）放置钢爬梯。打开"建筑"\"构件"\"放置构件"文件夹，在其相应位置放置钢爬梯，如图 9.3.44 所示。

（3）旋转钢爬梯。首先，选中已经插入的钢爬梯，按快捷键 R+O，配合光标左键，旋转 90°，如图 9.3.45 所示。

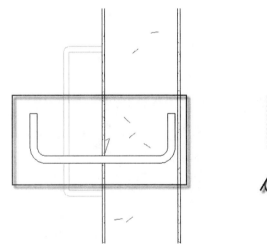

图 9.3.44　放置钢爬梯

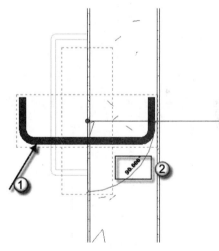

图 9.3.45　旋转钢爬梯

（4）移动钢爬梯。首先，选中已经插入的钢爬梯，按快捷键 M+V，取消"约束"复选框的选择，然后移动钢爬梯，如图 9.3.46 所示。

（5）改变视图界面。单击画图界面中"视图：立面：西"，会出现一根直线，然后将直线移动到适当位置，以便能够直接在西立面图中，观察钢爬梯延伸的高度，如图 9.3.47 所示。

（6）编辑"人孔爬梯"参数。进入西立面，选择人孔爬梯，在"属性"面板中单击"编辑类型"按钮，弹出"类型属性"对话框，将类型参数下的"爬梯踏步深度"改成"300"，将"踏步数"改为"15"，单击"确定"按钮，如图 9.3.48 所示。

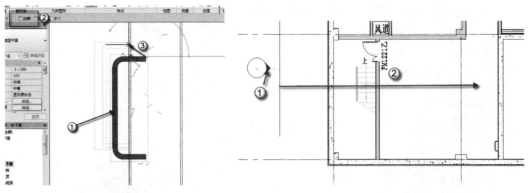

图 9.3.46　移动钢爬梯　　　　　　　　　图 9.3.47　改变视图界面

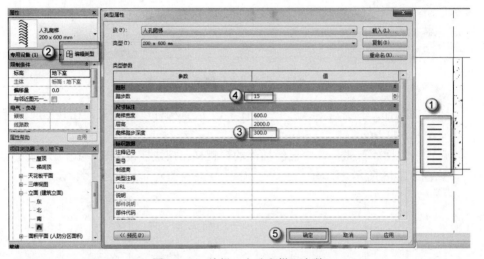

图 9.3.48　编辑"人孔爬梯"参数

（7）完成"人孔爬梯"的绘制，如图 9.3.49 所示，3D 效果如图 9.3.50 所示。

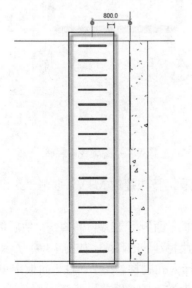

图 9.3.49　完成"人孔爬梯"的绘制

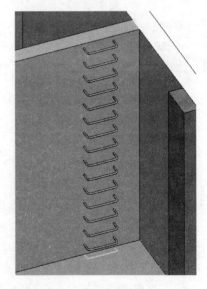

图 9.3.50　3D 效果

第10章 一层平面

一幢建筑物通常是由若干个单体空间有机地组合起来而形成的整体空间。在进行建筑设计时，往往会使用各层平面图来分析建筑物的各种特征，并通过相应的图示来表达设计意图。建筑平面设计包括单个的房间平面设计和各部分的组合设计。Revit的优点就在于可以自动生成各房间的大样图，这样可以提高设计工作效率。

一层平面是最重要的平面图，因为其与基地的地坪直接联系，建筑中各出入口绝大部分都在一层平面，是场地设计与平面设计相结合的一个区域。

10.1 外墙的设定与绘制

Revit的墙体设计非常重要，其不仅是建筑的分隔主体，而且也是门窗、墙饰体与分割线、卫浴灯具等设备的承载主体。墙体构造层设置及其材质设置，不仅影响着墙体在三维、透视和立面透视中的外观表现，更直接影响着后期施工图设计中墙体大样节点详图等视图中墙体截面的显示。

Revit提供了墙工具，用于绘制和生成墙体对象，Revit中的墙体属于系统族，可以指定的墙体结构参数定义生成三维墙体模型，其提供了基本墙、幕墙和叠层墙3种不同的墙族。在Revit中创建墙体时，首先需定义好墙类型——包括墙命名、墙厚、材质、做法、功能等，再确定墙体的平面位置、高度等参数。下面使用叠层墙和基本墙族创建学校食堂墙体。

10.1.1 叠层墙的设定

叠层墙是Revit的一种特殊墙体类型。叠层墙是一种由若干不同子墙（基本墙类型）相互堆叠形成的墙，可以在不同高度定义不同的墙厚、复合层、材质、构造层等。当一面墙上下有不同的厚度、材质，构造层时，可以用叠层墙来创建。该叠层墙由两种不同的"基本墙"类型子墙组成。

1. 创建"一层红色砌体外墙-300mm"族

（1）打开"基本墙"族。选择"建筑"→"墙"→"墙：建筑"命令，也可以直接按快捷键W+A，选择"基本墙"族。在"属性"面板中选择"基本墙"→"常规-200mm"选项（注意当前列表框中有3种墙族，即叠层墙、基本墙、幕墙），如图10.1.1所示。

（2）复制创建"一层红色砌体外墙-300mm"族类型。单击"属性"面板中的"编辑类型"按钮，在弹出的"类型属性"对话框中单击"复制"按钮，在弹出的"名称"对话框中输入"一层红色砌体外墙-300mm"作为新类型名称，单击"确定"按钮返回"类型属性"对话框，如图 10.1.2 所示。

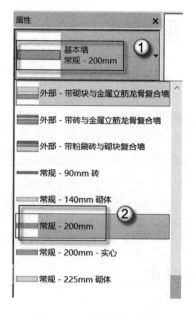

图 10.1.1 选择基本墙族

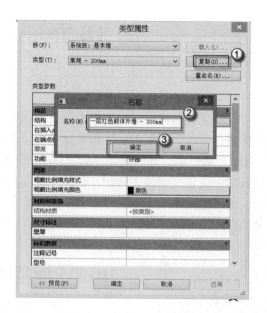

图 10.1.2 复制一层红色砌体外墙族

（3）添加"保温层/空气层"功能。单击"类型属性"对话框"结构"参数后的"编辑"按钮，弹出"编辑部件"对话框，如图 10.1.3 所示。单击"插入"→"向上"按钮，在"功能"参数下将"结构[1]"改为"保温层/空气层"，如图 10.1.4 所示。

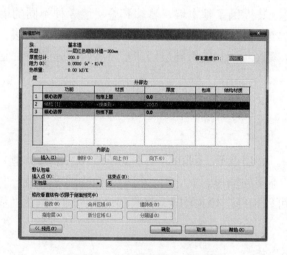

图 10.1.3 "编辑部件"对话框

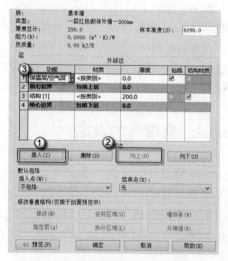

图 10.1.4 添加"保温层/空气层"功能

（4）编辑"保温层/空气层"材质。在"编辑部件"对话框中单击"保温层/空气层"对应的"材质"单元格右上角的"浏览"按钮，在弹出的"材质浏览器"对话框中，选择"AEC 材质"→"隔热层"→"珍珠岩"选项，将其填充图案改为"对角交叉线 1.5mm"，单击"确定"按钮返回"编辑部件"对话框，如图 10.1.5 所示。然后在"编辑部件"对话框中将其对应的厚度改为"30mm"。

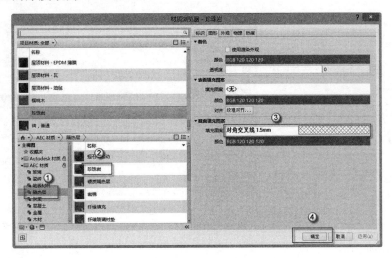

图 10.1.5 编辑"保温层/空气层"材质图

（5）添加"面层 1 [4]"功能。在"编辑部件"对话框中单击"插入"按钮，在"功能"参数下将"保温层/空气层" 改为"面层 1 [4]"，如图 10.1.6 所示。

（6）编辑"面层 1 [4]"材质。在"编辑部件"对话框中单击"面层 1 [4]"对应的"材质"单元格右上角的"浏览"按钮，在弹出的"材质浏览器"对话框中，选择"AEC 材质"→"砖石"→"砖，普通"选项，将其填充图案改为"对角线-上 1.5mm"，单击"确定"按钮返回"编辑部件"对话框，如图 10.1.7 所示。然后在"编辑部件"对话框下将其对应的厚度改为"10mm"。

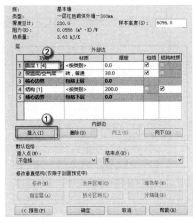

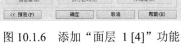

图 10.1.6 添加"面层 1 [4]"功能

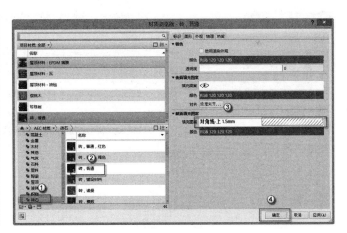

图 10.1.7 编辑"面层 1 [4]"材质

（7）添加"面层 2 [5]"功能。在"编辑部件"对话框中选择"结构[1]"，单击"插入"→"向下"按钮，在"功能"参数下将"结构[1]"改为"面层 2 [5] "，如图 10.1.8 所示。

（8）编辑"面层 2 [5]"材质。在"编辑部件"对话框中单击"面层 2 [5]"对应的"材质"单元格右上角的"浏览"按钮，在弹出的"材质浏览器"对话框中，选择"AEC 材质"→"其他"→"粉刷，米色，平滑"选项，将其填充图案改为"松散-砂浆/粉刷"，单击"确定"按钮返回"编辑部件"对话框，如图 10.1.9 所示。然后在"编辑部件"对话框中将其对应的厚度改为"10mm"。

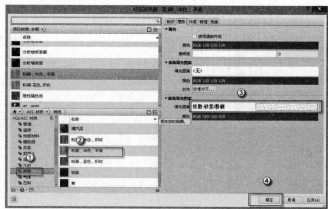

图 10.1.8　添加"面层 2 [5]"功能　　　　图 10.1.9　编辑"面层 2 [5]"材质

（9）编辑"结构[1]"材质。在"编辑部件"对话框中单击"结构[1]"对应的"材质"单元格右上角的"浏览"按钮，在弹出的"材质浏览器"对话框中，选择"AEC 材质"→"砖石"→"混凝土砌块"选项，将其填充图案改为"砌体-加气砼"，单击"确定"按钮返回"编辑部件"对话框，如图 10.1.10 所示。然后在"编辑部件"对话框中将其对应的厚度改为"300mm"，最后单击"确定"按钮返回"类型属性"。

（10）编辑"包络"。在"类型属性"对话框中，选择"在插入点包络"后的参数"不包络"→"外部"，再选择"在端点包络"后的参数"无"→"外部"，选择功能参数后的"无"→"外部"，如图 10.1.11 所示。

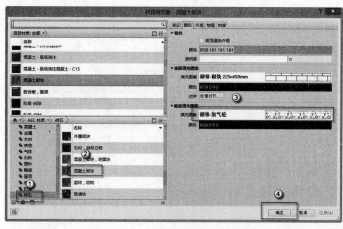
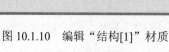

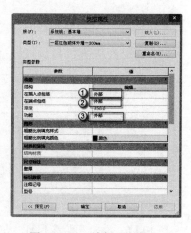

图 10.1.10　编辑"结构[1]"材质　　　　　　图 10.1.11　编辑"包络"

（11）完成"一层红色砌体外墙-300mm"族类型定义。在"类型属性"对话框中，单击"确定"按钮，如图 10.1.12 所示，这样就完成了"一层红色砌体外墙-300mm"族类型定义。

2. 创建"一层白色外墙-300mm"族

（1）打开"基本墙"族。选择"建筑"→"墙"→"墙：建筑"命令，也可以直接按快捷键 W+A。选择"基本墙"族，在"属性"面板中选择"基本墙"→"常规-200mm"
选项（注意当前列表框中有 3 种墙族，即叠层墙、基本墙、幕墙）。

（2）复制创建"一层白色砌体外墙-300mm"族类型。单击"属性"面板中的"编辑类
型"按钮，在弹出的"类型属性"对话框中单击"复制"按钮，在弹出的"名称"对话框
中输入"一层白色砌体外墙-300mm"作为新类型名称，单击"确定"按钮返回"类型属性"
对话框，如图 10.1.13 所示。

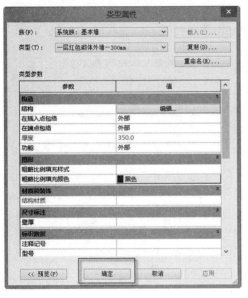

图 10.1.12　完成"一层红色砌体外墙
-300mm"族类型定义

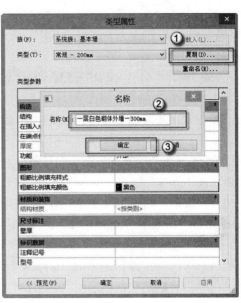

图 10.1.13　复制创建"一层白色砌体外墙
-300mm"族类型

（3）添加"保温层/空气层"功能。单击"属性类型"对话框"结构"参数后的"编辑"
按钮，弹出"编辑部件"对话框，如图 10.1.14 所示。单击"插入"→"向上"按钮，在
"功能"参数下将"结构[1]"改为"保温层/空气层"，如图 10.1.15 所示。

图 10.1.14　"编辑部件"对话框

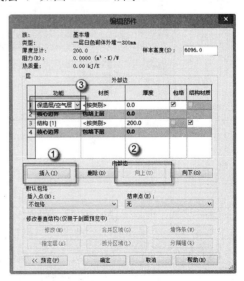

图 10.1.15　添加"保温层/空气层"功能

（4）编辑"保温层/空气层"材质。在"编辑部件"对话框中单击"保温层/空气层"对应的"材质"单元格右上角的"浏览"按钮，在弹出的"材质浏览器"对话框中，选择"AEC 材质"→"隔热层"→"珍珠岩"选项，将其填充图案改为"对角交叉线 1.5mm"，单击"确定"按钮返回"编辑部件"对话框，如图 10.1.16 所示。然后在"编辑部件"对话框下将其对应的厚度改为"30mm"。

（5）添加"面层 1 [4]"功能。在"编辑部件"对话框中单击"插入"按钮，在"功能"参数下将"保温层/空气层"改为"面层 1 [4]"，如图 10.1.16 所示。

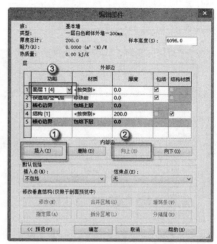

图 10.1.16　添加"面层 1 [4]"功能

（6）编辑"面层 1 [4]"材质。在"编辑部件"对话框中单击"面层 1 [4]"对应的"材质"单元格右上角的"浏览"按钮，在弹出的"材质浏览器"对话框中，选择"AEC 材质"→"砖石"→"砖，普通"选项，将其填充图案改为"对角线上 1.5mm"，然后选择"外观"标签，单击"砖石"参数下的"贴图位置"按钮，如图 10.1.17 所示，将图像贴图换为 Brick_Non_Uniform_Running_bump，如图 10.1.18 所示，选择"染色"命令，将其颜色改为："红：221"，"绿：221"，"蓝：221"，如图 10.1.19 所示，单击"确定"按钮返回"材质浏览器"对话框，再单击"确定"按钮返回"编辑部件"对话框。然后在"编辑部件"对话框中将其对应的厚度改为"10mm"。

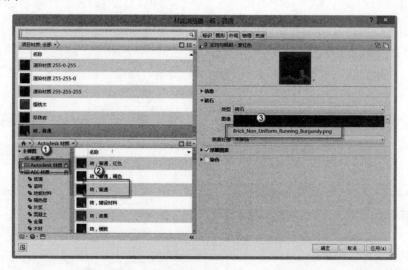

图 10.1.17　编辑"面层 1 [4]"材质

（7）添加"面层 2 [5]"功能。在"编辑部件"对话框中选择"结构[1]"，单击"插入"→"向下"按钮，在"功能"参数下将"结构[1]"改为"面层 2 [5]"，如图 10.1.20 所示。

（8）编辑"结构[1]"材质。在"编辑部件"对话框中单击"结构[1]"对应的"材质"单元格右上角的"浏览"按钮，在弹出的"材质浏览器"对话框中，选择"AEC 材质"→"砖石"→"混凝土砌块"选项，将其填充图案改为"砌体-加气砼"。单击"确定"按钮返回"编辑部件"对话框，然后将其对应的厚度改为"300mm"，如图 10.1.21 所示。最后单击"确定"按钮返回"类型属性"对话框。

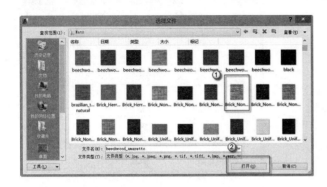

图 10.1.18　更换贴图样式　　　　　　　　图 10.1.19　染色

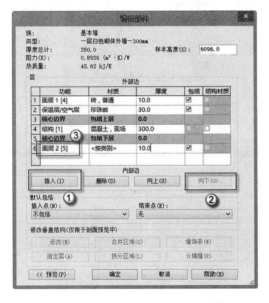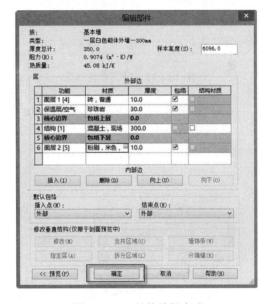

图 10.1.20　添加"面层 2 [5]"功能　　　　　图 10.1.21　结构编辑完成

（9）编辑"包络"。在"类型属性"对话框中，选择"在插入点包络"后的参数"不包络"→"外部"，再选择"在端点包络"后的参数"无"→"外部"，选择功能参数后的"无"→"外部"，如图 10.1.22 所示。

（10）完成"一层白色砌体外墙-300mm"族类型定义。在"类型属性"对话框中，单击"确定"按钮，如图 10.1.23 所示，这样就完成了"一层白色砌体外墙-300mm"族类型定义。

3. 创建叠层墙族

（1）打开"叠层墙"族。选择"建筑"→"墙"→"墙：建筑"命令，也可以直接按快捷键 W+A。选择"叠层墙"族，在"属性"面板中选择"叠层墙"→"外部-砌块勒

脚砖墙"选项（注意当前列表框中有 3 种墙族，即叠层墙、基本墙、幕墙），如图 10.1.24
所示。

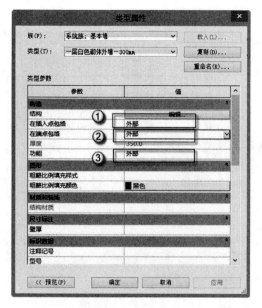

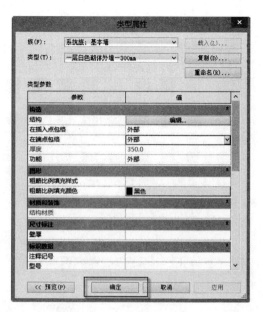

图 10.1.22　编辑"包络"　　　　　图 10.1.23　完成类型编辑

（2）复制创建"一层叠层墙-300mm"族类型。单击"属性"面板中的"编辑类型"按
钮，在弹出的"类型属性"对话框中单击"复制"按钮，在弹出的"名称"对话框中输入
"一层叠层墙"作为新类型名称，单击"确定"按钮返回"类型属性"对话框，如图 10.1.25
所示。

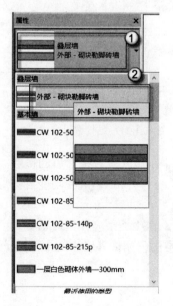

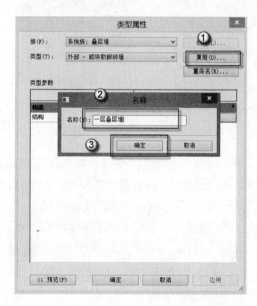

图 10.1.24　选择"叠层墙"族　　　　图 10.1.25　复制创建"一层叠层墙"

（3）添加可变高度"一层红色砌体外墙"。单击"属性类型"对话框中"结构"参数后的"编辑"按钮，弹出"编辑部件"对话框，单击"名称"参数下第一行单元格的下拉按钮，选择"一层红色砌体外墙-300mm"，单击"可变"按钮，如图 10.1.26 所示。

（4）添加固定高度"一层白色砌体外墙"。单击"名称"参数下第二行单元格的下拉按钮，选择"一层白色砌体外墙-300mm"，将其高度改为"450mm"，如图 10.1.27 所示。

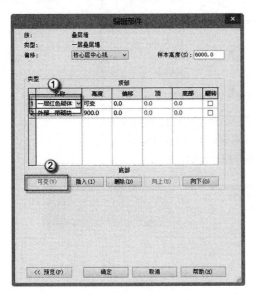 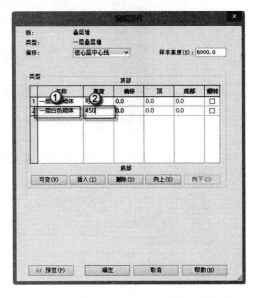

图 10.1.26　添加可变高度"一层红色砌体外墙"　　图 10.1.27　添加固定高度"一层白色砌体外墙"

（5）完成"一层叠层墙"族类型定义。在"类型属性"对话框中，单击"确定"按钮，如图 10.1.28 所示，这样就完成了"一层叠层墙"族类型定义。

注意：一层叠层墙-200mm"族类型设定与"一层叠层墙-300mm"族类型的设定相同。

10.1.2　半开洞墙的设定

一般墙体开洞可以直接编辑轮廓，不需要建族，但是半开洞（洞不打穿）的墙需要借助族来完成。下面介绍半开洞墙的设定方法。

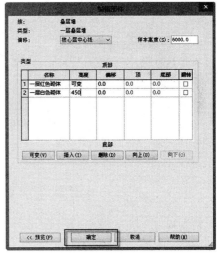

图 10.1.28　完成"一层叠层墙"族类型定义

（1）打开"公制轮廓"族。打开项目文件，选择"新建"→"族"命令，在弹出的对话框中选择"公制轮廓族"文件，再单击"打开"按钮，如图 10.1.29 所示。

（2）绘制"半开洞墙轮廓"参照平面。按快捷键 R+P，将偏移量改为"375mm"，将光标对准"2"和"3"画一条水平参照线，如图 10.1.30 所示。选择已画出来的参照线，按两下快捷键 M，再单击"2"号参照线，如图 10.1.31 所示。

（3）完成"半开洞墙轮廓"参照平面绘制。按快捷键 R+P，然后将偏移量改为"100mm"，将光标对准"1"点和"2"点绘制出一条竖向的参照线，如图 10.1.32 所示。选择"1"号

线，按两下快捷键 M，再单击"2"号参照线，如图 10.1.33 所示，完成半开洞墙轮廓墙参
照平面的绘制，如图 10.1.34 所示。

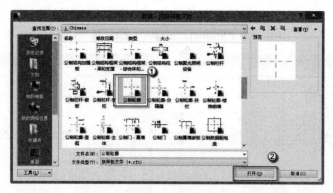

图 10.1.29　新建"半开洞墙轮廓"族

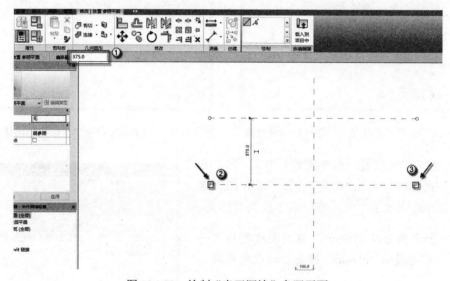

图 10.1.30　绘制"半开洞墙"参照平面

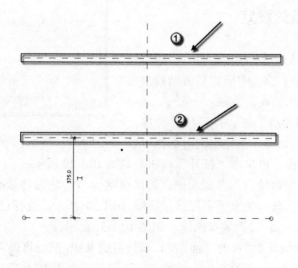

图 10.1.31　绘制"半开洞墙"参照平面

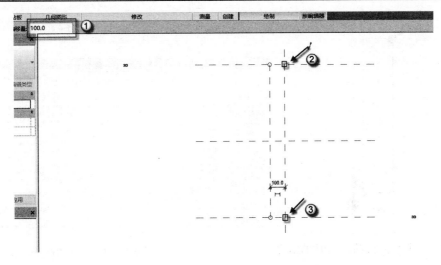

图 10.1.32　绘制"半开洞墙轮廓"参照平面图

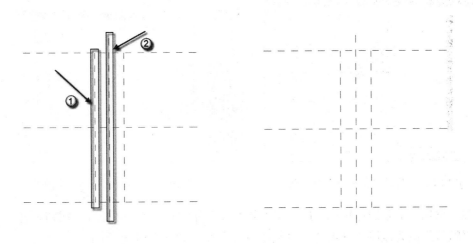

10.1.33　绘制"半开洞墙轮廓"参照平面　　图 10.1.34　完成半开洞墙轮廓墙参照平面绘制

（4）创建"半开洞墙"轮廓。选择"创建"→"直线"→"轮廓"命令，在"绘制菜单"下选择"矩形"绘制工具，单击"1"点和"2"点，完成"半开洞墙"轮廓的绘制，如图 10.1.35 所示。

（5）另存为"半开洞墙轮廓"族。选择"另存为"→"族"命令，在"另存为"对话框中将保存文件名改为"半开洞墙轮廓"，如图 10.1.36 所示，然后关闭"半开洞轮廓"族。

（6）打开"分格缝"对话框。选择"建筑"→"墙"→"墙：建筑"命令，也可以直接按快捷键 W+A。选择"一层红色砌体外墙-300mm"族，单击"编辑类型"→结构参数下"编辑"按钮，然后将视图参数由"楼层平面修改类型属性"改为"剖面：修改类型属性"，再单击"分隔缝"按钮，如图 10.1.37 所示，进入分格缝编辑对话框。

（7）载入"半开洞墙轮廓"族。在"分隔缝"对话框中单击"载入轮廓"按钮，在弹出的"载入族"对话框中选择"半开洞墙轮廓"族，单击"打开"按钮，如图 10.1.38 所示。

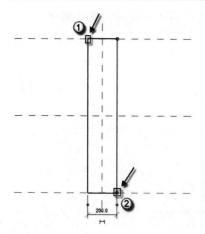

图 10.1.35　完成"半开洞墙"轮廓的创建

图 10.1.36　另存为"半开洞墙轮廓"族

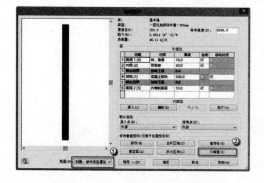

图 10.1.37　打开"分格缝"对话框

图 10.1.38　载入"半开洞墙轮廓族"

（8）添加"半开洞墙轮廓"族。在"分隔缝"对话框中单击"添加"按钮，将"轮廓"参数"默认"改为刚刚添加的"半开洞墙轮廓"族，如图 10.1.39 所示。

（9）编辑"分隔缝"对话框中其他参数。将"距离"参数改为"4200mm"，"偏移"改为"0.0mm"，最后单击"确定"按钮返回"编辑部件"对话框，如图 10.1.40 所示。

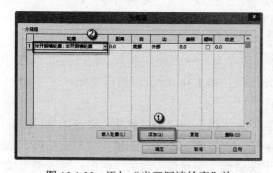

图 10.1.39　添加"半开洞墙轮廓"族

图 10.1.40　编辑"分格缝"其他参数

（10）完成"半开洞墙"族类型的设定。如图 10.1.41 所示，单击"确定"按钮，完成"半开洞墙"族类型的设定。

（11）"一层叠层墙-300mm 不开洞"族类型的设定。选择"建筑"→"墙"→"墙：建筑"命令，也可以直接按快捷键 W+A。选择前面建好的"一层叠层墙-300mm"族。在

"类型属性"对话框中单击"复制"按钮,在弹出的"名称"对话框中输入"一层叠层墙-300mm 不开洞"作为新类型名称,单击"确定"按钮返回"类型属性"对话框,如图 10.1.42 所示。单击"编辑"按钮,弹出"编辑"部件对话框,将第一栏名称改为"一层红色砌体外墙-300mm 不开洞",再单击"确定"按钮完成"一层墙叠层墙-300mm 半开洞"族类型的设定,如图 10.1.43 所示。

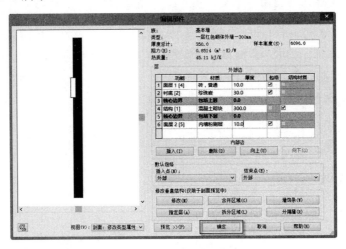

图 10.1.41　完成"半开洞墙"族类型的设定

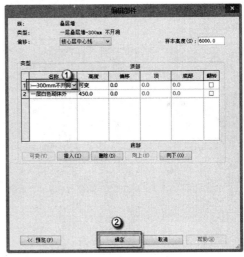

图 10.1.42　复制一层叠层墙-300mm 不开洞族　图 10.1.43　完成"一层叠层墙-300mm 不开洞"族设定

注意： "一层叠层墙-200mm 不开洞族"的设定同"一层叠层墙-300mm 不开洞族",这里不再赘述。

10.1.3　绘制外墙

建筑专业的外墙有内外之分,对外的部分有保温材料,对内的部分有粉刷层,在这二层之内是核心屋。具体操作如下。

（1）打开项目文件。选择"打开"→"项目"命令，在弹出的对话框中打开前面保存的文件，或者直接单击历史项目，如图 10.1.44 所示。

🔔注意：在进行项目绘制时，要定时保存项目文件，防止软件的出错导致文件丢失，并且将项目文件保存在同一个文件夹中，方便寻找。

（2）导入配套资源中的 DWG 文件，选择"插入"→"导入 CAD"命令，导入"第一层的底图"DWG 文件。按快捷键 M+V，调整 CAD 图位置，使 1 点和 2 点重合，如图 10.1.45 所示，使其与轴网对齐，如图 10.1.46 所示。

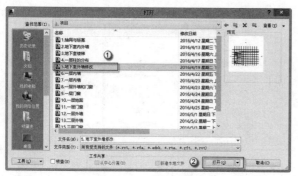

图 10.1.44　打开项目文件　　　　　　　图 10.1.45　调整 CAD 文件位置

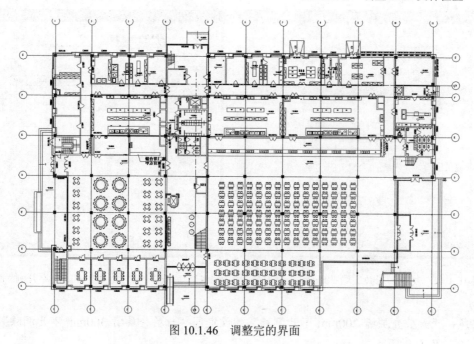

图 10.1.46　调整完的界面

🔔注意：在调整位置的时候，一定要捕捉到交点或端点时才算对齐。

（3）绘制 G 轴线交"1"轴线和"4"轴线之间的外墙。将楼层平面置于一层，如图 10.1.47 所示，选择"建筑"→"墙"→"墙：建筑"命令，也可以直接按快捷键 W+A。选择"一层叠层墙-300mm"墙族，将墙的绘制方式改为"直线"绘制方式，设置选项栏中的"高度"

为"2"，设置"定位线"为"核心层中心线"，将"偏移量"改为"150mm"，"底部偏移"为"0"，"顶部偏移"也为"0"，如图 10.1.48 所示。参数设置完成后，依次捕捉图 10.1.49 所示位置，单击绘制墙体。然后将"墙类型"改为"一层叠层墙-200mm"，将"偏移量"改为"100mm"，其他参数不变，依次捕捉图 10.1.50 所示位置，单击绘制墙体。绘制完成后按 Esc 键两次，可以退出外墙绘图界面，完成后外墙如图 10.1.51 所示。

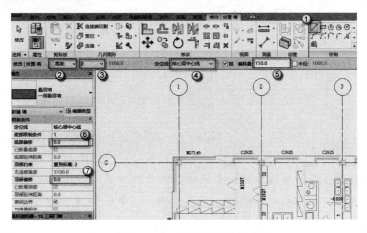

图 10.1.47　楼层平面至于一层　　　　　　图 10.1.48　外墙绘制参数设置

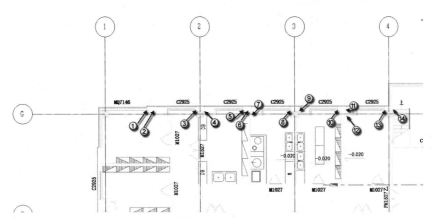

图 10.1.49　一层叠层墙-300mm 外墙绘制捕捉点

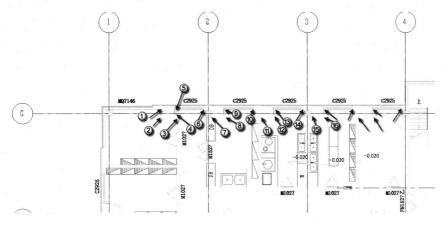

图 10.1.50　一层叠层墙-200mm 外墙绘制捕捉点

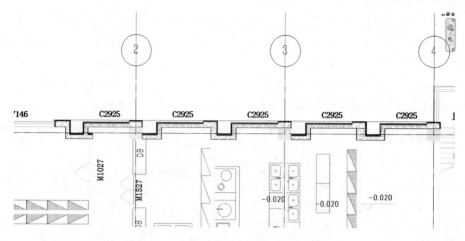

图 10.1.51　完成 G 轴和 1 到 4 轴相交的外墙

🔔注意：在绘制墙体时注意墙体的内外侧位置，一般按顺时针顺序绘制外墙时，墙体内外侧位置是正确的。若不正确，可单击如图 10.1.52 所示的"方向标"按钮，更换墙内外侧位置。

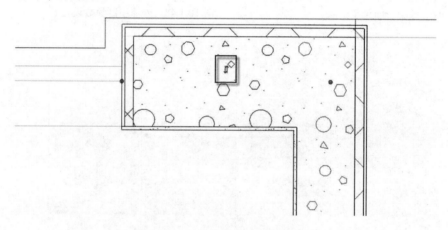

图 10.1.52　调整外墙内外侧位置

（4）绘制 1 轴线交 E 轴线和 G 轴线之间的外墙。选择"建筑"→"墙"→"墙：建筑"命令，也可以直接按快捷键 W+A。选择"一层叠层墙-300mm"墙族，将"偏移量"改为"150mm"，其他参数不变，依次捕捉图 10.1.53 所示位置绘制墙体。然后将"墙类型"改为"一层叠层墙-200mm"，将"偏移量"改为"100mm"，其他参数不变，依次捕捉图 10.1.54 所示位置，单击绘制墙体。绘制完成后按两次 Esc 键，可以退出外墙绘图界面。完成后的外墙如图 10.1.55 所示。

（5）绘制 G 轴线交 5 轴线和 9 轴线之间的外墙。选择"建筑"→"墙"→"墙：建筑"命令，也可以直接按快捷键 W+A。选择"一层叠层墙-300mm"墙族，将"偏移量"改为"150mm"，其他参数不变，依次捕捉图 10.1.56 所示位置绘制墙体。然后将"墙类型"改为"一层叠层墙-200mm"，将"偏移量"改为"100mm"，其他参数不变，依次捕捉图 10.1.57 所示位置，单击绘制墙体。绘制完成后按两次 Esc 键，可以退出外墙绘图界面，完成后的外墙如图 10.1.58 所示。

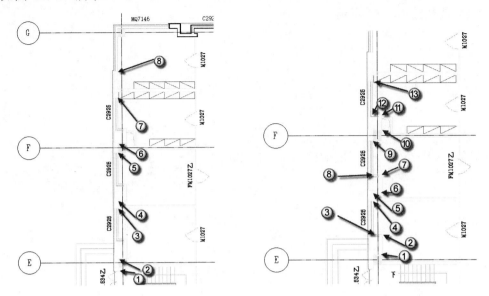

图 10.1.53　一层叠层墙-300mm 外墙绘制捕捉点　图 10.1.54　一层叠层墙-200mm 外墙绘制捕捉点

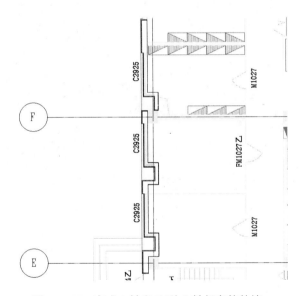

图 10.1.55　完成 1 轴和 E 到 G 轴相交的外墙

（6）绘制 G 轴线交 9 轴线和 11 轴线之间的外墙。选择"建筑"→"墙"→"墙：建筑"命令，也可以直接按快捷键 W+A。选择"一层叠层墙-300mm"墙族，将"偏移量"改为"150mm"，其他参数不变，依次捕捉图 10.1.59 所示位置绘制墙体。绘制完成后按两次 Esc 键，可以退出外墙绘图界面，完成后的外墙如图 10.1.60 所示。

（7）绘制 11 轴线交 D 轴线和 G 轴线之间的外墙。选择"建筑"→"墙"→"墙：建筑"命令，也可以直接按快捷键 W+A。选择"一层叠层墙-300mm"墙族，将"偏移量"改为"150mm"，其他参数不变，依次捕捉图 10.1.61 所示位置绘制墙体。然后将"墙类型"改为"一层叠层墙-200mm"，将"偏移量"改为"100mm"，其他参数不变，依次捕捉图

10.1.62 所示位置，单击绘制墙体。绘制完成后按两次 Esc 键，可以退出外墙绘图界面，完成后的外墙如图 10.1.63 所示。

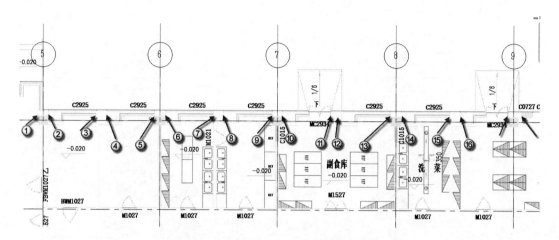

图 10.1.56　一层叠层墙-300mm 外墙绘制捕捉点

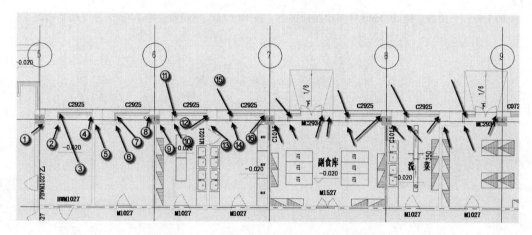

图 10.1.57　一层叠层墙-200mm 外墙绘制捕捉点

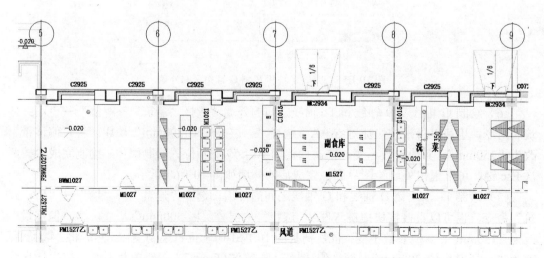

图 10.1.58　绘制 G 轴线交 5 轴线和 9 轴线之间的外墙

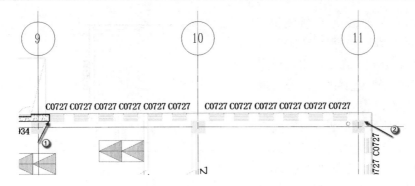

图 10.1.59 一层叠层墙-300mm 外墙绘制捕捉点

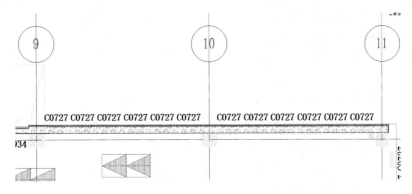

图 10.1.60 完成 G 轴线交 9 轴线和 11 轴线之间的外墙

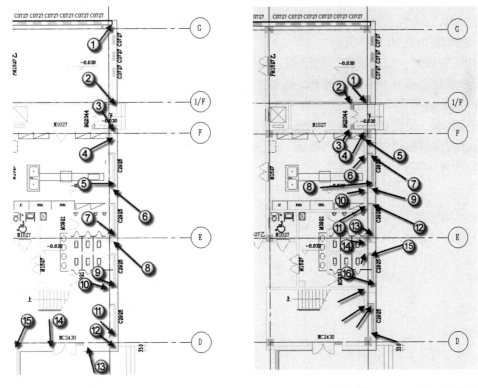

图 10.1.61 一层叠层墙-300mm 外墙绘制捕捉   图 10.1.62 一层叠层墙-200mm 外墙绘制捕捉点

（8）绘制 A 轴线交 5 轴线和 8 轴线之间的外墙。选择"建筑"→"墙"→"墙：建筑"命令，也可以直接按快捷键 W+A。选择"一层叠层墙-300mm"墙族，将"偏移量"改为"150mm"，其他参数不变，依次捕捉图 10.1.64 所示位置绘制墙体。然后将"墙类型"改为"一层叠层墙-200mm"，将"偏移量"改为"100mm"，其他参数不变，依次捕捉图 10.1.65 所示位置，单击绘制墙体。绘制完成后按两次 Esc 键，可以退出外墙绘图界面，完成后的外墙如图 10.1.66 所示。

（9）绘制 A 轴线交 1 轴线和 4 轴线之间的外墙。选择"建筑"→"墙"→"墙：建筑"命令，也可以直接按快捷键 W+A。选择"一层叠层墙-300mm"墙族，将"偏移量"改为"150mm"，其他参数不变，依次捕捉图 10.1.67 所示位置绘制墙体。然后将

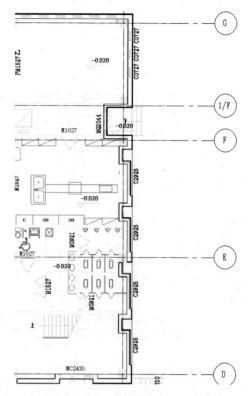

图 10.1.63　完成 11 轴线交 D 轴线和 G 轴线之间的外墙

"墙类型"改为"一层叠层墙-200mm"，将"偏移量"改为"100mm"，其他参数不变，依次捕捉图 10.1.68 所示位置，单击绘制墙体。绘制完成后按两次 Esc 键，退出外墙绘图界面，完成后的外墙如图 10.1.69 所示。

（10）完成"一层叠层墙"的绘制。初步绘制完外墙后，由于不是所有的外墙都半开洞，所以需要对部分外墙进行调整，选中需要调整的外墙，将其"墙类型"改为"一层叠层墙-300mm 不开洞"，如图 10.1.70 所示。同前面的步骤依次完成其他需要调整的墙。调整完成后完成一层叠层墙外墙的绘制，按快捷键 F4 进入三维视图模式，如图 10.1.71 所示。最后选择程序菜单"保存"→"项目"命令，保存文件。

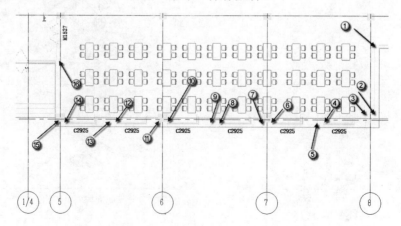

图 10.1.64　一层叠层墙-300mm 外墙绘制捕捉

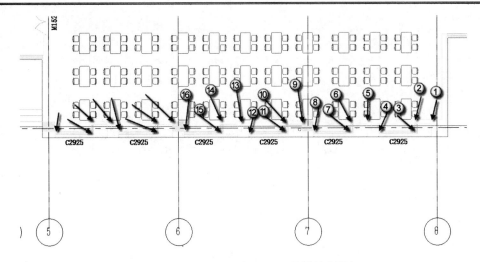

图 10.1.65 一层叠层墙-200mm 外墙绘制捕捉

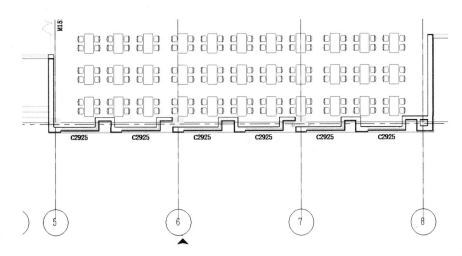

图 10.1.66 完成 A 轴线交 5 轴线和 8 轴线之间的外墙

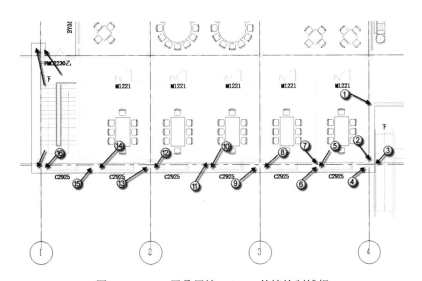

图 10.1.67 一层叠层墙-300mm 外墙绘制捕捉

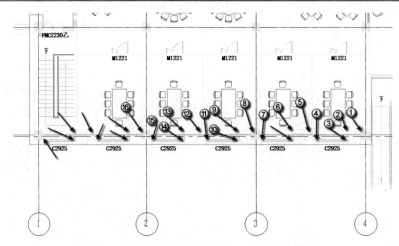

图 10.1.68　一层叠层墙-200mm 外墙绘制捕捉

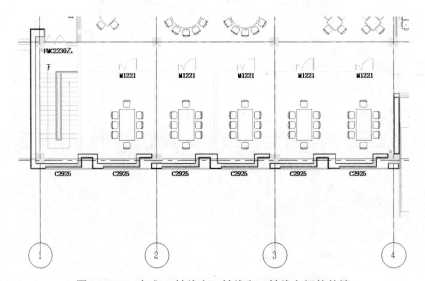

图 10.1.69　完成 A 轴线交 1 轴线和 4 轴线之间的外墙

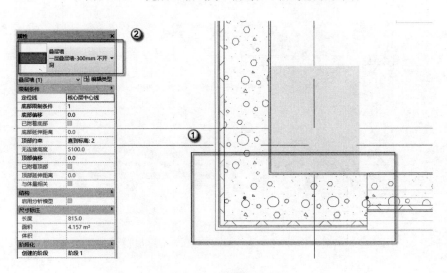

图 10.1.70　调整部分外墙

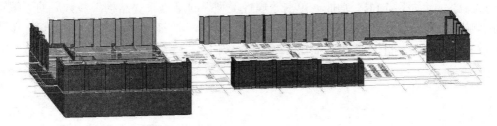

图 10.1.71　"一层叠层墙"完成三维视图

注意："一层叠层墙-200mm 不开洞"墙的调整同"一层叠层墙-300mm 不开洞",这里不再重复叙述。

10.2　内墙和柱

本节介绍建筑专业中主体中的内墙与柱的绘制方法。虽然结构专业中已经绘制了柱子,但是建筑专业要独立出图,所以还是要以建筑的方法插入柱子。另外,和外墙相比较,内墙没有对外的保温材料,要略显简单一些。

10.2.1　内墙的设定

按墙体在建筑中的位置和走向分类:分为外墙和内墙两类。沿建筑四周边缘布置的墙体称为外墙,被外墙包围的墙体称为内墙。

内墙,指在室内起分隔空间的作用,没有和室外空气直接接触的墙体,多为"暖墙"。

完成一层叠层墙外墙绘制后,可以使用类似的方式完成食堂一层内墙的绘制,由于食堂内墙的构造与外墙不相同,因此必须先建立内墙模型,定义内墙墙体构造。

1."砌体内墙-200mm"族类型定义

(1)打开"基本墙"族。选择"建筑"→"墙"→"墙:建筑"命令,也可以直接按快捷键 W+A。选择"基本墙"族,在"属性"面板中选择"基本墙"→"常规 200mm"选项(注意当前列表框中有 3 种墙族,即叠层墙、基本墙、幕墙),此步骤与"一层红色砌体外墙-300mm"族类型设定步骤(1)相同。

(2)复制创建"砌体内墙-200mm"族类型。单击"属性"面板中的"编辑类型"按钮,在弹出的"类型属性"对话框中单击"复制"按钮,在弹出的"名称"对话框中输入"砌体内墙-200mm"作为新类型名称,单击"确定"按钮返回"类型属性"对话框,如图 10.2.1 所示。

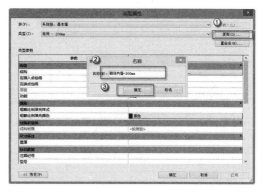

图 10.2.1　复制创建"砌体内墙-200mm"族类型

（3）添加"面层 1 [4]"功能。单击"属性类型"对话框下"结构"参数后的"编辑"按钮，弹出"编辑部件"对话框，如图 10.2.2 所示。单击"插入"→"向上"按钮，在"功能"参数下将"结构[1]"改为"面层 1 [4]"，如图 10.2.3 所示。

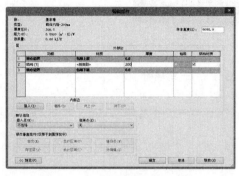
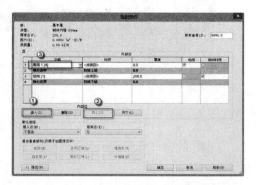

图 10.2.2　"编辑部件"对话框　　　　　图 10.2.3　添加"面层 1 [4]"功能

（4）编辑"面层 1 [4]"材质。在"编辑部件"对话框中单击"面层 1 [4]"对应的"材质"单元格右上角的"浏览"按钮，在弹出的"材质浏览器"对话框中，选择"AEC 材质"→"其他"→"粉刷，米色，平滑"选项，将其填充图案改为"松散-砂浆/粉刷"，单击"确定"按钮返回"编辑部件"对话框。此步骤同"一层红色砌体外墙-300mm"族类型设定步骤相同。然后在"编辑部件"对话框中将其对应的厚度改为"10mm"。

（5）添加"面层 2 [5]"功能。在"编辑部件"对话框中选择"结构[1]"，单击"插入"→"向下"按钮，在"功能"参数下将"结构[1]"改为"面层 2 [5]"，如图 10.2.4 所示。

（6）编辑"面层 2 [5]"材质。在"编辑部件"对话框中单击"面层 2 [5]"对应的"材质"单元格右上角的"浏览"按钮，在弹出的"材质浏览器"对话框中，选择"AEC 材质"→"其他"→"粉刷，米色，平滑"选项，将其填充图案改为"松散-砂浆/粉刷"，单击"确定"按钮返回"编辑部件"对话框。然后在"编辑部件"对话框中将其对应的厚度改为"10mm"。

（7）编辑"结构[1]"材质。在"编辑部件"对话框中单击"结构[1]"对应的"材质"单元格右上角的"浏览"按钮，在弹出的"材质浏览器"对话框中，选择"AEC 材质"→"砖石"→"混凝土砌块"选项，将其填充图案改为"砌体-加气砼"。单击"确定"按钮返回"编辑部件"对话框。然后将其对应的厚度改为"200mm"。最后单击"确定"按钮返回"类型属性"对话框，如图 10.2.5 所示。

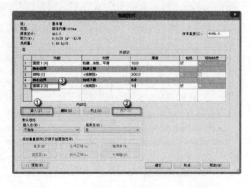
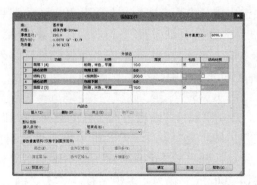

图 10.2.4　添加"面层 2 [5]"功能　　　　　图 10.2.5　结构编辑完成

（8）编辑"包络"。在"类型属性"对话框中，选择"在插入点包络"后的参数"不包络"→"外部"，再选择"在端点包络"后的参数"无"→"外部"，选择功能参数后的"无"→"外部"，如图 10.2.6 所示。

（9）完成"砌体内墙-200mm"族类型定义。在"类型属性"对话框中，单击"确定"按钮，如图 10.1.27 所示。这样就完成了"砌体内墙-200mm"族类型定义。

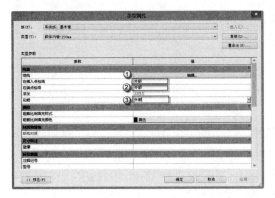
图 10.2.6　编辑"包络"

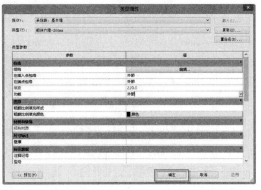
图 10.2.7　完成"砌体内墙-200mm"族类型定义

2. "砌体内墙-100mm"族类型定义

（1）打开"基本墙"族。选择"建筑"→"墙"→"墙：建筑"命令，也可以直接按快捷键 W+A。选择"基本墙"族，在"属性"面板中选择"基本墙"→"常规 200mm"选项（注意当前列表框中有 3 种墙族，即叠层墙、基本墙、幕墙）。

（2）复制创建"砌体内墙-100mm"族类型。单击"属性"面板中的"编辑类型"按钮，在弹出的"类型属性"对话框中单击"复制"按钮，在弹出的"名称"对话框中输入"砌体内墙-100mm"作为新类型名称，单击"确定"按钮返回"类型属性"对话框，如图 10.2.8所示。

（3）添加"面层 1 [4]"功能。单击"属性类型"对话框下"结构"参数后的"编辑"按钮，弹出"编辑部件"对话框，如图 10.2.9所示。单击"插入"→"向上"按钮，在"功能"参数下将"结构[1]"改为"面层 1 [4]"，如图 10.2.10 所示。

（4）编辑"面层 1 [4]"材质。在"编辑部件"对话框中单击"面层 1 [4]"对应的"材质"单元格右上角的"浏览"按钮，在弹出的"材质浏览器"对话框中，选择"AEC 材质"

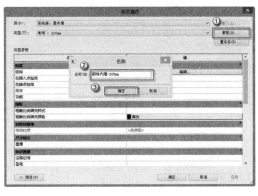
图 10.2.8　复制创建"砌体内墙-100mm"族类型

→"其他"→"粉刷，米色，平滑"选项，将其填充图案改为"松散-砂浆/粉刷"，单击"确定"按钮返回"编辑部件"对话框。然后在"编辑部件"对话框中将其对应的厚度改为"10mm"。

（5）添加"面层 2 [5]"功能。在"编辑部件"对话框中选择"结构[1]"，单击"插入"→"向下"按钮，在"功能"参数下将"结构[1]"改为"面层 2 [5]"，如图 10.2.11 所示。

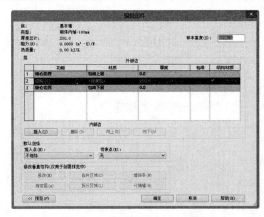

图 10.2.9　"编辑部件"对话框　　　　　图 10.2.10　添加"面层 1 [4]"功能

（6）编辑"面层 2 [5]"材质。在"编辑部件"对话框中单击"面层 2 [5]"对应的"材质"单元格右上角的"浏览"按钮，在弹出的"材质浏览器"对话框中，选择"AEC 材质"→"其他"→"粉刷，米色，平滑"选项，将其填充图案改为"松散-砂浆/粉刷"，单击"确定"按钮返回"编辑部件"对话框。然后在"编辑部件"对话框中将其对应的厚度改为"10mm"。

（7）编辑"结构[1]"材质。在"编辑部件"对话框中单击"结构[1]"对应的"材质"单元格右上角的"浏览"按钮，在弹出的"材质浏览器"对话框中，选择"AEC 材质"→"砖石"→"混凝土砌块"选项，将其填充图案改为"砌体-加气砼"。单击"确定"按钮返回"编辑部件"对话框。然后将其对应的厚度改为"100mm"，最后单击"确定"按钮返回"类型属性"，如图 10.2.12 所示。

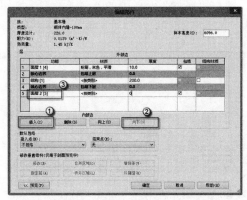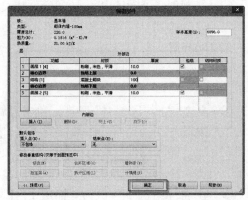

图 10.2.11　添加"面层 2 [5]"功能　　　　　图 10.2.12　完成结构编辑

（8）编辑"包络"。在"类型属性"对话框中，选择"在插入点包络"后的参数"不包络"→"外部"，再选择"在端点包络"后的参数"无"→"外部"，选择功能参数后的"无"→"外部"，如图 10.2.13 所示。

（9）完成"砌体内墙-100mm"族类型定义。在"类型属性"对话框中，单击"确定"按钮，这样就完成了"砌体内墙-100mm"族类型定义，如图 10.2.14 所示。

3. "砌体内墙-250mm"族类型定义

（1）打开"基本墙"族。选择"建筑"→"墙"→"墙：建筑"命令，也可以直接按快捷键 W+A。选择"基本墙"族，在"属性"面板中选择"基本墙"→"常规 200mm"
选项（注意当前列表框中有 3 种墙族，即叠层墙、基本墙、幕墙）。

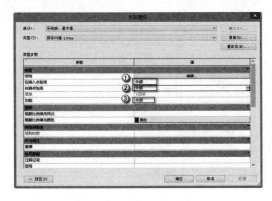

图 10.2.13　编辑"包络"　　　　　图 10.2.14　完成"砌体内墙-100mm"族类型定义

（2）复制创建"砌体内墙-250mm"族类型。单击"属性"面板中的"编辑类型"按钮，
在弹出的"类型属性"对话框中单击"复制"按钮，在弹出的"名称"对话框中输入"砌
体内墙-250mm"作为新类型名称，单击"确定"按钮返回"类型属性"对话框，如图 10.2.15
所示。

（3）添加"面层 1 [4]"功能。单击"属性类型"对话框下"结构"参数后的"编辑"
按钮，弹出"编辑部件"对话框，如图 10.2.16 所示。单击"插入"→"向上"按钮，在
"功能"参数下将"结构[1]"改为"面层 1 [4]"，如图 10.2.17 所示。

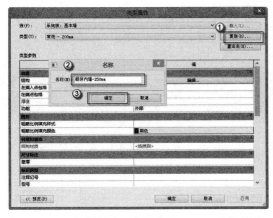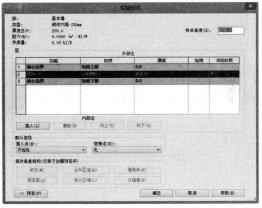

图 10.2.15　复制创建"砌体内墙-250mm"族类型　　图 10.2.16　"编辑部件"对话框

（4）编辑"面层 1 [4]"材质。在"编辑部件"对话框中单击"面层 1 [4]"对应的"材
质"单元格右上角的"浏览"按钮，在弹出的"材质浏览器"对话框中，选择"AEC 材质"
→"其他"→"粉刷，米色，平滑"选项，将其填充图案改为"松散-砂浆/粉刷"，单击"确
定"按钮返回"编辑部件"对话框。然后在"编辑部件"对话框中将其对应的厚度改为"10mm"。

（5）添加"面层 2 [5]"功能。在"编辑部件"对话框中选择"结构[1]"，单击"插入"→
"向下"按钮，在"功能"参数下将"结构[1]"改为"面层 2 [5]"，如图 10.2.18 所示。

（6）编辑"面层 2 [5]"材质。在"编辑部件"对话框中单击"面层 2 [5]"对应的"材
质"单元格右上角的"浏览"按钮，在弹出的"材质浏览器"对话框中，选择"AEC 材质"→

"其他"→"粉刷，米色，平滑"选项，将其填充图案改为"松散-砂浆/粉刷"，单击"确定"按钮返回"编辑部件"对话框。然后将其对应的厚度改为"10mm"。

（7）编辑"结构[1]"材质。在"编辑部件"对话框中单击"结构[1]"对应的"材质"单元格右上角的"浏览"按钮，在弹出的"材质浏览器"对话框中，选择"AEC 材质"→"砖石"→"混凝土砌块"选项，将其填充图案改为"砌体-加气砼"。单击"确定"按钮返回"编辑部件"对话框。然后将其对应的厚度改为"100mm"，最后单击"确定"按钮返回"类型属性"对话框，如图 10.2.19 所示。

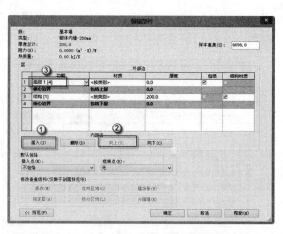

图 10.2.17　添加"面层 1 [4]"功能

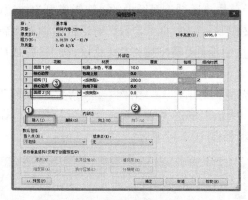

图 10.2.18　添加"面层 2 [5]"功能

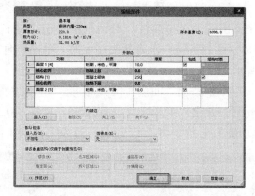

图 10.2.19　结构编辑完成

（8）编辑"包络"。在"类型属性"对话框中，选择"在插入点包络"后的参数"不包络"→"外部"，再选择"在端点包络"后的参数"无"→"外部"，选择功能参数后的"无"→"外部"，如图 10.2.20 所示。

（9）完成"砌体内墙-250mm"族类型定义。在"属性类型"对话框中，单击"确定"按钮，这样就完成了"砌体内墙-250mm"族类型定义，如图 10.2.21 所示。

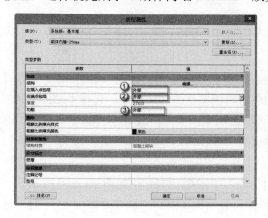

图 10.2.20　编辑"包络"

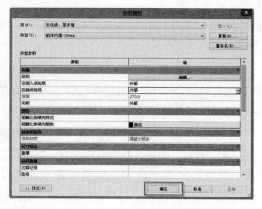

图 10.2.21　完成"砌体内墙-250mm"族类型定义

4."砌体内墙-300mm"族类型定义

（1）打开"基本墙"族。选择"建筑"→"墙"→"墙：建筑"命令，也可以直接按快捷键 W+A。选择"基本墙"族，在"属性"面板中选择"基本墙"→"常规-200mm"命令（注意当前列表框中有 3 种墙族，即叠层墙、基本墙、幕墙）。

（2）复制创建"砌体内墙-300mm"族类型。单击"属性"面板中的"编辑类型"按钮，在弹出的"类型属性"对话框中单击"复制"按钮，在弹出的"名称"对话框中输入"砌体内墙-300mm"作为新类型名称，单击"确定"按钮返回"类型属性"对话框，如图 10.2.22所示。

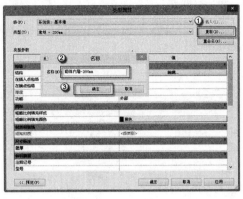

图 10.2.22　复制创建"砌体内墙-300mm"族类型

（3）添加"面层 1 [4]"功能。单击"属性类型"对话框下"结构"参数后的"编辑"按钮，弹出"编辑部件"对话框，如图 10.2.23 所示。单击"插入"→"向上"按钮，在"功能"参数下将"结构[1]"改为"面层 1 [4]"，如图 10.2.24 所示。

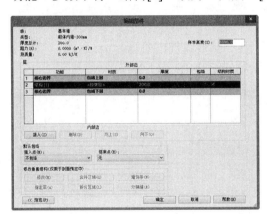

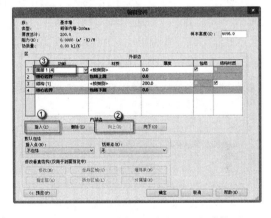

图 10.2.23　"编辑部件"对话框　　　　　图 10.2.24　添加"面层 1 [4]"功能

（4）编辑"面层 1 [4]"材质。在"编辑部件"对话框中单击"面层 1 [4]"对应的"材质"单元格右上角的"浏览"按钮，在弹出的"材质浏览器"对话框中，选择"AEC 材质"→"其他"→"粉刷，米色，平滑"命令，将其填充图案改为"松散-砂浆/粉刷"，单击"确定"按钮返回"编辑部件"对话框。然后在"编辑部件"对话框中将其对应的厚度改为"10mm"。

（5）添加"面层 2 [5]"功能。在"编辑部件"对话框中选择"结构[1]"，单击"插入"→"向下"按钮，在"功能"参数下将"结构[1]"改为"面层 2 [5]"，如图 10.2.25 所示。

（6）编辑"面层 2 [5]"材质。在"编辑部件"对话框中单击"面层 2 [5]"对应的"材质"单元格右上角的"浏览"按钮，在弹出的"材质浏览器"对话框中，选择"AEC 材质"→"其他"→"粉刷，米色，平滑"选项，将其填充图案改为"松散-砂浆/粉刷"，单击"确定"按钮返回"编辑部件"对话框。然后在"编辑部件"对话框中将其对应的厚度改为"10mm"。

（7）编辑"结构[1]"材质。在"编辑部件"对话框中单击"结构[1]"对应的"材质"

单元格右上角的"浏览"按钮，在弹出的"材质浏览器"对话框中，选择"AEC 材质"→"砖石"→"混凝土砌块"选项，将其填充图案改为"砌体-加气砼"，再单击"确定"按钮返回"编辑部件"对话框，然后将其对应的厚度改为"300mm"，最后单击"确定"按钮返回"类型属性"，如图 10.2.26 所示。

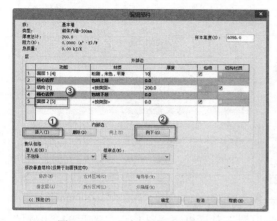

图 10.2.25　添加"面层 2 [5]"功能

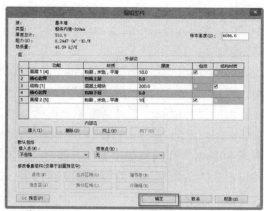

图 10.2.26　完成结构编辑

（8）编辑"包络"。在"类型属性"对话框中，选择"在插入点包络"后的参数"不包络"→"外部"，再选择"在端点包络"后的参数"无"→"外部"，选择功能参数后的"无"→"外部"，如图 10.2.27 所示。

（9）完成"砌体内墙-300mm"族类型定义。在"类型属性"对话框中，单击"确定"按钮，这样就完成了"砌体内墙-300mm"族类型定义，如图 10.2.28 所示。

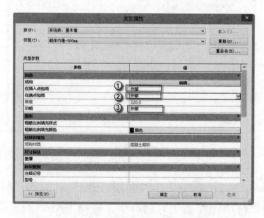

图 10.2.27　编辑"包络"

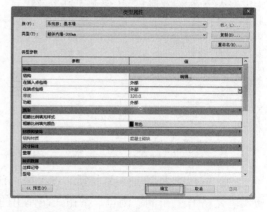

图 10.2.28　完成"砌体内墙-300mm"族类型定义

10.2.2　200 厚内墙的绘制

200 厚的内墙一般采用的是加气砼材料，由于砌筑方式比较简单，导致这种做法在中南地区很常见，具体操作如下。

（1）绘制 D 轴到 G 轴和 1 轴到 2 轴线之间的竖向内墙。将楼层平面置于一层，选择"建筑"→"墙"→"墙：建筑"命令，也可以直接按快捷键 W+A。选择"砌体内墙-200mm"

墙族，将墙的绘制方式改为"直线"绘制方式，设置选项栏中的"高度"为"2"，设置"定
位线"为"核心层中心线"，将"偏移量"改为"100mm"，"底部偏移"为"0"，"顶部偏
移"也为"0"，最后取消"链"复选框的选择，如图 10.2.29 所示。参数设置完成后，依
次捕捉图 10.2.30 所示位置，单击绘制墙体。绘制完成后按 Esc 键，可以退出外墙绘图界面，
完成后的这部分内墙如图 10.2.31 所示。

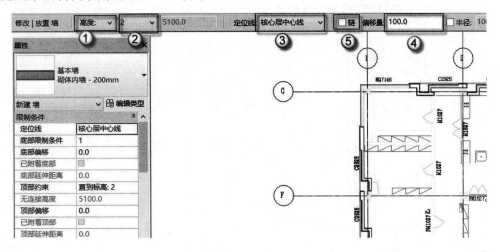

图 10.2.29　设置砌体内墙的绘制参数

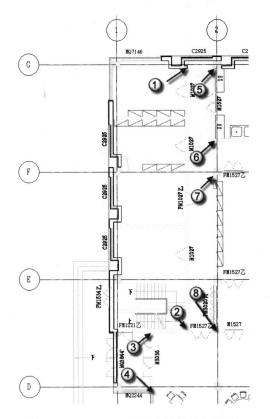

图 10.2.30　200mm 竖向内墙捕捉点位置

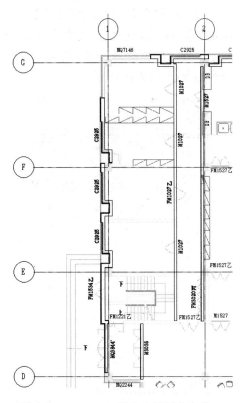

图 10.2.31　200mm 竖向内墙部分完成

（2）绘制 D 轴到 G 轴和 1 轴到 2 轴线之间的水平内墙。依次捕捉图 10.2.32 所示位置，单击绘制墙体。绘制完成后按 Esc 键，可以退出外墙绘图界面，完成后的这部分内墙如图 10.2.33 所示。

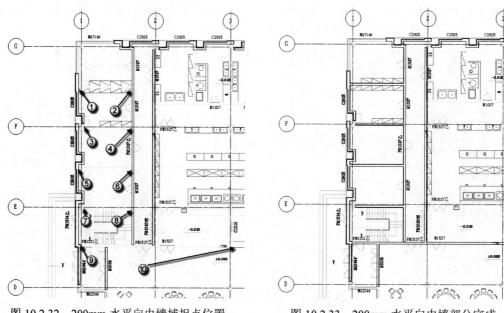

图 10.2.32　200mm 水平向内墙捕捉点位置　　　图 10.2.33　200mm 水平向内墙部分完成

（3）绘制 D 轴到 G 轴和 2 轴到 4 轴线之间的竖向内墙。选择"建筑"→"墙"→"墙：建筑"命令，也可以直接按快捷键 W+A。将"偏移量"改为"100mm"。依次捕捉图 10.2.34 所示位置，单击绘制墙体。绘制完成后按 Esc 键，可以退出外墙绘图界面，完成后的这部分内墙如图 10.2.35 所示。

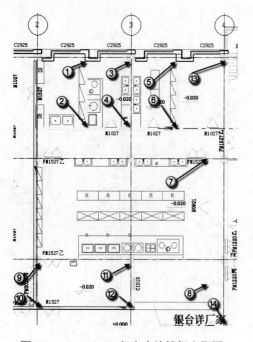
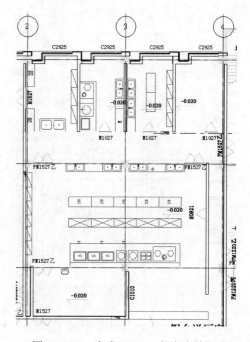

图 10.2.34　200mm 竖向内墙捕捉点位置　　　图 10.2.35　完成 200mm 竖向内墙部分

（4）绘制 D 轴到 G 轴和 2 轴到 4 轴线之间的水平内墙。选择"建筑"→"墙"→"墙：
建筑"命令，也可以直接按快捷键 W+A。将"偏移量"改为"100mm"，依次捕捉图 10.2.36
所示位置，单击绘制墙体。绘制完成后按 Esc 键，可以退出外墙绘图界面，完成后的这部
分内墙如图 10.2.37 所示。

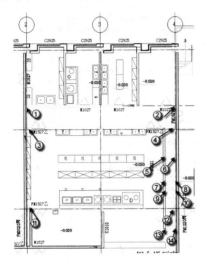

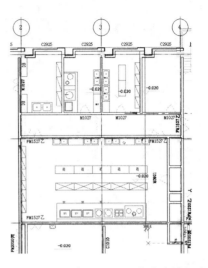

图 10.2.36　200mm 竖向内墙捕捉点位置　　　　图 10.2.37　完成 200mm 竖向内墙部分

（5）绘制 D 轴到 G 轴和 4 轴到 5 轴线之间的内墙。选择"建筑"→"墙"→"墙：建
筑"命令，也可以直接按快捷键 W+A。将"链"选上，"偏移量"改为"100mm"，依次
捕捉图 10.2.38 所示位置，单击绘制墙体。绘制完成后按 Esc 键，可以退出外墙绘图界面，
完成后的这部分内墙如图 10.2.39 所示。

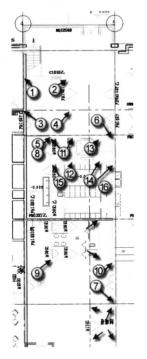

图 10.2.38　200mm 内墙捕捉点位置图　　　　　图 10.2.39　200mm 内墙部分完成

（6）完成剩下的"200mm 内墙"的绘制。重复上述步骤完成剩下的 200mm 内墙绘制，绘制完成后的平面图如图 10.2.40 所示。

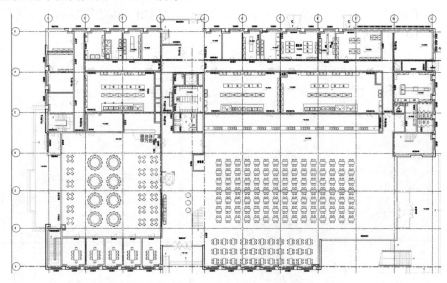

图 10.2.40　完成全部的"200mm 内墙"绘制

10.2.3　100 厚内墙的绘制

因为 100 厚墙体比较单薄，隔音效果、防潮效果不好，100 厚的内墙一般用于非重要房间的分隔，具体操作如下。

（1）绘制 D 轴到 G 轴和 1 轴到 5 轴线之间的竖向内墙。将楼层平面置于一层，选择"建筑"→"墙"→"墙：建筑"命令，也可以直接按快捷键 W+A。选择"砌体内墙-100mm"墙族，将墙的绘制方式改为"直线"绘制方式，设置选项栏中的"高度"为"2"，设置"定位线"为"核心层中心线"，将"偏移量"改为"50mm"，"底部偏移"为"0"，"顶部偏移"也为"0"，最后取消"链"复选框的选择，如图 10.2.41 所示。参数设置完成后，依次捕捉图 10.2.42 所示位置，单击绘制墙体。绘制完成后按 Esc 键，可以退出外墙绘图界面，完成后的这部分内墙如图 10.2.43 所示。

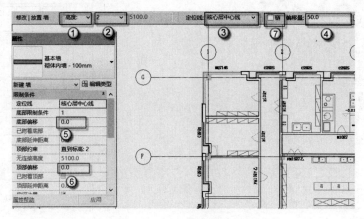

图 10.2.41　参数设置完成

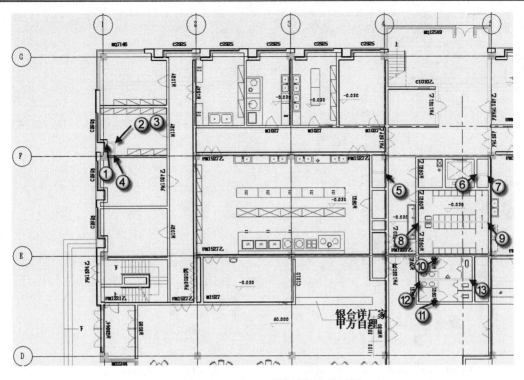

图 10.2.42　100mm 内墙捕捉点位置图

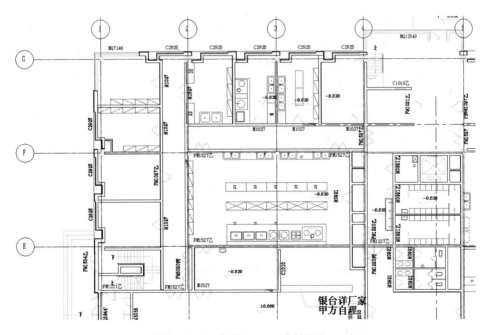

图 10.2.43　完成 100mm 内墙部分

（2）绘制 E 轴到 G 轴和 10 轴到 11 轴线之间的内墙。选择"建筑"→"墙"→"墙：建筑"命令，也可以直接按快捷键 W+A。将"偏移量"改为"50mm"，依次捕捉图 10.2.44所示位置，单击绘制墙体。绘制完成后按 Esc 键，可以退出外墙绘图界面。完成后这部分内墙如图 10.2.45 所示。这样就完成了一层"砌体内墙 100mm"的绘制，如图 10.2.46

所示。

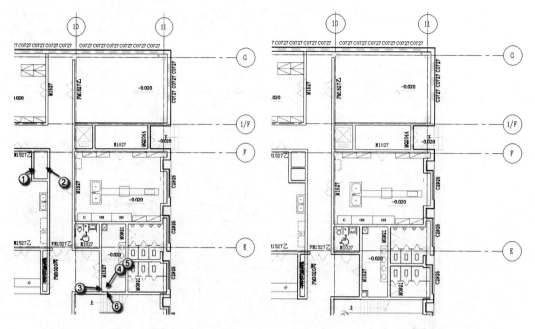

图 10.2.44　100mm 内墙捕捉点位置图　　　图 10.2.45　100mm 内墙部分完成

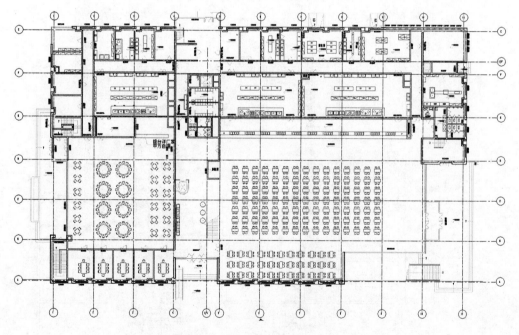

图 10.2.46　完成一层"砌体内墙-100mm"的绘制

10.2.4　250 厚内墙的绘制

250 厚的内墙是非特殊内墙（医院、银行、化学储藏等除外）中的最高级别，在中南地区不常见，具体操作如下。

（1）绘制 F 轴到 G 轴和 4 轴到 5 轴线之间的竖向内墙。将楼层平面置于一层，选择"建筑"→"墙"→"墙：建筑"命令，也可以直接按快捷键 W+A。选择"砌体内墙-250mm"墙族，将墙的绘制方式改为"直线"绘制方式，设置选项栏中的"高度"为"2"，设置"定位线"为"核心层中心线"，将"偏移量"改为"125mm"，"底部偏移"为"0"，"顶部偏移"也为"0"，最后取消"链"复选框的选择，如图 10.2.47 所示。参数设置完成后，依次捕捉图 10.2.48 所示位置，单击绘制墙体。绘制完成后按 Esc 键，可以退出外墙绘图界面，完成后的这部分内墙如图 10.2.49 所示。

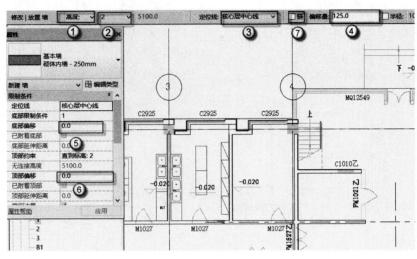

图 10.2.47　参数设置完成

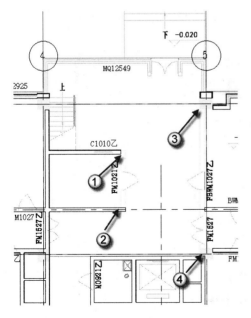

图 10.2.48　250mm 内墙捕捉点位置图

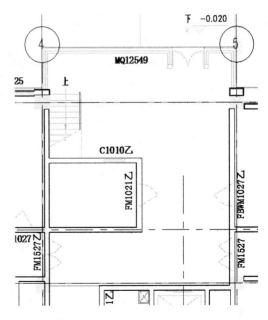

图 10.2.49　完成 250mm 内墙部分

（2）绘制 A 轴到 D 轴和 4 轴到 5 轴线之间的内墙。选择"建筑"→"墙"→"墙：建

筑"命令，也可以直接按快捷键 W+A。将"偏移量"改为"125mm"，依次捕捉图 10.2.50
所示位置，单击绘制墙体。绘制完成后按 Esc 键，可以退出外墙绘图界面。完成后这部分
内墙如图 10.2.51 所示。这样就完成了一层"砌体内墙 250mm"的绘制，即完成了一层所
有内墙的绘制，如图 10.2.52 所示。

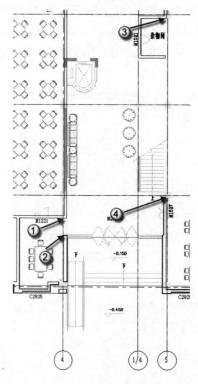

图 10.2.50　250mm 内墙捕捉点位置图

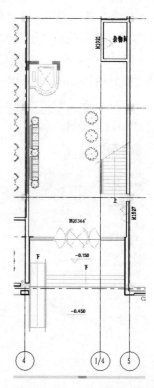

图 10.2.51　完成 250mm 内墙部分

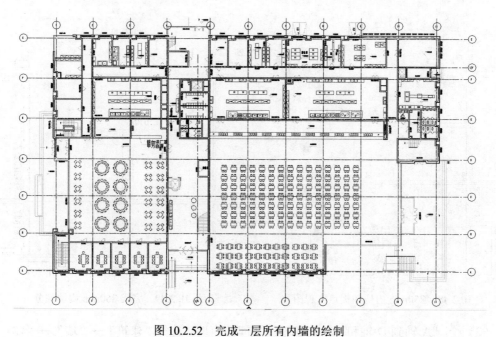

图 10.2.52　完成一层所有内墙的绘制

（3）完成一层所有内墙的绘制后，按快捷键 F4 进入三维视图模式，如图 10.2.53 所示。

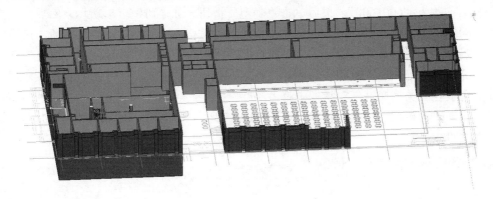

图 10.2.53 一层内墙三维视图

10.2.5 一层建筑柱

Revit 中矩形建筑柱和圆形建筑柱是系统族，不需要自己去建族，只需要先将系统族导入项目中，然后进行复制并进行参数上的修改即可。本节主要介绍的是 Revit 中建筑矩形柱以及建筑圆形柱的绘制方法。

1. 建筑矩形柱

（1）载入建筑"矩形柱族"。选择"插入"→"载入族"→"建筑"→"柱"→"矩形柱"命令，弹出"载入族"对话框，单击"打开"按钮，如图 10.2.54 所示，载入建筑"矩形柱"。

图 10.2.54 载入建筑"矩形柱"族

（2）"600*600"建筑柱的族类型设定。选择"建筑"→"柱"→"建筑"命令，单击

"编辑类型"按钮，弹出"类型属性"对话框，单击"复制"按钮，在弹出的对话框中，将矩形柱名称改为"600*600"，最后单击"确定"按钮，如图 10.2.55 所示。然后在"类型属性"对话框中单击"矩形柱"对应的"材质"单元格右上角的"浏览"按钮，在弹出的"材质浏览器"对话框中，选择"AEC 材质"→"混凝土"→"现场浇筑混凝土"选项，将其填充图案改为"混凝土-钢砼"，单击"确定"按钮返回"类型属性"对话框，如图 10.2.55 所示。最后在"类型属性"对话框中将"深度"改为"600mm"，"宽度"改为"600mm"，此处偏移"0"，单击"确定"按钮，如图 10.2.57 所示，这样就完成了"600*600"建筑柱的族类型设定。

图 10.2.55　复制"600*600"矩形柱

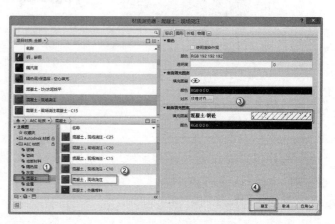

图 10.2.56　编辑"600*600"矩形柱材质

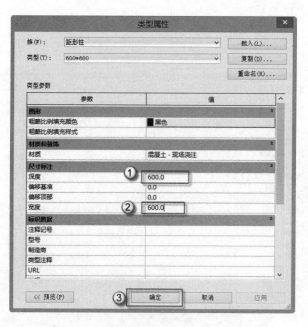

图 10.2.57　编辑"600*600"矩形柱的尺寸

（3）D 轴到 G 轴和 1 轴到 4 轴之间"600*600"建筑柱的绘制。选择"建筑"→"柱"→"建筑柱"命令，选择"600*600"建筑柱，将高度改为到"屋顶"（由于本食堂项目 1、2、3 层柱子几乎相同，这里所有柱子都直接画到屋顶层，后面再做局部修改），如图 10.2.58

所示。将光标对准如图 10.2.59 所示"1"点（1 轴和 G 轴的交点），再单击对齐。重复上述步骤，完成 D 轴到 G 轴和 1 轴到 4 轴之间其他的"600*600"建筑柱的绘制，对齐点如图 10.2.60 所示。

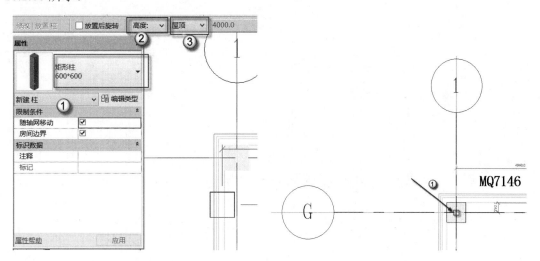

图 10.2.58　"600*600"矩形柱的绘制参数设定　　图 10.2.59　"600*600"矩形柱的绘制对齐点详图

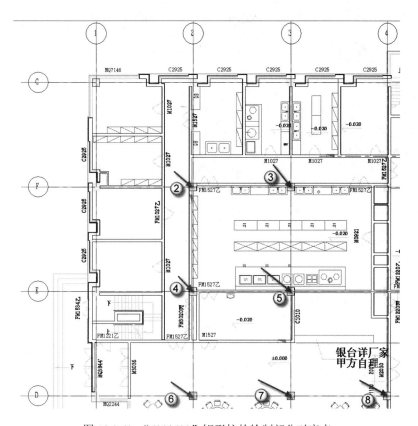

图 10.2.60　"600*600"矩形柱的绘制部分对齐点

（4）A 轴到 C 轴和 1 轴到 4 轴之间"600*600"建筑柱的绘制。将光标对准如图 10.2.61 所示的对齐点，然后单击对齐。

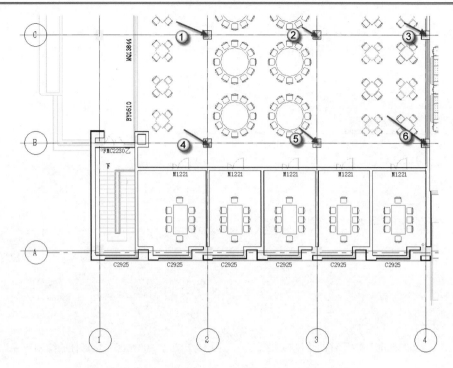

图 10.2.61 "600*600"矩形柱的绘制部分对齐点

（5）D 轴到 E 轴和 6 轴到 11 轴之间"600*600"建筑柱的绘制。将光标对准如图 10.2.62 所示的对齐点，再单击对齐。

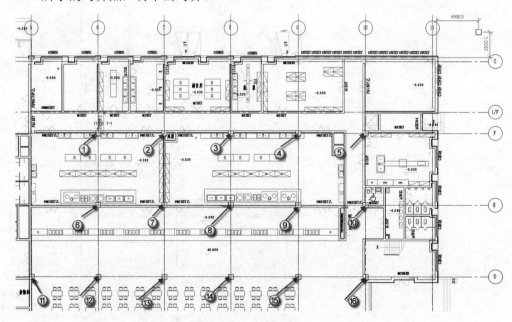

图 10.2.62 "600*600"矩形柱的绘制部分对齐点

（6）A 轴到 C 轴和 6 轴到 11 轴之间"600*600"建筑柱的绘制。将光标对准如图 10.2.63 所示的对齐点，再单击对齐。完成后可以按 Esc 键退出，这样就完成了所有"600*600"建筑矩形柱的绘制。

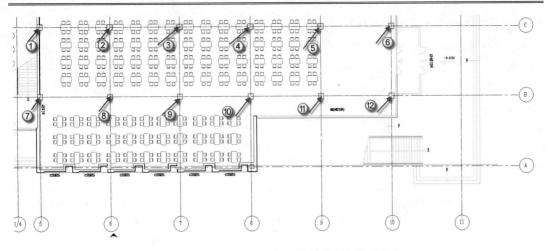

图 10.2.63　"600*600"矩形柱的绘制部分对齐点

（7）"600*700"建筑柱的族类型设定。选择"建筑"→"柱"→"建筑"命令，单击"编辑类型"按钮进入"类型属性"对话框，单击"复制"按钮，将矩形柱名称改为"600*700"，最后单击"确定"按钮，如图 10.2.64 所示。然后在"类型属性"对话框中单击"矩形柱"对应的"材质"单元格右上角的"浏览"按钮，在弹出的"材质浏览器"中，选择"AEC材质"→"混凝土"→"现场浇筑混凝土"选项，将其填充图案改为"混凝土-钢砼"，单击"确定"按钮返回"类型属性"对话框，最后将"深度"改为"700mm"，"宽度"改为"600mm"，此处偏移"0"，最后单击"确定"按钮，如图 10.2.65 所示，这样就完成了"600*700"建筑柱的族类型设定。

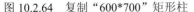

图 10.2.64　复制"600*700"矩形柱　　　　图 10.2.65　编辑"600*700"矩形柱的尺寸

（8）D 轴到 G 轴和 1 轴到 4 轴之间"600*700"建筑柱的绘制。选择"建筑"→"柱"→"建筑柱"命令，选择"600*700"建筑柱，将高度改为到"屋顶"（由于本食堂项目 1、2、3 层柱子几乎相同，这里所有柱子都直接画到屋顶层，后面再做局部修改）。将光标对准如图 10.2.66 所示"1"点（1 轴和 F 轴的交点），再单击对齐。重复上述步骤，完成 D

轴到 G 轴和 1 轴到 4 轴之间其他相同放置形状的"600*700"建筑柱绘制,对齐点如图 10.2.67 所示。将光标对准 2 轴和 G 轴的交点,将"放置后旋转"复选框选上,单击鼠标,然后旋转"90°",如图 10.2.68 所示。然后选中这根柱子,按快捷键 C+O,以柱子中心为对齐点,将"约束"和"多个"复选框选上,按如图 10.2.69 所示的对齐点依次复制,完成后可按 Esc 键退出。

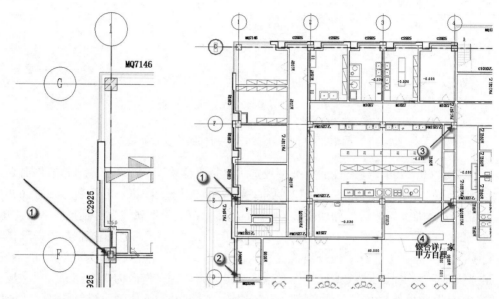

图 10.2.66 "600*700"矩形柱的绘制对齐点详图　图 10.2.67 "600*700"矩形柱的绘制部分对齐点

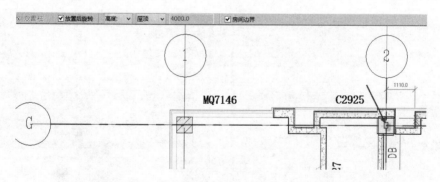

图 10.2.68 "600*700"矩形柱的绘制对齐点详图

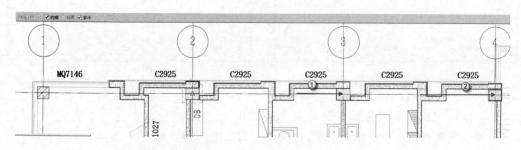

图 10.2.69 "600*700"矩形柱的绘制部分对齐点 1

（9）A 轴到 C 轴和 1 轴到 4 轴之间的"600*700"建筑柱的绘制。选择"建筑"→"柱"→

"建筑柱"命令，将光标对准如图 10.2.70 所示的对齐点，再单击对齐。选中 2 轴和 G 轴交点处的柱子，按快捷键 C+O，将"多个"复选框选上，按如图 10.2.71 所示的对齐点依次复制，完成后可以按 Esc 键退出。

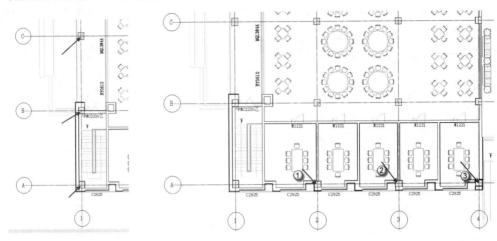

<table>
<tr><td>图 10.2.70 "600*700"矩形柱
的绘制部分对齐点 2</td><td>图 10.2.71 "600*700"矩形柱的
绘制部分对齐点 3</td></tr>
</table>

（10）D 轴到 E 轴和 6 轴到 11 轴之间"600*700"建筑柱的绘制。选择"建筑"→"柱"→"建筑柱"命令，将光标对准如图 10.2.72 所示的对齐点，再单击对齐。选中 2 轴和 G 轴交点处的柱子，按快捷键 C+O，将"多个"复选框选中，按如图 10.2.73 所示的对齐点依次复制，完成后可以按 Esc 键退出。

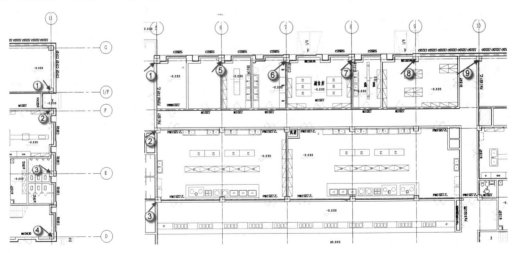

<table>
<tr><td>图 10.2.72 "600*700"矩形柱的
绘制部分对齐点图 4</td><td>图 10.2.73 "600*700"矩形柱的
绘制部分对齐点 5</td></tr>
</table>

（11）A 轴到 C 轴和 6 轴到 11 轴之间"600*700"建筑柱的绘制。选中 2 轴和 G 轴交点处的柱子，按快捷键 C+O，将"多个"复选框选中，按如图 10.2.74 所示的对齐点依次复制，完成后可以按 Esc 键退出，这样就完成了全部的"600*700"矩形柱的绘制。

（12）"350*350"建筑柱的族类型设定。选择"建筑"→"柱"→"建筑"命令，单击"编辑类型"按钮进入"类型属性"对话框，单击"复制"按钮，将矩形柱名称改为

"350*350"，最后单击"确定"命令，如图 10.2.75 所示。然后在"类型属性"对话框中单击"矩形柱"对应的"材质"单元格右上角的"浏览"按钮，在弹出的"材质浏览器"对话框中，选择"AEC 材质"→"混凝土"→"现场浇筑混凝土"选项，将其填充图案改为"混凝土-钢砼"，单击"确定"按钮返回"类型属性"对话框，最后将"深度"改为"350mm"，"宽度"改为"350mm"，此处偏移"0"，最后单击"确定"按钮，如图 10.2.76 所示，这样就完成了"350*350"建筑柱的族类型设定。

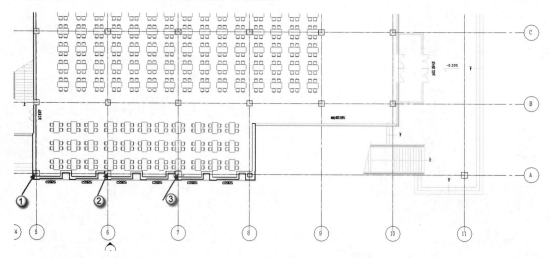

图 10.2.74 "600*700"矩形柱的绘制部分对齐点 6

图 10.2.75 复制"350*350"矩形柱

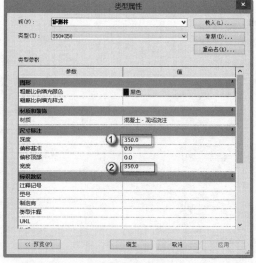

图 10.2.76 编辑"350*350"矩形柱的尺寸

（13）C 轴和 1/4 轴相交处"350*350"建筑柱的绘制。选择"建筑"→"柱"→"建筑柱"命令，选择"350*350"建筑柱，将高度改为到"屋顶"（由于本食堂项目 1、2、3层柱子几乎相同，这里所有柱子都直接画到屋顶层，后面再做局部修改）。将光标对准如图 10.2.77 所示 C 轴和 1/4 轴相交点，再单击对齐。

（14）C 轴和 1/4 轴相交处"350*350"建筑柱的绘制。选择"建筑"→"柱"→"建筑柱"命令，选择"350*350"建筑柱，将高度改为到"屋顶"。将光标对准如图 10.2.78 所示 C 轴和 1/4 轴相交点，再单击对齐，这样就完成了全部的"600*700"矩形柱的绘制。

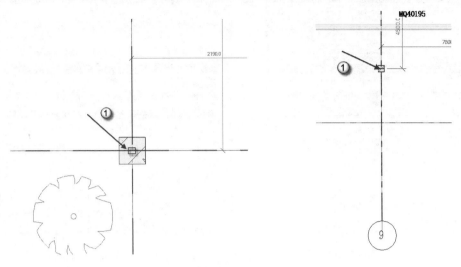

图 10.2.77　"350*350"矩形柱的绘制部分对齐点　　图 10.2.78　"350*350"矩形柱的绘制部分对齐点

2. 建筑圆形柱

（1）载入建筑"圆形柱族"。选择"插入"→"载入族"→"建筑"→"柱"→"圆形柱"命令，弹出"载入族"对话框，单击"打开"按钮，如图 10.2.79 所示，载入建筑"圆形柱"。

图 10.2.79　载入建筑"圆形柱族"

（2）"350mm"建筑圆形柱的族类型设定。选择"建筑"→"柱"→"建筑"命令，单击"编辑类型"按钮，弹出"类型属性"对话框，单击"复制"按钮，在弹出的对话框中，将圆形柱名称改为"350mm"，最后单击"确定"按钮，如图 10.2.80 所示。然后在"类型属性"对话框中单击"矩形柱"对应的"材质"单元格右上角的"浏览"按钮，在弹出的"材质浏览器"对话框中，选择"AEC 材质"→"混凝土"→"现场浇筑混凝土"选项，将其填充图案改为"混凝土-钢砼"，单击"确定"按钮返回"类型属性"对话框，最后将"直径"改为"350mm"，此处偏移"0"，单击"确定"按钮，如图 10.2.81 所示，完成"350mm"

建筑柱的族类型设定。

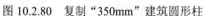

图 10.2.80　复制"350mm"建筑圆形柱

图 10.2.81　设置"350mm"建筑圆形柱尺寸

（3）A 轴到 B 轴和 8 轴到 11 轴之间"350mm"建筑圆形柱的绘制。选择"建筑"→"柱"→"建筑柱"命令，选择"350mm"建筑柱，将高度改为到"屋顶"（由于本食堂项目 1、2、3 层柱子几乎相同，这里所有柱子都直接画到屋顶层，后面再做局部修改）。将光标对准如图 10.2.82 所示"1"点（11 轴和 B 轴的交点），再单击对齐。重复上述步骤，完成 A 轴到 B 轴和 8 轴到 11 轴之间其他"350mm"建筑圆形柱的绘制，对齐点如图 10.2.83 所示，这样就完成了圆形柱的绘制。

图 10.2.82　"350mm"圆形柱的绘制对齐点详图

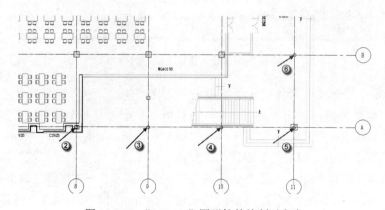

图 10.2.83　"350mm"圆形柱的绘制对齐点

🔔注意：对于有些对齐点不明确的柱子，可以先插进去，选上插入的柱子，按快捷键 M+
V，移动使其与对齐点对齐；也可以在插柱子之前进行偏心计算，提前设置好"偏
移量"；也可以在插入柱子前通过绘制"参考线"的方法找到柱子的对齐点，然
后再插入柱子。

（4）完成一层建筑柱的绘制。二、三层需要调整的柱子，在后面复制楼层内容中再进
行调整。按快捷键 F4 进入三维视图观察模式，如图 10.2.84 所示。

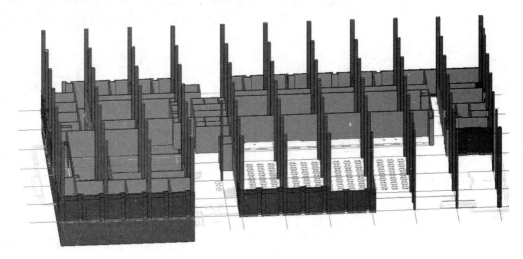

图 10.2.84　建筑柱初步完成三维视图

🔔注意：在建筑柱的时候，一定要注意柱的类型与尺寸，不要混淆族与族之间的关系，绘
制新类型柱时一定要重新复制，重新命名族的名称，将柱插入的过程中，一定要
注意柱的底部标高与顶部标高，高度的方式是从下往上，深度的方式是从上往下。

10.2.6　绘制一层地面

建筑地面有两种做法，一种是钢筋混凝土地面，一种是素混凝土地面。本节采用素土
夯实的混凝土地面，具体操作如下。

（1）设定"楼面板 1"族类型。选择"建筑"→"楼板"→"建筑楼板"命令，单击
"属性类型"按钮，进入"属性类型编辑"对话框，单击"复制"按钮，在弹出的对话框中
将"名称"改为"楼面板 1"，再单击"确定"按钮，如图 10.2.85 所示。在"属性类型编
辑"对话框中，单击结构参数下的"编辑"按钮进入"编辑部件"对话框，如图 10.2.86
所示，然后按照墙体的族类型设定方法，对"楼面板 1"的"结构"参数进行编辑，完成
后如图 10.2.87 所示。最后单击"确定"按钮返回，完成"楼面板 1"的族类型设定。

设定"楼面板 2"族类型。方法步骤示意图同上，选择"建筑"→"楼板"→"建筑
楼板"命令，单击"属性类型"按钮，进入"属性类型编辑"对话框，单击"复制"按钮，
在弹出的对话框中将"名称"改为"楼面板 2"，单击"确定"按钮。在"属性类型编辑"
对话框中，单击结构参数下的"编辑"按钮进入"编辑部件"对话框，然后按照墙体的族

类型设定方法，对"楼面板 1"的"结构"参数进行编辑，在"楼面板 1"的基础上添加"防水层"，最后单击"确定"按钮返回、完成"楼面板 2"的族类型的设定。

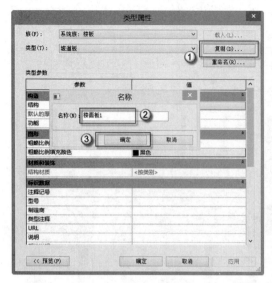

图 10.2.85　复制"楼面板 1"族　　　　　　图 10.2.86　楼面板 1"编辑部件"对话框

（2）绘制 1 轴到 4 轴之间的标高偏移为"0"的"楼面板 1"（只有 1 轴到 4 轴之间的板是楼面板，一层其他的都是地面。选择"建筑"→"楼板"→"建筑楼板"→"楼面板 1"命令，标高为"1"层，标高偏移为"0"，选用"直线"工具绘制，绘制线路如图 10.2.88 所示，绘制完成后，单击模式选项面板下的 √ 按钮，完成楼面板的绘制。

（3）1 轴到 4 轴与 E 轴到 G 轴之间的标高为"-20"的"楼面板 2"的绘制。选择"建筑"→"楼板"→"建筑楼板"→"楼面板 2"命令，标高为"1"层，将标高改为"-20"，选用"直线"工具绘制，绘制路径如图 10.2.89 所示，绘制完成后，单击模式选项面板下的 √ 按钮，完成楼面板 1 的部分绘制。

图 10.2.87　楼面板 1"结构"参数编辑完成

（4）绘制剩下的标高为"-20"的"楼面板 1"。选择"建筑"→"楼板"→"建筑楼板"→"楼面板 2"命令，标高为"1"层，将标高改为"-20"，选用"直线"工具绘制，绘制路径如图 10.2.90 所示，绘制完成后，单击模式选项面板下的 √ 按钮，完成楼面板 1 的部分绘制，这样就完成了一层楼面板的绘制。

（5）设定"地面板"族类型。选择"建筑"→"楼板"→"建筑楼板"命令，单击"属性类型"按钮，进入"属性类型编辑"对话框，单击"复制"按钮，在弹出的对话框中将"名称"改为"地面板"，再单击"确定"按钮，如图 10.2.91 所示。在"属性类型编辑"对话框中，单击结构参数下的"编辑"按钮进入"编辑部件"对话框，如图 10.2.92 所示，然后按照墙体的族类型设定方法，对"楼面板 1"的"结构"参数进行编辑，"地面板"和

"楼面板 1"的"结构"参数设置除了"结构层"是"素砼 C15"外，其他的参数和"楼面板 1"基本相同，编辑完成后如图 10.2.93 所示。最后单击"确定"按钮返回，完成"地面板"族类型的设定。

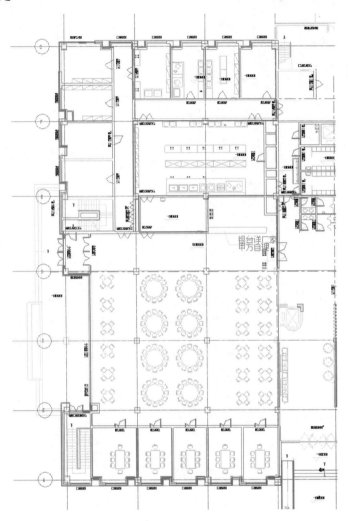

图 10.2.88　标高偏移为"0"的"楼面板 1"的绘制线路

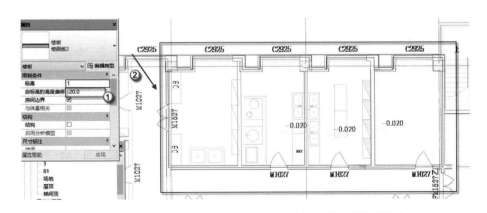

图 10.2.89　标高偏移为"–20"的"楼面板 2"的部分绘制线路

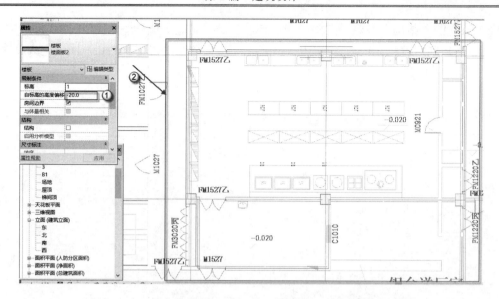

图 10.2.90　标高偏移为 "–20" 的 "楼面板 2" 的部分绘制线路

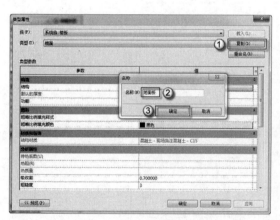

图 10.2.91　复制 "地面板" 族

图 10.2.92　地面板 "编辑部件" 对话框

（6）绘制标高偏移为 "0" 的 "地面板"。选择 "建筑" → "楼板" → "建筑楼板" 命令，标高为 "1" 层，注意将标高偏移改为 "0"，选用 "直线" 工具绘制，绘制线路如图 10.2.94 所示，绘制完成后，单击模式选项面板下的 √ 按钮，完成楼面板的绘制。

（7）5 轴到 10 轴之间标高偏移为 "–20" 的 "地面" 部分绘制。选择 "建筑" → "楼板" → "建筑楼板" → "楼面板 1" 命令，标高为 "1" 层，将标高改为 "–20"，选用 "直线" 工具绘制，绘制路径如图 10.2.95 所示，绘制完成后，单击模式选项面板下的 √ 按钮。

图 10.2.93　楼面板 1 "结构" 参数编辑完成

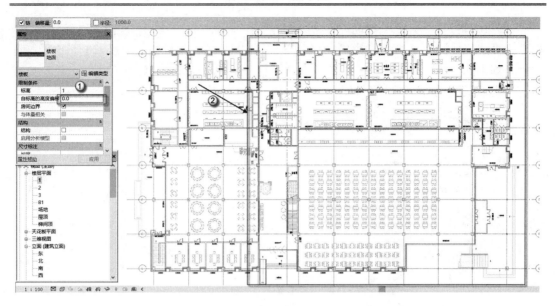

图 10.2.94 标高偏移为 "0" 的 "地面" 绘制线路

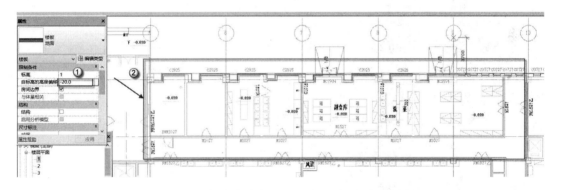

图 10.2.95 标高偏移为 "-20" 的 "地面" 部分绘制

（8）4 轴到 10 轴之间标高偏移为 "-20" 的 "地面" 部分绘制。选择 "建筑"→"楼板"→"建筑楼板"→"楼面板 1" 命令，标高为 "1" 层，将标高改为 "-20"，选用 "直线" 工具绘制，绘制路径如图 10.2.96 所示，绘制完成后，单击模式选项面板下的 √ 按钮。

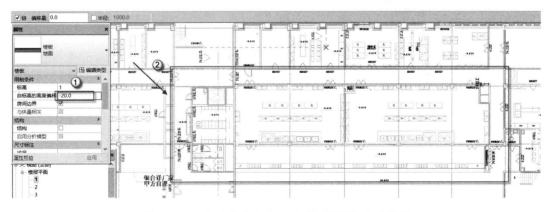

图 10.2.96 标高偏移为 "-20" 的 "地面" 部分绘制

（9）10 轴到 11 轴之间标高偏移为"–20"的"地面"部分绘制。选择"建筑"→"楼板"→"建筑楼板"→"楼面板 1"命令，标高为"1"层，将标高改为"–20"，由于这里的板是规则的矩形，所以选用"矩形"工具绘制，绘制路径如图 10.2.97 所示，绘制完成后，单击模式选项面板下的√按钮。

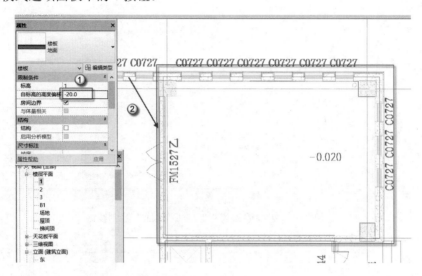

图 10.2.97　标高偏移为"–20"的"地面"部分绘制

（10）10 轴到 11 轴之间标高偏移为"–20"的"地面"部分绘制。选择"建筑"→"楼板"→"建筑楼板"→"楼面板 1"命令，标高为"1"层，将标高改为"–20"，选用"直线"工具绘制，绘制路径如图 10.2.98 所示，绘制完成后，单击模式选项面板下的√按钮。

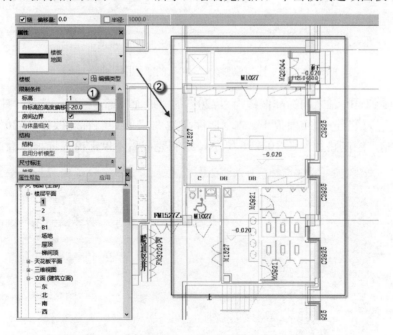

图 10.2.98　标高偏移为"–20"的"地面"部分绘制

（11）10 轴到 11 轴之间的标高偏移为"–20"的"地面"部分绘制。选择"建筑"→

"楼板"→"建筑楼板"→"楼面板 1"命令，标高为"1"层，将标高改为"-20"，选用"直线"工具绘制，绘制路径如图 10.2.99 所示，绘制完成后，单击模式选项面板下的√按钮。

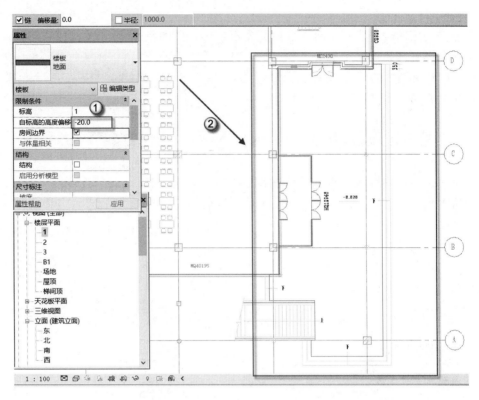

图 10.2.99　标高偏移为"-20"的"地面"的部分绘制

（12）4 轴到 5 轴之间标高偏移为"-20"的"地面"部分绘制。选择"建筑"→"楼板"→"建筑楼板"→"楼面板 1"命令，标高为"1"层，将标高改为"-20"，选用"直线"工具绘制，绘制路径如图 10.2.100 所示，绘制完成后，单击模式选项面板下的√按钮。剩下的楼板绘制方法同上，这里不再重复。

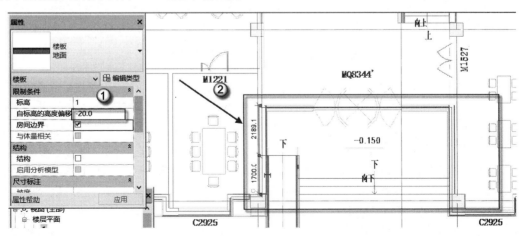

图 10.2.100　标高偏移为"-20"的"地面"部分绘制

10.3　玻璃幕墙

幕墙作为墙的一种类型，幕墙嵌板具备可自由定制的特性以及嵌板样式同幕墙网格划分之间自动维持边界约束的特点，使幕墙具有很好的应用拓展。幕墙默认的类型有 3 种：店面、外部玻璃、幕墙，如图 10.3.1 所示。

10.3.1　插入玻璃幕墙的族

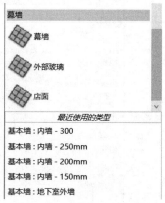

前面创建的玻璃幕墙的族实际是玻璃幕墙的嵌板族，把这个族插入到项目文件后，还需要再绘制玻璃幕墙，具体操作如下。

（1）载入玻璃幕墙的族。选择"插入"→"载入族"命令，弹出"载入族"对话框，找到对应的幕墙文件位置，按

图 10.3.1　玻璃幕墙的类型

Ctrl++键，选中所有的幕墙，单击"打开"按钮，如图 10.3.2 所示。

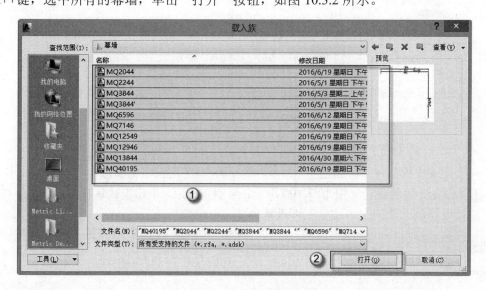

图 10.3.2　载入玻璃幕墙的族

（2）设定"MQ2044"族类型。选择"建筑"→"墙"→"幕墙"命令，单击"编辑类型"按钮，弹出"类型属性"对话框，单击"复制"按钮，在弹出的对话框中将幕墙名称改为"MQ2044"，最后单击"确定"按钮，如图 10.3.3 所示。在"类型属性"对话框中单击幕墙嵌板参数右边值的单元格下拉按钮，选择"MQ2044"，完成后单击"确定"按钮，如图 10.3.4 所示，这样就完成了"MQ2044"族类型的设定。

（3）设定"MQ2244"族类型。选择"建筑"→"墙"→"幕墙"命令，单击"编辑类型"按钮，弹出"类型属性"对话框，单击"复制"按钮，将幕墙名称改为"MQ2244"，最后单击"确定"按钮，如图 10.3.5 所示。在"类型属性"对话框中单击幕墙嵌板参数右

边值的单元格下拉按钮，选择"MQ2244"，完成后单击"确定"按钮，如图 10.3.6 所示，这样就完成了"M22244"族类型的设定。

图 10.3.3　复制"MQ2044"族

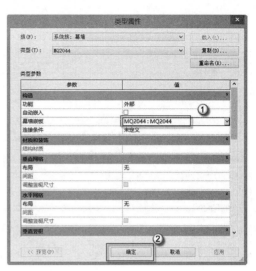

图 10.3.4　设置"MQ2044"幕墙嵌板

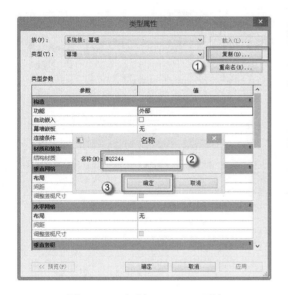

图 10.3.5　复制"MQ2244"族

图 10.3.6　设置"MQ2244"幕墙嵌板

（4）设定"MQ3844'"族类型。选择"建筑"→"墙"→"幕墙"命令，单击"编辑类型"按钮，弹出"类型属性"对话框，单击"复制"按钮，在弹出的对话框中将幕墙名称改为"MQ3844'"，最后单击"确定"按钮，如图 10.3.7 所示。在"类型属性"对话框中单击幕墙嵌板参数右边值的单元格下拉按钮，选择"MQ3844'"，完成后单击"确定"按钮，如图 10.3.8 所示，这样就完成了"MQ3844'"族类型的设定。

（5）设定"MQ12549"族类型。选择"建筑"→"墙"→"幕墙"命令，单击"编辑类型"按钮，弹出"类型属性"对话框，单击"复制"按钮，在弹出的对话框中将幕墙名称改为"MQ12549"，最后单击"确定"按钮，如图 10.3.9 所示。在"类型属性"对话框中单击幕墙嵌板参数右边值的单元格下拉按钮，选择"MQ12549"，完成后单击"确定"按钮，如图 10.3.10 所示，这样就完成了"MQ12549"族类型的设定。

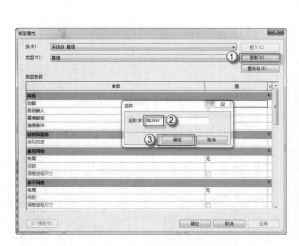

图 10.3.7　复制"MQ3844'"族

图 10.3.8　设置"MQ3844'"幕墙嵌板

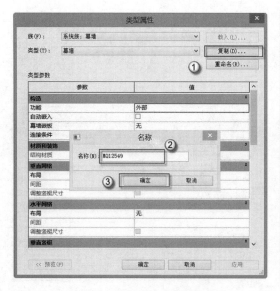

图 10.3.9　复制"MQ12549"族

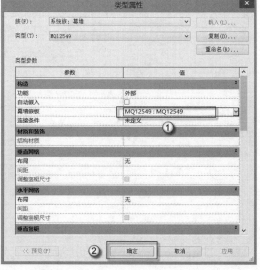

图 10.3.10　设置"MQ12549"幕墙嵌板

（6）设定"MQ12946"族类型。选择"建筑"→"墙"→"幕墙"命令，单击"编辑类型"按钮，弹出"类型属性"对话框，单击"复制"按钮，将幕墙名称改为"MQ12946"，最后单击"确定"按钮，如图 10.3.11 所示。在"类型属性"对话框中单击幕墙嵌板参数右边值的单元格下拉按钮，选择"MQ12946"，完成后单击"确定"按钮，如图 10.3.12 所示，这样就完成了"MQ12946"族类型的设定。

（7）设定"MQ40195"族类型。选择"建筑"→"墙"→"幕墙"命令，单击"编辑类型"按钮，弹出"类型属性"对话框，单击"复制"按钮，在弹出的对话框中将幕墙名称改为"MQ40195"，最后单击"确定"按钮，如图 10.3.13 所示。在"类型属性"对话框中单击幕墙嵌板参数右边值的单元格下拉按钮，选择"MQ40195"，完成后单击"确定"按钮，如图 10.3.14 所示，这样就完成了"MQ40195"族类型的设定。

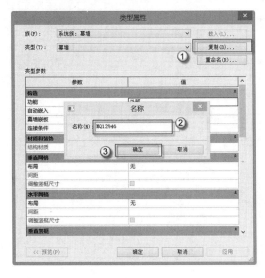

图 10.3.11 复制"MQ12946"族

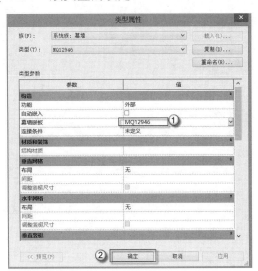

图 10.3.12 设置"MQ12946"幕墙嵌板

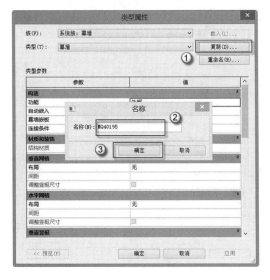

图 10.3.13 复制"MQ40195"族

图 10.3.14 设置"MQ40195"幕墙嵌板

（8）设定"MQ7146"族类型。选择"建筑"→"墙"→"幕墙"命令，单击"编辑类型"按钮，弹出"类型属性"对话框，单击"复制"按钮，在弹出的对话框中将幕墙名称改为"MQ7146"，最后单击"确定"按钮，如图 10.3.15 所示。在"类型属性"对话框中单击幕墙嵌板参数右边值的单元格下拉按钮，选择"MQ7146"，完成后单击"确定"按钮，如图 10.3.16 所示，这样就完成了"MQ7146"族类型的设定。

（9）设定"MQ13844"族类型。选择"建筑"→"墙"→"幕墙"命令，单击"编辑类型"按钮，弹出"类型属性"对话框，单击"复制"按钮，将幕墙名称改为"MQ13844"，最后单击"确定"按钮，如图 10.3.17 所示。在"类型属性"对话框中单击幕墙嵌板参数右边值的单元格下拉按钮,选择"MQ13844",完成后单击"确定"按钮,如图 10.3.18 所示,这样就完成了"MQ13844"族类型的设定,同时也完成了一层幕墙族类型的设定。

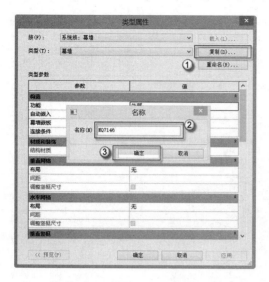

图 10.3.15　复制"MQ7146"族

图 10.3.16　设置"MQ7146"幕墙嵌板

图 10.3.17　复制"MQ13844"族

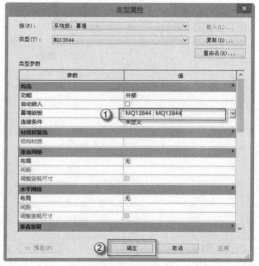

图 10.3.18　设置"MQ13844"幕墙嵌板

注意:其余没有设定的"幕墙族"步骤同上述"幕墙族"的设定,这里不再重复。

10.3.2　绘制玻璃幕墙

玻璃幕墙也是墙体的一种,在绘制时要注意顶部、底部的标高,以及标高相应的偏移量,具体操作如下。

(1)"MQ2244"的绘制。选择"建筑"→"墙"→"MQ2244"命令,也可以直接按快捷键 W+A，再选择"MQ2244"。设置"MQ2244"的绘制参数，将"底部限制条件"改为"1"，"底部偏移"为"0"，"顶部约束"为"直到标高：1"，"顶部偏移"为"4400mm"，"定位线"为"墙中心线"，"偏移量"为"100mm"，如图 10.3.19 所示。参数设置完成后依次捕捉如图 10.3.20 所示的"1"点和"2"点绘制出"MQ2244"，绘制完成后如图 10.3.21 所示。

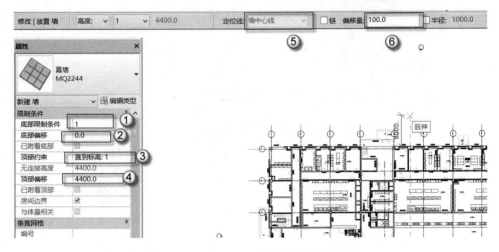

图 10.3.19 "MQ2244"的绘制参数设置

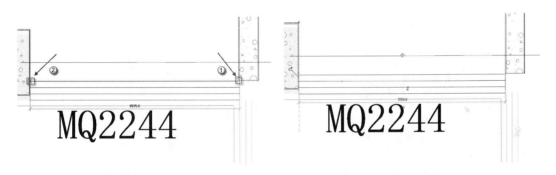

图 10.3.20 "MQ2244"的绘制捕捉点   图 10.3.21 "MQ2244"绘制完成图

（2）"MQ13844"的绘制。选择"建筑"→"墙"→"MQ13844"命令，也可以直接按快捷键 W+A，再选择"MQ13844"。设置"MQ13844"的绘制参数，将"底部限制条件"改为"1"，"底部偏移"为"0"，"顶部约束"为"直到标高：1"，"顶部偏移"为"4400mm"，"定位线"为"墙中心线"，"偏移量"为"100mm"，如图 10.3.22 所示。参数设置完成后依次捕捉如图 10.3.23 所示的"1"点和"2"点绘制出"MQ13844"，绘制完成后如图 10.3.24 所示。

（3）"MQ3844"的绘制。选择"建筑"→"墙"→"MQ3844"命令，也可以直接按快捷键 W+A，再选择"MQ3844"。设置"MQ3844"的绘制参数，将"底部限制条件"改为"1"，"底部偏移"为"0"，"顶部约束"为"直到标高：1"，"顶部偏移"为"4400mm"，"定位线"为"墙中心线"，"偏移量"为"100mm"，如图 10.3.25 所示。参数设置完成后依次捕捉如图 10.3.26 所示的"1"点和"2"点绘制出"MQ3844"，绘制完成后如图 10.3.27 所示。

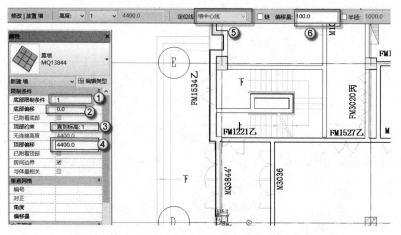

图 10.3.22 "MQ13844"的绘制参数设置

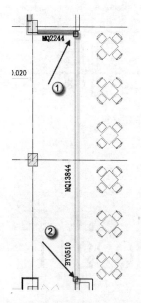

图 10.3.23 "MQ13844"的绘制捕捉点

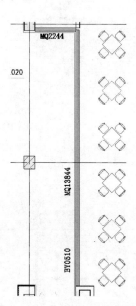

图 10.3.24 "MQ13844"绘制完成图

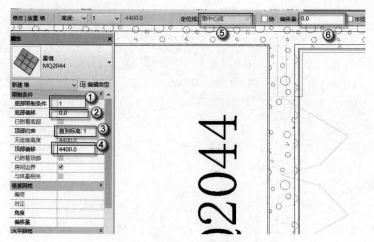

图 10.3.25 "MQ3844"的绘制参数设置

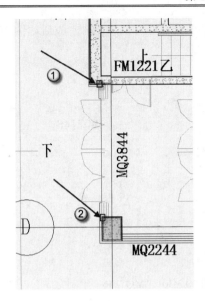

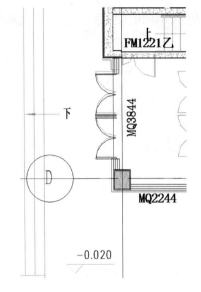

图 10.3.26　"MQ3844'" 的绘制捕捉点　　　　图 10.3.27　"MQ3844'" 绘制完成图

（4）"MQ7146" 的绘制。选择 "建筑" → "墙" → "MQ7146" 命令，也可以直接按快捷键 W+A，再选择 "MQ7146"。设置 "MQ7146" 的绘制参数，将 "底部限制条件" 改为 "1"，"底部偏移" 为 "0"，"顶部约束" 为 "直到标高：1"，"顶部偏移" 为 "4400mm"，"定位线" 为 "墙中心线"，"偏移量" 为 "100mm"，如图 10.3.28 所示。参数设置完成后依次捕捉如图 10.3.29 所示的 "1" 点和 "2" 点绘制出 "MQ7146"，绘制完成后如图 10.3.30 所示。

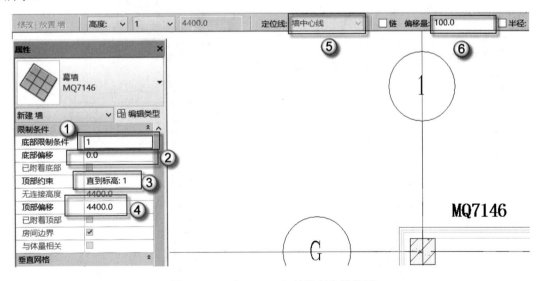

图 10.3.28　"MQ7146" 的绘制参数设置

（5）"MQ2044" 的绘制。选择 "建筑" → "墙" → "MQ2044" 命令，也可以直接按快捷键 W+A，再选择 "MQ2044"。设置 "MQ2044" 的绘制参数，将 "底部限制条件" 改为 "直到标高：1"，"底部偏移" 为 "0"，"顶部约束" 为 "一层"，"顶部偏移" 为 "4400mm"，"定位线" 为 "墙中心线"，"偏移量" 为 "100mm"，如图 10.3.31 所示。参数设置完成后依次捕捉如图 10.3.32 所示的"1"点和"2"点绘制出"MQ2044"，绘制完成后如图 10.3.33 所示。

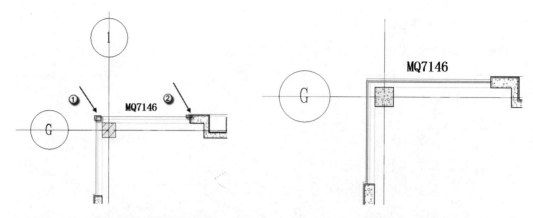

图 10.3.29 "MQ7146"的绘制捕捉点　　　　图 10.3.30 "MQ7146"绘制完成图

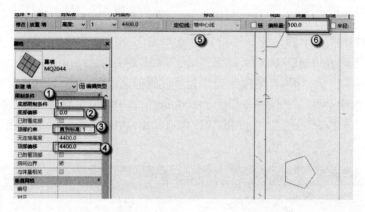

图 10.3.31 "MQ2044"的绘制参数设置

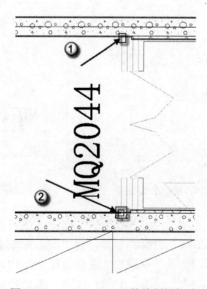
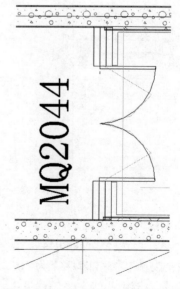

图 10.3.32 "MQ2044"的绘制捕捉点　　　　图 10.3.33 "MQ2044"绘制完成图

（6）"MQ12946"的绘制。选择"建筑"→"墙"→"幕墙"命令，也可以直接按快捷键 W+A，在这里介绍另外一种幕墙的绘制方法，先直接用"幕墙"绘制出"MQ12946"的主体，绘制完成后再添加"幕墙嵌板"，设置"幕墙"的绘制参数，将"底部限制条件"改为"1"，"底部偏移"为"0"，"顶部约束"为"直到标高：1"，"顶部偏移"为"4600mm"，"定位线"为"墙中心线"，"偏移量为 0mm"，如图 10.3.34 所示，再绘制出幕墙，方法同前面，绘制完后在选择绘制完成的幕墙添加"MQ12946"的嵌板，完成后如图 10.3.35 所示。

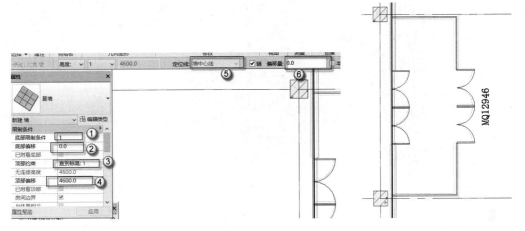

图 10.3.34　"MQ12946"的绘制参数设置　　　　图 10.3.35　"MQ12946"绘制完成图

注意：其余没有绘制的"幕墙"绘制步骤同上述"幕墙"的绘制，这里不再重复。

10.4　插　入　族

在 Revit 的建筑设计中，由于 Autodesk 对中国本土化的深化不够，导致系统自带的族不适合当前的建筑生产活动，因此建族就成了目前操作的核心内容。在前面的介绍中，创建了大量的族，本节中就将其插入到相应的位置，插入族后，就可以检查其正确性了。

10.4.1　一层门

房屋建筑中一层门与中间层门不同，除了要满足隔音、保温、采光、内外联系等功能外，还要考虑安全性。本节将前面已经自定义好的各个一层的门族，导入到 Revit 的项目文件中，然后逐一插入到相应的位置。

（1）载入门族。选择"插入"→"载入族"命令，在弹出的对话框中找到对应的"门族"文件位置，按 Ctrl++键，选中所有的"门族"，然后单击"打开"按钮，如图 10.4.1 所示。

（2）插入"M1027"门族。选择"建筑"→"门"命令（或者按快捷键 D+R），在相应的地方插入族，再单击"水平向控件"，如图 10.4.2 所示。移动"M1027"族，先选择已经插入的门族，按快捷键 M+V，移动"M1027"，将"1"点移动到"2"点对齐，如图 10.4.3

所示。移动完成的图如图 10.4.4 所示。然后插入其他的"M1027"族，可以按上述步骤直接插入，也可以按 Esc 键退出门的绘制，然后进行复制插入，选中刚才插入的门族，按快捷键 C+O，将"多个"复选框选上，选择"1"点为复制基点，按如图 10.4.5 所示的对齐点将"M1027"族依次复制（由于每个门的朝向不同，复制完成后对需要调整的门族进行调整），完成后如图 10.4.6 所示。剩下的"M1027"门族复制插入步骤同前面复制步骤，这里不再赘述。

图 10.4.1　载入门族

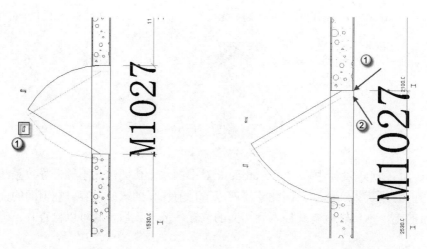

图 10.4.2　插入"M1027"门族　　　　图 10.4.3　移动"M1027"族

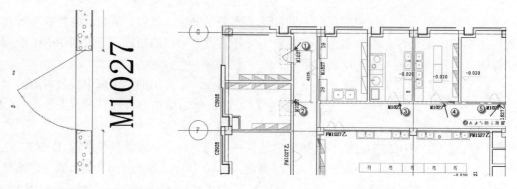

图 10.4.4　完成"M1027"门族的插入　　　图 10.4.5　复制部分"M1027"门族

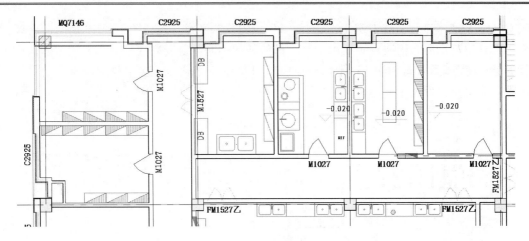

图 10.4.6　完成部分 "M1027" 门族的复制

⚠注意：插入族后会有一些误差，可通过快捷键 M+V 来移动族，使其达到准确位置。

（3）插入 "FM1027 乙" 门族。选择 "建筑" → "门" 命令（或者按快捷键 D+V），在相应的地方插入族，如图 10.4.7 所示。移动 "FM1027 乙" 族，先选择已经插入的门族，按快捷键 M+V，移动 "FM1027 乙"，将 "1" 点移动到 "2" 点对齐，如图 10.4.8 所示。移动完成后如图 10.4.9 所示。然后插入其他的 "FM1027 乙" 族。

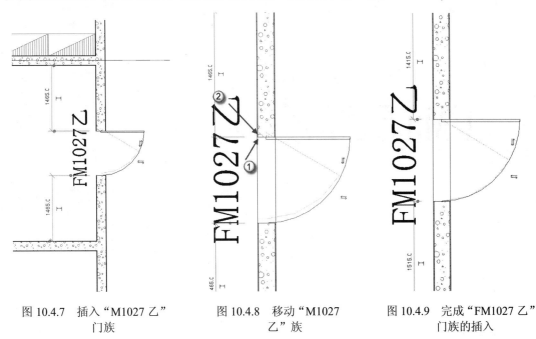

图 10.4.7　插入 "M1027 乙"
门族

图 10.4.8　移动 "M1027
乙" 族

图 10.4.9　完成 "FM1027 乙"
门族的插入

（4）插入 "FM1527 乙" 门族。选择 "建筑" → "门" 命令（或者按快捷键 D+R），在相应的地方插入族，如图 10.4.10 所示。移动 "FM1527 乙" 族，先选择已经插入的门族，按快捷键 M+V，移动 "FM1527 乙"，将 "1" 点移动到 "2" 点对齐，如图 10.4.11 所示。移动完成的图如图 10.4.12 所示。然后插入其他的 "FM1527 乙" 族。可以按上述步骤直接插入，也可以按 Esc 键退出门的绘制，然后进行复制插入，选中刚才插入的门族，按快捷键 C+O，将"多个"复选框选上，选择"1"点为复制基点，按如图 10.4.13 所示的对齐点将"FM1527 乙"族依次复制（由于每个门的朝向不同，复制完成后对需要调整的门族进行调整），完成后如图 10.4.14 所示。剩下的"FM1527 乙"门族复制插入步骤同前面复制步骤，这里不再赘述。

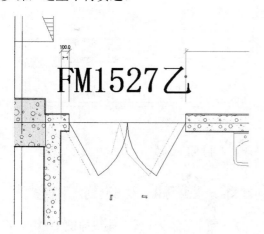

图 10.4.10　插入"FM1527 乙"门族

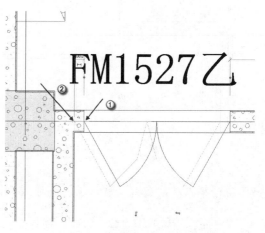

图 10.4.11　移动"FM1527 乙"族

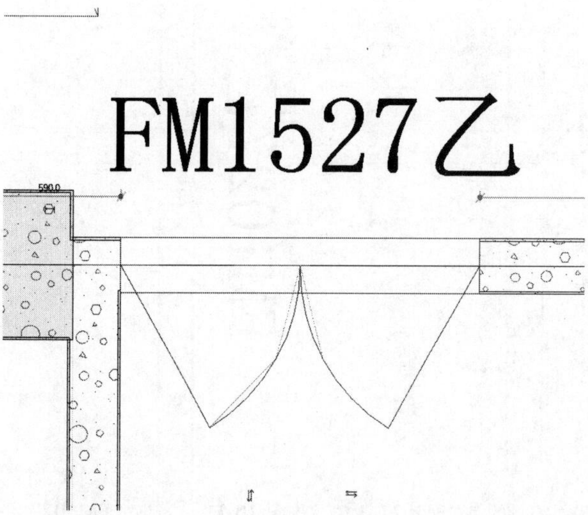

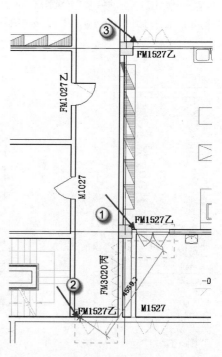

图 10.4.12　完成"FM1527 乙"门族的插入

图 10.4.13　复制部分"FM1527 乙"门族

（5）插入"FM3020 丙"门族。选择"建筑"→"门"命令（或者按快捷键 D+R），在相应的地方插入族，如图 10.4.15 所示。移动"FM3020 丙"族，先选择已经插入的门族，按快捷键 M+V，移动"FM3020 丙"，将"1"点移动到"2"点对齐，如图 10.4.16 所示。移动完成后如图 10.4.17 所示。然后插入其他的"FM3020 丙"族，可以按上述步骤直接插入，也可以进行复制插入，这里不再赘述。

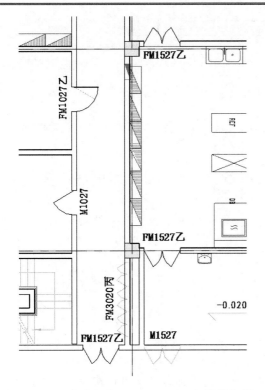

图 10.4.14 完成部分"FM1527 乙"门族的复制

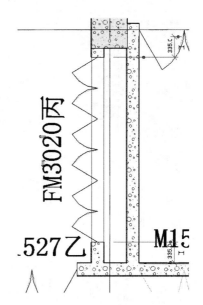

图 10.4.15 插入"FM3020 丙"门族

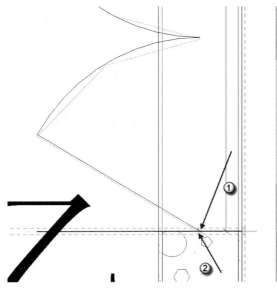

图 10.4.16 移动"FM3020 丙"族

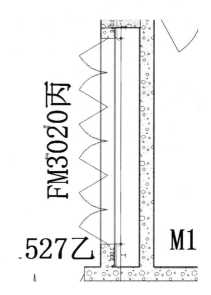

图 10.4.17 完成"FM3020 丙"门族的插入

（6）插入"M3036"门族。选择"建筑"→"门"命令（或者按快捷键 D+R），在相应的地方插入族，如图 10.4.18 所示。移动"M3036"族，先选择已经插入的门族，按快捷键 M+V，移动"M3036"，将"1"点移动到"2"点对齐，如图 10.4.19 所示。移动完成后如图 10.4.20 所示。按 Esc 键退出门的绘制。

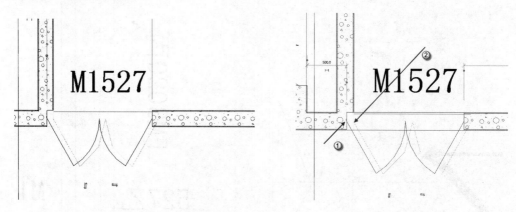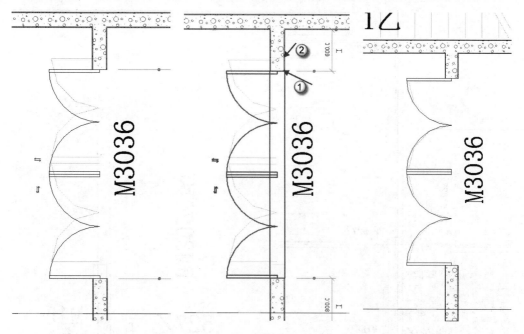

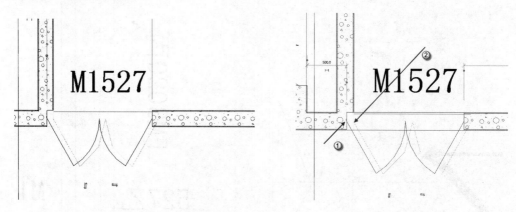

ok

图 10.4.18　插入"M3036"门族　图 10.4.19　移动"M3036"族　图 10.4.20　完成"M3036"门族的插入

（7）插入"M1527"门族。选择"建筑"→"门"命令（或者按快捷键 D+R），在相应的地方插入族，如图 10.4.21 所示。移动"M1527"族，先选择已经插入的门族，按快捷键 M+V，移动"M1527"，将"1"点移动到"2"点对齐，如图 10.4.22 所示。移动完成后如图 10.4.23 所示。然后插入其他的"M1527"族，可以按上述步骤直接插入，也可以进行复制插入，这里不再赘述。

图 10.4.21　插入"M1527"门族　　　　　　图 10.4.22　移动"M1527"族

（8）插入"M1221"子母门族。选择"建筑"→"门"命令（或者按快捷键 D+R），在相应的地方插入族，如图 10.4.24 所示。移动"M1221"族，先选择已经插入的门族，按快捷键 M+V，移动"M1221"，将"1"点移动到"2"点对齐，如图 10.4.25 所示。移动完成后如图 10.4.26 所示。然后插入其他的"M1221"族，可以按上述步骤直接插入，也可以进行复制插入，这里不再赘述。

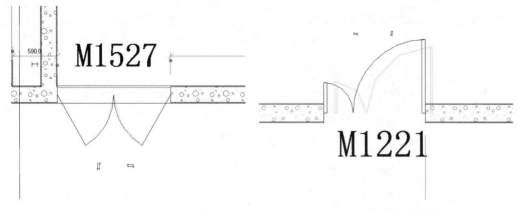

图 10.4.23   完成 "M1527" 门族的插入   图 10.4.24   插入 "M1221" 门族

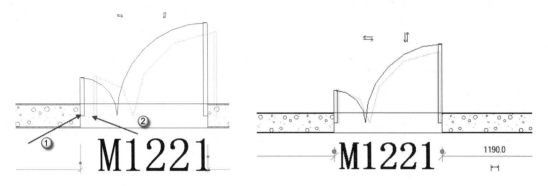

图 10.4.25   移动 "M1221" 族   图 10.4.26   完成 "M1221" 门族的插入

（9）插入 "FM1227 乙" 子母门族。选择 "建筑" → "门" 命令（或者按快捷键 D+R），在相应的地方插入族，如图 10.4.27 所示。移动 "FM1227 乙" 族，先选择已经插入的门族，按快捷键 M+V，移动 "FM1227 乙"，将 "1" 点移动到 "2" 点对齐，如图 10.4.28 所示。移动完成后如图 10.4.29 所示，按 Esc 键退出门的绘制。

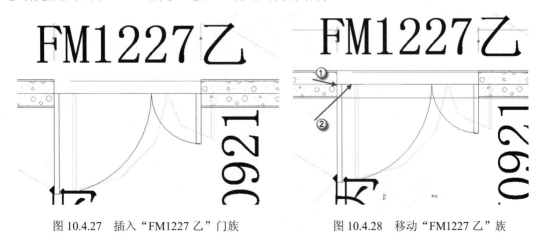

图 10.4.27   插入 "FM1227 乙" 门族   图 10.4.28   移动 "FM1227 乙" 族

（10）插入 "MC2430" 门连窗族。选择 "建筑" → "门" 命令（或者按快捷键 D+R），在相应的地方插入族，如图 10.4.30 所示。移动 "MC2430" 族，先选择已经插入的门族，按快捷键 M+V，移动"MC2430"，将"1"点移动到"2"点对齐，如图 10.4.31 所示。移动完成后如图 10.4.32 所示。按 Esc 键退出门的绘制。

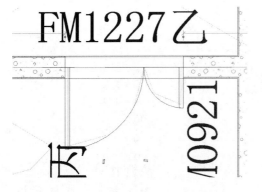

图 10.4.29　完成"FM1227 乙"门族的插入

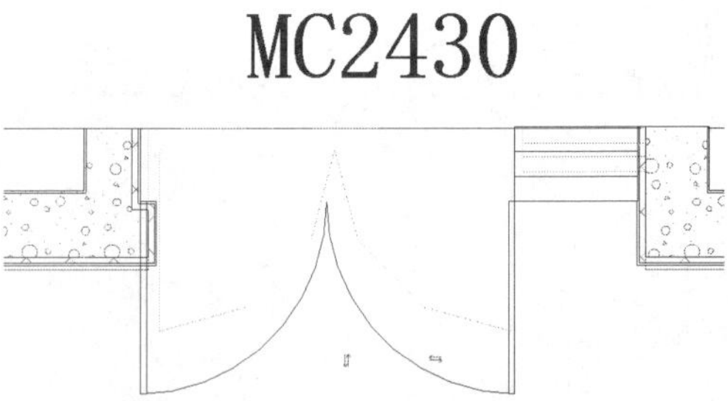

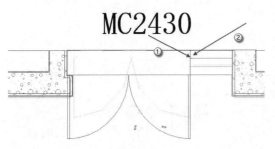

图 10.4.31　移动"MC2430"族

图 10.4.30　插入"MC2430"族

图 10.4.32　完成"MC2430"门连窗族的插入

（11）完成一层门族的插入。剩下的门族插入方法同上面，这里不再赘述，门族插入完成后，按快捷键 F4 进入三维视图模式，如图 10.4.33 所示。

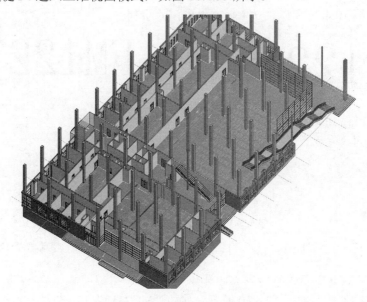

图 10.4.33　门族插完后的三维视图

10.4.2　一层窗

一层窗族的插入与门窗插入类似，插入族后，使用快捷键 W+N，将插入的窗族放到相应的位置，具体操作如下。

（1）载入窗族。选择"插入"→"载入族"命令，在弹出的对话框中找到对应的"窗族"文件位置，按 Ctrl++键，选中所有的"窗族"，单击"打开"按钮，如图 10.4.34 所示。

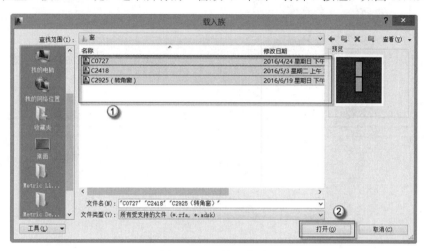

图 10.4.34　载入窗族

（2）插入"C0727"窗族。选择"建筑"→"窗"命令（或者按快捷键 W+N），设置窗的属性参数，如图 10.4.35 所示，然后在相应的地方插入"C0727"族，如图 10.4.36 所示。移动"C0727"族，先选择已经插入的窗族，按快捷键 M+V，移动"C0727"，将"1"点移动到"2"点对齐，如图 10.4.37 所示。移动完成后如图 10.4.38 所示。然后插入其他的"C0727"族。可以按上述步骤直接插入，也可以按 Esc 键退出门的绘制，然后进行复制插入，选中刚才插入的窗族，按快捷键 C+O，将"多个"复选框选上，选择"1"点为复制基点，按如图 10.4.39 所示"C0727"的对齐点将族依次复制，完成后如图 10.4.40 所示。剩下的"C0727"窗族复制插入步骤同前面复制步骤，这里不再赘述。

图 10.4.35　设置窗的属性参数

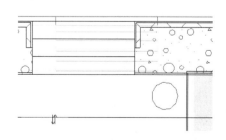

图 10.4.36　插入"C0727"族

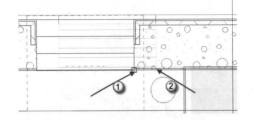

图 10.4.37　移动 "C0727" 族

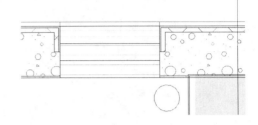

图 10.4.38　完成 "C0727" 窗族的插入

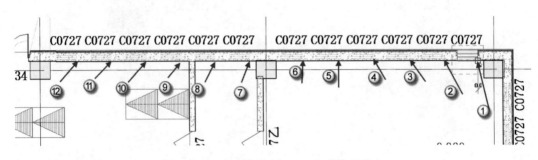

图 10.4.39　复制部分 "C0727" 窗族对齐点

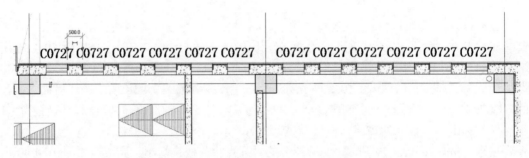

图 10.4.40　完成部分 "C0727" 窗族的插入

（3）插入 "C2925" 转角窗族。选择 "建筑" → "窗" 命令（或者按快捷键 W+N），然后在相应的地方插入 "C2925" 族，如图 10.4.41 所示。移动 "C2925" 族，先选择已经插入的窗族，按快捷键 M+V，移动 "C2925"，将 "1" 点移动到 "2" 点对齐，如图 10.4.42 所示。移动完成后如图 10.4.43 所示。然后插入其他的 "C2925" 族，可以按上述步骤直接插入，也可以按 Esc 键退出门的绘制，然后进行复制插入，选中刚才插入的窗族，按快捷键 C+O，将 "多个" 复选框选上，选择 "1" 点为复制基点，按如图 10.4.44 所示 "C2925" 的对齐点将族依次复制，完成后如图 10.4.45 所示。剩下的 "C0727" 窗族复制插入步骤同前面复制步骤，这里不再赘述。

（4）插入 "C1015" 窗族。选择 "建筑" → "窗" 命令（或者按快捷键 W+N），然后在相应的地方插入 "C1015" 族，插入时系统自动对齐，这里不需要再调整窗的插入位置，如图 10.4.46 所示。然后插入其他的 "C1015" 族，可以按上述步骤直接插入（窗的只有一扇了，数量较少），也可以按 Esc 键退出门的绘制，然后进行复制插入，选中刚才插入的窗族，按快捷键 C+O，将"多个"复选框选上，选择"1"点为复制基点，复制到"2"点，如图 10.4.47 所示。

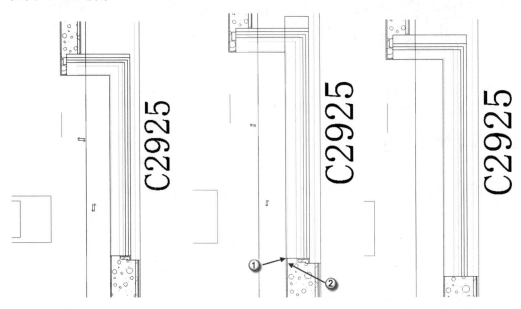

图 10.4.41　插入"C2925"族　　图 10.4.42　移动"C2925"族　图 10.4.43　完成"C2925"族的插入

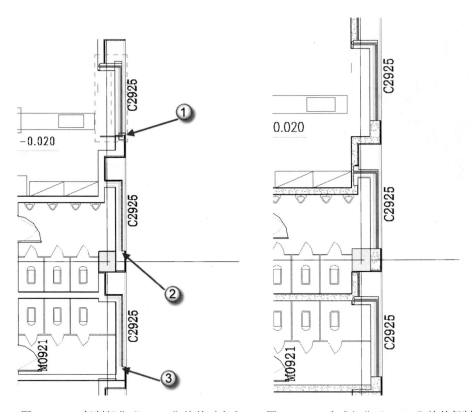

图 10.4.44　复制部分"C2925"族的对齐点　图 10.4.45　完成部分"C2925"族的复制

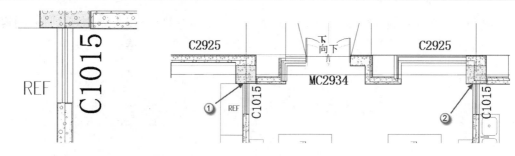

图 10.4.46　插入"C1015"窗族　　　　图 10.4.47　插入复制"C1015"窗族

10.4.3　一层家具与陈设

　　Revit 的家具有三维族与二维族的区别,本书中采用的都是三维族。本节将前面建好的家具族载入项目中,然后放置到相应的位置,具体操作如下。

　　(1)载入一层所有的家具与陈设族。选择"插入"→"载入族"命令,在弹出的对话框中找到对应的"家具与陈设"文件位置,按快捷键 Ctrl+A,选中所有的家具与陈设,单击"打开"按钮,如图 10.4.48 所示。

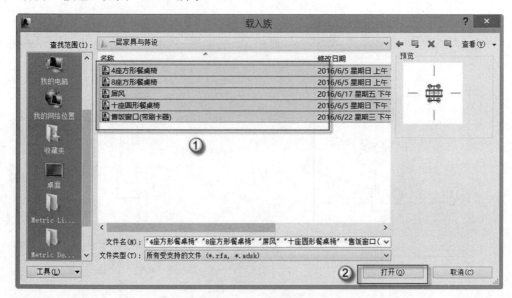

图 10.4.48　载入一层所有的家具与陈设族

　　(2)插入"4 座方形餐座椅"。选择"建筑"→"构件"→"放置构建"→"4 座方形餐座椅",标高设置为"1"层,偏移量为"0"。将光标移到"4 座方形餐座椅"的中心,单击鼠标,这样就插入了"4 座方形餐座椅",三维视图如图 10.4.49 所示。复制其他的"4 座方形餐座椅"(也可以一个个插入),复制完成后如图 10.4.50 所示。

　　(3)插入"8 座方形餐座椅"。选择"建筑"→"构件"→"放置构建"→"8 座方形餐座椅",标高设置为"1"层,偏移量为"0"。将光标移到"8 座方形餐座椅"的中心,单击鼠标,这样就插入了"8 座方形餐座椅",三维视图如图 10.4.51 所示。复制其他的"4 座方形餐座椅"(也可以一个个插入),复制完成后如图 10.4.52 所示。

图 10.4.49 插入一套"4 座方形餐座椅"

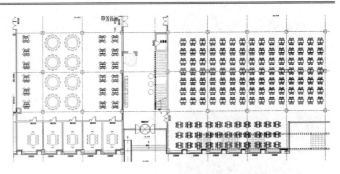

图 10.4.50 复制其他的"4 座方形餐座椅"

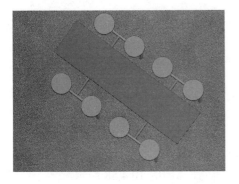

图 10.4.51 插入一套"8 座方形餐座椅"

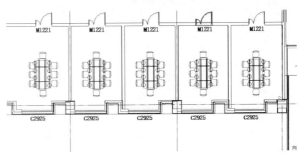

图 10.4.52 复制其他的"8 座方形餐座椅"

（4）插入"10 座方形餐座椅"。选择"建筑"→"构件"→"放置构建"→"10 座方形餐座椅"，标高设置为"1"层，偏移量为"0"。将光标移到"10 座方形餐座椅"的中心，单击鼠标，这样就插入了"10 座方形餐座椅"，三维视图如图 10.4.53 所示。复制其他的"10座方形餐座椅"（也可以一个个插入），复制完成后如图 10.4.54 所示。

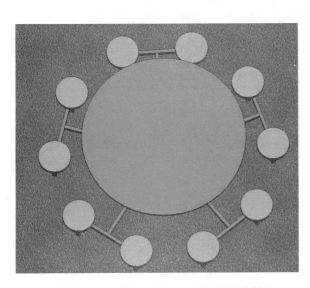

图 10.4.53 插入一套"10 座方形餐座椅"

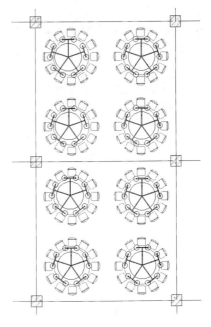

图 10.4.54 复制其他的"10 座方形餐座椅"

（5）插入"屏风"。选择"建筑"→"构件"→"放置构建"→"屏风"，标高设置为"1"层，偏移量为"0"。将光标移到"屏风"的中心，单击鼠标，这样就插入了"屏风"，三维视图如图 10.4.55 所示。复制其他的"屏风"（也可以一个个插入），复制完成后如图 10.4.56 所示。

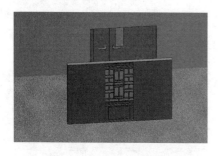

图 10.4.55　插入一副"屏风"

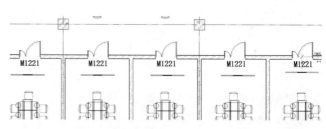

图 10.4.56　复制其他的"屏风"

（6）插入"售饭窗口"（基于两个标高的）族。选择"建筑"→"构件"→"放置构建"→"售饭窗口"，底部标高设置为"1"层，偏移量为"0"，顶部标高设置为"2"层，偏移量为"0"。将光标移到"售饭窗口"相应的位置，单击鼠标，这样就插入了"售饭窗口"。调整"售饭窗口"的位置，选中售饭窗口，按快捷键 M+V，将 1 点移动到 2 点对齐，如图 10.4.57 所示，完成后按快捷键 F4，进入三维视图模式，如图 10.4.58 所示。

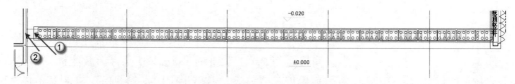

图 10.4.57　插入一层"售饭窗口"

图 10.4.58　一层"售饭窗口"三维视图

10.4.4　一层厨、洁具

本节将前面建好的厨具、洁具族载入项目文件中，然后根据底图放置到相应的位置，具体操作如下。

（1）载入一层的厨、洁具族。单击"插入"→"载入族"命令，找到对应的"一层厨、洁具族"文件位置，按快捷键 Ctrl++，选中所有的"厨、洁具族"，单击"打开"按钮，如图 10.4.59 所示。

图 10.4.59　载入一层的厨、洁具族

（2）插入"厨具"。选择"建筑"→"构件"→"放置构建"→"厨具"，将标高设置为"1"层，偏移量为"–20"，将"放置后旋转"复选框选上，将光标移到"厨具"的中心，单击鼠标，"旋转角度"输入"180°"，这样就插入了"厨具"，如图 10.4.60 所示，三维视图如图 10.4.61 所示。重复上述步骤直接插入其他的厨具（插入的数量较少），这里不再赘述。

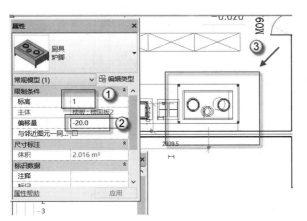

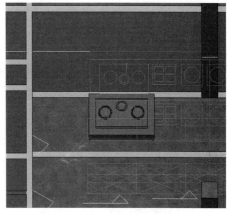

图 10.4.60　插入"厨具"　　　　　　　　　　图 10.4.61　"厨具"三维视图

（3）插入"洁具"。选择"建筑"→"构件"→"放置构建"→"洁具"，将标高设置为"1"层，偏移量为"–20"。将光标移到"洁具"的中心，单击鼠标，"旋转角度"输入"90°"，这样就插入了"洁具"，如图 10.4.62 所示。复制其他的"洁具"（也可以一个一个地插入），复制基点以 1 为基点，依次复制到其他几个点，对齐点如图 10.4.63 所示，复制完成后的平面图如图 10.4.64 所示。重复上述步骤，完成其他洁具的插入，这里不再赘述。

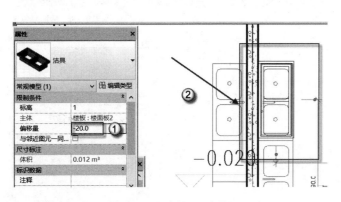

图 10.4.62　插入"洁具"

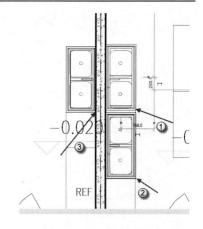

图 10.4.63　复制对齐点

10.4.5　一层电梯

本节将前面建好的三部电梯族载入项目文件中，然后根据底图放置到相应的位置，具体操作如下。

（1）载入一层所有的电梯族。选择"插入"→"载入族"命令，在弹出的对话框中找到对应的"一层电梯族"文件位置，按快捷键 Ctrl++，选中所有的"电梯族"，单击"打开"按钮，如图 10.4.65 所示。这就插入了电梯族。

（2）插入观光电梯族。电梯的插入采用门的方式插入，选择"建筑"→"门"命令（或者按快捷键 D+R），底标高为"0"，在相应对准的地方插入族，插入对齐后如图 10.4.66 所示。

（3）插入 2 号电梯族。电梯的插入采用门的方式插入，选择"建筑"→"门"命令（或者按快捷键 D+R），底标高为"0"，在相应对准的地方插入族，插入对齐后如图 10.4.67 所示。

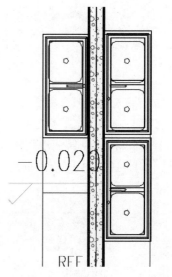

图 10.4.64　复制洁具完成效果图

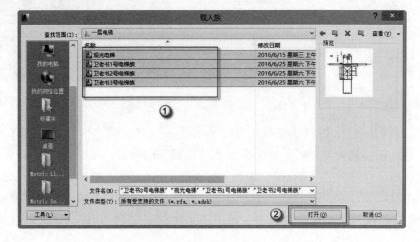

图 10.4.65　载入一层所有的电梯族

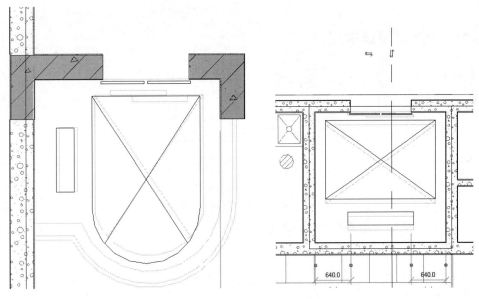

图 10.4.66 插入观光电梯族　　　　　图 10.4.67 插入 2 号电梯族

（4）插入 3 号电梯族。电梯的插入采用门的方式插入，选择"建筑"→"门"命令（或者按快捷键 D+R），底标高为"0"，在相应对准的地方插入族，插入对齐后如图 10.4.68 所示。

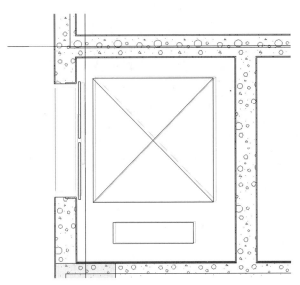

图 10.4.68 插入 3 号电梯族

10.5 出入口部分

一栋建筑的出入口是其关键部位。出入口就相当于建筑的"脸面"，一般会采用凸凹的几何方法、材质区别方法、颜色对比方法来突出出入口。

10.5.1　无障碍坡道的绘制

无障碍坡道是公共建筑、住宅建筑中必须设置的要素之一，也是出入口位置需要绘制的内容，具体操作如下。

1. 1 轴到 11 轴之间的残疾人坡道的绘制

（1）绘制辅助参考线。由于导入的 CAD 文件无法捕捉到残疾人坡道的中心线，所以需要绘制中心参考线，按快捷键 R+P，将偏移量改为"750mm"（坡道宽度为"1500mm"，一半就是"750mm"），将光标对齐 2 点，单击鼠标，然后将光标对齐 3 点，单击鼠标，这样就完成了残疾人坡道中心参考线的绘制，如图 10.5.1 所示。绘制完成后可以按 Esc 键退出参考线的绘制。

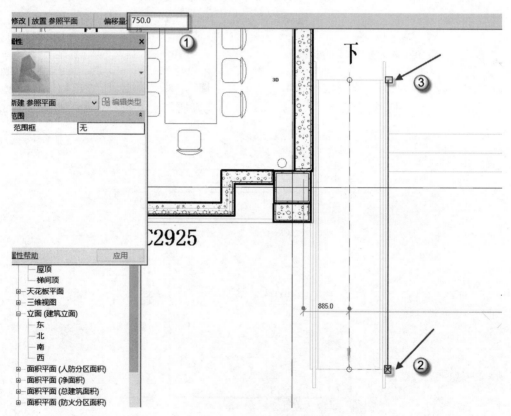

图 10.5.1　绘制辅助参考线

（2）绘制 1 轴到 11 轴之间的残疾人坡道。选择"建筑"→"坡道"命令，设置坡道的属性参数，"底部标高"为"1"，"底部偏移"为"–450mm"，"顶部标高"为"1"，"顶部偏移"为"–150mm"，"宽度"改为"1500mm"，如图 10.5.2 所示。然后按如图 10.5.3 所示将光标对准"1"点，单击鼠标，然后绘制到"2"点，绘制完后单击"模式"菜单下的 √ 按钮，退出坡道的绘制。选中栏杆扶手，单击"属性命令"按钮进入"类型属性"对话框，将"栏杆偏移"改为"–75mm"，单击"确定"按钮，如图 10.5.4 所示，完成后如图 10.5.5 所示，按快捷键 F4，进入三维视图模式，坡道三维视图如图 10.5.6 所示。

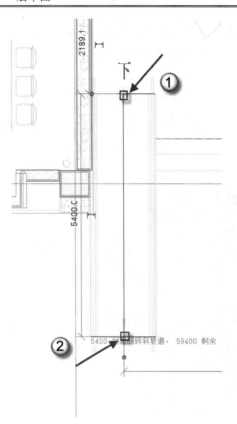

图 10.5.2　设置坡道属性参数

图 10.5.3　坡道绘制对齐点

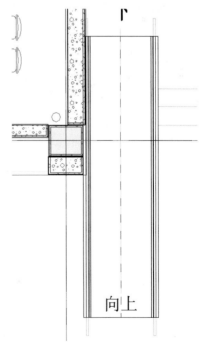

图 10.5.4　栏杆扶手偏移设置

图 10.5.5　坡道绘制完成图

🔔注意：在进入坡道绘制界面后，若想退出绘制界面，必须在模式选项面板下单击"√"
按钮或者"×"按钮，否则退不出去。

2．11 轴到 1 轴之间接近 9 轴的残疾人坡道绘制

（1）绘制辅助参考线。由于导入的 CAD 文件无法捕捉到残疾人坡道的中心线，所以
需要绘制辅助参考线，按快捷键 R+P，依次绘制参考线，绘制完成后如图 10.5.7 所示。

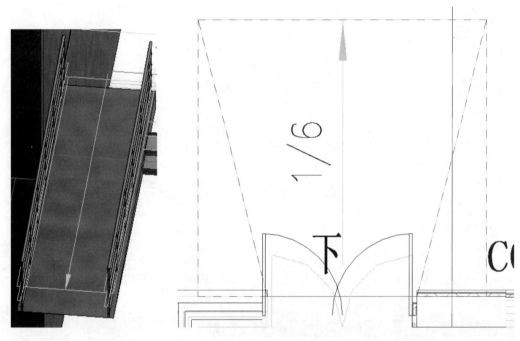

图 10.5.6　坡道三维视图　　　　　　　图 10.5.7　绘制辅助参考线

（2）复制 1 轴到 11 轴之间接近 9 轴的残
疾人坡道。选择"建筑"→"坡道"命令，单
击"类型属性"按钮，进入"属性编辑"对话
框，单击"复制"按钮，在弹出的对话框中将
"名称"改为"坡道 2"，单击"确定"按钮，
如图 10.5.8 所示，单击"确定"按钮完成坡道
的复制。

（3）绘制 1 轴到 11 轴之间接近 9 轴的残
疾人坡道。选择"建筑"→"坡道 2"命令，
设置坡道的属性参数，"底部标高"为"1"，
"底部偏移"为"−450mm"，"顶部标高"为"1"，
"顶部偏移"为"−200mm"，"宽度"改为
"1500mm"，如图 10.5.9 所示。然后按如图
10.5.10 所示将光标对准"1"点，单击鼠标，
然后绘制到"2"点，将栏杆选中，按快捷

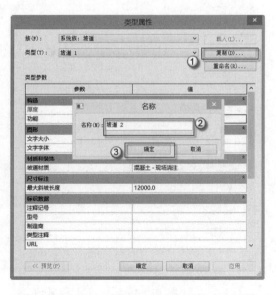

图 10.5.8　复制 1 轴到 11 轴之间的残疾人坡道

键 D+E 将其删除，再利用夹点方法将"1"点拖到"2"点，将"3"点拖到"4"点，如图 10.5.11 和图 10.5.12 所示，在模式菜单下单击 √ 按钮退出坡道的绘制，完成后如图 10.5.13 所示。

图 10.5.9 设置"坡道 2"的属性参数

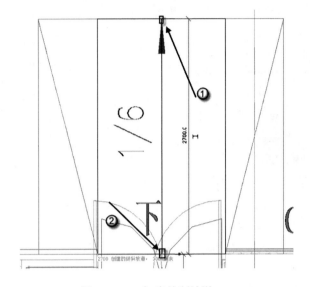

图 10.5.10 初步绘制坡道

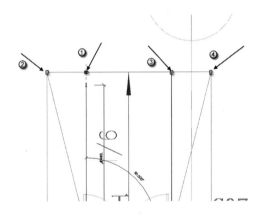

图 10.5.11 夹点拖动对齐点 1

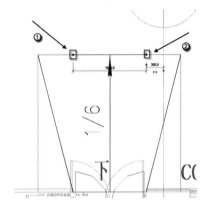

图 10.5.12 夹点拖动对齐点 2

剩下的部分运用楼板来完成，选择"建筑"→"楼板"→"建筑楼板"命令，在"常规楼板"下单击"属性类型"按钮，弹出"类型属性"对话框，复制"室外坡道板"，单击"复制"按钮，在弹出的对话框中将"名称"改为"坡道板"，单击"确定"按钮，如图 10.5.14 所示，单击"结构"参数后的"编辑"按钮，将"结构层"的"厚度"改为"150mm"，再单击"确定"按钮，如图 10.5.15 所示。

选择"边界线"→"直线"命令绘制出一边的坡道板，再绘制"坡度箭头"，完成后如图 10.5.16 所示，再修改"属

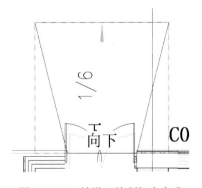

图 10.5.13 坡道 2 绘制初步完成

性"参数，将"尾高度偏移"改为"–450mm"，"头高度偏移"改为"–200mm"。如图 10.5.17 所示，在模式菜单下单击 √ 按钮退出坡道板的绘制。选中刚刚绘制的"坡道板"，按快捷键 M+M，单击如图 10.5.18 所示的"2"号线，完成另一边的坡道镜像，最后将坡道的三部分成组，成组后如图 10.5.19 所示。这样就完成了"坡道 2"的绘制，按快捷键 F4，进入三维视图模式，"坡道 2"三维视图如图 10.5.20 所示。剩下一个坡道绘制方法同上，这里不再赘述。

图 10.5.14　复制"坡道板"

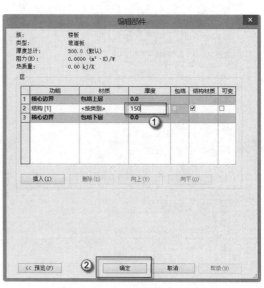

图 10.5.15　编辑"坡道板"厚度

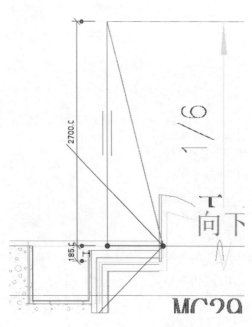

图 10.5.16　坡道板的绘制

图 10.5.17　坡道板的绘制属性修改

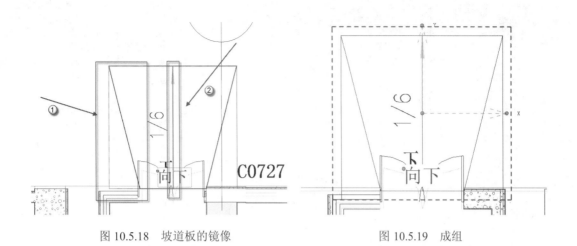

图 10.5.18 坡道板的镜像   图 10.5.19 成组

10.5.2 室外台阶 2 的绘制

本例中的出入口部分有一部分是室外台阶。坡道是走推车的，而台阶是人们行走的位置，具体操作如下。

（1）导入"室外台阶 2"CAD 底图。选择"插入"→"导入 CAD"命令，如图 10.5.21 所示。将配套资源中的"2 号台阶底图.dwg"文件导入到项目的 1 层平面中，成功导入后，效果如图 10.5.22 所示。

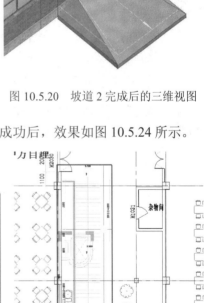

图 10.5.20 坡道 2 完成后的三维视图

（2）对齐 CAD 图。选择导入的 CAD 图，按快捷键 M+V，移动光标捕捉 CAD 图中"1"与"2"点对齐，如图 10.5.23 所示。CAD 图与原结构对齐并且放入成功后，效果如图 10.5.24 所示。

图 10.5.21 插入 1 号室内楼梯 CAD 图

图 10.5.22 插入 CAD 后的效果图

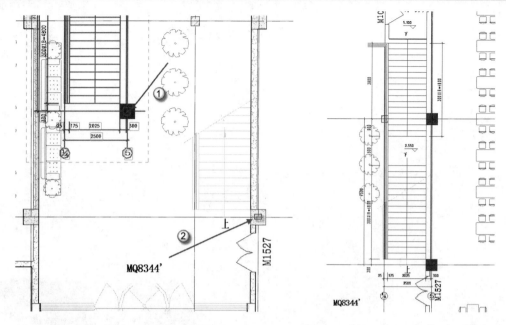

图 10.5.23　捕捉 CAD 图的端　　　　图 10.5.24　CAD 图成功对齐放入后的效果图

（3）绘制踏步的参照平面。按快捷键 R+P 绘制参照平面命令，对齐第一条楼梯线，绘制参照线，如图 10.5.25 所示。

💭注意：参照平面是一个平面，在垂直于该平面视图上的任何深度都可以看见，在进行参数标记时，将实体对象"对齐"在该参照平面上并且锁定，就能实现由该参照平面驱动实体的目的。参照线为线条形式，相对于参照平面来说多了两个端点的属性和两个工作平面，主要用于控制角度参数上。

（4）测量踏板深度尺寸。按快捷键 D+I 测量楼梯实际踏板深度，测得踏板深度为"300mm"，测量完成后按 Esc 键完成操作，如图 10.5.26 所示。

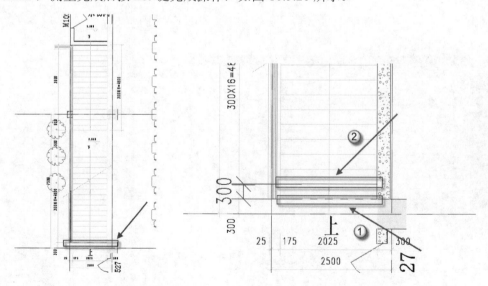

图 10.5.25　第一条水平踏步参照面　　　　图 10.5.26　测量楼梯踏步尺寸

（5）阵列水平参照平面。选择第一条参照线，按快捷键 A+R，取消"成组并关联"复选框的选择，"项目数"输入"17"（因为有 17 级台阶），"移动到"选择"第二个"单选按钮，选中"约束"复选框，若不选择该复选框，则较难控制参照线按竖直方向阵列，然后单击图 10.5.27 所示的"5"点绘制到"6"点，系统会再生成 16 条参照线，完成效果如图 10.5.28 所示。

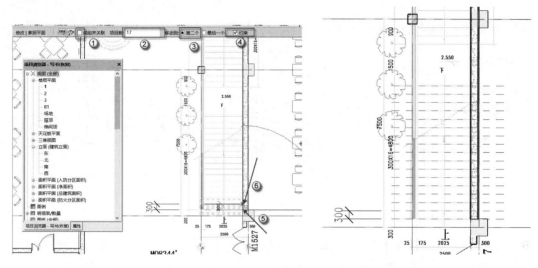

图 10.5.27　阵列水平参照平面　　　　图 10.5.28　完成阵列水平参照线部分

（6）绘制第二条水平参照平面。按快捷键 R+P 绘制参照平面，对齐第一条楼梯线，绘制参照线，如图 10.5.29 所示。

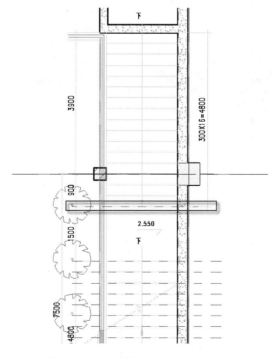

图 10.5.29　绘制第二条水平参照平面

（7）阵列水平参照平面。选择第二条参照线，按快捷键 A+R，取消"成组并关联"复选框的选择，"项目数"输入"17"（因为有 17 级台阶），"移动到"选择"第二个"单选按钮，选中"约束"复选框，若不选择该复选框，则较难控制参照线按竖直方向阵列，然后单击图 10.5.30 所示的"5"点绘制到"6"点，系统会再生成 16 条参照线，完成效果如图 10.5.31 所示。

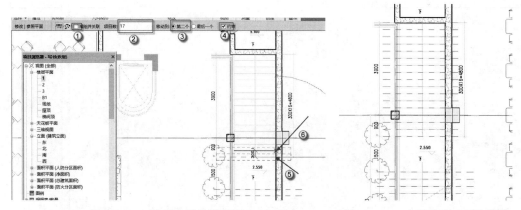

图 10.5.30　阵列水平参照平面　　　　　　　　图 10.5.31　完成阵列水平参照线

（8）新建"室外台阶 2"类型。选择"建筑"→"楼梯"→"楼梯（按构件）"命令，单击"编辑属性"按钮，在弹出的"类型属性"对话框中，单击"复制"按钮，在弹出的对话框中将名称"190mm 最大踢面 250mm 梯段"修改为"室外台阶 2"名称，最后单击"确定"按钮，即完成新建"室外台阶 2"类型的创建，如图 10.5.32 所示。

图 10.5.32　新建类型

注意：在构造组中，由于实际建筑师设计的楼梯空间位置和尺寸大小不一样，所以建模的楼梯类型也不一样。之所以要使用不同类型的楼梯，是因为同一类型的对象只要修改其中一个，其余对象会随之联动修改。

（9）设置楼梯尺寸及位置。观察导入的"1 号室内楼梯"CAD 图可知该楼梯尺寸。在"属性"面板中通过设置"底部标高"为"1"层平面、"底部偏移"为"0"个单位、"顶部标高"为"2"层平面、"顶部偏移"为"0.0"个单位来确定楼梯的起始和终止高度。通过设置"所需踢面数"为"34"个，从而可以调整"实际踢面高度"为"150mm"（实际踢面高度为程序自动计算，不需要另行设置），同时调整"实际踏板深度"为"300mm"。在选项栏中设置"定位线"为"梯段：右"对齐，偏移量为"0.0"个单位，"实际梯段宽度"为"2025"个单位，选中"自动平台"复选框，只有选中了该选项，绘好的两个楼梯之间会自动生成楼梯的休息平台，如图 10.5.33 所示。

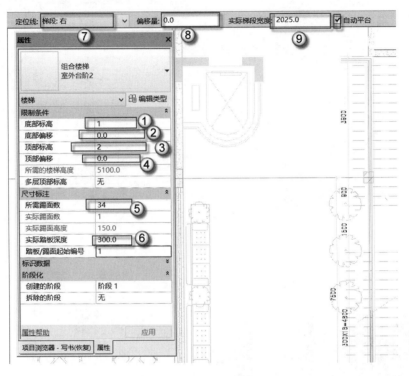

图 10.5.33　设置室外台阶 2 尺寸及位置

注意：楼梯定位线设置为"梯段：右"，绘制时直接从上楼梯的方向依次绘制，这种绘制方法是工程师常用的方法。

（10）绘制室外台阶 2 梯段。捕捉楼梯梯段的起始点"1"点沿竖直方向参照线向上绘制至梯段的终点"2"点；绘制楼梯第二梯段，捕捉到楼梯梯段的起始点"3"点沿竖直方向参照线向上绘制至梯段的终点"4"点，如图 10.5.34 所示。第二梯段绘制完成后会自动生成休息平台，然后选择楼梯右边部分的梯梁和栏杆，按快捷键 D+E，将楼梯右边部分的梯梁和栏杆删除掉，然后单击项目选项卡中的√按钮即完成绘制，如图 10.5.35 所示。完成后楼梯三维效果如图 10.5.36 所示。

（11）删除 CAD 图。选择多余的图元，如图 10.5.37 所示，按快捷键 D+E，删除"室外台阶 2.dwg"文件和多余的参照平面，完成后的效果图如 10.5.38 所示，这样就完成了"室外台阶 2"的绘制。

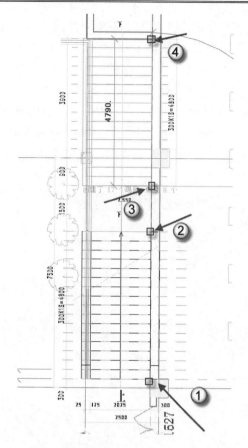

图 10.5.34　绘制梯段

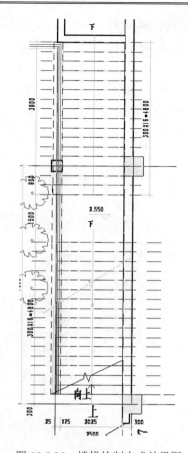

图 10.5.35　楼梯绘制完成效果图

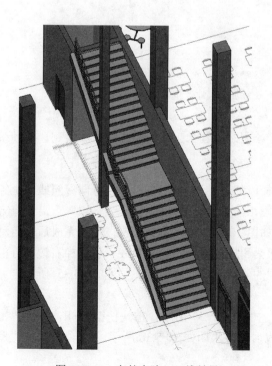

图 10.5.36　室外台阶 2 三维效果

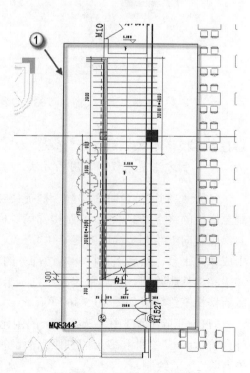

图 10.5.37　选择多余的图元

10.5.3 雨蓬的插入

结构专业中有混凝土雨蓬，位于出屋面的出入口。本节中的雨蓬是轻钢玻璃雨蓬，在一层的出入口附近，具体操作如下。

（1）载入雨蓬族。选择"插入"→"载入族"命令，在弹出的对话框中找到对应的"雨蓬族"文件位置，选中"雨蓬"文件夹，单击"打开"按钮，如图 10.5.39 所示。

（2）插入 B 轴和 C 轴之间与 10 轴相交的雨蓬族。选择"建筑"→"构件"→"放置构建"→"雨蓬族 2"，调整好立面标高，在相应的位置插入雨蓬，如果雨蓬插入的位置不精确，可以按快捷键 M+V 进行调整，调整完成后的雨蓬三维视图如图 10.5.40 所示。

（3）插入 F 轴和 1/F 轴之间与 11 轴相交的雨蓬族，选择"建筑"→"构件"→"放置构建"→"雨蓬族 3"，调整好立面标高，在相应的位置插入雨蓬，如果雨蓬插入的

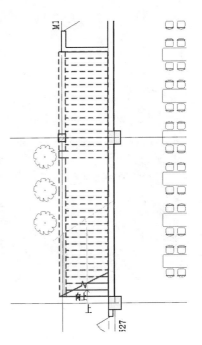

图 10.5.38　删除多余图元

位置不精确，可以按快捷键 M+V 进行调整，调整完成后的雨蓬三维视图如图 10.5.41 所示。

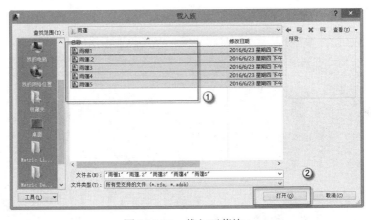

图 10.5.39　载入雨蓬族 1

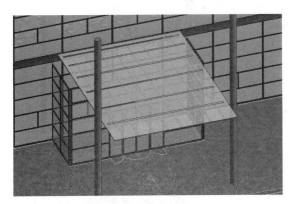

图 10.5.40　插入雨蓬族 2

图 10.5.41　插入雨蓬族 3

（4）插入 4 轴和 5 轴之间与 G 轴相交的雨蓬族，选择"建筑"→"构件"→"放置构建"→"雨蓬族 4"，调整好立面标高，在相应的位置插入雨蓬，如果雨蓬插入的位置不精确，可以按快捷键 M+V 进行调整，调整完成后的雨蓬三维视图如图 10.5.42 所示。

（5）插入 D 轴和 E 轴之间与 1 轴相交的雨蓬族，选择"建筑"→"构件"→"放置构建"→"雨蓬族 5"，调整好立面标高，在相应的位置插入雨蓬，如果雨蓬插入的位置不精确，可以按快捷键 M+V 进行调整，调整完成后的雨蓬三维视图如图 10.5.43 所示。

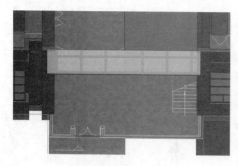

图 10.5.42　插入雨蓬族 4

图 10.5.43　插入雨蓬族 5

（6）插入 4 轴和 5 轴之间与 A 轴相交的雨蓬族，选择"建筑"→"构件"→"放置构建"→"雨蓬族 1"，调整好立面标高，在相应的位置插入雨蓬，如果雨蓬插入的位置不精确，可以按快捷键 M+V 进行调整，调整完成后的雨蓬三维视图如图 10.5.44 所示，这样就完成了雨蓬族的插入。

图 10.5.44　插入雨蓬族 6

第11章 二、三层平面

在建筑设计中，楼层也是向上设计的过程。由于相邻的二层建筑构件有许多相似性，所以在使用 Revit 设计时，经常会把底部的楼层向上复制，然后再进行相应的修改。在本例中，一层、二层、三层的层高都是 5.1 米，对于复制楼层有很多帮助，复制后可以不用修改层高。

11.1 复制生成上层平面

在向上复制楼层时，一定要注意对建筑构件的选择，一些不需要的构件如家具、厨具、洁具等不需要复制。因为 Revit 在复制楼层时，需要消耗大量的系统资源，有时甚至会引发死机、蓝屏等，特别是计算机硬件级别不高的读者更要注意。

11.1.1 复制生成二层平面

二层平面与一层平面相比，二层没有出入口部分、没有室外的台阶、没有坡道、没有外檐门，而相应增加了一些窗、幕墙，具体操作如下。

（1）插入二层 CAD 底图。将楼层平面切换到 2 层，选择"插入"→"导入 CAD"选项，在弹出的对话框中找到文件相应的位置，导入"二层底图"DWG 文件，"导入单位"为"毫米"，如图 11.1.1 所示。按快捷键 M+V，调整 CAD 图位置，使"1"点和"2"点重合，如图 11.1.2 所示，使其与轴网对齐，如图 11.1.3 所示。

图 11.1.1 打开项目文件

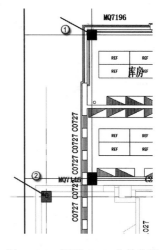

图 11.1.2 调整 CAD 文件位置

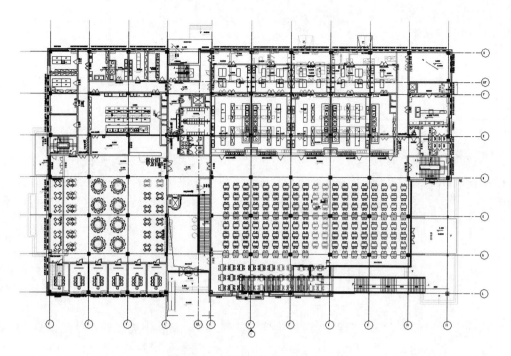

图 11.1.3　调整后的 CAD 文件位置

（2）复制二层内墙。由于从二层可以看到和选择一层的内墙，且楼层一墙体和二层略有差别，不能直接复制楼层，所以本项目采用一层墙一面面向上复制。复制第一面墙，先选中要复制的墙体，然后在"属性"面板中将其"顶部约束"改为"直到标高：3"，如图11.1.4 所示；复制第二面墙，选中第二面墙体，然后在"属性"面板中将其"顶部约束"改为"直到标高：3"，如图11.1.5 所示。重复上述步骤，完成其他墙体的复制，如图11.1.6所示。

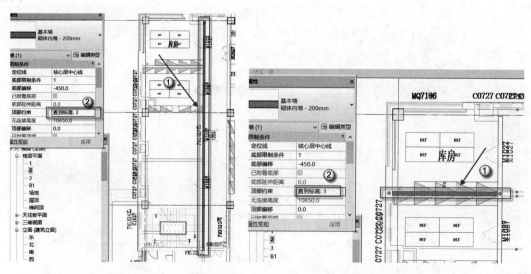

图 11.1.4　复制二层部分内墙　　　　　　　图 11.1.5　复制二层部分内墙

（3）复制二层门。由于一层门和二层大致相同，所以可以整楼门复制，按快捷键 F4，进入三维视图模式，将模型调整到与视线平齐，将光标从左下一层拉到右上角，单击"过滤器"按钮，如图 11.1.7 所示，在弹出的"过滤器"对话框中，先单击"放弃全部"按钮，将"门"选中，单击"确定"按钮，如图 11.1.8 所示。选择"复制到剪贴板"→"粘贴"→"与选定标高对齐"命令，在弹出的"选择标高"对话框中，选择"2"层，单击"确定"按钮，如图 11.1.9 所示，这样就完成了复制二层的门。

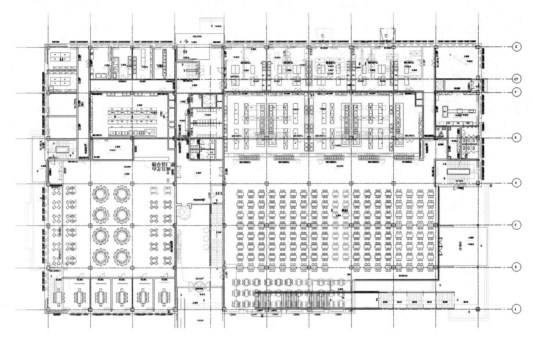

图 11.1.6 完成复制二层部分内墙

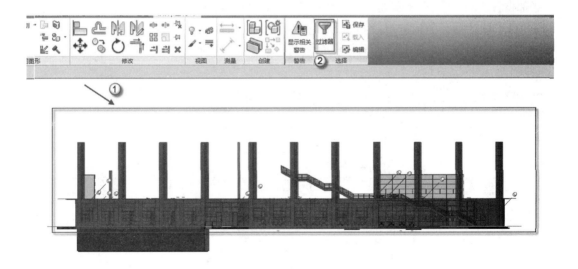

图 11.1.7 选择复制的图元

（4）由于一层的外墙和门窗与二层差别较大，所以这里不再选择从一层向上复制，直接在后面进行外墙的绘制和门窗的插入。

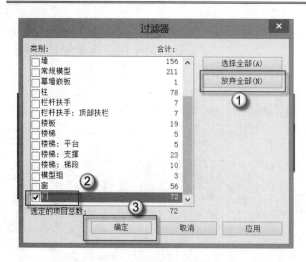

图 11.1.8　过滤其他图元　　　　图 11.1.9　选择复制门对齐的标高

11.1.2　调整二层平面

在向上复制了二层平面之后，需要进行调整，主要是针对墙、门、窗、幕墙等建筑构件，具体操作如下。

（1）调整二层的内墙。先调整二层 4 轴到 11 轴之间交 F 轴到 G 轴之间内墙。选择"建筑"→"墙"→"墙：建筑"命令，也可以直接按快捷键 W+A。选择"砌体内墙-200mm"墙族，将墙的绘制方式改为"直线"绘制方式，"底部限制条件"为"2"层，设置选项栏中的"高度"为"3"，设置"定位线"为"核心层中心线"，将"偏移量"改为"100mm"，"底部偏移"为"0"，"顶部偏移"也为"0"，如图 11.1.10 所示。参数设置完成后，依次捕捉图 11.1.11 所示位置，单击绘制墙体。绘制完成后按 Esc 键，可以退出外墙绘图界面。完成后的内墙如图 11.1.12 所示。其他没有绘制的墙体步骤同此，这里不再赘述。内墙调整完后如图 11.1.13 所示。

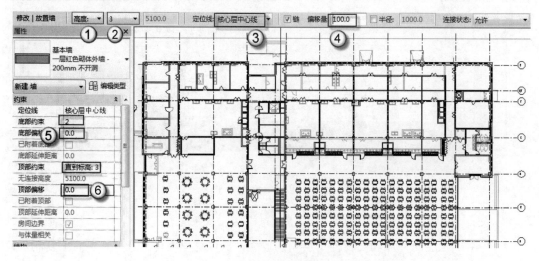

图 11.1.10　完成墙体绘制参数设置

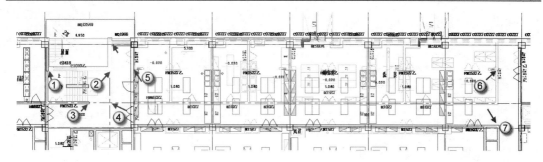

图 11.1.1　墙体绘制捕捉点

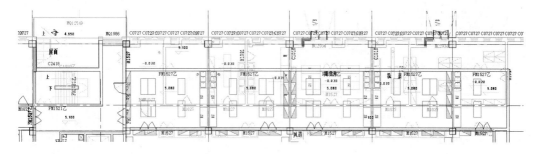

图 11.1.12　墙体绘制部分完成

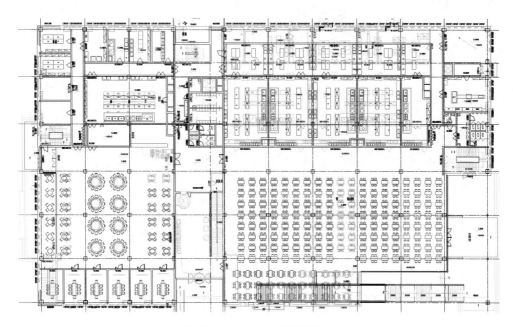

图 11.1.13　二层内墙调整完成

（2）绘制二层的外墙。选择"建筑"→"墙"→"墙：建筑"命令，也可以直接按快捷键 W+A。选择"砌体内墙-200mm"墙族，将墙的绘制方式改为"直线"绘制方式，"底部限制条件"为"2"层，设置选项栏中的"高度"为"3"，设置"定位线"为"核心层中心线"，将"偏移量"改为"150mm"，"底部偏移"为"0"，"顶部偏移"也为"0"，如图 11.1.14 所示。参数设置完成后，参考图 11.1.15 所示捕捉位置，按顺时针方向依次绘制出二层的外墙。绘制完成后按 Esc 键，可以退出外墙绘图界面。按快捷键 F4 进入三维视图模式，如图 11.1.16 所示。

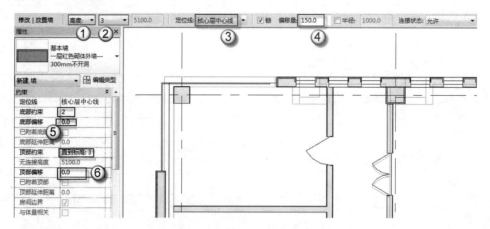

图 11.1.14　完成参数设置

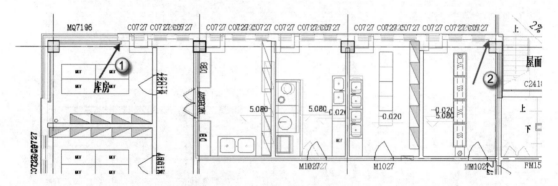

图 11.1.15　外墙绘制捕捉参考图

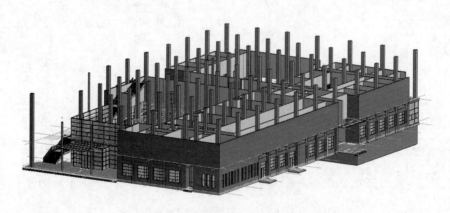

图 11.1.16　二层外墙绘制初步完成三维视图

（3）调整二层的门。二层的门大部分是从一层复制的，基本一样，只是部位位置发生改变，移动调整位置发生变化的门，选择第一扇位置发生变动的门，按快捷键 M+V，将"1"点移动对齐到"2"点，如图 11.1.17 所示，对齐完成如图 11.1.18 所示；选择第二扇位置发生变动的门，按快捷键 M+V，将"1"点移动对齐到"2"点，如图 11.1.19 所示，单击门开启方向的竖向控件，调整门的开启方向，如图 11.1.20 所示，对齐完成后如图 11.1.21 所示，重复上述步骤，完成二层其他门的位置调整。插入二层没有从一层复制的门，选择"建筑"→"门"命令（或者按快捷键 D+R），在相应的地方插入族，移动"FM1521"族，先选择已经插入的门族，按快捷键 M+V，移动"FM1521"，将"1"点移动到"2"点对齐，如图 11.1.22 所示，移动完成后如图 11.1.23 所示。如果是二层已有的门，也可以采用复制的方法插入，步骤同一层门的插入，这里不再赘述，调整完二层门后按快捷键 F4，进入三维视图模式，二层门的三维视图如图 11.1.24 所示。

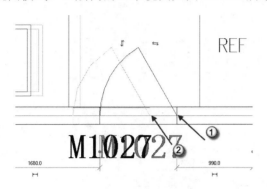

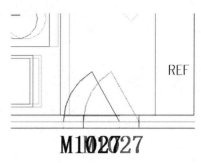

图 11.1.17　移动对齐位置发生改变的门　　　　图 11.1.18　移动门完成后的效果图

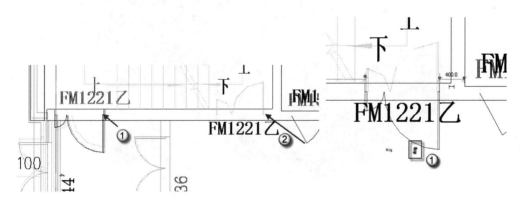

图 11.1.19　移动对齐位置发生改变的门　　　　图 11.1.20　调整门的开启方向

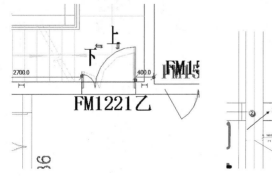

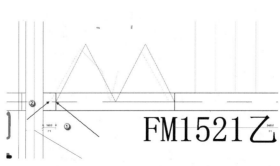

图 11.1.21　"FM1221 乙"调整完成效果图　　　图 11.1.22　插入并调整"FM1521"族

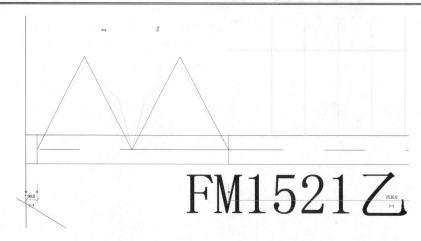

图 11.1.23　"FM1521 乙"族插入完成效果图

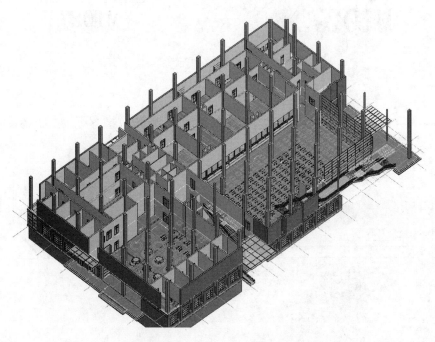

图 11.1.24　二层门的三维视图

（4）插入二层的窗。选择"建筑"→"窗"→"C2027"命令（或者按快捷键 W+N），
然后在相应的地方插入"C0727"族，移动"C0727"族，先选择已经插入的窗族，按快捷
键 M+V，移动"C0727"，将"1"点移动到"2"点对齐，如图 11.1.25 所示。移动完成后
如图 11.1.26 所示，然后插入其他的"C0727"族，可以按上述步骤直接插入，也可以按 Esc
键退出门的绘制，然后进行复制插入，选中刚才插入的窗族，按快捷键 C+O，将"多个"
复选框选上，选择"1"点为复制基点，按如图 11.1.27 所示"C0727"的对齐点将族依次
复制，完成后如图 11.1.28 所示。剩下的窗族插入和复制步骤同前面步骤，也可以参考第
10 章的内容，这里不再赘述。完成后按快捷键 F4，进入三维视图模式，如图 11.1.29 所示。

（5）绘制二层的幕墙。前面章节已经载入了幕墙的族，首先设定幕墙的族类型，步骤
同一层幕墙族类型的设定，此处不再重复，直接绘制幕墙。

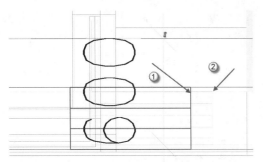

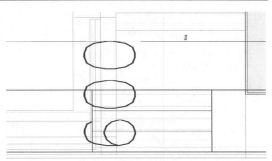

图 11.1.25　插入"C0727"窗

图 11.1.26　插入"C0727"窗完成效果图

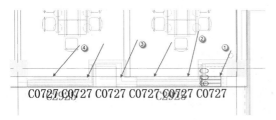

图 11.1.27　"C0727"窗复制捕捉点

图 11.1.28　"C0727"窗复制完成

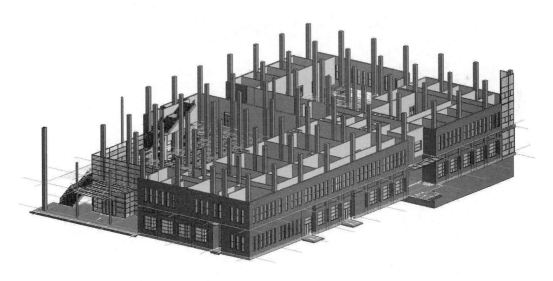

图 11.1.29　二层窗三维视图

　　绘制"MQ7196"。选择"建筑"→"墙"→"MQ7196"命令，也可以直接按快捷键 W+A，再选择"MQ7196"。设置"MQ7196"的绘制参数，将"底部限制条件"改为"2"，"底部偏移"为"0"，"顶部约束"为"直到标高：2"，"顶部偏移"为"9600mm"，"定位线"为"墙中心线"，"偏移量"为"0mm"，如图 11.1.30 所示。参数设置完成后依次捕捉如图 11.1.31 所示的"1"点和"2"点绘制出"MQ7196"。

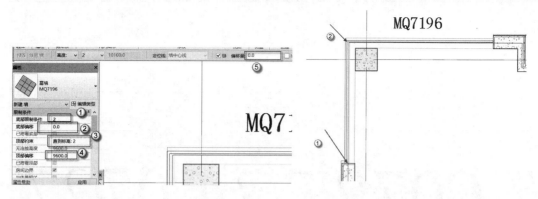

图 11.1.30　设置"MQ7196"的绘制参数　　　　图 11.1.31　"MQ7196"的绘制参数

　　绘制"MQ8344"。选择"建筑"→"墙"→"MQ8344"命令，也可以直接按快捷键
W+A，再选择"MQ8344"。设置"MQ8344"的绘制参数，将"底部限制条件"改为"2"，
"底部偏移"为"0"，"顶部约束"为"直到标高：2"，"顶部偏移"为"4400mm"，"定位
线"为"墙中心线"，"偏移量"为"0mm"，如图 11.1.32 所示。参数设置完成后依次捕捉
如图 11.1.33 所示的"1"点和"2"点绘制出"MQ8344"，绘制完成后按快捷键 F4 进入三
维视图模式，如图 11.1.34 所示。

　　剩下的幕墙绘制同上，这里不再重复叙述，读者可自行完成，配套资源中提供了本例
中所有的幕墙族。

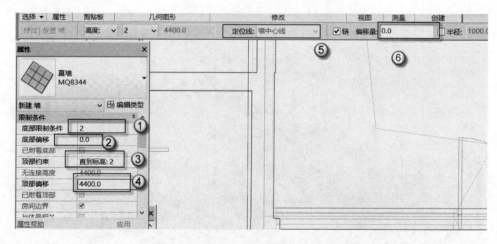

图 11.1.32　设置"MQ8344"的绘制参数

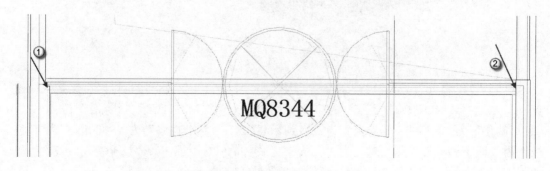

图 11.1.33　"MQ8344"的绘制参数

11.1.3　绘制二层楼面

一层地面与二层楼面完全不一样，一层地面采用的是素土夯实混凝土地面，而二层楼面采用的是钢筋混凝土楼板，具体操作如下。

（1）绘制 1 轴到 4 轴之间标高偏移为 "0" 的 "楼面板 1"。选择 "建筑" → "楼板" → "建筑楼板" → "楼面板 1" 命令，标高为 "2" 层，标高偏移为 "0"，选用 "直线" 工具绘制，绘制线路如图 11.1.35 所示，绘制完成后，单击模式选项面板的 √ 按钮，完成楼面板的绘制。

（2）绘制二层剩下的标高偏移为 "0" 的 "楼面板 1"。选择 "建筑" → "楼板" → "建筑楼板" → "楼面板 1" 命令，标高为 "2" 层，标高偏移为 "0"，选用 "直线" 工具绘制，绘制线路

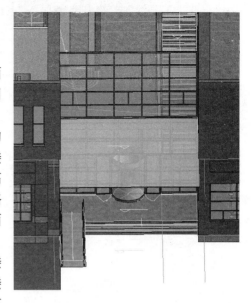

图 11.1.34 　"MQ8344" 绘制完的三维视图

如图 11.1.36 所示，绘制完成后，单击模式选项面板的 √ 按钮，完成楼面板的绘制。

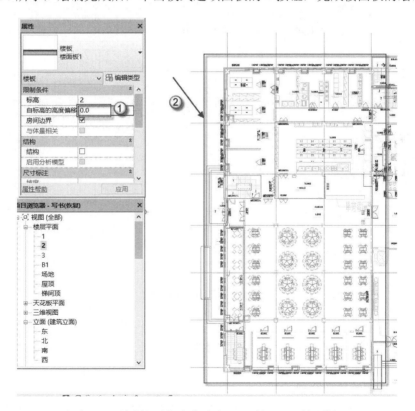

图 11.1.35 　绘制部分标高偏移为 "0" 的二层 "楼面板 1"

（3）1 轴到 4 轴与 F 轴到 G 轴之间标高为 "–20" 的 "楼面板 2" 的绘制。选择 "建筑" → "楼板" → "建筑楼板" → "楼面板 2" 命令，标高为 "2" 层，将标高改为 "–20"，选

用"直线"工具绘制，绘制路径如图 11.1.37 所示，绘制完成后，单击模式选项面板的 √ 按钮，完成楼面板 2 的部分绘制。

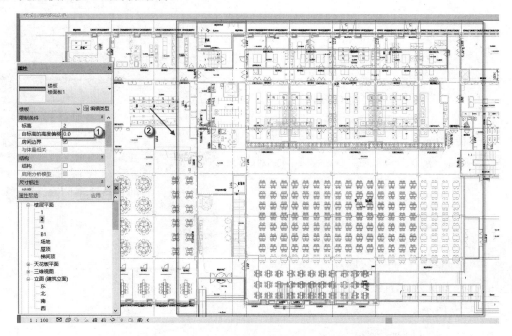

图 11.1.36　绘制标高偏移为"0"的二层"楼面板 1"

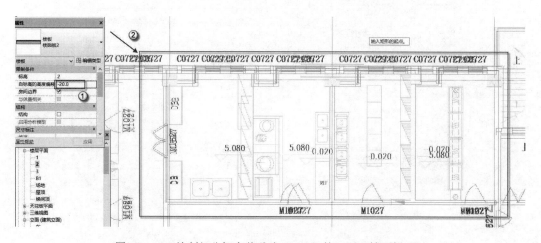

图 11.1.37　绘制部分标高偏移为"–20"的二层"楼面板 2"

（4）1 轴到 4 轴与 F 轴到 D 轴之间标高为"–20"的"楼面板 2"的绘制。选择"建筑"→"楼板"→"建筑楼板"→"楼面板 2"命令，标高为"2"层，将标高改为"–20"，选用"直线"工具绘制，绘制路径如图 11.1.38 所示，绘制完成后，单击模式选项面板的 √ 按钮，完成楼面板 2 的部分绘制。

（5）4 轴到 5 轴之间标高为"–20"的"楼面板 2"的绘制。选择"建筑"→"楼板"→"建筑楼板"→"楼面板 2"命令，标高为"2"层，将标高改为"–20"，选用"直线"工具绘制，绘制路径如图 11.1.39 所示，绘制完成后，单击模式选项面板的 √ 按钮，完成楼面板 2 的部分绘制。

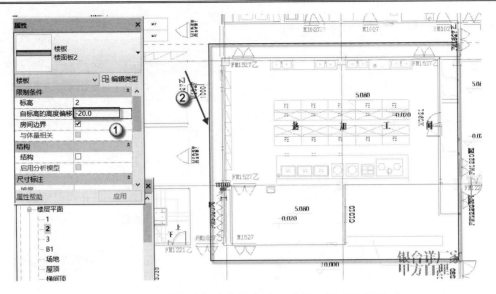

图 11.1.38　绘制部分标高偏移为 "–20" 的二层 "楼面板 2"

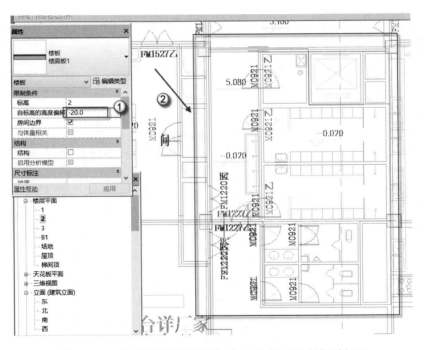

图 11.1.39　绘制部分标高偏移为 "–20" 的二层 "楼面板 2"

（6）5 轴到 9 轴之间与 G 轴到 F 轴之间标高为 "–20" 的 "楼面板 2" 的绘制。"建筑"
→ "楼板" → "建筑楼板" → "楼面板 2" 命令，标高为 "2" 层，将标高改为 "–20"，选
用 "直线" 工具绘制，绘制路径如图 11.1.40 所示，绘制完成后，单击模式选项面板的 √ 按
钮，完成楼面板 2 的部分绘制。

（7）10 轴到 11 轴之间与 D 轴到 F 轴之间标高为 "–20" 的 "楼面板 2" 的绘制。选择
"建筑" → "楼板" → "建筑楼板" → "楼面板 2" 命令，标高为 "2" 层，将标高改为 "–20"，
选用 "直线" 工具绘制，绘制路径如图 11.1.41 所示，绘制完成后，单击模式选项面板的 √

按钮，完成楼面板 2 的部分绘制。

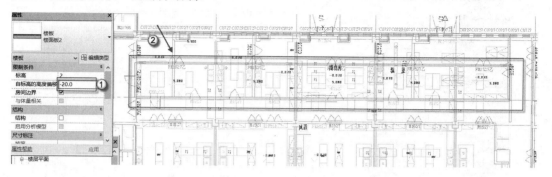

图 11.1.40　绘制部分标高偏移为"–20"的二层"楼面板 2"

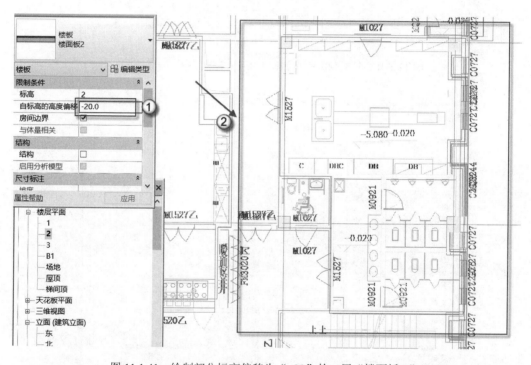

图 11.1.41　绘制部分标高偏移为"–20"的二层"楼面板 2"

（8）屋面板族类型的设定。选择"建筑"→"楼板"→"建筑楼板"命令，单击"属性类型"按钮，进入"类型属性"编辑对话框，单击"复制"按钮，在弹出的对话框中将"名称"改为"屋面板"，单击"确定"按钮，如图 11.1.42 所示。在"类型属性"编辑对话框中单击结构参数下的"编辑"按钮，进入"编辑部件"对话框，然后按照墙体的族类型设定方法，对"屋面板"的"结构"参数进行编辑，编辑完成后如图 11.1.43 所示，最后单击"确定"按钮返回，这样就完成了"屋面板"的族类型的设定。

（9）4 轴到 5 轴之间与 G 轴到 D 轴之间屋面板的绘制。选择"建筑"→"楼板"→"建筑楼板"→"屋面板"命令，标高为"2"层，将标高改为"0"，选用"直线"工具绘制，绘制路径如图 11.1.44 所示，绘制完成后，单击模式选项面板的√按钮，完成二层屋面板。

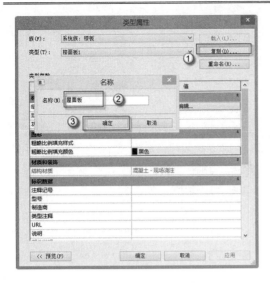

图 11.1.42　复制"屋面板"　　　　图 11.1.43　编辑"屋面板"结构参数

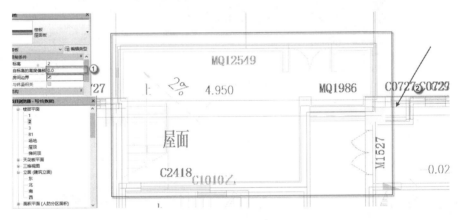

图 11.1.44　二层屋面板的绘制

二层楼面绘制完成后，按快捷键 F4 进入三维视图模式，如图 11.1.45 所示。

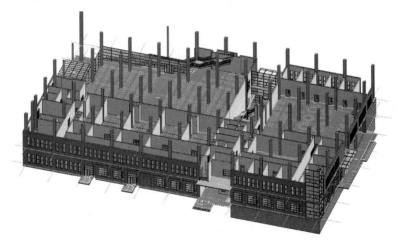

图 11.1.45　二层楼板三维视图

11.1.4　复制生成三层平面并调整

三层的平面与二层平面的内容大体一致，但在外墙窗、幕墙上有所区别，采用先复制主体楼层，然后修改局部构件的方法，具体操作如下。

（1）选择对象。复制三层平面，由于二层平面和三层平面大致相同，所以可以整楼复制，按快捷键 F4，进入三维视图模式，将模型调整到与视线平齐，将光标从"左下一层"拉到"视图右上角"，选中后再单击"过滤器"按钮，如图 11.1.46 所示，在弹出的"过滤器"对话框中，先单击"放弃全部"按钮，再将如图 11.1.4 所示的图元选择上，单击"确定"按钮，如图 11.1.47 所示。

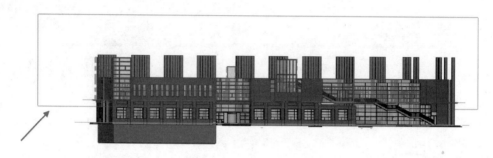

图 11.1.46　选择二层图元

（2）复制楼层。选择"复制到剪贴板"→"粘贴"→"与选定标高对齐"命令，在弹出的"选择标高"对话框中，选择"2"层，单击"确定"按钮，如图 11.1.48 所示，这样就生成了三层平面，三维视图如图 11.1.49 所示。

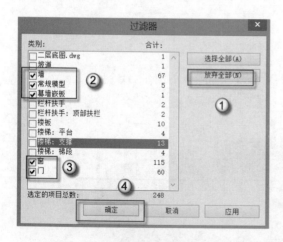

图 11.1.47　过滤图元

图 11.1.48　粘贴复制楼层

（3）调整三层平面。由于二层平面和三层平面大致相同，这里就不再重复导入 CAD 文件，细微差别看 CAD 文件，调整方法同二层平面的调整方法，这里不再重复叙述，调整完后的三层平面视图如图 11.1.50 所示。

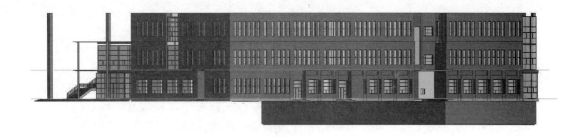

图 11.1.49　复制生成的三层楼面三维视图

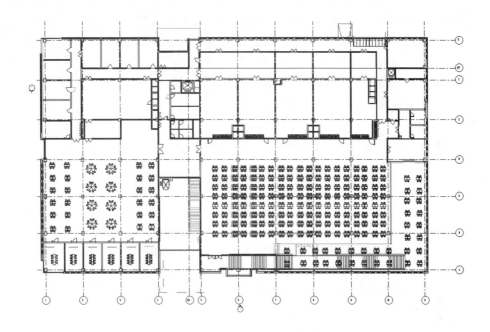

图 11.1.50　三层平面视图

（4）按快捷键 F4，进入三维视图模式，如图 11.1.51 所示。旋转视图，观看已完成模型的东、南、西、北 4 个面是否有问题。

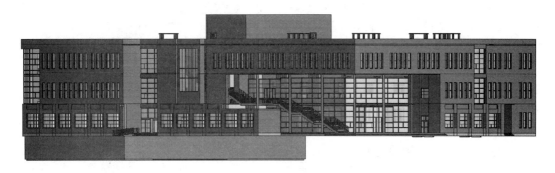

图 11.1.51　三层三维视图

11.2　绘制地上部分的楼梯

楼梯作为建筑物中楼层间垂直交通的重要构件，用于楼层之间和高差较大时的交通联系。在设有电梯、自动梯作为主要交通手段的多层和高层建筑中也要设置楼梯。高层建筑尽管采用电梯作为主要交通工具，但仍然要保留楼梯以供火灾时疏散之用。楼梯由连续的梯段（又称梯跑）、平台（休息平台）和围护构件等组成。楼梯的最低和最高一级踏步间的水平投影距离为梯长，梯级的总高为梯高。

楼梯按梯段可分为单跑楼梯、双跑楼梯和多跑楼梯。梯段的平面形状有直线的、折线的和曲线的。单跑楼梯最简单，适合层高较低的建筑；双跑楼梯最常见，有双跑直上、双跑曲折、双跑对折（平行）等，适用于一般民用建筑和工业建筑；三跑楼梯有三折式、丁字式、分合式等，多用于公共建筑；剪刀楼梯由一对方向相反的双跑平行梯组成，或由一对互相重叠而又不连通的单跑直上梯构成，剖面呈交叉的剪刀形，能同时通过较多的人流并节省空间；螺旋转梯是以扇形踏步支承在中立柱上，虽行走欠舒适，但节省空间，适用于人流较少，使用不频繁的场所；圆形、半圆形、弧形楼梯由曲梁或曲板支承，踏步略呈扇形，花式多样，造型活泼，富于装饰性，适用于公共建筑。

11.2.1　1号室内楼梯

1号室内楼梯是一跑、二跑等跑的双跑楼梯，连接地下室与一层的空间。由于地下室没有客流，只是设备用房，因此没有设置电梯，楼梯就是通向出入口的唯一选择。

（1）楼梯的创建模式。楼梯的创建一般有两种方式，选择"建筑"→"楼梯"命令，在下拉菜单中出现两种楼梯创建方式"按构件"和"按草图"。建议用"按构件"创建方式，因为这是在 Revit 2013 之后才出现的新功能，其涵盖了"按草图"绘制模式下的所有创建功能，而且增加了更多的新功能，为楼梯创建带来了极大的灵活性和方便性。

（2）楼梯的组成部件。在 Revit 楼梯"按构件"创建过程中，将梯段、平台、支撑构件作为楼梯的装配构件进行了拆分，使用者可以灵活进行各种组装，从而满足最终的需要。其中，各个装配部件绘制方式如下，各装配部件详情如图11.2.1 所示。

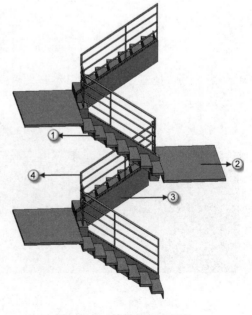

图 11.2.1　楼梯的组成部件

- ❑ 梯段：直梯、螺旋楼梯、U 形楼梯（主要用于 U 形转楼梯的创建）、L 形楼梯（主要用于 L 形楼梯的创建）、自定义绘制的梯段。
- ❑ 平台：有 3 种创建方式，即在梯段之间自动创建、通过拾取两个梯段进行创建和自定义绘制。

- ❑ 支撑（侧边和中心）：有两种创建方式，即随梯段的生成自动创建和拾取梯段或者平台边缘创建。
- ❑ 栏杆扶手：在创建过程中自动生成，或者稍后通过选择楼梯主体进行放置。

（3）进入首层平面。在"项目浏览器"面板，选择"视图（全部）"→"结构平面"→"1"选项，即进入一层平面视图，如图 11.2.2 所示。

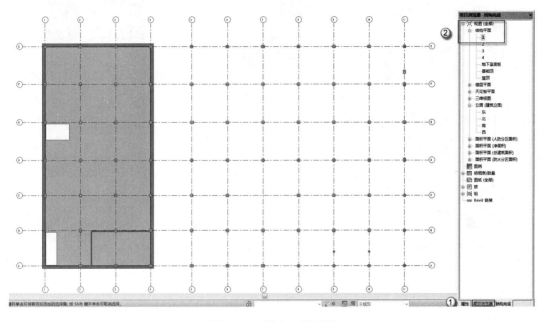

图 11.2.2　进入一层平面

（4）导入 CAD 底图。选择"插入"→"导入 CAD"命令，如图 11.2.3 所示。将配套资源中的"1 号室内楼梯.dwg"文件导入到项目的一层平面中，成功导入后，效果如图 11.2.4 所示。

图 11.2.3　插入 1 号室内楼梯 CAD 图

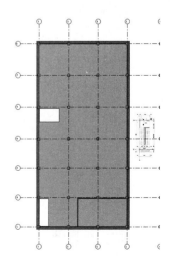

图 11.2.4　插入 CAD 后效果图

（5）对齐 CAD 图。选择导入的 CAD 图，按快捷键 M+V，移动光标捕捉 CAD 图中 1 轴与 A 轴交汇处柱的一个端点，如图 11.2.5 所示。放大视图后捕捉实际楼梯位置，移动到端点对齐后，放置 CAD 图，如图 11.2.6 所示。CAD 图与原结构对齐并且放入成功后，效果如图 11.2.7 所示。

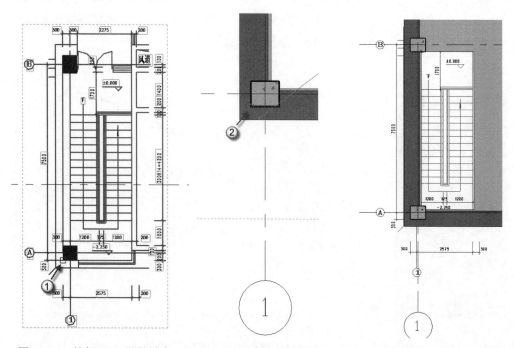

图 11.2.5　捕捉 CAD 图的端点　图 11.2.6　对齐原结构端点　11.2.7　CAD 图成功对齐放入后的效果图

（6）绘制竖直参照平面。按快捷键 R+P 绘制参照平面，与最左边墙线对齐绘制一条参照平面线，如图 11.2.8 所示。绘制完成后，选择参照平面线端点的夹点向上拖曳，以延伸参照平面线。如图 11.2.9 所示。

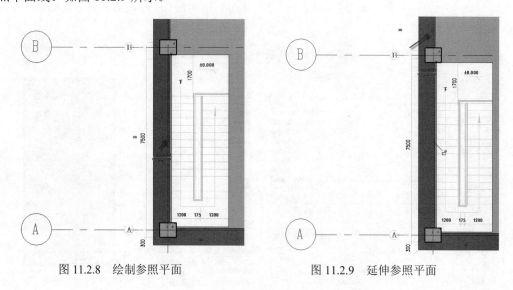

图 11.2.8　绘制参照平面　　　　　　　　图 11.2.9　延伸参照平面

注意：当有参照平面线与墙线重合时，可以按 Tab 键进行切换选择参照线。Revit 经常会出现图元、构件重合或叠加等状况，此时要选择需要的对象时，就可以使用 Tab 键。

（7）复制竖直参照平面。选择参照平面线，按快捷键 C+O，向左复制，输入距离"1200"个单位，按 Enter 键，如图 11.2.10 所示。同理，按尺寸依次向左再复制两根参照线，复制成功后，效果如图 11.2.11 所示。

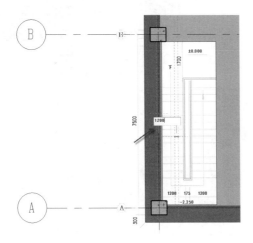

图 11.2.10　复制竖直参照线

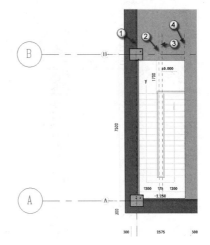

图 11.2.11　完成竖直参照线绘制

（8）绘制踏步的参照平面。按快捷键 R+P 绘制参照平面，对齐第一条楼梯线，绘制参照线，如图 11.2.12 所示。

📢注意：参照平面是一个平面，在垂直于该平面视图上的任何深度都可以看见，在进行参数标记时，将实体对象"对齐"在该参照平面上并且锁定，就能实现由该参照平面驱动实体的目的。参照线为线条形式，相对于参照平面来说多了两个端点的属性和两个工作平面，主要用于在控制角度参数上。

（9）测量踏板深度尺寸。按快捷键 D+I 测量楼梯实际踏板深度，测得踏板深度为 300 mm，测量完成后按 Esc 键完成操作，如图 11.2.13 所示。

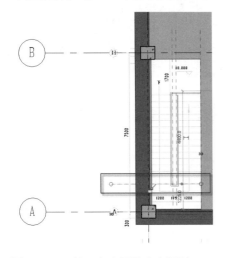

图 11.2.12　第一条水平踏步参照面

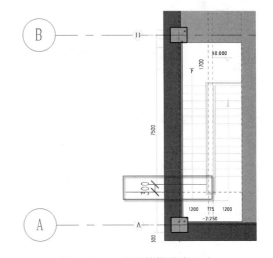

图 11.2.13　测量楼梯踏步尺寸

（10）阵列水平参照平面。选择第一条参照线，按快捷键 A+R，取消"成组并关联"

复选框的选择，"项目数"输入"15"（因为有 15 级台阶），选中"约束"复选框，若不选择，较难控制参照线按竖直方向阵列，向上输入偏移量"300"个单位，如图 11.2.14 所示。按快捷键 Enter 确定，系统会再生成 14 条参照线，完成效果如图 11.2.15 所示。

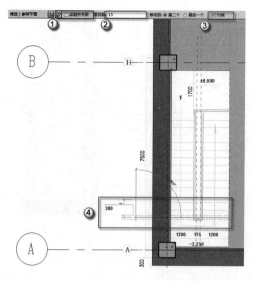

图 11.2.14　水平参照线　　　　　图 11.2.15　阵列水品参照线完成

（11）构建楼梯。选择"建筑"→"楼梯"→"楼梯（按构件）"命令，在激活的"修改/创建楼梯"命令中单击"直梯"按钮，进入楼梯的绘制模式，同时在"属性"面中选择类型为"组合楼梯：大堂楼梯"选项。

（12）新建组合楼梯类型。单击"编辑属性"按钮，在弹出的"类型属性"对话框中，单击"复制"按钮，弹出"名称"对话框，将名称"190mm 最大踢面 250mm 梯段"修改为"1 号室内楼梯"，最后单击"确定"按钮，完成新建组合楼梯类型，如图 11.2.16 所示。

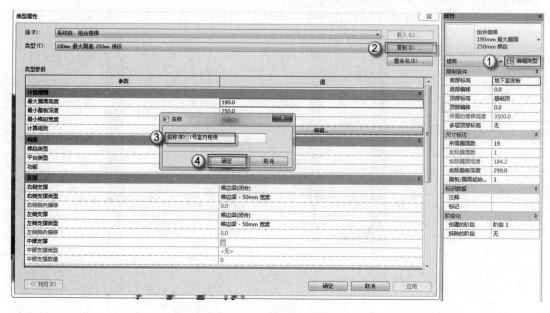

图 11.2.16　新建楼梯类型

 注意：在构造组中，由于实际建筑师设计的楼梯的空间位置和尺寸大小不一样，所以建模的楼梯类型也不一样。之所以要使用不同类型的楼梯，是因为同一类型的对象，只要修改其中一个，其余对象会随之联动修改。

（13）设置楼梯尺寸及位置。观察导入的"1 号室内楼梯"CAD 图可知该楼梯尺寸。在"属性"面板中通过设置"底部标高"为"1"层平面、"底部偏移"为"–4500.0"个单位、"顶部标高"为"1"层平面、"顶部偏移"为"0.0"个单位来确定楼梯的起始和终止高度。通过设置"所需踢面数"为"30"个，从而可以调整"实际踢面高度"为"150" mm（实际踢面高度为程序自动计算，不需要另为设置），同时调整实际踏板深度为"300" mm。在选项栏中设置"定位线"为"梯段：左"对齐，"偏移量"为"0.0"个单位，"实际梯段宽度"为"1200.0"个单位并且选中"自动平台"复选框，只有选中该复选框，画好的两跑楼梯之间才会自动生成楼梯的休息平台，如图 11.2.17 所示。

 注意：将楼梯定位线设置为"梯段：左"，绘制时直接从上楼梯的方向依次绘制，这种绘制方法是工程师常用的。

（14）绘制楼梯第一梯段。捕捉楼梯梯段的起始点"1"，沿竖直方向参照线向上绘制至梯段的终点"2"，点，如图 11.2.18 所示。

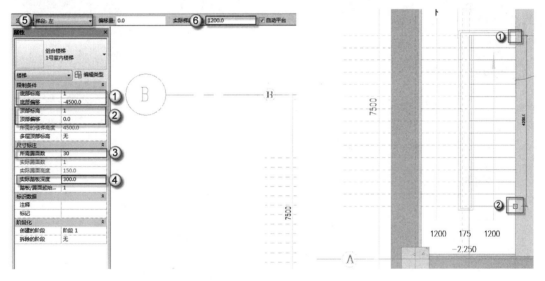

图 11.2.17　楼梯实际尺寸及位置　　　　　图 11.2.18　绘制第一梯段

（15）绘制楼梯第二梯段。捕捉到楼梯梯段的起始点"3"，沿竖直方向参照线向上绘制至梯段的终点"4"点，如图 11.2.19 所示。第二梯段绘制完成后会自动生成休息平台，然后单击项目选项卡中的 √ 按钮，即完成绘制。绘制完成效果如图 11.2.20 所示。完成后楼梯的三维效果如图 11.2.21 所示。

（16）删除 CAD 图。以光标从左上到右下方向框选所有图元，如图 11.2.22 所示。单击选项卡中的"过滤器"按钮，在弹出的"过滤器"对话框中单击"放弃全部"按钮，如图 11.2.23 所示。选中"1 号室内楼梯.dwg"选项，并单击"确定"按钮，如图 11.2.24 所示，按 Delete 键，删除作为参照的 DWG 图。

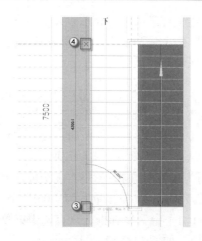

图 11.2.19　绘制第二梯段

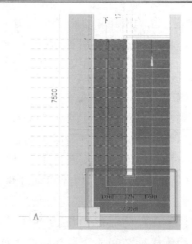

图 11.2.20　绘制完成效果

图 11.2.21　楼梯三维效果

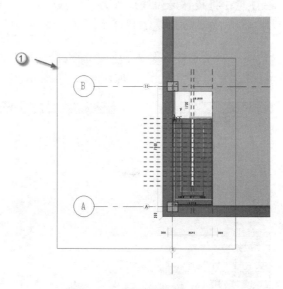

图 11.2.22　框选所有图元

图 11.2.23　过滤所有图元

图 11.2.24　单选一个图元

🔔注意：在 Revit 中，图元类型众多，通过过滤器容易达到选择需求，即从过滤的图元中选择一个或多个图元，这对于选择需要图元十分方便。当模型文件越大时，优势越明显。

（17）删除外部栏杆扶手。按 Tab 键选择外部栏杆，按 Delete 键删除外部栏杆（由于该楼梯外部栏杆与墙重叠，不符合实际情况），如图 11.2.25 所示。

（18）绘制 1 号楼梯顶部栏杆扶手。选择"建筑"→"栏杆扶手"→"绘制路径"命令，选择"直线"绘制方式，将"偏移量"设置为"20.0"个单位（该栏杆半径为 20mm），再分别绘制两条栏杆线，如图 11.2.26 所示。按快捷键 T+R 修剪"2""3"两条栏杆线，完成如图 11.2.27 所示。在项目选项卡中单击√按钮完成绘制，绘制完成后的三维效果如图 11.2.28 所示。

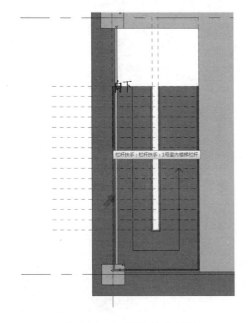

图 11.2.25　删除外部栏杆

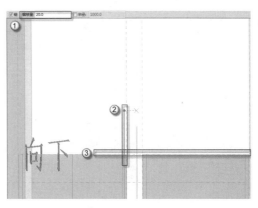

图 11.2.26　绘制栏杆线

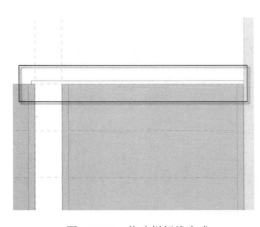

图 11.2.27　修建栏杆线完成

图 11.2.28　栏杆完成后三维效果图

（19）复制楼梯板类型。选择"建筑"→"楼板"命令，单击"编辑属性"按钮，在弹出的"类型属性"对话框中单击"复制"按钮，弹出"名称"对话框，将名称"常规 110"修改为"1 号楼梯建筑板"，最后单击"确定"按钮完成新建楼板类型，如图 11.2.29 所示。

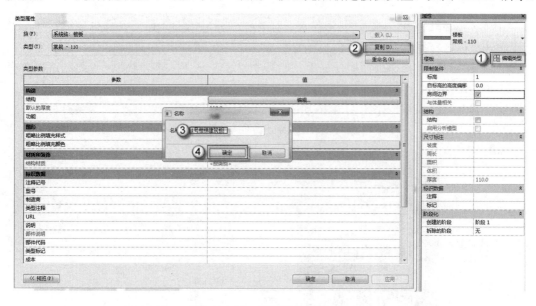

图 11.2.29　复制楼梯板类型

（20）绘制楼梯板。在"修改|创建楼层边界"选项栏中选择"边界线"→"矩形"命令，使用矩形方式绘制梯板，如图 11.2.30 所示。绘制完成后的效果如图 11.2.31 所示。

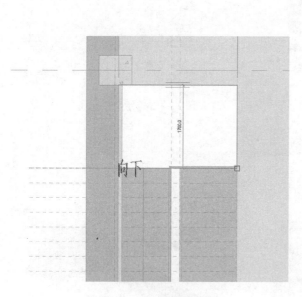

图 11.2.30　绘制楼梯板

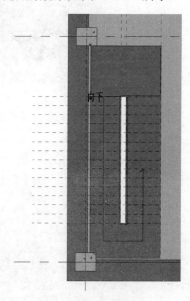

图 11.2.31　楼梯板绘制完成

（21）按快捷键 F4，切换到三维视图，调整视角，检验已经完成的 1 号楼梯三维效果图，如图 11.2.32 所示。

11.2.2　2 号室内楼梯

2 号室内楼梯是各跑不等跑的 14 跑（即 14 个梯段）楼梯，连接地下室与三层的空间。由于地下室没有客流只是设备用房，因此没有设置电梯，楼梯就是通向出入口的唯一选择。

（1）进入首层平面。在"项目浏览器"面板中，选择"视图（全部）"→"结构平面"→"1"选项，即进入一层平面视图，如图 11.2.33 所示。

（2）导入"2 号室内楼梯地下一层平面图"CAD 底图。选择"插入"→"导入 CAD"命令，在弹出的对话框中选择配套资源中的"2 号室内楼梯地下一层平面图"

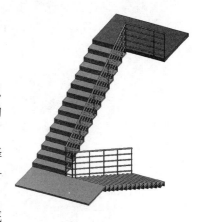

图 11.2.32　完成 1 号室内楼梯绘制

文件，将"导入单位"设置为"毫米"，将"定位"设置为"自动-中心到中心"，然后单击"打开"按钮，如图 11.2.34 所示。

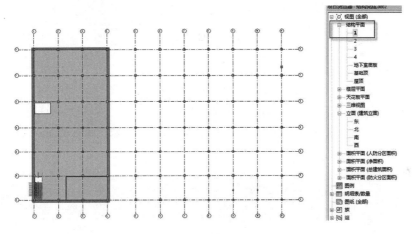

图 11.2.33　进入首层平面

图 11.2.34　插入 2 号室内楼梯 CAD 图

（3）对齐 CAD 图。选择导入的 CAD 图，按快捷键 M+V，移动光标捕捉 CAD 图中轴线交汇处柱的一个端点"1"点，使用鼠标滚轴中键放大视图后移动到 E 轴柱处的"2"点，移动到端点对齐后，放置 CAD 图，如图 11.2.35 所示。

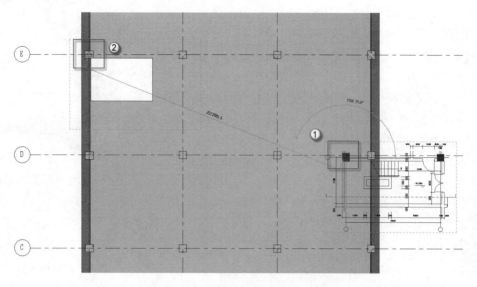

图 11.2.35　对齐 CAD 图

（4）绘制竖直参照平面。按快捷键 R+P 绘制参照平面，与最右边楼梯线对齐绘制一条参照平面线。绘制完成后，选择参照平面线，按快捷键 A+R 阵列参照平面，在选项栏中不选择"成组并关联"复选框，"项目数"设置为"9"个单位，"移动到"选择"第二个"单选按钮，然后捕捉参照线相邻一点"5"点进行阵列即可完成，如图 11.2.36 所示。完成后的效果如图 11.2.37 所示。

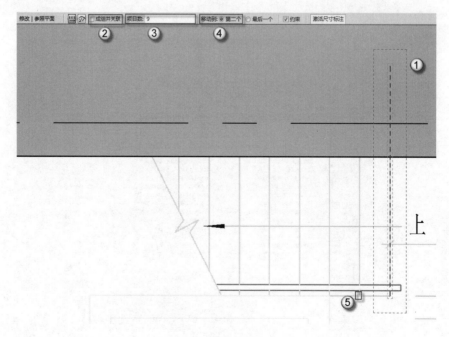

图 11.2.36　阵列参照平面

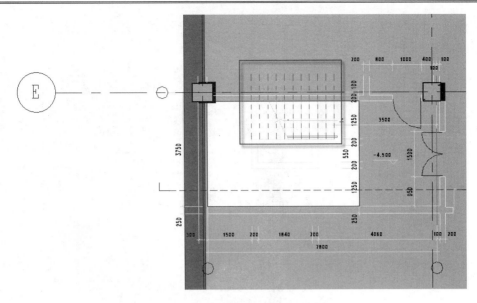

图 11.2.37 完成竖直参照平面绘制

（5）导入"2 号室内楼梯首层平面图"CAD 底图。选择"插入"→"导入 CAD"命令，选择配套资源中的"2 号室内楼梯首层平面图"文件，将"导入单位"设置为"毫米"，将"定位"设置为"自动-中心到中心"，然后单击"打开"按钮，如图 11.2.38 所示。

图 11.2.38 插入 2 号室内楼梯首层 CAD 图

（6）对齐 CAD 底图。将导入的 CAD 底图对齐原结构，步骤同第（3）步，对齐后效果如图 11.2.39 所示。

（7）绘制其他竖直参照平面。按快捷键 R+P 绘制参照平面，与最右边楼梯线对齐绘制一条参照平面线。绘制完成后，选择参照平面线，按快捷键 A+R 阵列参照平面，在选项栏中不选择"成组并关联"复选框，"项目数"设置为"9"个单位，"移动到"选择"第二个"

单选按钮，然后捕捉参照线从"1"点到"2"点进行阵列即可完成，如图 11.2.40 所示。完成后的效果如图 11.2.41 所示。

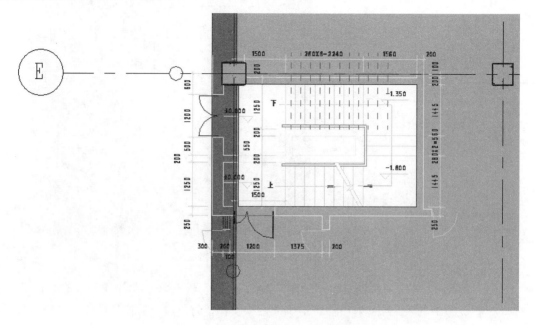

图 11.2.39　CAD 底图导入效果图

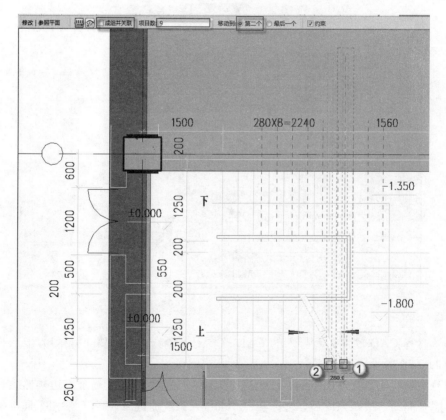

图 11.2.40　阵列竖直参照线

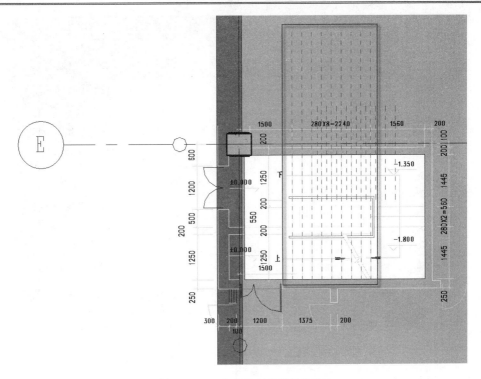

图 11.2.41 完成竖直参照线绘制

（8）绘制水平参照平面。按快捷键 R+P 绘制参照平面，沿着楼梯最下面的边线绘制一条水平参照平面，按快捷键 C+O，选中"约束"和"多个"复选框，然后捕捉楼梯线依次再向上复制 6 条参照线，如图 11.2.42 所示。绘制成功后的效果如图 11.2.43 所示。

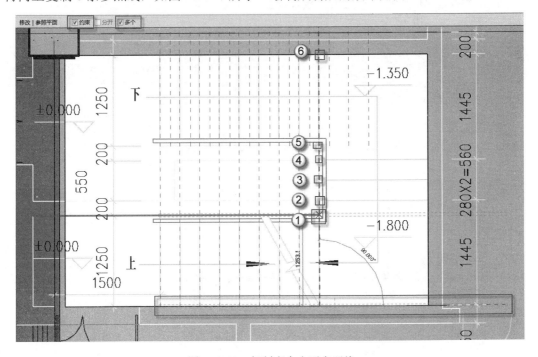

图 11.2.42 复制多个水平参照线

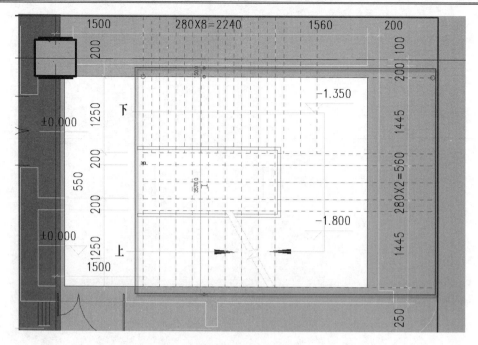

图 11.2.43　完成水平参照线绘制

（9）构建楼梯。选择"建筑"→"楼梯"→"楼梯（按构件）"命令，在激活的"修改/创建楼梯"选项栏中单击"直梯"按钮，然后进入楼梯的绘制模式。

（10）新建组合楼梯类型。单击"编辑属性"按钮，在弹出的"类型属性"对话框中，单击"复制"按钮，弹出"名称"对话框，将名称"1 号室内楼梯"修改为"2 号室内楼梯"，最后单击"确定"按钮完成新建组合楼梯类型，如图 11.2.44 所示。

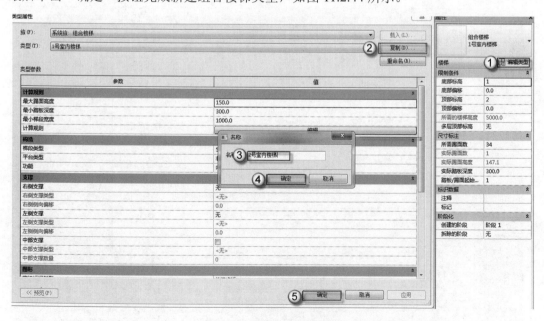

图 11.2.44　新建楼梯类型

（11）设置楼梯尺寸及位置。观察导入的"2 号室内楼梯"CAD 图可知该楼梯尺寸。

在"属性"面板中通过设置"底部标高"为"1"层平面、"底部偏移"为"-4500.0"个单位、"顶部标高"为"1"层平面、"顶部偏移"为"-1800.0"个单位来确定楼梯的起始和终止高度。通过设置"所需踢面数"为"18"个,从而可以调整"实际踢面高度"为"150"mm(实际踢面高度为程序自动计算,不需要另为设置),同时调整"实际踏板深度"为"280"mm。在选项栏中设置"定位线"为"梯段:左"对齐,"偏移量"为"0.0"个单位,实际梯段宽度为"1250.0"个单位,选中"自动平台"复选框,只有选择了该选项,绘好的两跑楼梯之间会自动生成楼梯的休息平台,如图 11.2.45 所示。

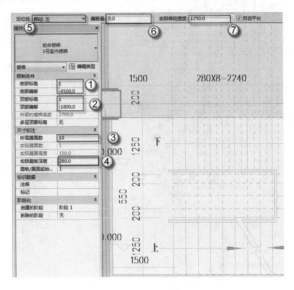

图 11.2.45 设置楼梯尺寸

(12)绘制楼梯第一、第二梯段。捕捉楼梯梯段的起始点"1"点,沿水平方向参照线向右绘制至梯段的终点"2",再捕捉楼梯梯段的起始点"3"点,沿水平方向参照线向左绘制至梯段的终点"4",如图 11.2.46 所示。第二梯段绘制完成后会自动生成休息平台,如图 11.2.47 所示。

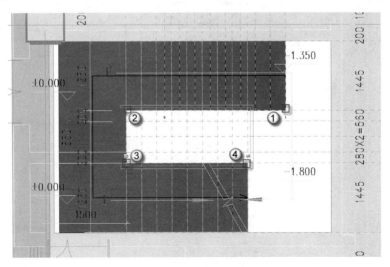

图 11.2.46 绘制第一、第二梯段

（13）对齐休息平台。双击休息平台，然后选择三角标号进行拖动，与墙边线对齐，如图 11.2.48 所示。

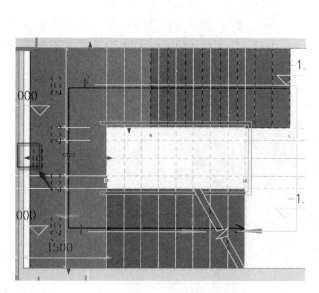

图 11.2.47　对齐休息平台

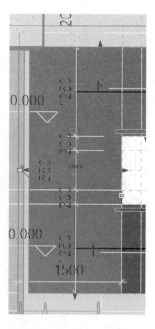

图 11.2.48　对齐后效果图

（14）绘制楼梯第三梯段。捕捉楼梯梯段的起始点"1"点，沿竖直方向参照线向上绘制至梯段的终点"2"点，如图 11.2.49 所示。第三梯段绘制完成后会自动生成休息平台即完成绘制。绘制完成效果如图 11.2.50 所示。

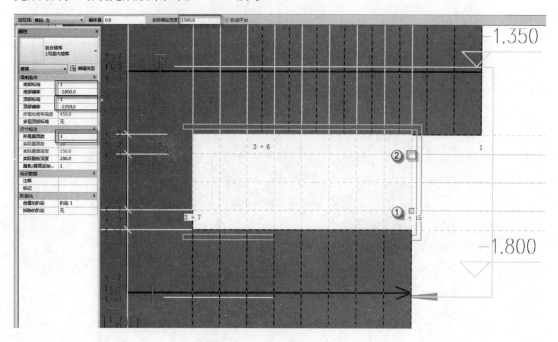

图 11.2.49　绘制第三梯段

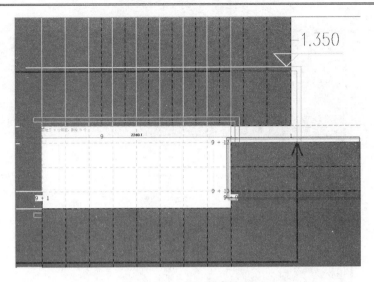

图 11.2.50 第三梯段完成

（15）绘制楼梯第四到第十四梯段。由于第四到第十四梯段的实际踏板深度都为"280"mm，只需设置梯段的"限制条件"（梯段底部位置和梯段顶部位置）、"所需踢面数"、"实际梯段宽度"即可开始绘制楼梯。楼梯参数如图 11.2.51～图 11.2.60 所示。重复步骤（14）捕捉楼梯边线点（箭头所指），依次绘制第四到第十四梯段，每两跑楼梯之间会自动生成休息平台。

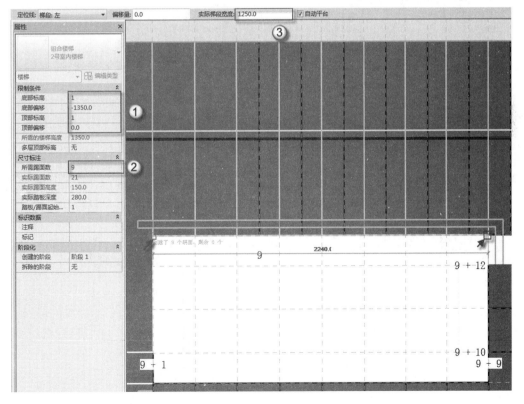

图 11.2.51 绘制第四梯段

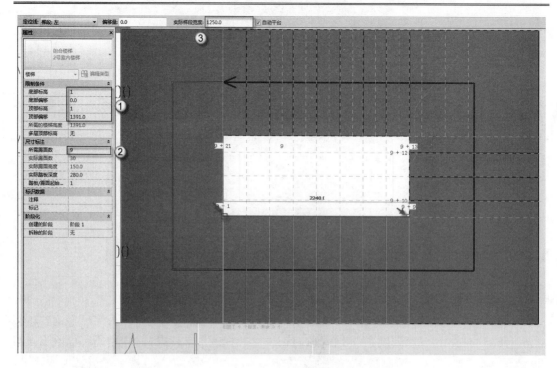

图 11.2.52　绘制第五梯段

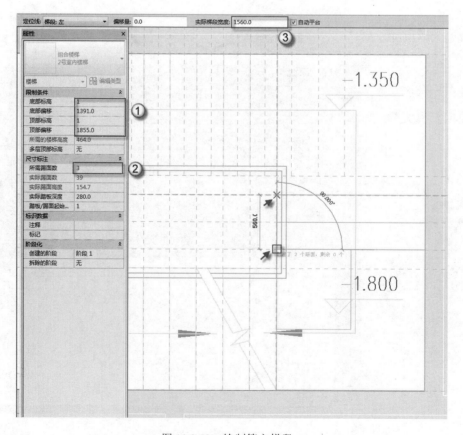

图 11.2.53　绘制第六梯段

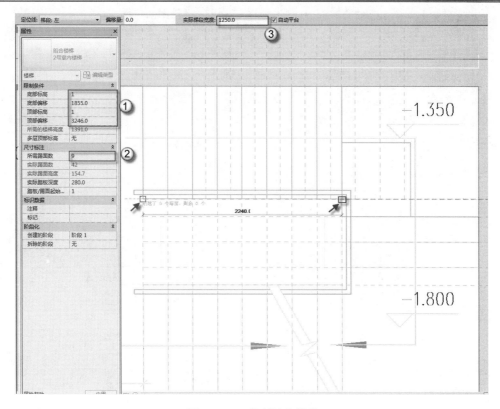

图 11.2.54 绘制第七梯段

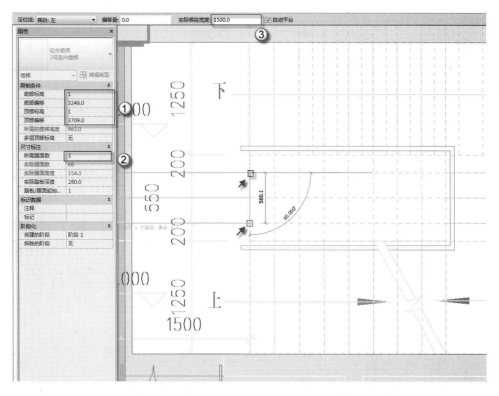

图 11.2.55 绘制第八梯段

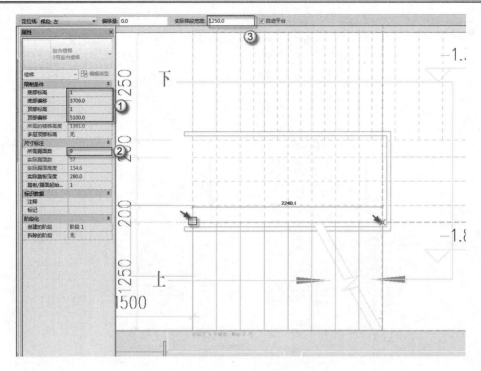

图 11.2.56 绘制第九梯段

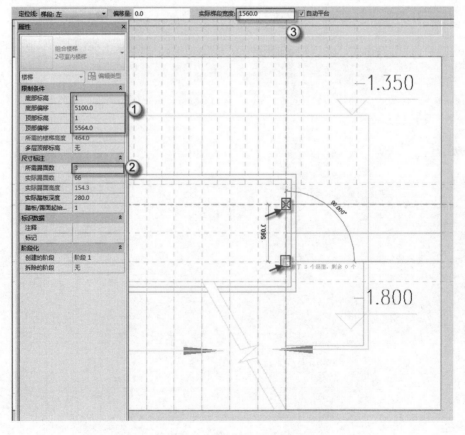

图 11.2.57 绘制第十梯段

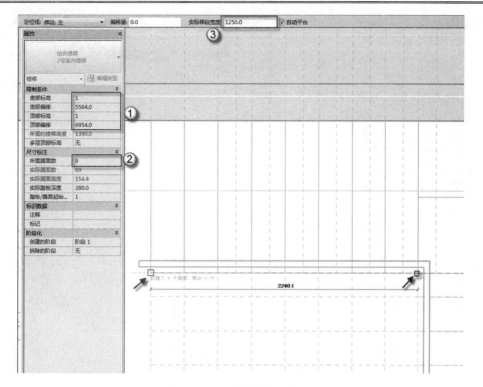

图 11.2.58　绘制第十一梯段

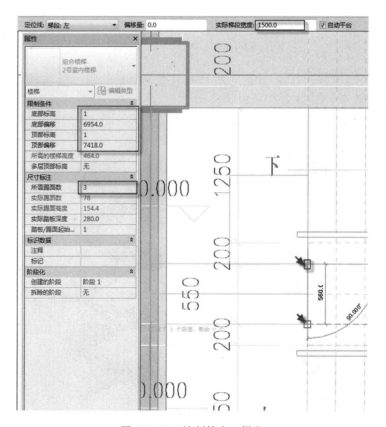

图 11.2.59　绘制第十二梯段

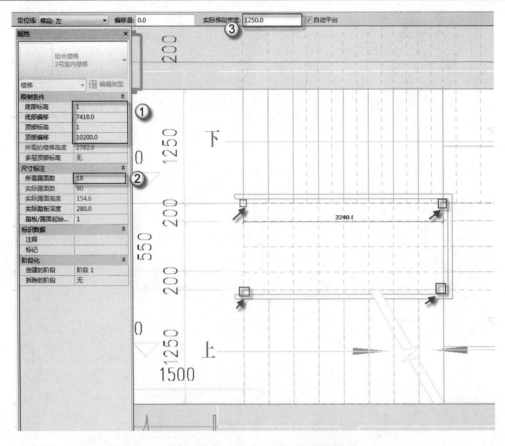

图 11.2.60　绘制第十三、十四梯段

完成 2 号室内楼梯绘制后，按快捷键 F4，切换到三维视图，如图 11.2.61 所示，转动楼梯查看侧面的效果如图 11.2.62 所示。

图 11.2.61　楼梯正面三维效果　　　　图 11.2.62　楼梯侧面三维效果

11.2.3 1 号室外台阶

1 号室外台阶是各跑不等跑的 6 跑台阶，连接地坪与三层的空间，可以保证客流从室外直接进入到三层的食堂，具体操作如下。

（1）进入首层平面。在"项目浏览器"面板中，选择"视图（全部）"→"结构平面"→"1"选项，即可进入一层平面视图，如图 11.2.63 所示。

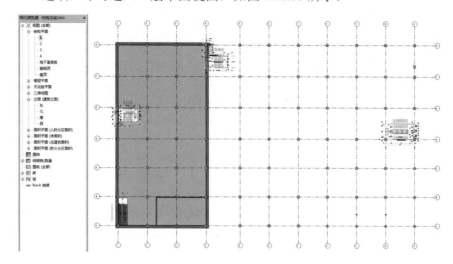

图 11.2.63　进入首层平面

（2）导入"1 号室外台阶二层平面图"CAD 底图和"1 号室外台阶二层平面图"CAD 底图。选择"插入"→"导入 CAD"命令，在弹出的对话框中选择配套资源中的"1 号室外台阶二层平面图"文件，将"导入单位"设置为"毫米"，将"定位"设置为"自动-中心到中心"，然后单击"打开"按钮，如图 11.2.64 所示。重复此步骤再导入 1 号室外台阶三层平面图"CAD 底图，如图 11.2.65 所示。

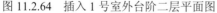

图 11.2.64　插入 1 号室外台阶二层平面图　　　图 11.2.65　插入 1 号室外台阶三层平面图

（3）对齐 CAD 图。选择导入的 1 号室外台阶二层平面图，按快捷键 M+V，移动光标捕捉 CAD 图中轴线交汇处柱的一个端点"1"点，使用鼠标滚轴中键放大视图后移动到 A 轴与 7 轴柱处的"2"点，移动到端点对齐后，放置 CAD 图，如图 11.2.66 所示。选择导入的 1 号室外台阶二层平面图，按快捷键 M+V，移动光标捕捉 CAD 图中轴线交汇处柱的一个端点"1"点，使用鼠标滚轴中键放大视图后移动到 A 轴与 5 轴柱处的"2"点，移动到端点对齐后，放置 CAD 图，如图 11.2.67 所示。

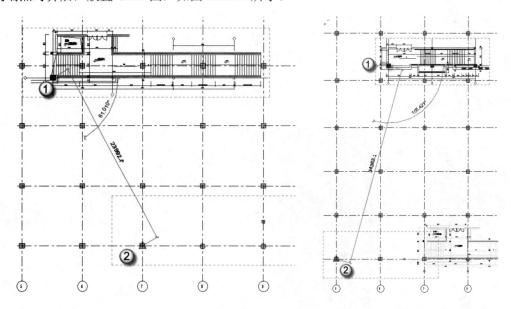

图 11.2.66　对齐 1 号室外台阶二层平面图　　　图 11.2.67　对齐 1 号室外台阶二层平面图

（4）绘制竖直参照平面。按快捷键 R+P 绘制参照平面，与最右边楼梯线对齐绘制一条参照平面线。绘制完成后，选择参照平面线，按快捷键 A+R 阵列参照平面，在选项栏中不选择"成组并关联"复选框，"项目数"设置为"12"个单位，"移动到"选择"第二个"单选按钮，然后捕捉参照线一端点"2"点相邻一点"3"点进行阵列即可完成，如图 11.2.68 所示。再重复此步骤，完成此台阶的所有竖直参照平面，如图 11.2.69 所示。

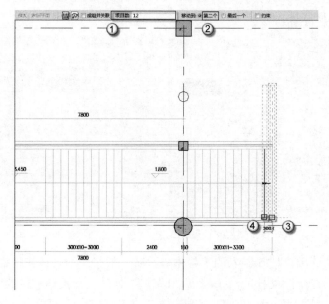

图 11.2.68　阵列参照平面

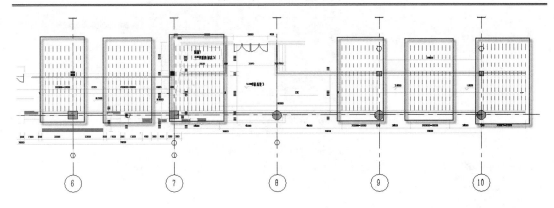

图 11.2.69　完成竖直参照平面绘制

（5）绘制水平参照平面。按快捷键 R+P 绘制参照平面，沿着楼梯最上面的边线绘制一条水平参照平面，按快捷键 C+O，然后捕捉楼梯线依次再向下复制一条参照线，如图 11.2.70 所示。

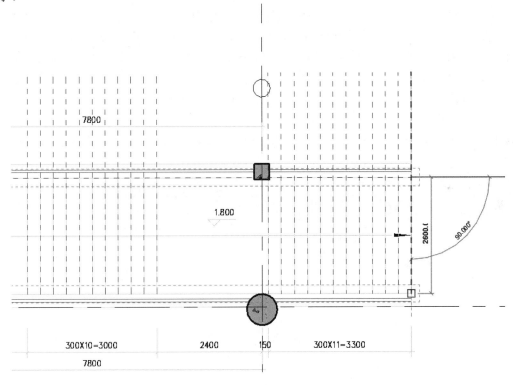

图 11.2.70　复制多个水平参照线

（6）构建楼梯。选择"建筑"→"楼梯"→"楼梯（按构件）"命令，在激活的"修改/创建楼梯"选项栏中单击"直梯"按钮，然后进入楼梯的绘制模式。

（7）新建组合楼梯类型。单击"编辑属性"按钮，在弹出的"类型属性"对话框中，单击"复制"按钮，弹出"名称"对话框，将名称"4 号室内楼梯"修改为"1 号室外台阶"，最后单击"确定"按钮完成新建组合楼梯类型，如图 11.2.71 所示。

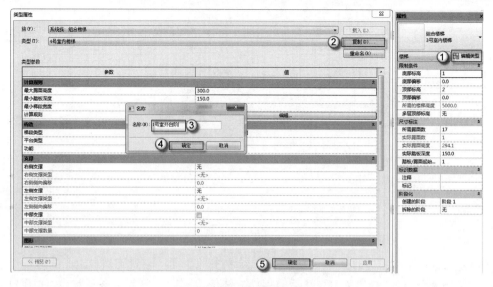

图 11.2.71 新建楼梯类型

（8）设置楼梯尺寸及位置。观察导入的"2号室内楼梯"CAD图可知该楼梯尺寸。在"属性"面板中通过设置"底部标高"为"1"层平面、"底部偏移"为"0.0"个单位、"顶部标高"为"1"层平面、"顶部偏移"为"4950.0"个单位来确定楼梯的起始和终止高度。通过设置"所需踢面数"为"33"个，从而可以调整"实际踢面高度"为"150"mm（实际踢面高度为程序自动计算，不需要另为设置），同时调整实际踏板深度为"300"mm。在选项栏中设置"定位线"为"梯段：左"对齐，"偏移量"为"0.0"个单位，"实际梯段宽度"为"2600.0"个单位，选中"自动平台"复选框，画好的两跑楼梯之间会自动生成楼梯的休息平台，如图11.2.72所示。

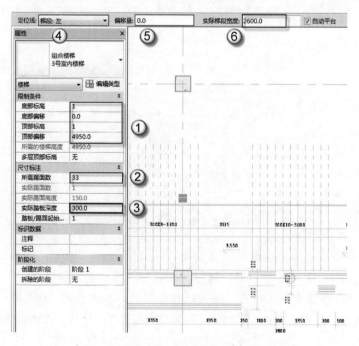

图 11.2.72 设置楼梯尺寸

（9）绘制楼梯第一、第二、第三梯段。捕捉楼梯梯段的起始点"1"点，沿水平方向参照线向右绘制至梯段的终点"2"点，再捕捉到楼梯梯段的起始点"3"点，沿水平方向参照线向左绘制至梯段的终点"4"点，再捕捉楼梯梯段的起始点"5"点，沿水平方向参照线向左绘制至梯段的终点"6"点，如图 11.2.73 所示，每段楼梯之间会自动生成休息平台。

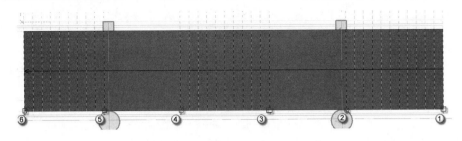

图 11.2.73　绘制第一、第二、第三梯段

（10）绘制楼梯第四、第五、第六梯段。通过设置"底部标高"为"1"层平面、"底部偏移"为"0.0"个单位、"顶部标高"为"1"层平面、"顶部偏移"为"4950.0"个单位来确定楼梯的起始和终止高度。通过设置"所需踢面数"为"33"个，从而可以调整"实际踢面高度"为"148.5"mm（实际踢面高度为程序自动计算，不需要另为设置），同时调整实际踏板深度为"300"mm。在选项栏中设置定位线为"梯段：左"对齐，"偏移量"为"0.0"个单位，"实际梯段宽度"为"2600.0"个单位，选中"自动平台"复选框，如图 11.2.74 所示。捕捉楼梯梯段的起始点"1"点，沿水平方向参照线向右绘制至梯段的终点"2"点，再捕捉到楼梯梯段的起始点"3"点，沿水平方向参照线向左绘制至梯段的终点"4"点，再捕捉楼梯梯段的起始点"5"点，沿水平方向参照线向左绘制至梯段的终点"6"点，如图 11.2.75 所示。

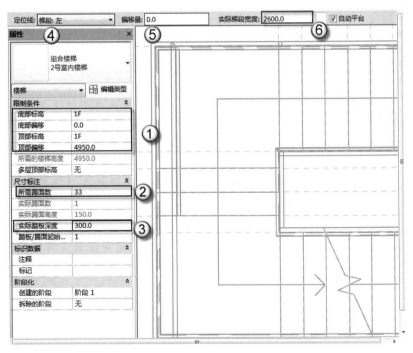

图 11.2.74　第四、五、六梯段尺寸及位置

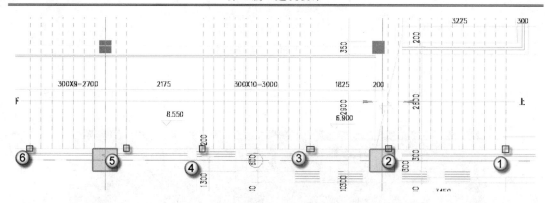

图 11.2.75　完成第四、第五、第六梯段

（11）构建有坡度的休息平台。选择"建筑"→"楼板"→"楼梯（建筑）"命令，在激活的"修改/创建楼梯"选项栏中单击"边界线"中的"矩形"工具，然后绘制休息平台，用矩形绘制工具从端点"1"绘制到端点"2"，如图 11.2.76 所示。在激活的"修改/创建楼梯"选项栏中单击"坡度箭头"中的"直线"工具，捕捉楼梯边线"3"点向右绘制到楼梯边线"4"点，如图 11.2.77 所示，然后进入"属性"面板修改坡度属性，将"尾高度偏移"修改为"150.0"个单位，将最高处标高修改为"2"层，最后单击上下文关联选项卡的 √ 按钮完成绘制，如图 11.2.78 所示。

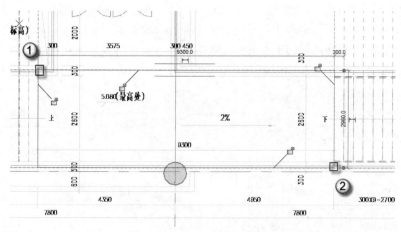

图 11.2.76　绘制休息平台

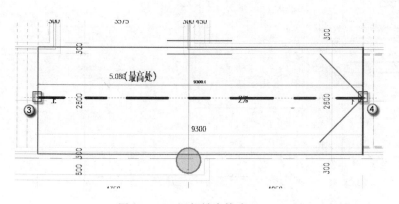

图 11.2.77　添加坡度箭头　　　　　　　　　图 11.2.78　添加坡度属性

　　完成 1 号室外台阶绘制后，按快捷键 F4 切换到三维视图，在其中观看台阶模型的正确性，如图 11.2.79 所示。

图 11.2.79　楼梯正面三维效果

第12章 屋顶平面

屋顶是房屋最上层的覆盖物，由屋面和支持结构组成。屋顶的围护作用是防止自然界雨、雪和风沙的侵袭及太阳辐射的影响。另一方面还要承受屋顶上部的荷载，包括风雪荷载、屋顶自重及可能出现的构件和人群的重量，并把它传给墙体。因此，对屋顶的要求是坚固耐久，自重要轻，具有防水、防火、保温及隔热的性能，同时要求构件简单、施工方便，并能与建筑物整体配合，具有良好的外观。

12.1 天 窗

天窗能在大范围内接受阳光，采光深度大而均匀，同时提供广阔清晰的视野，使室内空间感觉宽阔、明亮、高雅，生动靓丽。天窗的优点是开启面积大，通风好，密封性好，隔音、保温、抗渗性能优良。内开式的天窗擦窗方便；外开式的天窗开启时不占空间，但也有缺点，如窗幅小，视野不开阔。外开窗开启要占用墙外的一块空间，刮大风时易受损；而内开窗要占去室内的部分空间，开窗时使用纱窗、窗帘等也不方便，如果质量不过关，还可能渗雨。

12.1.1 天窗基座的绘制

天窗是金属骨架加安全隔热玻璃，天窗与楼板的连接需要一个混凝土的基座，此基座为现场浇筑，具体操作步骤如下。

（1）打开"矩形梁"族文件。单击"打开"\"结构"\"框架"\"混凝土"\"混凝土-矩形梁"文件夹，如图12.1.1所示。

图12.1.1 打开"矩形梁"族文件

（2）删除参数 b。选择矩形梁，按快捷键 D+E，然后单击"族类型"按钮，进入"族类型"对话框，选择"尺寸标注"栏中的 b，单击"删除"按钮，在弹出的对话框中，单击"是"按钮，如图 12.1.2 所示。

图 12.1.2　删除参数 b

（3）删除参数 h。在返回的"族类型"对话框中选择 h，单击"删除"按钮，在弹出的对话框中，单击"是"按钮，如图 12.1.3 所示。

（4）新建"天窗基座"。在返回的"族类型"对话框中，单击"新建"按钮，进入编辑名称对话框，在其中输入"天窗基座"字样，单击"确定"按钮，如图 12.1.4 所示。

图 12.1.3　删除参数 h

图 12.1.4　新建"天窗基座"

（5）删除"300×600mm"和"400×800mm"族。在返回的"族类型"对话框中，在"名称"栏中选择"300×600mm"选项，单击"删除"按钮，如图 12.1.5 所示。然后再在"名称"栏中选择"400×800mm"选项，单击"删除"按钮，如图 12.1.6 所示。

图 12.1.5　删除"300×600mm"

图 12.1.6　删除"400×800mm"

（6）导入 CAD 底图。选择"插入"→"导入 CAD"命令，在弹出的"导入 CAD 格式"对话框中找到"天窗基座截面"图，单击"打开"按钮，如图 12.1.7 所示。

（7）移动 CAD 底图。按快捷键 R+P 作辅助线找到天窗基座截面的几何中心，然后选择 CAD 图，按快捷键 M+V，将其移动到相应位置，如图 12.1.8 所示。

图 12.1.7　导入 CAD 底图

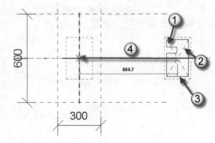

图 12.1.8　移动 CAD 底图

（8）绘制路径。将绘图界面返回到楼层平面，选择"创建"→"放样"命令，在"修改/放样"任务栏中单击"绘制路径"工具，然后在绘图界面绘制路径，最后在上下文关联

选项板中单击 √ 按钮，如图 12.1.9 所示。

（9）绘制天窗基座的轮廓。在轮廓中选择"按草图"，单击"编辑轮廓"按钮，进入"转到视图"对话框，选择"立面：右"，单击"打开视图"按钮，如图 12.1.10 所示。然后绘制轮廓，在上下文关联选项板中单击 √ 按钮，如图 12.1.11 所示。

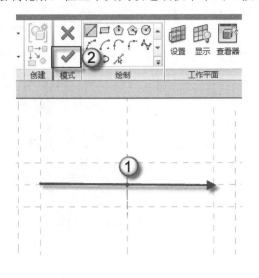

图 12.1.9　绘制路径

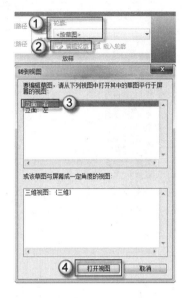

图 12.1.10　打开视图

（10）添加材质。在"属性"面板下，单击"材质和装饰"参数下材质所对应的"按类别"按钮，进入"材质浏览器"对话框，选择"混凝土-现场浇注混凝土"，然后单击"确定"按钮，如图 12.1.12 所示。

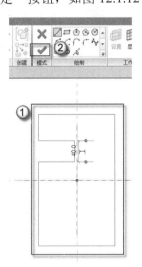

图 12.1.11　绘制轮廓

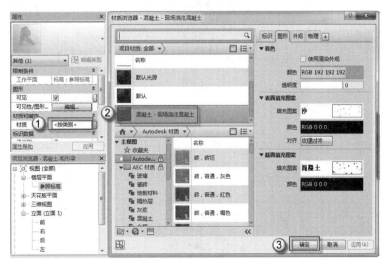

图 12.1.12　添加材质

（11）保存"天窗基座"族。选择"程序"→"另存为"→"族"命令，进入"另存为"对话框，在"文件名称"中输入"天窗基座"，单击"保存"按钮，如图 12.1.13 所示。

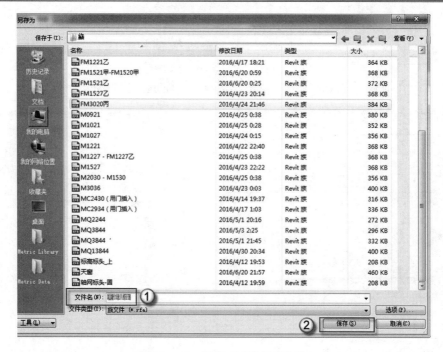

图 12.1.13　保存"天窗基座"族

（12）导入屋顶的 CAD 底图。选择"插入"→"导入 CAD"命令，在弹出的"导入 CAD 格式"对话框中找到"屋顶"的 CAD 底图，单击"打开"按钮，如图 12.1.14 所示。

图 12.1.14　导入屋顶的 CAD 底图

（13）移动 CAD 底图。选择导入的 CAD 底图，按快捷键 M+V，将 CAD 底图移动到合适的位置，如图 12.1.15 所示。

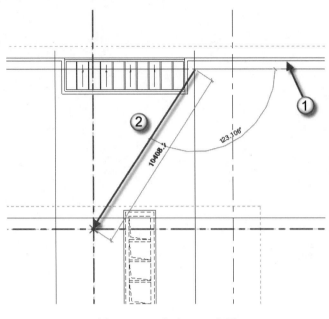

图 12.1.15　移动 CAD 底图

（14）复制上人屋面板。选择"建筑"→"楼板"→"楼板：建筑"选项，选择"地下室地面"，单击"编辑类型"按钮，在弹出的"类型属性"对话框中，单击"复制"按钮，在弹出的"名称"对话框中输入"上人屋面"字样，然后单击"确定"按钮，如图 12.1.16 所示。

图 12.1.16　复制上人屋面板

（15）设置上人屋面板的材质。在返回的"类型属性"对话框中，单击"类型参数"下的"编辑"按钮，在弹出的"编辑部件"对话框中，将"沥青"的厚度改成"3mm"，删除"混凝土，现场浇注-C20"材质，将 10mm 厚的"混凝土，沙/水泥找平"改成 25mm

厚的"砂砾"，将"面层 1[4]"的"灰浆"改成"混凝土，预制嵌板"并将其厚度改为"30mm"，
如图 12.1.17 所示。

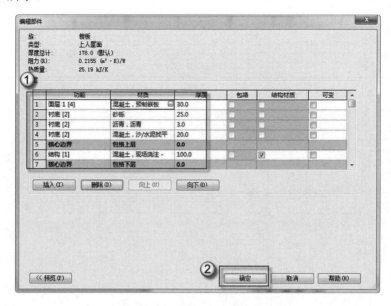

图 12.1.17　设置上人屋面板的材质

（16）绘制上人屋面板。选择"直线"绘图方式，在相应的位置绘制上人屋面板的轮
廓，最后在上下文关联选项板中单击√按钮，如图 12.1.18 所示。

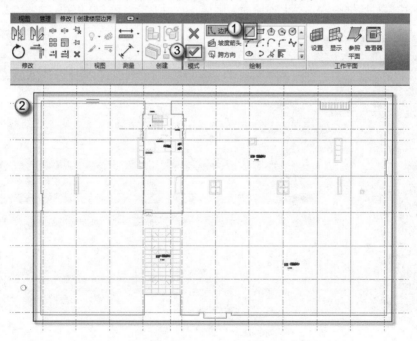

图 12.1.18　绘制上人屋面板

（17）复制创建女儿墙。按快捷键 W+A，在"属性"面板中选择"红色砌体外墙"，单
击"编辑类型"按钮，在弹出的"类型属性"对话框中，单击"复制"按钮，进入"名称"

对话框，输入"女儿墙"，单击"确定"按钮，如图 12.1.19 所示。

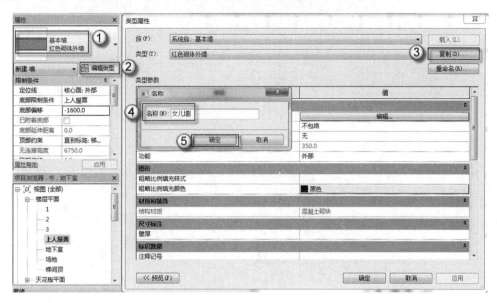

图 12.1.19　复制创建女儿墙

（18）设置"女儿墙"材质。在返回的"类型属性"对话框中，单击"类型参数"下的"编辑"按钮，在弹出的"编辑部件"对话框中，将"混凝土砌块"对应的厚度改为"160mm"，如图 12.1.20 所示。

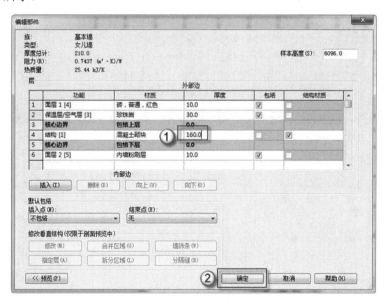

图 12.1.20　设置"女儿墙"材质

（19）绘制女儿墙。在"属性"面板中，将"底部限制条件"设为"上人屋面"，"底部偏移"设为"0"，"顶部约束"同样设为"直到标高：上人屋面"，"顶部偏移"为"950mm"，然后将"定位线"设为"核心层中心线"，"偏移量"设为"80mm"，然后绘制女儿墙，如图 12.1.21 所示。

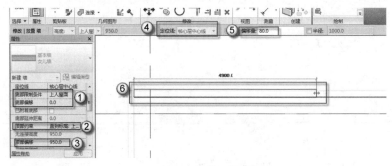

图 12.1.21　绘制女儿墙

（20）载入"天窗基座"族。选择"插入"→"载入族"命令，在弹出的"载入族"对话框中找到前面建立的"天窗基座"族，单击"打开"按钮，如图 12.1.22 所示。

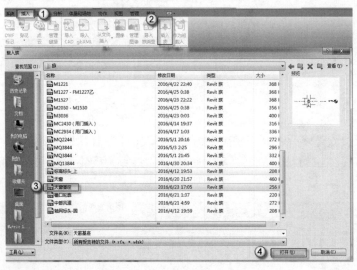

图 12.1.22　载入"天窗基座"族

（21）绘制"天窗基座"。选择"结构"→"梁"命令，在"属性"面板中将"Z 轴偏移值"设置为"750mm"，然后绘制天窗基座，如图 12.1.23 所示。完成"天窗基座"的绘制，如图 12.1.24 所示。

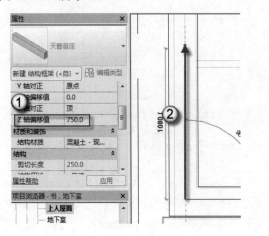

图 12.1.23　绘制"天窗基座"

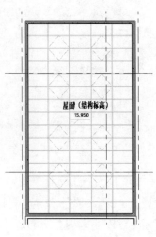

图 12.1.24　完成"天窗基座"的绘制

按快捷键 F4，切换到三维视图，3D 效果图如图 12.1.25 所示。

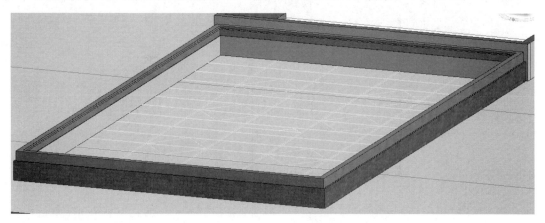

图 12.1.25　3D 效果图

12.1.2　天窗族的建立与插入

天窗实际上就是一个翻转 90°角的玻璃幕墙，但是不能以幕墙族样板来做，因为幕墙族是垂直于水平面，而天窗是平行于水平面，具体操作如下。

（1）打开"基于楼板的公制常规模型"族样板文件。单击"新建"按钮，在弹出的"新族-选择样板文件"对话框中，单击"基于楼板的公制常规模型"族样板文件，单击"打开"按钮，如图 12.1.26 所示。

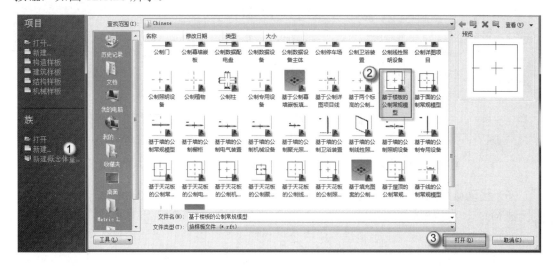

图 12.1.26　打开"基于楼板的公制常规模型"族样板文件

（2）绘制辅助线。按快捷键 R+P，在"偏移量"后输入"4150"字样，然后绘制辅助线，如图 12.1.27 所示。

（3）镜像辅助线。先选择第（1）骤绘制的辅助线，按两下快捷键 M，完成镜像辅助线，如图 12.1.28 所示。

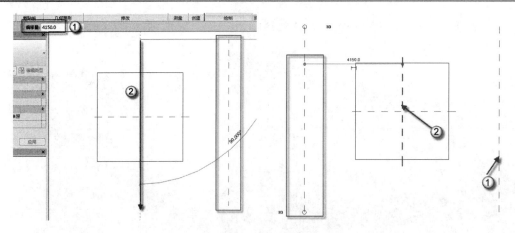

图 12.1.27　绘制辅助线　　　　　　　　　　图 12.1.28　镜像辅助线

（4）绘制辅助线。按快捷键 R+P，在"偏移量"后输入"7275"字样，然后绘制辅助线，如图 12.1.29 所示。

（5）镜像辅助线。先选择第（4）步骤绘制的辅助线，按两下快捷键 M，完成镜像辅助线，如图 12.1.30 所示。

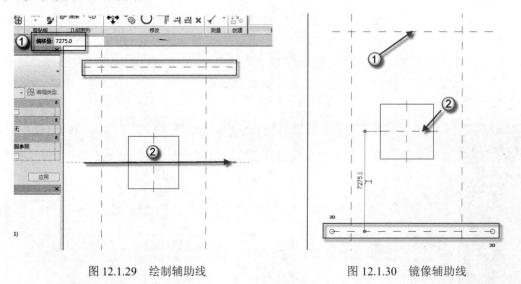

图 12.1.29　绘制辅助线　　　　　　　　　　图 12.1.30　镜像辅助线

（6）移动楼板轮廓。双击楼板，进入"修改/编辑边界"界面，依次选择楼板边界，按快捷键 M+V，将楼板轮廓移动到前面绘制的辅助线位置，如图 12.1.31 所示。

（7）绘制楼板轮廓。在绘制任务栏中选择"矩形"工具，在"偏移量"后输入"80"字样，然后绘制楼板轮廓，然后在上下文关联选项板中单击 √ 按钮，如图 12.1.32 所示。

（8）导入 CAD。选择"插入"→"导入 CAD"命令，在弹出的"导入 CAD 格式"对话框中，找到"天窗"的 CAD 图，选择"导入单位"为"毫米"，单击"打开"按钮，如图 12.1.33 所示。

（9）移动 CAD 底图。选择已经插入的 CAD 底图，按快捷键 M+V，取消选项栏中"约束"复选框的选择，移动 CAD 底图，如图 12.1.34 所示。

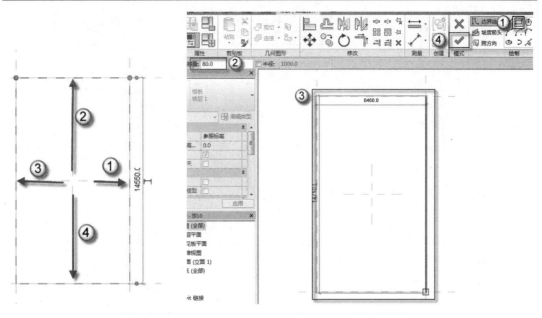

图 12.1.31 移动楼板轮廓   图 12.1.32 绘制楼板轮廓

图 12.1.33 导入 CAD 图

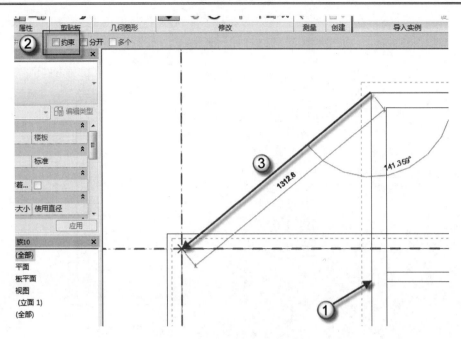

图 12.1.34　移动 CAD 底图

（10）创建拉伸窗框。选择"创建"→"拉伸"命令，选择"矩形"工具，然后依次拉伸窗框，如图 12.1.35 所示。

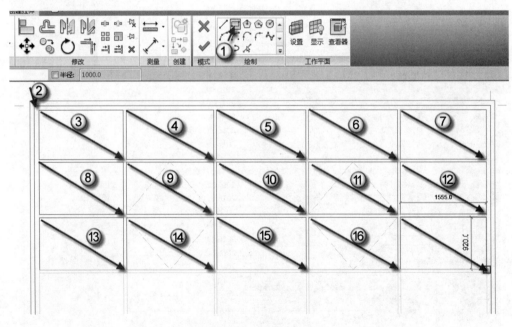

图 12.1.35　创建拉伸窗框

（11）编辑窗框的可见性。在"属性"面板中，在"限制条件"栏的"拉伸终点"后输入"–40"字样，然后单击"编辑"按钮，在弹出的"族图元可见性设置"对话框中，将所有的视图都选上，单击"确定"按钮，如图 12.1.36 所示。

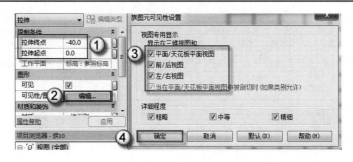

图 12.1.36 编辑窗框可见性

（12）添加"天窗窗框参数"。在"属性"面板的"材质和装饰"栏中单击"按类别"按钮，在弹出的"关联族参数"对话框中，单击"添加参数"按钮，进入"参数属性"对话框，选择"共享参数"单选按钮，单击"选择"按钮，如图 12.1.37 所示。

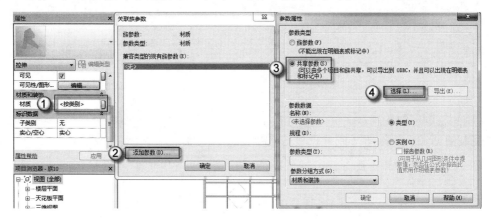

图 12.1.37 添加"天窗窗框参数"

（13）新建"天窗材质"参数组。在弹出的"共享参数"对话框中，单击"编辑"按钮，进入"编辑共享参数"对话框，单击"新建"按钮，进入"新参数组"对话框，在"名称"后输入"天窗材质"，单击"确定"按钮，如图 12.1.38 所示。

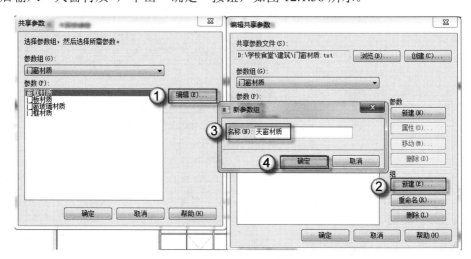

图 12.1.38 新建"天窗材质"参数组

（14）编辑"共享参数"。在返回的"编辑共享参数"对话框中，单击"新建"按钮，在弹出的"参数属性"对话框中输入"天窗窗框材质"字样，在"参数类型"中选择"材质"选项，单击"确定"按钮，如图 12.1.39 所示。返回到"编辑共享参数"对话框，单击"确定"按钮，如图 12.1.40 所示。

图 12.1.39　编辑"共享参数"

图 12.1.40　完成编辑

（15）复制玻璃轮廓线。完成编辑窗框材质后，返回绘图界面，选择玻璃轮廓线，单击"复制的剪贴板"按钮（或者直接按快捷键 Ctrl+C），然后在上下文关联选项板中单击 √ 按钮，如图 12.1.41 所示。

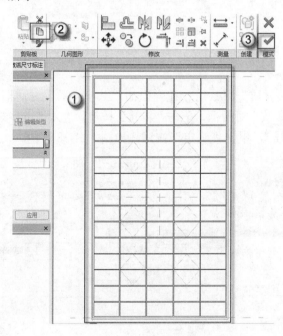

图 12.1.41　复制玻璃轮廓线

（16）粘贴"玻璃轮廓线"。选择"创建"→"拉伸"命令，在"修改/创建拉伸"中选择"粘贴"→"从剪贴板中粘贴"命令，将前面复制的"玻璃轮廓线"粘贴到相应位置，在上下文关联选项板中单击 √ 按钮，如图 12.1.42 所示。

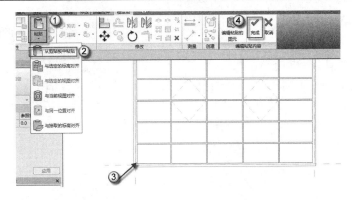

图 12.1.42　粘贴"玻璃轮廓线"

（17）添加"天窗玻璃参数"。在"属性"面板中，将限制条件中的"拉伸终点"后输入"–30"字样，在"拉伸起点"后输入"–10"字样，在"材质和装饰"栏中单击"按类别"按钮，在弹出的"关联族参数"对话框中，单击"添加参数"按钮，进入"参数属性"对话框，选中"共享参数"单选按钮，单击"选择"按钮，如图 12.1.43 所示。

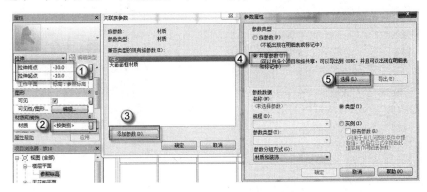

图 12.1.43　添加"天窗玻璃参数"

（18）编辑"共享参数"。在弹出的"共享参数"对话框中，单击"编辑"按钮，进入"编辑共享参数"对话框，单击"新建"按钮，在弹出的"参数属性"对话框中输入"天窗玻璃材质"字样，在"参数类型"中选择"材质"，单击"确定"按钮，返回到"编辑共享参数"对话框，单击"确定"按钮，如图 12.1.44 所示。

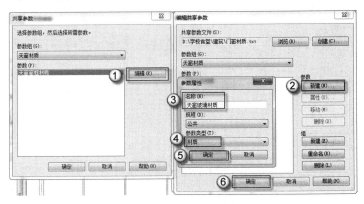

图 12.1.44　编辑"共享参数"

（19）编辑天窗的窗框材质。单击"族类型"按钮，在弹出的"族类型"对话框中，单击"按类别"按钮，如图 12.1.45 所示。

（20）设置天窗的窗框材质。在弹出的"材质浏览器"对话框，在"AEC 材质"中选择"金属"→"铝，蓝色阳极电镀"，然后选择"外观"，单击"颜色"按钮，在弹出的"颜色"对话框中选择合适的颜色，单击"确定"按钮，如图 12.1.46 所示。

图 12.1.45　编辑天窗的窗框材质

（21）设置天窗的玻璃材质。在返回的"族类型"对话框中，单击"材质和装饰"参数下"天窗玻璃材质"对应的"按类别"按钮，进入"材质浏览器"对话框，在"AEC 材质"中选择"玻璃"→"玻璃，透明玻璃"，然后单击"确定"按钮，返回"族类型"对话框，单击"确定"按钮，如图 12.1.47 所示。

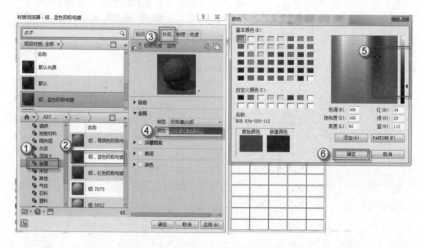

图 12.1.46　设置天窗的窗框材质

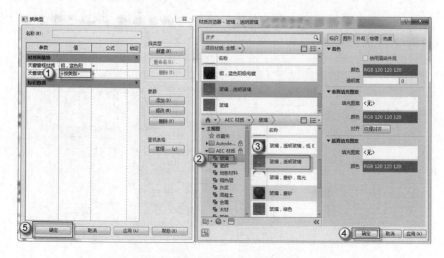

图 12.1.47　设置天窗的玻璃材质

（22）完成天窗族的建立。返回到绘图界面，在上下文关联选项板中单击 √ 按钮，如图 12.1.48 所示，3D 效果如图 12.1.49 所示。

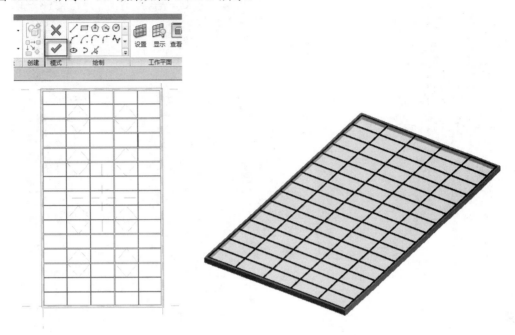

图 12.1.48　完成天窗族的建立　　　　　　　　图 12.1.49　3D 效果图

（23）保存天窗族。选择"程序"→"另存为"→"族"命令，弹出"另存为"对话框，在"文件名"后输入"天窗"字样，单击"保存"按钮，如图 12.1.50 所示。

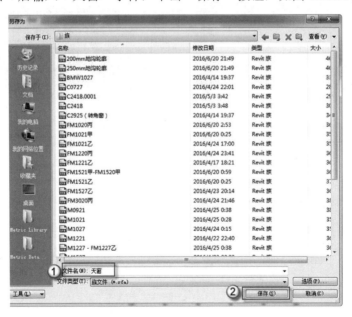

图 12.1.50　保存天窗族

（24）载入"天窗"族。选择"插入"→"载入族"命令，在弹出的"载入族"对话框中找到前面建立的"天窗"族，单击"打开"按钮，如图 12.1.51 所示。

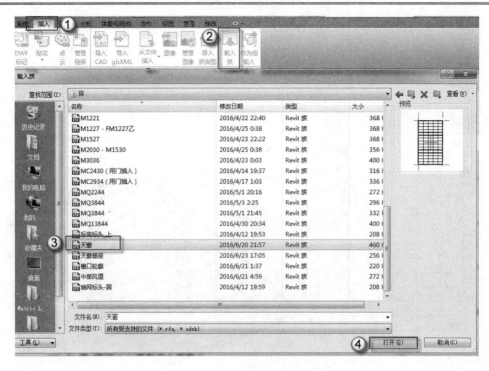

图 12.1.51　载入"天窗"族

（25）绘制楼板。进入天窗的平面视图，选择"建筑"→"楼板"→"楼板：建筑"命令，在"属性"面板中选择"上人屋面"，然后选择"矩形"绘图方式，绘制楼板，最后在上下文关联选项板中单击√按钮，如图 12.1.52 所示。

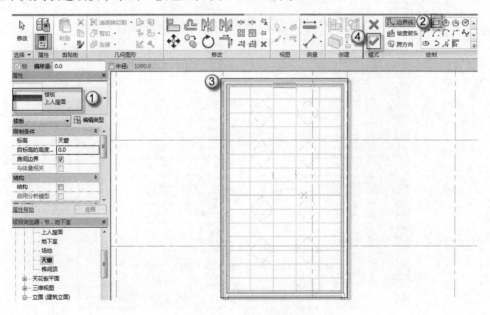

图 12.1.52　绘制楼板

（26）放置"天窗"族。选择"建筑"→"构件"→"放置构件"命令（或者直接按快捷键 C+M），在天窗的部分放置"天窗"族，如图 12.1.53 所示。

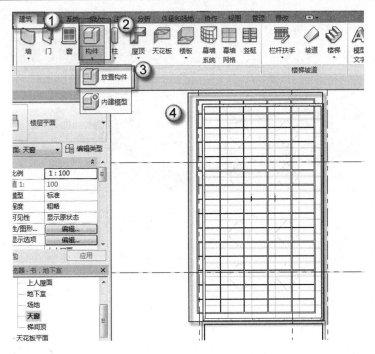

图 12.1.53 放置"天窗"族

（27）移动"天窗"族。选择已经插入的"天窗"族，按快捷键 M+V，将天窗移动到准确的位置，如图 12.1.54 所示。

（28）楼板开洞。双击选择步骤（25）绘制的楼板，进入修改界面，选择"矩形"绘图方式，在有天窗的地方进行开洞，然后在上下文关联选项板中单击 √ 按钮，如图 12.1.55 所示。

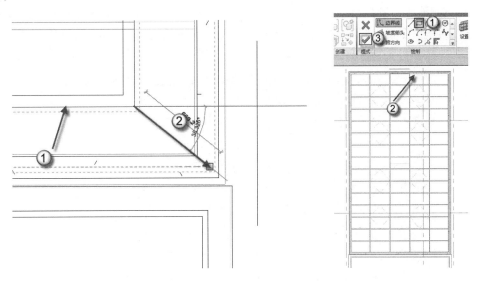

图 12.1.54 移动"天窗"族   图 12.1.55 楼板开洞

完成"天窗"族的插入。按快捷键 F4，切换到三维视图，观察 3D 效果图如图 12.1.56 所示。只有在三维中才能直观地观察模型是否有问题。

图 12.1.56　3D 效果图

12.2　檐　　口

天沟是在屋面上设置的排水沟，设置在檐口处的天沟又称为檐沟。天沟的作用是汇集和排除雨水，断面尺寸应根据当地降雨量和汇水面积的大小来确定，一般天沟的净宽不小于 150mm。为了能够迅速排除雨水，在天沟内应设置纵坡，纵坡坡度不小于 1%。

12.2.1　轮廓族的建立

檐口的设计也是一种自定义轮廓，然后沿路径"放样"的过程。本节将介绍檐口轮廓族的定义，具体操作如下。

（1）打开"公制轮廓"族样板文件。单击"程序"按钮，在下拉菜单中选择"新建"→"族"命令，在弹出的"新族-选择样板文件"对话框中，选择"公制轮廓"族，单击"打开"按钮，如图 12.2.1 所示。

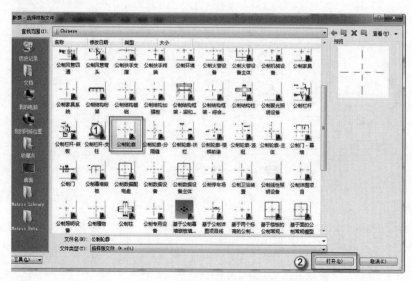

图 12.2.1　打开"公制轮廓"族

（2）绘制辅助线。按快捷键 R+P，在"偏移量"后输入"150"字样，然后绘制辅助线，如图 12.2.2 所示。

（3）辅助线的镜像。选择绘制完成的辅助线，按快捷键 M+M，然后单击中心线，完成镜像绘制，如图 12.2.3 所示。

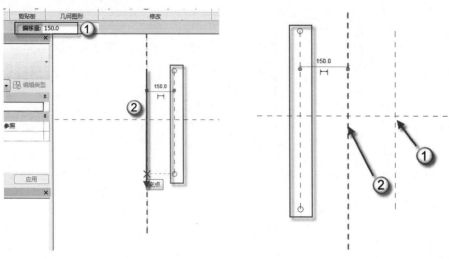

图 12.2.2　绘制辅助线　　　　　　　　图 12.2.3　完成镜像

（4）绘制辅助线。按快捷键 R+P，在"偏移量"后输入"–400"字样，然后绘制辅助线，如图 12.2.4 所示。

（5）绘制轮廓。选择"创建"→"直线"命令，在绘制中选择"直线"绘图方式，在"子类别"下选择"轮廓"，然后绘制檐口的轮廓，如图 12.2.5 所示。

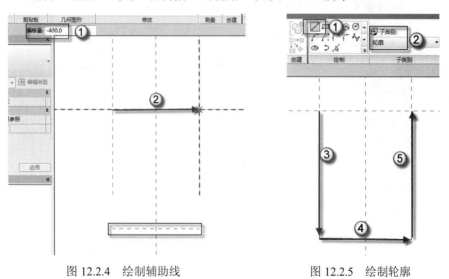

图 12.2.4　绘制辅助线　　　　　　　　图 12.2.5　绘制轮廓

（6）绘制直线。选中"链"复选框，在"偏移量"后输入"20"字样，然后绘制直线，如图 12.2.6 所示。

注意：选中"链"复选框后，绘制时一次可以绘制多条首尾相连的直线，如不选中"链"复选框，则一次只能绘制一条直线。

（7）完成檐口的绘制。在"偏移量"后将"20"改为"0"，然后绘制直线，将檐口的轮廓闭合，如图 12.2.7 所示。

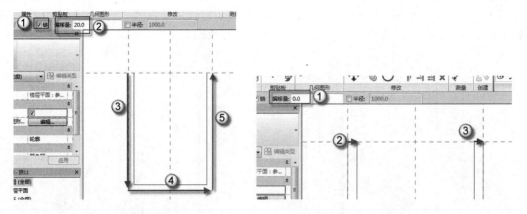

图 12.2.6　绘制直线　　　　　　　　　图 12.2.7　完成檐口的绘制

（8）保存"檐口轮廓"族。单击"程序菜单"按钮，在下拉菜单中选择"另存为"→"族"命令，在弹出的"另存为"对话框中，在"文件名"后输入"檐口轮廓"字样，单击"保存"按钮，如图 12.2.8 所示。

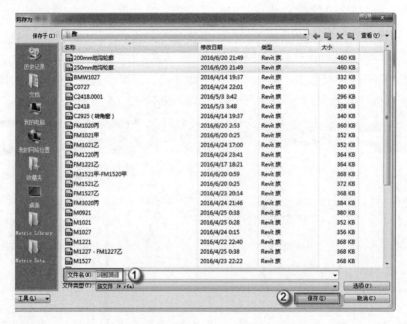

图 12.2.8　保存"檐口轮廓"族

12.2.2　内檐口的绘制

檐口分为内檐口和外檐口两种，内檐口是指排水天沟在女儿墙内侧，外檐口是指排水天沟在女儿墙外侧，本例采用内檐口，具体操作如下。

（1）载入"檐口轮廓"族。选择"插入"→"载入族"命令，在弹出的"载入族"对话框中找到"檐口轮廓"族，单击"打开"按钮，如图 12.2.9 所示。

　　（2）绘制内檐口的模型线。选择"建筑"→"模型线"命令，选中"链"复选框，将"偏移量"设置为"150mm"，然后绘制模型线，如图 12.2.10 所示。

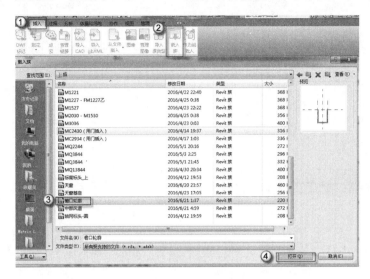

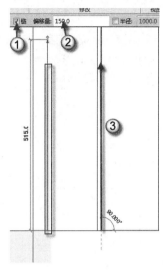

图 12.2.9　载入"檐口轮廓"族　　　　　　　　图 12.2.10　绘制内檐口的模型线

　　（3）复制创建"内檐口"。选择"建筑"→"屋顶"→"屋顶：檐槽"命令，在"属性"面板中单击"编辑类型"按钮，在弹出的"类型属性"对话框中，单击"复制"按钮，进入"名称"对话框，在其中输入"内檐口"字样，最后单击"确定"按钮，如图 12.2.11 所示。

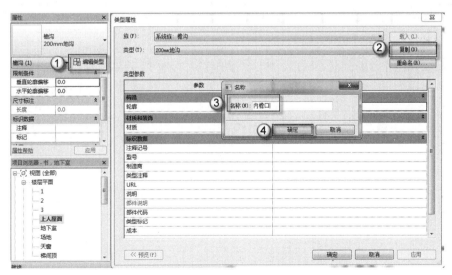

图 12.2.11　复制创建"内檐口"

　　（4）设置类型参数。在返回的"类型属性"对话框中，单击"轮廓"参数对应的"值"单元格的按钮，选择"檐口轮廓：檐口轮廓"，单击"确定"按钮，如图 12.2.12 所示。

　　（5）绘制"内檐口"。返回绘图界面，然后逐一拾取前面绘制的"内檐口"模型线，如图 12.2.13 所示。

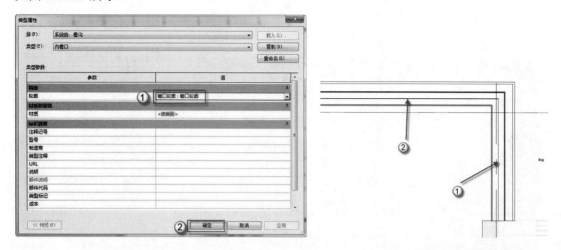

图 12.2.12　设置类型参数　　　　　　　图 12.2.13　绘制"内檐口"

（6）楼板开洞。双击选择上人屋面板，进入"修改/编辑边界"界面，选择"直线"绘图方式，然后在绘制的内檐口位置，将楼板开洞，最后在上下文关联选项板中单击√按钮，如图 12.2.14 所示。

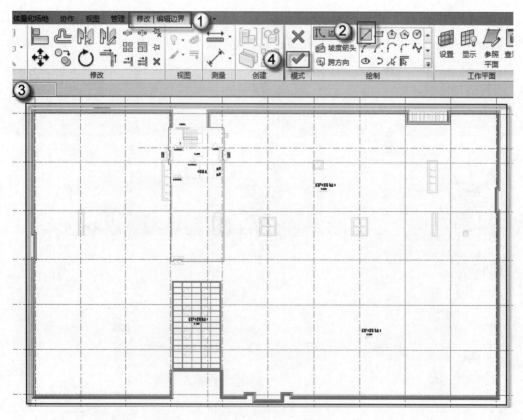

12.2.14　楼板开洞

（7）完成"内檐口"的绘制，3D 效果如图 12.2.15 所示。

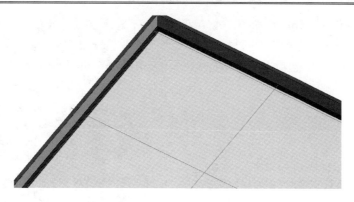

图 12.2.15　3D 效果图

🔔注意：　"檐口"族的建立与插入，也可以用 12.1 节中介绍的"天窗基座"族的建立与插入方法绘制。

12.3　出屋面风道

出屋面风道主要是指厨房的烟囱，本例选用高校的食堂，室内有大量厨房，油烟要向外部排放，在出屋面部位有好几个风道。风道的设计一要注意及时排烟，二要注意防止雨水倒灌。本节将介绍两类风道，一类是中部风道，一类是靠墙风道。

12.3.1　中部风道

中部风道不靠墙，在风道的四面都有出风孔，可以及时地将烟排出。本节将介绍改变建筑柱的类型及创建中部风道的方法，具体操作如下。

（1）打开"矩形柱"的族。选择"打开"→"建筑"→"柱"→"矩形柱"，单击"打开"按钮，如图 12.3.1 所示。

12.3.1　打开"矩形柱"的族

（2）删除"457×475mm"和"610×610mm"族，进入到第一层的楼层平面，单击"族类型"按钮，进入"族类型"对话框，在"名称"中选择"457×475mm"，单击"删除"按钮，如图 12.3.2 所示。然后在名称中选择"610×610mm"，单击"删除"按钮，如图 12.3.3 所示。

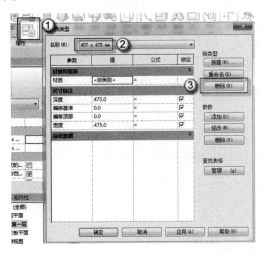

图 12.3.2 删除"457×475mm"   图 12.3.3 删除"610×610mm"

（3）重命名"中部风道"。单击"重命名"按钮，在弹出的"名称"对话框中，输入"中部风道"，单击"确定"按钮，如图 12.3.4 所示。

（4）修改尺寸。在"尺寸标注"的参数中，将"深度"参数改成"1300"，将"宽度"参数改成"1600"，如图 12.3.5 所示。

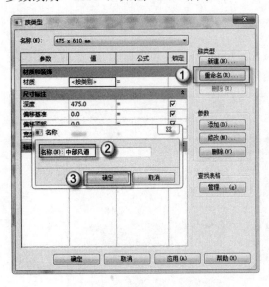

图 12.3.4 重命名"中部风道"   图 12.3.5 修改尺寸

（5）添加材质。在"材质和装饰"参数下，单击"材质"后的"按类别"按钮，进入"材质浏览器"对话框，在"AEC 材质"中选择"混凝土"→"混凝土，现场浇注"，单击"确定"按钮，然后返回到"族类型"对话框，单击"确定"按钮，如图 12.3.6 所示。

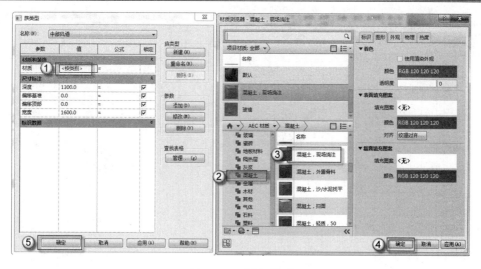

图 12.3.6　添加材质

（6）绘制孔道。双击柱截面，在"绘制"任务栏中选择"矩形"绘图方式，同时将"偏移量"改成"−200"，然后绘制孔道，最后在上下文关联选项板中单击 √ 按钮，如图 12.3.7 所示。3D 效果如图 12.3.8 所示。

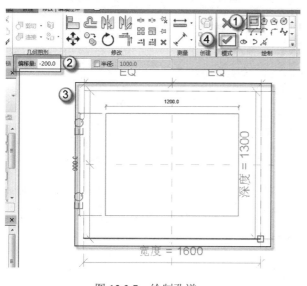

图 12.3.7　绘制孔道

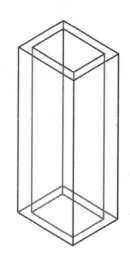

图 12.3.8　3D 效果图

（7）绘制镂空符号。选择"注释"→"符号线"命令，然后绘制风道的镂空符号，如图 12.3.9 所示。

（8）绘制突出屋面的风道。选择"创建"→"拉伸"命令，选择"矩形"绘图形式，依次绘制风道轮廓，如图 12.3.10 所示。

（9）调整风道的参数。进入前立面视图中，在"属性"面板中，将"拉伸起点"设为"4000"，"拉伸终点"设为"4550"，单击"编辑"按钮，在弹出的"族图元可见性设置"对话框中，只选中"前/后视图"和"左/右视图"两个复选框，单击"确定"按钮，如图 12.3.11 所示。

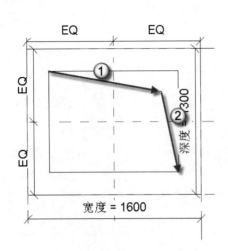

图 12.3.9　绘制镂空符号　　　　　　　图 12.3.10　绘制突出屋面的风道

图 12.3.11　调整风道的参数

（10）添加材质。单击"材质"参数后面的"按类别"按钮，在弹出的"材质浏览器"对话框中选择"混凝土，现场浇注"选项，单击"确定"按钮，如图 12.3.12 所示。

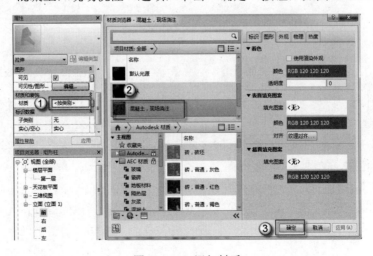

图 12.3.12　添加材质

（11）完成突出屋面风道的绘制。在上下文关联选项板中单击 √ 按钮，完成柱的绘制，如图 12.3.13 所示。

（12）拉伸中间的板。选择"创建"→"拉伸"命令，选择"矩形"绘图形式，拉伸中间镂空的部分，然后在"偏移量"后输入"90"，再对外圈轮廓进行拉伸，如图 12.3.14 所示。

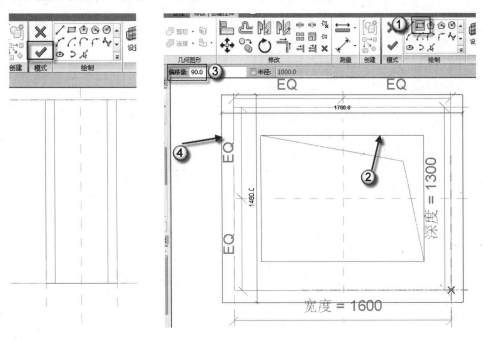

图 12.3.13　完成突出屋面风道的绘制　　　　　图 12.3.14　拉伸中间板

（13）修改参数。在"属性"面板中，将"拉伸起点"改为"4550"，"拉伸终点"改为"4600"，如图 12.3.15 所示。

（14）完成限制条件的修改。进入前立面视图，在上下文关联选项板中单击 √ 按钮，如图 12.3.16 所示。

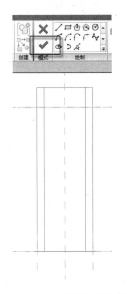

图 12.3.15　修改参数　　　　　　　　　　　图 12.3.16　完成限制条件的修改

（15）绘制 200 mm×200 mm×1200 mm 柱子。选择"创建"→"拉伸"命令，选择"矩形"绘图方式，然后依次绘制，如图 12.3.17 所示。

（16）调整 200 mm×200 mm×1200mm 柱子的参数。在"属性"面板中，将"拉伸起点"改为"4600"，"拉伸终点"改为"5800"，单击"应用"按钮，如图 12.3.18 所示。

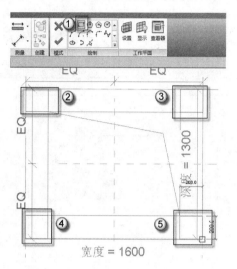

图 12.3.17　绘制 200 mm×200 mm×
1200 mm 柱子

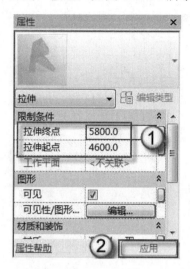

图 12.3.18　调整 200 mm×200 mm×
1200 mm 柱子的参数

（17）完成限制条件的修改。进入前立面视图，在上下文关联选项板中单击 √ 按钮，如图 12.3.19 所示。

（18）绘制顶板。选择"创建"→"拉伸"命令，选择"矩形"绘图方式，将"偏移量"设为"100"，然后进行拉伸，如图 12.3.20 所示。

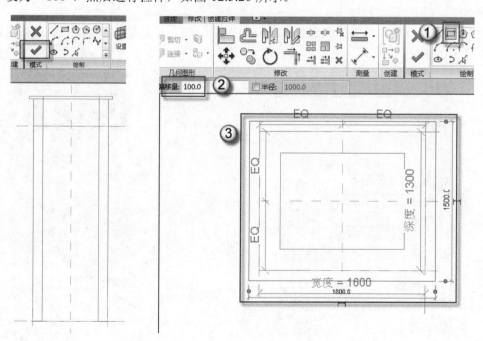

图 12.3.19　完成限制条件的修改

图 12.3.20　绘制顶板

（19）调整顶板的参数。在"属性"面板中，将"拉伸起点"改为"5800"，"拉伸终点"改为"5850"，单击"应用"按钮，如图 12.3.21 所示。

（20）完成限制条件的修改。进入前立面视图，在上下文关联选项板中单击 √ 按钮，如图 12.3.22 所示。

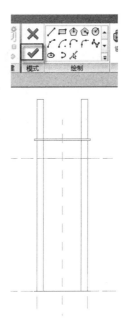

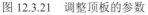

图 12.3.21　调整顶板的参数　　　　　　图 12.3.22　完成限制条件的修改

（21）创建"风道口"组。选择突出屋面的风道部分，单击"创建组"按钮，在弹出的"创建模型组"对话框中输入"风道口"，单击"确定"按钮，如图 12.3.23 所示。

（22）锁定突出屋面的风道。选择"风道口"组，按快捷键 M+V，将风道口组移动一定距离，如图 12.3.24 所示。按快捷键 A+L，分别拾取两个接触面，如图 12.3.25 所示。最后点击界面上的小锁，如图 12.3.26 所示。

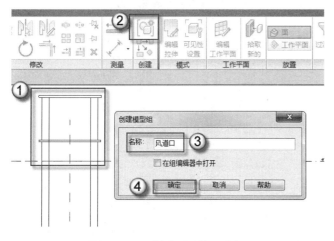

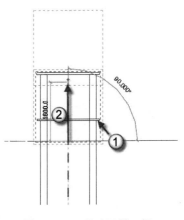

图 12.3.23　创建"风道口"组　　　　　　图 12.3.24　移动风道口组

（23）完成锁定，如图 12.3.27 所示，3D 效果如图 12.3.28 所示。

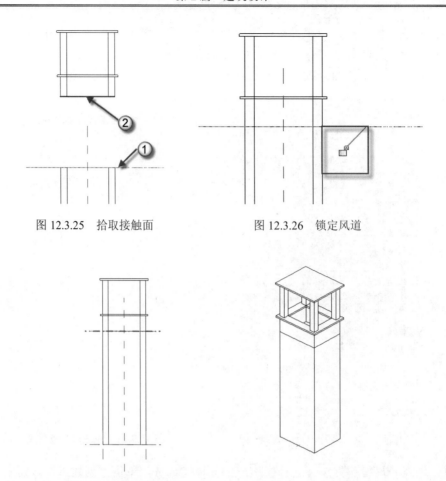

图 12.3.25　拾取接触面　　　　　图 12.3.26　锁定风道

图 12.3.27　完成锁定　　　　　图 12.3.28　3D 效果图

（24）保存中部风道。选择"程序"→"另存为"→"族"命令，进入"另存为"对话框，在"文件名"后输入"中部风道"字样，单击"保存"按钮，如图 12.3.29 所示。

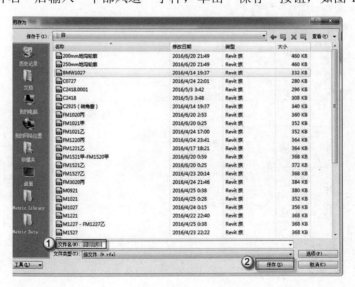

图 12.3.29　保存中部风道

（25）载入"中部风道"族。选择"插入"→"载入族"命令，在弹出的"载入族"对话框中找到"中部风道"族，单击"打开"按钮，如图 12.3.30 所示。

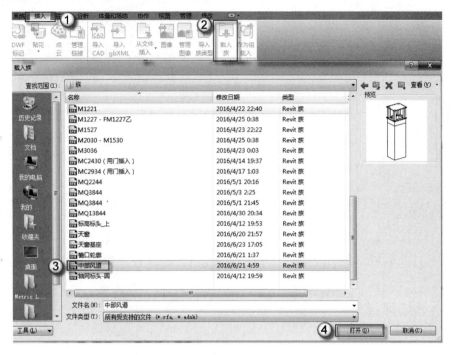

图 12.3.30　插入"中部风道"族

（26）插入"中部风道"族。选择"建筑"→"柱"→"柱：建筑"命令，然后插入"中部风道"族，如图 12.3.31 所示。

（27）设置"中部风道"族的参数。选择插入的"中部风道"族，在"属性"面板中，将"底部标高"设为"1"层，"顶部标高"设为"上人屋面"，"顶部偏移"设为"1850"，单击"应用"按钮，如图 12.3.32 所示。

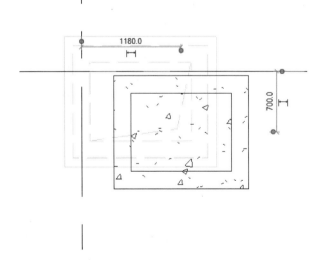

图 12.3.31　插入"中部风道"族　　　　图 12.3.32　设置族的参数

（28）移动"中部风道"族。选择插入的"中部风道"族，按快捷键 M+V，移动"中部风道"族，如图 12.3.33 所示。

完成插入"中部风道"，3D 效果如图 12.3.34 所示。

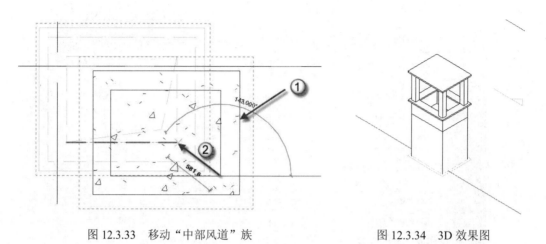

图 12.3.33　移动"中部风道"族　　　　　图 12.3.34　3D 效果图

12.3.2　靠墙风道

靠墙风道有一面靠墙，在风道的三面都有出风孔，排烟能力略差。本节将介绍改变建筑柱的类型及创建靠墙风道的方法，具体操作如下。

（1）打开"矩形柱"的族。选择"程序"→"打开"→"族"命令，在弹出的"打开"对话框中，选择"建筑"→"柱"→"矩形柱"，单击"打开"按钮，如图 12.3.35 所示。

12.3.35　打开"矩形柱"的族

（2）删除"457×475mm"和"610×610mm"族，进入第一层的楼层平面，单击"族类型"按钮，进入"族类型"对话框，在"名称"中选择"457×475mm"，单击"删除"按钮，如图 12.3.36 所示。然后再在"名称"中选择"610×610mm"，单击"删除"按钮，如图 12.3.37 所示。

图 12.3.36　删除"457×475mm"

图 12.3.37　删除"610×610mm"

（3）重命名"靠墙风道"。单击"重命名"按钮，在弹出的"名称"对话框中输入"靠墙风道"，单击"确定"按钮，如图 12.3.38 所示。

（4）修改尺寸。在"尺寸标注"的参数中，将"深度"参数改为"1150"，将"宽度"参数改为"1400"，如图 12.3.39 所示。

图 12.3.38　重命名"靠墙风道"

图 12.3.39　修改尺寸

（5）添加材质。在"材质和装饰"参数下，单击"材质"后的"按类别"按钮，进入

"材质浏览器"对话框，在"AEC 材质"中选择"混凝土"→"混凝土，现场浇注"，再单击"确定"按钮，返回到"族类型"对话框，单击"确定"按钮，如图 12.3.40 所示。

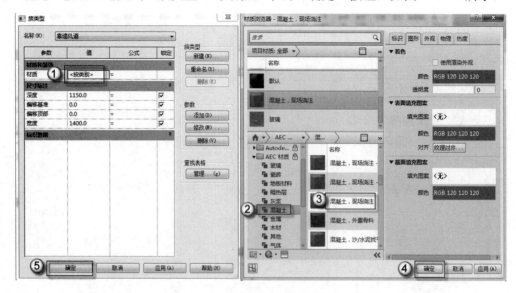

图 12.3.40　添加材质

（6）绘制孔道。双击柱截面，删除其中一条边线，在"绘制"任务栏中选择"直线"绘图方式，同时将"偏移量"改为"-200"，然后绘制孔道，如图 12.3.41 所示。然后将"偏移量"改为"0"，将其闭合，最后在上下文关联选项板中单击 √ 按钮，如图 12.3.42 所示。

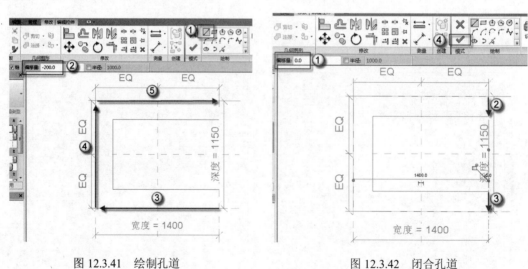

图 12.3.41　绘制孔道　　　　　　　图 12.3.42　闭合孔道

（7）绘制镂空符号。选择"注释"→"符号线"命令，然后绘制风道的镂空符号，如图 12.3.43 所示。

（8）绘制突出屋面的风道。选择"创建"→"拉伸"命令，然后选择"拾取线"绘图形式，依次拾取风道轮廓，如图 12.3.44 所示。

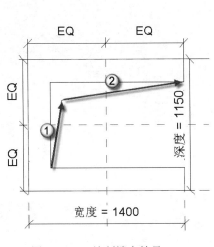

图 12.3.43　绘制镂空符号　　　　图 12.3.44　绘制突出屋面的风道

（9）调整风道的参数。进入前立面视图中，在"属性"面板中，将"拉伸起点"设为"4000"，"拉伸终点"设为"4400"，单击"编辑"按钮，在弹出的"族图元可见性设置"对话框中，选中"前/后视图"和"左/右视图"复选框，单击"确定"按钮，如图 12.3.45 所示。

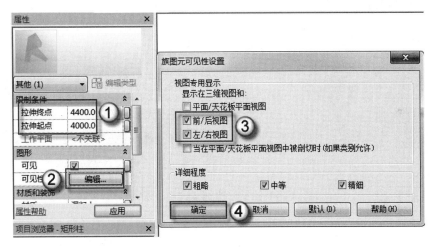

图 12.3.45　调整风道的参数

（10）添加材质。单击"材质"参数后面的"按类别"按钮，在弹出的"材质浏览器"对话框中选择"混凝土，现场浇注"选项，单击"确定"按钮，如图 12.3.46 所示。

（11）完成突出屋面风道的绘制。在上下文关联选项板中单击 √ 按钮，完成柱的绘制，如图 12.3.47 所示。

（12）拉伸中间的板。选择"创建"→"拉伸"命令，选择"拾取线"绘图形式，依次拾取中间的镂空部分，如图 12.3.48 所示。然后在"偏移量"后输入"90"，选中"链"复选框。选择"直线"绘图方式，再依次绘制外圈轮廓，如图 12.3.49 所示。最后将偏移量改为"0"，将其闭合，如图 12.3.50 所示。

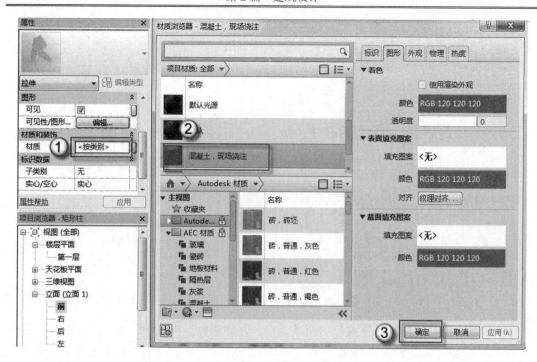

图 12.3.46　添加材质

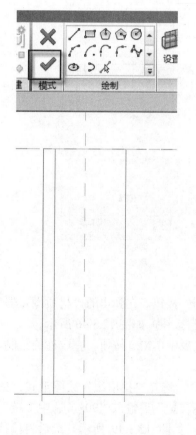

图 12.3.47　完成突出屋面风道的绘制

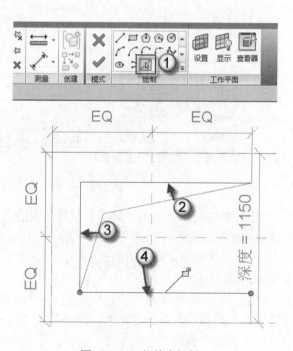

图 12.3.48　拉伸中间板

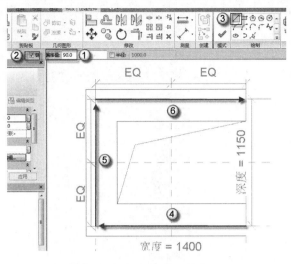

图 12.3.49　绘制外圈轮廓　　　　　　　　图 12.3.50　闭合轮廓线

（13）修改参数。在"属性"面板中，将"拉伸起点"改成"4400"，"拉伸终点"改成"4450"，如图 12.3.51 所示。

（14）完成限制条件的修改。进入前立面视图，在上下文关联选项板中单击 √ 按钮，如图 12.3.52 所示。

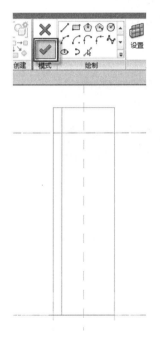

图 12.3.51　修改参数　　　　　　　　　图 12.3.52　完成限制条件的修改

（15）绘制 200 mm×200 mm×350 mm 的柱子。选择"创建"→"拉伸"命令，选择"矩形"绘图方式，然后依次绘制，如图 12.3.53 所示。

（16）调整 200 mm×200 mm×350 mm 柱子的参数。在"属性"面板中，将"拉伸起点"改为"4450"，"拉伸终点"改为"4800"，单击"应用"按钮，如图 12.3.54 所示。

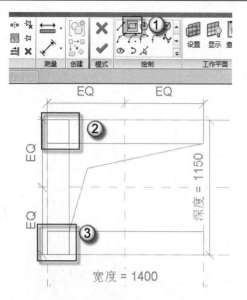

图 12.3.53　绘制 200 mm×200 mm×
350 mm 的柱子

图 12.3.54　调整 200 mm×200 mm×
350 mm 柱子的参数

（17）完成限制条件的修改。进入前立面视图，在上下文关联选项板中单击 √ 按钮，如图 12.3.55 所示。

（18）绘制顶板。选择"创建"→"拉伸"命令，选择"直线"绘图方式，选中"链"复选框，将"偏移量"设为"100"，依次绘制，如图 12.3.56 所示。然后将"偏移量"改为"0"，将图形闭合，如图 12.3.57 所示。

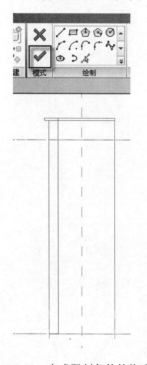

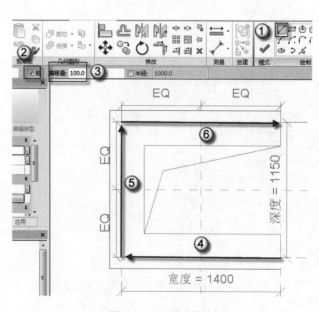

图 12.3.55　完成限制条件的修改

图 12.3.56　绘制顶板

（19）调整顶板的参数。在"属性"面板中，将"拉伸起点"改为"4800"，"拉伸终点"改为"4850"，单击"应用"按钮，如图 12.3.58 所示。

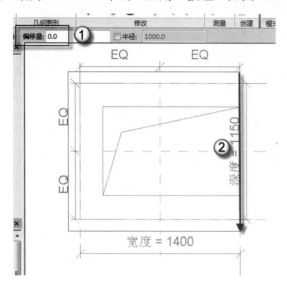

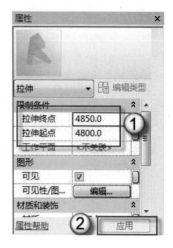

图 12.3.57 闭合图形　　　　　　　　　　　　图 12.3.58 调整顶板的参数

（20）完成限制条件的修改。进入前立面视图，在上下文关联选项板中单击 √ 按钮，如图 12.3.59 所示。

（21）创建"风道口"组。选择突出屋面的风道部分，单击"创建组"按钮，在弹出的"创建模型组"对话框中输入"风道口"，单击"确定"按钮，如图 12.3.60 所示。

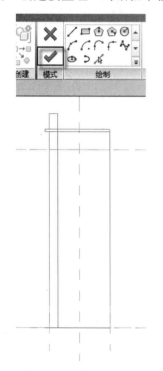

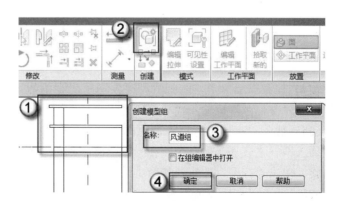

图 12.3.59 完成限制条件的修改　　　　　　图 12.3.60 创建"风道口"组

（22）锁定突出屋面的风道。选择"风道口"组，按快捷键 M+V，将风道口组移动一定距离，如图 12.3.61 所示。按快捷键 A+L，分别拾取两个接触面，如图 12.3.62 所示。最后单击界面上的小锁，将其锁住，如图 12.3.63 所示。

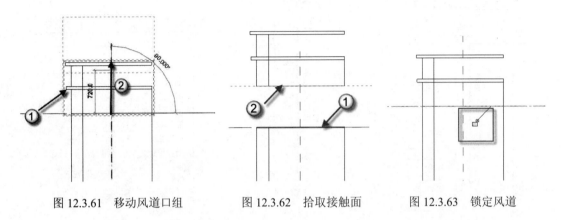

图 12.3.61　移动风道口组　　　图 12.3.62　拾取接触面　　　图 12.3.63　锁定风道

（23）完成锁定，如图 12.3.64 所示，3D 效果如图 12.3.65 所示。

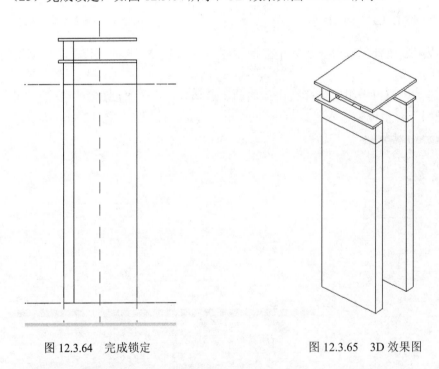

图 12.3.64　完成锁定　　　　　　　图 12.3.65　3D 效果图

（24）保存靠墙风道。选择"程序"→"另存为"→"族"命令，进入"另存为"对话框，在"文件名"后输入"靠墙风道"字样，单击"保存"按钮，如图 12.3.66 所示。

（25）载入"靠墙风道"族。选择"程序"→"关闭"命令，返回到项目中，然后选择"插入"→"载入族"命令，在弹出的"载入族"对话框中，找到前面建立的"靠墙风道"族，单击"打开"按钮，如图 12.3.67 所示。

（26）插入"靠墙风道"族。选择"建筑"→"柱"→"柱：建筑"命令，然后插入"靠墙风道"族，如图 12.3.68 所示。

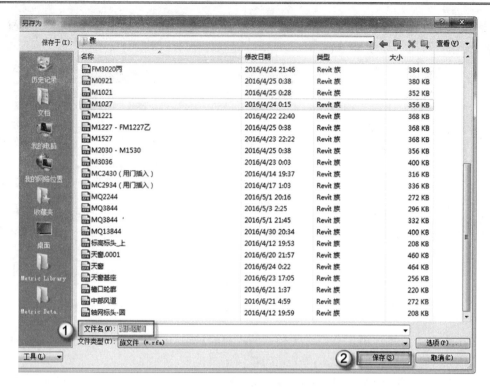

图 12.3.66　保存靠墙风道

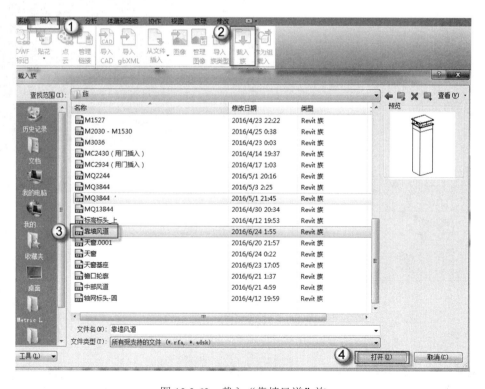

图 12.3.62　载入"靠墙风道"族

（27）设置"靠墙风道"族的参数。选择插入的"靠墙风道"族，在"属性"面板中，将"底部标高"设为"1"层，"顶部标高"设为"上人屋面"，"顶部偏移"设为"850"，单击"应用"按钮，如图 12.3.69 所示。

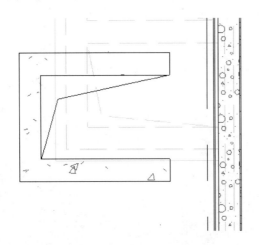

图 12.3.68　插入"靠墙风道"族　　　　　　图 12.3.69　设置族的参数

（28）移动"靠墙风道"族。选择插入的"靠墙风道"族，按快捷键 M+V，移动"靠墙风道"族，如图 12.3.70 所示。

完成插入"靠墙风道"，3D 效果如图 12.3.71 所示。

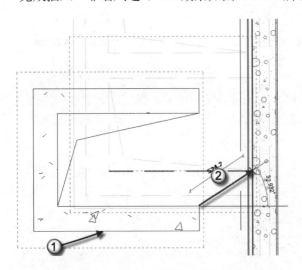

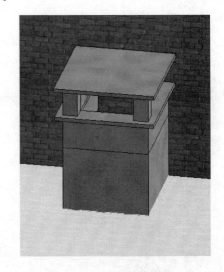

图 12.3.70　移动"靠墙风道"族　　　　　　图 12.3.71　3D 效果图

12.4　其他构件

本节将介绍屋顶部分的两个小构件：钢爬梯和水簸箕的制作。这两个构件都是中南标图集屋顶设施中常见的建筑类型，一个是直接调用系统族，一个需要自建族，希望读者在学习这两种构件的制作方法时能举一反三，熟悉建筑屋顶的构造。

12.4.1　钢爬梯

钢爬梯是固定在建筑物或设备上，与水平面垂直安装的钢质直梯，提供到屋面进行检修、清灰以及擦洗天窗用，并兼顾消防使用。爬梯低端应高出室外地面 1000 mm～1500 mm，以防儿童攀爬。梯与外墙表面距离通常不小于 250mm。梯梁用焊接的角钢埋入墙内，墙预留孔 260 mm×260 mm，深度最小为 240 mm，然后用 C15 混凝土嵌固或做成带角钢的预制块砌墙时砌入。

（1）打开楼层平面视图。在"项目浏览器"面板中选择"梯间顶"选项，进入"梯间顶"楼层平面视图，如图 12.4.1 所示。

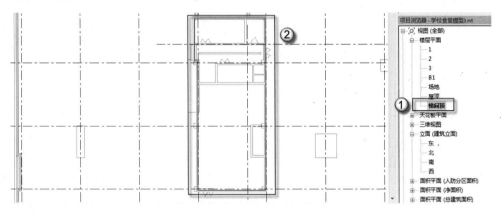

图 12.4.1　打开楼层平面视图

（2）载入"人孔爬梯"族。选择"插入"→"载入族"命令，在弹出的"载入族"对话框中，打开"建筑"\"专用设备"\"梯子"文件夹，在其中找到"人孔爬梯"，单击"打开"按钮，如图 12.4.2 所示。

图 12.4.2　载入"人孔爬梯"族

（3）放置钢爬梯。选择"建筑"→"构件"→"放置构件"命令，在其相应位置放置钢爬梯，如图 12.4.3 所示。

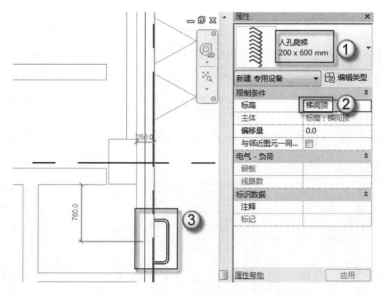

图 12.4.3　旋转爬梯

注意：在放置爬梯时，默认情况下可能与放置角度呈 90° 夹角，如图 12.4.4 所示。这时不断按 Space 键，爬梯会自动旋转，按一次 Space 键转动 45°，如图 12.4.5 所示，直到旋转到希望的角度为止。

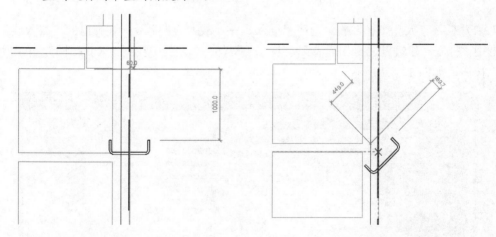

图 12.4.4　爬梯未与墙面对齐　　　　　　图 12.4.5　爬梯旋转 45°

（4）调整爬梯参数。按快捷键 F4，切换到三维视图进行操作。选择爬梯，在"属性"面板中选择"屋顶"标高，"偏移量"设置为"1500"个单位，单击"编辑类型"按钮，在弹出的"类型属性"对话框中，将层高设置为"3600"个单位，单击"确定"按钮完成操作，如图 12.4.6 所示。

（5）在三维视图中，按快捷键 F8，使用动态模式观察转动的视图，观察已经建好的爬梯三维模型，如图 12.4.7 所示。

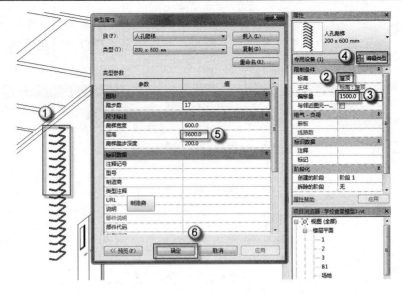

图 12.4.6　调整爬梯参数

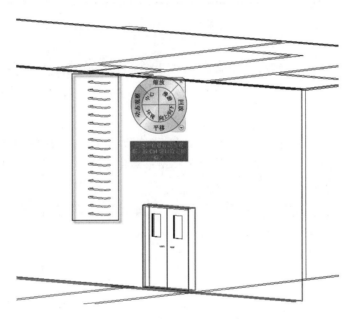

图 12.4.7　检查爬梯三维模型

12.4.2　水簸箕

　　水簸箕是指凸出屋面建筑物的落水管落到屋面时，在其下口为避免屋面被雨水冲刷而设置的保护块，所以也可以叫作滴水石。材料可以用细石混凝土砂浆抹面，也可以直接在屋面上的落水管下口贴一块瓷砖，起到保护作用。

　　因为 Revit 没有自带的水簸箕族，所以工程师需要自己新建水簸箕的族，而且只能依照公制常规模型来创建，具体操作如下。

（1）选取新建族的样板。双击打开 Revit 软件，进入 Revit 界面后，选择族选区"新建"命令，在进入"新族-选择样板文件"对话框后，选取"基于楼板的公制常规模型.rft"文件，单击"打开"按钮打开该文件，如图 12.4.8 所示。

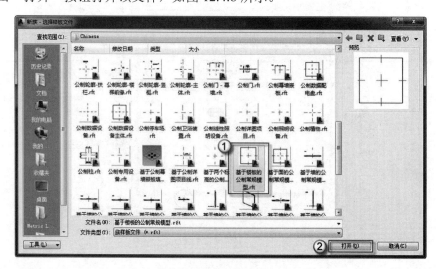

图 12.4.8 "新族-选择样板文件"对话框

注意：应选择族选区的"新建"命令，而不是项目选区的"新建"命令，两者打开后的界面是不一样的，这个不同点也可以用来区分打开的是族选区的命令还是项目选区的命令。

（2）创建参照标高平面辅助线。进入 Revit 编辑界面后，按快捷键 R+P，更改偏移数值为"125"，画出两条纵向辅助线。接着再将偏移数值更改为"150"，画出两条横向辅助线，如图 12.4.9 所示。

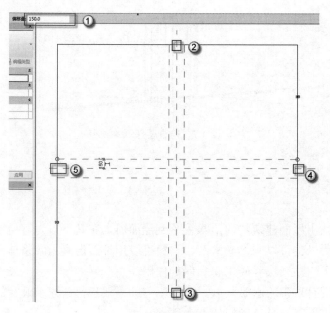

图 12.4.9 创建辅助线

🔔**注意：** 这步操作是以中间的十字辅助线与参照标高平面的相交点处为端点进行绘制的，该操作必须在该族的参照标高平面进行。

（3）创建水簸箕底板。选择"创建"→"拉伸"→"矩形"命令，绘制出如图 12.4.10 所示的矩形。

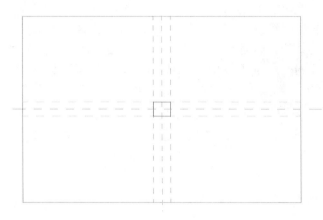

图 12.4.10　创建矩形实心形状

（4）设置材质。在"属性"面板中单击"材质"后的"关联族参数"按钮，在弹出的对话框中单击"添加参数"按钮，在弹出的对话框中选中"共享参数"单选按钮，然后单击"选择"按钮，弹出"共享参数"对话框，单击"编辑"按钮，在弹出的"编辑共享参数"对话框中，单击右侧参数选区的"新建"按钮，在弹出的"参数属性"对话框中，创建名称为"其他混凝土构件材质"，如图 12.4.11 所示。

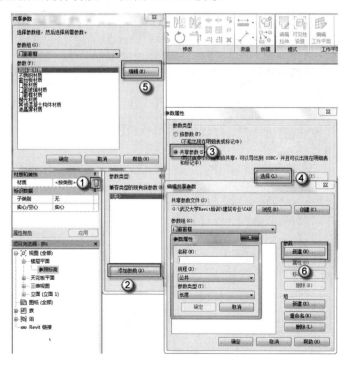

图 12.4.11　新建材质选项

⌂**注意:** 因为创建的是新的材质选项,所以在弹出的"参数属性"对话框中应设置"参数类型"为"材质"选项(而不是长度、面积等选项)。如果设置其他的为参数类型,那么在创建完三维实心形体后,则无法为其赋予材质。

(5)修改拉伸终点数值。在"属性"面板中更改拉伸终点数值为"30",接着单击选项卡中的 √ 按钮,如图 12.4.12 所示。

(6)创建立面辅助线纵线。在"项目浏览器"面板中选择立面栏中的"左"立面,在视图切换成三维实心体的左立面后,按快捷键 R+P,更改偏移数值为"-80",以编号 3 的交点为起点至编号 4 的交点为终点画一条辅助线,也就是编号 5 及编号 6 的连线,接着更改偏移数值为"-100",以编号 5 的交点为起点至编号 6 的交点为终点画一条辅助线,也就是编号 7 和编号 8 的连线,如图 12.4.13 所示。

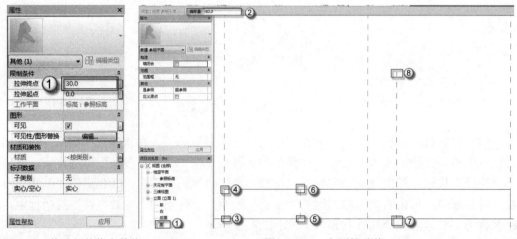

图 12.4.12　修改拉伸终点数值　　　　　图 12.4.13　立面辅助线

⌂**注意:** 创建立面辅助线是为了后面创建水簌箕壁做准备工作,过程有些许烦琐。该步操作要特别关注偏移数值,数值出错会造成辅助线的位置出错进而导致水簌箕壁变形。

(7)创建辅助线横线。按快捷键 R+P,更改偏移数值为"150",以编号 2 的交点为起点至编号 3 的交点为终点画一条辅助线,接着更改偏移数值为"0",画一条从编号 4 的交点至编号 5 交点的辅助线,如图 12.4.14 所示。

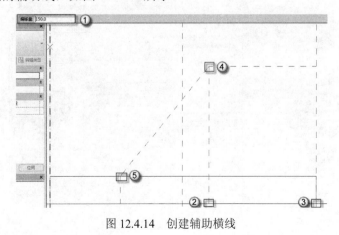

图 12.4.14　创建辅助横线

（8）创建右立面水簸箕壁。选择"创建"→"拉伸"→"直线"命令，选择"直线"绘制工具，绘制出如图 12.4.15 所示的多边形。拉伸终点和拉伸起点分别更改为"125"和"95"。单击"属性"面板中"材质"后的"关联族参数"按钮，在弹出的"关联族参数"对话框中选择"其他混凝土构件材质"选项，接着单击"确定"按钮，最后单击"完成编辑模式"按钮，操作步骤如图 12.4.15 和图 12.4.16 所示。

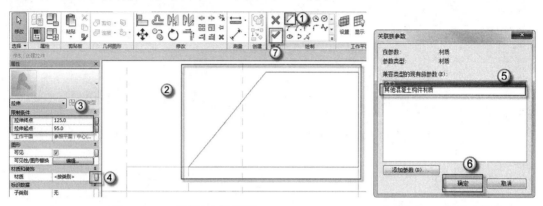

图 12.4.15　关联族参数类型　　　　　　图 12.4.16　创建水簸箕壁

（9）创建左立面水簸箕壁。切换到"参照标高"平面，选中已经创建好的右立面水簸箕，按两下快捷键 M，以中间的辅助线为对称线创建左立面水簸箕壁，如图 12.4.17 所示。

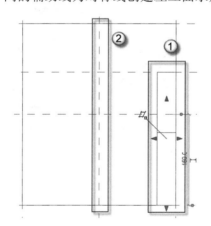

图 12.4.17　由轴镜像创建左立面水簸箕

（10）创建靠墙面水簸箕壁。选择"创建"→"拉伸"→"直线"命令，更改偏移数值为"30"，以编号 2 为起点至编号 3 为终点画一条线，接着将偏移数值更改为"0"，再画出 3 条线以形成如图 12.4.18 所示的矩形。接着将"拉伸终点"和"拉伸起点"分别更改为"150"和"0"。最后，单击"属性"面板中的材质栏内的"关联族参数"按钮，在弹出的"关联族参数"对话框中选择"其他混凝土构件材质"选项，单击"确定"按钮，如图 12.4.19 所示。

（11）赋予水簸箕材质。选择"创建"→"族类型"命令，在弹出的"族类型"对话框中单击"族材质"按钮，如图 12.4.20 所示。在弹出的"材质浏览器"对话框中选择"AEC 材质"→"混凝土，现场浇注"材质，并双击选定，如图 12.4.21 所示。

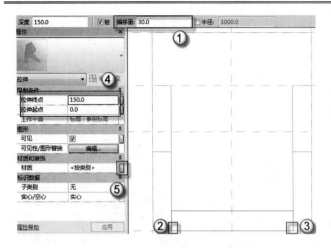

图 12.4.18　创建靠墙面水簸箕壁　　　　　　图 12.4.19　关联族参数类型

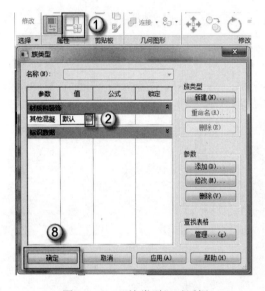

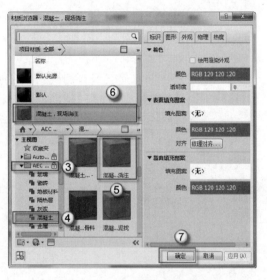

图 12.4.20　"族类型"对话框　　　　　　图 12.4.21　选定材质

注意：找到"混凝土，现场浇注"材质后选定并双击，等到该材质出现在标号 6 的位置后单击"确定"按钮才算赋予水簸箕材质。为了以后方便给相同材料的构件赋予材质，可以右击"混凝土，现场浇注"材质，在弹出的快捷菜单中选择"添加到"→"收藏夹"命令，以后在收藏夹中便能直接找到该材质。另外，图 12.4.20 标号 2 的按钮比较小要注意观察。

（12）保存水簸箕族。选择"系统按钮"→"另存为"→"族"命令，然后按快捷键 F4，观察三维的水簸箕族，如图 12.4.22 所示。

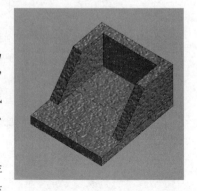

图 12.4.22　水簸箕 3D 效果图

第 13 章 布 局 出 图

在前面的章节中，已经将整个建筑的实体模型完成了，本章主要介绍如何输出施工图、如何导出漫游动画、如何统计工程量等问题。

13.1 施工图的编辑

建筑设计是一个不断深化的过程，由建筑方案到建筑施工图，由三维模型到二维图纸，Revit 提供了这样的操作模式，本节中将介绍如何将前面完成的三维模型，进一步深化，达到施工图出图的要求，详细描绘了平面图、立面图、剖面图、大样图（详图）的制作过程。

13.1.1 输出平面图

建筑平面图是建筑施工图的基本样图，是假想用一水平的剖切面沿门窗洞位置将房屋剖切后，对剖切面以下部分所做的水平投影图，其反映了房屋的平面形状、大小和布置；墙、柱的位置、尺寸和材料；门窗的类型和位置等。

（1）切换到一层平面图。在"项目浏览器"面板中，选择"楼层平面"→"1"视图，从立面视图进入一层平面视图，如图 13.1.1 所示。

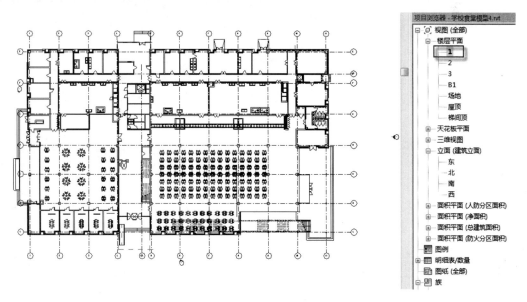

图 13.1.1 切换一层平面图

（2）设置标注样式。按快捷键 D+I，在"属性"面板中可观看到标注类型，单击"编辑类型"按钮，在弹出的"类型属性"对话框中单击"复制"按钮，在弹出的对话框中设置好新的标注样式名称，并单击"确定"按钮，如图 13.1.2 所示。然后在"类型属性"对话框中的"颜色"栏选择"绿色"，"宽度系数"设置为"0.6"个单位，如图 13.1.3 所示。

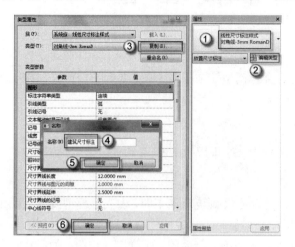

图 13.1.2　新建标注样式 1

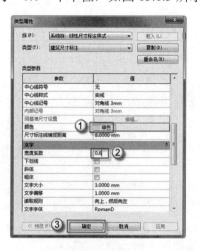

图 13.1.3　设置标注样式

🔔**注意：** 将尺寸标注的颜色设置为绿色的原因是国内目前主流的建筑 CAD 软件，如天正建筑、浩辰建筑、斯维尔建筑，都将标注设为绿色，便于统一出图。

（3）标注轴线尺寸。按快捷键 D+I，从左向右对轴线进行尺寸标注，如图 13.1.4 所示。轴线尺寸标注完成后，如图 13.1.5 所示。

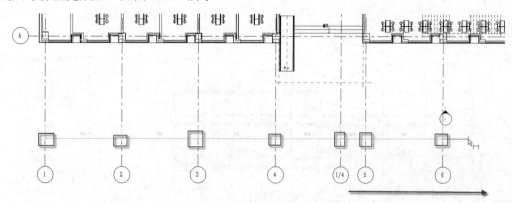

图 13.1.4　标注轴线尺寸

图 13.1.5　标注轴线尺寸

（4）标注总尺寸。按 Enter 键，对整个建筑的面宽（就是这个方向的轴线总尺寸）进行标注，如图 13.1.6 所示。

图 13.1.6　标注总尺寸

🔔**注意**：在 Revit 中，按 Enter 键，就是重复上一次的命令，这个方法与 AutoCAD 的操作
　　　类似，经常用到。

（5）载入平面标高族。选择"插入"→"载入族"命令，在弹出的"载入族"对话框
中选择配套资源中的"平面标高"RFA 族文件，单击"打开"按钮，如图 13.1.7 所示。

图 13.1.7　载入平面标高族

（6）平面标高标注。选择"注释"→"符号"命令，在建筑室外放置刚载入的标高符
号，如图 13.1.8 所示。选择放入的标高符号，在"属性"面板的"请输入标高"栏中输入
"–0.450"字样，如图 13.1.9 所示，完成后如图 13.1.10 所示。这个"–0.450"就是室内地
坪的标高。

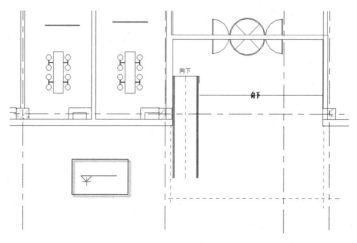

图 13.1.8　放置标高符号

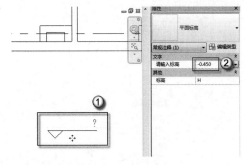

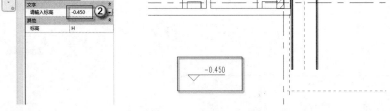

图 13.1.9　输入标高数值　　　　　　图 13.1.10　室外地坪标高

使用同样的方法，在出入口的室内部位，绘制一个"±0.000"的标高，如图 13.1.11 所示。在建筑物的背面台阶处，绘制一个"–0.200"的标高，如图 13.1.12 所示。

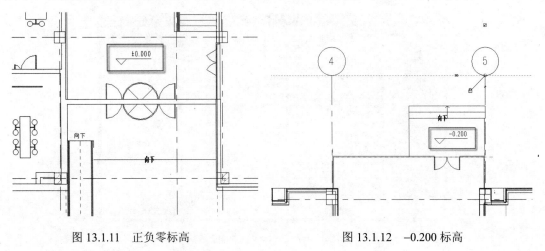

图 13.1.11　正负零标高　　　　　　　　图 13.1.12　–0.200 标高

13.1.2　输出立面图

建筑立面图是在与房屋立面相平行的投影面上所做的正投影图，简称立面图。其中反映主要出入口或比较显著地反映出房屋外貌特征的那一面立面图，称为正立面图。其余的立面图相应称为背立面图、侧立面图。通常也可按房屋朝向来命名，如南北立面图、东西立面图。本节中以"东立面"为例，说明立面图绘制的一般方法。

（1）切换到东立面。在"项目浏览器"面板中，选择"楼层平面"→"东"立面视图，从平面视图进入东立面视图，如图 13.1.13 所示。

（2）隐藏参照平面。按两下快捷键 V，在弹出的"立面：东的可见性/图形替换"对话框中，选择"注释类别"标签，取消"参照平面"复选框的选择，单击"确定"按钮，如图 13.1.14 所示。进行此步操作后，立面图中的参照平面就被隐藏起来，如图 13.1.15 所示。

（3）调整轴号。选择立面图中上部的轴号，去掉轴号旁边小方框的勾选，如图 13.1.16 所示，这样就隐藏了上部的轴号。然后将下部两侧的轴号显示出来，如图 13.1.17 所示，完成立面图的轴号调整，如图 13.1.18 所示。

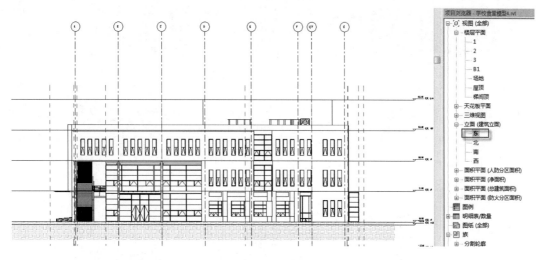

图 13.1.13　东立面

图 13.1.14　隐藏参照平面 1

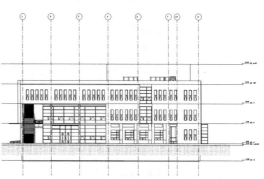

图 13.1.15　隐藏参照平面 2

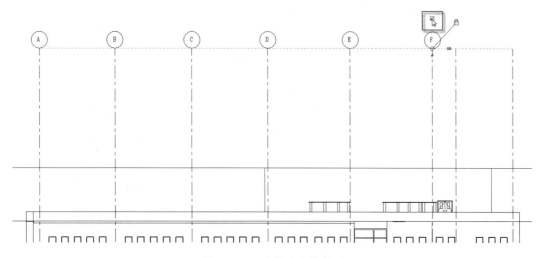

图 13.1.16　去掉上部的轴号

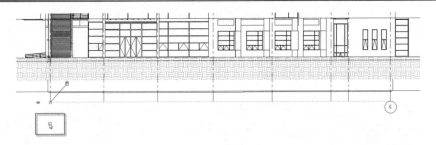

图 13.1.17　显示下部两端的轴号

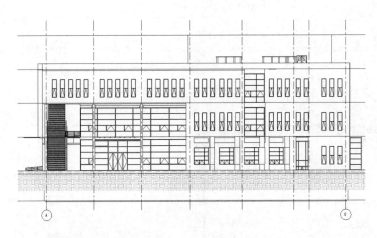

图 13.1.18　完成调整轴号

注意：在建筑施工图的立面图中，《中华人民共和国国家标准 GB50104-2010 建筑制图统一标准》规定只能显示当前立面图下部两侧的轴号，其余的轴号都不需要。

（4）立面尺寸标注。按快捷键 D+I，系统会自动调用上次操作的标注样式，移动视图到左侧，从下向上标注纵向的尺寸，如图 13.1.19 和图 13.1.20 所示。使用同样的命令，对 A～G 轴的面宽尺寸进行标注，如图 13.1.21 所示。

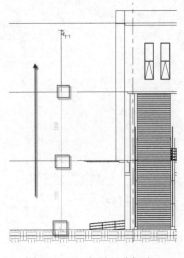

图 13.1.19　立面尺寸标注 1

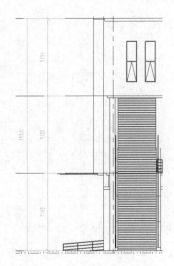

图 13.1.20　立面尺寸标注 2

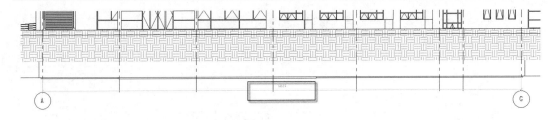

图 13.1.21　立面面宽标注

13.1.3　输出剖面图

　　假想用一个或多个垂直于外墙轴线的铅垂剖切面，将房屋剖开，所得的投影图称为建筑剖面图，简称剖面图。剖面图用以表示房屋内部的结构或构造形式、分层情况和各部位的联系、材料及其高度等，是与平面图、立面图相互配合的不可缺少的重要图样之一。

　　剖面图的数量是根据房屋的具体情况和施工实际需要而决定的。剖切面一般横向，即平行于侧面，必要时也可纵向，即平行于正面。其位置应选择在能反映出房屋内部构造比较复杂与典型的部位，并应通过门窗洞的位置。若为多层房屋，应选择在楼梯间或层高不同、层数不同的部位。

　　（1）绘制剖切符号。切换到一层平面图，选择"视图"→"剖面"命令，在一层平面图中绘制一个纵向的剖切符号，如图 13.1.22 所示。

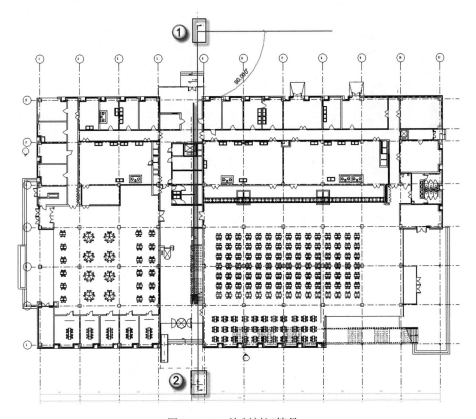

图 13.1.22　绘制剖切符号

（2）进入剖面视图。在"项目浏览器"面板中，选择"剖面（建筑剖面）"→"剖面 1"选项，进入剖面视图，如图 13.1.23 所示。

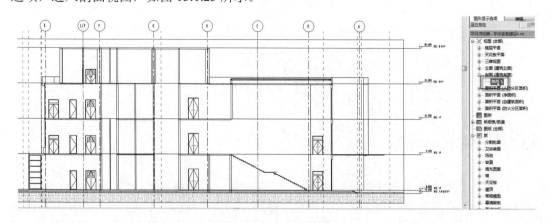

图 13.1.23　进入剖面视图

（3）隐藏参照平面。按两下快捷键 V，在弹出的"剖面：剖面 1 的可见性/图形替换"对话框中，选择"注释类别"选项卡，取消"参照平面"复选框的选择，单击"确定"按钮，如图 13.1.24 所示。

图 13.1.24　隐藏参照平面

（4）调整轴号。与立面图调整轴号操作类似，隐藏剖面图上部的轴号，显示下部两侧的轴号，如图 13.1.25 所示。

（5）剖面尺寸标注。按快捷键 D+I，系统会自动调用上次操作的标注样式，移动视图到右侧，从下向上标注纵向的尺寸，然后对 G～A 轴的剖面总体尺寸进行标注，完成后如图 13.1.26 所示。

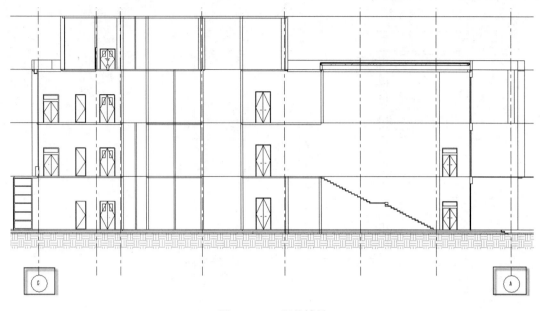

图 13.1.25　调整轴号

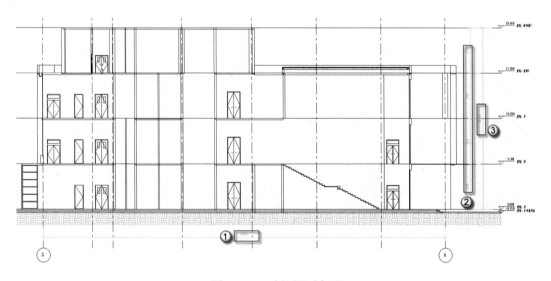

图 13.1.26　剖面尺寸标注

13.1.4　输出节点大样图

建筑节点大样图就是把房屋构造的局部要体现清楚的细节，用较大比例绘制出来，表达出构造做法、尺寸、构配件相互关系和建筑材料等，相对于平面视图、立面视图、剖面视图而言是一种辅助图样。本节中以卫生间放大平面图为例，说明节点大样图的做法。

（1）绘制详图索引符号。切换到一层平面图，选择"视图"→"详图索引"→"矩形"命令，在一层平面中卫生间的位置，用拉矩形框的方式画出详细的索引框，如图 13.1.27 所示。

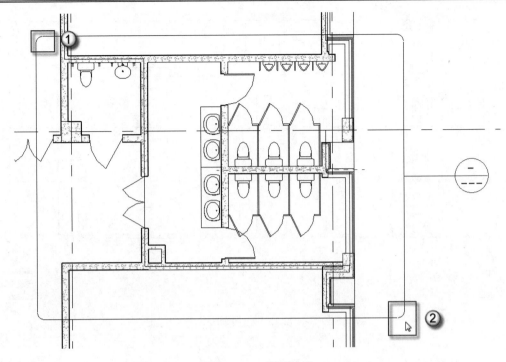

图 13.1.27　详图索引

（2）进入卫生间大样图。在"项目浏览器"面板中，选择"楼层平面"→"详图索引 1"选项，进入卫生间放大平面图，如图 13.1.28 所示。

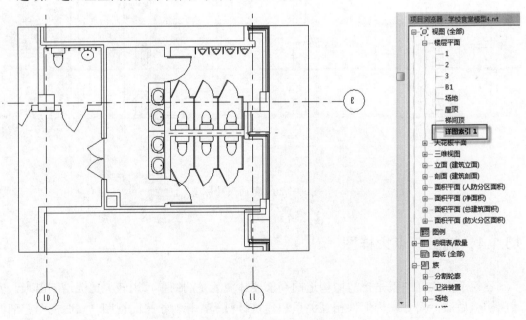

图 13.1.28　进入大样图

（3）调整详图的设置。按两下快捷键 V，在弹出的"楼层平面：详图索引 1 的可见性/图形替换"对话框中，选择"注释类别"选项卡，取消"参照平面"复选框的选择，单击"确定"按钮，如图 13.1.29 所示。

图 13.1.29 调整详图的设置

（4）尺寸标注。按快捷键 D+I，系统会自动调用上次操作的标注样式，移动视图到下方，从左向右对 10 轴和 11 轴的尺寸进行标注，完成后如图 13.1.30 所示。

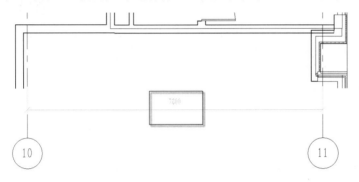

图 13.1.30 尺寸标注

（5）载入多重标高族。载入平面标高族，选择"插入"→"载入族"命令，在弹出的"载入族"对话框中选择系统族的"标高_多重标高"RFA 族文件，如图 13.1.31 所示。

图 13.1.31 载入多重标高

（6）标高标注。选择"注释"→"符号"命令，在卫生间洗脸盆处放置刚载入的多重标高符号，如图 13.1.32 所示。选择刚放入的标高，在"属性"面板的"标高 1""标高 2""标高 3"中依次输入"–0.020""5.080""10.180"这 3 个标高数值，如图 13.1.33 所示，完成输入后，会出现一个标高符号加 3 个标高尺寸的样式，如图 13.1.34 所示。

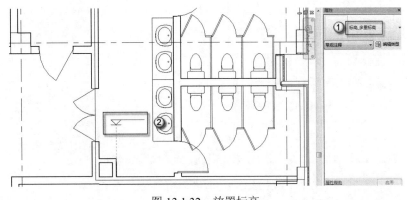

图 13.1.32　放置标高

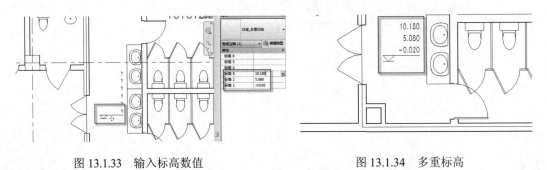

图 13.1.33　输入标高数值　　　　　　　　　　图 13.1.34　多重标高

注意：此处之所有三个标高，是因为这个卫生间在一层平面、二层平面、三层平面都有，所以用一个卫生间放大平面图去表达三个楼层的内容，就要用到三个标高。

13.2　漫　　游

建筑漫游动画是三维动画领域中一个极其重要的领域。从 20 世纪 90 年代开始，建筑图从工程图、效果图绘制发展到本世纪的动画漫游，提供了越来越逼真的效果。

建筑漫游动画就是将"虚拟现实"技术应用在城市规划、建筑设计等领域。近几年，建筑漫游动画在国内外已经得到了越来越多的应用，其前所未有的人机交互性、真实建筑空间感、大面积三维地形仿真等特性，都是传统方式所无法比拟的。在漫游过程中，还可以实现多种设计方案、多种环境效果的实时切换比较，能够给用户带来强烈、逼真的感官冲击，获得身临其境的体验。

13.2.1　设置相机

Revit 提供了漫游功能，即沿着自定义路径移动的相机，可以用于创建模型的三维漫游动画，并保存为 AVI 格式视频文件，其中漫游的每一帧都可以保存为单独的文件，具体操作如下。

（1）进入首层平面。进入"项目浏览器"面板，选择"视图（全部）"→"结构平面"→"1"选项，即进入一层平面视图，如图 13.2.1 所示。

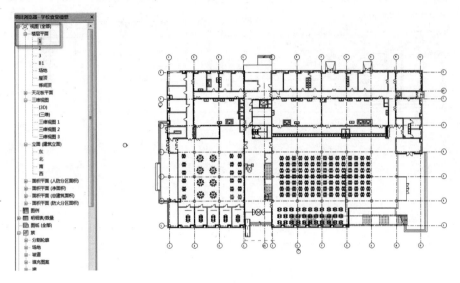

图 13.2.1　进入一层平面

（2）构建相机。选择"视图"→"三维视图"→"相机"命令，可以在任意处放置相机，选中"透视图"复选框（若不选，只能看到建筑立面），"偏移量"为相机偏移位置，如图 13.2.2 所示，相机位置为自一层平面向上偏移"600"mm，放置相机效果如图 13.2.3 所示。

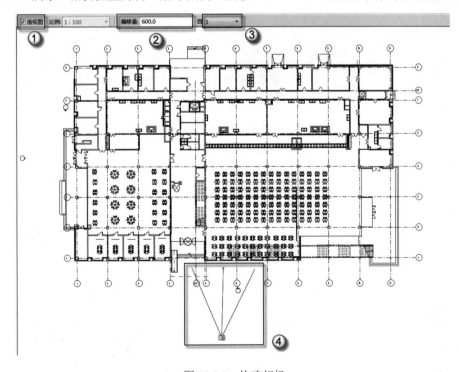

图 13.2.2　构建相机

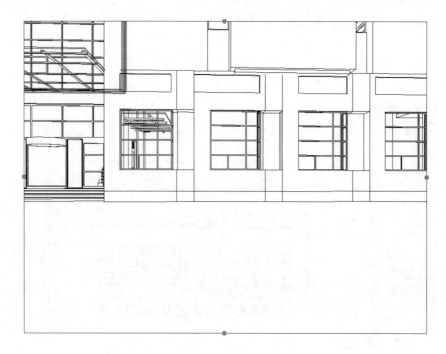

图 13.2.3　相机效果

（3）调整相机。相机完成后，工程师可以进入"项目浏览器"面板中，选择"视图（全部）"→"三维视图"→"三维视图 1"选项，如图 13.2.4 所示，通过拖动 4 个夹点修改相机范围，如图 13.2.5 所示。修改后如图 13.2.6 所示。

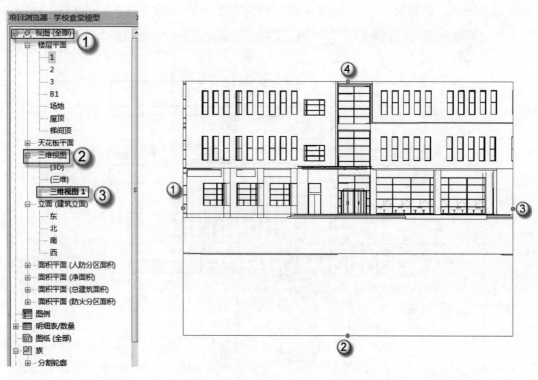

图 13.2.4　相机位置　　　　　　　　　　　图 13.2.5　调整相机

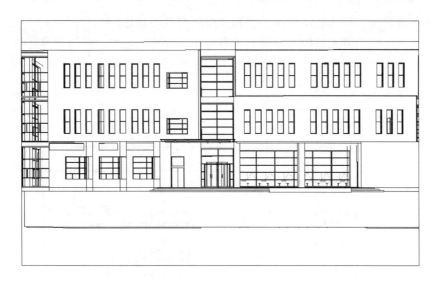

图 13.2.6　相机调整后效果

13.2.2　设置漫游路径

对于类似食堂这种基底平面比较大的公共建筑，可以在室外与室内分别设置两条漫游路径，这样可以比较全面地通过动画了解建筑，具体操作如下。

（1）进入首层平面。进入"项目浏览器"面板，选择"视图（全部）"→"楼层平面"→"1"选项，即进入一层平面视图，如图 13.2.7 所示。

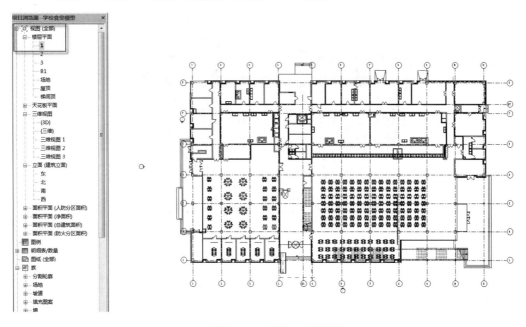

图 13.2.7　进入一层平面

（2）进入漫游。选择"视图"→"三维视图"→"漫游"命令，如果需要，在选项栏中可以不选"透视图"复选框，将漫游作为正交三维视图创建。

（3）放置关键帧。将光标放置在视图中并单击以放置关键帧，沿所需方向移动光标以绘制路径，如图 13.2.8 所示，绘制完成如图 13.2.9 所示。

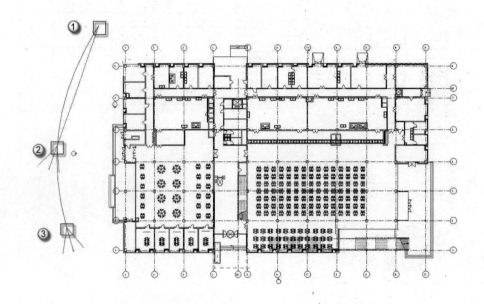

图 13.2.8　放置相机

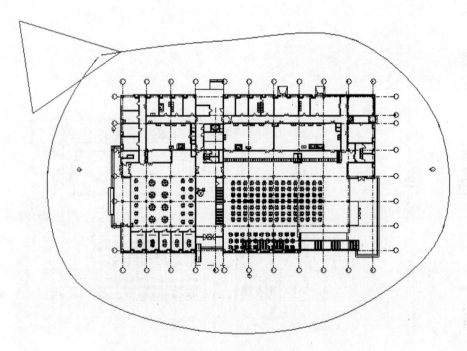

图 13.2.9　完成关键帧绘制

（4）完成漫游路径。可以用单击"完成漫游"按钮、双击空白处、按 Esc 键的任意一种方式来完成漫游路径。

（5）室内漫游。室内漫游动画就是利用 3D 渲染技术让观看者切身感受一栋建筑的内部构造的动画，多用于房地产广告宣传和厂商之间的交流。通过室内漫游动画，让想买房的人，可以对某套房型的大小、环境、装修风格、所运用的材质、色彩等要素有一个直观的了解。选择"视图"→"三维视图"→"漫游"命令，通过沿着建筑内部设置相机位置即设置观测路径来绘制室内漫游，如图 13.2.10 所示。绘制完成后单击"完成漫游"按钮结束绘制。

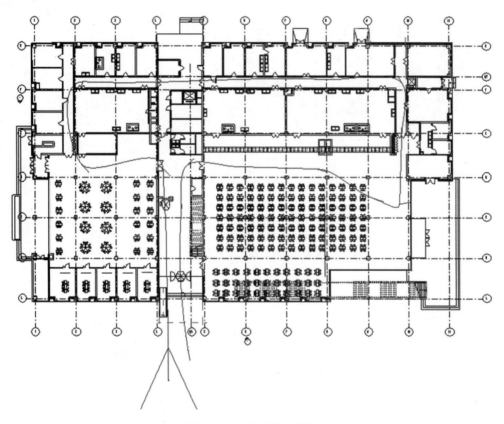

图 13.2.10　绘制室内漫游

13.2.3　导出漫游动画

设置好室内外的漫游线路后，需要导出漫游动画。漫游动画可以直接提供给甲方观看，这样可以直观了解建筑的外形与内部的空间结构，具体操作如下。

（1）进入漫游编辑模式。创建好漫游路径以后，在"项目浏览器"面板的"三维视图"中，可以找到新创建的漫游视图。双击打开此漫游视图，并选中视图框，再单击工具栏最右侧的"编辑漫游"按钮 ，可以对此漫游进行进一步编辑。

（2）修改漫游相机。在"编辑漫游"上下文选项卡里，选择"重设相机"命令，在激活的"修改 | 相机"选项栏中，可以在下拉列表框中选择修改相机、路径或关键帧。选择"活动相机"选项，选项栏显示整个漫游路径共有 300 帧，可以通过输入帧数来选择要修改的活动相机，如输入"185"帧，相机符号就会退到第 185 帧的位置。可以通过推拉相机的

三角形前端的控制点，编辑相机的拍摄范围，如图 13.2.11 所示。如此反复操作，可以修改所有想修改的活动相机。

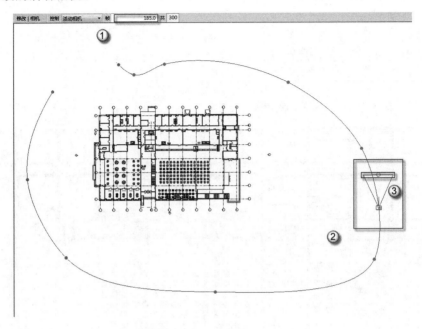

图 13.2.11　修改漫游相机

（3）修改漫游路径。在"控制"下拉列表框中选择"路径"选项 ，则可以通过拖曳关键帧的位置修改漫游路径，如图 13.2.12 所示。

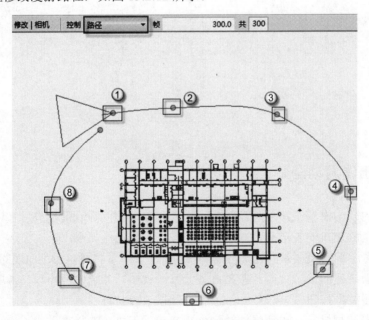

图 13.2.12　修改漫游路径

（4）添加或删除关键帧。在"控制"下拉列表框中选择"添加关键帧"选项，则可以沿着现有路径添加新的关键帧，如图 13.2.13 所示。新的关键帧可用于对路径的进一步推敲修改。同理,可以选择"删除关键帧"选项,删除已有的某个或多个关键帧,如图 13.2.14 所示。"添加关键帧"不能用于延长路径,所以现有路径以外不能选择"添加关键帧"选项 。

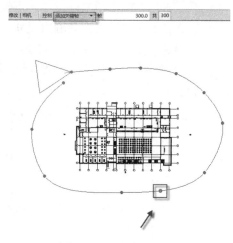

图 13.2.13 添加关键帧   图 13.2.14 删除关键帧

(5)修改漫游帧属性。修改漫游帧,在"修改 | 相机"选项栏中,单击最右侧按钮"300",激活"漫游帧"对话框,可以修改漫游的"总帧数"设置和漫游速度。如果选中"匀速"复选框,则只可通过"帧/秒"设定平均速度,每秒几帧。如果不选"匀速"复选框,则可控制每个关键帧直接的速度,可以通过"加速器"为关键帧设定速度,此数值有效范围为 0.1~10。为了更好地掌握沿着路径的相机位置,可以通过选中"指示器"复选框,并设定"帧增量"来设定相机指示符,如图 13.2.15 所示,如果希望减少相机指示符的密度,可将"帧增量"设定得大一些。

(6)漫游播放。控制漫游播放由于在平面中编辑漫游不够直观,在编辑漫游时,需要通过播放漫游来审核漫游效果,再切换到路径和相机中进一步编辑。在"编辑漫游"选项组中,可以通过"播放"按钮播放整个漫游效果,或者通过"上一关键帧""下一关键帧""上一帧"和"下一帧"等按钮,切换播放的起始位置,如图 13.2.16 所示。

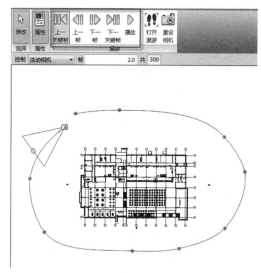

图 13.2.15 修改漫游帧属性   图 13.2.16 漫游播放

（7）导出漫游。漫游编辑完毕以后，就可以选择将其导出成视频文件或图片文件了。选择"应用程序"→"导出"→"图像和动画"→"漫游"命令，打开"长度/格式"对话框。在其中可以选择导出"全部帧"或部分帧。若为后者，则在"帧范围"内设定起点帧数、终点帧数、速度和时长。在"格式"选项组中，可以设定"视觉样式"和输出尺寸，以及是否"包含时间和日期戳"。全部设定完毕后，单击"确定"按钮，如图 13.2.17 所示，打开"导出漫游"对话框，在其中可以在"文件类型"下拉列表框中选择导出为 AVI 视频格式、JPEG、TIFF、BMP 等图片文件格式，如图 13.2.18 所示。

图 13.2.17　编辑漫游长度与格式　　　　图 13.2.18　漫游导出格式

13.3　明细表统计

明细表是通过表格的方式来展现模型图元的参数信息，对于项目的任何修改，明细表都将自动更新来反映这些修改，同时还可以将明细表添加到图纸中。使用"明细表/数量"工具，可以按对象类别统计并列表显示项目中各类模型图元信息，例如，可以统计项目中所有门、窗图元的宽度、高度、数量等。选择"视图"→"明细表"命令，可以在"明细表"下拉列表框中看到所有明细表类型：

- ❑ 明细表/数量：针对"建筑构件"按类别创建的明细表，例如，门、窗、幕墙嵌板、墙明细表，可以列出项目中所有用到的门窗个数、类型等常用信息。
- ❑ 材质明细表：除了具有"明细表/数量"的所有功能之外，还能够针对建筑构件的子构件材质进行统计。例如，可以列出所有用到"砖"这类材质的墙体，并且统计其面积，用于施工成本计算。
- ❑ 图纸列表：列出项目中所有的图纸信息。
- ❑ 视图列表：列出项目中所有的视图信息。
- ❑ 注释图块：列出项目中所使用的注释、符号等信息，例如，列出项目中所有选用标准图集的详图。

明细表可以提取的参数主要有项目参数、共享参数、族系统定义的参数。其中特别要提醒的是，在创建"可载入族"的时候，用户自定义的参数不能在明细表中被读取，必须以共享参数的形式创建，这样才能在明细表中被读取。可以利用明细表视图修改项目中模型图元的参数信息，以提高修改大量具有相同参数值的图元属性时的效率。

13.3.1　门明细表

在进行施工图设计的时候，最常用的统计表格是门窗统计表和图纸列表，门窗统计表可以统计项目中所有门窗构件的宽度、高度、数量等。下面进入门明细表的学习。

（1）默认明细表视图。在已建好的项目样板中，已经设置了门明细表和窗明细表两个明细表视图，并组织在“项目浏览器”面板的“明细表/数量”类别中。切换至门明细表视图，如图 13.3.1 所示。

<门明细表>

A	B	C	D	E
标高	族与类型	宽度	高度	防火等级
1F	单扇平开木门1: 900 x 2100 mm	900	2100	
1F	单扇平开木门1: 900 x 2100 mm	900	2100	
1F	单扇平开木门1: 900 x 2100 mm	900	2100	
1F	单扇平开木门1: 1000 x 2100 mm	1000	2100	
1F	单扇防火门: 800 x 2400mm 乙级	800	2400	乙级
1F	单扇防火门: 800 x 2400mm 乙级	800	2400	乙级
1F	单扇防火门: 800 x 2400mm 乙级	800	2400	乙级
1F	单扇防火门: 800 x 2400mm 乙级	800	2400	乙级
1F	双扇平开木门1: 1400 x 2100 mm	1400	2100	
1F	双扇防火门: 1200 x 2400 mm 甲级	1200	2400	甲级
1F	双扇防火门: 1400 x 2400 mm 甲级	1400	2400	甲级
1F	双扇防火门: 1400 x 2400 mm 甲级	1400	2400	甲级
1F	双扇防火门: 1500 x 2400 mm 甲级	1500	2400	甲级
1F	双扇防火门: 1500 x 2400 mm 甲级	1500	2400	甲级
1F	双扇防火门: 1500 x 2400 mm 甲级	1500	2400	甲级
1F	双扇防火门: 1500 x 2400 mm 甲级	1500	2400	甲级
1F	双扇防火门: 1500 x 2400 mm 甲级	1500	2400	甲级
1F	子母门: 1400 x 2100mm	1400	2100	
1F	子母门: 1400 x 2100mm	1400	2100	
总计: 19				

图 13.3.1　默认门明细表视图

（2）新建明细表。选择“视图”→“明细表”→“明细表/数量”命令，在弹出的“新建明细表”对话框中选择“类别”列表框中的“门”对象类型，即本明细表统计项目中对象类别的图元信息；修改明细表名称为“门明细表”；确认明细表类型为“建筑构件明细表”，其他参数默认，单击“确定”按钮，进入“明细表属性”对话框，如图 13.3.2 所示。

注意： 在“过滤器列表”选项中可以筛选出一部分对象类型，能够节省寻找目标对象类型的时间。在该步中可以选择“过滤器列表”中的“建筑”选项；“阶段”指的是各构件存在的时间信息。

（3）设置新建明细表字段。在“明细表属性”对话框的“字段”选项卡中，“可用的字段”列表框中显示的是门对象类别中所有可以在明细表中显示的实例参数和类型参数，依次在列表框中选择类型、宽度、高度、注释、合计和框架类型参数，单击“添加”按钮，添加到右侧的“明细表字段”列表框中。在“明细表字段”列表框中选择各参数，单击“上移”按钮或“下移”按钮，按图 13.3.3 中所示顺序调节字段顺序，该列表框中从上至下顺序地反映了明细表从左至右各列的显示顺序，最后单击"确定"按钮完成操作。

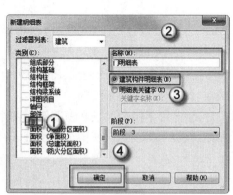
图 13.3.2　"新建明细表"对话框

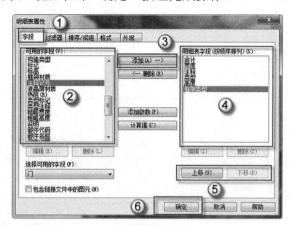
图 13.3.3　"字段"选项卡

🔔**注意**：并非所有图元实例参数和类型参数都能作为明细表字段。在族中自定义的参数中，仅使用共享参数才能显示在明细表中。

（4）设置新建明细表排序/成组。切换至"排序/成组"选项卡，设置"排序方式"为"类型"，排序顺序为"升序"；取消"逐项列举每个实例"复选框的选择，即 Revit 将按门"类型"参数值在明细表中汇总显示各已选字段，如图 13.3.4 所示。

（5）设置新建明细表外观。切换至"外观"标签，确认选中"网格线"复选框，设置网格线样式为"细线"；选中"轮廓"复选框，设置轮廓线样式为"中粗线"，取消"数据前的空行"复选框的选择；确认选中"显示标题"和"显示页眉"复选框，分别设置"标题文本""标题"和"正文"样式为"3.5mm 常规_仿宋"，单击"确定"按钮，完成明细表属性设置，如图 13.3.5 所示。

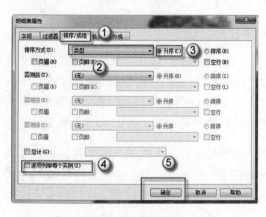
图 13.3.4　"排序/成组"选项卡

图 13.3.5　"外观"选项卡

🔔**注意**：仅当明细表放置在图纸上后，"明细表属性"对话框"外观"选项卡中定义的外观样式才会发挥作用。

（6）出表。Revit 自动按指定字段建立名称为"门明细表"新明细表视图，并自动切换

至该视图，如图 13.3.6 所示，并自动切换至"修改明细表 | 数量"上下文关联选项卡。

（7）运用"成组"工具。在明细表视图中可以进一步编辑明细表的外观样式，按住并拖动鼠标，选择"宽度"和"高度"列页眉，选择"明细表"面板中的"成组"工具，合并生成新表头单元格。单击合并生成的新表头行单元格，进入文字输入状态，输入"尺寸"作为新页眉行名称，如图 13.3.7 所示。

图 13.3.6 "门明细表"新明细表视图　　　　　　图 13.3.7 生成新表头单元格

（8）修改各表头名称。单击表头各单元格名称，进入文字输入状态后，可以根据设计需要修改各表头名称，如图 13.3.8 所示。

〈门明细表〉					
A	B	C	D	E	F
合计	宽度	高度	参照图集	楼数	类型
1	3370	2400			DM2
28	1000	2100			FM1乙
13	1200	2100			FM2乙
14	1200	2100			FM3乙
2	600	1800			FM5丙
2	900	1800			FM6丙
39	1000	2100			M1
156	900	2100			M2
80	800	2100			M3
52	900	2300			M4
26	1500	2300			M5
52	1800	2300			M6
2	4150	4800			SM1
28	1100	2100			电梯门

图 13.3.8 修改表头名称

🔔注意：修改明细表表头名称不会改变图元参数名称。

（9）设置新建明细表过滤条件。单击"属性"面板中"其他"列表中的"过滤器"按钮，在弹出的"明细表属性"对话框的"过滤器"标签中设置"过滤条件"为"宽度"、"不等于"和"1500"，同时第二组过滤条件变成可用；修改第二组"过滤条件"为"高度"、"不等于"和"2400"，即在明细表中显示所有"宽度不等于 1500 且高度不等于 2400"的图元。完成后单击"确定"按钮，返回明细表视图，如图 13.3.9 所示。

（10）设置新建明细表格式。单击"属性"面板中"其他"列表中的"过滤器"按钮，在弹出的"明细表属性"对话框的"格式"选项卡中，"字段"列表框中列举了当前明细表中所有可用字段，选择"合计"字段，注意该字段标题已修改为"樘数"，设置"对齐"方式为"中心线"，即明细表中该列统计数据将在明细表中居中显示。完成后单击"确定"按钮，返回明细表视图，注意该字段统计数值全部居中显示，如图 13.3.10 所示。

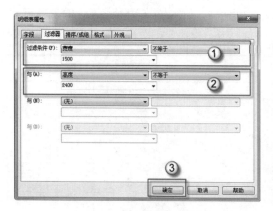

图 13.3.9　"过滤器"选项卡

图 13.3.10　"格式"选项卡

注意：可以分别设置字段在"水平"和"垂直"标题方向上的对齐方式。

（11）保存门明细表。选择"应用程序菜单"→"另存为"→"库"→"视图"命令，在弹出的"保存视图"对话框中选择显示视图类型为"显示所有视图和图纸"，在列表中选择要保存的视图，单击"确定"按钮即可将所选视图保存为独立的 RVT 文件，如图 13.3.11 所示，或者在"项目浏览器"面板中右击要保存的视图名称，在弹出的快捷菜单中选择"保存到新文件"，也可将视图保存为 RVT 文件。

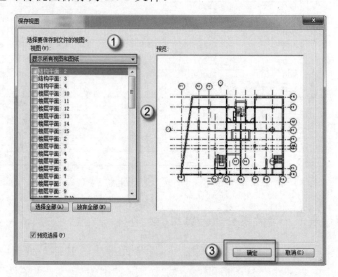

图 13.3.11　"保存视图"对话框

13.3.2　窗明细表

在建筑专业中，窗的明细表很重要，此表为主体完成后进行窗装配时提供了供货的依据，可以进行比较细致的统计，如玻璃面积等；也可以从全局上统计，如同类型窗的个数，具体操作如下。

（1）默认明细表视图。在已建好的项目样板中，已经设置了门明细表和窗明细表两个明细表视图，并组织在"项目浏览器"面板的"明细表/数量"类别中。切换至窗明细表视图，如图 13.3.12 所示。

A	B	C	D	E	F
计数	类型	宽度	高度	窗类型	注释
26	C1	1800	1750	34	
13	C2	1800	1400	32	
13	C2a	1800	1400	36	
52	C3	900	1400	29	
26	C4	750	1400	33	
13	C5	1410	1400	30	
13	C6	2100	1400	35	
17	C7	1500	1500	25	
26	FC1-姚驰	900	1400	31	
1	SC1	1700	4800	20	
1	SC2	2050	4800	21	
2	SC3	1200	2800	22	
1	SC4	1900	4800	24	
2	SC8	3000	3300	23	
2	SC9	6000	3300	19	
1	SC10	3000	2800	27	
2	SC11	1200	2800	28	
5	SC12	6000	2800	26	

<窗数量>

图 13.3.12　默认窗明细表视图

（2）新建窗明细表。切换至 F1 楼层平面视图，在"插入"选项卡的"导入"面板中单击"从文件插入"下拉列表框，在其中选择"插入文件中的视图"选项，单击"打开"按钮，弹出"插入视图"对话框，设置视图类型为"显示所有视图和图纸"，在视图列表框中选择"明细表：食堂-窗明细表"，单击"确定"按钮，导入该视图，如图 13.3.13 所示。

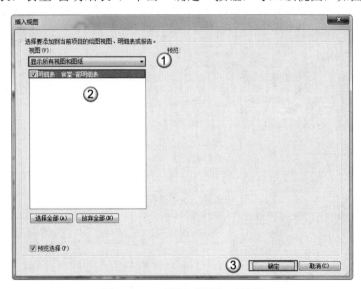

图 13.3.13　"插入视图"对话框

注意：仅在非明细表视图中才允许使用"插入视图"工具。

（3）Revit 将按该明细表视图设置的样式，生成名称为"食堂-窗明细表"的新明细表视图，如图 13.3.14 所示。

<食堂-窗明细表>				
A	B	C	D	E
	尺寸			
窗编号	宽度	高度	参照图集	樘数
SC9	6000	3300		1
SC9	6000	3300		1
SC1	1700	4800		1
SC2	2050	4800		1
SC3	1200	2800		1
SC3	1200	2800		1
SC8	3000	3300		1
SC8	3000	3300		1
SC4	1900	4800		1
C7	1500	1500		1
C7	1500	1500		1
SC12	6000	2800		1
SC12	6000	2800		1
SC12	6000	2800		1
SC12	6000	2800		1
SC12	6000	2800		1
SC10	3000	2800		1

图 13.3.14　新窗明细表视图

（4）添加公式。打开"食堂-窗明细表"的"明细表属性"对话框并切换至"字段"选项卡。单击"计算值"按钮，弹出"计算值"对话框，输入字段名称为"窗口面积"，设置字段"类型"为"面积"，单击"公式"后的"…"按钮，打开"字段"对话框，选择"宽度"及"高度"字段，形成"宽度*高度"公式，然后单击"确定"按钮，返回"明细表属性"对话框，修改"窗口面积"字段位于列表最下方，单击"确定"按钮，返回明细表视图，如图 13.3.15 所示。

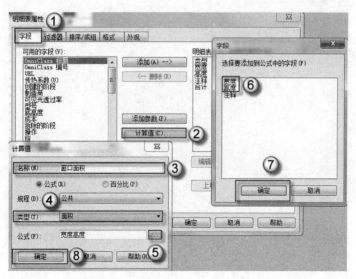

图 13.3.15　添加公式

（5）Revit 将根据当前明细表中各窗高度和宽度值计算窗口面积，并按项目设置的面积单位显示窗口面积，如图 13.3.16 所示。

（6）保存窗明细表。选择"应用程序菜单"→"另存为"→"库"→"视图"命令，在弹出的"保存视图"对话框中，选择显示视图类型为"显示所有视图和图纸"，在列表框中选择要保存的视图，单击"确定"按钮即可将所选视图保存为独立的 RVT 文件，如图 13.3.17 所示，或者在"项目浏览器"中右击要保存的视图名称，在弹出的快捷菜单中选择"保存到新文件"，也可将视图保存为 RVT 文件，如图 13.3.17 所示。

图 13.3.16 计算结果　　　　　　　　　　　图 13.3.17 "保存视图"对话框

13.3.3 建筑工程量的统计

建筑专业的工程量主要是指建筑专业中的一些构件的用量，如作为填充墙的加气混凝土砌体、门窗中的玻璃等，具体操作如下。

材料的数量是项目施工采购或项目预算基础，Revit 提供的"材质提取"明细表工具，用于统计项目中各对象材质生成材质统计明细表。"材质提取"明细表的使用方式与"明细表/数量"类似。下面使用"材质提取"明细表统计食堂项目中墙材质。

（1）创建墙明细表。单击"视图"下"创建"面板中的"明细表"下拉列表框，在其中选择"材质提取"工具，在弹出的"新建材质提取"对话框中的"类别"列表框中选择"墙"类别，输出明细表名称设为"食堂-窗材质明细"，单击"确定"按钮，如图 13.3.18 所示。

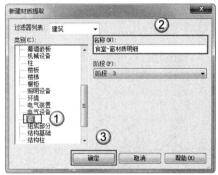

🔔注意：在"过滤器列表"下拉列表框中可以筛选出一部分对象类型，能够节省寻找目标对象类型的时间。在该步中可以选择"过滤器列表"下拉列表框中的"建筑"选项；"阶段"指的是各构件存在的时间信息。

（2）设置明细表属性。依次添加"材质：名称"和"材质：体积"至明细表字段列表框中，如图 13.3.19　　图 13.3.18 新建材质提取所示。然后切换至"排序/成组"选项卡,设置排序方式为"材质:名称";取消"逐项列举每个实例"复选框的选择,单击"确定"按钮,完成明细表属性设置,生成"明细表。注意,明细表已按材质名称排列,但"材质:体积"单元格内容是空白的,如图 13.3.20 所示。

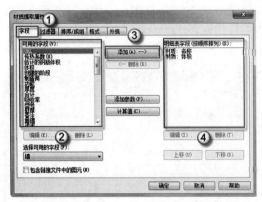 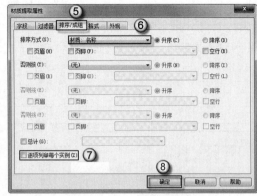

图 13.3.19　设置字段　　　　　　　　　　　图 13.3.20　设置排序/成组

（3）设置明细表格式。打开明细表视图"属性"对话框,单击"格式"参数后的"编辑"按钮,打开"材质提取属性"对话框并自动切换至"格式"选项卡,在"字段"列表框中选择"材质:体积"字段,选中"计算总数"复选框,单击"确定"按钮,返回明细表视图,如图 13.3.21 所示。

📢注意:单击"字段格式"按钮可以设置材质体积的显示单位、精度等。默认采用项目单位设置。

（4）Revit 会自动在明细表视图中显示各类型材质的汇总体积。选择"应用程序菜单"→"导出"→"报告"→"明细表"选项,可以将所有类型的明细表均导出为以逗号分隔的文本文件,大多数电子表格应用程序如 Microsoft Excel 可以很好地支持这类文件,将其作为数据源导入电子表格程序中,如图 13.3.22 所示。

 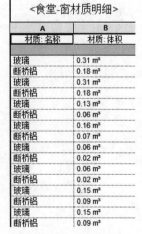

图 13.3.21　设置明细表字段　　　　　　　　图 13.3.22　墙材质明细表视图

13.3.4 结构工程量的统计

结构专业的工程量主要是统计混凝土用量，当然混凝土是有级别的，如 C30、C35、C40、C45 等，可以按级别统计，也可以整体算量，具体操作如下。

（1）创建柱明细表。单击"视图"下"创建"面板中的"明细表"下拉列表，在其中选择"材质提取"工具，在弹出的"新建材质提取"对话框中的"类别"列表框中选择"柱"类别，输出明细表名称设为"食堂-柱材质明细"，单击"确定"按钮，打开"材质提取属性"对话框，如图 13.3.23 所示。

（2）设置明细表字段。依次添加"材质：名称"和"材质：面积"至明细表字段列表框中，然后单击"确定"按钮，生成"食堂-柱材质明细"明细表。注意，明细表已按设置顺序排列，如图 13.3.24 所示。

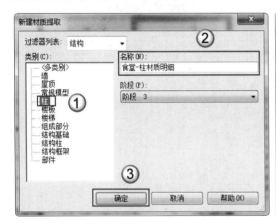

图 13.3.23 "新建材质提取"对话框　　　　图 13.3.24 设置字段属性

（3）设置明细表"排序/成组"。单击明细表视图"属性"面板中"排序/成组"参数后的"编辑"按钮，在弹出的"材质提取属性"对话框中，选择"排序/成组"选项卡，在其中设置排序方式为"材质：名称"；取消"逐项列举每个实例"复选框的选择，如图 13.3.25 所示。

图 13.3.25 设置明细表"排序/成组"属性

（4）设置明细表格式。切换至"格式"选项卡，在"字段"列表框中选择"材质：面积"字段，勾选"计算总数"选项，单击"确定"按钮，返回明细表格式，如图 13.3.26 所示。

（5）保存明细表。选择"应用程序菜单"→"另存为"→"库"→"视图"命令，保存"食堂-柱材质明细"表，如图 13.3.7 所示。

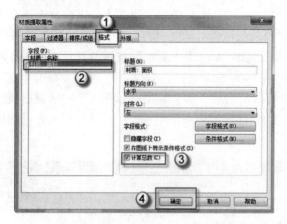

图 13.3.26　设置明细表"格式"属性　　　图 13.3.27　"食堂-柱材质明细"明细表视图

附录 A　常用快捷键

不论是建筑专业还是结构专业，在设计中都要经常使用快捷键进行操作，从而提高建模、作图和修改的效率。Revit 的快捷键操作方式与 AutoCAD 的不定位数的字母快捷键不同，也与 3ds Max 的 Ctrl、Shift 和 Alt 加字母组合键的方式不同，Revit 的快捷键都是两个字母，如轴网命令 G+R 的操作就是依次快速按键盘上的 G 和 R 键，而不是同时按 G 和 R 键不放。

请读者朋友们注意从本书中学习笔者如何用快捷键进行相关的操作。如表 A-1 中给出了 Revit 中常见的快捷键使用方式，以方便读者经常查阅。

表A-1　Revit中的常用快捷键

类别	快捷键	命令名称	备注
建筑	W+A	墙	
	D+R	门	
	W+N	窗	
	L+L	标高	
	G+R	轴网	
结构	B+M	梁	
	S+B	楼板	
	C+L	柱	
共用	R+P	参照平面	
	T+L	细线	
	D+L	对齐尺寸标注	
	T+G	按类别标记	
	S+Y	符号	需要自定义
	T+X	文字	
编辑	A+L	对齐	
	M+V	移动	
	C+O	复制	
	R+O	旋转	
	M+M	有轴镜像	
	D+M	无轴镜像	
	T+R	修剪/延伸为角	
	S+L	拆分图元	
	P+N	解锁	
	U+P	锁定	
	G+P	创建组	
	O+F	偏移	
	R+E	缩放	
	A+R	阵列	
	D+E	删除	

续表

类别	快捷键	命令名称	备注
视图	F4	默认三维视图	需要自定义
	F8	视图控制盘	
	V+V	可见性/图形	

另外，读者还可以自定义快捷键。方法是：单击"程序"→"选项"按钮，在弹出的"选项"对话框中选择"用户界面"选项卡，单击"快捷键"栏中的"自定义"按钮，在弹出的"快捷键"对话框中找到所需要自定义的快捷键命令，在"按新键"栏中输入相应的快捷键，单击"确定"按钮即可完成操作，如图 A-1 所示。

图 A-1　自定义快捷键